“十二五”规划教材

12th Five-Year Plan Textbooks
of Software Engineering

软件工程

Software Engineering

瞿中 宋琦 刘玲慧 王江涛 ◎ 编著

人 民 邮 电 出 版 社
北 京

图书在版编目（CIP）数据

软件工程 / 瞿中等编著. -- 北京 : 人民邮电出版社, 2016.8(2021.8重印)
普通高等教育软件工程“十二五”规划教材
ISBN 978-7-115-43103-5

Ⅰ. ①软… Ⅱ. ①瞿… Ⅲ. ①软件工程－高等学校－教材 Ⅳ. ①TP311.5

中国版本图书馆CIP数据核字(2016)第160960号

内 容 提 要

本书从实用的角度出发，参照美国计算机协会（Association for Computing Machinery，ACM）和美国电气电子工程师学会（Institute of Electrical and Electronic Engineers，IEEE）的计算教程（Computing Curricula）2014-201 关于软件工程的要求，吸取了国内外软件工程的精华，详细介绍了软件工程、软件开发过程、软件计划、需求分析、总体设计、详细设计、编码、软件测试、软件维护、软件工程标准化和软件文档、软件工程质量、软件工程项目管理、开发实例、经典例题分析等知识。每章配有习题，以指导读者深入地进行学习。

本书内容丰富，结构合理，既可作为高等学校软件工程、计算机专业课程的教材或教学参考书，也可作为通信、电子信息、自动化等相关专业读者的计算机课程教材，还可供软件工程师、软件项目管理者和应用软件开发人员阅读参考。

◆ 编　著　瞿　中　宋　琦　刘玲慧　王江涛
责任编辑　刘　博
责任印制　杨林杰

◆ 人民邮电出版社出版发行　北京市丰台区成寿寺路 11 号
邮编　100164　电子邮件　315@ptpress.com.cn
网址　http://www.ptpress.com.cn
固安县铭成印刷有限公司印刷

◆ 开本：787×1092　1/16
印张：25.5　2016 年 8 月第 1 版
字数：738 千字　2021 年 8 月河北第 7 次印刷

定价：59.80 元

读者服务热线：(010)81055256　印装质量热线：(010)81055316
反盗版热线：(010)81055315

前　言

当今，软件工程学科作为一级学科，已成为一个非常活跃的研究领域。软件工程是指导计算机软件开发与维护的工程学科，它采用工程的概念、原理、技术和方法来开发与维护软件，把经过时间考验而证明正确的管理技术和当前能够得到的最好技术方法结合起来，以便经济地开发高质量的软件并有效地维护它。严格遵循软件工程的方法，可以大大提高软件的开发效率和成功率，减少软件开发和维护中的问题。

本书分为面向过程的软件工程、面向对象的软件工程、软件工程管理三部分。前两部分从实用角度出发，讲述软件工程的基本原理、概念、技术和方法，主要内容有软件工程、软件开发过程、软件计划、需求分析、总体设计、详细设计、编码、软件测试、软件维护。第三部分讲述了软件工程标准化和软件文档、软件工程质量、软件工程项目管理、开发实例等知识。在编写的过程中注重理论、方法与应用相结合，对软件的分析、设计、开发到维护过程进行全面地讲述，配有丰富的实例，提供典型习题；此外，书中部分章节提供了实验，实验均以音乐点播管理系统为例，分别按照面向过程与面向对象的方法进行详解；最后，在面向对象部分讲述了 ATM 机案例，在第 14 章按照软件工程开发流程完成人事管理系统的设计与开发。

本书由长期在高校从事软件工程专业教学的教师，结合本身教学经验和科研开发实践，参阅大量国内外有关软件工程的教材和资料，编写而成。全书由瞿中、宋琦、刘玲慧、王江涛编写，研究生黄晓凌、白羚、李秀丽、钟文年、卜玮、廖春梅、赵从梅、孟琦、郭帅、刘帅、柴国华、鞠芳蓉、陈宇翔、耿明月、吴戈等参与了文字录入，并对书中各章节的实例及图表做了大量的工作，本科生王子君、张真筝、夏少文、刘宝阳等人参与了文字校对工作。本书能顺利出版，得益于领导和老师给予的大力支持和帮助，以及计算机教育界许多同行的关心，在此一并致谢。

目前，国内外有关软件工程技术与设计方面的资料很多，新理论、新技术层出不穷。由于时间仓促，加上软件工程发展迅速和编者水平有限，书中难免存在不妥和错误之处，恳请读者批评指正，并提出宝贵意见，以便进一步完善。

书中实例丰富，配有实验及开发案例，并添加了近几年软件设计师试题。与本书配套的电子教案和习题答案将于本书正式出版后，向使用本书的单位与个人提供，如有需要可与出版社或编者联系，出版社下载地址：www.ryjiaoyu.com，编者的联系方式：quzhong@hotmail.com。

编者

目 录

第一篇　面向过程的软件工程

第 9 章 面向对象设计……248

第 10 章 面向对象实现……277

第三篇　软件工程管理及开发实例

第一篇

面向过程的软件工程

第 1 章 概论

本章要点

- 软件、软件工程的概念以及开发的主要原则
- 软件开发过程的模型以及开发方法
- 软件工程的生存周期
- 软件工程发展的最新动向

1.1 软件

1.1.1 软件的定义及特点

软件（Software），包括程序（Program）、相关数据（Data）及其说明文档（Document），在计算机系统中与硬件（Hardware）相互依存。其中程序是按照事先设计的功能和性能要求执行的指令序列；数据是程序能正常操纵信息的数据结构；说明文档包含与程序开发、维护和使用过程中有关的各种图文数据。

软件有如下特点。首先，软件是一种抽象的逻辑实体；其次，软件是一种通过智力活动，把知识与技术转化为信息的一种产品，它是在研制、开发中被创造出来的；最后，在软件的运行和使用期间，没有硬件那样的机器磨损、老化问题，但是软件也存在退化问题，需要维护。图 1-1 所示为硬件与软件使用过程中产生的失效率曲线。

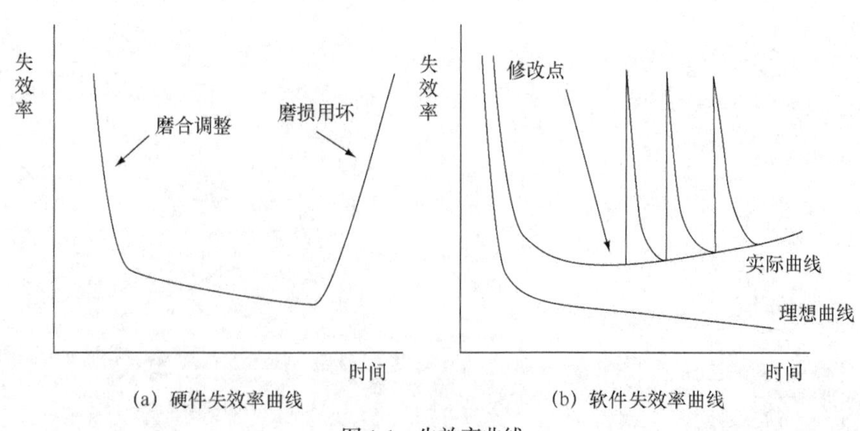

图 1-1 失效率曲线

另外，软件还具有受计算机硬件系统限制、至今尚未摆脱人工开发方式、开发过程复杂、成本相当高、涉及诸多社会因素等特点。

1.1.2　软件的发展历程

世界上首位程序员奥古斯塔·爱达·金（Augusta Ada King，1815—1852）是英国诗人乔治·戈登·拜伦（George Gordon Byron，1788—1824）的独生女，师承计算机数学基础布尔代数的创始人之一奥古斯都·德·摩根（Augustus de Morgan，1806—1871），因第一个为分析机编出了程序即“第一套计算机软件”，被誉为“世界上第一位软件工程师”。Ada 为查尔斯·巴贝奇（Charles Babbage，1791—1871）的分析机（Analytic Machine）编写流程，其中包括计算三角函数、级数相乘、伯努利方程等。

在 20 世纪 40 年代末，随着埃尼阿克（Electronic Numerical Integrator and Calculator，ENIAC）问世，以写软件为职业的人开始出现，他们多是经过训练的数学家和电子工程师。到了 20 世纪 60 年代，美国大学里开始出现专门教授人们编写软件的专业，并且对该专业毕业的大学生、研究生授予计算机专业的学位。随着信息产业的迅速发展，软件对人类社会的作用也显得越来越重要，人们对软件的认识也更为深刻。

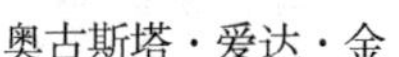
奥古斯塔·爱达·金

乔治·戈登·拜伦

查尔斯·巴贝奇

ENIAC

在发展过程中，软件技术主要经历了四个发展阶段，表 1-1 给出了这四个阶段典型技术的比较。

表 1-1　四个阶段典型技术比较

阶段	第一阶段	第二阶段	第三阶段	第四阶段
典型技术	面向批处理 有限的分布 自定义软件	多用户 实时 数据库 软件产品	分布式系统 嵌入“智能” 低成本硬件 消费者的影响	强大的桌面系统 面向对象技术 专家系统、人工神经网络 并行计算、网格计算

1.1.3　软件的分类

为了便于人们根据不同的应用要求选择相应的软件，也鉴于不同类型的工程对象对软件的开发和维护有着不同的要求和处理方法，对软件进行分类是必要的。但是人们对软件的关心和侧重点有所不同，难以找到一种统一的严格分类标准。

软件根据规模可分为微型软件、小型软件、中型软件、大型软件、甚大型软件、极大型软件；根据工作方式可分为实时处理软件、分时软件、交互式软件和批处理软件；根据功能可分为系统软件、支撑软件和应用软件。

（1）系统软件

系统软件是与计算机硬件紧密配合，使计算机的硬件与相关软件及数据进行协调、高效工作的系统，如操作系统、数据库管理系统、设备驱动程序以及通信处理程序等。系统软件是计算机系统必不可少的，它频繁地与硬件交互，通过进程管理和数据结构处理，为用户提供服务。

（2）支撑软件

支撑软件是协助用户开发软件的工具性软件，包括帮助程序人员开发软件产品的工具和帮助管理人员控制开发进程的工具。表 1-2 给出了一些支撑软件的实例。

表 1-2 支撑软件举例

类型	支撑软件
一般类型	文本编辑程序 文本格式化程序 磁盘向磁带做数据传输程序 程序库系统
支持需求分析	PSI/PSA 问题描述分析器 关系数据库系统 一致性检验系统 CARA 计算机辅助需求分析器
支持设计	图形软件包 结构化流程图绘图程序 设计分析程序 程序结构图编辑程序
支持实现	编辑程序 交叉编辑程序 预编译程序 连接逻辑程序
支持测试	静态分析程序 符号执行程序 模拟程序 测试覆盖检验程序
支持管理	PERT 进度计划评审方法绘图程序 标准检验程序 库管理程序

（3）应用软件

应用软件是在特定领域内开发、为特定目标提供服务的一类软件，其中商业数据处理软件占很大比例。另外有工程与科学计算软件、计算机辅助设计（Computer Aided Design，CAD）、计算机辅助制造（Computer Aided Manufacturing，CAM）软件、系统仿真软件、智能产品嵌入软件（如汽车油耗系统、仪表盘数字显示、刹车系统）以及人工智能软件（如专家系统、模式识别）等。此外，事务管理、办公自动化、中文信息处理、计算机辅助教学（Computer Aided Instruction，CAI）等方面的软件也得到了迅速发展。

1.1.4 软件的应用领域

马克·安德森

Netscape 创始人、硅谷著名投资人马克·安德森（Marc Andreessen，1971—）在 2011 年 8 月 21 日华尔街日报上发表的《软件正在吞噬整个世界》一文中称，当今的软件应用无所不在，并且正在吞噬整个世界。同年，惠普公司宣布将放弃当时处于步履维艰的 PC 业务，转而致力于具有更大增长潜力的软件业务。60 年前的计算机革命，40 年前的微处理器发明，20 年前的互联网兴起，所有这些技术最终都通过软件改变各个行业，并且在全球范围得到推广。

软件还正在吞噬许多被广泛认为主要存在于实体世界的行业价值链。今天的汽车里，软件操作着引擎，控制着安全功能，给乘客带来娱乐，引导驾驶员向目的地行驶，实现每辆汽车与移动设备、卫星和全球定位系统（Global Positioning System，GPS）网络相连接。目前，电动汽车的发展趋势将会加速向软件转移，完全由电脑控制。

实体店零售商沃尔玛，利用软件提升了它的后勤和配送能力，增强了竞争力。国际性速递集团联邦快递也同样如此，其卡车、飞机和配送中心组成了被认为是最好的软件网络。今天以及未来，航空公司的成败将取决于它们凭借软件正确地定价机票、优化路线及计算收益的能力。

此外，金融服务业、医疗卫生以及教育行业等也都进入软件驱动的时代。每个行业的公司都必须做好迎接软件革命到来的准备，其中甚至包括那些今天已经具有了软件基础的行业。

1.2　软件危机

1.2.1　软件危机的定义

1968 年北大西洋公约组织（North Atlantic Treaty Organization，NATO）的计算机科学家在联邦德国召开的国际学术会议上第一次提出了“软件危机”（Software Crisis）这个名词，与会人员最后得出结论：软件工程应当使用已建立的工程学科的基本原理和范型（Paradigm，即方法示例）来解决所谓的软件危机；顾名思义，软件危机指软件产品的质量低得通常不能接受，并且不能满足交付日期和预算限制。

NATO

目前，概括来说，软件危机包含两方面问题：一方面是如何开发软件，以满足不断增长、日益复杂的需求；另一方面是如何维护数量不断膨胀的软件产品。鉴于软件危机的长期性和症状不明显的特征，近年来也有“软件萧条（Depression）”或者“软件困扰（Affliction）”的说法。不过，“软件危机”强调了问题的严重性，也为大多数软件工作者熟悉。

具体来说，软件危机有以下一些典型表现。

（1）对软件开发成本和进度的估计常常不准确。

拖延几个月甚至几年工期的现象并不罕见，这种现象降低了软件开发组织的信誉。以丹佛新国际机场为例，按原定计划要在 1993 年万圣节前启用，但一直到 1994 年 6 月，机场的计划者还无法预测系统何时能达到可使机场开放的稳定程度。

（2）用户对“已完成”系统不满意的现象经常发生。

软件开发人员和用户间的交流不充分，造成开发人员对用户的需求一知半解，仓促编写程序，最终导致产品与用户期望值的差距过大。

（3）软件产品的质量往往靠不住。

Bug 一大堆，Patch 一个接一个，软件质量保证技术并没有完全应用到软件开发的全过程中，软件产品的质量也就无从保证。

1979 年 11 月 9 日检测到一个绝对称不上幽默的软件错误。北美防空防天司令部收到由全球军事指挥控制系统（World Wide Military Command and Control System，WWMCCS）计算机系统网络发出的警报，警报显示苏联已经向美国发射导弹，而实际上，该警报是由于软件错误引起的。

（4）软件的可维护程度非常低。

实时的现实世界在不停地变化，而许多程序的错误难以改正，更不可能使这些程序适应新的硬件环境，也不可能根据用户需要在原有程序上增加新功能。“可重用软件”仍有很长的一段路要走。

（5）软件通常没有适当的文档数据。

软件不仅是程序，还应该有完整的文档数据。这些文档数据应该是在软件开发过程中产生出来的，而且应该是和代码程序完全一致的，对于软件开发组织的管理人员、开发人员、维护人员而言都是至关重要、必不可少的。缺乏必要的文档数据，必然给软件开发和维护带来许多困难。

（6）软件的成本不断提高。

随着微电子技术的进步和生产自动化的不断发展，硬件成本逐年下降，然而软件开发需要大量人力，软件成本所占比例持续上涨。

（7）软件开发生产率的提高赶不上硬件的发展和人们需求的增长。

软件产品的“供不应求”现象使人类不能充分利用现代计算机硬件提供的巨大潜力。

以上列举的仅仅是软件危机的一些典型表现，事实上，软件危机带给软件开发和维护的问题远不止这些。

1.2.2 软件危机产生的原因

20 世纪 60 年代中期到 20 世纪 70 年代中期，人们以“软件作坊”的形式开发软件。开发的方法基本上仍然沿用早期的个性化软件开发方式，当软件的数量急剧膨胀，软件需求日趋复杂，维护的难度越来越大，开发成本越来越高，失败的软件开发项目屡见不鲜，“软件危机”就这样开始了。“软件危机”使得人们开始对软件及其特性进行更进一步的研究，人们改变了早期对软件的不正确看法，那些被认为很难被别人看懂、通篇充满了程序技巧和窍门的程序不再是优秀的程序。而除了功能正确、性能优良之外，容易看懂、容易使用、容易修改和扩充的程序才是真正优秀的程序。

在软件开发和维护工作中存在如此之多的严重问题，一方面与软件本身的特点有关，另一方面与软件开发和维护的不正确方法有关。总体来说，有如下 5 点。

（1）忽视软件开发前期的需求分析。

（2）开发过程没有统一的、规范的方法论的指导，文件资料不齐全，忽视人与人的交流。

（3）忽视测试阶段的工作，提交用户的软件质量差。

（4）忽视软件的维护。

（5）缺少规范而盲目编写程序。

1.2.3 软件危机解决的途径

为了更好地解决软件危机带来的各种问题，首先应该对软件有一个比较全面的认识。1983 年美国电气电子工程师学会（Institute of Electrical and Electronics Engineers，IEEE）对软件的定义为“计算机程序、方法、规则、相关的文档数据以及在计算机上运行程序必需的数据”。由此可以看出软件其实包含五个配置部分，其中方法和规则是在文档中说明，并由程序加以实现。软件开发是一种组织良好、管理严格、各类人员协同配合、共同完成的工程项目。软件危机的解决途径可以从以下两方面着手。

（1）应该推广在实践中总结出来的开发软件的成功技术和方法，并且探索更好的、更有效的技术和方法，尽快纠正在计算机系统早期发展阶段形成的关于软件开发的错误概念。

（2）应该使用更好的软件工具。在适当的软件工具支持下，开发人员可以更好地完成工作。

总之，按工程化的原则和方法组织软件开发工作是有效的，也是摆脱软件危机的一个主要方法。

1.3　软件工程

1.3.1　软件工程的定义和研究对象

著名的软件工程专家巴利·玻姆（Barry W. Boehm，1935—）把软件工程定义为“运用现代科学技术知识来设计并构造计算机程序及为开发、运行和维护这些程序所必需的相关文件数据”。这个定义指出了软件工程包括了在成本限额内按时完成开发和修改软件，也指出软件工程应当包含技术和管理两方面的目标。

巴利·玻姆

弗里德里希·鲍尔（Friedrich L. Bauer，1924—2015）把软件工程定义为“建立并使用完善的工程化原则，以较经济的手段获得能在实际机器上有效运行的可靠软件的一系列方法”。这个定义是将系统工程的原理应用到软件的开发和维护中，认为软件工程应当有完善的工程化原则。

弗里德里希·鲍尔

1993 年 IEEE 进一步给出了更全面的定义，即软件工程把系统化的、规范化的、可度量的途径应用于软件开发、运行和维护的过程中，也就是把工程化应用于软件中。

软件工程是一门研究如何用系统化、规范化、数量化等工程原则和方法进行软件开发和维护的学科，包括软件开发技术和软件项目管理。

从上面给出的各种软件工程的定义可以看出，实际上软件工程的具体研究对象就是软件系统。它包括了方法、工具和过程 3 个要素。

1.3.2　软件工程的基本原理

自从 1968 年提出“软件工程”这一术语以来，研究软件工程的专家们陆续提出了 100 多条关于软件工程的准则或信条。美国著名的软件工程专家巴利·玻姆综合这些专家的意见，并总结多年的开发软件经验，于 1983 年提出了软件工程的 7 条基本原理。

（1）用分阶段的生存周期计划严格管理。

在软件开发与维护的漫长过程中，需要完成许多性质各异的工作。这条原理指出，应该把软件生存周期分成若干阶段，并相应制订出切实可行的计划，然后严格按照计划对软件的开发和维护进行管理。

（2）坚持进行阶段评审。

统计结果表明，大部分错误是发生在编码之前的，大约占 63%，错误发现得越晚，改正它要付出的代价就越大。因此，软件的质量保证工作不能在编码结束之后进行，应坚持进行严格的阶段评审，以便尽早发现错误。

（3）实行严格的产品控制。

开发人员最痛恨的事情之一就是改动需求。但是实践证明，需求的改动往往是不可避免的。这就要求采用科学的产品控制技术来顺应这种要求，也就是要采用变动控制和基准配置管理。当需求变动时，其他各个阶段的文档或代码随之相应变动，以保证软件的一致性。

（4）采纳现代程序设计技术。

从 20 世纪 60 年代的结构化软件开发技术，到现在的面向对象技术，从第一、第二代语言，到第四代语言，人们已经充分认识到方法大于气力。采用先进的技术既可以提高软件开发的效率，又可以降低软件维护的成本。

（5）能清楚地审查结果。

软件是一种看不见、摸不着的逻辑产品。软件开发小组的工作进展情况可见性差，难于评价和管理。为更好地进行管理，应根据软件开发的总目标及完成期限，尽量明确地规定开发小组的责任和产品标准，从而能清楚地审查所得到的结果。

（6）开发小组的人员应少而精。

开发人员的素质和数量是影响软件质量和开发效率的重要因素，应该少而精。高素质开发人员的效率比低素质开发人员的效率要高几倍到几十倍，开发工作中犯的错误也要少很多；当开发小组为 N 人时，可能的通信信道为 $N(N-1)/2$，可见随着人数 N 的增大，通信开销将急剧增大。

（7）承认不断改进软件工程实践的必要性。

巴利·玻姆提出应把承认不断改进软件工程实践的必要性作为软件工程的第七条原理。积极采纳新的软件开发技术，不断总结经验，收集进度和消耗等数据，进行出错类型和问题报告统计。这些数据既可以用来评估新的软件技术的效果，也可以用来指明必须着重注意的问题和应该优先进行研究的工具和技术。

1.3.3 软件工程的基本目标

一个软件工程项目的成败，在于开发过程中所采取的技术和管理上的措施是否合理、完善，判断软件开发方法优劣的衡量标准就是它是否能达到目标。

组织实施软件工程项目，最终目标是降低软件的开发成本，提高软件的质量、软件的可维护性和软件开发的效率。软件工程的主要目标是生产具有正确性、可用性以及开销合适的产品。正确性是指软件产品达到预期功能的程度；可用性是指软件的基本结构、实现及文档为用户可用的程度；开销合适性是指软件开发、运行的整个开销满足用户要求的程度。这些目标的实现不论在理论上还是在实践中均存在很多有待解决的问题，对过程、过程模型及工程方法的选取有一定约束。

事实上，软件工程项目的目标之间存在着相互关系，使几个目标都达到理想状态通常是非常困难的。对于一个软件开发方法，对其评价就是它对满足哪方面的目标比其他方法更有利。事实上，软件工程项目开发的方法就是为了力求在几个目标间达到平衡。

1.3.4 软件工程的基本原则

为了开发出能够遵循软件工程目标的低成本、高质量的软件产品，软件工程必须围绕工程设计、工程支持以及工程管理，遵循软件工程基本原则。

（1）抽象（Abstraction）

抽象是提取事物最基本的特征和行为，忽略非基本细节。采用层次抽象的方法，可以控制软件开发的复杂度，有利于提高软件的可理解性和开发过程的管理。

（2）信息隐藏（Information Hiding）

模块化和局部化设计过程中使用了信息隐藏的原则。按照信息隐藏的原则，模块应该尽量简洁，将某些元素隐藏起来，把细节决策封装起来。系统中的模块应设计成“黑箱”。模块外能使用模块接口说明给出的信息，如操作、数据类型等。由于模块操作的实现细节被隐藏，软件开发人员能够将注意力集中在更高层次的抽象上。

（3）模块化（Modularity）

按照功能将一个软件划分成许多部分单独开发，然后再组装起来，每一个部分即为模块。模块（Module）是程序逻辑上相对独立的部分，它是一个独立的编程单元，应有良好的接口定义。模块化有助于信息隐藏和抽象，有助于表示复杂的软件系统。模块应该大小适中，太大会导致模块内部的复杂性增加，不利于模块的调试和重用；太小则导致系统过于复杂，不利于控制整个工程的复杂性。模块之间的关联用耦合（Coupling）来度量，模块内部的关联关系用内聚 （Cohesion）来度量。模块化的优点是利于控制质量、多人合作、扩充功能等，它是软件工程中一种重要的开发方法。

（4）局部化（Localization）

局部化要求在一个物理模块内集中逻辑上相互关联的计算资源，并且从物理和逻辑两个方面保持系统中模块之间有松散的耦合关系，而在模块内部有较强的内聚性，这样有助于控制软件的复杂性。

（5）一致性（Consistency）

一致性指开发过程的标准化和统一化，包括不同工件之间的一致性和使用同样的方法来处理问题。整个软件系统（包括文档和程序）的各个模块应使用一致的概念、符号和术语，程序内部接口应保持一致，系统规格说明与系统需求保持一致等。一致性原则支持系统的正确性和可行性，实现一致性原则需要良好的软件设计工具（如数据字典、数据库、文档自动生成与一致性检查工具等），除此之外还需要设计方法和编码的风格一致。

（6）完整性（Completeness）

软件不丢失任何重要成分，完全实现系统所需功能的要求。在形式化开发方法中，按照给出的公理系统，描述系统行为的充分性，当系统给出错误或非预期状态时，系统保持正常的能力。完整性要求人们开发必要且充分的模块用于保持软件的完整性，在整个软件开发和管理过程中还需要软件管理工具的支持。

（7）可验证性（Verifiability）

开发大型软件需要对系统进行逐步分析，系统分析应该遵循系统容易检查、测试、评审的原则，以保证系统的正确性，采用形式化开发方法或具有强类型机制的程序语言及软件管理工具，可以帮助人们建立一个可验证的软件系统。

1.4　软件生存周期

软件从开始计划起，到废弃不用止，称为软件生存周期（Life Cycle）。通常将软件生存周期分为计划、开发、运行、维护 4 个时期，每一时期又可分为若干更小的阶段。开发时期可细分为需求分析、设计、编码、测试 4 个阶段；维护时期则是计划、开发、运行的循环。它们之间的关系如图 1-2 所示。

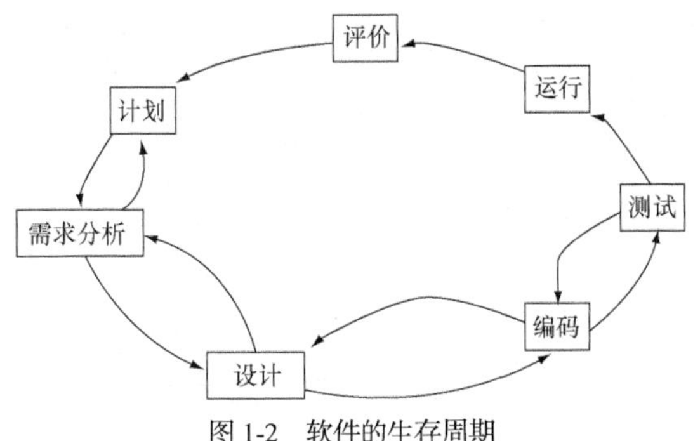

图 1-2　软件的生存周期

（1）制订计划（Planning）

制订计划主要确定软件的开发目标及其可行性，给出其在功能、性能、可靠性以及接口等方面的要求。

（2）需求分析和定义（Requirement Analysis and Definition）

需求分析包括需求的获取、分析、规格说明、变更、验证、管理等一系列需求工程。软件人员与用户共同讨论决定，哪些需求是可以满足的，并且加以确切描述。然后编写出软件需求说明书或系统功能说明书，以及初步的系统用户手册，提交管理机构。

（3）软件设计（Software Design）

软件设计是软件工程的技术核心。设计人员应该建立一个与确定的各项需求相应的体系结构，这个结构保证每一部分都有一个明确的意义，针对需求的模块组成，对每一个模块进行工作量描述。设计中的考虑均以设计说明书的形式加以描述，以供后续工作使用并提交评审。

（4）程序编写（Coding and Programming）

程序编写是软件开发过程中的生产步骤。将软件转化为计算机代码，用某一种特定的计算机语言对功能进行描述。程序编写要求具有结构性、可读性，与设计要求一致。

（5）软件测试（Testing）

软件测试的目的是确认软件的质量，一方面是确认软件是否实现了预期目标，另一方面是确认软件是否以正确的方式来完成这个目标。首先进行单元测试，查找各个模块内部功能结构上存在的问题；其次进行集成测试，查找模块间联合工作存在的问题；最后进行有效性测试，决定软件产品质量是否过关，能否交给用户。

（6）运行与维护（Running Maintenance）

软件产品开发完成投入使用后可能运行若干年。在运行过程中可能因为各方面原因需要进行修改，如硬件变更、操作系统换代、平台移植等问题都可能需要对软件进行维护。

1.5 软件开发过程模型

目前，常见的软件开发过程模型包括瀑布模型、快速原型模型、螺旋模型、增量模型、喷泉模型、构件组装模型、统一过程模型、敏捷过程及极限编程过程模型、微软过程模型、形式化方法模型、第四代技术模型、个人过程模型、团队过程模型等。

1. 瀑布模型

瀑布模型（见图 1-3）将软件开发过程划分为需求定义与分析、软件设计、软件实现、软件测试和运行维护等一系列基本活动，并且规定这些活动自上而下、相互衔接的固定次序。该模型支持结构化的设计方法，但它是一种理想的线性开发模式，缺乏灵活性，无法解决软件需求不明确或不准确的问题。

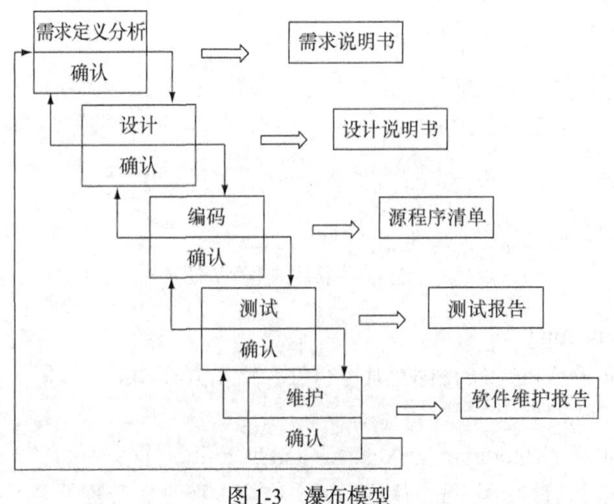

图 1-3 瀑布模型

瀑布模型的优点如下。

- 严格规范软件开发过程，克服了非结构化的编码和修改过程的缺点。
- 强调文档的作用，要求每个阶段都要仔细验证。

瀑布模型的缺点如下。

- 各个阶段的划分完全固定，阶段之间产生大量的文档，极大地增加了工作量。
- 由于开发模型是线性的，用户只有等到整个过程的后期才能见到开发成果，中间提出的变更要求很难响应。
- 早期的错误可能要等到开发后期的测试阶段才能发现，进而带来严重的后果。

2. 快速原型模型

快速原型模型（见图 1-4）需要迅速建造一个可以运行的软件原型，以便理解和澄清问题，使开发人员与用户达成共识，最终在确定用户需求基础上开发用户满意的软件产品。

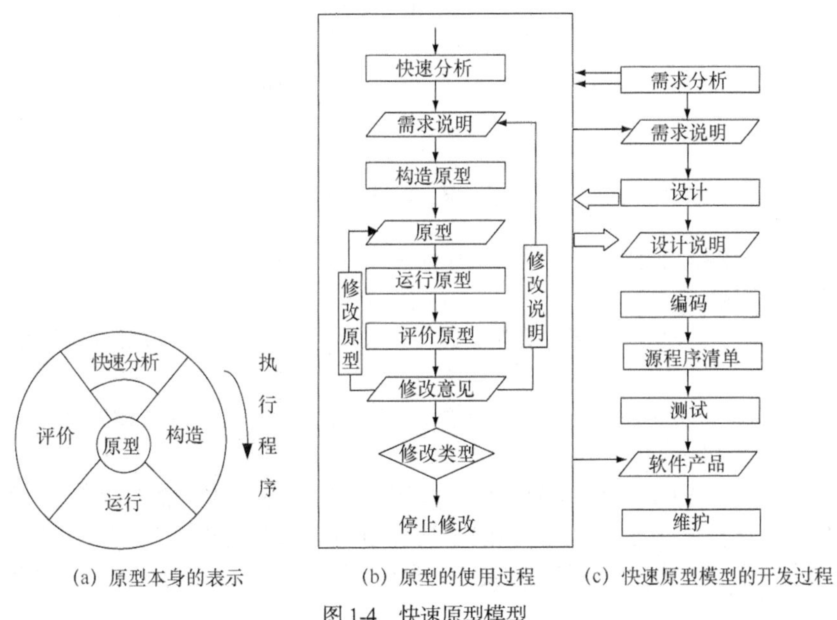

(a) 原型本身的表示　　(b) 原型的使用过程　　(c) 快速原型模型的开发过程

图 1-4　快速原型模型

快速原型模型的优点如下。

- 克服了瀑布模型的缺点，减少由于软件需求不明确带来的开发风险，可以快速构建一个软件原型，用于进行用户需求分析，帮助用户更好地描述系统要实现的功能。

快速原型模型的缺点如下。

- 所选用的开发技术和工具不一定符合主流的发展。
- 快速建立起来的系统结构加上连续的修改可能会导致产品质量低下。

3. 螺旋模型

螺旋模型（见图 1-5）将瀑布模型和快速原型模型结合起来，它将软件过程划分为若干个开发回线，每一个回线表示开发过程的一个阶段，例如由内向外的第一个回线可能与系统可行性有关，第二个回线可能与需求定义有关，第三个回线可能与软件设计有关等，如此反复形成了螺旋上升的过程。

螺旋模型适合于大型软件的开发，它吸收了软件工程“演化”的概念。

螺旋模型的优点如下。

- 以风险驱动开发过程，强调可选方案和约束条件从而支持软件的重用。

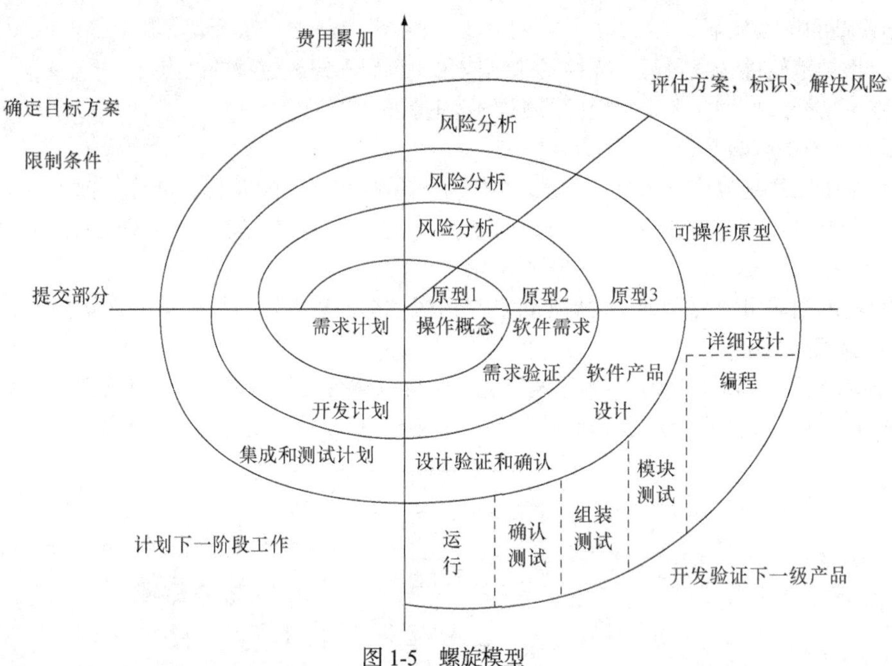

图 1-5　螺旋模型

- 关注于早期错误的消除，将软件质量作为特殊目标融入产品开发之中。

螺旋模型的缺点如下。

- 要求许多客户接受和相信风险分析并做出相关反应是不容易的，往往适应于内部的大规模软件开发。
- 需要软件开发人员具备风险分析和评估的经验，否则将会带来更大的风险。

4. 增量模型

增量模型（见图 1-6）是一种非整体开发的模型。在增量模型中，软件被作为一系列的增量构件来设计、实现、集成和测试，从而适应用户逐步细化需求的形成过程。该模型有较大的灵活性，适合于软件需求不明确、设计方案有一定风险的软件项目。

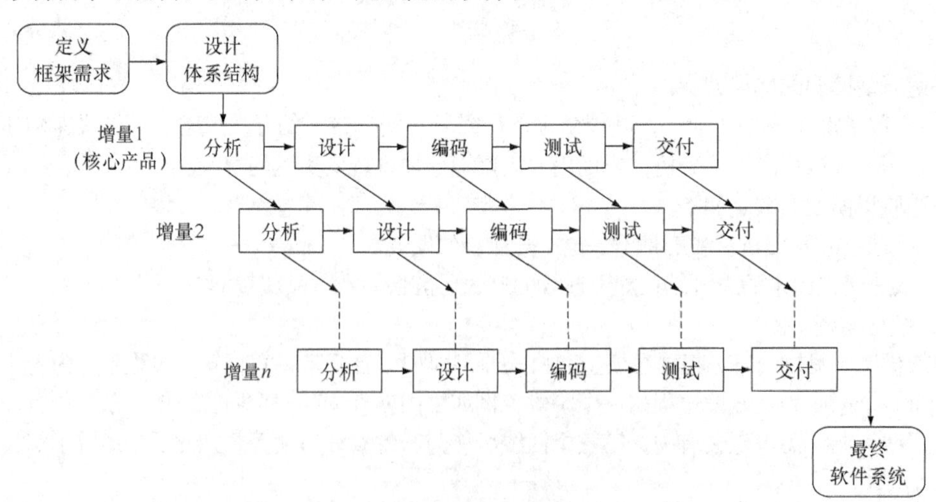

图 1-6　增量模型

增量模型的优点如下。

- 较好地适应需求的变化，用户可以不断看到所开发软件的可运行中间版本。

- 重要功能被首先交付，从而使其得到最多的测试。

增量模型的缺点如下。

- 各个构件是逐渐并入已有的软件体系结构中，要求软件具备开放式的体系结构。
- 容易退化为边做边改的方式，从而使软件过程的控制失去整体性。

5. 喷泉模型

喷泉模型（见图 1-7）是一种以用户需求为动力，以对象作为驱动的模型，适合于面向对象的开发方法。在喷泉模型中，存在交叠的活动用重叠的圆圈表示。一个阶段内向下的箭头表示阶段内的迭代求精。喷泉模型用较小的圆圈代表维护，圆圈越小象征采用面向对象范例后维护时间越短。

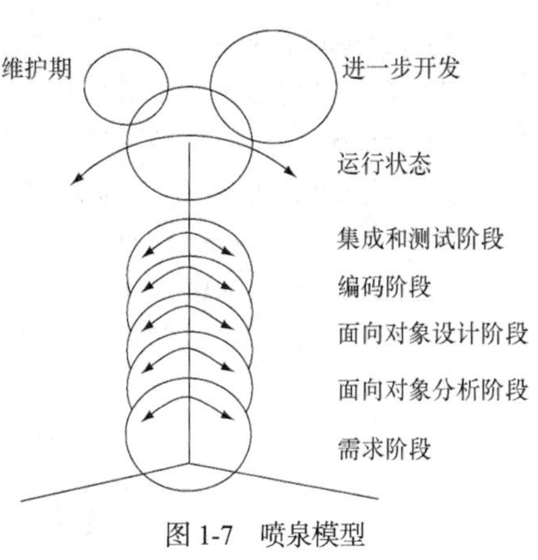

图 1-7　喷泉模型

喷泉模型的优点如下。

- 具有更多的增量和迭代性质，生存周期的各个阶段可以相互重叠和多次反复。
- 在项目的整个生存周期中还可以嵌入子生存周期。
- 采用面向对象方法实现的这种在概念上和表示方法上的一致性，保证了开发活动间的无缝过渡。

喷泉模型的缺点是：面向对象范例要求经常对开发活动进行迭代，这就有可能造成在使用喷泉模型的开发过程中过于无序。

6. 构件组装模型

构件组装模型（见图 1-8）是使用可重用的构件或商业组件建立复杂的软件系统，即在确定需求描述的基础上，开发人员首先进行构件分析和选择，然后设计或者选用已有的体系结构框架，复用所选择的构件，最后将所有的组件集成在一起，并完成系统测试。

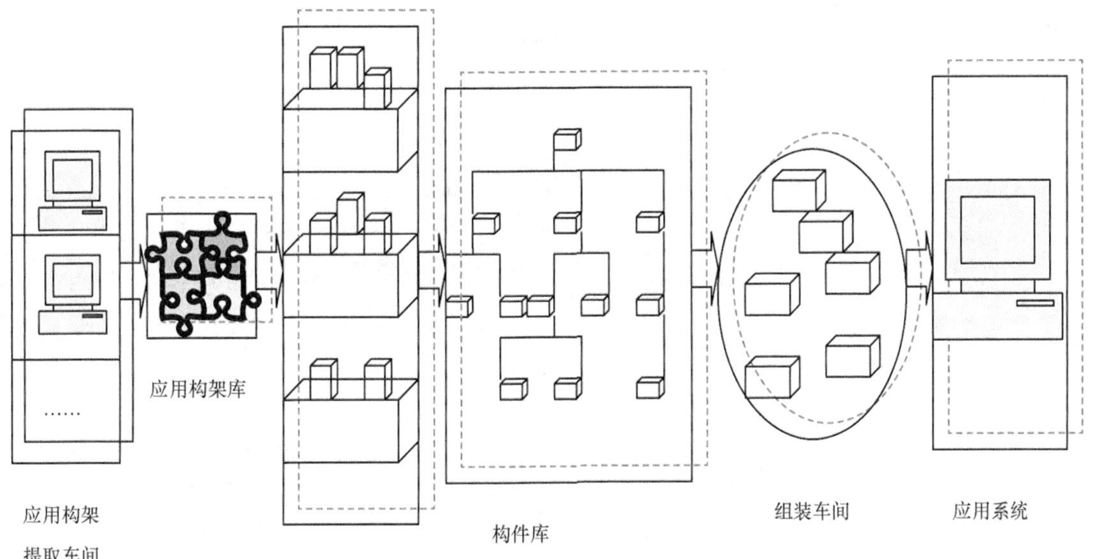

图 1-8　构件组装模型

构件组装模型的优点如下。

- 充分体现了软件复用的思想，降低了开发风险和成本。
- 可以快速交付所开发的软件。

构件组装模型的缺点是：由于某些商业构件是不能进行修改的，系统的演化将受到一定程度的限制。

7. 统一过程模型

Rational 统一过程（Rational Unified Process，RUP）的提出者 Rational 软件公司聚集了面向对象领域三位杰出专家格雷迪·布奇（Grady Booch，1955—）、伊瓦尔·雅各森（Ivar Jacobson，1939—）和詹姆斯·伦波（James Rumbaugh，1947—），同时又是面向对象开发的行业标准语言——统一建模语言（Unified Modeling Language，UML）的创立者。RUP 方法与早期的开发模型相比，提高了团队生产力，在迭代的开发过程、需求管理、基于组件的体系结构、可视化软件建模、验证软件质量及控制软件变更等方面，针对所有关键的开发活动为每个开发成员提供了必要的准则、模板和工具指导，并确保全体成员共享相同的知识基础。它建立了简洁和清晰的过程结构，为开发过程提供较大的通用性。

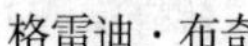

格雷迪·布奇　　伊瓦尔·雅各森　　詹姆斯·伦波

RUP 把一个项目分为 4 个不同的阶段。

① 初始阶段。包括用户沟通和计划活动两个方面，强调定义和细化用例，并将其作为主要模型。

② 细化阶段。包括用户沟通和建模活动，重点是创建分析和设计模型，强调类的定义和体系结构的表示。

③ 构造阶段。将设计转化为实现，并进行集成和测试。

④ 交付阶段。将本次迭代的可用产品移交给用户。

统一过程模型如图 1-9 所示。

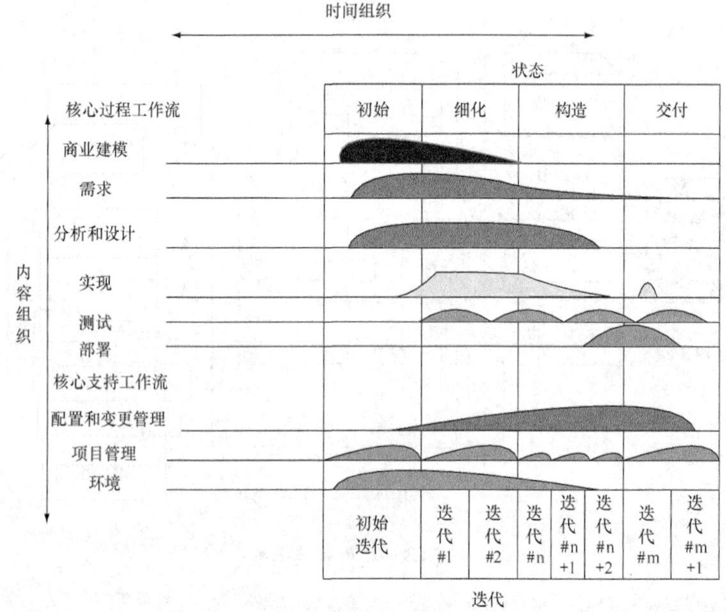

图 1-9　统一过程模型

统一过程模型的优点如下。

- 任何功能开发后就进入测试过程，及早进行验证。
- 早期风险识别，采取预防措施。

统一过程模型的缺点如下。

- 需求必须在开始之前完全弄清楚，是否有可能在架构上出现错误。
- 必须有严格的过程管理，以免使过程退化为原始的“试—错—改”模式。
- 如果不加控制地让用户过早接触没有测试完全、版本不稳定的产品，可能为用户和开发团队都带来负面的影响。

8. 敏捷过程与极限编程过程模型

（1）敏捷过程

敏捷过程由 4 个声明组成。

① 个体和交互胜过过程和工具。

② 可以工作的软件胜过面面俱到的文档。

③ 客户合作胜过合同谈判。

④ 响应变化胜过遵循计划。

敏捷过程的优点如下。

- 相比 RUP，敏捷方法更为灵活，倡导尽早地、持续地交付有价值的软件以满足用户需要。
- 在不同开发环境下具有高度灵活性，并提倡开发人员的自我管理。

敏捷过程的缺点是：项目维护难度大（知识和经验分散在软件开发人员手中）。

（2）极限编程过程

肯特 · 贝克

极限编程（Extreme Programming，XP）是敏捷软件开发方法的代表。2000 年，美国软件工程专家肯特 · 贝克（Kent Beck，1961—）对极限编程这一创新软件过程方法论进行了解释，“XP 是一种轻量、高效、低风险、柔性、可预测、科学而充满乐趣的软件开发方法。”肯特 · 贝克建议 XP 应用于规模小、进度紧、需求变化大、质量要求严格的项目。极限编程是价值而非实践驱动的高度迭代的开发过程。其价值体现在以下 4 个方面。

第一是沟通（Communication），即追求有效的沟通。XP 强调项目开发人员、设计人员、客户之间能进行有效、及时的沟通，确保各种信息的畅通。

第二是简单（Simplicity），即实现最简单的可行方案。XP 认为应该尽量保持代码的简单，只要能够满足工作需要就行，这样有利于代码的重构和优化。

第三是反馈（Feedback），即快速有效的反馈。要求不断对当前系统状态进行反馈，通过反馈，达到迅速沟通、编码、测试、发布的目的。

第四是勇气（Courage），即勇于放弃和重构。对于用户的反馈，XP 程序员要勇于对自己的代码进行修改，即使有些修改可能会使原来已经通过的测试又出现错误，但是经过团队的共同攻关，最终必然会取得满意的效果。极限编程过程模型如图 1-10 所示。

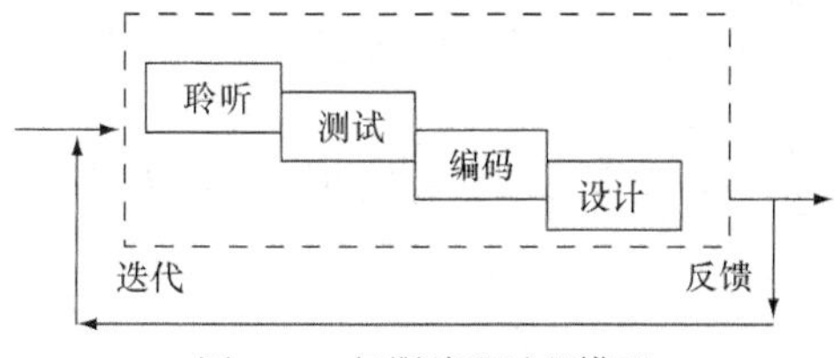

图 1-10 极限编程过程模型

极限编程过程模型的优点如下。

- 重视客户的参与、团队合作和沟通。
- 制订计划前做出合理预测，让编程人员参与软件功能的管理。
- 重视质量、设计简单、高频率的重新设计和重构、高频率及全面的测试。
- 递增开发和连续的过程评估。
- 对过去的工作持续不断地检查。

极限编程过程模型的缺点如下。

- 以代码为中心，忽略了设计。
- 缺乏设计文档，局限于小规模项目。
- 对已完成工作的检查步骤缺乏清晰的结构，质量保证依赖于测试并缺乏质量规划。
- 没有提供数据的收集和使用的指导。
- 开发过程不详细，全新的管理手法带来的认同度问题。
- 缺乏过渡时的必要支持。

9. 微软过程模型

微软过程模型是一套既面向软件研发实践，又符合公司业务特点的理论与方法体系。微软使用的研发管理模式是微软公司在近三十年的软件研发实践中逐渐发展和完善起来的，它把软件周期划分为 5 个阶段，如图 1-11 所示。

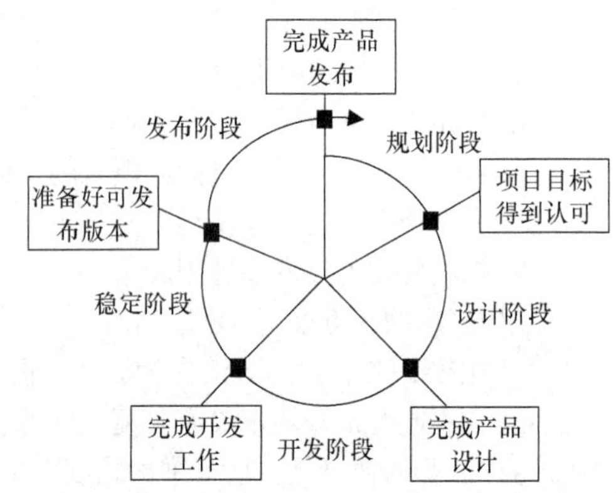

图 1-11　微软软件生命周期阶段划分和主要里程碑

微软过程模型的优点是：

综合了 Rational 统一过程和敏捷过程的许多优点，是对众多成功项目的开发经验的正确总结。

微软过程模型的缺点是：

- 对方法、工具和产品等方面的论述不如 RUP 和敏捷过程全面，人们对它的某些准则本身也有不同意见。

10. 形式化方法模型

需求分析方法基本上都是基于非形式化的需求描述语言，也就是说它们都未给出数学意义上严格要求的语法和语义说明，因此需求模型都带有或多或少的不精确性和不完整性，甚至不一致性。有鉴于此，许多软件开发实践都希望借助形式化方法，严格地定义用户需求，并通过数学推演而不是代价高昂的失败教训，确保需求定义的一致性和完整性。对于正确性至关重要的实时嵌入式系统关键部件的软件开发，形式化方法更是不可缺少的。

形式化方法包含了一组活动，它们导致计算机软件的数学规约。形式化方法使得软件工程师能够通过一个严格的数学体系来规约、开发和验证基于计算机的系统。在此方法基础上进行改进的模型，称为净室软件工程（Cleaning Room Software Engineering），已经被一些组织所采用。在开发中使用形式化方法时，它们提供了一种机制，能够消除使用其他软件模型难以克服的很多问题。通过对应用的数学分析，能更容易地发现和纠正模型的二义性、不完整性、不一致性。

形式化方法模型的优点如下。

- 形式化规约可直接作为程序验证的基础，可以尽早地发现和纠正错误（包括那些其他情况下不能发现的错误）。
- 开发出来的软件具有很强的安全性和健壮性，特别适合安全部门或者软件错误会造成经济损失的开发者。
- 具有开发无缺陷软件的承诺。

形式化方法模型的缺点如下。

- 开发费用高昂（对开发人员需要多方面的培训），而且需要的时间较长。
- 不能将这种模型作为对客户通信的机制，因为客户对这些数学语言一无所知。
- 目前还不流行。

11. 第四代技术模型

使用一系列软件工具，是第四代技术的特点。这些工具有一个共同的特点：能够使软件工程师在较高级别上约束软件的某些特征，然后根据开发者的规约自动生成源代码。软件在越高级别上被规约，就越能被快速地开发出程序。软件工程的第四代技术集中于规约软件的能力，使用特殊的语言形式或一种用户可以理解的术语描述待解决问题的图形符号体系。和其他模型一样，第四代技术也是从需求收集这一步开始的，要将一个第四代技术实现成最终产品，开发者还必须进行彻底的测试、开发有意义的文档，并且同样要完成其他模型中要求的所有集成活动。总而言之，第四代技术已经成为软件工程的一个重要方法。特别是和构件组装模型结合起来时，第四代技术可能成为当前软件开发的主流模型，如图 1-12 所示。

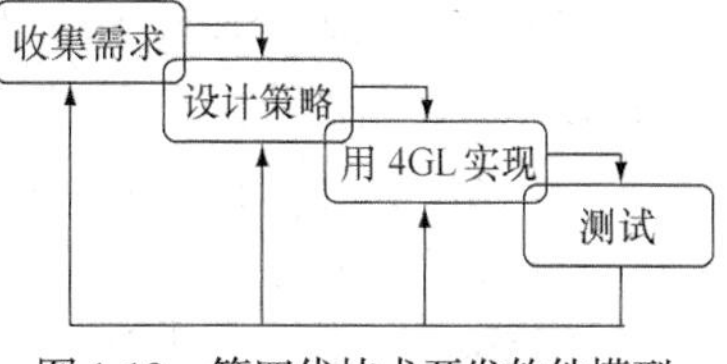

图 1-12　第四代技术开发软件模型

使用第四代技术模型在小型和中型的应用软件开发中可以起到很好的效果，但是在大型项目的开发中，第四代技术模型显得不易使用，并且这类工具生成的源代码可能是“低效”的。目前，生成软件的可维护性令人怀疑，在一些情况下，可能比传统的软件模型需要更多的时间。

第四代技术模型的优点如下。

- 缩短了软件开发时间，提高了建造软件的效率。
- 对很多不同的应用领域提供了一种可行性途径和解决方案。

第四代技术模型的缺点如下。

- 用工具生成的源代码可能是“低效”的。
- 生成的大型软件的可维护性目前还令人怀疑。
- 在某些情况下可能需要更多的时间。

12. 个人过程模型

瓦茨・汉弗莱

能力成熟度模型（Capability Maturity Model for Software，CMM）虽然提供了一个有力的软件过程改进框架，却只告诉我们“应该做什么”，而没有告诉我们“应该怎样做”，并未提供有关实现关键过程域所需要的具体知识和技能。为了弥补这个欠缺，瓦茨・汉弗莱（Watts S. Humphrey，1927—2010）又主持开发了个人软件过程模型（Personal Software Process，PSP）。

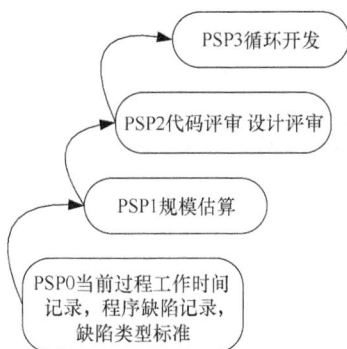

个人软件过程模型是一种可用于控制、管理和改进个人工作方式的自我持续改进过程，是一个包括软件开发表格、指南和规程的结构化框架。PSP 与具体的技术（程序设计语言、工具或者设计方法）相对独立，其原则能够应用到几乎任何的软件工程任务之中。PSP 能够说明个体软件过程的原则，帮助软件工程师做出准确的计划，确定软件工程师为改善产品质量要采取的步骤，建立度量个体软件过程改善的基准，确定过程的改变对软件工程师能力的影响。个人过程模型如图 1-13 所示。

PSP3循环开发
PSP2代码评审 设计评审
PSP1规模估算
PSP0当前过程工作时间记录，程序缺陷记录，缺陷类型标准

图 1-13　个人过程模型

个人过程模型的优点如下。

- 解决了软件开发过程中任务分解细化的问题。
- 有利于软件工程师针对自身制订准确的计划。

个人过程模型的缺点如下。

- 过程改变时对软件工程师会造成影响，调整自身计划，从而降低效率。

13. 团队过程模型

团队软件过程模型（Team Software Process，TSP）是为开发软件产品的开发团队提供指导，TSP 的早期实践侧重于帮助开发团队改善其质量和生产率，以使其更好地满足成本及进度目标。TSP 被设计为满足 2～20 人规模的开发团队，大型的多团队过程的 TSP 被设计为 150 人左右的规模。

TSP 由一系列阶段和活动组成，各阶段均由计划会议发起。在首次计划中，TSP 组将制订项目整体规划和下阶段详细计划，TSP 组员在详细计划的指导下跟踪计划中各种活动的执行情况。首次计划后，原定的下阶段计划会在周期性的计划制订中不断得到更新。通常无法制订超过 4 个月的详细计划，所以，TSP 根据项目情况，每 3～4 个月为一阶段，并在各阶段进行重建。无论何时，只要计划不再适应工作，就进行更新。当工作中发生重大变故或成员关系调整时，计划也将得到更新。在计划的制订和修正中，小组将定义项目的生命周期和开发策略，这有助于更好地把握整个项目开发的阶段、活动及产品情况。每项活动都用一系列明确的步骤、精确的测量方法及开始、结束标志加以定义。在设计时将制订完成活动所需的计划、估计产品的规模、各项活动的耗时、可能的缺陷率及去除率，并通过活动的完成情况重新修正进度数据，开发策略用于确保 TSP 的规则得到自始至终的维护。团队过程模型如图 1-14 所示。

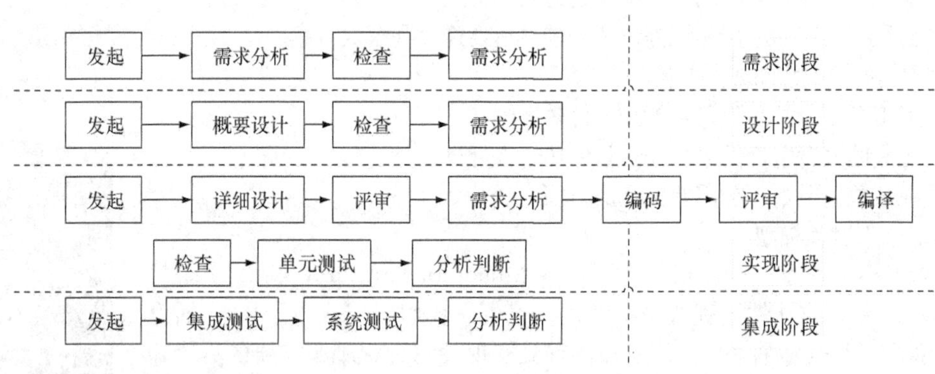

图 1-14　团队过程模型

团队过程模型的优点是：从团队的视角定义项目的生命周期和开发策略，有助于更好地把握整个项目开发的阶段、活动及产品情况。

团队过程模型的缺点是：不利于软件工程师针对自身制定准确的计划。

1.6　软件开发方法及工具

1.6.1　软件的开发方法

1. 结构化方法

1978 年，爱德华・尤顿（Edward Yourdon，1944—）和拉里・康斯坦丁（Larry Constantine，1943—）提出了结构化方法（Structured Analysis and Structure Design，SASD），也可称为面向功能的软件开发方法或面向数据流的软件开发方法。1979 年汤姆・狄马克（Tom DeMarco，1940—）对此方法做了进一步的完善。

爱德华・尤顿

拉里・康斯坦丁

汤姆・狄马克

结构化方法的基本要点是自顶向下、逐步求精、模块化设计。自顶向下的核心是“分解”，它将相对复杂的大问题分解为简单的小问题，对每个小问题进行精确、定量地描述；逐步求精即是抽象处理，将系统功能按层次进行分解，由单一简单的模块来描述整个系统；模块化设计是将求精结构得到的功能化的模块，以功能模块为单位进行程序设计，实现其求解算法，模块化降低了程序复杂度，使程序设计、调试、测试和维护等操作简化。

2. 面向数据结构的开发方法

面向数据结构的开发方法是根据数据结构设计程序处理过程的方法。在许多应用领域中，信息都有清楚的层次结构，输入数据、内部存储信息（数据库或文件）以及输出数据都可能有独特的结构。层次的数据组织通常和使用这些数据的程序层次结构十分相似。

面向数据结构开发方法的最终目标是得出对程序处理的描述。这种方法的总指导思想是自顶而下、逐步求精、单入口、单出口，基本原则是抽象和功能分解。因此，这种方法最适合于详细设计阶段使用，在完成软件结构设计之后，可以使用面向数据结构的方法来设计每个模块的处理过程。

迈克尔・杰克逊

1975 年，迈克尔・杰克逊（Michael A. Jackson，1936—）提出了一类至今仍广泛使用的软件开发方法，称为 Jackson 方法。这一方法从目标系统的输入、输出数据结构入手，导出程序框架结构，再补充其他细节，就可得到完整的程序结构图。这一方法对输入、输出数据结构明确的中小型系统特别有效，如商业应用中的文件表格处理。该方法也可与其他方法结合，用于模块的详细设计。

3. 面向对象的方法

传统的生命周期开发学主要存在的问题是生产率提高的幅度远不能满足需求，软件的重用度很低，软件难以维护，软件往往不能满足用户的需求。

随着面向对象编程（Object Oriented Programming，OOP）向面向对象设计（Object Oriented Design，OOD）和面向对象分析方法（Object Oriented Analysis，OOA）的发展，最终形成面向对象的建模技术（Object Modeling Technique，OMT）。这是一种自底向上和自顶向下相结合的方法，而且它以对象建模为基础，从而不仅考虑了输入、输出数据结构，实际上也包含了所有对象的数据结构。所以 OMT 彻底实现了 PAM（Problem Analysis Method）没有完全实现的目标。不仅如此，面向对象技术在需求分析、可维护性和可靠性这 3 个软件开发的关键环节和质量指标上有了实质性的突破，彻底地解决了在这些方面存在的严重问题。

4. 视觉化开发方法

20 世纪 90 年代的软件界兴起了视觉化开发的热潮。视觉化开发就是在可视开发工具提供的图形用户界面上，通过操作接口元素，诸如菜单、按钮、对话框、编辑框、单选框、复选框、列表框和滚动条等，由可视开发工具自动生成应用软件。Windows 图形接口产生后，图形开发变得复杂。Windows 为此提供了应用程序编程接口（Application Programming Interface，API）函数，它包含了 600 多个函数，极大地方便了图形用户接口的开发。但是由于 API 函数本身的复杂性和太多的参数以及更多的常数，使得利用 API 进行图形编程仍然是一件艰巨的工作。之后 Borland 推出了 Object Windows 编程，提供了大量预定义的对象类对 API 进行封装。用面向对象的方式自上而下地处理 API 函数，并提供标准的缺省处理，方便了程序开发。但对于非专业用户来说，开发图形化的接口程序仍然显得困难。为了解决这个问题，人们后来推出了一系列的可视化编程工具。

这类应用程序的工作方式包括事件驱动和消息机制，对于由事件产生的消息，通过消息响应函数做出相应的处理，可视化工具会自动为这些消息导入相应的消息函数。

可视化开发工具应提供两大类服务。一类是生成图形用户接口及相关的消息响应函数，通常的方法是先生成基本窗口，并在它的外面以图示形式列出所有其他的接口元素，让开发人员挑选后放入窗口指定位置，再逐一安排接口元素的同时，还可以用鼠标拖动，以使窗口的布局更趋合理；另一类服务是为各种具体的子应用的各个常规执行步骤提供规范窗口，它包括对话框、菜单、列表框、组合框、按钮和编辑框等，以供用户挑选，开发工具还应为所有的选择（事件）提供消息响应函数。

1.6.2 软件的开发工具

软件开发工具一般是指支持软件人员开发和维护活动的软件。最初的软件工具是以工具箱的形式出现的，一种工具支持一种开发活动，然后将各种工具简单结合起来就构成工具箱。由于工具箱存在问题，人们在工具系统的整体化及集成化方面开展一系列研究工作，使之形成完整的软件环境。表 1-3 给出了常用的软件工具。

表 1-3 软件工具

类型	工具	说明
项目管理	RUP	支持对迭代化生存周期的控制，提供可定制的软件过程框架
配置管理	ClearCase	实现综合的软件配置管理，包括版本控制、工作空间管理、过程控制和建立管理
需求管理	RequisitePro	它是一种基于团队的需求管理工具，将数据库和 Word 结合起来，有效地组织需求、排列需求优先级以及跟踪需求变更
可视化建模	Rose	Rational Rose 是一个完全的、具有能满足所有建模环境（如 Web 开发、数据建模、Visual Studio 和 C++）需求能力和灵活性的可视化建模工具
自动测试	Robot	可以对使用各种集成开发环境（IDE）和语言建立的软件应用程序，创建、修改并执行自动化的功能测试、分布式功能测试、回归测试和集成测试

1.7 软件工程的最新发展动向

随着面向服务的体系结构（Service Oriented Architecture，SOA）技术的兴起和客户端/服务器（Client/Server，C/S）模型的快速发展，软件工程技术本身也在靠近这些领域。在 20 世纪 90 年代末，出现了一类新的方法，开始被称为“轻量型”（Lightweight）方法，现在被广为接受的是“敏捷型方法”（Agile Methodologies），它的核心就是用户和开发人员间的沟通以及快速交付。

在信息时代，软件工程领域将遇到新的挑战。软件自动化势在必行，研究的内容将涉及需求工程、软件规格说明的形式化以及规格说明到系统的进化或转换。但是，形式化的软件方法以严格的数学和逻辑系统为基础，所以至今尚未达到工程应用的程度。因而，着眼于高度自动化、智能化的计算机辅助软件工程研究，仍将成为软件工程的一个主体。其中，将根据开发经验的积累，聚合各类应用领域的知识，集成各类应用工具，在用户面前创造一个良好的应用系统开发平台和环境，支持软件群体式的“多维”开发。这样的计算机辅助软件工程应首先涉及面向对象技术，重用技术，人工智能技术，图形图像处理技术，多媒体与可视化技术，裁剪、组装与集成技术，质量保证技术，软件过程模型，描述及控制技术等。另外，由于软件是知识的积累，软件重用将越来越受重视。并且，人们从现实实践中已经注意到要获得成功的软件重用，仅有可重用代码模块和库技术是不够的，必须研究如何设计和包装可重用软件、如何组合可重用构件的框架结构以及如何适应组织与经济结构的要求等。有效的软件重用将彻底改变现行软件开发过程，代之以生产和消费可重用软件构件的开发模型、方法、过程和技术。

随着经济全球化和互联网技术的全球化发展，市场竞争也越来越激烈，这就给软件产业的发展提出了更高的要求，在大的发展趋势下，软件工程也有自身的发展趋势。

1. 软件工程合理的开发治理

在软件工程开发治理工作中，如何合理地进行开发和建立有效的开发团队，需要根据不同的用户和软件的需求，并通过软件工程的方法对于软件开发工作中的做与不做、做什么、怎么做来全方面定义产品功能，从而才能保证产品的质量。随着软件系统的发展，软件系统越来越庞大和复杂，对于用户来说，如何开发出一款能够满足用户需求的产品，这就需要对团队开发过程进行协调和完善，开发治理需要协调开发团队的关系。通过对系统软件中的源代码进行采集，揭示软件系统功能之间的关系，从根本上了解软件系统，实现软件变更的质量管控，最终开发出符合用户需求的软件产品，为客户带来预期价值。

2. 软件工程全球化协作发展

互联网的发展方便了人们的交流，软件工程的研发实现了异地的团队形式，软件工程研发可以聚集全球化的技术和专业人才，形成一个强大的分布式开发团队，以多种形式，例如外包、任务驱动等来实现研发工作，使产品开发、测试、交付、服务等都得到综合提高和发展。全球化协作发展是一个未来的发展趋势。

3. 软件工程模块化

软件工程模块化是将复杂庞大的系统进行分解，划分为若干个子系统，各个子系统具有独立的运转功能，并具有多种接口，增强了子系统的通用性。若系统需要升级，只需更换相应的模块，而不需要进行整体更换，增强了系统的可扩展性。模块化的最大优点是使开发者专注于某一功能的开发，提高专业性的同时，缩短了研发时间，降低了研发成本。

4. 软件工程开放式计算

随着互联网的不断发展和普及，软件工程开放式计算有了技术基础，更多的开放式资源使得软件工程有效地集成，在软件开发标准上形成了互联互通，在一定程度上打破了文化、语言障碍，真正实现了软件开发的协作交流。Linux、Jazz、Android 等软件的开源，对于开放计算是充分地促进，令软件开发格局有所改变，并且互联网的不断普及和发展，为软件开发计算带来了前所未有的机遇，网络连接了原本分散的开发人员，真正实现了在基础框架下的集体智慧的升华，能够更高效有序地开发出优秀的产品级软件。

21 世纪的软件生产将是一种大规模的工业化生产活动，以符合产品化质量要求的工业标准，实现软件生产自动化。软件生产的突出特征是计算机真正成为人们的一种工具，用户即为系统分析员，“软件过程是软件”。为达到这一目标，形式化技术与工程化技术必然要有机地统一，并容纳其他相关的技术，产生一种新的软件生产方法、技术、规程以及相应的工业标准，并产生与之相适应的“傻瓜”计算机辅助软件工程，为软件产业奠定坚实的基础，使软件走上工业化生产方式，形成规模经济。

1.8　典型例题详解

例题 1（2010 年软件设计师试题）　某项目组拟开发一个大规模系统，且具备了相关领域及类似规模系统的开发经验。下列过程模型中，______最适合开发此项目。

A. 原型模型　　B. 瀑布模型　　C. V 模型　　D. 螺旋模型

分析： 瀑布模型的优点是可强迫开发人员采用规范化方法；严格地规定了每个阶段必须提交的文档；要求每个阶段交出的所有产品都必须经过质量保证小组的仔细验证；瀑布模型的缺点是由于瀑布模型几乎完全依赖于书面的规格说明，很可能导致最终开发出的软件产品不能真正满足用户的需要；用户往往需要等待很长时间才能看到可以运行的程序；适应需求变更的能力比较差。

瀑布模型适用于项目开始阶段需求已确定的情况，而原型模型适用于需求不明确的软件项目。

参考答案： B

例题 2（2014 年软件设计师试题） 以下关于结构化开发方法的叙述中，不正确的是______。

A. 总的指导思想是自顶向下，逐层分解

B. 基本原则是功能的分解与抽象

C. 与面向对象开发方法相比，更适合于大规模、特别复杂的项目

D. 特别适合于数据处理领域的项目

分析： 结构化开发方法是一种面向数据流的开发方法，其基本思想是软件功能的分解和抽象。结构化开发方法又称生命周期法，是迄今为止最传统、应用最广泛的一种信息系统开发方法。结构化开发方法采用系统工程的思想和工程化的方法，按用户至上的原则，结构化、模块化、自顶向下地对信息系统进行分析与设计。该方法严格按照信息系统开发的阶段性开展设计工作，每个阶段都产生一定的设计成果，通过评估后再进入下一阶段开发工作。因此，结构化开发方法具有以下优点。

- 开发工作的顺序性、阶段性适合初学者参与软件的开发。
- 开发工作的阶段性评估可以降低开发工作的重复性和提高开发的成功率。
- 该方法有利于提高系统开发的正确性、可靠性和可维护性。
- 具有完整的开发质量保证措施。

结构化开发方法存在的不足主要是开发周期太长，个性化开发阶段的文档编写工作量过大或过于烦琐，无法发挥开发人员的个性化开发能力。一般来说，结构化开发方法主要适用于组织规模较大、组织结构相对稳定的企业，这些大型企业往往业务处理过程规范、信息系统数据需求非常明确，在一定时期内需求变化不大。

参考答案： C

例题 3（2010 年软件设计师试题） 以下关于软件系统文档的叙述中，错误的是______。

A. 软件系统文档既包括有一定格式要求的规范文档，又包括系统建设过程中的各种来往文件、会议纪要、会计单据等资料形成的不规范文档

B. 软件系统文档可以提高软件开发的可见度

C. 软件系统文档不能提高软件开发效率

D. 软件系统文档便于用户理解软件的功能、性能等各项指标

分析： 软件开发文档是软件开发使用和维护过程中的必备资料。它能提高软件开发的效率，保证软件的质量，而且在软件的使用过程中有指导、帮助、解惑的作用，尤其在维护工作中，文档是不可或缺的资料。

参考答案： C

例题 4（2014 年软件设计师试题） 以下关于统一过程 RUP 的叙述中，不正确的是______。

A. RUP 是以用例和风险为驱动，以架构为中心，迭代并且增量的开发过程

B. RUP 定义了四个阶段，即起始、精化、构建和确认阶段

C. 每次迭代都包含计划、分析、设计、构造、集成、测试以及内部和外部发布

D. 每个迭代有五个核心工作流

分析：Rational Unified Process 是软件工程的过程，它提供了在开发组织中分派任务和责任的纪律化方法。它的目标是在可预见的日程和预算前提下，确保满足最终用户需求的高质量产品。

统一过程模型是一种“用例驱动，以体系结构为核心，迭代及增量”的软件过程框架，由 UML 方法和工具支持。

RUP 把一个项目分为 4 个不同的阶段。

初始阶段：包括用户沟通和计划活动两个方面，强调定义和细化用例，并将其作为主要模型。

细化阶段：包括用户沟通和建模活动，重点是创建分析和设计模型，强调类的定义和体系结构的表示。

构造阶段：将设计转化为实现，并进行集成和测试。

交付阶段：将本次迭代的可用产品移交给用户。

参考答案：B

例题 5（2014 年软件设计师试题） 以下关于增量模型的叙述中，正确的是______。

A. 需求被清晰定义　　　　B. 可以快速构造核心产品

C. 每个增量必须要进行风险评估　　　　D. 不适宜商业产品的开发

分析：增量模型融合了瀑布模型的基本成分（重复应用）和原型实现的迭代特征，该模型采用随着日程时间的进展而交错的线性序列，每一个线性序列产生软件的一个可发布的“增量”。当使用增量模型时，第 1 个增量往往是核心的产品，即第 1 个增量实现了基本的需求，但很多补充的特征还没有发布。客户对每一个增量的使用和评估都作为下一个增量发布的新特征和功能，这个过程在每一个增量发布后不断重复，直到产生了最终的完善产品。由于能够在较短的时间内向用户提交一些有用的工作产品，因此能够解决用户的一些急用功能。由于每次只提交用户部分功能，用户有较充分的时间学习和适应新的产品。

增量模型对系统的可维护性是一个极大的提高，因为整个系统是由一个个构件集成在一起的，当需求变更时只变更部分部件，而不必影响整个系统。

增量模型存在以下缺陷。

① 由于各个构件是逐渐并入已有的软件体系结构中的，所以加入构件必须不破坏已构造好的系统部分，这需要软件具备开放式的体系结构。

② 在开发过程中，需求的变化是不可避免的。增量模型的灵活性可以使其适应这种变化的能力，大大优于瀑布模型和快速原型模型，但也很容易退化为边做边改模型，从而使软件过程的控制失去整体性。

③ 如果增量包之间存在相交的情况且未很好地处理，则必须做全盘系统分析，这种模型的将功能细化后分别开发的方法较适应于需求经常改变的软件开发过程。

参考答案：B

小　结

本章从软件的相关概念出发，介绍了软件的分类、规模、特点及其软件危机和软件危机产生的原因和应对的方法。首先引出软件工程的概念，并且详细介绍了软件工程中的基本原理、目标和准则，然后着重对软件工程的生存周期进行阐述。详细描述了软件模型中的瀑布模型、快速原型模型、螺旋模型、喷泉模型、统一过程 RUP 模型、第四代技术模型等方面的内容。最后对标准化软件工程，软件文档处理进行了简单介绍。

习题 1

一、选择题

1. 软件是计算机系统中与硬件相互依存的另一部分，它包括文挡、数据及【 】。

A. 数据 B. 软件 C. 文档 D. 代码

2.【 】不是增量式开发的优势。

A. 软件可以快速地交付

B. 早期的增量作为原型，可以加强对系统后续开发需求的理解

C. 具有最高优先级的功能首先交付，随着后续的增量不断加入，这就使得更重要的功能得到更多的测试

D. 很容易将客户需求划分为多个增量

3. 软件工程中描述生存周期的瀑布模型一般包括计划、【 】、设计、编码、测试、维护等几个阶段。

A. 需求分析 B. 需求调查

C. 可行性分析 D. 问题定义

4. 某公司要开发一个软件产品，产品的某些需求是明确的，而某些需求则需要进一步细化，由于市场竞争的压力，产品需要尽快上市，则开发该软件产品最不适合采用【 】模型。

A. 瀑布 B. 原型 C. 增量 D. 螺旋

5. 在结构化的瀑布模型中，哪一个阶段定义的标准将成为软件测试中的系统测试阶段的目标？【 】

A. 需求分析阶段 B. 详细设计阶段

C. 概要设计阶段 D. 可行性研究阶段

6. 针对“关键职员在项目未完成时就跳槽”的风险，最不合适的风险管理策略是【 】。

A. 对每一个关键性的技术人员，要培养后备人员

B. 建立项目组，以使大家都了解有关开发活动的信息

C. 临时招聘具有相关能力的新职员

D. 对所有工作组织细致的评审

7. 从结构化的瀑布模型看，在它的生命周期中的 8 个阶段中，下面的几个选项中哪个环节出错，对软件的影响最大？【 】

A. 详细设计阶段 B. 概要设计阶段

C. 需求分析阶段 D. 测试和运行阶段

8. 以下关于喷泉模型的叙述中，不正确的是【 】。

A. 喷泉模型是以对象作为驱动的模型，适合于面向对象的开发方法

B. 喷泉模型客服了瀑布模型不支持软件重用和多项开发活动集成的局限性

C. 模型中的开发活动常常需要重复多次，在迭代过程中不断地完善软件系统

D. 各开发活动之间存在明显的边界

9. 敏捷开发方法中，【 】认为每一种不同的项目都需要一套不同的策略、约定和方法论。

A. 极限编程（XP） B. 水晶法（Crystal）

C. 并列争球法（Scrum） D. 自适应软件开发（ASD）

10. 软件工程的出现主要是由于【 】。

A. 方法学的影响 B. 其他工程科学的影响

C. 软件危机的出现　　D. 计算机的发展

11. 软件工程方法学的目的是使软件生产规范化和工程化，而软件工程方法得以实施的主要保证是【　　】。

A. 硬件环境　　B. 软件开发的环境
C. 软件开发工具和软件开发的环境　　D. 开发人员的素质

12. 软件开发常使用的两种基本方法是结构化和原型化方法，在实际的应用中，它们之间的关系表现为【　　】。

A. 相互排斥　　B. 相互补充　　C. 独立使用　　D. 交替使用

13. 软件开发中常采用的结构化生命周期方法，由于其特征而一般称其为【　　】。

A. 瀑布模型　　B. 对象模型　　C. 螺旋模型　　D. 层次模型

14. 软件开发的瀑布模型，一般都将开发过程划分为分析、设计、编码和测试等阶段，一般认为可能占用人员最多的阶段是【　　】。

A. 分析阶段　　B. 设计阶段　　C. 编码阶段　　D. 测试阶段

15. 统一过程（UP）是一种用例驱动的迭代式增量开发过程，每次迭代过程中主要的工作流包括捕获需求、分析、设计、实现和测试等。这种软件过程的用例图（Use Case Diagram）是通过【　　】得到的。

A. 捕获需求　　B. 分析　　C. 设计　　D. 实现

16. 软件开发的结构化生命周期方法将软件生命周期划分成【　　】。

A. 计划阶段、开发阶段、运行阶段　　B. 计划阶段、编程阶段、测试阶段
C. 总体设计、详细设计、编程调试　　D. 需求分析、功能定义、系统设计

17. 软件【　　】的提高，有利于软件可靠性的提高。

A. 存储效率　　B. 执行效率　　C. 容错性　　D. 可移植性

18. 选择软件开发工具时，应考虑功能、【　　】、健壮性、硬件要求和性能、服务和支持。

A. 易用性　　B. 易维护性　　C. 可移植性　　D. 可扩充性

19. 在软件设计和编码过程中，采取【　　】的做法将使软件更加容易理解和维护。

A. 良好的程序结构，有无文档均可
B. 使用标准或规定之外的语句
C. 编写详细正确的文档，采用良好的程序结构
D. 尽量减少程序中的注释

二、简答题

1. 什么是软件工程？
2. 目前有哪几种主要的软件工程的方法？
3. 试说明“软件生存周期”的概念。
4. 试说明软件危机产生的原因。
5. 试论述瀑布模型软件开发方法的基本过程。
6. 什么是软件工程开发环境？
7. 软件工程学的基本原则有哪些？试说明之。
8. 试说明软件文档的作用。
9. 软件工程项目的目标有哪些？
10. 简述软件工程的基本原理。
11. 简述结构化方法的含义。
12. 常见的软件开发模型有哪些？

第 2 章 分析阶段

本章要点

- 可行性研究的任务和步骤
- 系统流程图的符号及其画法
- 软件计划的制订和复审
- 需求分析的任务及方法
- 传统的软件建模

2.1 问题定义

问题定义阶段在说明软件项目的最基本情况下形成问题定义报告。在此阶段，开发者与用户一起，讨论待开发软件项目的类型（应用软件还是系统软件、通用软件还是专用软件）、将要开发软件项目的性质（主要是区分软件是新开发软件还是原有软件系统的升级）、待开发软件项目的目标（软件主要的使用功能）、待开发软件的大致规模以及开发软件项目的负责人等问题，并且用简洁、明确的语言将上述内容写进问题报告，最后双方对报告签字认可。

问题定义阶段的持续时间一般很短，形成的报告文本也相对比较简单。问题定义报告主要有如下内容。

- 待开发项目名称。
- 软件项目的使用单位和部门。
- 软件项目的开发单位。
- 软件项目的用途和目标。
- 软件项目的类型和规模。
- 软件项目开发的开始时间以及大致交付使用的时间。
- 软件项目开发可能投入的经费。
- 软件项目的使用单位与开发单位双方名称全称及其盖章。
- 软件项目的使用单位与开发单位双方的负责人签字。
- 问题定义报告的形成时间。

2.2 可行性研究

2.2.1 可行性研究的任务

可行性研究是在明确了问题定义的基础上，对软件项目从技术、经济等各个方面进行研究与分析，得出项目是否具有可行性结论的过程。

可行性研究的任务是用最小的代价、在尽可能短的时间内确定问题是否能够解决。但必须注意的是，可行性研究的根本目的并不是解决问题，而是确定问题是否值得去解决，也就是判断系统原定的目标和规模是否能实现，软件使用所带来的效益是否值得用户去投资开发。因此，可行性研究实质上是要进行一次压缩和简化系统分析、设计的过程，是在较高层次上以较抽象的方式进行的系统分析和设计的过程。

首先系统分析员应该导出系统的逻辑模型，然后从系统逻辑模型出发，研究出几种可供选择的能够实现系统的方案，最后仔细研究每种方案的可行性。

可行性研究的结果可作为系统规格说明书的一个附件。可行性研究报告有很多种形式，附录一提供的可行性研究报告具有普遍性，可作为参考。最后可将可行性研究报告提交给项目管理部门，由项目管理人员对可行性研究报告进行评审。

一般说来，可行性研究包括经济可行性、技术可行性和法律可行性 3 个任务。

2.2.2 可行性研究的基本内容

1. 经济可行性

基于软件的成本—效益分析是可行性研究的重要内容，它用于评估软件产品的经济合理性，并最终影响软件系统的市场前景。所以，必须给出系统开发的成本论证，并将估算的成本与预期的利润进行对比。通常，软件的成本由以下 4 个部分组成。

① 硬件费用。主要是购置并安装软硬件及有关设备的费用。

② 系统开发费用。

③ 系统安装、运行和维护费用。

④ 人员培训费用。

在系统分析和设计这两个阶段只能得到上述费用的预算，即估算成本。在系统开发完毕并交付用户运行后，上述 4 个部分的统计结果就是实际成本。至于系统效益，则包括经济效益和社会效益两部分。经济效益是指软件应用系统直接或间接为用户增加的收入，它可以通过直接的或统计的方法估算，社会效益则只能用定性的方法估算。

2. 技术可行性

在技术可行性研究过程中，系统分析员应采集软件系统涉及的各种信息（包括系统性能、可靠性、可维护性和可生产性方面），分析实现系统功能和性能所需要的各种设备、技术、方法和过程，并且需要分析软件开发在技术方面可能面临的风险，以及技术问题对开发成本的影响等。

完成技术分析后，项目管理人员必须在此基础上做出是否进行系统开发的决定。如果开发技术风险较大，或系统预期的功能和性能在模型演示当中不能很好地实现，或系统的实现难以支持各子系统的集成等，项目管理人员不得不做出“停止”系统开发的决定。

3. 法律可行性

法律可行性考虑的范围也是很广泛的，它们包括合同、责任、侵权和技术人员不知道的其他陷阱，现行的管理制度、人员素质、操作知识是否可行，软件开发过程中务必要注意。

2.2.3 可行性研究的步骤

通常，可行性研究的步骤如下。

（1）系统规模和目标的复查。

系统分析员应该根据有关材料，进一步复查确认系统规模和目标，进一步明确含糊或不够准确地叙述。

（2）认真研究现有系统。

旧系统是信息的重要来源，旧系统运行所需要的费用是判断系统是否需要更新的一个重要的经济指标。如果新系统不能更好地实现经济目标，那么至少从经济角度来看，新系统就不如原有的系统，应该检验系统分析员对现有系统的认识是否正确。同时还要注意，没有一个系统是与其他系统完全隔开的，实际上每一个系统都与其他系统有着或多或少的联系，所以还应特别注意了解并记录现有系统和其他系统之间的接口情况。

（3）导出新系统的高层逻辑模型。

好的设计通常都是从现有系统出发，通过现有系统的逻辑模型来设想目标系统的逻辑模型，即高层、抽象化的逻辑模型，最后根据目标系统的逻辑模型建造新的系统。在对目标系统有了一定程度的了解后，就可以画出相应的数据流图，数据流图和数据字典共同定义新系统的逻辑模型，可结构化设计出系统模块结构的上层，并基于数据流图逐步分解高层模块，设计中下层模块，从而概括地表达出对新系统的设想。

（4）重新定义问题。

新系统的逻辑模型本质上表达了系统分析员对新系统所具有的功能的认识，重要的是用户是否也有同样的看法。系统分析员应该和用户充分协商，比如一起讨论问题定义、软件规模以及对目标进行再次复查。如果用户遗漏了某些要求，或是系统分析员对少数问题存在误解，那么仍可在一定程度上进行改正。

可行性研究所涉及的这 4 个步骤实际上构成了一个循环（见图 2-1）。定义问题、分析问题、导出一个试探性的解，在此基础上再次定义问题、分析、修改，重复这个过程，直到提出的逻辑模型完全符合系统目标为止。

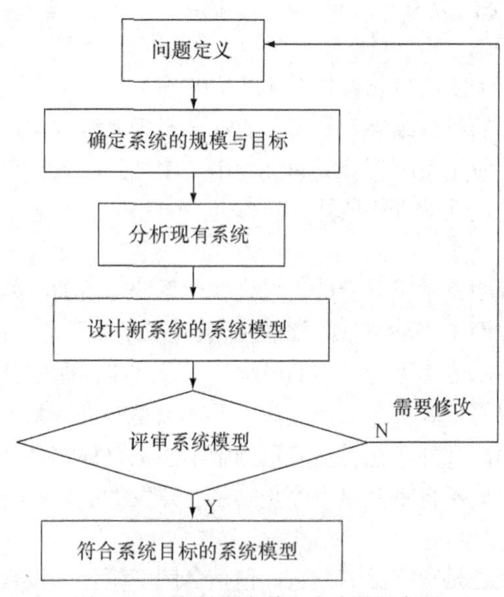

图 2-1　可行性研究前 4 个步骤示意图

（5）导出和评价供选择的方案。

从系统逻辑模型出发，系统分析员应该导出若干个较高层次（较抽象）的物理实现方案，充分考虑多种组合方法，标识出系统边界和所有输入/输出数据流。当从技术角度提出了一些可能实现的物理系统之后，首先基于技术可行性研究的结果，初步排除一些不现实的系统；其次系统分析员应该估计每个方案的开发成本和运行费用，并且估计相对于现有系统而言这种方案所体现出来的优越性，在这些基础上，对每个方案进行成本/效益分析；最后分析所开发的系统是否符合当前社会生产管理经营体制的要求，有无版权纠纷、生产安全以及与国家法律相违背的问题，在此基础上做出法律可行性的结论。

（6）推荐方案和行动方针。

根据可行性的研究结果，如果系统分析员认为这项工程值得继续进行开发，应该选择出一种最佳的解决方案，并且说明推荐这个方案的理由。这当中，成本/效益分析是系统分析员所必须仔细关注的，因为使用部门的负责人通常是根据经济上是否合算来决定是否投资。

（7）草拟开发计划。

系统分析员进一步为推荐的系统草拟一份开发计划，其中包括工程进度表、各种开发人员（如系统分析员、程序员、资料员等）以及各种资源（计算机硬件、软件工具等）的需要情况，同时需要指明这些人员的资源如何分配及资源具体如何使用等。此外，还需要估算系统生命周期中每个阶段的成本。最后，给出需求分析阶段的详细进度表和成本估计。

（8）提交文档。

把上述 8 个步骤得到的结果写成文档，并邀请用户和部门的负责人仔细审查，以决定是否接受系统分析员所推荐的解决方案。

2.3　系统流程图

2.3.1　系统流程图的符号

系统流程图的图形元素比较简单，也较容易理解。一个图形符号代表一种物理部件，这些部件可以是程序、文件、数据库、表格、人工过程等。

系统流程图的基本符号如表 2-1 所示。

表 2-1　系统流程图的基本符号

符号	名称	说明
	处理	加工、部件程序、处理机等
	人工操作	人工完成的处理
	输入/输出	信息的输入/输出
	文档	单个的文档
	多文档	多个文档
	连接	一页内的连接
	辅助操作	使用设备进行的脱机操作
	人工输入	人工输入数据的脱机处理，例如填写表格
	换页连接	不同页的连接
	磁盘	磁盘存储器
	显示	显示设备

续表

符号	名称	说明
←	信息流	信息的流向
⌐Z	通信链路	远程通信线路传送数据

在系统流程图的绘制过程中，要注意以下 3 个方面。

① 物理部件的名称应写在图形内，用以说明该部件的含义。

② 系统流程图中不应该出现信息加工控制的符号。

③ 用以表示信息流的箭头符号，无须标注名称。

2.3.2 系统流程图举例

例如描述某单位运动会信息管理系统的系统流程图，该系统由人工操作，分为报名处理（处理报名、生成报名表、运动项目册）、成绩处理（成绩录入、分类、统计、计算）和成绩发布与奖励（发布所有运动员比赛成绩、给破纪录运动员以及成绩前三名运动员颁奖）。

根据运动会委员会的要求，建立计算机管理的运动会信息系统，分析员经过仔细研究，推荐了一个新的系统方案，该系统方案如图 2-2 所示。在系统流程图的每一个部件上标注了名称，部件之间用信息流向线表示出信息流动的方向。

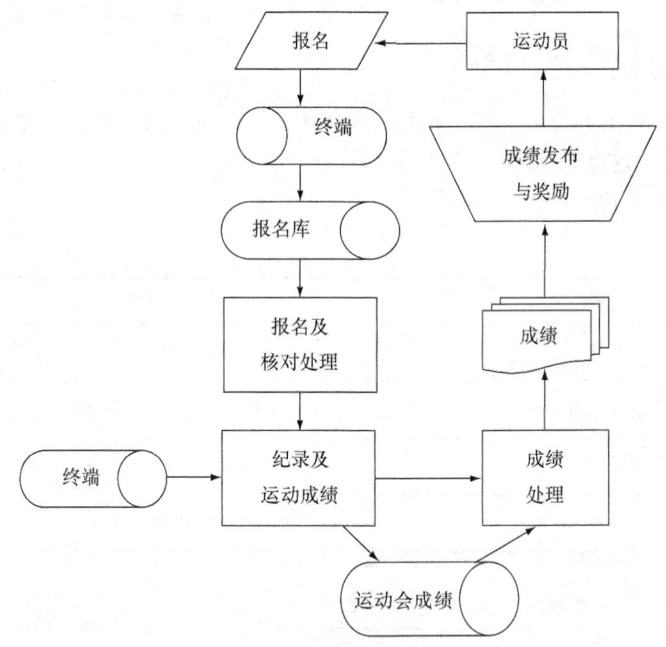

图 2-2 运动会系统流程图

2.3.3 分层

面对复杂的系统，一个比较好的方法是分层次描绘。首先用一张高层次的系统流程图描绘系统总体概括，表明系统的关键功能，然后分别把每个关键功能扩展到适当的详细程度，画在单独的一页纸上。图 2-3 所示是运动会中将成绩发布与奖励部分细化后的结果。

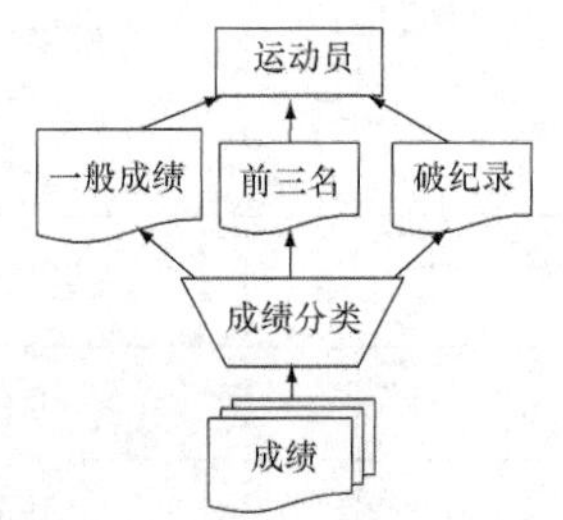

图 2-3 分层的成绩发布与奖励

2.4　软件计划的制订

2.4.1　确定软件计划

确定软件计划就是要用书面文件的形式，把开发过程中所涉及的每个问题，如各项工作的负责人员、成本、进度及所需要的软硬件条件等做出合理地估算。这些估算应当在软件开发项目开始时的一个有限的时间段内完成，并且随着项目的进展定期更新，以便项目管理人员根据制订的计划，对各种资源进行统一管理并及时检查监督项目的开发工作。

软件项目的估算通常比较复杂。因为软件本身的复杂性、经验和估算工具的缺乏以及一些人为错误，导致预算的结果往往和实际情况相差很大。因此，估算成本和进度需要相当程度的经验，还需要收集有用的历史信息和足够的定量数据等。

1. 资源需求分析

软件计划的另外一项任务是对开发软件所需资源的分析。这其中最主要的资源是人，包括参与人员的技术要求、人数和时间。大型软件的开发时间很长，人员的变动是不可避免的，所以还必须考虑到人力资源的有效利用。各阶段的人员配置是不相同的，如在项目需求分析和总体设计阶段，主要需要高级技术人员参加，而在系统编码阶段，则需要大量程序员加入，等等。

除了人力资源外，硬件资源也是必须的。软件计划中应该考虑开发环境和用户使用环境的硬件资源需求。

（1）开发系统

开发系统是软件开发阶段使用的整个计算机系统。它应该能够支持系统开发要求的多种开发平台，满足用户信息存储与通信的不同要求，能够模拟用户运行环境。

（2）目标硬件系统

目标硬件系统是指目标软件实际运行的硬件系统。它应该是在满足用户需求前提下的最小系统。

软件资源主要是支持系统开发、运行要求的软件系统，如操作系统，程序设计开发环境等。市场上，支撑软件的选择很多，有效地组合使用这些支撑软件可以极大地提高软件开发效率与质量。选择支撑软件应注意以下问题。

① 支撑软件是不可缺少的，这是软件开发的前提，必须合法有效地获取。

② 支撑软件可明显减少开发工作量，并显著提高质量。但获取支撑软件的费用应该小于等于不使用该软件进行开发所要求的费用。

③ 如果期望得到的软件必须做某些修改才能有效使用，则必须确保修改的费用应不大于开发同等软件要求的费用。

2. 软件开发进度安排

软件的进度安排应该综合考虑各种情况，从各种开发资源得到最佳利用的角度估算每个开发阶段的工作量和所需时间，从而得到交付日期，这其中必须充分考虑到软件系统测试时间。

制订软件开发进度计划时应该考虑如下问题。

（1）开发进度与开发人员数量的关系。

与其他科学活动不一样，软件开发的进度不可能靠不断增加人数来保证。因为人员的增加就意味着增加了开发人员之间信息交流的复杂性。例如，假设单人开发的软件生产率是 4000 行/人年，如果 4 人共同开发，要求 6 条通信路径。假设每条路径耗费的时间为 200 行/人年，则每人的软件生产率为 4000−6×200/4=3700 行/人年。如果人数增加到 6 人，则通信路径为 15 条，软件生产率降为

3250/人年。由此可见，软件开发的人数与进度不成正比。

（2）开发进度与人员配备。

软件开发各阶段的人员配备是不一样的，目前通常采用 40-20-40 规则。即在软件开发中，编码占全部工作量的 20%，而编码前和编码后的工作各占 40%。这种方式体现了需求分析、设计以及后期测试的重要性。许多复杂的软件开发中，测试甚至占开发工作的 50%以上。

（3）软件进度计划。

软件进度计划中，必须明确各任务之间的人数、工作量和工作之间的衔接要求，每项任务的起止时间等。需要注意的是，每项任务的完成，应该以应交付的文档和复审通过为标准。当估算出每个子阶段的工作量及相应的时间要求以后，可以结合运筹学中的计划评审和关键路径法确定各任务的时间限制，编制开发进度时间表，找出并确保关键时间路径。

3. 制订项目开发计划

软件项目开发计划是一种管理性文档。主要是对开发的软件项目的费用、时间、进度、人员组织、硬件设备的配置、软件开发环境和运行环境的配置等进行说明和规划。项目的管理，以及项目的费用、进度和资源方面的控制都是以此为依据的。

项目开发计划主要内容如下。

（1）项目概述。说明项目的各项主要工作以及软件的功能、性能，用户及合同承包者承担的工作、完成期限及其他条件限制，应交付的程序所使用的语言及其存储形式，应依附的文档。

（2）实施计划。说明任务的划分、每阶段应完成的任务、项目开发的进度、各项任务的责任人、项目的预算，以及各阶段的费用支出预算。

（3）人员配置。说明该项目所需人员的类型和数量以及组成结构等。

（4）交付期限。说明项目最后交付的日期。

最后给出下一阶段的详细进度和成本。

2.4.2 复审软件计划

软件计划复审应该由开发人员与用户方合作进行，内容主要针对成本估算、进度安排，以及人员和资源的保证等，复审内容可以分为管理与技术两个方面。

1. 管理方面

① 计划描述的系统是否符合用户的需要。

② 计划中对系统相关资源的描述是否合理有效。

③ 开发成本与开发进度要求是否合理。

2. 技术方面

① 系统的功能复杂性是否与开发风险、成本、进度相一致。

② 是否为后续的开发提供足够的依据和空间。

③ 规格说明中关于系统性能、可维护性等要求是否恰当。

经过评审，如果软件计划需要修改，则分析员需要复查最初的用户要求文档，然后再评价修订。在软件开发实施过程中，软件计划可以修改，但不应扩大软件作用范围。

2.4.3 开发方案的选择

系统分析完成后，就要开始研究问题求解方案。首先要做的是降低复杂性。通常系统工程师将一个复杂系统分解为若干个相对简单的子系统；然后再精确地定义子系统（如界面、功能和性能等），以及给出各子系统之间的关系。这样对于人员的组织和分工，系统开发效率和工作质量的提高，都将有很大的帮助。当然，分解系统和实现子系统所提供的选择方案通常都不是唯一的。每种方案对各种因素，如成本、时间、人员、技术、设备等都有一定的要求。而每一种方案开发出来的系统在功能和性能方面都会存在很大的差异。系统开发各阶段所用成本分配方案的不同也会对系统的功能和性能产生相当大的影响。另外，由于系统功能和性能也是由多种因素组成的，某些因素是彼此关联和制约的，如系统有效使用的范围与精度的关系、系统安全性、可靠性的折中等。所以系统论证和选择、确定系统开发方案的过程也是一个折中过程。系统开发方案的选择过程如图 2-4 所示。

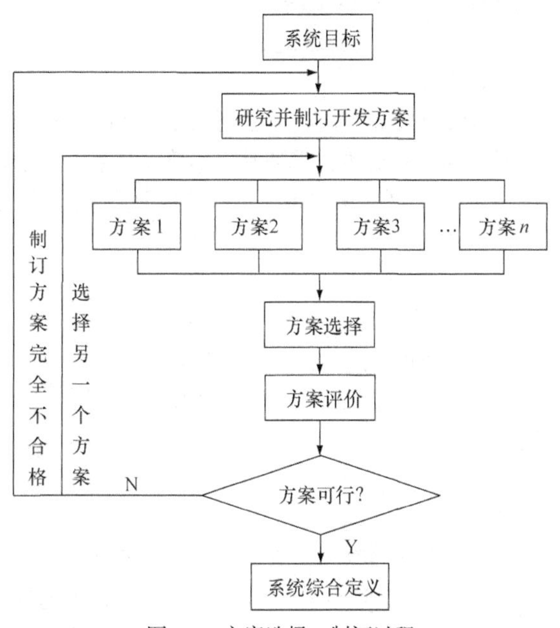

图 2-4　方案选择、制订过程

项目管理人员分析可行性研究报告的评审结果，综合比较、分析开发所涉及的各种情况后做出是否开发软件项目的决策。

2.5　成本/效益分析

2.5.1　成本估算

近年来，在软件成本估算方面有了很大的发展，大多数成本估算都是从分析与软件成本相关的因素入手。例如，软件产品的复杂程度、软件开发时间及软件的可靠性等。

1. 基于代码行的成本估算方法

软件是高度知识密集型的产品，开发过程中几乎没有原材料或者能源消耗，设备折旧所占比例很小，因此软件生产的成本主要是劳动力成本。软件生产率是软件成本估算的基础。常用的软件成本估计计量单位有以下 3 种。

（1）源代码行。源代码行指交付的可运行软件中有效的源程序代码行数。

（2）工作量。工作量指完成一项任务所需的程序员平均工作时间，其单位可以是人月（PM，Per Month）、人年（PY，Per Year）或者人日（PD，Per Day）。

（3）软件生产率。软件生产率指开发过程中单位时间内能够完成的平均软件数量。

软件生产率不仅可以用于成本估算，也可以用于软件计划的进度估算。行代码估算方法是比较简单的定量估算方法，通常根据经验和历史数据估计系统实现后的各功能的源代码行数，然后用每行代码的平均成本相乘即得软件功能成本估算。每行代码的平均成本取决于软件复杂程度和开发人员的工资水平，如果用软件生产率相乘，则得预期开发期，进行功能或者任务分解，则可以估计开发进度。

对每个功能的行代码估算值通常是三个根据历史资料或者直觉得到的数据，即最乐观估计值 N、最可能估计值 M、最坏估计值 B，然后加权平均。

$$L_e=(N+4\times M+B)/6$$

2. 基于任务分解的成本估算方法

典型办法是根据生存周期得到的瀑布模型，对开发工作进行任务分解，分别估算每个任务的成本，然后累加得到总成本。每个任务的成本估算通常只估算工作量（通常以 PM 为单位），如果软件系统庞大，可以分子系统独立开发，则应该对每个子系统按照开发阶段分别估算。典型系统开发需要的工作量比大致如下：

需求分析：	15%
设计：	25%
编码与单元测试：	20%
综合测试：	40%

3. 经验统计估算模型

（1）参数方程

静态单变量模型的一般形式是

代价=CI×（估算特点）×exp(C2)

其中，代价可以是工作量、需要人数、项目持续时间等。估算特点通常是估算源代码行数。例如 Walston-Felix 模型为

工作量 $E=5.2L^{0.91}$（PM）

项目时间 $D=4.1L^{0.36}$（月）

源代码长 $L=2.47E^{0.35}$（行）

程序员人数 $S=0.54E^{0.6}$（人）

文档资料 $DOCL=2.47E^{0.35}$（页）

其中 L 为估算目标程序指令代码条数，对于高级语言源程序，应该在不包括程序注释、编译命令行的前提下，将所有源程序行乘以转换系数折算为机器指令条数。

该模型收集了 1973 年至 1977 年间 IBM 联合系统分部 60 个项目的成本数据。程序规模从 400 行到 46.7 万行，人力从 12PM 到 1178PM，使用 66 台计算机，28 种不同语言；最后这些数据用最小二乘法进行参数估算得出。

（2）动态多变量参数模型

将代价看作开发时间的函数。例如根据 30 人年以上的大型软件项目导出的 Putnam 模型如下：

$$L=C_kK^{1/3}T_i^{4/3}$$

其中，

L——源代码行数；

K——软件开发与维护要求的工作量（单位是 PY）；

T_i——开发时间（年）；

C_k——技术水平常数。

好的开发环境（有自动化技术支持）：C_k=12500。

正常的开发环境（采用正规的开发方法，有充分的文档或者复审）：C_k=10000。

差的开发环境（没有规范的开发方法，缺少文档或者复审）：C_k=6500。

（3）COCOMO 模型

构造性成本模型（Constructive Cost Model，COCOMO）是一种结构成本组合模型。该模型将软件开发方式分为有机方式、嵌入方式和半分离方式 3 种。有机方式指软件要求不苛刻，开发人员经验丰富，软件环境十分熟悉，程序规模不大（通常小于 50000 行）。嵌入方式的软件通常和某些硬件设备紧密联系，约束条件十分严格（如导弹巡航制寻系统）。半分离方式的软件要求通常介乎于以上两者之间，但软件规模较大（可以达 300000 行）。基本 COCOMO 模型的开发工作量和开发时间估算方程如表 2-2 所示。

表 2-2　　基本 COCOMO 模型的工作量和进度公式

开发方式	开发工作量	开发时间
有机方式	$MM=2.4.(KDSI)^{1.05}$	$TDEV=2.5(MM)^{0.38}$
半分离方式	$MM=3.0(KDSI)^{1.12}$	$TDEV=2.5(MM)^{0.35}$
嵌入方式	$MM=3.6(KDSI)^{1.20}$	$TDEV=2.5(MM)^{0.32}$

其中，MM 是开发工作量（单位：人月），KDSI 是估算代码行数（以千行为单位），TDEV 是开发时间（以月为单位），影响软件开发工作量的因素并不只与产品规模和开发方式相关，基本 COCOMO 模型是比较粗略的成本估算模型。

影响软件开发成本的因素可以分为软件产品属性、计算机属性、人员属性和项目属性 4 类。在详细 COCOMO 模型中，影响开发成本的 15 个主要因素调整系数 f_i 如表 2-3 所示。利用该表，不仅可以估算软件开发成本，还可以分析比较不同开发条件的成本和效益，从而制订恰当的开发方案。

表 2-3　　调整系数表

f_i	类别	主要因素	级别					
			很低	低	正常	高	很高	极高
f_1	软件	软件可靠性（RELY）	0.75	0.88	1.00	1.15	1.40	
f_2		数据库大小（DATA）		0.94	1.00	1.08	1.16	
f_3		产品复杂性（CPLX）	0.70	0.85	1.00	1.15	1.30	1.65
f_4	硬件属性	执行时间限制（TIME）			1.00	1.11	1.30	1.66
f_5		内存容量限制（STOR）			1.00	1.06	1.21	1.56
f_6		硬环境变动（VIRT）		0.87	1.00	1.15	1.30	
f_7		计算机响应时间（TURN）		0.87	1.00		1.07	1.15
f_8	人员属性	分析能力（ACAP）	1.46	1.19	1.00	0.86	0.71	
f_9		应用经验（AEXP）	1.29	1.13	1.00	0.91	0.82	
f_{10}		程序员能力（PCAP）	1.42	1.17	1.00	0.86	0.72	
f_{11}		开发环境知识（VEXP）	1.21	1.10	1.00	0.90		
f_{12}		编程语言经验（LEXP）	1.14	1.07	1.00	0.95		
f_{13}	项目	软件开发模型（MODP）	1.24	1.10	1.00	0.91	0.82	
f_{14}		软件工具（TOOL）	1.24	1.10	1.00	0.91	0.83	
f_{15}		进度约束（SCED）	1.23	1.08	1.00	1.04	1.10	

2.5.2 成本/效益分析的方法

系统的经济效益等于因使用新系统而增加的收入，加上使用新系统可以节省的运行费用。系统的总经济效益与生存周期的长度有关，所以应该合理地估算软件的寿命（一般估计为 5 年左右）。当然，成本和效益不能简单地做比较，应该考虑货币的时间价值。

（1）货币的时间价值。

通常用利率形式表示货币的时间价值。假设年利率为 i，现在存入 P 元，则 n 年后的钱数为

$$F = P(1+\mathrm{i})^n$$

反之，若 n 年后能收入 F 元钱，那么这些钱的现在价值是

$$P=F/(1+\mathrm{i})^n$$

例如一个系统的开发成本需 3000 元，系统运行后每年可节省 1500 元，假定年利率为 10%，利用上面的计算公式可以算出节省钱的现在价值，如表 2-4 所示。

表 2-4　将来的收入折算成现在值

年	将来值	$(1+\mathrm{i})^n$	现在值	累计的现在值
1	¥1500	1.10	¥1363.64	¥1363.64
2	¥1500	1.21	¥1239.67	¥2603.31
3	¥1500	1.33	¥1127.82	¥3731.13
4	¥1500	1.46	¥1027.40	¥4758.53
5	¥1500	1.61	¥ 931.68	¥5690.21

（2）纯收入

纯收入是指整个生存周期之内系统的累计经济效益（折合成现在值）与投资之差，如上例中纯收入预计是 5690.21 - 3000 = 2690.21（元）。

（3）投资回收期

投资回收期常用来衡量一项开发工程的价值，它是衡量经济效益最重要的参考数据。所谓投资回收期，就是使累计的经济效益等于最初投资所需要的时间。例如上例中，两年后可节省 2630.31 元，比初始投资的 3000 元还少了 369.69 元；第三年后将再节省 1779.45 元，369.69/1127.82=0.33，因此投资回收期是 2.33 年。

（4）投资回收率

投资回收率用来衡量投资效益的大小，通常把它与年利率相比较。如果投资回收率等于银行的年利率，则此系统不能开发，因为没有增加收入，只有当投资回收率大于年利率时，开发该系统才是合算的。投资回收率的计算方式为

$$P=F_1/(1+j)+F_2/(1+j)^2+\cdots\cdots+F_n/(1+j)^n$$

其中：

P——现在的投资额。

F_i——第 i 年年底的效益（i=1，2，…，n）。

n——系统使用寿命。

j——投资回收率。

解出这个高阶代数方程即可求出投资回收率（假设系统寿命 n=5 年）。

以上是从几个不同方面来讨论成本与效益的关系，它是供使用部门的负责人来决定是否开发此项工程的一个经济观点。

2.6　需求分析

2.6.1　需求分析的概念

需求分析是在可行性研究的基础上进行的更细致的分析工作，是软件定义时期的最后一次对软件目标及范围的求精和细化。通过可行性研究和分析，充分了解用户对软件系统的要求，把用户要求表达出来，解决“软件系统必须做什么”的问题。

需求分析应该尽量出现少的错误，这主要是因为软件工程前一阶段的错误将对后一阶段产生严重的影响，所以应尽量使用好的方法防止错误的发生。图 2-5 所示可以说明各个开发阶段的错误与开发成本的关系。

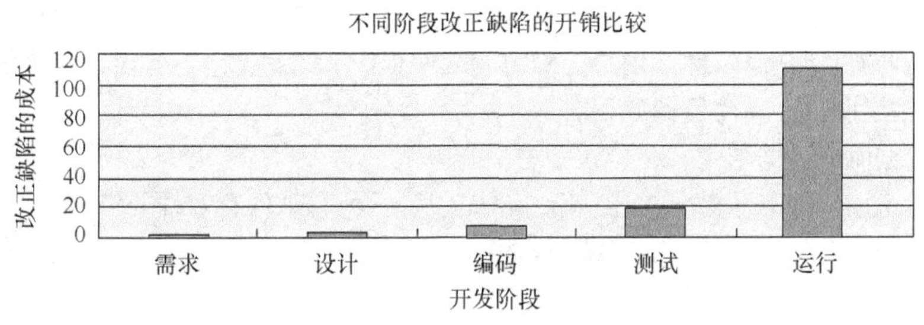

图 2-5　软件工程错误与开发成本的关系

2.6.2　需求分析的层次

软件工程是一个建立模型和实现的过程。各个阶段是互相替代、反复建模的过程，那么需求分析自然就是需求建模过程，在这一阶段要在 3 个不同层次上建模，即业务需求、用户需求和功能需求（3 个层次是互相迭代的关系，可以简单地理解为下层对上层的完善和细化）。

图 2-6 所示的内容并不是一个完善的需求层次图，文档是对上层模型的信息的载体（图形，文字等记录上层模型），例如软件需求规格说明书就是需求分析阶段的一个文档。按照功能和非功能的特征，又可以将需求建模分为两部分，即功能性需求和非功能性需求。

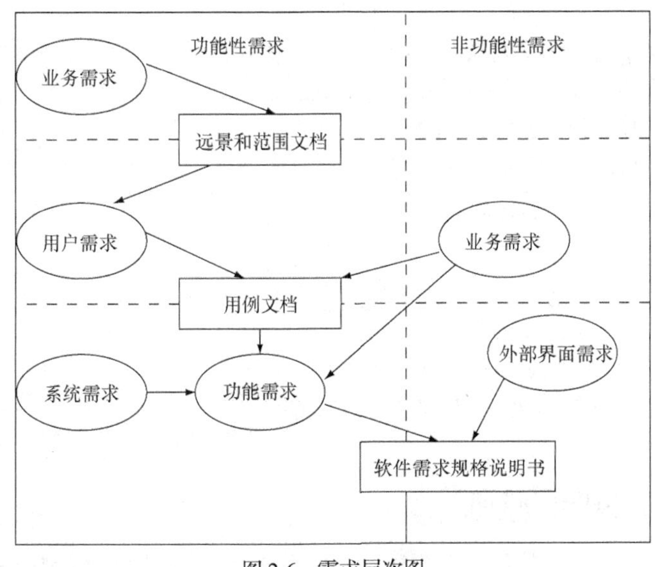

图 2-6　需求层次图

简单描述以下 3 个层次需求。

（1）业务需求。组织或客户高层次的目标。业务需求通常来自项目投资人、购买产品的客户、实际用户的管理者、市场营销部门或产品策划部门。业务需求描述了组织为什么要开发一个系统，即组织希望达到的目标。远景和范围文档用于记录业务需求。

（2）用户需求。用户的目标或用户要求系统必须能完成的任务。用例、场景描述和事件响应表是表达用户需求的有效途径。

（3）功能需求。规定开发人员必须实现的软件功能，用户利用这些功能来完成任务，满足业务需求。功能需求有时也被称作行为需求，功能需求描述开发人员需要实现什么。

2.6.3 需求分析的目标和任务

1. 需求分析的目标

软件需求分析阶段是把来自用户的信息加以分析提炼，最后从功能和性能上加以描述。需求分析阶段所要达到的目标是以软件计划阶段确定的软件工作范围为指南，导出新系统的逻辑模型，即编制出软件规格说明书。具体目标如下。

① 理清数据流或数据结构。

② 通过标识接口细节，深入描述功能，确定设计约束和软件有效性要求。

③ 构造一个完全、精致的目标系统逻辑模型。

2. 需求分析的任务

需求分析的基本任务是准确回答“系统必须做什么”的问题。它的任务并不是确定系统怎样完成工作，而是确定系统必须完成哪些工作，也就是对目标系统实现的功能等提出完整、准确、清晰、具体的要求。需求分析的具体任务如下。

（1）确定对系统的综合要求。对系统的综合要求主要包括功能要求、性能要求、运行要求、其他要求等四个方面。功能要求划分并描述系统必须完成的所有功能，性能要求包括响应时间、数据精确度及适应性等要求，运行要求主要是对系统运行时软件、硬件环境及接口的要求，其他要求包括安全保密性、可靠性、可维护性等要求，并对将来可能提出的要求做出分析。

（2）分析系统的数据要求。由系统的信息流归纳抽象出系统需要的数据以及数据的逻辑关系。描述系统所需要的静态数据、动态数据（输入、输出数据）、数据库名称、类型，数据字典以及数据的采集方式等。

（3）导出目标系统的详细逻辑模型。通过以上两项分析的结果导出目标系统的详细逻辑模型，并用数据流图、数据字典和 IPO 图等软件需求表达工具来表示。

（4）修订系统开发计划。通常，在实际的系统开发过程中会出现新的要求以及遇到各种问题。为了解决这些问题，就需要对系统开发计划进行补充和修订。

（5）编写软件需求规格说明书，并提交审查。需求分析的结果是系统开发的基础，关系到最终软件产品的质量，因此必须对软件需求进行严格的审查验证。图 2-7 给出了对需求分析任务的图解。

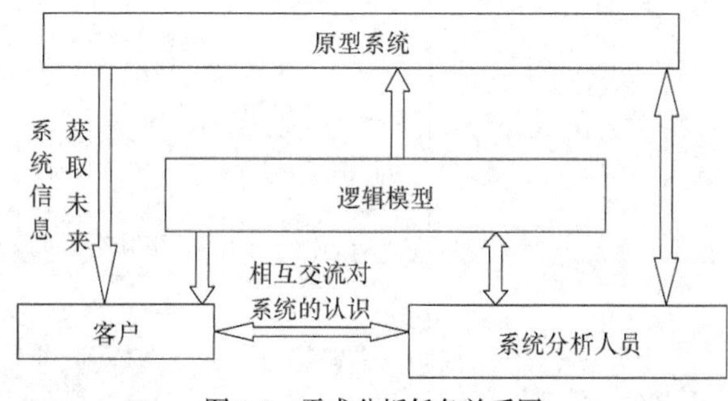

图 2-7 需求分析任务关系图

2.6.4 需求分析的原则

为使需求分析科学化，在软件工程的分析阶段提出了许多需求分析方法。每种分析方法都有独特的观点和表示法，但都适用下面的基本原则。

① 分析人员要使用符合用户语言习惯的表达，尽量多地了解用户的业务及目标，以期获得用户所需要的功能和质量的系统。

② 分析人员必须编写软件需求报告，要求得到需求工作结果的解释说明。

③ 开发人员要尊重用户的意见，要对需求及产品实施提出建议和解决方案，同时分析人员也要尊重开发人员的需求可行性及成本评估。

④ 用各种方法特别是容易理解和交流的图形来准确而详细地说明需求，描述产品使用特性，清楚地说明并完善需求。为提高生产效率，须划分需求的优先级。

⑤ 允许重用已有的软件组件，需求变更要立即联系，特别是要求对变更的部分提供真实可靠的评估，遵照开发小组处理需求变更的过程。

⑥ 及时做出决定。

⑦ 评审需求文档和原型。

2.6.5　需求分析的过程及方法

1. 需求分析的过程

软件需求分析的工作过程是依据在软件计划阶段确定的软件作用范围，进一步对目标对象和环境做细致深入的调查，了解现实的各种可能解法，加以分析评价，做出抉择，配置各个软件元素，建立一个目标系统的逻辑模型并写出软件规格说明。需求分析过程实际上是一个调查研究、分析综合过程，是一个抽象思维、逻辑推理过程。它要求分析者能够从冲突和混淆的原始资料中吸收恰当的事实，从复杂的大量的事实中抽象出一组概念，并把它们组织成一个逻辑整体。因此，需求分析是一项复杂的综合性技术，需求分析过程是一种高水平的创造性劳动。

2. 需求分析的方法

在结构化分析阶段，基于问题分解与抽象的观点，将任何信息处理过程看作输入数据变换成所要求的输出信息的装置，因此数据流分析是需求分析的出发点。结构化分析采用“自顶向下，由外及里，逐步求精”的策略对问题进行分析。具体做法是首先将整个系统看作一个加工（信息处理的装置，是一个黑匣子），标识出系统边界和所有输入/输出数据流。然后再对加工内部进行细化分解，将复杂功能分解为若干简单功能的有机组合，并逐步补充细节描述，描述结构化分析结果的主要手段是数据流图和数据字典。

结构化分析方法是面向数据流的典型方法。

（1）实现的步骤。

- 确定系统边界，画出顶层数据流图。
- 自顶向下，对每个加工进行内部分解，画出分层数据流图。
- 对数据流图进行复审求精。

（2）分层的优点。

- 便于实现采用逐步细化的扩展方法，可避免一次引入过多细节，有利于控制问题的复杂度。
- 便于使用一组图代替一张总图，使用户中的不同业务人员可各自选择与本身有关的图形，而不必阅读全图。

（3）画分层数据流图的指导原则。

- 注意父图和子图的平衡。在分层图中，每一层都是它上层的子图，同时又是它下层的父图。所谓平衡，是指父图与子图的输入数据和输出数据应分别保持一致。
- 区分局部文件和局部外部项。初学者易犯的毛病就是在父图中多画了子图的局部文件，或者图中漏画了应添的外部项。一般来说，除底层数据流图需画出全部文件外，中间层的数据流图仅显示处于加工之间的接口文件，其余的文件均不必画出，以保持图面的清洁。

- 掌握分解的速度。分解是一个逐步细化的过程。通常在上层可分解快一些，下层应慢一些。因为越接近下层，功能越具体，分解太快，容易导致具体用户理解困难。
- 遵守加工编号规则。顶层不加加工编号。第二层的加工编号为 1，2，3，…，*n*，第三层编号为 1.1，1.2，1.3，…，*n*.1，*n*.2，*n*.3，…，以此类推。
- 确定数据定义和加工策略。分层数据流图为整个系统描绘了一个概貌。下一步应该考虑系统的一些细节，定义系统的数据和确定加工的策略等问题了。

W.Davis 认为，由于最底层的数据流图（Data Flow Diagram，DFD）包含了系统的全部数据和加工，同时终点的数据代表系统的输出，其要求是明确的，一般应该从数据的终点开始。由这里开始，沿着 DFD 图一步步向数据源点回溯，较易看清楚数据流中的每一个数据项的来龙去脉，有利于减少错误和遗漏。

2.6.6 应用域

为了启发出客户的要求，需求小组的成员必须熟悉该应用领域，即目标软件产品通常在哪些领域使用。例如，如果没有首先对银行业或护理专业有某种程度的熟悉，就不太容易向一个银行家或护士问出有意义的问题。因此每个需求分析组成员最初的任务就是熟悉应用领域，除非已经在那个领域有过一些经历。

当与客户和目标软件的潜在用户交流时，特别重要的一点是使用正确的术语。毕竟，这一点很难引起工作在某一特定领域的人的重视，除非访谈者使用适于该领域的术语。更重要的是，使用不合适的术语会导致曲解，甚至会交付一个有错误的软件产品。如果需求小组的成员不理解该领域术语的细微差别，可能会产生同样的问题。

专业的计算机人员希望在根据某一程序做决定前，每个程序的输入由人来仔细地检查。但是对计算机越来越普遍的信任意味着依赖这类检查的必然性显然是不明智的。因此对术语的误解会造成软件开发人员的疏忽，不是危言耸听。

解决术语问题的一个办法是建立一个术语表，术语表由该领域应用的技术词汇列表和对应的解释组成。当小组成员正忙于尽可能学习应用领域的相关知识时，就将初始的词条插入术语表中。然后，需求小组成员一遇到新的术语就将该术语表更新。适当时候还可打印出该术语表并分发给小组成员或下载到 PDA。这样的术语表不仅减少了客户与开发者之间的误解，对减少开发者之间的误解也是很有必要的。

一旦需求小组成员熟悉了该应用领域后，下一步就是建立业务模型。

2.6.7 业务模型的建立

业务模型是对公司的商业过程进行的描述。例如，银行的一些商业过程包括为客户存款、贷款给客户和进行投资。

建立业务模型的原因首先是业务模型提供了对客户整体商业行为的理解，通过这个理解，开发者可以向客户提出建议，需要对客户生意的哪些部分进行计算。或者，如果任务是扩充已有的软件产品，开发者必须把已有的产品作为整体来理解，以确定如何加入扩充的部分，并知道已有产品的哪些部分需要调整，以加入新的部分。

为建立业务模型，开发者需要对各种商业过程有具体的理解，这些过程都是经过更为仔细的分析提炼出来的。

1．常规的需求获取方法

（1）访谈

需求小组的成员会见客户公司的成员，知道他们确信已经从客户和目标软件产品未来的用户处得到启发并获得了所有相关信息。

有两种基本类型的信息。受限回答的问题要求一个特定的答案。例如，客户可能被问到公司雇佣了多少销售人员或要求的相应时间有多快。自由回答的问题则鼓励受访人畅所欲言。例如，向客户提问："为什么当前产品不令人满意？" 从中可能看出客户对业务倾向的许多方面，而如果这个问题是受限回答的，则无法看清这些事实。

类似地，有两种基本类型的访谈——程式化和非程式化的。在程式化的访谈中，剔除特定的、预先计划好的、通常是受限回答的问题。在非程式化的访谈中，访问者可能提出一个或者两个事先准备好的受限回答的问题，但接下来的问题则根据受访者的回答而提出，这些问题大多数是自由回答的，能够给访问者提供很宽范围的信息。

访谈结束后，访谈者必须准备一份书面报告，概要列出访谈的结果。并将报告的一份副本送给受访者，受访者可能会想澄清某些陈述或者增加一些被忽略的项目。

（2）其他技术

获得关于客户公司活动信息的一种方式是给客户公司的相关人员发放调查问卷。当需要确定上百个人员的意见时，这项技术很有用。

启发需求的另一种方法是检查客户在业务上使用的各种表格及文档。例如，操作流程和工作描述也是准确找出已做工作和如何做的强有力工具。如果使用了软件产品，应该仔细地学习用户手册。这些不同类型的全面数据反映了当前客户是如何从业的，这对确定客户需求相当有帮助，引导出对客户需求的准确评估。获取信息的另一种方法是对用户直接观察，也就是由需求小组的成员观察和记下客户雇员工作的情况。

在实际的软件开发中，快速原型法常常被用作一种有效的需求定义方法，在分析阶段，开发人员根据对软件的理解，利用快速开发工具先快速地建立一个系统原型，然后让用户对原型进行评估，并提出修改意见，从而全面、准确地确定软件系统的外部行为和特征。

在需求分析阶段采用快速原型法，一般可按照以下步骤进行。

① 利用各种分析技术和方法，生成一个简化的需求规格说明。

② 对需求规格说明进行必要的检查和修改后，确定原型的软件结构、用户界面和数据结构等。

③ 在现有的工具和环境的帮助下快速生成可运行的软件原型并进行测试、改进。

④ 将原型提交给用户评估并征求用户的修改意见。

⑤ 重复上述过程，直到原型得到用户的认可。

由于开发一个原型需要花费一定的人力、物力、财力和时间，而且由于确定需求的原型在完成使命后一般被丢弃，因此是否使用快速原型法必须考虑软件系统的特点、可用的开发技术和工具等方面，Audriolc 提出的以下 6 个问题，可用来帮助判断是否要选择原型法。

① 需求已经建立，并且可以预见是相当稳定的吗？

② 软件开发人员和用户已经理解了目标软件的应用领域吗？

③ 问题是否可被模型化？

④ 用户能否清楚地确定基本的系统需求？

⑤ 有任何需求是含糊的吗？

⑥ 已知的需求中存在矛盾吗？

2. 用例

模型是代表要开发的软件产品的一个或多个方面的 UML 图。在商业建模中最常用的 UML 图是用例。

用例为软件产品本身和软件产品的使用者（参与者）之间的交互建立模型，例如，图 2-8 所示描述了一个来自银行软件产品的用例，其中有两个参与者——顾客和出纳员，由 UML 线条画表示。椭圆内的标签描述了用例代表的商业行为，在这个实例中是 withdraw money。

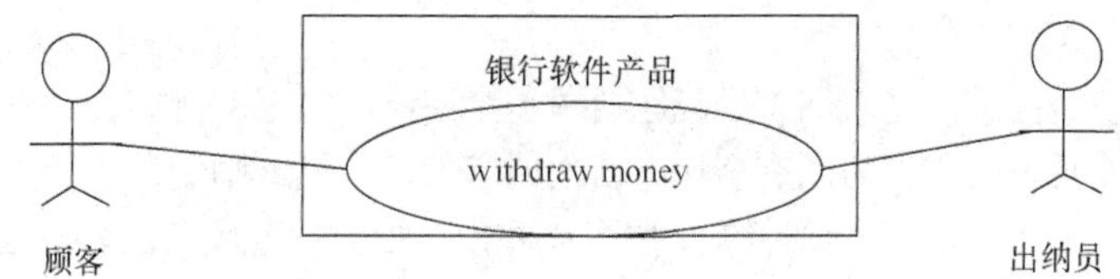

图 2-8 银行软件产品的 withdrow money 用例图

看待用例的另一种方式是，用例体现了软件产品和软件产品运行环境之间的交互，也就是说，参与者是软件产品之外的一个成员，而用例中的矩形代表软件产品本身。

系统的使用者可以扮演不止一个角色，例如，银行的顾客可以是一个借钱者或者借出者。相反地，一个参与者可以参加多个用例，例如，借钱者可以是 Borrow Money 用例、Pay Internet on Loan 用例和 Repay Loan Principal 用例里的参与者，另外，借钱者这个参与者代表成百上千的银行顾客。

参与者不一定是人。回想一下，参与者是软件产品的使用者，在许多情况下，另一个软件产品可以是使用者。例如，电子商务信息系统允许购买者用信用卡付款，需要与信用卡公司的信息系统进行交互，也就是说，从电子商务信息系统的角度看，信用卡公司的信息系统就是参与者。类似地，从信用卡公司的信息系统角度看，电子商务信息系统也是参与者。

2.6.8 需求规格说明书

按照 GB 856T-88 软件开发标准技术文档的要求，需求规格说明书（Software Requirement Specification，SRS）的主要内容（范本）见附录二，需求规格说明书中所包含的整体需求集还必须具备以下特性。

（1）完整性

不能遗漏任何需求或必要的信息，需求遗漏问题很难被发现，因为它们并没有列出来，着重于用户任务而不是系统功能，会有助于避免遗漏需求。

（2）一致性

需求的一致性是指需求不会与同一类型的其他需求或更高层次的业务、系统或用户需求发生冲突。必须在开发前解决需求不一致的问题。

（3）可修改性

必须能够对 SRS 做必要的修订，并可以为每项需求维护修改历史记录。这要求对每项需求进行唯一标识，与其他需求分开表述，从而能够明确地提及它。每项需求只能在 SRS 中出现一次。如果有重复需求，很容易因为只修改其中一项而产生不一致，可以将相关需求合并到原声明中来避免对需求的重复声明。使用目录和索引可以使 SRS 更易于修改，用数据库或商业的需求管理工具来存储需求就能使其成为可重用的对象。

（4）可跟踪性

需求如果是可跟踪的，就能找到它的来源：它对应的设计单元、实现它的源代码以及用于验证其是否被正确实现的测试用例。可跟踪需求都有一个固定的标识符对其唯一标识，不要在一项需求声明中描述多项需求，不同的需求应对应不同的设计单元和代码段。

2.6.9 评审

无论何时，只要不是由软件产品作者本人，而是由其他人来检查产品中存在的问题，这就是在进行同级评审。需求文档的评审是一项功能很强的技术，通过它可以发现具有二义性的或无法验证的需求、那些定义不够明确而无法开始设计的需求以及其他问题。

软件工程各阶段结束时，都要进行评审。这种分析主要是发现需求分析中的错误，所以评审人员必须注意以下 7 个方面。

（1）完整性。每一项需求都必须将所要实现的功能描述清楚，以使开发人员获得设计和实现这些功能所需的所有必要信息。

（2）正确性。每一项需求都必须准确地陈述其要开发的功能，做出正确判断的参考是需求的来源。只有用户代表才能确定用户需求的正确性，这就是一定要有用户积极参与的原因。

（3）可行性。每一项需求都必须是在已知系统和环境的权能和限制范围内可以实施的。为避免不可行的需求，最好在收集要求过程中始终有一位软件工程小组的组员与需求分析人员或考虑市场的人员在一起工作，负责检查技术可行性。

（4）必要性。每一项需求都应把客户真正所需要的和最终系统所需遵从的标准记录下来。“必要性”也可以理解为每项需求都是用来编写文档的“根源”。要使每项需求都能回溯至某项客户的输入，如使用实例或其他来源。

（5）划分优先级。给每项需求、特性或使用实例分配一个实施优先级以指明它在特定产品中所占的分量。如果把所有的需求都看作同样重要，那么项目管理者在开发、节省预算或调度中就将丧失控制权。

（6）无二义性。对所有需求说明都只能有一个明确统一的解释，由于自然语言极易导致二义性，所以尽量把每项需求用简洁明了的用户性的语言表达出来。避免二义性的有效方法包括对需求文档的正规审查、编写测试用例、开发原型以及设计特定的方案脚本。

（7）可验证性。检查一下每项需求是否能通过设计测试用例或其他的验证方法，如用演示、检测等来确定产品是否确实按需求实现了。如果需求不可验证，则确定其实施是否正确就成为主观臆断，而非客观分析了。

整个审查过程可分为下述 7 个阶段。

（1）规划。该阶段的工作主要由审查负责人进行，具体工作为被审文档的进入条件检验、审查内容划分、确定审查小组的成员、制定审查进度表、准备和分发审查材料，并决定在审查会议之前是否进行概况介绍。

（2）总体会议。在开审查会议之前，从较高的层次上解释被审查的产品及其有关材料，目的是让审查者能够阅读和分析被审查的产品和有关材料。

（3）准备。审查者个人在审查会议召开前按照分工阅读审查材料，发现产品中的缺陷，并填写审查准备日志，记录所用的时间、发现的缺陷及其严重程度和类别，在审查会议之前交给负责人。负责人应对每个审查员提交的准备日志进行检查，以确定审查小组是否已充分做好准备。

（4）审查会议。审查组查找缺陷，并对所发现的缺陷进行分类和记录。

（5）审查议程。带领审查员对产品进行逻辑阅读并进行相关解释，作者按要求提供说明性信息，审查小组对已分类和记录的缺陷进行鉴别。审查小组应对提出的每一个缺陷是否是真缺陷取得一致意见。如果审查小组意见一致，记录员应在审查缺陷登记表上记下缺陷的部位、缺陷的简要说明、缺陷的分类和严重程度，以及发现缺陷的审查员。

（6）返工。被审文档的作者对发现的缺陷进行修改。作者应改正所有记录在审查缺陷登记表中的重要缺陷，如果费用和进度允许，次要缺陷也应改正。

（7）评价。如果全部主要缺陷都已经改正，且所有遗留问题都已经解决，审查负责人就可以在审查报告上做出文档通过审查的结论。若不满足上述条件，被审文档的作者就应重新修改，直到条件满足，通过审查为止。

图 2-9 说明了审查过程间的逻辑关系。

审查可以提高软件质量，但是不能占用过多时间，因为越到后面，发现的错误就越少。图 2-10 说明了错误与审查速度间的关系。

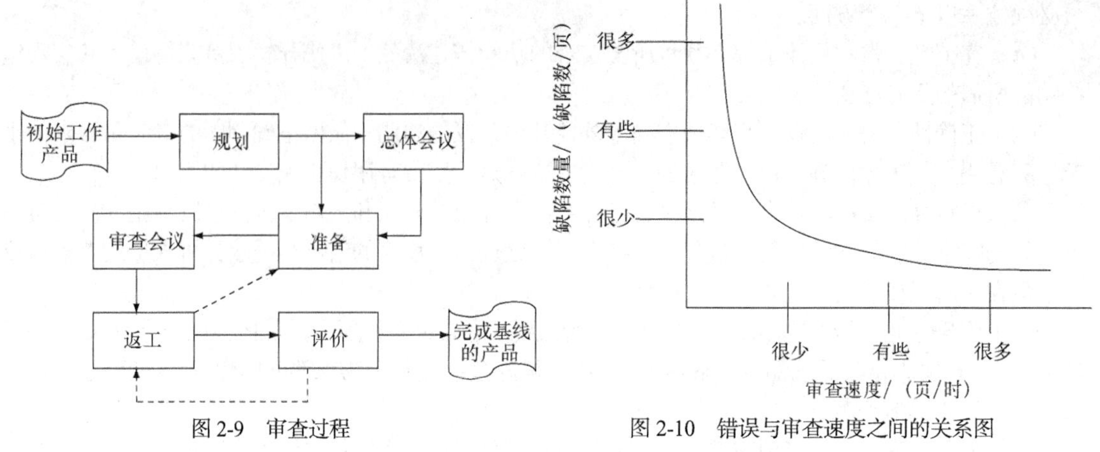

图 2-9　审查过程

图 2-10　错误与审查速度之间的关系图

2.7　传统的软件建模

2.7.1　分析建模

结构化分析实质上是一种创建模型的活动，通过需求分析建立的模型必须达到下述的 3 个基本目标。

① 描述用户需求。

② 为软件设计工作奠定基础。

③ 定义一组需求，一旦开发出软件产品之后，就可以以这组需求为标准来验收。

分析模型的核心是“数据字典”，它描述软件使用或产生的所有数据对象。围绕这个核心有 3 种不同的图。

“实体—关系图”描绘数据对象之间的关系，它是用来进行数据建模活动的图形。

“数据流图”指出当数据在软件系统中移动时怎样被变换，描绘变换数据流的功能和子功能。数据流图是功能建模的基础。

“状态转换图”指明了作为外部事件结果的系统行为。为此，状态转换图描绘了系统的各种行为模式和在不同状态间转换的方式。状态转换图是行为建模的基础。

2.7.2　数据模型

数据模型包含 3 种相互关联的信息：数据对象、描述数据对象的属性及数据对象彼此间相互连接的关系。

在需求分析阶段，对系统中的数据建立模型是从用户角度进行的。需描述数据的逻辑结构和数据元素之间的关系。最常用的概念数据模型是实体—联系方法（Entity-Relationship Approach）。也就是通常说的用 E-R 图来描述。

E-R 模型中有 3 种要素：实体、属性、联系。

（1）实体

实体即是对软件必须理解的复合信息的抽象。所谓复合信息，是指具有一系列不同性质或属性的事物，仅有单个值的事物不是数据对象。

实体可以是外部实体、事物、行为、事件、角色、单位、地点或结构等。总之，可以由一组属性来定义的实体都可以被认为是实体。

实体彼此间是有关联的，例如，教师“教”课程，学生“学”课程，教或学的关系表示教师和课程或学生和课程之间的一种特定的连接。

实体只封装了数据而没有对施加于数据上的操作进行引用，这是实体与面向对象范型中的“类”或“对象”的显著区别。

（2）属性

属性定义了数据对象的性质。必须把一个或多个属性定义为“标识符”，也就是说当希望找到数据对象的一个实例时，用标识符属性作为“关键字”。

应该根据对所要解决的问题的理解，来确定特定数据对象的一组合适的属性。

（3）联系

客观世界中的事物彼此间往往是有联系的。例如，教师与课程间存在“教”这种联系，而学生与课程间则存在“学”这种联系。

数据对象彼此之间互相连接的方式称为联系或关系。联系可分为以下 3 种类型。

① 一对一联系（1：1）。

② 一对多联系（1：N）。

③ 多对多联系（M：N）。

（4）符号

实体关系图（Entity-Relationship Diagram，ERD）作为数据建模的基础，描述数据对象及其关系。

E-R 图中 3 种要素的表示如图 2-11 所示，通常用矩形框代表实体，用连接相关实体的菱形框表示关系，用椭圆形或圆角矩形表示实体（或关系）的属性。

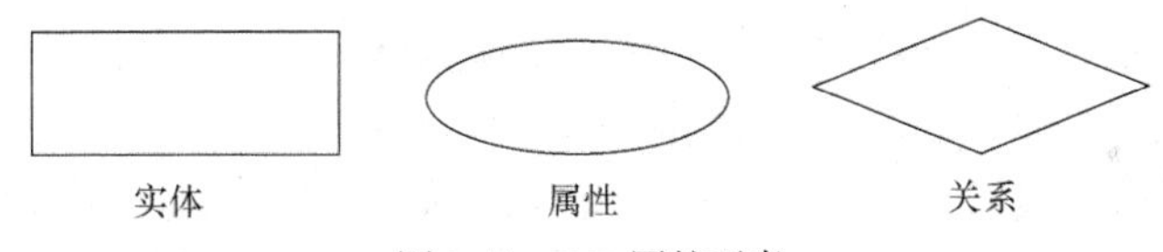

图 2-11　E-R 图的要素

图 2-12 所示为教学管理系统中课程、学生、教师之间的实体关系图，其中方框表示实体，椭圆表示属性，方框与椭圆之间的连线表示实体之间或者实体与属性之间的联系。

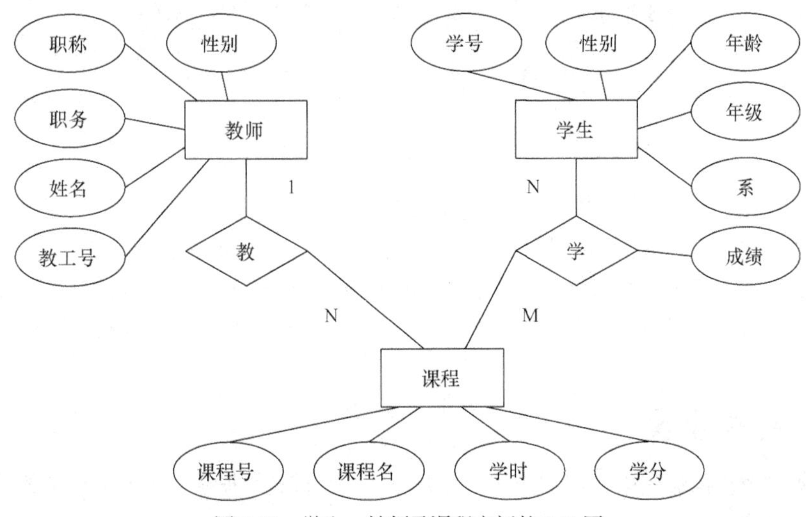

图 2-12　学生、教师及课程之间的 E-R 图

2.7.3 功能模型

数据流图是描述系统逻辑模型的图形工具，数据流图是一个逻辑模型而不是物理模型，是描述系统功能的模型。它表示数据在系统内的处理及流向变化情况，可以用来表示一个系统或软件在任何层次上的抽象。大型软件系统的数据流图分成多层（子图、父图概念），每层可以表示数据流和功能的进一步的细节。数据字典是对所有与系统相关的数据元素的一个有组织的列表，以及精确的、严格的定义，使得用户和系统分析员对软件系统的输入、输出、存储内容和中间计算有共同的理解。数据字典是对数据流图的一个补充，与数据流图一起使用，一起更新和完善，数据字典的作用是为了让用户更好地理解数据流图。图 2-13 所示是数据流图的 7 种基本表示符号。

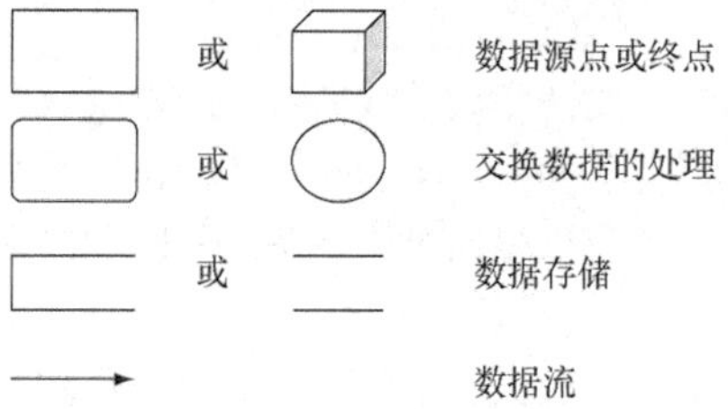

或 数据源点或终点
或 交换数据的处理
或 数据存储
数据流

图 2-13　数据流图基本元素

矩形或正方体表示数据的源点或终点，圆形或圆角矩形表示对数据的处理，平行线或半封口的矩形表示数据的存储，箭头表示数据流（数据向箭头方向流动）。整个数据流图由以上元素构成，用它来描述系统的逻辑模型（逻辑功能模型），描述信息在系统中的流动和处理情况。

处理一般表示一个功能或一组功能，静态数据用数据存储表示，常用来描述数据库在数据流图中的表示，可以用来表示一个文件（一个文件可看作许多数据的组合）或者多个文件的组合，总之数据存储用来表示静态的一些数据的集合体。而动态数据表示则由数据流描述，数据流一般用来表示一个数据集合由一个处理流向另一个处理，或者表示由源点流出（流向终点）。

2.7.4 行为模型

在需求分析过程中应该建立起系统的行为模型，系统状态转换图是描述系统行为模型的有力工具。状态图主要描述系统的状态和引起系统状态转换的事件。

在状态图中，状态是对某一时刻属性特征的概括。而状态迁移则表示系统在何时刻对系统内外发生的哪些事件做出何种响应。图 2-14 所示是一个状态转换图的示例。

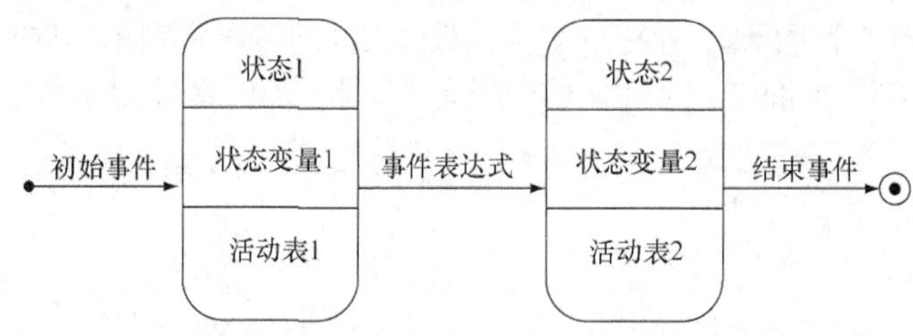

图 2-14　状态转换图示例

“事件 A”是一个无条件的事件，而“事件 B[条件]”是一个有条件的事件，当给定条件满足时才起作用。区分两种不同的行为，即操作和活动，操作是一个伴随状态迁移的瞬时发生的行为，与触发事件一起表示在有关的状态迁移之上，活动则是发生在某个状态中的行为，往往需要一定的时间来完成，因此与状态名一起出现在有关的状态之中。状态图中所有这些内容都可以根据具体要求而予以取舍。

2.7.5 数据字典

数据字典是对数据流图中数据的描述，由数据流、文件、数据项（指不再分解的数据单位）、加工 4 个类型条目组成。

数据流条目主要列出组成该数据流的各数据项；数据项条目主要列出数据的类型、长度、取值范围等；数据存储主要列出组成该库文件的数据项（记录）及组织形式；加工用来描述处理“做什么”的处理逻辑。

对于数据定义依然用结构化方法，即自顶向下逐步求精的方法。数据元素之间的关系通常有顺序、选择和重复三种，可以用各种工具来实现，例如 Jackson 图等。常用的一些描述简单数据的符号如图 2-15 所示。

=	意思是等价于；
+	意思是和（即连接两个分量）；
[ ]	意思是或（从括号里列出的若干分量中选择一个）；
{ }	意思是反复（重复括号里的分量）；
( )	意思是可选（括号里的分量可有可无）。

图 2-15　数据字典中数据结构表示

下面举例说明上述描述数据内容的符号的使用方法。某程序设计语言规定，用户定义的标识符是长度不超过 8 个字符的字符串，第一个字符必须是字母字符，随后的字符既可以是字母字符也可以是数字字符。利用上面讲述的符号，可以像下面这样定义标识符。

标识符=字母字符+字母字符串

字母字符串= 0{字母或数字}7

字母或数字=[字母字符|数字字符]

由于和项目有关的人都知道字母字符和数字字符的含义，因此，关于标识符的定义分解到这种程度就可以结束了。

在大型软件系统的过程中，数据字典的规模和复杂程度迅速增加，事实上，人工维护数据字典几乎是不可能的，因此，应该使用 CASE 工具来创建和维护数据字典。

2.7.6 分析实例

1. 结构化分析

结构化需求分析的核心任务是弄清楚用户的要求，特别是功能方面的要求，而数据流图和数据字典是描述系统功能要求的一个很好工具。下面通过一个简单例子具体说明怎样画数据流图。

假设一家工厂的采购部每天需要一张订货报表，报表按零件编号排序，表中列出所有需要再次订货的零件。对于每个需要再次订货的零件应该列出零件编号、零件名称、订货数量、目前价格、主要供应者和次要供应者。零件入库或出库称为事务，通过放在仓库中的 CRT 终端把事务报告给订货系统。当某种零件的库存数量少于库存量临界值时，就应该再次订货。数据流图有 4 种成分：源点或终点、处理、数据存储和数据流。因此，画出上述订货系统的数据流图的步骤分为从问题描述中提取数据流图的 4 种成分、考虑处理、以及考虑数据流和数据存储。

表 2-5 总结了上面分析的结果，其中加星号标记的是在问题描述中隐含的成分。

表 2-5　组成数据流图的元素可以从描述问题的信息中提取

源点/终点	处理
采购员 仓库管理员	产生报表 处理事务
数据流	数据存储

续表

源点/终点	处理
订货报表	订货信息
零件编号	（见订货报表）
零件名称	库存清单
订货数量	零件编号*
目前价格	库存量
主要供应者	库存量临界值
次要供应者	
事务	
零件编号*	
事务类型	
数量*	

一旦把数据流图的 4 种成分都分离出来以后，就可以着手绘制数据流图了。任何系统的基本模型都由若干个数据源点/终点以及一个处理组成，这个处理就代表了系统对数据加工变换的基本功能。对于上述的订货系统可以画出图 2-16 所示的基本系统模型。

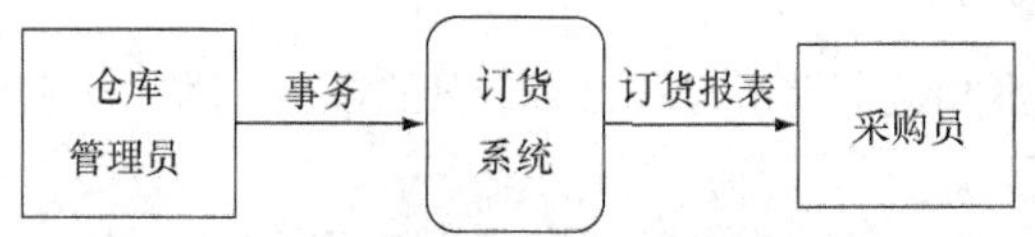

图 2-16　订货系统的基本系统模型

从基本系统模型的抽象层次开始画数据流图是一个好办法。在这个高层次的数据流图上是否列出了所有给定的数据源点/终点是一目了然的，因此它是很有价值的通信工具。

下一步应该把基本系统模型细化，描绘系统的主要功能。在图 2-17 和图 2-18 中给处理和数据存储都加了编号，这样做的目的是便于引用和追踪。接下来应该对功能级数据流图中描绘的系统主要功能进一步细化。当对数据流图分层细化时必须保持信息连续性，即当把一个处理分解为一系列处理时，分解前和分解后的输入/输出数据流必须相同。

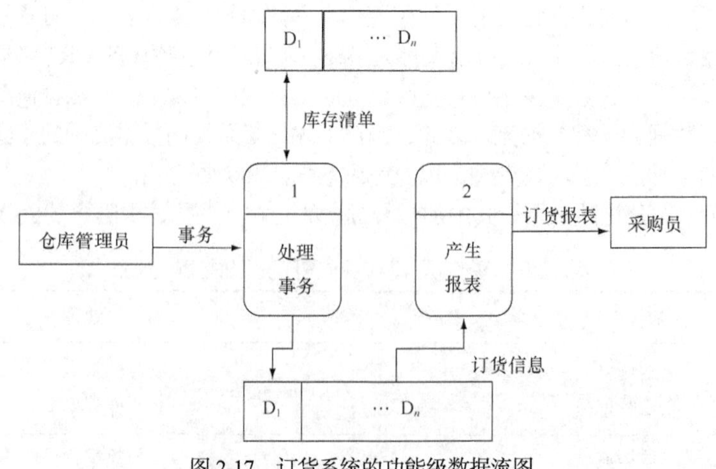

图 2-17　订货系统的功能级数据流图

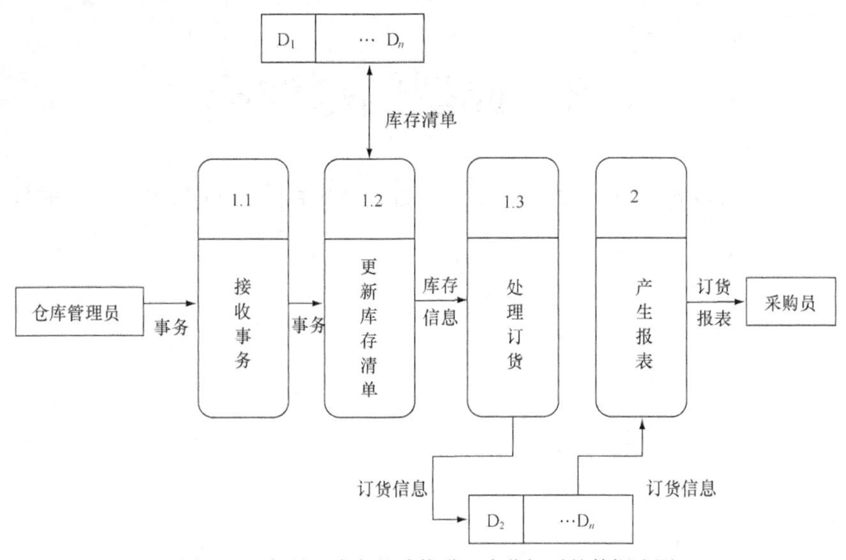

图 2-18　把处理事务的功能进一步分解后的数据流图

2. 快速原型法分析

资源信息系统是一种复杂的大系统，为了解决这种系统的分析、设计与开发问题，可以以结构化生命周期法为基础，在需求定义阶段采用快速原型方法，在系统分析阶段采用结构化方法，而在系统设计和系统实现阶段采用面向对象方法，或者先进行面向对象的分析与设计，再用结构化生存周期法来编程实现，或者在面向对象的系统开发和生存周期的有关阶段中，采用快速原型法进行模型求真。

某地矿勘查系统分析，就是将勘查单位的各项工作及其组织、机构、人员、设备和资金等作为一个完整的系统，对其数据管理和处理的需求、业务现状、数据现状、系统建造目标和系统结构特征进行全面分析，并且逐步建立该系统的实体模型、概念模型和数据模型的过程。

在系统分析阶段，目的是要求在系统需求分析阶段所做的原型求真和需求提炼的基础上，进行深入细致的需求分析与工作环境分析。

地矿资源勘查信息系统的需求定义与分析就是把原型的开发过程作为结构化生命周期法开发过程的需求定义阶段，以此来弥补结构化生命周期法在需求定义阶段存在的或可能产生的困难。一旦需求完全清楚，就可以丢弃各种原型，采用严格的结构化方法进行开发。图 2-19 所示即为将原型法用于结构化分析的示意图。

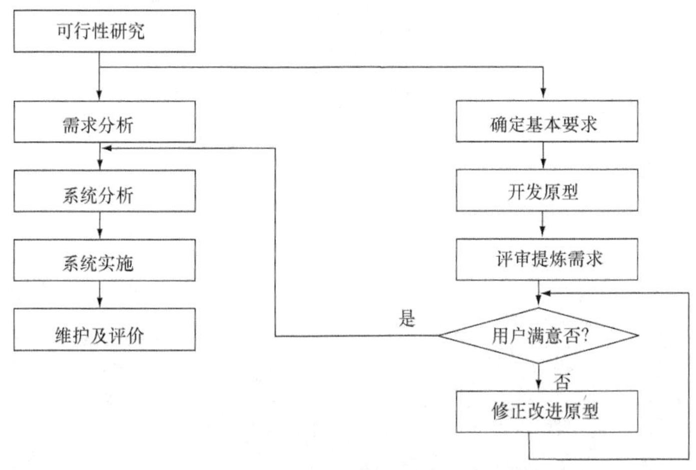

图 2-19　将原型法用于结构化分析的示意图

2.8 典型例题详解

例题（2011 年软件设计师试题） 阅读下列说明并看图 2-20 与图 2-21，回答问题 1 至问题 4。

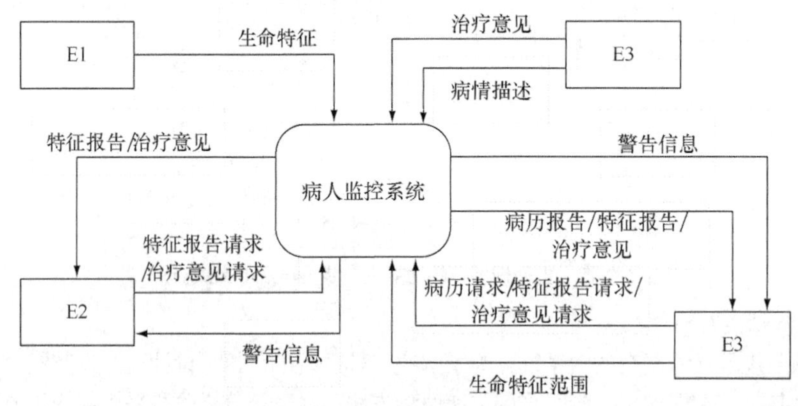

图 2-20　顶层数据流图

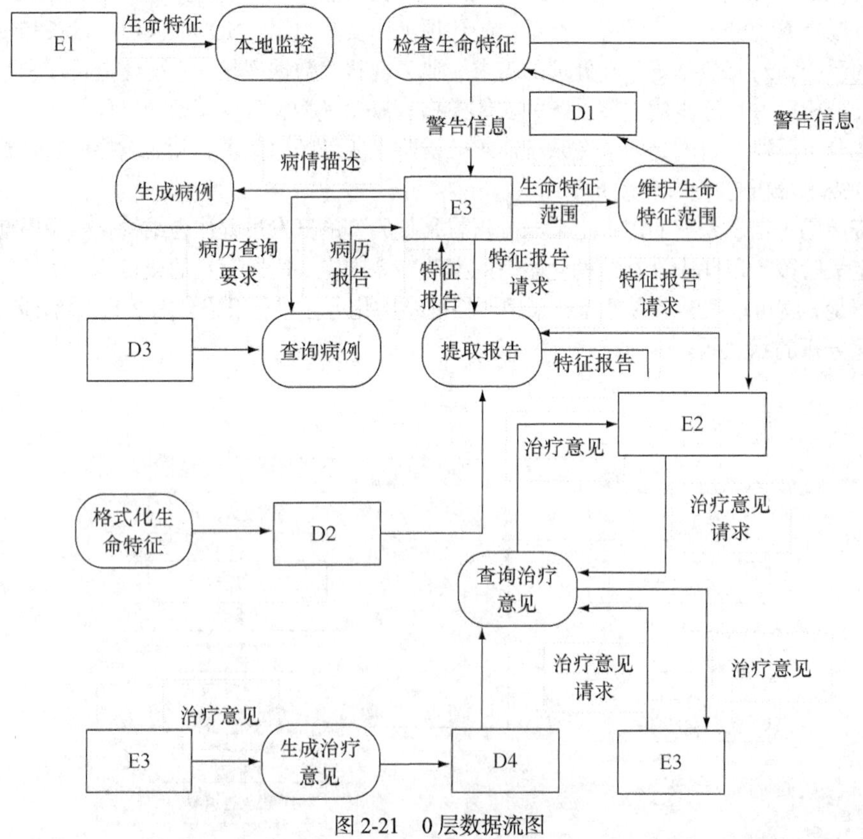

图 2-21　0 层数据流图

说明：某医院欲开发病人监控系统。该系统通过各种设备监控病人的生命特征，并在生命特征异常时向医生和护理人员报警。该系统的主要功能如下。

① 本地监控：定期获取病人的生命特征，如体温、血压、心率等数据。

② 格式化生命特征：对病人的各项重要生命特征数据进行格式化，然后存入日志文件并检查生命特征。

③ 检查生命特征：将格式化后的生命特征与生命特征范围文件中预设的正常范围进行比较。如果超出了预设范围，系统就发送一条警告信息给医生和护理人员。

④ 维护生命特征范围：医生在必要时（如新的研究结果出现时）添加或更新生命特征值的正常范围。

⑤ 提取报告：在医生或护理人员请求病人生命特征报告时，从日志文件中获取病人生命特征，生成特征报告，并返回给请求者。

⑥ 生成病例：根据日志文件中的生命特征，医生对病人的病情进行描述，形成病例存入病历文件。

⑦ 查询病历：根据医生的病例查询请求，查询病历文件，给医生返回病历报告。

⑧ 生成治疗意见：根据日志文件中的生命特征和病例，医生给出治疗意见，如处方等，并存入治疗意见文件。

⑨ 查询治疗意见：医生和护理人员查询治疗意见，据此对病人进行治疗。

现采用结构化方法对病人监控系统进行分析与设计，获得图 2-20 所示的顶层数据流图和图 2-21 所示的 0 层数据流图。

【问题 1】

使用说明中的词语，给出图 2-20 中的实体 E1～E3 的名称。

【问题 2】

使用说明中的词语，给出图 2-20 中的数据存储 D1～D4 的名称。

【问题 3】

图 2-20 中缺失了 4 条数据流，使用说明、图 2-20 和图 2-21 中的术语，给出数据流的名称及其起点和终点。

【问题 4】

说明实体 E1 和 E3 之间可否有数据流，并解释其原因。

分析：本题考查数据流图（DFD）应用于采用结构化方法进行系统分析与设计，是比较传统的题目，需细心分析题目中所描述的内容。

DFD 是一种便于用户理解、分析系统数据流程的图形化建模工具，是系统逻辑模型的重要组成部分。

问题 1：考查顶层 DFD。顶层 DFD 一般用来确定系统边界，将待开发系统看作一个加工，因此图中只有唯一的一个处理和一些外部实体，以及这两者之间的输入输出数据流。题目要求根据描述来确定图中的外部实体。分析题目中的描述，并结合已经在顶层数据流图中给出的数据流进行分析。从中可以看出，与系统的交互者包括病人、医生和护理人员。其中，本地监控定期获取病人的生命特征，病人是生命特征数据来源，医生和护理人员提出相关请求，并得到相关报告结果，如请求病人生命特征报告，并获得相关报告。医生还需要在必要时添加或更新生命特征范围。对应图 2-20 中数据流和实体的对应关系，可知 E1 为病人，E2 为护理人员，E3 为医生。

问题 2：考查 0 层 DFD 中数据存储的确定。根据说明中描述，②格式化生命特征：对病人的各项重要生命特征数据进行格式化，然后存入日志文件并检查生命特征。④维护生命特征范围：医生在必要时（如新的研究结果出现时）添加或更新生命特征值的正常范围。⑥生成病历：根据日志文件中的生命特征，医生对病人的病情进行描述，形成病历存入病历文件。⑧生成治疗意见：根据日志文件中的生命特征和病历，医生给出治疗意见，如处方等，并存入治疗意见文件。因此，D1 为生命特征范围文件，D2 为日志文件，D3 为病历文件，D4 为治疗意见文件。

问题 3：考查 0 层 DFD 中缺失的处理和数据流。从说明中的描述及图 2-21 可知，本地监控之后要对重要声明特征存储日志文件进行格式化，所以在本地监控和格式化生命特征之间缺少了数据流重要生命特征；检查生命特征是对格式化后的生命特征进行检查，所以在格式化生命特征和检查生命特征之间缺少了数据流格式化后的生命特征；根据日志文件中的生命特征，医生对病人的病情进行描述，形成病历存入病历文件。

问题 4：考查绘制 DFD 时的注意事项。在 DFD 中，每条数据流的起点和终点之一必须是加工（处理）。本题中，医生和护理人员根据查询到的治疗意见对病人进行治疗属于系统之外的行为，所以两个实体之间不可以有数据流。

参考答案：

【问题 1】

E1：病人　　E2：护理人员　　E3：医生

【问题 2】

D1：生命特征范围文件　　D2：日志文件

D3：病历文件　　D4：治疗意见文件

【问题 3】

数据流重要生命特征，起点为本地监控，终点为格式化生命特征；数据流格式化后的生命特征，起点为格式化生命特征，终点为检查生命特征；数据流病历，起点为生成病历，终点为 D3 或病历（文件）；数据流生命特征，起点为 D2 或日志（文件），终点为生成病历。

【问题 4】

E1 和 E3 之间不可以有数据流，因为数据流的起点和重点中必须有一个是加工（处理）。

2.9 实验——音乐点播管理系统需求分析

1. 实验目的

理解并熟悉结构化需求分析方法，确定所开发项目的需求，在此基础上完善和细化可行性分析中数据流图的功能，可以采用不同的分析工具，完成对项目的分析过程，给出系统的需求分析文档；同时，能用 DFD 描述系统的需求分析。

2. 实验内容

本实验以“音乐点播管理系统”为例，针对用户的特点，该系统有如下功能。

① 用户管理：实现对用户的管理，包括认证、分组、修改备注等一系列功能。

② 点播管理：主要是对音乐的点播进行管理。

③ 音乐查询：主要是对音乐的查询进行管理。

④ 音乐管理：主要对歌曲信息进行管理，可以实现增添、删除和修改等操作。

⑤ 系统管理：主要对操作员进行管理，对操作员可以进行添加新成员、修改和删除的操作。

图 2-22 所示为管理员用例图。

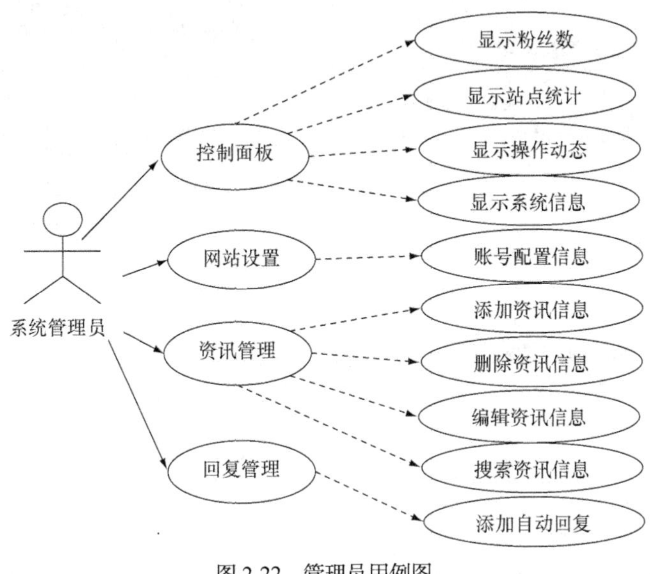

图 2-22　管理员用例图

图 2-23 所示为普通用户用例图。

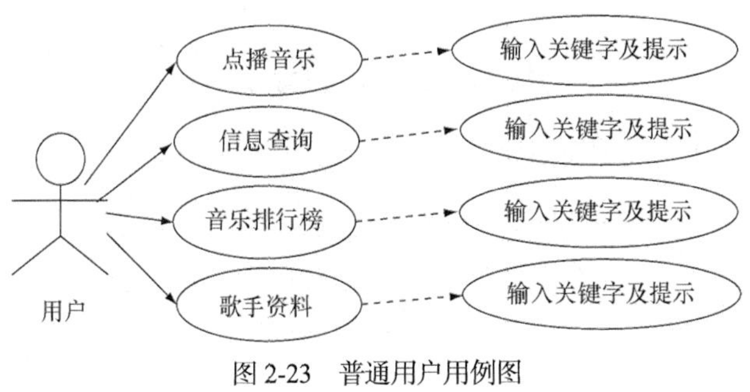

图 2-23　普通用户用例图

定义系统的功能后，要定义详细的系统逻辑模型。由于数据流图形象、直观，因此是描述一个软件系统信息流动的有效工具。数据字典是数据定义的集合。处理则定义了数据从输入变换到输出的算法。通常需求分析工具是从数据流图出发，这里也用数据流图这个强大的图形描述工具来定义系统的逻辑模型。以下是音乐点播管理系统数据流图分析。

（1）顶层数据流图。顶层数据流图如图 2-24 所示。

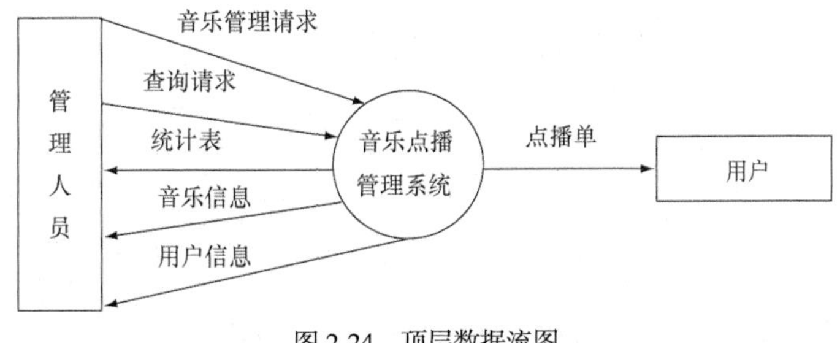

图 2-24　顶层数据流图

（2）分层数据流图。顶层分层数据流图如图 2-25 所示。

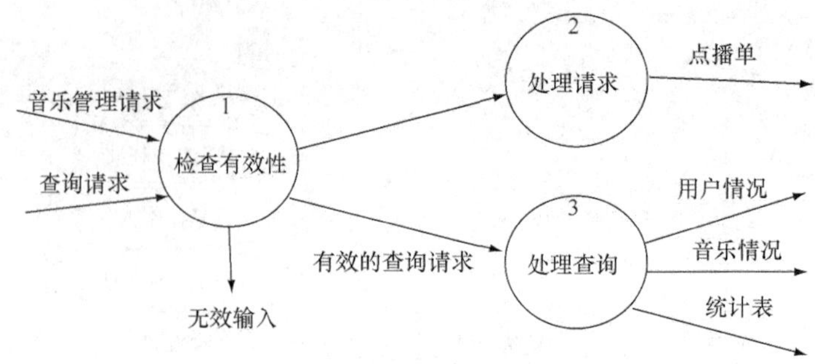

图 2-25　顶层分层数据流图

图 2-25 中加工 2 的 1 层数据流图如图 2-26 所示。

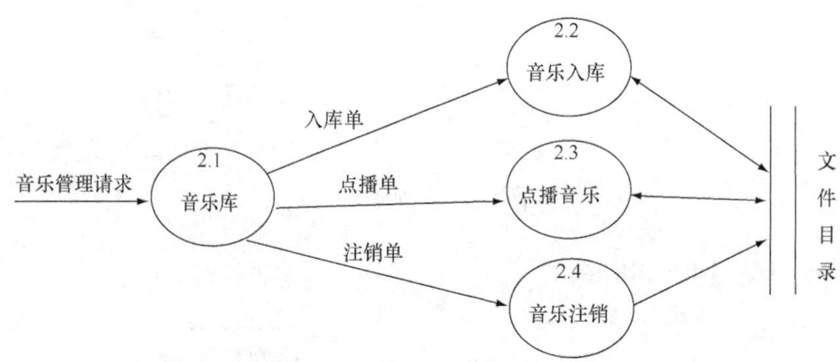

图 2-26　加工 2 的 1 层数据流图

图 2-25 中加工 3 的 1 层数据流图如图 2-27 所示。

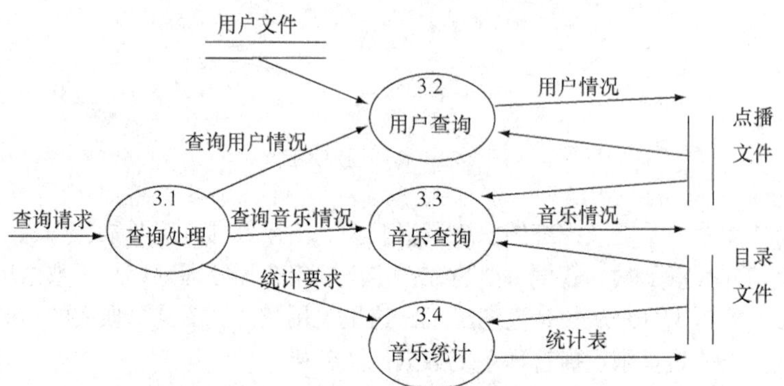

图 2-27　加工 3 的 1 层数据流图

图 2-26 中加工 2.2 的 2 层数据流图如图 2-28 所示。

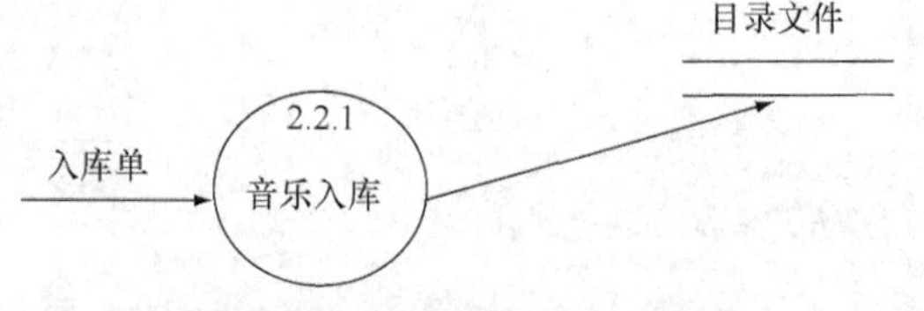

图 2-28　加工 2.2 的 2 层数据流图

图 2-26 中加工 2.3 的 2 层数据流图如图 2-29 所示。

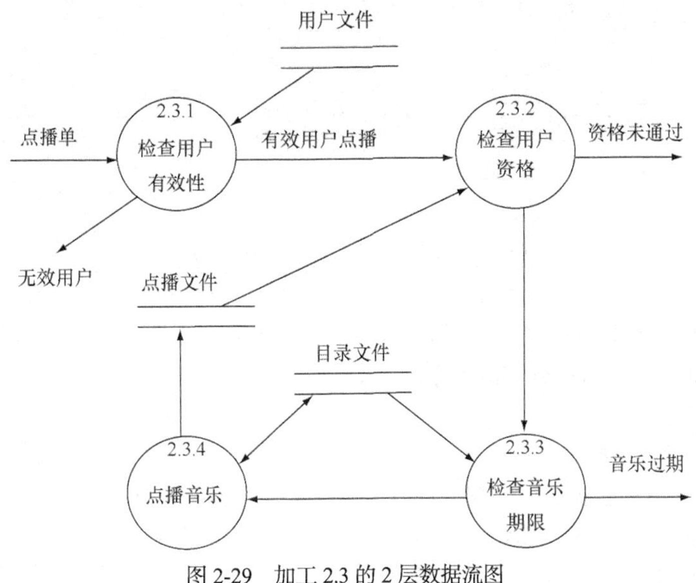

图 2-29　加工 2.3 的 2 层数据流图

图 2-26 中加工 2.5 的 2 层数据流图如图 2-30 所示。

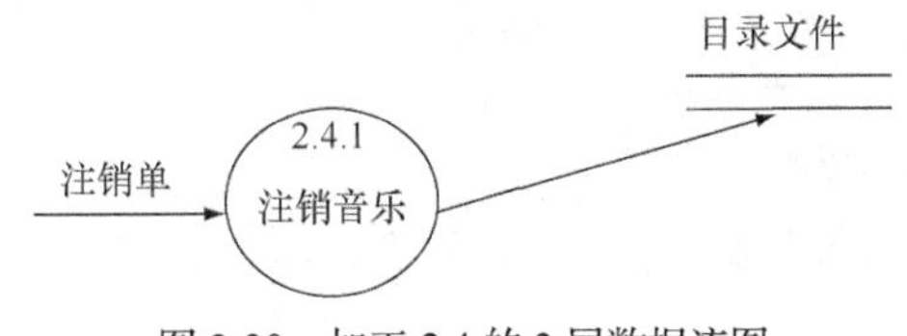

图 2-30　加工 2.4 的 2 层数据流图

该系统的子功能还可以分解，所以还有一些加工的分层流图没有画出。在数据流上描述了系统由哪几部分组成、各部分之间的联系等，但并未说明各个元素的含义和包含的内容。数据字典的作用是在软件分析和设计过程中，提供关于数据的描述信息，所以还需对数据流图的数据流和存储文件的数据字典进行定义。

通过分析，对系统所具备的功能有了明确的认识。同时，对系统中的数据及处理数据的主要算法有了准确的描述。最后，为了方便与用户进行交流，需要把分析的结果用正式的文档记录下来，并作为最终软件配置的一个组成部分。根据需求分析阶段的基本任务，应该完成需求规格说明书、数据定义说明书、用户手册以及修正的开发计划 4 个文档。

3. 实验思考

① 需求分析在软件开发中处于何种地位？

② 怎样组织对需求分析阶段工作的评审？

小　　结

需求分析的目的就是构造一个用户也能看懂的系统模型，传统方法是构造以数据流图为核心的系统模型图。本章概念很多，如数据流图、UML 等，掌握这些概念很重要，且不能和其他一些概念混淆。数据流图是描述未来系统的逻辑模型。另外同一概念在不同方面使用时含义有差别，甚至完全不同。总之，需求分析就是清楚“系统要做什么”，即用户的需求，且将需求在不同层次上、不同的部分描述出来。

习 题 2

一、选择题

1. 在软件需求规范中，下述哪些要求可以归类为过程要求？【　　】

A. 执行要求　B. 效率要求　C. 可靠性要求　D. 可移植性要求

2. 在软件需求分析和设计过程中，其分析与设计对象可归结成两个主要的对象，即数据和程序，按一般实施的原则，对二者的处理应该【　　】。

A. 先数据后程序　B. 与顺序无关

C. 先程序后数据　D. 可同时进行

3. 利用结构化分析模型进行结构设计时，应以【　　】为依据。

A. 数据流图　B. 实体—关系图　C. 数据字典　D. 状态—迁移图

4. 数据流图（DFD）对系统的功能和功能之间的数据流进行建模，其中顶层数据流图描述了系统的【　　】。

A. 处理过程　B. 输入和输出　C. 数据存储　D. 数据实体

5. 以下关于数据流图的叙述中，不正确的是【　　】。

A. 每条数据流的起点和终点必须是加工

B. 必须保持父图与子图平衡

C. 每个加工必须有输入数据流，但可以没有输出数据流

D. 应保持数据守恒

6. 以下关于数据流图中基本加工的叙述，不正确的是【　　】。

A. 对每一个基本加工，必须有一个加工规格说明

B. 加工规格说明必须描述把输入数据流变换为输出数据流的加工规则

C. 加工规格说明必须描述实现加工的具体流程

D. 决策表可以用来表示加工规格说明

7. 进行需求分析可使用多种工具，但【　　】是不适用的。

A. 数据流图（DFD）　B. 判定表

C. PAD 图　D. 数据字典

8. 在软件的需求分析中，开发人员要从用户那里解决的最重要的问题是【　　】。

A. 要让软件做什么　B. 要给该软件提供哪些信息

C. 要求软件工作效率怎样　D. 要让软件具有何种结构

9. 软件需求分析阶段的工作，可以分为 4 个方面：对问题的识别、分析与综合、编写需求分析文档以及【　　】。

A. 软件的总结　B. 需求分析评审

C. 阶段性报告　D. 以上答案都不正确

10. 各种需求分析方法都有它们共同适用的【　　】。

A. 说明方法　B. 描述方式　C. 准则　D. 基本原则

11. 数据流图是常用的进行软件需求分析的图形工具，其基本图形符号是【　　】。

A. 输入、输出、外部实体和加工　B. 变换、加工、数据流和存储

C. 加工、数据流、数据存储和外部实体　D. 变换、数据存储、加工和数据流

12. 结构化分析（SA）方法将欲开发的软件系统分解为若干基本加工，并对加工进行说明，下述是常用的说明工具，其中便于对加工出现的组合条件的说明工具是【　　】。

a. 结构化语言　b. 判定树　c. 判定表

A. b 和 c　B. a，b 和 c　C. a 和 c　D. a 和 b

13. 加工是对数据流图中不能再分解的基本加工的精确说明，下述哪个是加工的最核心？【　　】

A. 加工顺序　B. 加工逻辑　C. 执行频率　D. 激发条件

二、简答题

1. 什么是需求分析？需求分析阶段的基本任务是什么？
2. 业务模型建立可采用哪些方法来完成？
3. 一般的需求分析方法存在哪些问题？
4. 什么是结构化需求分析方法？该方法使用什么描述工具？
5. 结构化需求分析方法通过哪些步骤来实现？
6. 流程图与数据流图有什么主要区别？
7. 什么是数据流图？其作用是什么？其中的基本符号各表示什么含义？
8. 画数据流图应注意什么事项？
9. 某银行的计算机储蓄系统功能是：将储户的存户填写的存款单或取款单输入系统。如果是存款，系统记录存款人姓名、住址、存款类型、存款日期、利率等信息，并打印出存款单给储户；如果是取款，系统计算清单给储户。请用 DFD 描绘该功能的需求。

第3章 总体设计

本章要点

- 总体设计的任务及过程
- 总体设计的准则
- 总体设计的常用方法及工具
- 软件体系结构

3.1 总体设计的任务及过程

3.1.1 总体设计的任务

总体设计也称为概要设计，其主要的任务是根据用户需求分析阶段得到的目标系统的物理模型，确定一个合理的软件系统的体系结构。这个体系结构的确定包括合理地划分组成系统的模块、模块间的调用关系及模块间的接口关系。软件的体系结构从总的方面决定了软件系统的可扩充性、可维护性及系统的性能。总体设计还应该为软件系统提供所用的数据结构或者数据库的结构。

3.1.2 总体设计的过程

根据总体设计的任务和目标，总体设计的过程由系统设计和结构设计两个阶段组成，包括以下步骤。

1. 设想供选择的方案

在需求分析阶段得到的数据流图的基础上，一个边界一个边界地设想并列出供选择的方案。

2. 选取合理的方案

根据需求分析阶段确定的目标，来判断哪些方案是合理的。然后选取若干个合理的方案，通常至少选取低成本、中等成本和高成本的 3 种方案。

3. 推荐最佳方案

综合分析对比各种合理方案的利弊，推荐一个最佳的方案，并为最佳方案制订详细的实现计划。

4. 功能分解

对数据流图进一步细化，进行功能分解。

分析员结合算法描述仔细分析数据流图中的每个处理，如果一个处理的功能过分复杂，必须把它的功能适当地分解成一系列比较简单的功能。一般来说，经过分解之后应该使每个功能对大多数程序员而言都是明显易懂的。功能分解导致数据流图的进一步细化，同时还应该用 IPO 图或者其他适当的工具简要描述细化后每个处理的算法。

5. 设计软件结构

设计软件模块的结构就是要把软件模块组成良好的层次系统，描述各模块之间的关系。软件设计方法主要有面向数据流的设计方法和面向数据结构的设计方法，在总体设计阶段，主要采用面向数据流的结构化设计方法，通过把数据流图进一步细化，从而映射出软件结构，用层次图或软件结构图来描述，可以直接从数据流图映射出软件结构。

6. 数据库的设计

对于需要使用数据库的那些应用领域，还要进行数据库的设计。数据库的设计包括模式设计、子模式设计、完整性设计和安全性设计等。

7. 制订测试计划

为保证软件的可测试性制订测试计划，软件设计一开始就要考虑软件的测试问题，这个阶段只是从输入/输出的功能出发制订黑盒法测试计划与测试策略，在详细设计时才编写详细的测试用例和测试计划。

8. 书写文档

正式的记录总体设计结果的文档通常包括以下 5 种。

（1）系统说明。系统说明的主要内容包括用系统流程图描绘的系统构成方案，组成系统的物理元素清单，成本/效益分析；对最佳方案的概括描述，精化的数据流图，用层次图或结构图描绘的软件结构，用 IPO 图或其他工具（如 PDL 语言）简要描述的各个模块的算法，模块间的接口关系，以及需求、功能和模块三者之间的交叉参照关系等。

（2）用户手册。根据总体设计阶段的结果，更正在需求分析阶段产生的初步的用户手册。

（3）测试计划。测试计划包括测试策略、测试方案、预期的测试结果、测试进度计划等。

（4）详细的实现计划。详细的实现计划包括计划实现的各阶段所需要的时间、资源、人员配置等。

（5）数据库设计结果。如果目标系统中包含数据库，则应该用正式文档记录数据库设计的结果。通常包括数据库管理系统的选择、模式、子模式、完整性、安全性及优化方法等。

9. 审查和复审

最后应该对总体设计的结果进行严格的技术审查，在技术审查通过之后再由使用部门的负责人从管理的角度进行复审。

3.2 总体设计的原理

3.2.1 软件结构和过程

软件结构是软件元素（模块）间的关系表示，而软件元素间的关系是多种多样的，如调用关系、包含关系、从属关系和嵌套关系等。但不管是什么关系，都可以表示为层次形式，即层次之间是由关系连接的，故受到关系的制约。因此，可以定义软件层次结构为：在软件系统中，有一对应的组成成分 α 和 β，它们的关系为 $R(\alpha, \beta)$，若这个关系为层次结构，则满足以下条件。

① 第 0 层有组成成分 α，该层不出现的另一成分 β 与它有 $R(\alpha, \beta)$ 关系。

② 在第 i 层（$i>0$），α 是这样一个集合。

③ 在第 i-1 层必定有一个成分，且仅有一个成分 β，与之有 $R(\beta, \alpha)$ 关系。

④ 若有 $R(\beta, \gamma)$，则成分 γ 必定在 i+1 层上。

其中 i 是层次编号，0 表示最高层，编号增大，层次降低。

这种层次结构的概念，已经成为各类软件结构的一种表示形式。如在模块化结构软件中，它表示了模块间调用与控制关系的层次结构；在并发性软件中，它可以表示进程间控制关系的层次结构。

以模块为软件元素的层次结构是一种静态层次结构，它是在对“问题”的逐步定义过程中得到的，软件的层次结构使得问题的每一部分都能够由软件元素（模块）来实现。问题定义过程，实际上是一种分解过程，隐含地表示了模块间的关系。

软件结构提供了软件模块间组成关系的表示。它不提供模块间实现控制关系的操作细节，更不提供模块内部的操作细节。软件过程是用以描述每个模块的操作细节，当然包括一个模块对下一层模块控制的操作细节。实际上，过程的描述就是关于某个模块算法的详细描述，它应当包括处理的顺序、精确的判定位置、重复的操作以及数据组织和结构等。

3.2.2 模块设计

1. 模块化

模块是数据说明、可执行语句等程序对象的集合，包含 4 种属性。

（1）输入/输出。一个模块的输入/输出都是指同一个调用者。

（2）逻辑功能。逻辑功能指模块能够做什么事，表达了模块把输入转换成输出的功能，可以是单纯的输入/输出功能。

（3）运行程序。运行程序指模块如何用程序实现其逻辑功能。

（4）内部数据。内部数据指属于模块自己的数据。

其中，输入/输出和逻辑功能属于外部属性，运行程序和内部数据属于内部属性。在结构化系统设计中，人们主要关心的是模块的外部属性，而内部属性，将在系统实现过程中完成。

模块可以被单独命名，可通过名字来访问。模块有大有小，它可以是一个程序，也可以是程序中的一个程序段或者一个子程序。例如，过程、函数、子程序、宏等都可作为模块。

模块化就是把程序划分成若干个模块，每个模块具有一个子功能，把这些模块集中起来组成一个整体，可以完成指定的功能，实现问题的要求。

在软件开发过程中，大型软件由于其控制路径多、涉及范围广而且变量数目多，使其总体更为复杂，与小型软件相比较就不易被人理解。所以，模块化就是为了使一个复杂的大型程序能被人的智力所管理。

理想模块（黑箱模块）的特点如下。

① 每个理想模块只解决一个问题。

② 每个理想模块的功能都应该明确，使人容易理解。

③ 理想模块之间的连接关系简单，具有独立性。

④ 由理想模块构成的系统，易于理解、编程、测试、修改和维护。

下面根据人类解决问题的一般规律，描述上面所提出的结论。

定义函数 $C(x)$为问题 x 的复杂程度，函数 $E(x)$为解决问题 x 需要的工作量（时间）。对于问题 $P1$ 和问题 $P2$，如

$$C(P1)> C(P2)$$

则有

$$E(P1)> E(P2)$$

因为由 $P1$ 和 $P2$ 两个问题组合成一个问题的复杂度大于分别考虑每个问题时的复杂度之和，根据人类解决一般问题的经验，有

$$C(P1+P2)> C(P1)+C(P2)$$

综上所述，可得到下面的不等式

$$E(P1+P2)> E(P1)+E(P2)$$

由此可知，把复杂的问题分解成许多容易解决的小问题，原来的问题也就容易解决，这就是模块化提出的理论根据。

如果无限地分割软件，最后为了开发软件而需要的工作量也就小得可以忽略，如图 3-1 所示。当模块数目增加时，每个模块的规模将减小，开发单个模块需要的成本确实减少了；然而，设计模块间接口所需要的成本将增加，根据这两个因素，得出了最适合的总成本曲线。每个程序都相应地有一个最适当的模块数目 M，使得系统的开发成本最小。

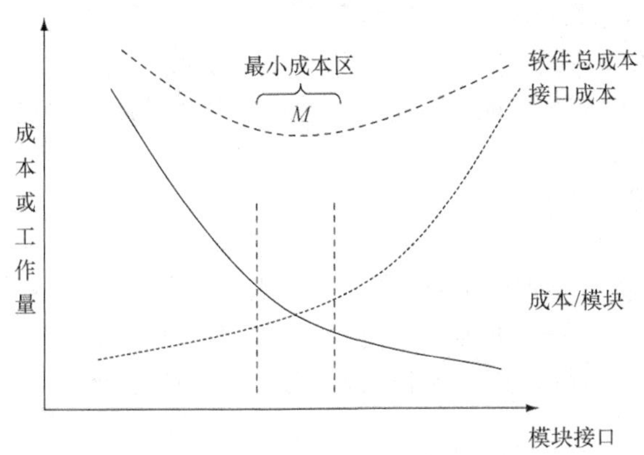

图 3-1 模块化和软件成本的关系

虽然目前还不能精确地决定 M 的数值，但是在考虑模块化的时候，总成本曲线确实是有用的。

采用模块化原理可以使软件结构清晰，不仅容易实现设计，也使设计出的软件的可阅读性和可理解性大大增强。这是由于程序错误通常发生在有关的模块及它们之间的接口中，所以采用模块化技术会使软件容易测试和调试，进而有助于提高软件的可靠性。因为变动往往只涉及少数几个模块，所以模块化能够提高软件的可修改性。模块化也有助于软件开发工程的组织管理，一个复杂的大型程序可以由许多程序员分工编写不同的模块。

2. 抽象

抽象是一种思维方法，这种方法在认识事物时，忽略事物的细节，通过事物本质的共同特性来认识事物。在软件工程的每个阶段中，抽象的层次逐步降低，在软件结构设计中的模块分层也是通过由抽象到具体地分析构造出来的。

软件工程过程的每一步，都是对软件解法的抽象层次的一次细化。在可行性研究阶段，软件被看作是一个完整的系统部分。在需求分析阶段，用问题环境中熟悉的术语来描述软件的解法。由总体设计阶段转入详细设计阶段时，抽象的程度进一步减少。最后，当源程序写出来时，也就达到了抽象的最底层。

3. 信息隐蔽

信息隐蔽是指在设计和确定模块时，使得一个模块内包含的信息（过程或数据），对于不需要这些信息的其他模块来说是不能访问的，或者说是“不可见”的。在软件设计中，模块的划分也要采取措施使它实现信息隐蔽。

信息隐蔽对于软件的测试与维护都有很大的好处。因为对于软件的其他部分来说，绝大多数数据和过程都是隐蔽的，这样，在修改期间，由于疏忽而引入的错误所造成的影响就可以局限在一个或几个模块内部，不至于波及软件的其他部分。

4. 模块独立性

模块独立性是软件系统中每个模块只涉及软件要求的具体子功能，其概念是模块化、抽象、信息隐蔽和局部化概念的直接结果。

开发具有独立功能而且和其他模块之间没有过多相互作用的模块，就可以做到模块独立。这样设计软件结构，会使得每个模块完成一个相对独立的特定子功能，并且和其他模块之间的关系很简单。

模块的独立程度可由两个定性标准度量，这两个标准分别称为耦合和内聚。耦合衡量不同模块彼此间互相依赖（连接）的紧密程度；内聚衡量一个模块内部各个元素彼此结合的紧密程度。

5. 模块的耦合

耦合是对一个软件结构内各个模块之间互连程度的度量。耦合强弱取决于模块间接口的复杂程度、调用模块的方式以及通过接口的信息。

在软件设计中应该尽可能采用松散耦合的系统。在这样的系统中可以分析、设计、测试或维护任何一个模块，而不需要对系统的其他模块有很多了解和影响。此外，由于模块间联系简单，发生在一处的错误传播到整个系统的可能性就很小。因此，模块间的耦合程度影响系统的可理解性、可测试性、可靠性和可维护性。

具体区分模块间耦合程度强弱的标准如下。

（1）非直接耦合

如果两个模块中的每一个都能独立地工作而不需要另一个模块的存在，那么它们彼此完全独立，这表明模块间无任何连接，耦合程度最低。但是，在一个软件系统中不可能所有模块之间都没有任何连接，它们之间的联系完全通过对模块的控制和调用来实现。

（2）数据耦合

如果两个模块彼此间通过参数交换信息，而且交换的信息仅仅是数据，那么这种耦合称为数据耦合。数据耦合是低耦合，系统中至少必须存在这种耦合，因为只有当某些模块的输出数据作为另一些模块的输入数据时，系统才能完成有价值的功能。一般说来，一个系统内可以只包含数据耦合。

（3）控制耦合

如果传递的信息中有控制信息，则这种耦合称为控制耦合，如图 3-2 所示。

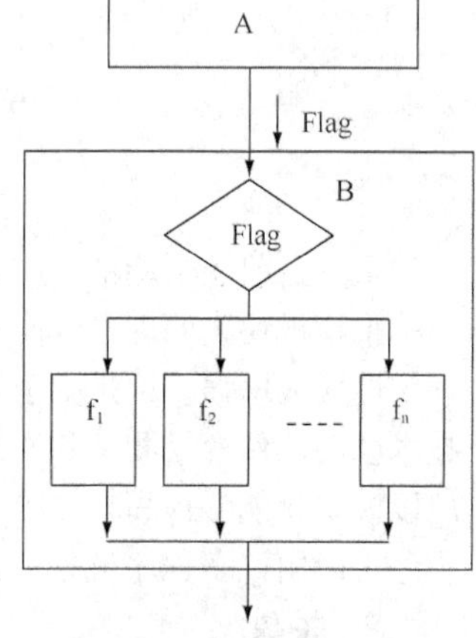

图 3-2 控制耦合

控制信息可以看作是一个开关量，它传递了一个控制信息或状态的标志。控制信息不同于数据信息，数据信息一般通过处理过程处理被处理的数据，而控制信息则是控制处理过程中的某些参数。

控制耦合是中等程度的耦合，它增加了系统的复杂程度。控制耦合往往是多余的，在把模块适当分解之后通常可以用数据耦合代替它。

（4）公共环境耦合

当两个或多个模块通过一个公共数据环境相互作用时，它们之间的耦合称为公共环境耦合。公共环境可以是全程变量、共享的通信区、内存的公共覆盖区、任何存储介质上的文件、物理设备等。

公共环境耦合的复杂程度随耦合的模块个数而变化，当耦合的模块个数增加时，复杂程度显著增加。如果只有两个模块有公共环境，那么这种耦合有下述两种可能，如图 3-3 所示。

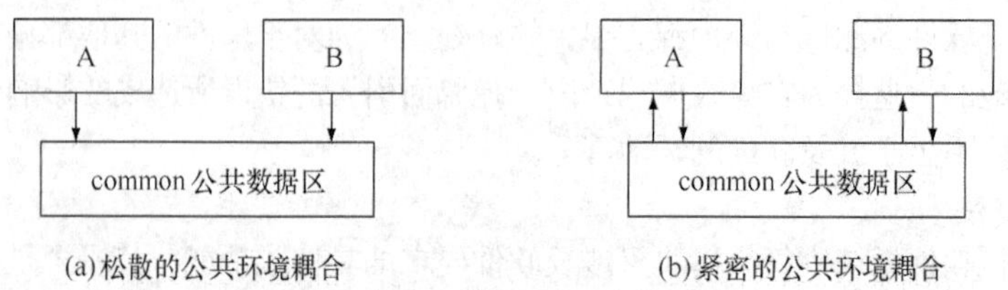

图 3-3 公共环境耦合

- 一个模块往公共环境送数据，另一个模块从公共环境取数据。这是数据耦合的一种比较松散的耦合形式。
- 两个模块都既往公共环境送数据，又从里面取数据，这种耦合比较紧密，介于数据耦合和控制耦合之间。

如果两个模块共享的数据很多，都通过参数传递可能很不方便，这时可以利用公共环境耦合。

公共环境耦合是一种不良的连接关系，它给模块的维护和修改带来困难。如公共数据要做修改，很难判定有多少模块应用了该公共数据，故在模块设计时，一般不允许有公共连接关系的模块存在。

（5）内容耦合

如果一个模块和另一个模块的内部属性（即运行程序和内部数据）有关，则称为内容耦合。

如果出现下列情况之一（见图 3-4），两个模块间就发生了内容耦合。

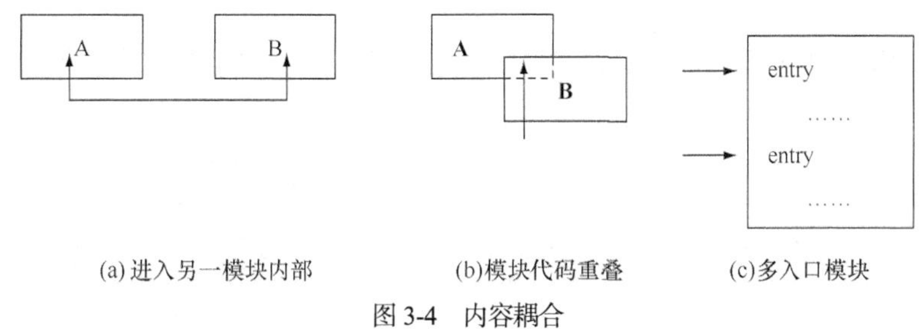

图 3-4　内容耦合

- 一个模块访问另一个模块的内部数据。
- 一个模块不通过正常入口而转到另一个模块的内部。
- 两个模块有一部分程序代码重叠（只可能出现在汇编程序中）。
- 一个模块有多个入口（这表明一个模块有几种功能）。

坚决避免使用内容耦合。事实上许多高级程序设计语言已经设计成不允许在程序中出现任何形式的内容耦合。

（6）标记耦合

如果一组模块通过参数表传递记录信息，即这组模块共享了这个记录，这就是标记耦合。在设计中应尽量避免这种耦合。

（7）外部耦合

一组模块都访问同一全局简单变量而不是同一全局数据结构，而且不是通过参数表传递该变量的信息，则称之为外部耦合。

一般模块之间的连接有 7 种，构成的耦合也有 7 种类型，如图 3-5 所示。

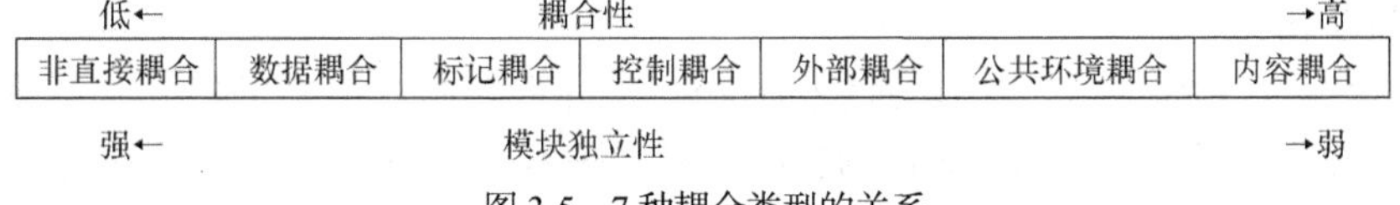

图 3-5　7 种耦合类型的关系

总之，耦合是影响软件复杂程度的一个重要因素。应该采取的原则是尽量使用数据耦合，少用控制耦合，限制公共环境耦合的范围，完全不用内容耦合。

6. 模块的内聚

模块的内聚是标志一个模块内各个元素彼此结合的紧凑程度，处理动作的组合强度，它是信息隐蔽和局部化概念的自然扩展。

设计时应该力求做到高内聚，通常中等程度也是可以采用的，而且效果和高内聚相差不多，但是低内聚不要使用。

内聚和耦合是密切相关的，模块内的高内聚往往意味着模块间的松耦合。内聚和耦合都是进行模块化设计的有力工具，但是实践表明内聚更重要，应该把更多注意力集中到提高模块的内聚程度上。

（1）偶然内聚

如果一个模块完成一组任务，各个任务之间没有实质性联系，即使这些任务彼此间有关系，其关系也是很松散的，就叫作偶然内聚，如图 3-6 所示。有时在写完一个程序之后，发现一组语句在两处或多处出现，于是把这些语句作为一个模块以节省内存，这样出现了偶然内聚的模块。

在偶然内聚的模块中，各种元素之间没有实质性联系，很可能在一种应用场合需要修改这个模块，在另一种应用场合又不允许这种修改，从而陷入困境。事实上，偶然内聚的模块出现修改错误的概率比其他类型的模块高得多。

（2）逻辑内聚

如果一个模块内部各组成部分的处理动作在逻辑上相似，但功能都彼此不同或无关，则称为逻辑内聚，如图 3-7 所示。

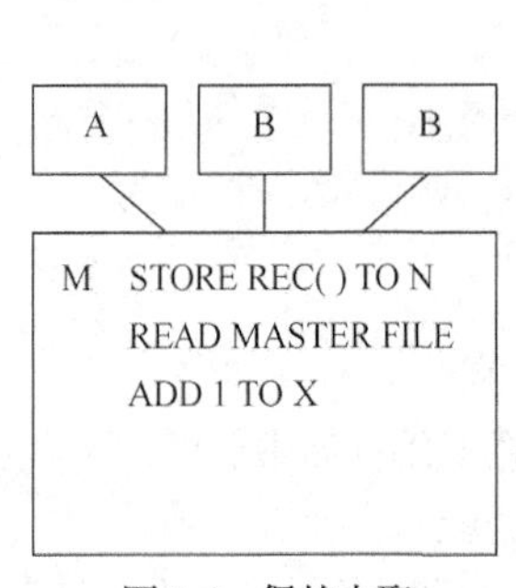

图 3-6　偶然内聚

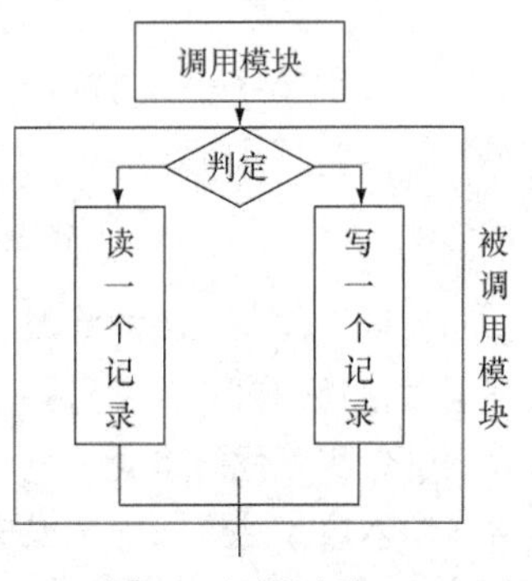

图 3-7　逻辑内聚

一个逻辑内聚模块往往包括若干个逻辑相似的处理动作，使用时可以选用其中的一个或几个功能。例如，把编辑各种输入数据的功能放在一个模块中。

在逻辑内聚的模块中，不同功能的部分混在一起，合用部分程序代码，即使局部功能的修改有时也会影响全局。因此，这类模块的修改也比较困难。

（3）时间内聚

如果一个模块内的各组成部分的处理动作和时间相关，则称为时间内聚。时间内聚模块的处理动作必须在特定的时间内完成。例如，程序设计中的初始化模块。

时间关系在一定程度上反映了程序的某些实质，所以时间内聚比逻辑内聚好一些。

（4）过程内聚

如果一个模块内部的各个组成部分的处理动作各不相同，彼此也没有联系，但它们都受同一个控制流支配，并由这个控制流决定它们的执行次序，则为过程内聚。

使用程序流程图作为工具设计软件时，常常通过研究流程图确定模块的划分，这样得到的往往是过程内聚的模块。如图 3-8 所示，通过循环体，计算两种累积数。

（5）通信内聚

如果模块中所有元素都使用同一个输入数据和（或）产生同一个输出数据，则称为通信内聚，图 3-9 所示为通信内聚模块的示意图。例如要完成两个工作，这两个处理动作都使用相同的输入数据。

① 按“配件编号”查询数据存储，获得“单价”。

② 按“配件编号”查询数据存储，获得“库存量”。

（6）信息内聚

信息内聚模块具有多种功能，能完成多种任务。各个功能都在同一数据结构上操作，每一项功能只有一个唯一的入口点。例如图 3-10 所示的有 4 个功能，即这个模块将根据不同的要求，确定该执行哪一项功能，但这个模块都基于同一数据结构，即符号表。

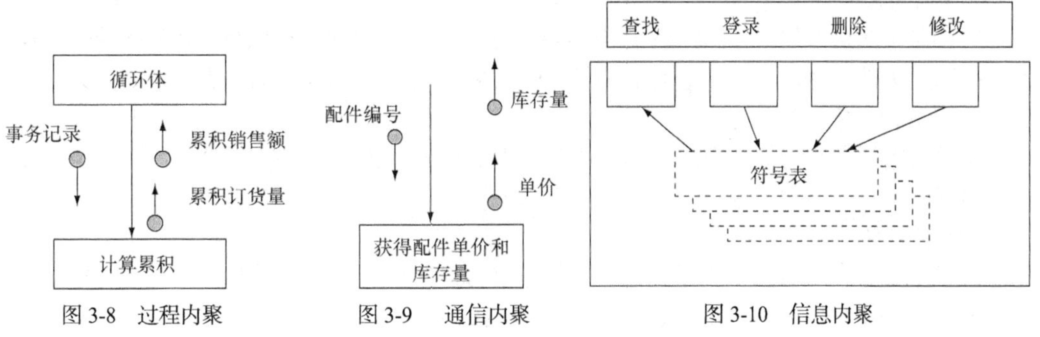

图 3-8　过程内聚　　图 3-9　通信内聚　　图 3-10　信息内聚

（7）功能内聚

如果一个模块内部的各组成部分的处理动作全都为执行同一个功能而存在，并且只执行一个功能，则称为功能内聚。功能内聚是最高程度的内聚。判断一个模块是不是功能内聚，只要看这个模块是“做什么”的，是完成一项具体的任务，还是完成多任务。

内聚的 7 种类型如图 3-11 所示。

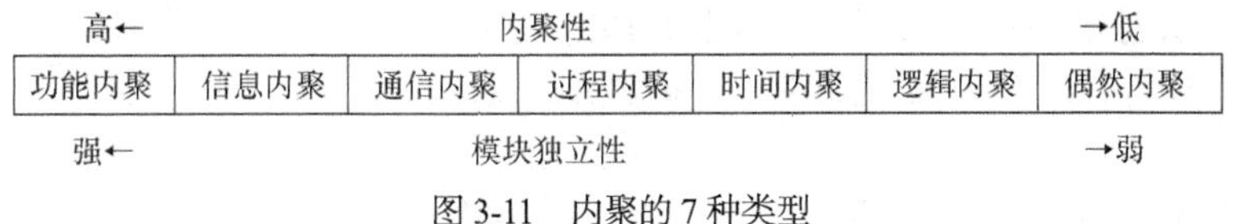

图 3-11　内聚的 7 种类型

事实上，没有必要精确确定内聚的级别。重要的是设计时力争做到高内聚，并且能够辨认出低内聚的模块，努力通过修改设计提高模块的内聚程度，同时降低模块间的耦合程度，从而获得较高的模块独立性。

3.2.3　结构设计

软件结构也可以描述为管道和过滤器、面向对象、隐式请求、层次化、过程控制等形式。了解各种软件结构的风格特征，有助于读者确定对于一个给定的系统使用哪一种风格才是最适合的。

1. 管道和过滤器

在管道/过滤器系统中，软件的基本模块（构件）是由管道和过滤器组成的。所谓管道就是传送数据流的元素，而过滤器用于实现从输入数据到输出结果的转换。其中，各个过滤器是独立的，每一个过滤器不知道系统其他过滤器的功能。此外，系统输出的正确性不依赖于过滤器的顺序。管道/过滤器系统具有如下 4 个重要特征。

- 设计者可以把整个系统看成是一个大的过滤器，它对系统的输入和输出产生影响，导致输入数据转换为输出结果。
- 任意两个过滤器可以连接在一起，所以用它们可以很容易地建立其他系统。
- 系统发展演变很容易，因为新的过滤器可以很容易地加进来，而旧的过滤器也可以很容易地删除。
- 允许过滤器并行执行。

然而，管道/过滤器也有一些缺点。首先，它更适合进行批量处理，而不适合交互处理。其次，当两个数据流相关时，系统必须维持它们之间的通信。最后，过滤器的独立性意味着一些过滤器必须具备的一些准备功能，可能是与其他过滤器的功能重复的，这样会降低性能，并使代码变得十分复杂。

2. 面向对象

需求可以通过对象以及它们的抽象类型组织起来。这种设计也可以围绕抽象的数据类型来建立系统的模块（组件）。基于对象的设计必须具备两个重要特征：对象必须保持数据表示的完整性，数据表示对于其他对象是隐藏的。

与管道/过滤器系统不同的是一个对象必须能识别其他对象以便于它们之间的通信，而过滤器是完全独立的。

3. 隐式请求

隐式请求的设计模型是事件驱动的。它是基于广播的概念，不同于直接调用一个过程；它是由一个组件宣布一个或多个事件要发生了，然后，其他组件将一个过程与这些事件联系起来（称这样的过程为注册过程），这些注册过程是由系统调用的。在这种系统中，数据交换是通过存储库中的共享数据完成的。这种类型的设计经常用于数据库中以保持信息的一致性。

这种风格的设计有利于组件复用，因为任何组件都可以注册到一个事件中，并且独立于其他组件。同样，当系统更新或升级时，旧的组件可以很容易地删除，新的组件也可以很容易地加进来。这种设计风格的不利之处是缺乏组件响应事件的保证机制。

4. 层次化

将系统按层次划分，每一层都为上一层提供服务，同时每一层是下一层的一个客户。图 3-12 描绘了一个提供文件安全保障的系统。

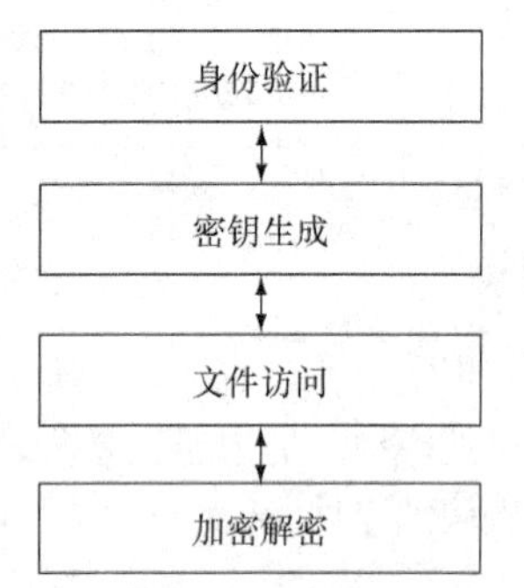

图 3-12　文件安全保障系统的层次结构

最顶层提供身份验证。这一层管理一个密码文件，这个文件以加密形式存储，并且要求用户输入用户名和密码。第二层是密钥管理层。它根据上层传递的用户名和密码，计算出一个散列码作为访问文件的密钥。第三层是文件级的接口。根据用户的访问要求操作一个文件。最内层是加密解密层。对具体的文件实现加密和解密操作，在这层上实现系统最基本的加密解密策略。在设计中，用户可以访问系统的不同层次，这完全依赖于需求说明表中的要求。例如，如果用户不需要知道有关加密解密策略的问题，那么只需访问最外层，提供用户名和密码即可。

这种层次化结构的最大好处就是具有抽象的概念。每个层次都被认为是一个可扩展的抽象级，设计者可以将一个问题分解成一系列抽象的层次。当需求改变的时候，可能需要增加或修改一个层次，通常，这样的改变只影响到相邻的两个层次。同样，复用一个层次也比较简单，只需要在相邻层次间做一些改变。

5. 过程控制

过程控制系统的目标就是将过程输出维持在某个指定值的范围之内。大部分基于软件的控制系统都涉及两种形式的闭环——反馈和前馈。一个反馈系统测量出一个控制变量，如温度，然后调整过程使控制变量值在设定点附近。在前馈循环中，系统通过测量其他过程变量值来对控制变量施加更多的影响。

在进行软件结构设计时，选择什么样的设计风格的一个重要因素是分析该软件应用的范围，每种设计风格各有所长，设计者应该根据具体的应用进行选择。

3.3 总体设计准则

总体设计既是过程又是模型。设计过程是一系列迭代的步骤，它们使设计者能够描述要构造的软件系统的特征。总体设计模型和建筑师的房屋设计类似，它首先表示出要构造的事务整体。例如，先设计房屋的整体结构，然后再细化局部，提供构造每个细节的指南。同样，软件设计模型提供了软件元素的组织框架图。Davis 曾经提出了一系列软件设计的原则，这些设计原则可以作为软件设计人员设计软件的一个基本准则。

（1）多样化设计。考虑设计的替代方案，提供多种可供评审和选择的设计方案。

（2）设计对于分析模型应该是可跟踪的。因为设计模型中的一个软件元素可能会涉及多个需求，也可能一个需求由多个软件元素实现。为了使得设计出的软件满足需求，要求设计模型一定要具有可回溯性。

（3）设计不应该从头做起。软件系统是使用一系列设计模式构造的，很多模式可能在以前就遇到过，这些模式通常被称为可复用设计构件。应该尽可能使用已有的设计构件，减少设计的工作量，并且也可以保证设计的质量。

（4）软件设计应该尽可能缩短软件和现实世界的距离。也就是说，软件设计的结构应该尽可能模拟问题域的结构。

（5）设计应该表现出一致性和规范性。在设计开始之前，应该定义设计风格和设计规范，保证不同的设计人员设计出风格一致的软件。

（6）设计的易修改性。软件开发的整个过程中都存在着变化，因此，设计软件时必须要考虑到设计的易修改性。

（7）容错性设计。不管多么完善的软件，都可能存在问题，所以设计人员应该为软件进行容错性设计，当遇到异常数据、事件或操作时，软件不至于彻底崩溃。

（8）设计的粒度要适当。即使在详细设计阶段，设计模型的抽象级别也比源代码要高。详细设计是设计实现的算法和具体的数据结构。

（9）在设计时就要开始评估软件的质量。在设计阶段就应考虑如何保障软件产品的质量，而且在设计过程中要不断评价软件质量，不要等全部设计结束之后再考虑。

（10）要复审设计，减少设计引入的错误。目前已经有许多总体设计方法，每种设计方法都引入了独特的启发规则和符号体系。然而，这些方法具有一些共同的特征。

- 具有将分析模型转变为设计模型的机制。
- 具有描述软件功能性构件和接口的符号体系。
- 设计优化和结构求精的启发规则。
- 质量评价的指南。

不管使用什么设计方法，都应该在数据、体系结构、接口和过程设计方面遵循上述基本原则，并且在设计时尽量排除不良因素的影响。下面是影响软件设计的因素。

- 共同设计

大部分项目是由一组人员共同设计的，每个人被分配完成整个系统设计工作的一部分。共同设计时，一个主要的问题就是设计人员的个人经验、理解力和喜好的差别。引起设计失败的原因主要有三类：缺乏设计经验、缺乏知识、设计者与使用者之间缺少相互沟通。

- 用户界面

设计用户界面的目标就是帮助用户方便、快捷地获得需要的信息。用户界面设计是设计中的关键，用户界面包含各种各样的技术——超文本、声音、二维画面、视频和虚拟世界。为了设计出舒适、高效的界面，设计者必须考虑两个主要问题：文化和喜好。

- 文化问题

在设计软件时，还必须考虑使用者的信仰、价值观、传统和其他方面的问题。为了使系统具有多种文化的特性，在设计用户界面时，先排除一些特有的文化特点，使系统的界面标准化。然后再根据具体用户的要求，对设计进行加工，使其符合用户的文化背景。

- 并发性

很多系统的行为都是并发的，不是按顺序发生的。处理并发系统必须有更复杂的设计，并发系统中一个最大的问题就是要保证共享数据的一致性。处理这类系统通常采用同步和互斥技术，同步是协调多个并发活动的技术，互斥是保证共享数据的一致性的技术。如果两个操作影响一个共享对象的状态，那么应该用互斥的策略来执行它们。

3.4 总体设计的常用方法及工具

3.4.1 面向数据流的设计方法

运用面向数据流的方法进行软件体系结构的设计时，应该首先对需求分析阶段得到的数据流图进行复查，必要时进行修改和精化；接着在仔细分析系统数据流图的基础上，确定数据流图的类型，并按照相应的设计步骤将数据流图转化为软件结构；最后还要根据体系结构设计的原则对得到的软件结构进行优化和改进。面向数据流方法的设计过程如图 3-13 所示。

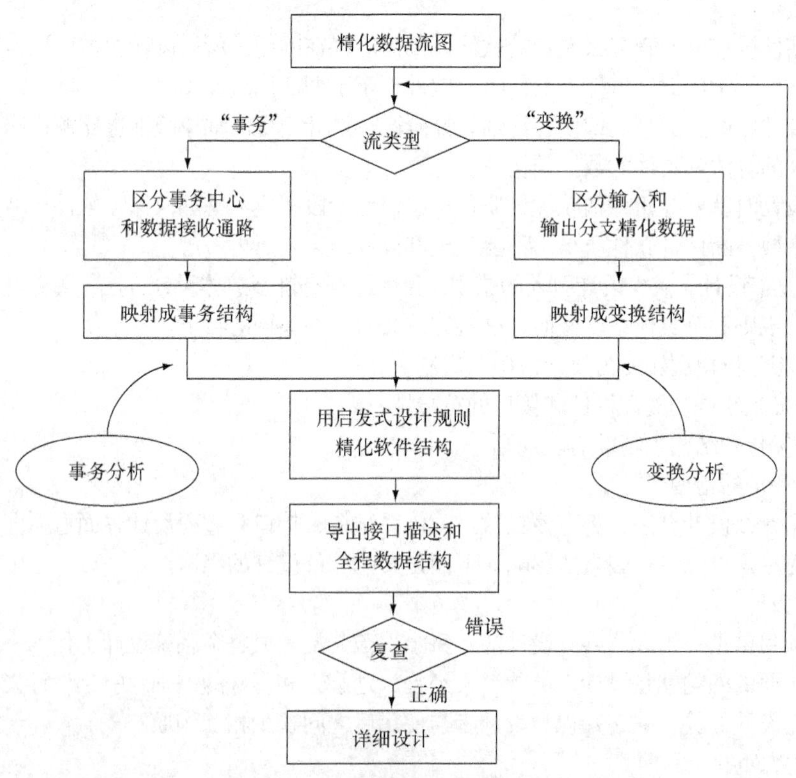

图 3-13 面向数据流方法的设计过程

一般来说，大多数系统的加工问题被表示为变换型，可采用变换分析方法建立系统的软件结构，但当数据流图具有明显的事务特点时，则应采用事务分析技术进行处理。变换分析方法与事务分析方法类似，都遵循图 3-13 所示的设计过程，主要差别仅在于由数据流图向软件结构映射的方法不同。对于一个复杂的系统，数据流图可能既存在变换流又存在事务流，这时应当根据数据流图的主要处理功能，选择一个面向全局的、涉及整个软件系统的总体类型，映射得到系统的整体软件结构。此外，再对局部范围内的数据流图进行具体研究，确定它们各自的类型并分别处理，得到系统的局部软件结构。

1. 变换流

如图 3-14 所示，信息沿输入通路进入系统，同时由外部形式变换成内部形式，进入系统的信息通过变换中心，经过加工处理后再沿输出通路变换成外部形式离开软件系统。当数据流具有这些特征时，这种信息流被称为变换流。

2. 事务流

如图 3-15 所示，数据沿输入通路到达一个处理 T，这个处理根据输入数据的类型在若干个动作序列中选出一个来执行。这种“以事务为中心的”的数据流，称为“事务流”。

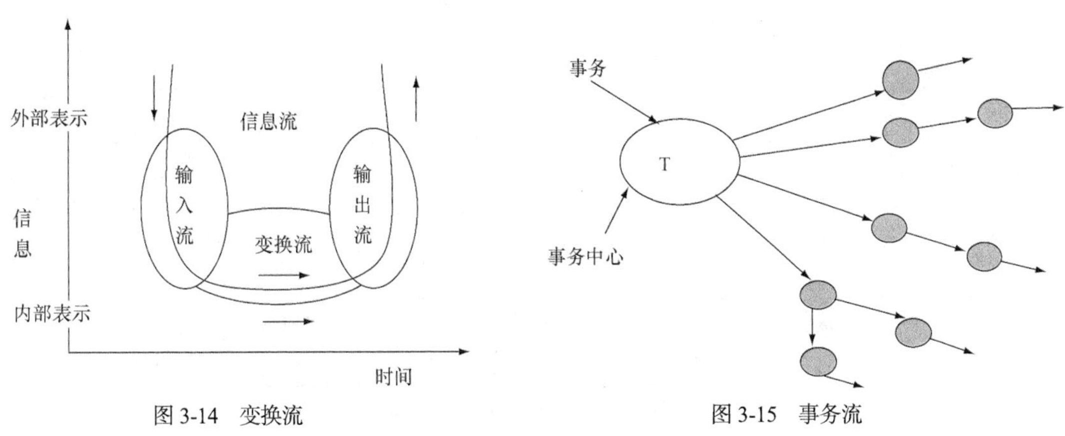

图 3-14　变换流　　图 3-15　事务流

3. 变换分析

对于变换型的数据流图，应按照变换分析的方法建立系统的结构图。

（1）划分边界，区分系统的输入部分、变换中心和输出部分。

变换中心在图中往往是多股数据流汇集的地方，经验丰富的设计人员通常可根据其特征直接确定系统的变换中心。另外，下述方法可帮助设计人员确定系统的输入和输出；从数据流图的物理输入端出发，沿着数据流方向逐步向系统内部移动，直至遇到不能被看作是系统输入的数据流为止，则此数据流之前的部分就是系统的输入；同理，由数据流图的物理输出端出发，逆着数据流方向逐步向系统内部移动，直至遇到不能被看作是系统输出的数据流为止，则该数据流之后的部分即为系统的输出；在输入和输出之间的部分就是系统的变换中心。

（2）完成第一级分解，设计系统的上层模块。

这一步主要确定软件结构的顶层和第一层。任何系统的顶层都只含一个用于控制的主模块。变换型数据流图对应的软件结构的第一层一般由输入、变换和输出 3 种模块组成。系统中的每个逻辑输入对应一个输入模块，完成为主模块提供数据的功能；相应的每一个逻辑输出对应一个输出模块，完成为主模块输出数据的功能；变换中心对应一个变换模块，完成将系统的逻辑输入转换为逻辑输出的功能。例如工资计算系统的一级分解结果如图 3-16 所示。

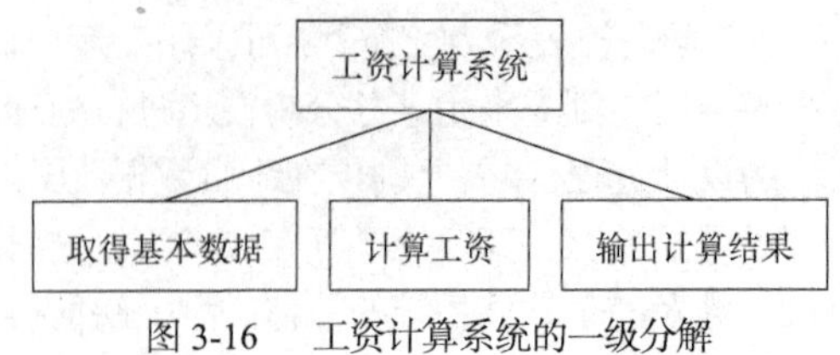

图 3-16　工资计算系统的一级分解

（3）完成第二级分解，设计输入部分、变换中心和输出部分的中、下层模块。

这一步主要是对上一步确定的软件结构进行逐层细化，为每一个输入、输出模块及变换模块设计下属模块。通常，一个输入模块应包括用于接收数据和转换数据（将接收的数据转换成下级模块所需的形式）的两个下属模块，一个输出模块应包括用于转换数据（将上级模块的处理结果转换成输出所需的形式）和传输数据的两个下属模块，变换模块的分解没有固定的方法，一般根据变换中心的组成情况及模块分解的原则来确定下属模块。完成二级分解后，上述的工资计算系统的软件结构如图 3-17 所示，图中省略了模块调用传递的信息。

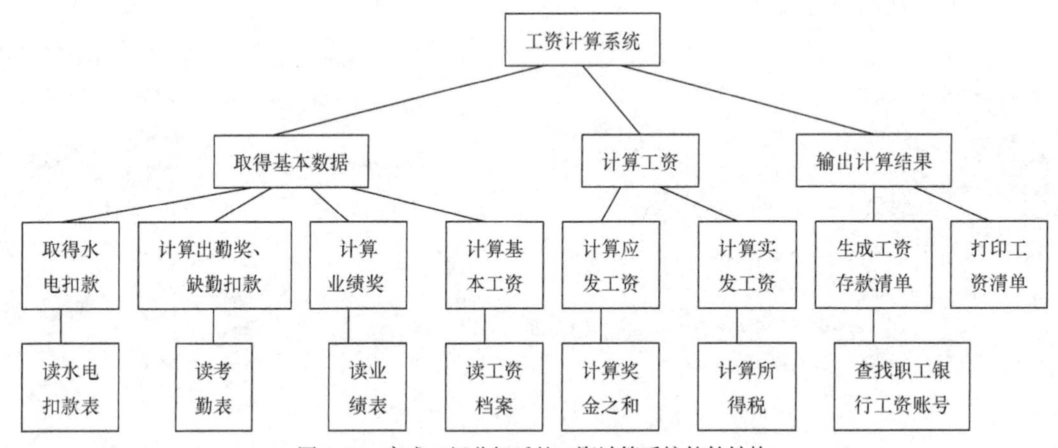

图 3-17　完成二级分解后的工资计算系统软件结构

4. 事务分析

事务分析设计方法也是从分析数据流图出发，通过自顶向下的逐步分解来建立系统软件结构。下面以图 3-18 所示的事务型数据流图为例，介绍事务分析设计方法生成软件结构的具体步骤。

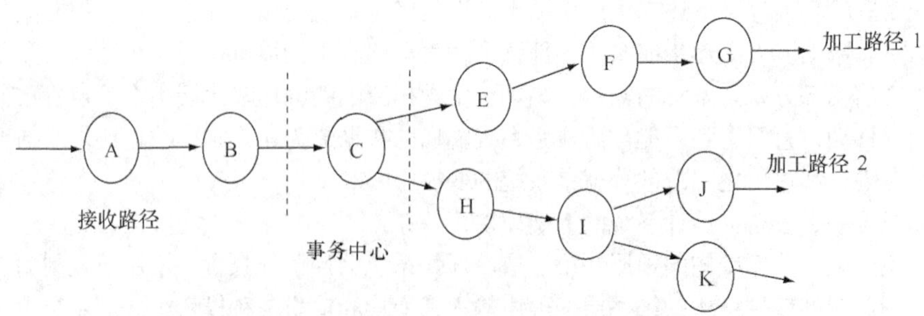

图 3-18　进行了边界划分的事务型数据流图

（1）划分边界，明确数据流图中的接收路径、事务中心和加工路径。

事务中心在数据流图中位于多条加工路径的起点，经过事务中心的数据流被分解为多个发散的数据流，根据这个特征很容易在图中找到系统的事务中心。向事务中心提供数据的路径是系统的接收路径，而从事务中心引出的所有路径都是系统的加工路径，如图 3-18 中对数据流图的划分。每条加工路径都具有自己的结构特征，可能为变换型，也可能为事务型。如图 3-18 所示，路径 1 为变换型，路径 2 为事务型。

（2）建立事务型结构的上层模块。

事务型数据流图对应的软件结构的顶层只有一个由事务中心映射得到的总控模块，总控模块有两个下级模块，分别是由接收路径映射得到的接收模块和由全部加工路径映射得到的调度模块。接收模块负责接收系统处理所需的数据，调度模块负责控制下层的所有加工模块。两个模块共同构成了事务型软件结构的第一层。图 3-18 中，事务型数据流图映射得到的上层软件结构如图 3-19 所示。

（3）分解、细化接收路径和加工路径，得到事务型结构的下层模块。

接收路径通常都具有变换的特性，因此对事务型结构接收模块的分解方法与对变换型结构输入模块的分解方法相同。对加工路径的分解应按照每一条路径本身的结构特征，分别采用变换分析或事务分析方法进行分解。经过分解后得到的完整的事务型软件结构如图 3-20 所示。

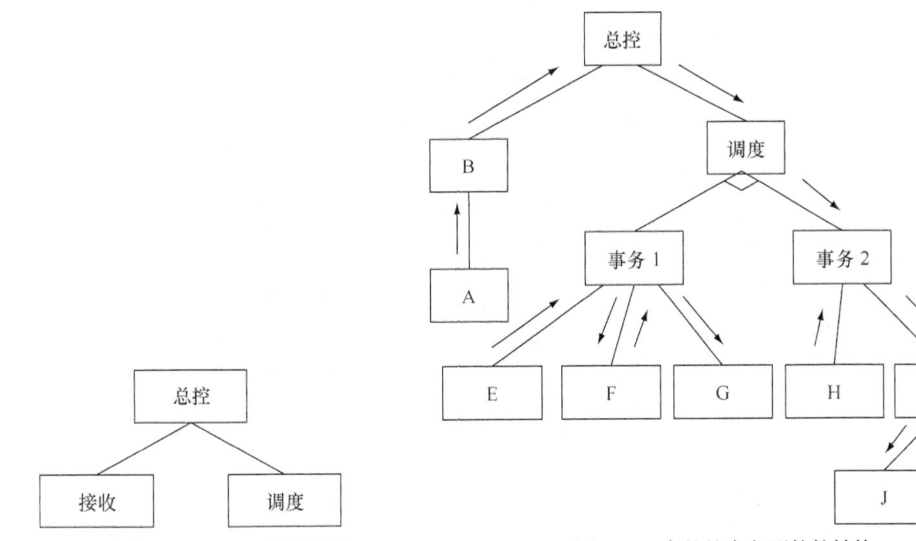

图 3-19　事务型系统的上层软件结构

图 3-20　完整的事务型软件结构

5. 软件模块结构的改进

为了使最终生成的软件系统具有良好的风格及较高的效率，应在软件的早期设计阶段尽量地对软件结构进行优化。因此在建立软件结构后，软件设计人员需要按照体系结构设计的基本原则对其进行必要的改进和调整。软件结构的优化应该在保证模块划分合理的前提下，力求减少模块的数量、提高模块的内聚性及降低模块的耦合性，设计出具有良好特性的软件结构。

3.4.2 总体设计中的工具

1. 系统流程图

系统流程图是描绘系统物理模型的传统工具。它的基本思想是用图形符号以黑盒子形式描绘系统里面的每个部件（程序、文件、数据库、表格、人工过程等），表达信息在各个部件之间流动的情况。系统流程图的作用表现在以下 4 个方面。

（1）制作系统流程图的过程是系统分析员全面了解系统业务处理概况的过程，它是系统分析员做进一步分析的依据。

（2）系统流程图是系统分析员、管理员、业务操作员相互交流的工具。

（3）系统分析员可直接在系统流程图上画出可以由计算机处理的部分。

（4）可利用系统流程图来分析业务流程的合理性。

2. HIPO 图

HIPO（Hierarchy Plus Input/Processing/Output）图是美国 IBM 公司于 20 世纪 70 年代发展起来的表示软件系统结构的工具。它既可以描述软件总的模块层次结构——H 图（层次图），又可以描述每个模块输入/输出数据、处理功能及模块调用的详细情况——IPO 图。HIPO 图以模块分解的层次性以及模块内部输入、处理、输出三大基本部分为基础建立的。

IBM

（1）HIPO 图的 H 图

H 图（即层次图）用于描述软件的层次结构。在 H 图中用矩形框表示一个模块，矩形框之间的直线表示模块之间的调用关系，同结构图一样未指明调用顺序。图 3-21 所示为销售管理系统的层次图。

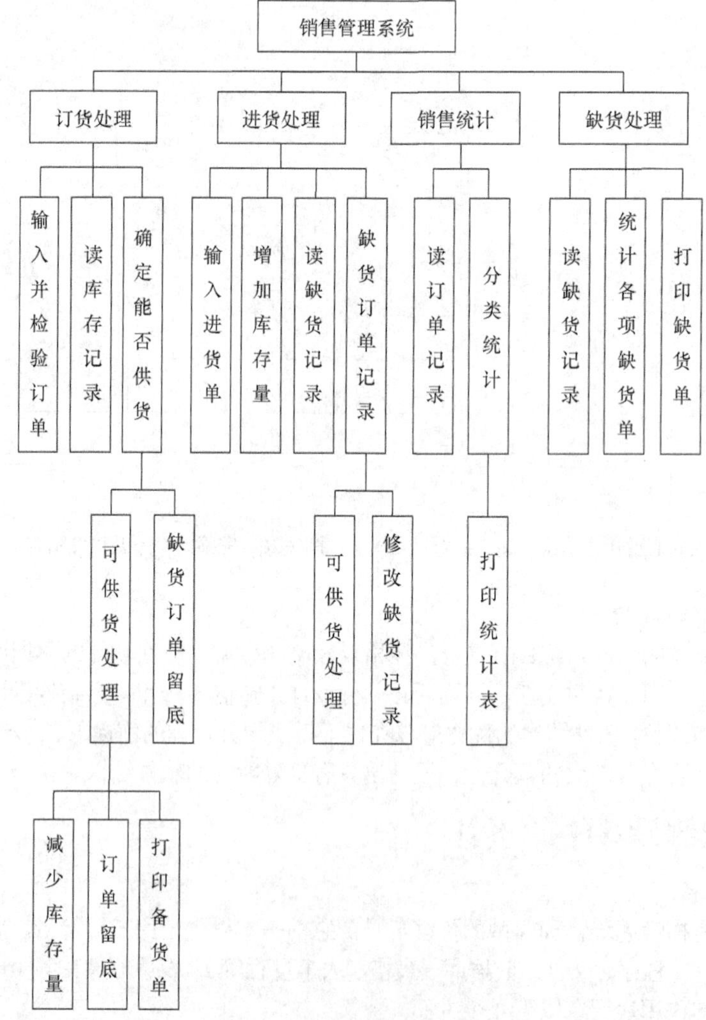

图 3-21　销售管理系统的 H 图

（2）IPO 图

H 图只说明了软件系统由哪些模块组成及其控制层次结构，并未说明模块间的信息传递及模块内部的处理。因此对一些重要模块还必须根据数据流图、数据字典及 H 图绘制具体的 IPO 图，如表 3-1 所示。

表 3-1　　IPO 表的组成

IPO 表	
系统：	作者：
模块：	日期：
编号：	
被调用：	调用：
输入：	输出：
处理：	
局部数据元素：	注释：

3.4.3　总体设计说明书编写规范

总体设计说明书编写规范详见附录三。

3.5　模块结构设计

设计软件模块的结构就是要把软件模块组成良好的层次系统，描述各模块之间的关系。顶层模块调用它的下层模块以实现程序的完整功能，每个下层模块再调用更下层的模块，最下层的模块完成最具体的功能。

软件设计方法主要有面向数据流的设计方法和面向数据结构的设计方法，在总体设计阶段，主要采用面向数据流的结构化设计方法，通过把不够详细的数据流图进一步细化至适当层次，从而映射出软件结构，用层次图或软件结构图来描述，可以直接从数据流图映射出软件结构。

3.6　数据存储设计

数据存储管理是系统存储或检索对象的基本设施，它建立在某种数据存储管理系统之上，并且隔离了数据存储管理模式的影响。

目前，常用的数据存储管理有以下 3 种方式。

① 数据文件。数据文件是由操作系统提供的存储形式，应用系统将数据按字节顺序存储，并定义如何以及何时检索数据。显然，文件形式给应用系统带来更多的灵活性，但是应用系统需要自己处理并发访问和数据恢复等问题。

② 关系数据库。在关系数据库中，数据是以表的形式存储在预先定义好的称为 Schema 的类型中。表的每一列表示一个属性，每一行将一个数据项表示成一个属性值的元组。关系数据库是一种成熟的技术，使用费用较高而且会产生性能上的瓶颈。

③ 面向对象数据库。与关系数据库不同的是，面向对象数据库将对象和关系作为数据一起存储。它提供了继承和抽象数据类型，但其查询要比关系数据库慢。

3.7 模型—视图—控制器框架

3.7.1 MVC 模式

模型—视图—控制器（Model-View-Controller，MVC），是一种用来使用户界面层和系统的其他部分分离的结构化模式。MVC 不仅有助于增强用户界面层的内聚，而且有助于降低用户界面层与系统其余部分以及用户接口（User Interface，UI）本身各部分之间的耦合。

MVC 模式使系统的功能层（模型）同用户界面的两个方面分离：视图（View）和控制器（Controller）。如图 3-22 所示，尽管这 3 个构件通常都是类的实例，但使用构件图来强调构件也可以是独立的线程或进程。

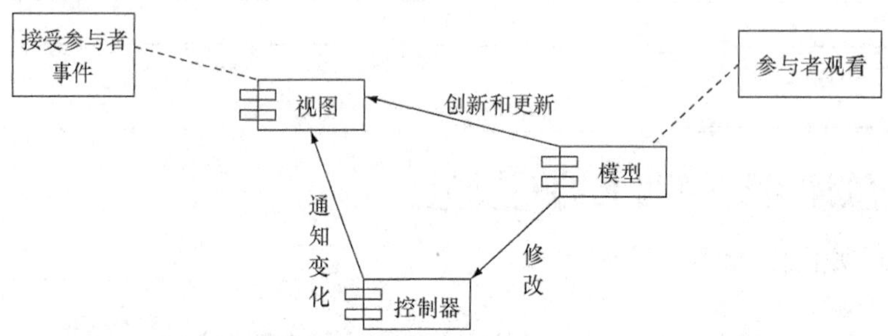

图 3-22 用户界面的模型—视图—控制器（MVC）结构化模式

模型包括最基本的类，这些类的实例可以查看和操作。

视图包括一些对象，这些对象使模型中的数据在用户界面显示出来。视图还显示用户可以交互的各种控件。

控制器包括一些对象，这些对象控制和处理用户与视图及模型的交互。当用户在域中输入信息或用鼠标点击控件时，控制器含有响应的逻辑。

模型不知道何种视图或控制器与其相连。通常使用观察者（Observer）设计模式将模型和视图相分离。因此 MVC 结构化模式体现了层内聚，是特殊的多层结构化模式。

3.7.2 MVC 中的模型类、视图类和控制类

MVC 中的模型类、视图类和控制类如图 3-23 所示。

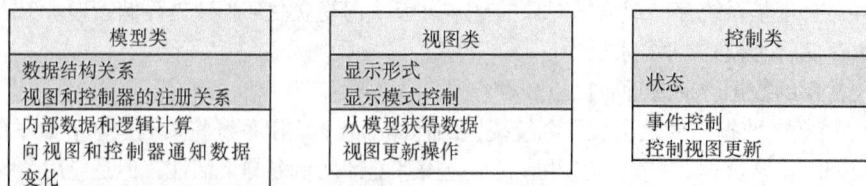

模型类
数据结构关系 视图和控制器的注册关系
内部数据和逻辑计算 向视图和控制器通知数据变化

视图类
显示形式 显示模式控制
从模型获得数据 视图更新操作

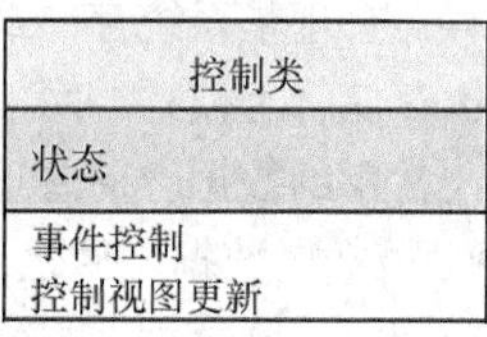

控制类
状态
事件控制 控制视图更新

图 3-23 MVC 中的模型类、视图类和控制类

（1）模型类

模型包含应用问题的核心数据、逻辑关系和计算功能，封装所需的数据，提供完成问题处理的

操作过程。控制器依据 I/O 的需要调用这些操作过程。模型还为视图获取显示数据而提供了访问其数据的操作。这种变化—传播机制体现在各个相互依赖部件之间的注册关系上，模型数据和状态的变化会激发这种变化—传播机制，它是模型、视图和控制器之间的联系纽带。

（2）视图类

视图通过显示的形式把信息传达给用户。不同的视图通过不同的显示来表达模型的数据和状态信息。每个视图有一个更新操作，它可以被变化—传播机制所激活。当调用更新操作时，视图获得来自模型的数据值更新显示。在初始化时，通过与变化—传播机制的注册关系建立起所有视图与模型间的关联。视图与控制器之间保持着一对一的关系，每个视图创建一个相应的控制器。视图提供给控制器处理显示的操作。因此，控制器可以获得主动激发界面更新的能力。

（3）控制类

控制器通过时间触发的方式，接受用户的输入。控制器如何获得事件依赖于界面的运行平台。控制器通过事件处理过程对输入事件进行处理，并为每个输入事件提供相应的操作服务，把事件转化成对模型或相关视图的激发操作。

如果控制器的行为依赖于模型的状态，则控制器应该在变化—传播机制中进行注册，并提供一个更新操作。这样，可以由模型的变化来改变控制器的行为，如禁止某些操作。

3.7.3　MVC 的实现

实现基于 MVC 的应用需要完成以下工作，如图 3-24 所示。

（1）分析应用问题，对系统进行分离。

分析应用问题，分离出系统的内核功能、功能的控制输入、系统的输出行为 3 大部分。设计模型部件使其封装内核数据和计算功能，提供访问显示数据的操作，提供控制内部行为的操作以及其他必要的操作接口。以上形成模型类的数据构成和计算关系。这部分的构成与具体的应用问题紧密相关。

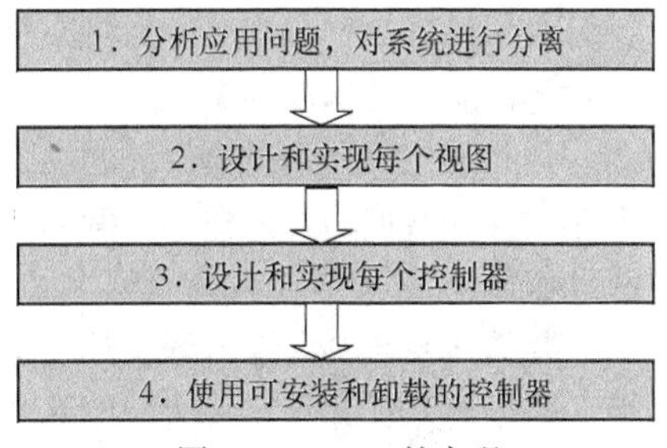

图 3-24　MVC 的实现

（2）设计和实现每个视图。

设计每个视图的显示形式，从模型中获取数据，将数据显示在屏幕上。

（3）设计和实现每个控制器。

对于每个视图，指定对用户操作的响应时间和行为。在模型状态的影响下，控制器使用特定的方法接受和解释这些事件。控制器的初始化建立起于模型和视图的联系，并且启动事件处理机制。事件处理机制的具体实现方法依赖于界面的工作平台。

（4）使用可安装和卸载的控制器。

控制器的可安装性和可卸载性，带来了更高的自由度，并且帮助形成高度灵活性的应用。控制器与视图的分离提高了视图与不同控制器结合的灵活性，以实现不同的操作模式，例如对普通用户、专业用户建立的只读视图或不使用控制器建立的只读视图。这种分离还为在应用中集成新的 I/O 设备提供了途径。

3.8　软件体系结构

3.8.1　软件体系结构的兴起

20 世纪 60 年代的软件危机使得人们开始重视软件工程的研究。起初，人们把软件设计的重点放在数据结构和算法的选择上，随着软件系统规模越来越大、越来越复杂，整个系统的结构和规格说明显得越来越重要。软件危机日益加剧，现有的软件工程方法对此显得力不从心。对于大规模的复杂软件系统来说，对总体的系统结构设计和规格说明比起对软件系统的算法和数据结构的选择已经变得明显重要得多。在此种背景下，人们认识到软件体系结构的重要性，并认为对软件体系结构的系统深入的研究，将会成为提高软件生产率和解决软件维护问题的新的最有希望的途径。

软件系统被分成许多模块，并且模块之间有相互作用，组合起来具有整体的属性，就具有了体系结构。好的开发者常常会使用一些体系结构模式作为软件系统结构设计策略，但他们并没有规范地、明确地表达出来，这样就无法将他们的知识与别人交流。软件体系结构是设计抽象的进一步发展，可以更好地理解软件系统，更方便开发更大、更复杂的软件系统。

软件体系结构虽形成于软件工程，但其形成同时借鉴了计算机体系结构和网络体系结构中很多宝贵的思想和方法。最近几年，软件体系结构研究已完全独立于软件工程的研究，成为计算机科学的一个最新的研究方向和独立学科分支。软件体系结构研究的主要内容涉及软件体系结构描述、软件体系结构风格、软件体系结构评价和软件体系结构的形式化方法等。解决好软件的重用、质量和维护问题，是研究软件体系结构的根本目的。

3.8.2 软件体系结构的概念

软件体系结构指软件的整体结构和这种结构所提供的系统在概念上的整体性的方式。体系结构设计表示要建造一个基于计算机系统所需要的数据和程序构件的结构，重点关注的是软件构件结构、构件的性质以及构件的交互。

体系结构设计是总体设计的主要任务，目标是建立一个结构良好的系统。软件的总体设计就是确定软件和数据的总体框架。例如，系统的构成（一个系统有多少个子系统，或者子系统由多少个模块组成），以及各个构成元素之间的相互关系。

软件体系结构设计过程实际上是在高层次上定义软件的组织。软件人员用某一种方法把系统分解为若干单元，并且定义这些单元之间的相互作用。

不同的设计方法可能构建体系结构的过程也不同。

1. 系统结构化

将系统分解成一系列基本子系统（每一个子系统都是一个独立的软件单元），并且识别出子系统之间的通信。

2. 控制建模

建立系统各个部分之间控制关系的构成模型，重点关注系统如何分解成子系统。作为一个整体，子系统必须得到有效的控制。

3. 模块分解

把子系统进一步分解成模块。这时，软件结构设计就需要确定模块的类型以及模块之间的关联。

子系统和模块的区别主要体现在以下两方面。

① 通常，子系统由模块组成，一个子系统独立构成系统，它不依赖其他子系统提供的服务，但是，要定义与其他子系统之间的接口。

② 一个模块通常是一个能提供一个或者多个服务的系统组件（构件），它能利用其他模块提供的服务。一般不会把模块视为一个独立的系统。模块可以由许多其他更简单的构件组成。

一般地，最简单的体系结构形式是程序构件（模块）的层次结构、构件之间的关系以及构件使用的数据结构。体系结构是一种表示，它包含了系统的构件和这些构件的性质以及构件之间的关系。

软件的构件可以是简单的程序模块，然而，构件可以从更广泛的意义上理解，构件也可以推广到代表主要的系统元素和它们的交互，例如，包括数据库和“中间件”。构件之间的关系可以是简单地从一个模块到另一个模块的过程调用，也可以是复杂的数据库访问协议等。

3.8.3 软件体系结构的现状

近年来，分布式系统使用越来越广泛。通常，大型计算机系统都是分布式系统。分布式系统的信息处理分布在许多计算机上，系统软件运行在网络相连的一组松散的集成在一起的处理机上。例如，银行的 ATM 系统、预订票系统等。分布式系统具有几个很重要的特征，例如，资源共享性、开放性、并发性、可伸缩性（可扩充性）、容错性、透明性、复杂性、保密性、管理有效性（互操作性）和不可预见性等。

分布式系统体系结构一般有如下 3 类。

1. 客户机／服务器体系结构

这类系统被看成是提供一组服务器供客户机使用，客户机和服务器被分别对待，数据以及加工过程在多个处理机之间分配。客户机／服务器体系结构模型的一般形式如图 3-25 所示。

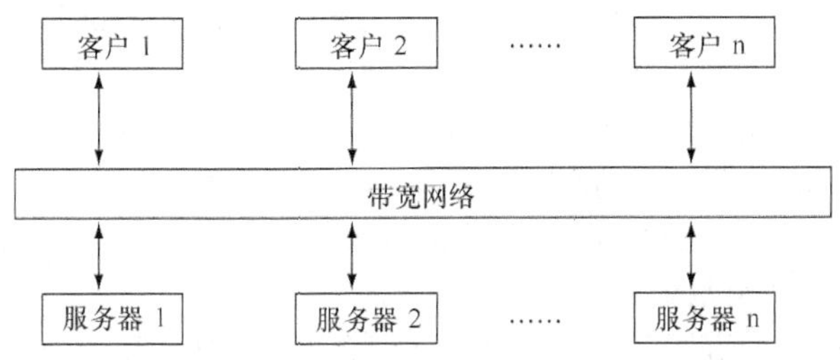

图 3-25　客户机/服务器体系结构

这种模型的主要组成元素如下。

① 一组提供服务的单机服务器。

② 一组向服务器请求服务的客户机。

③ 一个连接服务器与客户机的网络。

在 Internet/Intranet 领域，目前“浏览器—Web 服务器—数据库服务器”结构是一种非常流行的客户机/服务器结构，如图 3-26 所示。

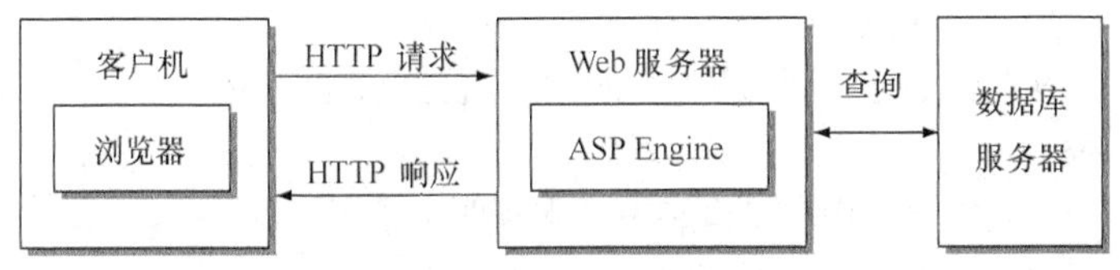

图 3-26　“浏览器—Web 服务器—数据库服务器”结构

这种结构最大的优点是客户机统一采用浏览器，这不仅让用户使用方便，而且使得客户机端不存在维护的问题。当然，软件开发和维护的工作不是自动消失了，而是转移到了 Web 服务器端。在 Web 服务器端，程序员要用脚本语言编写响应页面。例如用 Microsoft 的 ASP 语言查询数据库服务器，将结果保存在 Web 页面中，再由浏览器显示出来。

2. 分布式对象体系结构

这类系统不再区别客户机和服务器，系统被看成是交互的一组对象。它们的位置是无关紧要的，服务提供者和服务消费者之间没有界限，提供服务者就是服务器，接受服务者就是客户机。

系统的基本组件是对象，它提供一组服务，并且对外给出这些服务的接口，其他对象可以调用这些服务。对象可能分布在网络的多台计算机上，它们可以通过中间件相互通信。中间件提供一组服务，允许对象之间通信以及在系统中添加或者移走对象，这个中间件又称为对象请求代理。

3. 三层 C/S 软件体系结构

在客户机/服务器体系结构中，数据存储在集群式管理的服务器中，服务器则负责数据处理和用户界面的表示，客户机直接与它们所需要的服务器连接。客户机/服务器方式非常适合于用户数目较少，可以估计和管理，并且可以相应地进行资源分配的情况。但是，如果用户数目无法估计或者非常多的时候，两层结构通常就不能胜任了。这是因为每一台客户机都直接与服务器相连，而可获得的数据连接的数目会限制用户数目的规模可扩展性。由于客户机都受限于特定的数据库格式，因此复用的机会也就相应地受到限制。由于客户机软件包括了数据处理逻辑，这样通常会使得客户机软件相对变得很大。如果数据处理逻辑需要改变，改变后的应用必须重新分发到每一台客户机上，从而带来一定的困难。

对客户机/服务器模型的一种修改方案是将一部分数据处理逻辑或者商务逻辑移到服务器上。这样的体系结构克服了两层体系结构的一些缺点，如规模可扩展性增强了，但是，对于高度分布式的应用仍然不能满足可扩展性的要求。

应用体系结构是关于软件系统组织的一些重要决策，它是软件系统结构的一个概念性表示。这些决策包括以下内容。

① 选择组成系统的结构元素和接口。

② 由这些元素之间的协作决定的系统行为。

③ 将这些结构元素和行为元素组合成更大的子系统。

④ 指导系统组织的体系结构模式。

应用体系结构的定义包括的范围是很广的。下面介绍一种软件开发中现今很流行的三层应用体系结构模型，简称三层模型。这样的应用体系结构中有明显不同的 3 个层次：用户层、商务层（中间层）和数据层。各层中又包含相应的代码，用户层包含表示代码，商务层包含商务规则处理代码，数据层包含数据处理代码和数据存储代码。值得注意的是，三层模型表示逻辑关系，而不表示物理关系。

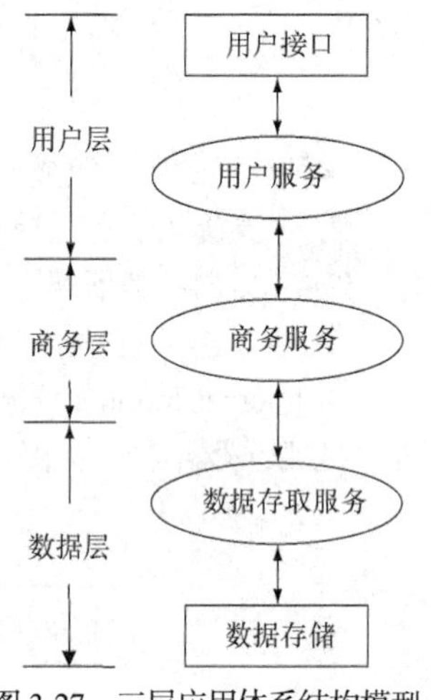

图 3-27 三层应用体系结构模型

三层模型可以明显地改善系统的可扩展性和可复用能力。三层体系结构有时也称为多层或 N 层体系结构，这是因为三层中的每一层（尤其是商务层）可能进一步划分成若干子层。三层模型中的用户层、商务层和数据层是一种逻辑划分，图 3-27 表示出了这三层之间的逻辑关系。

其中，用户层又可以划分为用户接口和用户服务两个子层，数据层又可以划分为数据存取服务和数据存储两个子层。下面分别介绍三层模型中各个层次需要完成的基本功能。

（1）用户层

用户层用于向用户显示系统中的数据并允许用户输入和编辑数据。用户层通常可以分为两个子层，即用户接口子层和用户服务子层。基于 PC 机的应用系统有两类主要的用户接口：本机用户接口和基于 Web 的用户接口。本机用户接口使用本机操作系统提供的服务，而基于 Web 的用户接口基于 HTML 或 XML，它们可以由任何平台上的 Web 浏览器执行。用户服务子层负责与商务层逻辑打交道，并且为具体的用户界面服务。

（2）商务层

商务层通常可以根据具体问题划分为若干子层，用于执行商务和数据规则，为用户层提供服务。但是，商务层不与任何特定的客户捆绑在一起，而是面向所有的应用。商务规则是指一些商务算法、商务政策、法律政策等。商务规则通常以单独的代码模块的形式实现，而且通常存储在一个集中的地方以便所有需要使用它们的应用能够使用它们。这种代码隔离是基于组件的软件开发和软件管理原理实现的。数据规则用来保证存储数据的合法性，有时也用来表示存储数据的完整性。

（3）数据层

数据层通常可以进一步划分为数据存取服务子层和数据存储子层。商务层不应该知道它所操纵的数据是如何存储或者存储在哪里的，相反，商务层依赖于数据层的数据存取服务完成实际的数据存取操作。数据存取服务通常也以单独代码模块的形式实现，数据存取服务封装了底层的数据存储的信息。在数据层中，数据存储子层通常就是某个或某些数据库管理系统，用来对数据库进行实质性的存储、检索、更新等操作。当然，如果系统或系统的一部分不是以数据库形式实现而是以文件或其他形式实现的，则数据存储子层用来对文件等进行实质性的存储、检索、更新等操作。

3.8.4　软件体系结构的描述方法

软件体系结构的第四种描述和表达方法是参照传统程序设计语言的设计和开发经验，重新设计、开发和使用针对软件体系结构特点的专门的软件体系结构描述语言（Architecture Description Language，ADL），由于 ADL 是在吸收了传统程序设计中的语义严格精确的特点基础上，针对软件体系结构的整体性和抽象性特点，定义和确定适合于软件体系结构表达与描述的有关抽象元素，因此，ADL 是当前软件开发和设计方法学中一种发展很快的软件体系结构描述方法。

ADL 是这样一种形式化语言，它在底层语义模型的支持下，为软件系统的概念体系结构建模提供了具体语法和概念框架。基于底层语义的工具为体系结构的表示、分析、进化、细化、设计过程等提供支持。ADL 的 3 个基本元素如下。

（1）构件

构件是一个计算单元或数据存储。也就是说，构件是计算与状态存在的场所。在体系结构中，一个构件可能小到只有一个过程或大到整个应用程序。它可以要求自己的数据与/或执行空间，也可以与其他构件共享这些空间。作为软件体系结构构造块的构件，其自身也包含了多种属性，如接口、类型、语义、约束、进化和非功能属性等。

接口是构件与外部世界的一组交互点。与面向对象方法中的类说明相同，ADL 中的构件接口说明构件提供了哪些服务（消息、操作、变量）。为了能够充分地推断构件及包含它的体系结构，ADL 提供了能够说明构件需要的工具。这样，接口就定义了构件能够提出的计算委托及其用途上的约束。

构件作为一个封装的实体，只能通过其接口与外部环境交互，构件的接口由一组端口组成，每个端口表示了构件和外部环境的交互点。通过不同的端口类型，一个构件可以提供多重接口。一个端口可以非常简单，如过程调用，也可以表示更为复杂的界面，如必须以某种顺序调用的一组过程调用。

构件类型是实现构件重用的手段。构件类型保证了构件能够在体系结构描述中多次实例化，并且每个实例可以对应于构件的不同实现。抽象构件类型也可以参数化，进一步促进重用。现有的 ADL 都将构件类型与实例区分开来。

由于基于体系结构开发的系统大多是大型、长时间运行的系统，因而系统的进化能力显得格外重要。构件的进化能力是系统进化的基础。ADL 是通过构件的子类型及其特性的细化来支持进化过程的。目前，只有少数几种 ADL 部分地支持进化，对进化的支持程度通常依赖于所选择的程序设计语言。其他 ADL 将构件模型看作是静态的。ADL 语言大多是利用语言的子类型来支持进化的。利用面向对象方法，从其他类型派生出它的接口类型，形成结构子类型。

（2）连接件

连接件是用来建立构件间的交互以及支配这些交互规则的体系结构构造模块。与构件不同，连接件可以不与实现系统中的编译单元对应。它们可能以兼容消息路由设备出现（如 C2），也可以以共享变量、表入口、缓冲区、对连接器的指令、动态数据结构、内嵌在代码中的过程调用序列、初始化参数、客户服务协议、管道、数据库、应用程序之间的 SQL 语句等形式出现。大多数 ADL 将连接件作为第一类实体，也有的 ADL 则不将连接件作为第一类实体。

连接件作为建模软件体系结构的主要实体，同样也有接口。连接件的接口由一组角色组成，连接件的每一个角色定义了该连接件表示的交互参与者，二元连接有两个角色，如消息传递连接件的角色是发送者和接收者。有的连接件有多于两个的角色，如事件广播有一个事件发布者角色和任意多个事件接受者角色。

显然，连接件的接口是一组它与所连接构件之间的交互点。为了保证体系结构中的构件连接以及它们之间的通信正确，连接件应该导出所期待的服务作为它的接口，它能够推导出正交软件体系结构线索的形成情况。体系结构配置中要求构件端口与连接件角色进行显式连接。

体系结构级的通信需要用复杂协议来表达。为了抽象这些协议并使之能够重用，ADL 应该将连接件构造为类型。构造连接件类型可以将用作通信协议定义的类型系统化并独立实现，或者作为内嵌的、基于它们的实现机制的枚举类型。

为完成对构件接口的有用分析、保证跨体系结构抽象层的细化一致性，强调互联与通信约束等，体系结构描述提供了连接件协议以及变换语法。为了确保执行计划的交互协议，建立起内部连接件依赖关系，强制用途边界，就必须说明连接件约束。ADL 可以通过强制风格不变性来实现约束，或通过接受属性限制给定角色。

（3）体系结构配置

体系结构配置或拓扑是描述体系结构的构件与连接件的连接图。体系结构配置提供信息来确定构件是否正确连接、接口是否匹配、连接件构成的通信是否正确，并说明实现要求行为的组合语义。

体系结构适合于描述大的、生命周期长的系统。利用配置来支持系统的变化，使不同技术人员都能理解并熟悉系统。要在一个较高的抽象层上理解系统，就需要对软件体系结构进行说明。为了使开发者与其有关人员之间的交流容易，ADL 以简单的、可理解的语法来配置结构化信息。理想的情况是从配置说明中澄清系统结构，即不需研究组件与连接件就能使构建系统的各种参与者理解系统。体系结构配置说明除文本形式外，有些 ADL 还提供了图形说明形式，文本描述与图形描述可以互换。多视图、多场景的体系结构说明方法在最新的研究中得到了明显的加强。

为了在不同细节层次上描述软件系统，ADL 将整个体系结构作为另一个较大系统的单个构件。也就是说，体系结构具有复合或等级复合的特性。另一方面，体系结构配置支持采用异构构件与连接件。另外，大型的、长期运行的系统是在不断增长的。因而，ADL 必须支持可能增长的系统的说明与开发。大多数 ADL 提供了复合特性，所以，任意尺度的配置都可以相对简洁地在足够的抽象高度表示出来。

体系结构设计是整个软件生命周期中关键的一环，一般在需求分析之后、软件设计之前进行。而形式化的、规范化的体系结构描述对于体系结构的设计和理解都是非常重要的。因此，ADL 如何能够承上启下将是十分重要的问题，一方面是体系结构描述如何向其他文档转移，另一方面是如何利用需求分析成果来直接生成系统的体系结构说明。

软件设计的目标之一是导出系统的体系结构透视图，通常，可以用结构图描述。把结构图作为一个框架，它是详细设计的基础。

体系结构可以设计为具有重用性的。在一个面向对象的系统中，实现类被组织在子系统中，软件体系结构定义了软件组织的静态结构（子系统之间通过接口相互联接），并在一定程度上定义节点之间的相互作用。

（1）系统的层次结构与块状结构。

系统的体系结构可以考虑两种主要组织结构，即层次组织结构与块状组织结构。但是系统本身可能是一个复合型体系结构。

块状结构把系统垂直地分解成若干个相对独立的低耦合的子系统，一个子系统相当于一块，每块提供一种类型的服务，所以称为块状组织形式。系统的块状结构如图 3-28 所示。

层次结构把软件系统组织成一个层次形式的结构，上层在下层的基础上建立，下层为上层提供必要的服务。位于同一层的多个软件或者子系统，具有同等的通用度（通用性程度），低层的软件比高层的软件更具有通用性，每一层可以视为同等通用档次的一组子系统。系统层次结构如图 3-29 所示。

图 3-28 系统的块状结构

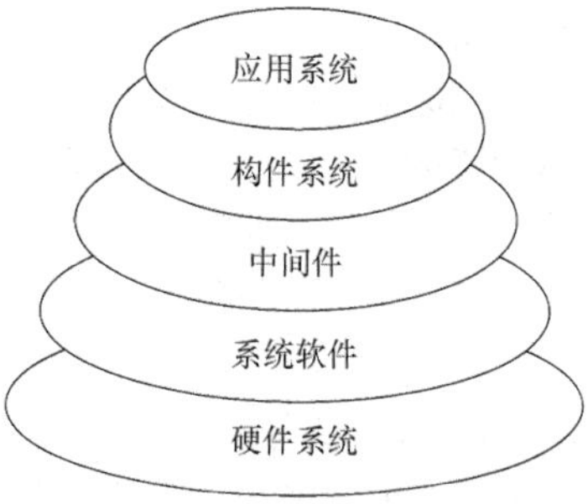

图 3-29 系统层次结构

第一层，最高层是应用系统层，可包括多个应用系统。每一个应用系统向用户提供一组服务，系统之间可通过接口实现交互操作，也可以通过低层软件提供的服务或者对象间接地进行交互操作。

第二层，次高层是构件系统层，同理，也可以包括多个构件系统。应用系统建立在构件系统之上，构件系统向应用工程师提供可重用的构件，用于开发应用系统。

第三层，中间层为构件系统提供实用软件，这些实用软件通常不依赖平台。例如，与数据库管理系统的接口、对象连接与嵌入（Object Linking and Embedding，OLE）构件、对象请求代理（Object Request Broker，ORB）构件等。其中，对象请求代理是使一个驻留在客户端的对象可以发送消息到封装驻留在服务器上的另一对象的方法。对象请求代理标准（Common Object Request Broker Architecture，CORA）得到了广泛的应用。应用工程师和构件工程师利用这些构件可以对系统进行构筑。

第四层，系统软件层，例如，一般操作系统、网络操作系统、硬件接口等。

第五层，硬件系统层，也称为硬件平台。

（2）基于构件系统的分层体系及引用关系。

为了确保分层系统的管理，规定在一个系统内，高层可以重用低层的构件，低层不能重用高层的构件。分层系统的管理如图 3-30 所示。

（3）创建者、支持者与重用者。

为了实施软件的重用，软件开发单位往往要考虑 3 个子系统，即创建者子系统、支持者子系统与重用者子系统。基于重用性控制系统如图 3-31 所示。

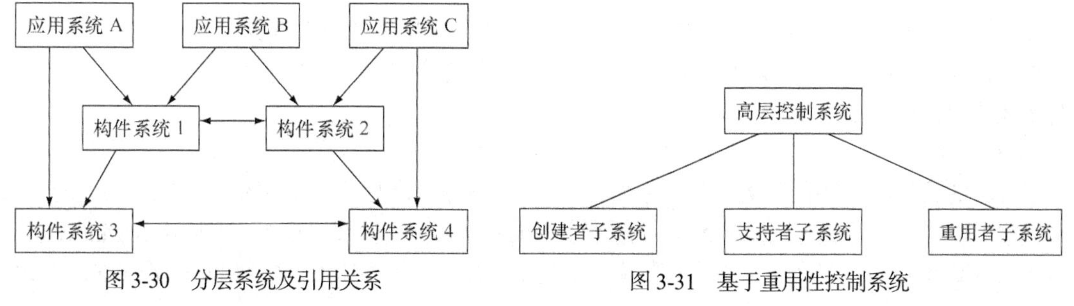

图 3-30 分层系统及引用关系

图 3-31 基于重用性控制系统

3.9 软件体系结构与操作系统

3.9.1 分层结构

对于开发人员来说，操作系统代表了一个平台。有了这个平台层次，软件的开发可以方便很多，因为操作系统本身提供了很多的服务调用功能。除了极个别的软件（如多媒体软件），一般软件和底层的硬件是通过操作系统分割开来的，这就意味着一般软件的开发和运行是在一个平台之上的。

平台的原意是指像火车站台、海上石油钻井台一样高出地面或海面的一块平地，在计算机界被借用来指代类似的能够提供方便的、提高水准的基础软件或者开发工具。图 3-32 所示是信息系统分层平台示意图。

应用系统层次
中间件（数据库管理系统、应用服务器等）
操作系统平台
硬件和网络平台

图 3-32 信息系统分层平台示意图

最基本的计算机平台是硬件平台，主要是指中央处理器（CPU）及其相应的总线结构，在其之上是软件平台。

随着技术的发展和软件应用数量的增加，中间件开始兴起了。所谓中间件，是指在适合于某一类应用（横向的）或功能（纵向的）的一个运行平台，属于“高不成、低不就”的一类。典型的中间件有数据库系统、网络应用服务器等。前者是针对数据管理的系统，而后者则是针对网络应用的系统。比如，网络应用中有很多基础性的部分可以在绝大多数的网络应用之间共享，把它们归纳集中在一起成为一个平台，就可以很好地提升软件的开发效率。

对于软件平台来说，运行平台的概念逐步地推广，由此产生了开发平台的概念。比如说 Java 提供了一套比较完整的编程接口，因此也称为 Java 平台。有的软件工具，比如微软的 Visual Studio.Net 本身可以进一步地扩展，增加功能，因而也称为一个开发工具平台。

不管是运行平台也好，开发平台也好，分层平台反映了服务的思想。下层的平台对上层提供一些服务，越往上，服务的粒度越大，越接近于应用领域，所用的平台层次越高，应用的开发越容易。

1. 为什么软件要分层

（1）层次提升

机器是只认机器代码的。如果每个开发人员都从机器代码层次设计和编写代码，效率不会高。但把软件分层后，上一层的软件使用下一层提供的服务。在此基础之上为更上一层提供更为方便的服务。这样有了多层次的提升，在写应用程序的时候，只要调用适当的服务，就能提高开发效率和软件质量。

（2）隐藏细节

此概念在英文中也称为透明性（Transparency），即里面的细节从外面一览无余。

能够知道细节，从表面上看是件好事，但实际上却不一定是好事。例如，一般的开发人员在存取文件的时候，只要进行系统调用就可以了。但在这个系统调用的背后却发生了很多事情，比如要存取文件分区表，确定文件在哪个磁盘分区上，然后又要调动磁盘控制系统，从盘中读取数据等，操作非常烦琐。这些对于一般开发人员来说，都是不必要的细节。所以通过一个适当的接口把细节隐藏在背后，利于提高效率。

（3）标准互换

每层的服务是基于接口服务的。只要在服务接口不变的情况下，每层的具体代码及其相应的算法等是可以替换的。例如，Java 平台向上提供的服务遵从 Java 的接口标准，所以用 IBM 的 Java 平台来代替 Sun 的 Java 平台是易如反掌的事，反过来也是一样。再比如，在 Linux 操作系统上可以运行 Windows 应用，因为有一层仿真层的存在，它对于下面的操作系统而言是个应用，但对 Windows 应用来说是个平台，仿佛是在 Windows 上，如图 3-33 所示。

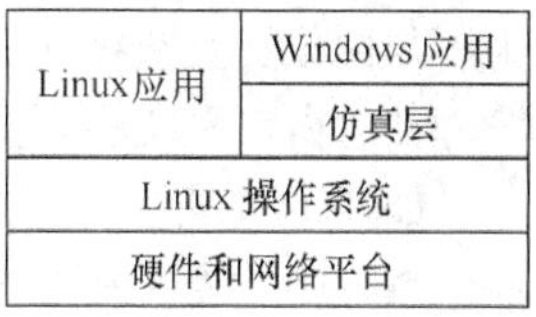

Linux应用	Windows应用
	仿真层
Linux 操作系统	
硬件和网络平台	

图 3-33　虚拟仿真平台示意图

2. 分层的原则

以上介绍的平台是软件从大的范围来分的层次结构，具体到每个软件的设计当中，不一定会有那么严格的平台划分。但分层设计作为一个设计的理念方法，应该在一般的软件设计中使用，特别是在大型软件的研制开发项目中。即使是中小型软件的开发，也要有针对性地划分适当的层次，把服务接口一步步地建立起来。下面介绍在设计软件层次时要遵循的三个原则。

（1）实现和接口分离原则

这是对所有模块接口的一个通用原则。不同的层次实际上是不同的模块，只不过这些模块在逻辑关系上有上下依赖关系。在这个分离原则之下，层次之间的互换性就可以得到保证。

在众多的操作系统出现以后，软件的可移植性就成为一个大问题，针对每个不同的系统都更新一遍代码，显然是一种浪费。其实每种操作系统要解决的问题、提供的服务和系统调用都是大同小异的，标准化操作系统的服务接口就成为一个自然的选择。这种努力的成果就是可移植操作系统接口（Portable Operating System Interface，POSIX），有了标准的接口定义后，同样一套 C 程序代码，经过不同的编译器就产生了针对不同平台的应用，这是在 Java 出现之前的一个解决移植性的老办法。

对于一般的软件设计来说，没有那样复杂。最常见的是抽象层，也就是说把应用部分与一些具体的实现分离开来。

（2）单向性原则

软件的分层应该是单向的，即只能上面的调用下面的。因为上层调用下层，结果是上层离不开下层，但下层可以独立地存在。如果同时下层调用上层，上下层就紧密地联合在一起，形成了软件中的“共生”现象。模块的互换性就得不到保证。

（3）服务接口的粒度提升原则

每层的存在应该是为了完成一定的使命，从软件设计和编程的角度来讲，应该向上一层提供更加方便快捷的服务接口，简单地重复下一层的功能不能解释其存在的意义。

对很多应用软件来说，在与数据库直接打交道的地方有个数据抽象层，这样把上层的应用同具体的数据引擎分离开来。在此之上，建立商业对象层（Business Object），把具体的商务逻辑反映到该层次来，再往上才是交互的用户界面等。

3.9.2　微内核结构

1. 微内核结构概述

早期操作系统很少考虑结构，实现时采用过程调用的方式，系统缺乏结构性，过于庞大，如 OS/360 由 5000 个程序员做了五年，有 100 万行源程序；Multics 则包括 2000 万行。

以后，模块化程序设计技术被引进来解决大型软件的开发，于是出现了分层操作系统结构，操作系统被划分为进程管理、存储管理、设备管理、文件管理等层次，它们一般都处于操作系统内核，很少分布在用户模式下。但是由于层与层之间是按功能划分的，相互之间关系密切，因此操作系统的扩充和裁减变得十分困难，并且由于许多交互卡在相邻层之间进行，还影响到系统的安全性。

微内核的基本思想是内核中仅存放那些最基本的核心操作系统功能，其他服务和应用则建立在微内核之外，在用户模式下运行。尽管哪些功能应该放在内核内实现，哪些服务应该放在内核外实现，在不同的操作系统设计中未必一样，但事实上过去在操作系统内核中的许多服务，现在已经成为了与内核交互或相互之间交互的外部子系统，这些服务主要包括设备驱动程序、文件系统、虚存管理器、窗口系统和安全服务。

如图 3-34 所示，分层结构操作系统的内核很大，互相之间调用关系复杂。微内核结构则把大量的操作系统功能放到内核外实现，这些外部的操作系统构件是作为服务过程来实现的，它们之间的信息交互均借助微内核提供的消息传送机制实现。这样，微内核具有消息交换功能，包括验证消息、在构件之间传送消息、授权存取硬件。例如，当一个应用程序要打开一个文件，它就传送一个消息给文件系统服务器。当它希望建立一个进程或线程，就送一个消息给进程服务器。每个服务器都可以传送消息给另外的服务器，或者调用在内核中的原语功能。这是一种可以运行在单计算机中的 C/S 结构。

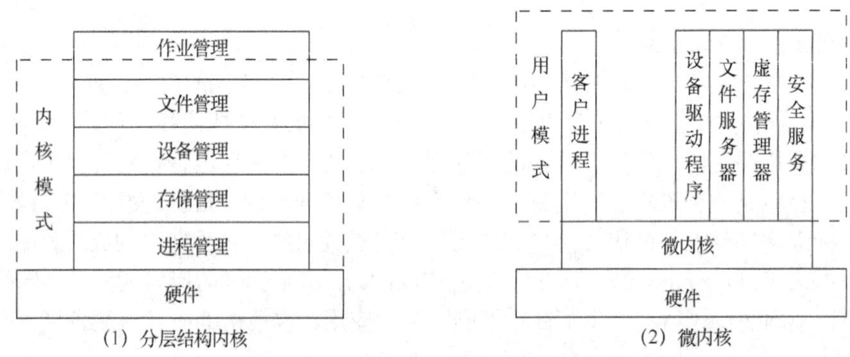

图 3-34 分层结构内核和微内核结构对比

举例来说，为了获取某项服务，比如读文件中的一块，客户进程（Client Process）将此请求发送给文件服务器进程（Server Process），服务器进程随后完成此操作并将回答信息送回。客户/服务器模型如图 3-35 所示。

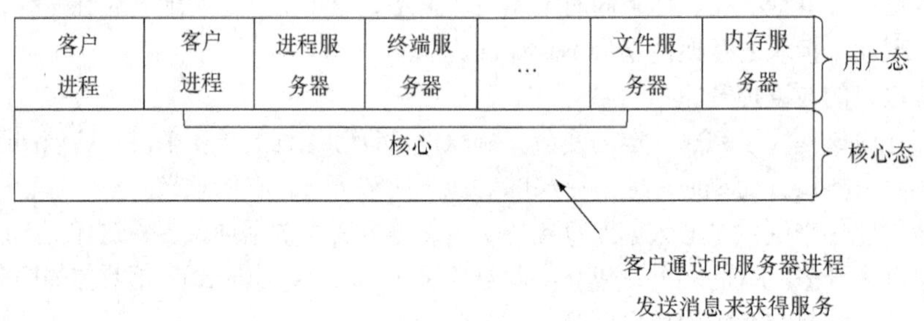

图 3-35 客户/服务器模型

该模型核心的全部工作是处理客户与服务器间的通信。操作系统被分割成许多部分，每一部分只处理一方面的功能，如文件服务、进程服务、终端服务或存储器服务。这样每一部分变得更小、更易于管理。而且，由于所有服务器以用户进程的形式运行，而不是运行在核心态，所以它们不直接访问硬件。假如在文件服务器中发生错误，文件服务器可能崩溃，但不会导致整个系统的崩溃。

2. 微内核结构的优点

微内核结构主要有以下优点。

（1）一致性接口

微内核结构对进程的请求提供了一致性接口（Uniform Interface），进程不必区别内核级服务或用户级服务，因为所有这些服务均借助消息传送机制提供。

（2）可扩充性

任何操作系统都要增加目前设计中没有的功能，如开发的新硬件设备和新软件技术。微内核结构具有可扩充性，它允许增加新服务，以及在相同功能范围中提供多种可选服务。例如，对磁盘上的多种文件组织方法，每一种可以作为一个用户级进程来实现，而并不是在内核中实现多种文件服务。因而，用户可以从多种文件服务中选出一种最适合其需要的服务。每次修改时，新的或修改过的服务的影响被限制在系统的子集内。修改并不需要建立一个新的内核。

（3）适用性

与可扩充性相关的是适用性，采用微内核技术时，不仅可以把新特性加入操作系统，而且可以把已有的特性抽象成一个较小的、更有效的实现。微内核操作系统并不是一个小的系统，事实上这种结构允许它扩充广泛的特性。但并不是每一种特性都是需要的，如高安全性保障或分布式计算。如果实质的功能可以被任选，基本产品将能适合于广泛的用户。

（4）可移植性

随着各种各样的硬件平台的出现，可移植性称为操作系统的一个有吸引力的特性。在微内核结构中，所有与特定 CPU 有关的代码均在内核中，因而把系统移植到一个新 CPU 上所做的修改较小。

（5）可靠性

大型软件产品的最大困难是确保它的可靠性，虽然模块化设计对可靠性有益，但从微内核结构中可以得到更多的好处。微内核化代码容易进行测试，小的 API 接口的使用提供了给内核之外的操作系统服务生成高质量代码的机会。

（6）支持分布式系统

微内核提供了对分布式系统的支撑，包括通过分布操作提供的 Cluster 控制。当消息从一个客户机发送给服务器进程时，消息必须包含一个请求服务的标识，如果配置了一个分布式系统（即一个 Cluster），所有进程和服务均有唯一标识，并且在微内核级存在一个单一的系统映象。进程可以传送一个消息，而不必知道目标服务进程驻留在哪台机器上。

（7）支持面向对象的操作系统

微内核结构能在一个支持面向对象的操作系统（Object Oriented Operation System，OOOS）环境中工作得很好，OO 方法能为设计微内核以及模块化的扩充操作系统提供指导。许多微内核设计时采用了 OO 技术，其中，有一种方法是使用构件。另外一些系统，如 NT 操作系统，并不完全依赖于面向对象的技术，但在微内核设计时结合 OO 原理。

3. 微内核的性能

性能问题是微内核的一个潜在缺点，发送消息和建立消息需要花费一定的时间代价，同直接调用单个服务相比，接收消息和生成回答都要多花费时间。

性能与微内核的大小和功能直接有关。一种可行的方法是扩充微内核的功能，减少用户—内核模式切换的次数和进程地址空间切换的次数，但这直接提高了微内核的设计代价，损失了微内核在小型接口定义和适应性方面的优点；另一解决方法是把微内核做得更小，通过合理的设计，一个非常小的微内核能够提高性能、灵活性及可靠性。典型的第一代微内核结构大小约有 300 KB 的代码和 140 个系统调用接口。一个小的二代微内核的例子是 L4，它有 12KB 代码和 7 个系统调用接口。对这些系统的试验表明它们的工作性能要优于采用传统分层结构的 Unix。

3.10　典型例题详解

例题 1（2014 年软件设计师试题）　模块 A、B 和 C 包含相同的 5 个语句，这些语句之间没有联系，为了避免重复，把这 5 个模块抽取出来组成模块 D，则模块 D 的内聚类型为_____内聚。

A. 功能　　B. 通信　　C. 逻辑　　D. 偶然

分析：

功能内聚：完成一个单一功能，各个部分协同工作，缺一不可。

顺序内聚：处理元素相同，而且必须顺序执行。

通信内聚：所有处理元素集中在一个数据结构的区域上。

过程内聚：与处理元素相关，而且必须按待定的次序执行。

瞬时内聚：所包含的任务必须在同一时间间隔内执行。

逻辑内聚：完成逻辑上相关的一组任务。

偶然内聚：完成一组没有关系或松散关系的任务。

参考答案：D

例题 2（2011 年软件设计师试题） 模块 A 直接访问模块 B 的内部数据，则模块 A 和模块 B 的耦合类型是_____。

A. 数据耦合　　B. 标记耦合　　C. 公共耦合　　D. 内容耦合

分析：

一般可将耦合度从弱到强分为以下 6 级。

无直接耦合：指两个模块没有之间的联系，相互之间不传递任何信息。

数据耦合：指两个模块间只是通过参数表传递简单的数据值。

标记耦合：指两个模块都与同一个数据结构有关。

控制耦合：指两个模块间传递的信息中含有控制信息。

公共耦合：指两个或多个模块通过引用一个公共区的数据而发生相互作用。

内容耦合：最高耦合度是内容耦合，出现内容耦合的情形包括：一个模块使用另一模块内部的控制和控制信息；一个模块直接转移到另一模块内部等。

题目中，模块 A 直接访问模块 B 的内部数据，很明显，耦合类型为内容耦合。

参考答案：D

例题 3（2003 年软件设计师试题） 阅读下列算法说明和流程图，回答问题 1 至问题 3。

【算法说明】

某旅馆共有 N 间房间，每间客房的房间号、房间等级、床位数及占用状态分别存放在数组 ROOM、RANK、NBED 和 STATUS 中。房间等级值分为 1、2 或 3。房间的状态值为 0（空闲）或 1（占用）。客房是以房间（不是床位）为单位出租的。

本算法根据几个散客的要求预定一间空房。程序的输入为：人数 M，房间等级要求 R（R=0 表示任意等级都可以）。程序的输出为：所有可选择的房间号。

假设当前该旅馆各个房间的情况如表 3-2 所示。

流程图如图 3-36 所示，描述了该算法。

表 3-2　　旅馆房间情况表

序号 i	ROOM	RANK	NBED	STATUS
1	101	3	4	0
2	102	3	4	1
3	201	2	3	0
4	202	2	4	1
5	301	1	6	0

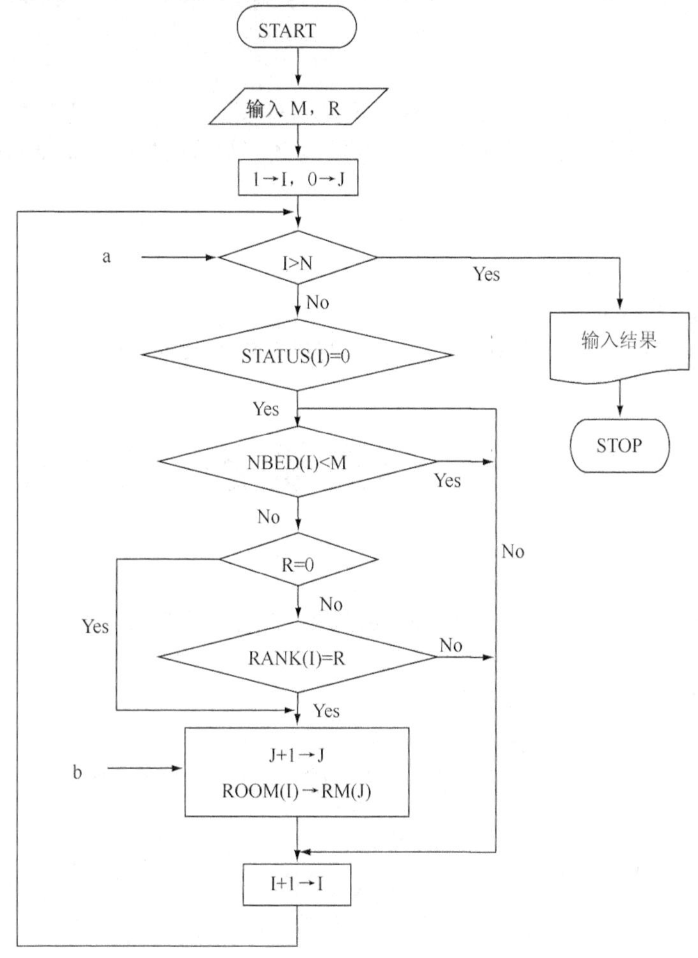

图 3-36　例题 3 流程图

【问题 1】

当输入时，该算法的输出是什么？

【问题 2】

等级为 R 的房间每人每天的住宿费为 RATE（R），RATE 为数组。为使该算法在输出每个候选的房间号 RM（J）后，再输出这批散客每天所需的总住宿费 DAYRENT（J），图 3-36 所示的流程图的 b 所指框中的最后处理处应增加什么处理？

【问题 3】

如果限制该算法最多输出 K 个可供选择的房间号，则图 3-36 所示的流程图中 a 所指的判断框应改成什么处理？

分析：

【问题 1】

结合题干可知：M=4，R=0 的意思是有 4 个人想订一间任意等级的房间。在上表查找符合条件的房间，102、202 号房已经订出，不符合要求，201 号房只能住 3 个人，不符合条件，所以可选房间为 101 和 301，算法输出为 101，301。

【问题 2】

应试 RATE(BANK(I))*M→DAYRENT(J)。

BANK(I)用于取出房间等级数。RATE(BANK(I))按房间等级算出每人每天的住宿费，M 是散客的人数。

【问题 3】

为 I>N OR J=K，其中，I>N 也可以写成 I=N+1，J=K 也可以写成 J>=K。

也就是说，只要是已经有 K 个满足条件的房间，不管后面的房间是不是满足条件就直接退出程序。

参考答案

【问题 1】算法输出为 101，301。

【问题 2】RATE(BANK(I))*M→DAYRENT(J)

【问题 3】为 I>N OR J=K，其中，I>N 也可以写成 I=N+1，J=K 也可以写成 J>=K。

3.11 实验——音乐点播管理系统总体设计

1. 实验目的

熟悉系统总体设计的相关内容，将需求分析的数据流图转换为结构图。

2. 实验内容

（1）音乐点播管理系统的结构设计。

① 音乐点播管理系统处理流程。

根据对业务的调查和分析，音乐点播管理系统应采用的数据流程如图 3-37～图 3-40 所示。

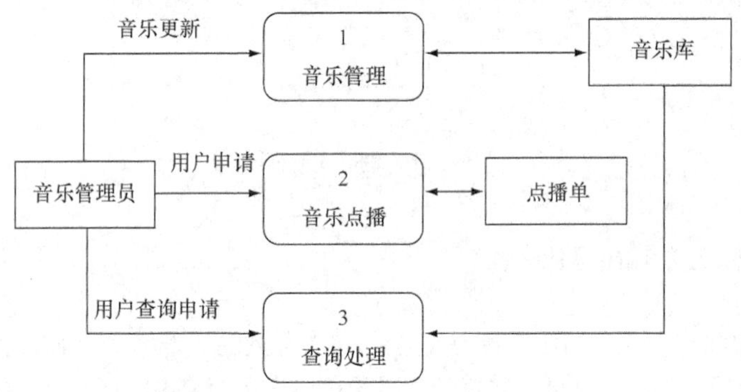

图 3-37　音乐点播管理系统 0 层图

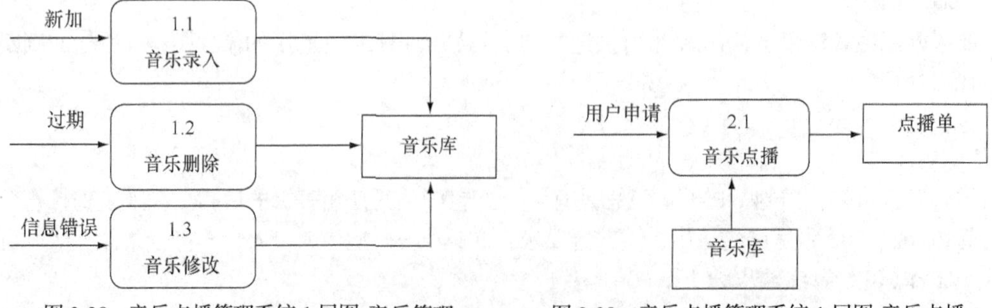

图 3-38　音乐点播管理系统 1 层图-音乐管理　　图 3-39　音乐点播管理系统 1 层图-音乐点播

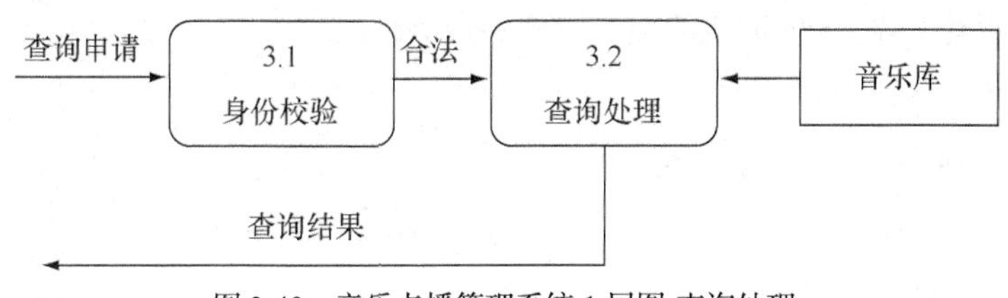

图 3-40　音乐点播管理系统 1 层图-查询处理

② 通过用户数据处理业务流程，确定系统总体结构。

音乐点播管理系统的总体结构如图 3-41 所示。

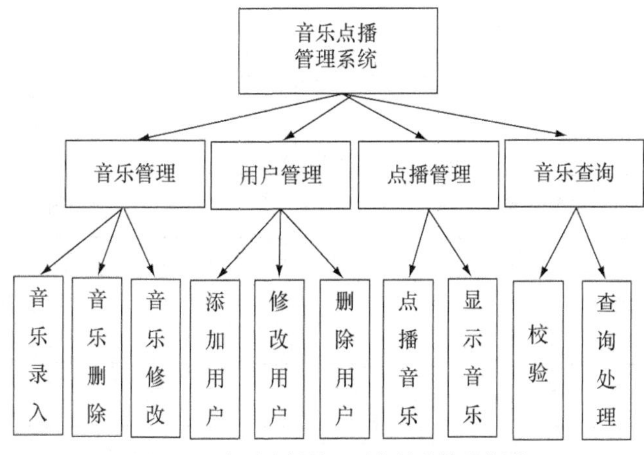

图 3-41　音乐点播管理系统的总体结构图

（2）音乐点播管理系统的接口设计。

① 外部接口。

根据系统功能结构图和模块分析，提供用户操作软件的输入输出界面如下。

- 系统总控界面
- 系统管理界面
- 音乐点播界面

② 内部接口。

各个系统元素之间的接口的安排如下。

- 系统管理模块为音乐点播管理系统提供操作员和系统参数等基础数据。必须先设置操作员后才能使用其他模块。
- 音乐点播模块为音乐统计模块和音乐查询模块提供基础数据。必须先有音乐数据后，才能使用统计模块和查询模块。
- 音乐管理模块为音乐点播模块提供基础数据。必须先有音乐和用户，才能使用点播模块。
- 在查询模块中可以查询音乐的信息。

（3）音乐点播管理系统的数据结构设计。

E-R 图是一个数据库的重要组成部分。现将数据库中部分重要数据表的关系用 E-R 图来表示，如图 3-42 所示。

用户和管理员的逻辑结构和相关信息如下。

① admin（管理员信息表）。管理员信息表用于存储系统管理员的基本信息，其中包括管理员的用户名和登录密码等字段。admin 表的结构如表 3-3 所示。

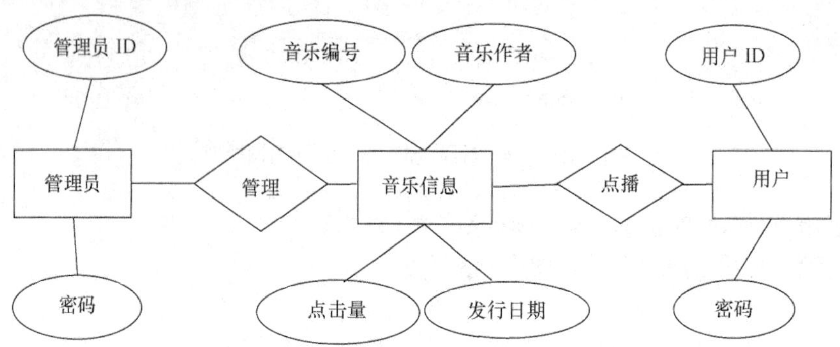

图 3-42　管理员 E-R 图

表 3-3　admin 表

字段名	数据类型	长度	是否为主键	描述
id	smallint	3	是	唯一标识
username	varchar	20		管理员（唯一键）
password	char	32		管理员密码
level	varchar	100		用户权限组
email	varchar	60		管理员邮箱
addtime	int	11		添加时间
logintime	int	11		登录时间

② 用户信息表。此表用于存储用户的信息，其中包括用户地址、用户名、访问时间、是否匿名等字段。如表 3-4 所示。

表 3-4　用户信息表

字段名	数据类型	长度	是否为主键	描述
id	int	11	是	唯一标识
openid	varchar	50		地址
stu_num	int	11		用户名
time	datetime			浏览时间
is_bind	int	11		是否匿名

（4）音乐点播管理系统的出错处理设计。

要求本系统在出现故障时尽可能给出较为明确的出错提示及解决方法，本系统应有必要的错误保护机制。

应编写全局通用出错处理界面，提示错误的信息、解决方法。在各个模块的操作时间中书写必要的提示信息，提示用户系统处理的步骤、出错的位置。对于保存数据时出错，提示用户查询记录，并在程序中用数据库日志处理函数恢复数据到保存前状态。

3. 实验思考

① 系统设计和需求分析的关系是什么？两者必须先后关联吗？

② 怎样描绘系统的体系结构？

小　结

本章介绍了软件总体设计的概念、任务与目标，以及与总体设计有关的基础知识，如软件结构、结构图、软件模块的概念与特征、模块独立性的衡量准则与软件总体设计好坏的度量标准，并介绍了两种具体的总体设计方法：面向数据流的设计方法和基于组件的设计方法。还给出了软件总体设计文档的书写规范。最后介绍了软件体系结构的相关知识。

习 题 3

一、选择题（可有多个答案）

1. 总体设计的组成阶段有【　　】。
   A. 系统设计　　B. 人—机界面设计
   C. 详细设计　　D. 结构设计
2. 在面向数据流的软件设计方法中，一般将信息流分为【　　】。
   A. 变换流和事务流　　B. 变换流和控制流
   C. 事务流和控制流　　D. 数据流和控制流
3. 软件结构是软件模块间关系的表示，下列术语中哪一个不属于对模块间关系的描述？【　　】
   A. 调用关系　　B. 从属关系
   C. 嵌套关系　　D. 主次关系
4. 采用模块化技术的好处有【　　】。
   A. 使软件容易测试和调试　　B. 有助于提高软件的可靠性
   C. 提高软件的可修改性　　D. 有助于软件开发工程的组织管理
5. 软件设计将涉及软件的构造、过程和模块的设计，其中软件过程是指【　　】。
   A. 模块间的关系　　B. 模块的操作细节
   C. 软件层次结构　　D. 软件开发过程
6. 模块独立性是软件模块化所提出的要求，衡量模块独立性的度量标准则是模块的【　　】。
   A. 抽象和信息隐蔽　　B. 局部化和封装化
   C. 内聚性和耦合性　　D. 激活机制和控制方法

7. 模块的独立性是由内聚性和耦合性来度量的，其中内聚性是【　　】。

A. 模块间的联系程度　　B. 模块的功能强度

C. 信息隐蔽程度　　D. 接口的复杂程度

8. 具体区分模块间耦合程度强弱的有【　　】。

A. 非直接耦合　　B. 数据耦合

C. 控制耦合　　D. 公共环境耦合

E. 内容耦合　　F. 标记耦合

9. 软件设计中划分模块的一个准则是【（1）】。两个模块之间的耦合方式中，【（2）】耦合的耦合度最高，【（3）】耦合的耦合度最低。一个模块内部的内聚种类中，【（4）】内聚的内聚度最高，【（5）】内聚的内聚度最低。

（1）A. 低内聚低耦合　　B. 低内聚高耦合

C. 高内聚低耦合　　D. 高内聚高耦合

（2）A. 数据　　B. 非直接　　C. 控制　　D. 内容

（3）A. 数据　　B. 非直接　　C. 控制　　D. 内容

（4）A. 偶然　　B. 逻辑　　C. 功能　　D. 过程

（5）A. 偶然　　B. 逻辑　　C. 功能　　D. 过程

10. 类之间的结构关系主要有【　　】。

A. 一般与特殊结构关系　　B. 个体和总体的结构关系

C. 整体和部分结构关系　　D. 子类和超类的结构关系

11. 在划分模块时，一个模块的作用范围应该在其控制范围之内。若发现其作用范围不在其控制范围内，则【　　】不是适当的处理方法。

A. 将判定所在模块合并到父模块中，使判定处于较高层次

B. 将受判定影响的模块下移到控制范围内

C. 将判定上移到层次较高的位置

D. 将父模块下移，使该判定处于较高层次

12. 设有学生实体 Students（学号，姓名，性别，年龄，家庭住址，家庭成员，关系，联系电话），其中“家庭住址”记录了邮编、省、市、街道信息；“家庭成员，关系，联系电话”分别记录了学生亲属的姓名、与学生的关系以及联系电话。

学生实体 Students 中的“家庭住址”是一个【（1）】属性；为使数据库模式设计更合理，对于关系模式 Students【（2）】。

（1）A. 简单　　B. 多值　　C. 复合　　D. 派生

（2）A. 可以不做任何处理，因为该关系模式达到了 3NF

B. 只允许记录一个亲属的姓名、与学生的关系以及联系电话的信息

C. 需要对关系模式 Students 增加若干组家庭成员、关系及联系电话字段

D. 应该将家庭成员、关系及联系电话加上学号，设计成为一个独立的实体

13. 在“模型-视图-控制器”（MVC）模式中，【（1）】主要用于表现用户界面，【（2）】用来描述核心业务逻辑。

（1）A. 视图　　B. 模型　　C. 控制器　　D. 视图和控制器

（2）A. 视图　　B. 模型　　C. 控制器　　D. 视图和控制器

14. 模块 A 执行几个逻辑上相似的功能，通过参数确定该模块完成哪一个功能，则该模块具有【　　】内聚。

A. 顺序　　B. 过程　　C. 逻辑　　D. 功能

二、简答题

1. 总体设计的任务是什么?
2. 简述总体设计的过程。
3. 什么是软件层次结构?为什么要把软件总体结构设计成层次结构?
4. 简述模块、内聚、耦合、类、对象的定义。
5. 模块的基本属性是什么?
6. 什么是模块独立性?用什么来度量?
7. 模块间的耦合性有哪几种?它们各表示什么含义?
8. 模块的内聚性有哪几种?各表示什么含义?

第4章 详细设计

本章要点

- 详细设计的任务及原则
- 详细设计的方法和工具
- 详细设计规格说明与复审
- 面向数据结构的结构化设计方法
- 界面设计

4.1 详细设计的任务

1. 算法设计

用图形、表格、语言等工具将每个模块处理过程的详细算法描述出来。

2. 数据结构设计

对需求分析、概要设计确定的概念性的数据类型进行确切的定义。

3. 物理设计

对数据库进行物理设计，即确定数据库的物理结构。

4. 其他设计

根据软件系统的类型，还可能要进行如下设计。

① 代码设计。为了提高数据的输入、分类、存储及检索等操作的效率，以及节约内存空间，对数据库中的某些数据项的值要进行代码设计。

② 输入/输出格式设计。

③ 人机对话设计。对于一个实时系统，由于用户与计算机频繁对话，因此要进行对话方式、内容及格式的具体设计。

5. 编写详细设计说明书

详细设计说明书有下列主要内容。

① 引言：包括编写目的、背景、定义、参考资料。

② 程序系统的组织结构。

③ 程序1（标识符）设计说明。包括功能、性能、输入、输出、算法、流程逻辑、接口。

④ 程序2（标识符）设计说明。

⑤ 程序N（标识符）设计说明。

6. 评审

对处理过程的算法和数据库的物理结构进行评审。

4.2　详细设计的原则

为了确保能够得到高质量的软件系统，在结构化程序的详细设计阶段必须遵循一些基本原则。

由于详细设计是给程序员编码提供依据的，因而要求做到以下 3 点。

① 模块的逻辑描述一要清晰易读，二要正确可靠。

② 采用结构化设计方法，改善控制结构，降低程序复杂程度，提高程序的可读性、可测试性和可维护性。

根据在高级语言中取消 GOTO 语句，及用顺序、选择、循环三种结构可构造任何程序结构，并能实现单入口单出口的程序结构，IBM 公司进一步提出程序结构应该坚持单入口单出口的原则，同时对结构化程序设计的逐步求精、抽象分解做了总体概括，从而形成了下列结构化程序设计的基本方法与原则。

- 程序语言中尽量少用 GOTO 语句，以确保程序的独立性。
- 用单入口单出口的控制结构，确保程序的静态结构与动态执行情况相一致，保证程序容易理解。
- 程序的结构一般采用顺序、选择、循环三种结构来构成，确保结构简单。
- 用自顶向下逐步求精的方法做程序设计。

结构化程序设计的缺点是存储容量和运行时间增加 10%～20%，优点是可读性和可维护性好。

③ 选择适当的描述工具来描述模块的算法。

4.3　详细设计的方法及工具

4.3.1　详细设计的方法

艾兹格·迪科斯彻

处理过程设计中采用的典型方法是结构化程序设计（Structured Programming，SP）方法，最早是由艾兹格·迪科斯彻（Edsger Wybe Dijkstra，1930—2002）在 20 世纪 60 年代中期提出的。详细设计并不是具体地编写程序，而是细化成很容易从中产生程序的图纸，因此，详细设计的结果基本决定了最终程序的质量。详细设计的目标不仅是逻辑上正确地实现每个模块的功能，还应使设计出的处理过程清晰易读。结构化程序设计是实现该目标的关键技术之一，它指导人们用良好的思想方法开发易于理解、易于验证的程序。结构化程序详细设计方法有以下 3 个基本要点。

1. 采用自顶向下、逐步求精的程序设计方法

在需求分析、总体设计中，都采用了自顶向下、逐层细化的方法。使用“抽象”方法，对上层问题抽象、对模块抽象和对数据抽象，下层则进一步分解，进入另一个抽象层次。在详细设计中，虽然处于“具体”设计阶段，但在设计某个模块内部处理过程中，仍可以逐步求精，降低处理细节的复杂度。

2. 使用三种基本控制结构构造程序

任何程序都可由顺序、选择及循环三种基本控制结构构造，这 3 种基本结构的共同点是单入口、单出口。如对一个模块处理过程细化时，开始是模糊的，可以用下面 3 种方式对模糊过程进行分解。

① 用顺序方式对过程进行分解，确定各部分的执行顺序。

② 用选择方式对过程进行分解，确定某个部分的执行条件。

③ 用循环方式对过程进行分解，确定某个部分进行重复的开始和结束的条件。

对处理过程仍然模糊的部分反复使用以上分解方法，最终可将所有细节确定下来。

3. 主程序员的组织形式

主程序员的组织形式指开发程序的人员应以一个主程序员（负责全部技术活动）、一个后备程序员（协调、支持主程序员）和一个程序管理员（负责事务性工作，如收集、记录数据，文档资料管理等）为核心，再加上一些专家（如通信专家、数据库专家）、其他技术人员组成小组。

这种组织形式突出了主程序员的领导作用，设计责任集中在少数人身上，不仅有利于提高软件质量，而且能有效地提高软件生产率。

因此，结构化程序设计方法是综合应用这些手段来构造高质量程序的思想方法。

4.3.2 详细设计的工具

详细设计阶段的工具可分为图形、表格和语言三类，具体包括程序流程图、盒图、PAD 图、判定表、判定树、PDL 语言等。

1. 程序流程图

程序流程图又称为程序框图，它是历史最悠久、使用最广泛的一种描述程序逻辑结构的工具，程序流程图常用符号及基本控制结构来描述，如图 4-1 和图 4-2 所示，可以看到，在程序流程图中有一些符号与系统流程图是相同或类似的。

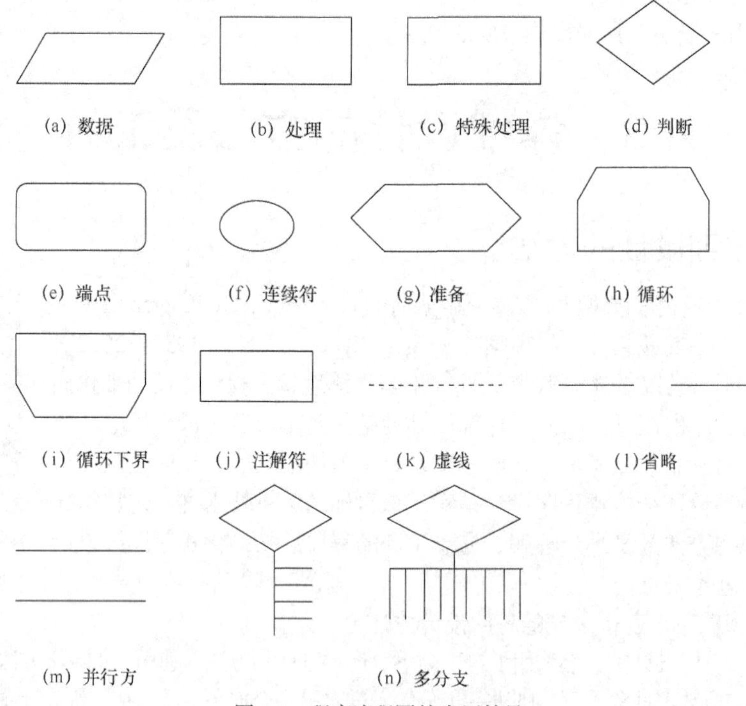

图 4-1 程序流程图的常用符号

程序流程图的优点是直观清晰、易于使用，是开发者普遍采用的工具，但是它有如下缺点。

① 可以随心所欲地画控制流程线的流向，容易造成非结构化的程序结构，编码时势必不加限制地使用 GOTO 语句，导致基本控制块产生多入口多出口，这样会使软件质量受到影响，与软件设计的原则相违背。

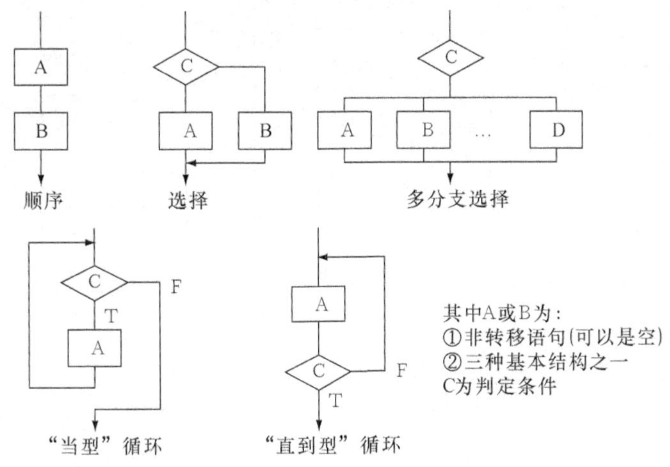

图 4-2　程序流程图的基本控制结构

② 流程图不能反映逐步求精的过程，往往反映的是最后的结果。

③ 不易表示数据结构。

④ 描述过于琐碎，不利于理解大型程序。

为了克服流程图的缺陷，要求流程图都应由 3 种基本控制结构顺序组合和完整嵌套而成，不能有相互交叉的情况，这样的流程图是结构化的流程图。

本・施奈德曼

2. 盒图

盒图（Nassi-Shneiderman 图）也称为 N-S 图，是由艾萨克・纳西（Isaac Nassi，1949—）和本・施奈德曼（Ben Shneiderman，1947—）按照结构化的程序设计要求提出的一种图形算法描述工具。盒图的基本符号如图 4-3 所示。

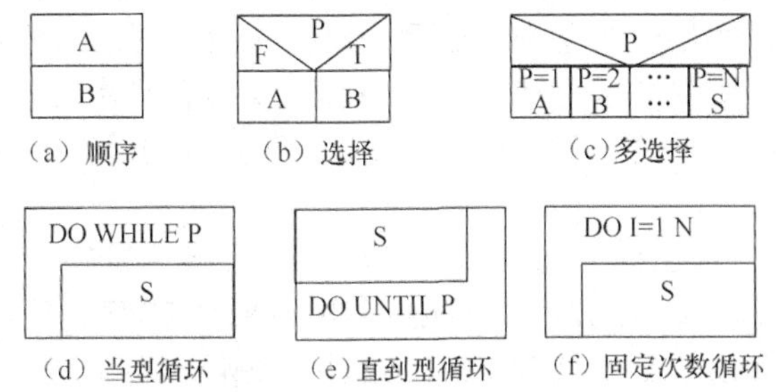

图 4-3　盒图的基本符号

与程序流程图相比，N-S 图的最大特点在于没有带箭头的流程线，并以基本结构作为图形的基本符号，所以用它描述的算法必定是结构化的。用 N-S 图表示算法，思路清晰，结构良好，容易设计，也容易阅读，可以十分放心地进行结构化程序设计，从而有效地提高了详细设计的质量和效率。但是，当需要对设计进行修改时，盒图的修改工作量太大。

3. PAD 图

问题分析图（Problem Analysis Diagram，简称 PAD）是自 1973 年日本日立公司提出以来，已得到一定程度的推广，它用二维树形结构的图来表示程序的控制流。这种图翻译成程序代码比较容易，图 4-4 给出了 PAD 图的基本控制结构。

PAD 图的优点如下。

① 支持结构化的程序设计原理。

② 支持逐步求精的设计方法，左边层次中的内容可以抽象，然后由左到右逐步细化。

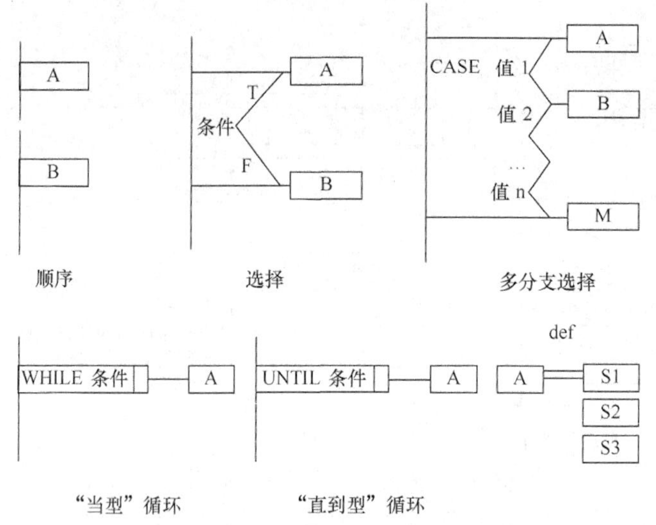

图 4-4　PAD 图的基本控制结构

③ 清晰地反映了程序的层次结构。图中的竖线为程序的层次线，最左边竖线是程序的主线，其后一层一层展开，层次关系一目了然。

④ 易读易写，使用方便。

⑤ 可自动生成程序。PAD 图有对照 Fortran、Pascal、C 等高级语言的标准图式。

4. 判定表

当模块中包含复杂的条件组合，并要根据这些条件选择动作时，流程图、盒图都有一定的缺陷，只有判定表能清晰地表示出复杂的条件组合与各种动作之间的对应关系。

一张判定表由 4 个部分组成。左上部列出所有条件，左下部是所有可能做的动作，右上部是表示各种条件组合的一个矩阵，右下部是和每种条件组合相对应的动作。

判定表的每一列实质上是一条规则，规定了与特定的条件组合相对应的动作。例：航空行李托运费的算法。

按规定：行李重量不超过 30kg 的行李可免费托运。重量超过 30kg 时，对超运部分，头等舱国内乘客收 4 元/kg，其他舱位国内乘客收 6 元/kg；外国乘客收费为国内乘客的 2 倍；残疾乘客的收费为正常乘客的 1/2。用判定表表示计算行李费的算法如图 4-5 所示。

	Rule numbers	1	2	3	4	5	6	7	8	9
条件	国内乘客		T	T	T	T	F	F	F	F
	头等舱		T	F	T	F	T	F	T	F
	残疾乘客		F	F	T	T	F	F	T	T
	行李重量 W ≤ 30	T	F	F	F	F	F	F	F	F
动作	免费	×								
	(W−30) × 2				×					
	(W−30) × 3					×			×	
	(W−30) × 4		×							×
	(W−30) × 6			×						
	(W−30) × 8						×			
	(W−30) × 12							×		

图 4-5　用判定表表示计算行李费的算法

5. 判定树

判定树实质上是判定表的一种变形，它们只有形式上的差别，本质上是一样的。判定树的优点是形式简单、比较直观、易于掌握和使用。主要缺点是容易遗漏判断条件，这个缺点可以通过用判定表验证克服。判定表的缺点是简洁性差于判定树，重复多。另外，在组合条件很复杂的情况下，判定树的节点会有较多的分支，从而使判定树的直观性和易读性有所下降。用户可根据自己的习惯选择使用判定表或判定树。判定表与判定树并不适用于作为一种通用的设计工具，通常将之用于辅助测试。用判定树表示计算行李费的算法如图 4-6 所示。

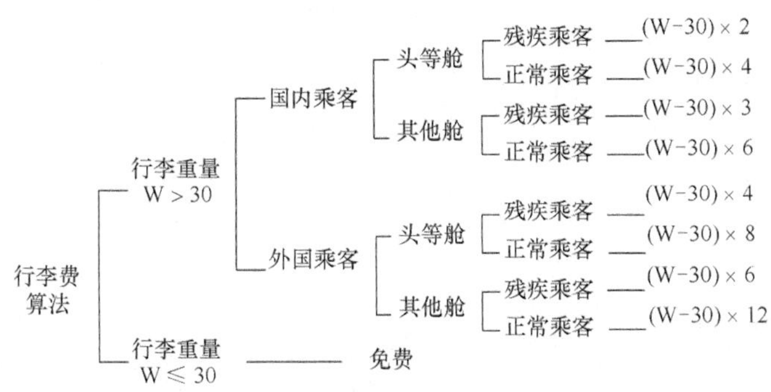

图 4-6 用判定树表示计算行李费的算法

6. PDL 语言

过程设计语言（Process Design Language，PDL），也称为伪码，它是一种用正文形式表示数据和处理过程的工具，用严格的关键字和外部语法来定义控制结构和数据结构。它包含了各种程序设计语言的控制结构和其他一些元素的速记符号，可以自由插入注释，并且可用常用词来替换表达式。一般来说，伪码的语法规则分为“外语法”和“内语法”。外语法应当符合一般程序设计语言常用语句的语法规则，而内语法是没有定义的，可以用英语（或汉语）中一些简洁的短语和通用的数学符号来描述程序应执行的功能。

PDL 是详细设计工具中较为方便、应用较普遍的一种工具。已有完善的自动化工具支持它的设计过程，能自动向编码转换。

（1）PDL 语句类型

PDL 是在较通用的结构化编程语言（如 ALGOL、PL/1、PASCAL，ADA）的基础上设计的，可采用这类语言的若干简单的关键字和一定的语法结构，并辅以自然语言来描述程序。因此，它可以形式化地描述处理过程和数据结构，并以自然语言说明达到详细解释的目的。基本的 PDL 包括三种语句类型：数据说明（描述）、处理过程描述、输入输出描述。

① 数据说明语句。PDL 能够描述过程使用的数据及数据结构。这种描述包含数据项的名字和数据项的目的。PDL 中的数据说明语句有以下 5 种。

- SCALA 汉语句

用于定义标量的名字和用途。语句格式为：SCALARI|名字，目的；|名字，目的。

- ARRAY 语句

用于定义数组的名字和用途。语句格式为：ARRAYE|名字，目的；|名字，目的。

- CHAR 语句

用于定义字符串的名字和用途。语句格式为：CHARE|名字，目的；|名字，目的。

- LIST 语句

用于定义表的名字和用途。语句格式为：LIST|名字，目的；|名字，目的。

- STRUCTURE 语句

用于定义数据结构的名字和用途。语句格式为：STRUCTURE|名字，目的；|名字，目的。

② 处理过程描述语句。PDL 的处理过程描述可使用嵌套的基本结构，其主要语句有以下 5 种。

- 顺序语句

顺序语句由一个或多个自然语言中的句子、计算公式或完整的 PDL 语句序列构成。为了说明较复杂的语句，PDL 采用块结构来描述一个或多个顺序语句。用块名可以对该块进行调用。块边界的定义如下。

```
BEGIN<块名>
    <PDL 语句>
END
```

- IF 语句

IF 语句的格式如下。

```
IF(条件)
THEN <块或 PDL 语句>
ELSE <块或 PDL 语句 >
ENDIF
```

该语句允许在两种情况之间进行选择。另外，在块或 PDL 语句中也可以包含另一个 IF 语句，从而实现 IF 语句的嵌套。

- DO WHILE 语句

该语句当条件为真时才重复执行某些操作，直至条件为假时停止。其格式如下。

```
DO WHILE<条件>
   (块或 PDL 语句)
END DO
```

- REPEAT 语句

REPEAT 语句的格式如下。

```
REPEAT
   <块或 PDL 语句>
UNTIL(条件)
```

该语句用于重复执行某些操作，直到条件为真时停止。REPEAT 语句与 DO WHILE 语句的区别在于：REPEAT 语句中的操作至少要执行一次，而 DO WHILE 语句中的操作，若条件一开始就为假，则一次也不执行。

- CASE 语句

该语句可根据情况条件的取值，选择相应的一些操作。其格式如下。

```
CASE OF<情况变量名>
    WHEN<情况条件 1>SELECT<块或 PDL 语句>
    WHEN<情况条件 2>SELECT<块或 PDL 语句>
    …
    WHEN<情况条件 n> SELECT<块或 PDL 语句>
END CASE
```

③ 输入/输出语句。输入/输出语句随着选用的编程语言的不同，差别较大。典型的有以下 2 种。

- READ FROM <设备>LIST<表>

这种语句表示从外部<设备>上读入数据到<表>中。

- WRITE TO <设备> LIST<表>

这种语句表示将<表>中的数据写到外部<设备>。

另外，还有 ASK <询问>和 ANSWER <响应>，这类语句主要用于交互式应答。

（2）PDL 的特点

从上面的介绍可以知道，PDL 与结构化语言有一定的区别，其特点体现在以下 4 个方面。

① 描述处理过程的说明性语言没有严格的语法。

② 具有模块定义和调用机制，开发人员应根据系统编程所用的语种，用 PDL 表示有关程序结构。

③ 具有数据说明机制，包括简单的与复杂的数据说明。

④ 所有关键字都有固定语法，以便提供结构化控制结构、数据说明和模块的特征。

（3）PDL 的程序结构

现在的高级程序设计语言，通常采用 PDL 语言描述。PDL 语言的语法包括：子程序的定义、接口描述、数据说明、块构造技术、条件构造和 I/O 构造。用 PDL 表示的程序结构一般有下列 5 种结构。

① 顺序结构

采用自然语言描述顺序结构，其表示如下。

```
处理 S1
处理 S2
…
处理 Sn
```

② 选择结构

- IF-ELSE 结构

```
IF 条件                    IF 条件
    处理 S1        或处理 S1
ELSE                        ENDIF
处理 S2
ENDIF
```

- IF-ORIF-ELSE 结构

```
      IF 条件 1
  处理 S1
OR IF 条件 2
        …
       ELSE 处理 Sn
      ENDIF
```

- CASE 结构

```
    CASE
        CASE(1)
    处理 S1
        CASE(2)
    处理 S2
            …
        ELSE 处理 Sn
  ENDCASE
```

③ 重复结构

- FOR 结构

```
      FOR i=1 TO n
  循环体
      END FOR
```

- WHILE 结构

```
    WHILE 条件
循环体
    ENDWHILE
```

- UNTIL 结构

```
    REPEAT
循环体
    UNTIL 条件
```

④ 出口结构

- ESCAPE 结构（退出本层结构）

```
     WHILE 条件
处理 S1
     ESCAPE L IF 条件
处理 S2
     ENDWHILE
     L: …
```

- CYCLE 结构（循环内部进入循环的下一次）

```
     L:WHILE 条件
处理 S1
     CYCLE L IF 条件
     处理 S2
     ENDWHILE
```

⑤ 扩充结构

- 模块定义

```
    PROCEDURE 模块名(参数)
        …
        RETURN
    END
```

- 模块调用

```
    CALL 模块名(参数)
```

- 数据定义

```
    DECLARE 属性变量名, …
```

属性有：字符、整型、实型、双精度、指针、数组及结构等类型。

- 输入输出

```
    GET(输入变量表)
    PUT(输出变量表)
```

（4）PDL 的优点

PDL 用于描述过程时的总体结构与一般程序完全相同，外语法同相应程序语言一致。内语法使用自然语言，这样可以使过程的描述易于编写，易于理解，也很容易转换成源程序。除此之外，PDL 还有以下优点。

- 可当作注释加在源程序中，作为程序的文档，并可用高级程序设计语言进行编辑、修改，有利于软件的维护。
- 提供的机制比图形全面，为保证详细设计与编码的质量创造了有利条件。
- 有关资料表明，目前已有 PDL 多种版本为自动生成相应代码提供了便利条件，可以利用 PDL

自动生成程序代码，提高软件生产率。

4.3.3　详细设计工具的选择

衡量一个设计工具好坏的一般准则是看其所产生的过程描述是否易于理解、复审和维护，进而过程描述能否自然地转换为代码并保证设计与代码完全一致。

按此准则要求设计工具应具有下列属性。

- 模块化（Modularity）：支持模块化软件的开发并提供描述接口的机制（例如直接表示小程序和块结构）。
- 整体简洁性（Overall Simplicity）：设计表示相对易学、易用、易读。
- 便于编辑（Ease of Editing）：支持后续设计、测试乃至维护阶段对设计进行的修改。
- 机器可读性（Machine Readability）：计算机辅助软件工程（CASE）环境已被广泛接受，一种设计表示法若能直接输入并被 CASE 工具识别将带来极大便利。
- 可维护性（Maintainability）：过程设计表示应支持各种软件配置项的维护。
- 强制结构化（Structure Enforcement）：过程设计工具应能强制设计人员采用结构化构件，有助于产生好的设计。
- 自动产生报告（Automatic Processing）：设计人员通过分析详细设计的结果往往能突发灵感，改进设计。若存在自动处理器，能产生有关设计的分析报告，必将增强设计人员在这方面的能力。
- 数据表示（Data Representation）：详细设计应具备表示局部与全局数据的能力。
- 逻辑验证（Logic Verification）：能自动验证设计逻辑的正确性是软件测试追求的最高目标，设计表示易于逻辑验证，其可测试性愈强。
- 可编码能力（“Code to” Ability）：一种设计表示，若能自然地转换为代码，则能减少开发费用，降低出错率。

一般认为，PDL 较好地组合了这组属性。PDL 还可直接嵌在源代码中作为设计文档和注释，减少维护的困难；PDL 描述可用一般正文编译器或字处理软件编辑；PDL 自动处理器已经面世，并有可能开发出“代码自动产生器”。然而，这并不意味着其他的设计工具一定弱于 PDL，例如，流程图和盒图能直观地表示控制流程；判定表因能精确地描述组合条件与动作之间的对应关系，特别适用于表格驱动一类软件的开发；其他一些设计工具也自有独到之处。经验表明，具体选择过程设计工具时，人的因素可能比技术因素更具有影响力。

4.4　详细设计规格说明及复审

4.4.1　详细设计说明

详细设计阶段的文档是详细设计说明书，是程序运行过程的描述。详细设计说明书的内容主要包括以下两个方面。

① 表示软件结构的图表。

② 对逐个模块的程序描述，包括算法和逻辑流程。

一个典型的详细设计说明书的框架见附录四。

4.4.2　详细设计复审

设计复审是指对设计文档的复审。

1. 复审的指导原则

- 详细设计复审一般不邀请用户和其他领域的代表。
- 复审应持积极的态度，接受他人提出的建议或批评，坦然面对设计显露出来的不足。全体参加者都应为设计文档的修正创造和谐气氛，防止产生质询或辩论等场面。
- 复审中提出的问题应详细记录，但不要求当场解决。
- 复审结束前做出本次复审能否通过的结论。

2. 复审的主要内容

详细设计复审的重点应该放在各个模块的具体设计上，例如模块的设计能否满足其功能与性能要求，选择的算法与数据结构是否合理，是否符合编码语言的特点，设计描述是否简单、清晰等。

3. 复审的方式

复审分为正式与非正式两种方式，非正式复审的特点是参加人数少，且均为软件人员，带有同行讨论的性质，因而方便灵活，十分适合于详细设计复审。有一种称为“走查”的非正式复审，进行时由一名设计人员逐行宣读设计资料，由到会的同行跟随他指出的次序一行行地往下审查。当发现有问题或错误时做好记录，然后根据多数参与者的意见，决定通过该设计资料或退回原设计人进行纠正。

4.5 面向数据结构的设计方法

JSP（Jackson Structured Programming）方法定义了一组以数据结构为指导的映射过程，它是根据输入、输出的数据结构，按一定的规则映射成软件结构的过程描述，即程序结构。JSP 方法有别于软件的体系结构，因此该方法适用于详细设计阶段。

4.5.1 Jackson 程序设计方法

1. 基本思想

在充分理解问题的输入、输出数据的基础上，找出输入、输出数据的层次结构对应关系，根据数据结构的层次关系映射为软件控制层次结构，然后给出问题详尽、准确的对外求解描述。

2. 结构图

Jackson 方法面向数据结构设计提供了自己的工具—Jackson 结构图。Jackson 指出，无论数据结构还是程序结构，都限于 3 种基本结构及它们的组合，因此，他给出了 3 种基本结构的表示，即顺序结构、选择结构和重复结构，如图 4-7 所示。

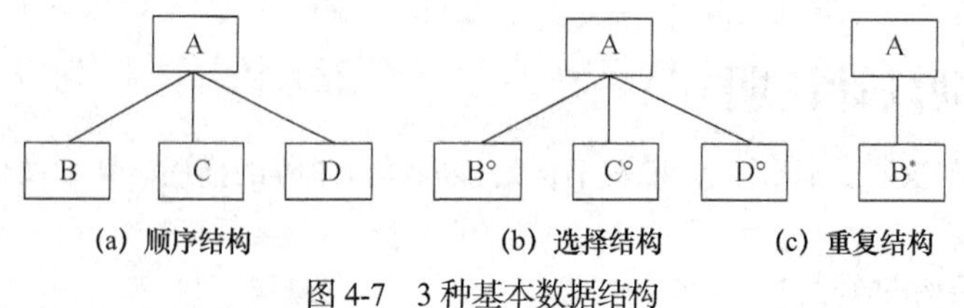

图 4-7　3 种基本数据结构

3. 设计技术

Jackson 方法以数据结构为基础来决定程序结构，使用时以结构化程序设计的概念作为基本考虑方法，其基本过程是在充分理解输入、输出数据的基础上，将数据用一些基本结构表示为层次关系的数据结构，然后按照一定的原则来细化软件层次，最后给出过程性的描述。其设计方法分以下 4

个步骤。

① 分析并确定输入/输出数据的逻辑结构。

② 找出输入/输出数据结构中有对应关系的数据单元。

③ 从描述数据结构的 Jackson 图导出描述程序结构的 Jackson 图。

④ 列出所有的操作和条件，并把它们分配到程序结构图中去。

Jackson 图可以清晰地表示数据的层次结构，形象直观易读，既可表示数据结构，也可表示程序结构。

4.5.2　Warnier 程序设计方法

Warnier 程序设计方法是由法国人 Jean-Dominique Warnier 提出的另一种面向数据结构的程序设计方法，又称为逻辑构造程序的方法，这种方法直接从数据结构导出程序设计。

Jean-Dominique Warnier

Warnier 程序设计方法的目标是导出对程序处理过程的详细描述，主要依据输入数据结构导出程序结构。

1. 基本思想

Warnier 方法与 Jackson 方法十分相似，它们都从分析数据结构出发，经过映射得出程序结构，最终导出程序的过程性描述。但它们之间仍存在许多差别，总体上看，Warnier 方法的中间转换步骤比 Jackson 方法更细致，过程也更加严格。

2. 设计技术

Warnier 设计方法基本由以下步骤组成。

① 分析和确定输入数据和输出数据的逻辑结构，并用 Warnier 图描绘这些数据结构。

② 依据输入数据结构导出程序结构，并用 Warnier 图描绘程序的处理层次。

③ 画出程序流程图，并自上而下地依次给每个处理框编排序号。

④ 分类写出伪码指令。

Warnier 定义了下列 3 类指令。

- 输入和输出准备。
- 分支和分支准备。
- 计算。

4.6　基于组件的设计方法

基于组件的程序设计方法对于保证软件开发的协调性提供了很大方便。由于大多数软件可以共享一些公共的元素，因此，软件开发人员可以很容易地利用经过彻底测试并已被证明是有效的软件组件来组装应用程序。另外，软件开发人员也可以针对特定的应用来设计和编写相应的软件组件，以加速大型软件系统的组装过程。

传统的软件方法学是从面向机器、面向数据、面向过程、面向功能、面向数据流等观点反映问题的本质；面向对象方法的出现使软件方法学迈进了一大步，但是，它还没有解决高层次上复用、分布式异构互操作等难点。基于组件的软件设计方法学在软件方法学上为解决这个难题提供了机会，它把应用逻辑和实现分离，提供标准接口和框架，使软件开发变成组件的组合，基于组件的软件方法学以接口为中心、面向行为、基于体系结构设计，它要求对组件要有明确的定义；用组件描述技术和规范，如 UML、JavaBean、EJB、Servlet 等描述组件；开发应用系统要按组件来裁剪、划分组织与分配角色；使用支持检验组件特性和生成文档的工具，确保组件规范的实现和质量测试。应用基于组件的软件设计方法学可以更有效地支持复用技术，改善软件质量，减少软件设计和开发的工作量，降低软件开发的费用和提高生产力。

近年来对基于组件的软件开发方法的研究已经取得了不少成果，在国内外许多大规模分布式应用系统中得到应用和实践。在组件和组件库的标准化方面，在美国军方和政府资助的项目中，已经建立了若干组件库系统，如 CARDS、ASSET、DSRS 等。

在基于组件的软件方法方面，研究内容包括基于组件的软件开发方法、模型和过程，重点研究组件库技术、组件组合、组件的测试和质量保证、基于 COTS 的开发等理论和技术，建立一套方法和支持工具，提供一个方便组件的选择、创建、组装、集成和维护的开放体系结构，为大规模的分布式软件系统的开发和实现打下坚实的基础。

4.7 界面设计

4.7.1 用户界面设计

在使用计算机的过程当中，人和计算机是以人机界面为媒介传递信息的。用户通过接口向计算机提供各种数据和命令，让计算机完成指定的任务。同时计算机将处理结果、出错信息，通过接口反馈给用户。可见，人机交互活动大量地存在于计算机运行的整个过程当中。目前的应用软件都采用图形界面用以交互，图形界面的研究也成为了许多软件开发机构的课题，目的是高速方便地生成图形界面元素。

界面是否亲切、友好、美观舒适是用户评价计算机软件的第一印象。作为软件系统的门面，人机界面是计算机系统的重要组成部分。图 4-8 所示为 Windows 用户界面。

图 4-8 Windows 用户界面

1. 可使用性

用户界面设计最重要的目标是可使用性，它包括以下 5 方面。

① 界面简单。要求用户界面能够很方便地处理各种基本的对话。指定磁性媒体上的信息数据能被直接处理，自动化程度高；操作简便；所见即所得，按用户要求输出表格或图形或反馈计算结果

到用户指定的媒体上。

② 术语标准化和一致化。要求使用标准化的专业术语，技术用语符合软件工程规范；选择合适的应用领域术语，并且在输入/输出说明中，同一术语的含义应保持一致。

③ 拥有完善的帮助功能。系统的帮助文档应提供该系统的所有规格说明及命令说明，帮助文档可以在线更新。帮助信息包括综述性信息以及与所在位置上下文有关的针对性信息。

④ 系统响应快和系统成本低。好的界面应在较多硬件设备和其他软件系统链接时，仍具有较快的响应速度和较小的系统开销。

⑤ 容错能力。具备诊断错误的功能。能检查错误并提供清楚、易理解的报错信息，包括出错位置、出错原因、修改错误的提示或建议等；具备出错保护，防止用户得到他不想要的结果。

2. 灵活性

① 算法可隐可观。应根据用户不同的行业、能力和知识水平，在不影响完成任务的前提下，向不同的用户提供不同的界面接口，用户的任务只与用户的目标有关，而与用户界面无关。

② 界面方式可由用户动态制定和修改，如此便可以有较高的维护性。

③ 按照用户的希望和需要，系统提供了不同详细程度的系统响应信息，如反馈信息、提示信息、帮助信息、出错信息等。

④ 界面标准化。与其他软件系统相似，用户对操作方式不会感到陌生。

灵活性的提高对系统的设计要求提高了，并有可能降低软件系统的运行效率。

3. 复杂性和可靠性

① 复杂性是指用户界面的规模和组织的复杂程度。在完成预定功能的前提下，用户界面越简单越好。应当把系统的功能按相关性质和重要程度进行逻辑划分，组织成树形结构，同一分支上包含着相关的命令。

② 无故障使用的间隔时间越长，该用户界面的可靠性就越高。用户界面应能保证用户正确、可靠地使用系统，保证相关程序和数据的安全性。

4. 用户界面设计存在的问题

用户界面设计涉及的范围很广，除了人的因素，还有工程心理学、认知工程学和认知科学等领域的问题。因此需要人机工程专家和计算机专家合作来进行设计开发。

用户界面的开发有别于一般软件，无固定结构，其目的是与用户的真正需求相适应。但是用户的意图有时并不容易明确表达出来，唯有通过探索或进一步咨询的方法来完成。部分软件人员没有从用户的角度去考虑界面设计，我行我素，没有重视界面的美观和方便。设计人员习惯单一的抽象思维，希望能自主控制软件的运行，忽略了人机交互设计。有些开发人员则是依赖于设计界面的健壮性，害怕用户的干预导致程序运行的瘫痪。

软件人员和用户在知识结构上存在差异。程序员不乐于学习用户工作领域的专业知识，忽视软件的专业性，导致所生成的软件不适合用户的习惯。

总之，用户界面的好坏取决于设计人员的综合素质及对多方面知识的驾驭能力，一定要从用户的角度出发，虚心学习用户领域的专业知识，了解用户对界面的需求和习惯，才能设计出良好的用户界面。

4.7.2　字符界面设计

文本命令行是交互式计算机系统最早的用户界面，至今仍然具有不可替代的作用。作为人机通信的命令语言，应该具有严格的语法和语义。但是命令语言毕竟不是计算机程序设计语言，它与程序设计语言的区别在于命令语言的语法更加简洁、语义更便于记忆。从设计角度考虑，系统应该提供一个命令解释器，它等待接受命令输入，对命令进行解释执行。

命令语言的功能是靠命令名称和语法结构来识别和联系的，因此，对每个功能应只提供一个命令。语言的复杂程度应当与用户水平相适应。一般来说，完整的命令语言语法只限于熟练的用户，如果用户有时间来学习，才可以用循序渐进的方式来适应语言的复杂性。

命令的规格说明包括指定命令词典和语法，还有错误信息表和帮助系统。命令语言的设计包括解析命令的语法分析器、词法分析器、错误信息解释器和运行时的系统。命令语言的设计原则如下。

（1）一致性。

命令名称、变量顺序等的一致性很重要，可以保证最短的任务时间、最少的求助请求以及最少的差错。同一个功能只能有一个命令，如果使用 EXIT 作为退出命令，在系统的其他部分就不要用 QUIT。

（2）选择有意义的独特的命令名。

命令名称的选取要与众不同、易普及，含义要丰富、有特色，容易识别和记忆。要避免使用俚语和诙谐的词语。

（3）避免不必要的复杂性。

词汇越多，语法规则条文越多，语言就越难学，并增大了用户出错的可能性。因此，要限制命令数量，删去同义词和重复的规则。

（4）使用缩写要一致。

缩写有许多策略。设计一种命令语言，应采用同一种命令缩写策略及冲突解决策略，要避免使用多种缩写策略。

（5）命令语法结构一致。

命令的各组成部分应该一致地出现在命令的相同位置。如命令名应出现在命令串的第一个位置，选项位于其后，最后是命令的变量。另外，命令应该以最小的单词组合来定义功能。命令命名和语法序列应该是人们所熟悉而且自然的。例如，使用 COPY 命令来做文件复制时，应该是先指明源文件后指明目的文件，而不是先指明目的文件后指明源文件。

（6）允许对一个命令串进行重现和修改。

对于输入出现错误的命令，应能够重新显示，并让用户修改，而不是让用户重新输入。

如 DOS 命令语言界面，使用 F3 键可以重现上一条命令。

（7）采用提示帮助临时用户。

为帮助临时用户学习使用一种命令语言，应考虑提示。例如，如果用户需要将一个文件移动到另一个目录下，但又没有记住移动目录命令的语法和结构，那么可以输入移动命令 MOVE，软件界面就会给出提示 Filename:，然后用户输入文件名 Online.txt，系统提示 MOVETO:，用户在输入目的地目录 HOME。但如果是专业人员，可直接输入命令 Move Online.txt Home。

（8）考虑用命令菜单帮助临时用户。

对临时用户来说，菜单式的命令语言更容易学习，具备命令菜单的系统也更有吸引力。

总而言之，命令语言需要用户学习和记住语言的语法。对于缺乏经验的用户，命令语言往往显得神秘而复杂。所以，对新手而言，命令语言不是一种合适的与系统进行交互的方式。事实上，命令语言的出错率往往也相当高，只有为专业用户设计的界面才使用命令语言交互方式。

4.7.3 菜单设计

精心设计的菜单是交互式用户界面的一个常用技术，它在显示输出屏幕上提供一组可选的项目，使用者可以通过键盘、鼠标、图形输入板、触笔等输入设备选择其中某项。菜单设计考虑的问题包括菜单系统的结构设计、屏幕布局、引导帮助功能、菜单切换及对话响应时间。

菜单设计的首要任务是根据用户需求建立一个实用、易于理解、便于记忆、操作方便的语义组织。菜单的实现技术根据其显示方式可以分为正文菜单和图形菜单。正文菜单是由若干正文项组成的列表。用户可以通过输入选择字符或者移动光标点击来选择菜单项。正文菜单很早就在各种计算机系统的字符终端上广泛使用，它无须图形处理能力支持，实现简单。

常见的正文菜单项选择方式：一是要求用户输入规定的字符或者数字；二是采用光标键移动，当光标移至某选择项时通过反馈形式（如字符增亮）确认后输入选取信号（如回车键）。菜单项目在一个屏幕上不宜过多（一般不超过 10 项）。项目较多时，可以采用菜单滚动技术或者多页显示。对于复杂系统，可以采用多级菜单组织，但菜单层次以不超过 2～3 层为宜。当菜单层次较多时，应该设置快速返回主菜单或者退出系统的操作方式。

图形菜单基于符号、图符（Icon）、色彩或者图画来描述菜单项。图符是菜单项的形象标识，含义明确、直观，便于理解识别。图形菜单直观形象、易于接受，菜单项选取通常采用鼠标等指示输入设备，同时辅助以键盘输入。苹果公司生产的 Macintosh 是最早采用图形菜单的计算机系统，随着计算机图形技术的发展，图形菜单的使用越来越普遍，图符的设计和选用已经成为软件版权的一部分。

根据菜单在屏幕上的出现方式和位置，菜单又可以分为固定菜单和活动菜单。固定菜单是在屏幕的固定位置显示菜单项列表。固定菜单的位置通常在屏幕的上方、下方或者两侧。屏幕中央周围显示输出工作区。固定菜单需要占用屏幕窗口空间位置，因此固定菜单中给出的应该是常用的菜单项。整个固定菜单占用的屏幕区域应该不超过整个屏幕的 25%。活动菜单是在需要选择时才出现的菜单。在当前光标所在的任一位置均可出现和消失的菜单称为“弹出式”（Pop-Up）菜单。在固定菜单项被选中后展开的该项下层菜单选择项列表，通常称为“下拉式”（Pull-Down）菜单。活动菜单不占用显示工作空间，可以根据用户当前所处的操作状态和要求动态出现，因此在图形用户界面中广泛使用。活动菜单可在消失后恢复原来显示的内容。实现多级活动菜单显示的技术较复杂，通常要求支持窗口重叠技术。

4.7.4　对话框设计

对话框是系统实现人机会话的重要界面之一。对话框就是显示于屏幕上的一个固定或者活动矩形区域的图形和正文信息，在该框内通常还要求用户输入实现指定操作的正文或者选项信息。实际应用中，对话通常是用户选取菜单或者图标时的后续辅助操作。对话框在屏幕上的出现方式与弹出式菜单类似，即对话框弹出时覆盖该框区域的原屏幕图像内容，当对话结束时原屏幕图像内容立即恢复。在应用系统设计中通常考虑两种对话方式。

（1）必须回答方式

当对话框弹出后，用户必须回答有关信息或者撤销当前会话，否则对话框不会消失，系统也不执行其他操作。

（2）无须回答方式

这类对话框通常仅为用户提供当前操作或者系统环境的参考信息。不需要用户回答信息，用户可以不理睬它，继续原来的工作。

实现对话框通常有两种方式：一种是程序员自己设计一个或者一批标准对话框，以函数或者过程方式提供给本系统的所有模块调用。当对话框被激活后，其显示格式、用户回答/选择栏都是预先设置好的，具有统一的风格。另一种是系统为不同类型对话设置的对话数据结构以及对应该数据结构的一组操作（即对话框对象）。程序员可以根据自己的需要定做对话，即自行设计对话框标题、提问信息、用户响应/选择操作栏。

4.7.5　多窗口界面设计

目前，窗口技术是图形用户界面的主要实现方式，Microsoft Windows 系统是现代多任务窗口技术的代表。窗口是在显示屏幕上表示一个任务执行状态或者操作选项的视域（View-Port）。在多任务系统中，每个窗口可以看作一个独立的逻辑屏幕（虚拟屏幕）。通常，窗口显示的是用户当前执行任务的一个局部，通过滚动技术，窗口形式的内容可以在整个任务空间滑动。一个屏幕中可以同时打开多个窗口，好像多个屏幕在同时显示，各窗口之间还可以相互通信。典型的窗口组成如图 4-9 所示。

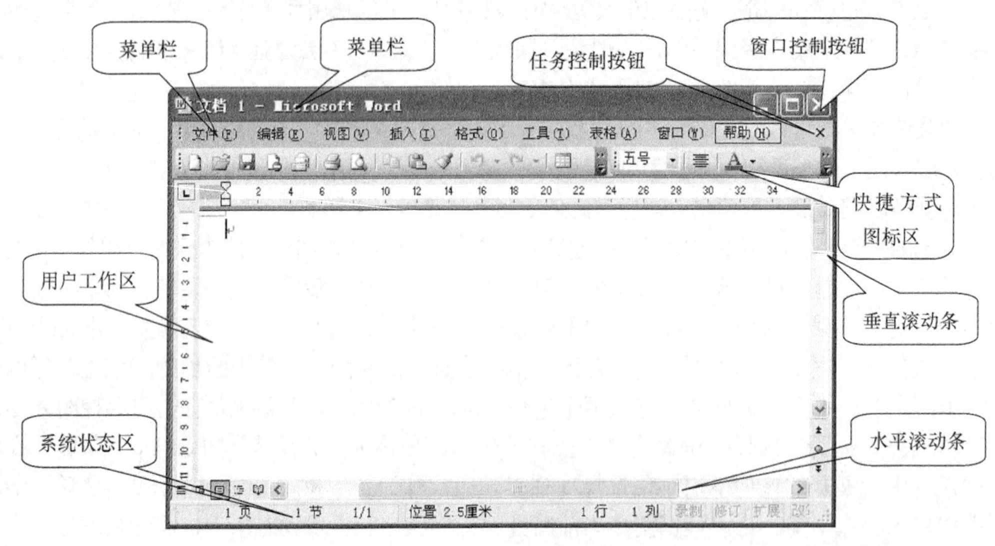

图 4-9　Word 窗口的组成

4.8　典型例题详解

例题 1（2011 年软件设计师试题）　阅读下列说明和 C 代码，回答问题 1 至问题 3。

【说明】

某应用中需要对 100000 个整数元素进行排序，每个元素的取值在 0～5 之间。排序算法的基本思想是：对每一个元素 x，确定小于等于 x 的元素个数（记为 m），将 x 放在输出元素序列的第 m 个位置。对于元素值重复的情况，依次放入第 m−1，m−2，…个位置。例如，如果元素值小于等于 4 的元素个数有 10 个，其中元素值等于 4 的元素个数有 3 个，则 4 应该在输出元素序列的第 10 个位置、第 9 个位置和第 8 个位置上。

算法的具体步骤如下。

步骤 1：统计每个元素值的个数。

步骤 2：统计小于等于每个元素值的个数。

步骤 3：将输入元素序列中的每个元素放入有序的输出元素序列。

下面是该排序算法的 C 语言实现。

（1）常量和变量的说明

R：常量，定义元素取值范围中的取值个数，如上述应用中 R 值应取 6。

i：循环变量。

n：待排序元素个数。

a：输入数组，长度为 n。

b：输出数组，长度为 n。

c：辅助数组，长度为 R，其中每个元素表示小于等于下标所对应的元素值的个数。

（2）sort 函数

```
1 void sort(int n, int a[ ], int b[ ]){
2     int c[R], i;
3     for(i = 0 ; i <①; i ++){
4             c[i] = 0 ;
5     }
6     for(i = 0 ; i <n ; i ++){
7             c[a[i]] =② ;
8     }
9     for(i = 1 ; i <R ; i ++){
10            c[ i ] = ③ ;
11    }
12    for(i = 0 ; i <n ; i ++){
13            b[ c[a[i]] - 1] = ④  ;
14            c[a[i]] = c[a[i]] - 1;
15    }
16 }
```

【问题 1】

根据说明和 C 代码，填充 C 代码中的空缺①～④。

【问题 2】

根据 C 代码，函数的时间复杂度和空间复杂度分别为⑤和⑥（用 O 符号表示）。

【问题 3】

根据以上 C 代码，分析该排序算法是否稳定。若稳定，请简要说明（不超过 100 字）；若不稳定，请修改其中代码使其稳定（给出修改的行号和修改后的代码）。

分析：本题考查算法设计与分析技术以及算法的 C 语言实现。

问题 1：根据题中说明，第 3 到第 5 行代码进行 c 数组的初始化，c 数组的长度为 R，在 C 语言中，下标从 0 开始，因此空格①中内容可得。第 6 到第 8 行检查 a 数组的每一个元素。如果元素的值为 i，则增加 c[i]的值。因此 c[a[i]]= c[a[i]]+1，空格②内容可得。完成第 6 行到第 8 行的代码后，c[i]中就存放了等于 i 的元素的个数。第 9 到第 11 行，通过在数组 c 中记录计数和，c[i]=c[i-1]+c[i]，可以确定对每一个 i=0，1，…，R-1，有多少个元素是小于或等于 i 的。因此空格③内容可得。第 12 行到第 15 行把数组 a 中每个元素 a[i]放在输出数组 b 中与其相应的最终位置上，b[c[a[i]]-1]=a[i]，因此空格④内容可得。由于可能存在相同元素，因此每次将一个值 a[i]放入数组 b 中时，都要减小 c[i]的值。

问题 2：根据上述 C 代码，第 3 到第 5 行代码的 for 循环所花时间为 O(R)。第 6 到第 8 行的 for 循环所花时间为 O(n)。第 9 到第 11 行的 for 循环所花时间为 O(R)。第 12 到第 15 行 for 循环所花时间为 O(n)。因此整个算法的时间复杂度为 O(n+R)。若 R 远小于 n 或者 R=O(n)，时间复杂度可以表示为 O(n)。

问题 3：将数组 a 中元素放到数组 b 中时，是从数组 a 的第一个元素开始，依次取出元素放到数组 b 中，这样，相同的两个元素值，在数组 a 中的相对位置和在数组 b 中的相对位置正好相反，所以算法不稳定。若从数组 a 的最后一个元素开始，依次向前取元素放到 b 数组中，可以保持相同元素的相对位置。因此将第 12 行的代码 for(i = 0 ; i <n ; i ++)改为 for(i = n-1; i >0 ; i - -)，则排序算法是稳定的。

参考答案

【问题 1】

①R ②c[a[i]]+1 ③c[i]+c[i−1] ④a[i]

【问题 2】

⑤ O(n+R)或者 O(n)或 n 或线性

⑥ O(n+R)或者 O(n)或 n 或线性

【问题 3】

不稳定。修改第 12 行的 for 循环为 for（i = n−1; i >0 ; i - -）即可。

例题 2（2013 年软件设计师试题） 阅读下列说明并看图，回答问题 1 至问题 3。

【说明】

某城市拟开发一个机务 Web 的城市黄页，公开发布该城市重要的组织或机构（以下统称为客户）的基本信息，方便城市生活。该系统的主要功能描述如下。

① 搜索信息：任何使用 Internet 的网络用户都可以搜索发布在城市黄页中的信息，例如客户的名称、地址、联系电话等。

② 认证：客户若想在城市黄页上发布信息，需通过系统的认证。认证成功后，该客户成为授权用户。

③ 更新信息：授权用户登录系统后，可以更改自己在城市黄页中的相关信息，例如变更联系电话等。

④ 删除客户：对于拒绝继续在城市黄页上发布信息的客户，由系统管理员删除该客户的相关信息。

系统采用面向对象的方法进行开发，在开发过程中认定出表 4-1 所示的类。系统的用例图和类图分别如图 4-10 和图 4-11 所示。

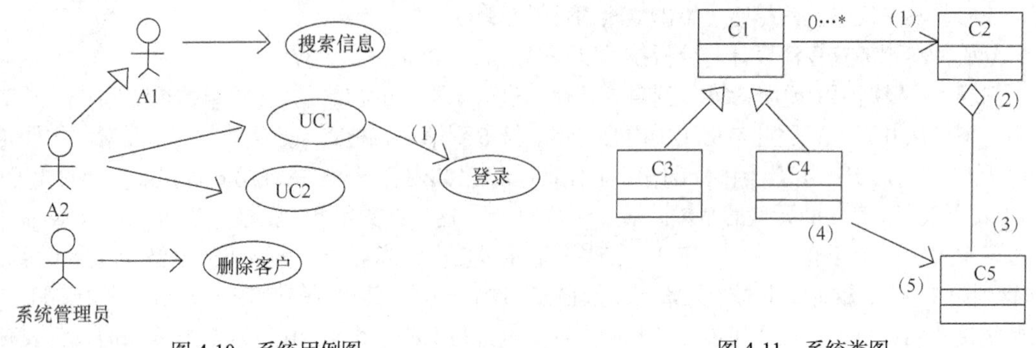

图 4-10 系统用例图　　　图 4-11 系统类图

表 4-1 类列表

类名	说明
InternetClient	网络用户
CustomerList	客户集，维护城市黄页上的所有客户信息
Customer	客户信息，记录单个客户的信息
RegisteredClient	授权用户
Administrator	系统管理员

【问题 1】

根据说明中的描述，给出图 4-11 中 A1 和 A2 所对应的参与者，CU1 和 CU2 所对应的用例（1）

处的关系。

【问题 2】

根据说明中的描述，给出图 4-12 中 C1～C5 所对应的类名和（2）～（5）所对应的多重度。

分析：本题考查面向对象分析中的类图、用例图。用例图描述了一组用例、参与者及它们之间的关系。本题主要包括用例（Case）和参与者（Actor）。用例视图中的参与者与系统外部的一个实体以某种方式参与了用例的执行过程；用例是一个叙述型文档，用来描述参与试用系统、完成某个事情时发生的顺序。

问题 1：用例图中，A1 可以搜索信息，A2 由 A1 派生且 A2 参与了两个用例，根据题中的说明（1）和（2），可知 A1 为网络用户，A2 为授权用户；由用例 UC1 和登录用例之间存在关系，可知 UC1 为认证用例，因为用户登录必须先认证，所以登录用例是认证的扩展，所以它们之间的关系为 extend。对于授权用户还可以更新信息，故 UC2 为更新信息用例。

问题 2：本问题考察类图的层次结构和多重度。图中有两个非常明显的继承结构，即 C3 和 C4 继承于 C1，且 C1 与 C2 是多比一关系，根据说明（1）中任何网络用户都可以搜索客户信息，即 C1 为网络用户，C2 为客户信息，由此很明显地得出 C3 和 C4 在授权用户和系统管理员中选取。根据 C2 和 C5 之间存在聚合关系，且 C2 为客户信息，可以推断 C5 为客户集。另外，C4 和 C5 之间存在关联关系，且 C5 为客户集，能对客户集进行批量操作的用户 C4 显然就是系统管理员，由此得出 C3 为授权用户。因此（2）～（5）的多重度：（2）为 1，（3）为 0…*，（4）为 1，（5）为 0…*。

参考答案

【问题 1】

A1：网络用户　　A2：授权用户　　UC1：认证　　UC2：更新信息（1）extend

【问题 2】

C1：InternetClient　C2：Customer　C3：RegisteredClient　C4：Administrator　C5：CustomerList。

（2）1　　（3）0…*　　（4）1　　（5）0…*

4.9　实验——音乐点播管理系统详细设计

1. 实验目的

熟悉系统详细设计的相关内容，将结构图中的每个功能描述进行设计。

2. 实验内容

（1）系统的功能描述。

本系统以互联网或局域网作为平台，功能较多而又易于操作。根据如上的功能需求概述，本系统必须具备如下基本功能。

① 系统初始化功能：在系统投入使用之前，必须对各栏目做好相应的初始化工作，建立相关数据库。

② 用户信息管理功能：用户的注册与登录、添加用户信息、删除用户信息、修改用户信息、查询用户信息等。其中普通用户只能查询以及修改个人信息，而系统管理员还可以进行添加用户信息、删除用户信息以及修改其他用户信息的工作。用户可以修改个人资料，即要先以自己的用户名和密码登录进去，然后输入所需要修改的相应资料。

③ 音乐播放功能：该功能是音乐点播管理系统的主体，它包括音乐播放、显示音乐的详细信息。

④ 音乐查询功能：该功能可以按不同类别进行音乐查询。

⑤ 音乐管理功能：该功能包括音乐信息的添加、音乐信息的修改、音乐信息的删除等。

⑥ 安全退出功能：在使用完后，一定要使用退出功能来结束工作。为了安全起见，当退出后，

就不能打开任何连接了，且会提示你需要重新登录，否则如果不使用退出，而直接关闭窗口的话，则可以不用登录就可以进入管理页面进行操作了，很不安全。

（2）音乐信息显示模块设计。

音乐信息包括歌手信息、歌曲信息、专辑信息等。这个模块的界面设计包括歌手列表信息显示界面和专辑信息显示界面的设计。

（3）用户注册模块设计。

用户注册模块主要设计用户注册必须要填写的一些详细的个人信息，包括：用户登录的 ID、用户密码、验证密码、E-mail、称呼、真实姓名、身份证号、联系电话、详细地址和邮政编码。

（4）音乐查询模块设计。

歌曲信息的查询有两种方式可以采用：一种是根据歌曲名，另一种是歌手名。

（5）音乐管理模块设计。

此模块包括：显示所有专辑模块和显示所有歌曲模块。由于音乐网站的歌手、歌曲和专辑资源相当丰富，这对管理员来说维护起来也有一定的难度。所以利用不同的模块分类来维护是一种很简便的方法。本设计就是利用专辑模块和歌曲模块来实现对音乐信息的快速维护。

（6）其他管理信息模块设计。

这里所说的其他模块主要是指网站用户管理模块、站内人员管理模块和新闻管理模块。这些模块是音乐网站的辅助模块，尤其是新闻管理模块，它可以让用户在试听歌曲的时候浏览新闻内容。

3. 实验思考

① 详细设计所用到的设计方法有哪些？

② 如何书写详细设计规格说明书？

小　结

详细设计阶段的关键任务是确定怎样具体地实现用户需要的软件系统，也就是要设计出程序的“蓝图”。除了应该保证软件的可靠性之外，使编写出的程序可读性好，容易理解、测试和维护，这是详细设计阶段的重要目标。本章介绍了软件详细设计的任务、原则以及详细设计的方法和工具，并给出了软件详细设计文档的书写规范。同时介绍了面向数据结构的设计方法。最后介绍了数据输入/输出、界面设计等方面的知识。

习 题 4

一、选择题（可有多个答案）

1. 20 世纪 60 年代后期，由 Dijkstra 提出的，用来增加程序设计的效率和质量的方法是【　　】。

   A. 模块化程序设计　　B. 并行化程序设计

   C. 标准化程序设计　　D. 结构化程序设计

2. PAD 图的控制执行流程为【　　】。

   A. 自下而上、从左到右　　B. 自上而下、循环执行

   C. 自上而下、从左到右　　D. 以上都不对

3. 详细设计的图形工具有【　　】。

   A. 程序流程图　B. 盒图　　C. PAD 图　　D. 判定表

4. 用 PDL 表示的程序结构一般有【　　】。
   A. 顺序结构　B. 选择结构　C. 重复结构
   D. 出口结构　E. 扩充结构

5. 一个程序如果把它作为一个整体，它也是只有一个入口、一个出口的单个顺序结构，这是一种【　　】。
   A. 结构程序　B. 组合的过程　C. 自顶向下设计　D. 分解过程

6. 软件详细设计主要采用的方法是【　　】。
   A. 结构程序设计　B. 模型设计
   C. 结构化设计　D. 流程图设计

7. PDL 是【　　】。
   A. 高级程序设计语言　B. 伪码式
   C. 中级程序设计语言　D. 低级程序设计语言

8. 在下述情况下，从供选择的答案中，选出合适的【　　】描述工具。算法中需要用一个模块去计算多种条件的复杂组合，并根据这些条件完成适当的功能。
   A. 程序流程图形　B. N-S 图
   C. PDA 图或 PDL　D. 判定表

9. Jackson 方法导出程序结构的根据是【　　】。
   A. 数据结构　B. 数据间的控制结构　C. 数据流图　D. IPO 图

10. 详细设计常用的三种工具是【　　】。
   A. 文档、表格、流程　B. 图形、表格、语言
   C. 数据库、语言、图形　D. 文档、图形、表格

11. 程序设计语言中，【　　】。
   A. WHILE 循环语句的执行效率比 DO-WHILE 循环语句的执行效率高
   B. WHILE 循环语句的循环体执行次数比循环条件的判断次数多 1 次，而 DO-WHILE 语句的循环体执行次数比循环条件的判断次数少 1 次
   C. WHILE 语句的循环体执行次数比循环条件的判断次数少 1 次，而 DO-WHILE 语句的循环体执行次数比循环条件的判断次数多 1 次
   D. WHILE 语句的循环体执行次数比循环条件的判断次数少 1 次，而 DO-while 语句的循环体执行次数等于循环条件的判断次数

二、简答题

1. 详细设计的基本任务和基本原则是什么？
2. 详细设计的工具有哪几类？请比较它们的优缺点。
3. 衡量一个设计工具好坏的一般准则是什么？此原则要求设计工具有哪些属性？
4. 结构化程序设计的基本要点是什么？
5. 人机界面的设计应遵循什么原则？
6. 简述详细说明书的主要内容。怎样对它进行复审？
7. 实现对话框有哪两种形式？
8. 简述 Jackson 方法的基本思想。
9. 简述 Warnier 方法的基本思想。
10. 分布式系统体系结构有哪些？
11. 什么是中间件？典型的中间件有哪些？
12. 为什么要对软件进行分层？分层的原则有哪些？

第 5 章 编码及测试

本章要点

- 程序设计语言的发展、分类及选择的标准
- 程序设计风格、效率及安全
- 程序复杂度及其度量方法
- 软件测试的基本概念
- 软件测试方法、步骤及工具
- 测试设计和管理

5.1 程序设计语言

5.1.1 程序设计语言的发展及分类

按程序设计语言发展的历程，程序设计语言经历了五代。

1. 第一代语言——机器语言

由机器指令代码组成的语言就是机器语言，它的每一条指令都代表相应的硬件操作，因此最初人们选择使用机器指令编写程序。程序是机器指令的序列。机器语言是二进制的，不易理解，难以掌握，而且因机器而异，程序移植性差。

2. 第二代语言——汇编语言

汇编语言将每条机器指令配上一个助记符。简单汇编语言中每条语句对应相应的机器指令。汇编语言比机器语言直观，但仍很难掌握，而且因机器而异，程序不易移植。机器语言和汇编语言都属于面向机器语言。这两种语言依赖于相应的机器结构，其语句和计算机硬件操作一一对应。由于不同的机器对应不同的机器指令，这使得面向机器语言难学难用。从软件工程学观点来看，用这些语言编写程序容易出错，维护困难。但面向机器语言易于实现系统接口，运行效率高。

一般在设计应用软件时，应当优先选择高级程序设计语言，只有下列 3 种情况选用面向机器语言进行编码。

① 软件系统对程序执行时间和使用空间都有严格限制。

② 系统硬件是特殊的微处理机，不能使用高级程序设计语言。

③ 大型系统中某一部分，其执行时间非常关键，或直接依赖于硬件，这部分用面向机器语言编写。其余部分用高级程序设计语言编写。

3. 第三代语言——高级程序设计语言

高级语言的出现大大提高了软件生产率。高级语言使用的概念和符号与人们通常使用的概念和

符号比较接近，它的一个语句往往对应若干条机器指令，一般来说，高级语言的特性不依赖于实现这种语言的计算机，通用性强。对于高级语集还应该进一步分类，以加深对它们的了解。

（1）按应用特点分类。

从应用特点看，高级语言可以分为基础语言、通用的结构化程序设计语言、面向对象设计语言和专用语言 4 类。

① 基础语言，如 BASIC、FORTRAN、COBOL 和 ALGOL 等，其特点是历史悠久、应用广泛、有大量的软件库。这些语言创始于 20 世纪 50 年代或 60 年代，部分性能已老化，但随着版本的更新与性能的改进，至今仍被广泛应用。

- FORTRAN：第一个高级程序设计语言，20 世纪 50 年代由 IBM 公司发明，主要用于科学计算，现在仍在使用。
- COBOL：它具有极强的数据定义能力，程序说明与硬件环境说明分开，数据描述与算法描述分开，结构严谨，层次分明，主要用于数据处理，现在仍在大型数据库等应用中广泛使用。
- BASIC：开始主要用于初级计算机教育，在微机发明后，得到了很大发展。
- ALGOL：建立在坚实理论基础上的程序设计语言，20 世纪 60 年代曾被认为是最有前途的，现在已经很少有人使用了。

② 通用结构化程序设计语言。这类语言出现在 20 世纪 60 年代中期，其特点是可以直接提供结构化的控制结构，具有很强的过程能力和数据结构能力。通用高级语言的典型代表是 PASCAL、C 和 Ada。

- PASCAL具有很强的数据和过程结构化的能力，是第一个系统地体现结构化程序设计概念的现代高级语言。它的优点主要是模块清晰，控制结构完备，数据结构和数据类型丰富，程序结构严谨。用于描述结构化算法、科学计算和操作系统的编写。
- C 语言最初是作为 UNIX 操作系统的主要语言开发的，目前已独立于 UNIX，成为通用的程序设计语言，适用于多种微机与小型机系统。它具有结构化语言的公共特征，表达简洁，控制结构、数据结构完备，运行符和数据类型丰富，可移植性好，编译质量高。其改进型语言 C++已成为面向对象的程序设计语言。
- Ada 是目前最为完善的面向过程的现代语言。它主要用于嵌入式计算机系统，支持异常处理的中断处理，支持并发处理与过程间通信，支持由汇编语言实现的低级操作。Ada 是第一个充分体现软件工程思想的语言，它不但可以做编码语言，而且可作为设计表达工具。

③ 面向对象程序语言。面向对象程序语言直接支持类的定义、继承、封装和消息传递等概念，使软件工程师能实现面向对象分析和面向对象设计所建立的分析和设计模型。现在使用较为广泛的面向对象程序语言有 Smalltalk、C++、Objective C、Eiffel 及 Java 等。

- Smalltalk：20 世纪 70 年代早期开发的面向对象的程序设计语言，现在使用这种语言开发软件的很少。
- C++：在 C 语言上增加了面向对象特性，是现在使用最广泛的程序设计语言之一。
- Java：最新的面向对象程序设计语言，面向 Internet，由 Sun 公司发明，可以一次编程，在各操作系统环境中均可运行。

④ 专用语言。专用语言的特点是具有为某种特殊应用设计的语言。通常具有自己特殊的语法形式，面对特定的问题，具有和该问题密切相关的输入结构及词汇表，因而这类语言的应用范围比较窄。例如，APL 是为数组和向量运算设计的简洁而又具有很强功能的语言，然而它几乎不提供结构化的控制结构和数据类型。BLISS 是为开发编译程序和操作系统而设计的语言。FORTH 是为开发微处理机软件而设计的语言，它的特点是以面向堆栈的方式执行用户定义的函数，因此能提高速度和节省存储。LISP 和 PROLOG 两种语言特别适用于人工智能领域的应用。LISP 是一种函数型语言，特别适用于组合问题中的符号运算和表处理，用于定理证明、树的搜索和其他问题的求解。PROLOG

是一种逻辑型语言，它提供了支持知识表示的特性，每一个程序由一组表示事实、规则和推理的子句组成，比较接近于自然语言，符合人的思维方式。专用语言针对特殊用途设计，一般翻译过程简便、高效，但是与通用语言相比，可移植性和可维护性比较差。

（2）按语言内在特点分类。

从语言的内在特点来看，高级语言可分为系统实现语言、静态高级语言、块结构高级语言和动态高级语言 4 类。

① 系统实现语言是为了克服汇编程序设计的困难，从汇编语言发展来的。这类语言提供控制语句和变量类型检验等功能，但是同时也允许程序员直接使用机器操作。例如，C 语言就是典型的系统实现语言。

② 静态高级语言给程序员提供某种控制语句和变量说明的机制，但是程序员不能直接控制由编译程序生成的机器操作。这类语言的特点是静态地分配存储，这种存储分配方法虽然方便了编译程序的设计和实现，但是对使用这类语言的程序员增加了较多限制。因为这类语言是第一批出现的高级语言，所以使用非常广泛。COBOL 和 FORTRAN 是这类语言最典型的例子。

③ 块结构高级语言的特点是提供有限形式的动态存储分配，这种形式称为块结构。存储管理系统支持程序的运行，每当进入或退出程序块时，存储管理系统分配存储或释放存储。程序块是程序中界限分明的区域，每当进入一个程序块时就中断程序的执行，以便分配存储空间。ALGOL 和 PASCAL 就属于这类语言。

④ 动态高级语言的特点是动态地完成所有存储管理，执行个别语句也可能引起分配存储空间或释放存储空间。这类语言的结构和静态的或块结构的高级语言的结构不同。实际上，这类语言中任何两种语言的结构彼此间也很少类似。这类语言一般是为特殊应用而设计的，不属于通用语言。

4. 第四代语言（4GL）

第四代语言最早出现于 70 年代末期，其主要特征是用户界面极端友好，是声明式、交互式和非过程式的，有高效的程序代码，软件工程师可以直接使用许多已开发的功能，具备完善的数据库，且具备应用程序生成器。第四代语言大致可分为查询语言、程序生成器和其他 4GL。现在使用最广的第四代语言是数据库查询语言，用户可利用查询语言对预先定义在数据库中的信息进行较复杂的操作，如 FoxPro 和 Oracle 等。程序生成器是更为复杂的一类 4GL，它以高级语言所书写的语句为输入，自动生成完整的第三代语言程序。另外，还有一些决策支持语言、原型语言、形式化规格说明语言等也属于第四代语言的范畴。随着计算机技术的发展，现在的第四代语言又加入了许多新技术，如事件驱动、分布式数据共享和多媒体技术等。用第四代语言开发的应用可适用于多种数据源，极大地提高了开发效率，降低了开发和维护费用。

5. 第五代语言

第五代语言大致是与第五代智能计算机同一时期提出的，目前，研究工作只是刚刚起步，其研究和实现将是一个长期的、艰巨的任务。

5.1.2 程序设计语言的选择标准

程序设计语言的选择将影响人们思考问题、解决问题的方式，影响软件的可靠性、可读性和可维护性。因此，选择一种适当的程序设计语言进行编码非常重要。开发软件系统时，必须确定使用什么样的程序设计语言实现这个系统。恰当的程序设计语言对成功实现从软件设计到编码的转换、提高软件质量、改善软件的可测试性和可维护性是极为重要的。

为某个特定开发项目选择程序设计语言时，可以按照以下标准对程序语言进行比较选择。

（1）理想标准

① 所选择的高级语言应该有理想的模块化机制，以及可读性好的控制结构和数据结构，以使程

序容易测试和维护，同时减少软件生存周期的总成本。

② 所选择的高级语言应该使编译程序能够尽可能多地发现程序中的错误,以便于调试和提高软件的可靠性。

③ 所选择的高级语言应该有良好的独立编译机制，以降低软件开发和维护的成本。

上述这些要求是选择语言的理想标准，但是在实际选用语言时不能仅仅考虑理论上的标准，还必须同时考虑实用方面的各种限制。

（2）实用标准

① 从软件的应用领域角度考虑,各种语言都有自己的适用领域,具有各自的特点和相对最为适合的应用领域。如在事务处理方面，COBOL 和 BASIC 有较大优势；科学工程计算领域，由于需要大量的标准库函数，以便处理复杂的数值计算，所以常选择的语言有 Fortran 语言、PASCAL 语言、C 语言等；在信息管理、数据库操作方面，可以选用 COBOL、SQL、FoxPro、Oracle、Access 或 Delphi 等语言；在系统软件开发方面，C 语言占优势，汇编语言也常被使用；在实时系统中或很特殊的复杂算法、代码优化要求高的领域，可选用汇编语言、Ada 语言或 C 语言；在网络编程应用中，选择 Java 语言较为合适；在人工智能领域，如知识库系统、专家系统、决策支持系统、推理工程、语言识别、模式识别、机器人视角、自然语言处理等，应选择 Prolog、Lisp 语言。充分考虑软件的应用领域，并熟悉当前使用较为流行的语言的特点和功能，才能更好地发挥语言各自的功能优势，选择出最有利的语言工具。

② 系统用户的要求。如果所开发的系统由用户自己负责维护，通常应该选择用户熟悉的语言来编写程序。

③ 软件运行环境。软件运行的软件、硬件环境也影响着语言的选择。良好的编程环境不但能有效地提高软件生产率，同时能减少错误，有效提高软件质量。

④ 可得到的软件工具。如果某种语言有支持程序开发的软件工具可以利用，则目标系统的实现和验证都变得比较容易。

⑤ 工程规模。如果软件开发的规模很庞大，已有的语言又不完全适用，那么就可能有必要设计并实现一种能够实现这个系统的程序设计语言。

⑥ 软件可移植性要求。如果系统将在几台不同的计算机上运行，或者预期的使用寿命很长，那么选择一种标准化程度高、程序可移植性好的语言就很重要。

⑦ 程序员的知识。在选择编程语言时，还应考虑到程序员对语言的熟练程度及实践经验。虽然对于有经验的程序员来说，学习一种新语言并不困难，但是要完全掌握一种新语言却需要实践。如果和其他标准不矛盾，那么应该选择一种已经为程序员所熟悉的语言。

5.2　程序设计风格

软件的质量不但与所选定语言的性能有关，而且与程序员的编程技巧、编程风格及编程的指导思想密切相关。程序设计风格或编程风格是指编程应遵循的原则，其主要作用是：无论是程序员本人还是其他人，都能够比较容易地阅读、理解及修改程序源代码。在软件生存周期中需要经常阅读程序，特别是在软件测试阶段和维护阶段，程序员和参与测试、维护的人员都要反复阅读程序。阅读程序是软件开发和维护过程的一个重要组成部分,往往阅读程序的时间比编写程序的时间还要多。因此，在编写程序时，应该使程序具有良好的风格，良好的编程风格可以减少编码的错误，减少读程序的时间，从而提高软件的开发效率。

程序设计风格一般表现在 4 个方面：源程序文档化、数据说明的方法、表达式和语句结构、输入和输出方法。

5.2.1 源程序文档化

编码阶段主要是产生源程序，但为了提高源程序的可维护性，需要对源代码进行文档化。所谓文档化就是在编写源程序时要注意以下 3 个方面：标识符、注释及源程序的布局等。

1. 标识符

标识符包括模块名、变量名、常量名、标号名、函数名、程序名、过程名、数据区名、缓冲区名等。在满足程序设计语言的语法限制的前提下，含义清晰的标识符有助于对程序的理解。

2. 注释

在程序中的注释是程序员与程序读者之间通信的重要手段。正确的注释能够帮助读者理解程序，可为后续阶段进行测试和维护提供明确的指导。大多数程序设计语言允许使用自然语言来写注释，这给阅读程序带来很大的方便。

注释内容一定要正确，一般分为序言性注释和功能性注释。

序言性注释通常在每个模块的开始，它给出程序的整体说明，对于理解程序具有引导作用，其主要内容如下。

① 说明每个模块的用途、功能。

② 说明模块的接口：调用形式、参数描述及从属模块的清单。

③ 数据描述：重要数据的名称、用途、限制、约束及其他信息。

④ 开发历史：设计者、审阅者姓名及日期，修改说明及日期。

功能性注释插在源程序当中，它着重说明其后的语句或程序段的处理功能以及数据的状态。书写功能性注释，要注意以下 5 点。

① 用于描述一段程序，而不是每一个语句。

② 用缩进和空行，使程序与注释容易区别。

③ 注释要正确。

④ 有合适的、有助于记忆的标识符和恰当的注释，就能得到比较好的源程序内部的文档。

⑤ 有关设计的说明，也可以作为注释，嵌入源程序体内。

3. 源程序的布局

源程序的布局即源程序的正文编排格式。层次清楚对于改善程序的可读性有重要作用。常用方法如下。

① 注释部分和程序部分之间、完成不同功能的程序段之间都可以用空行显式地隔开。

② 在注释部分周围加上边框。

③ 用分层缩进的写法显示嵌套结构层次。

④ 每行只写一条语句。

⑤ 书写表达式时适当使用空格或圆括号作为隔离符。

5.2.2 数据说明

在详细设计阶段就已经确定了软件系统所涉及的数据结构的组织和复杂程度，但对数据进行说明却是在编程时进行的。为了使数据说明便于理解和维护，必须注意下述 3 点。

① 数据说明的次序应规范。由于数据说明的次序与语法无关，所以其次序是任意的。但出于阅读、理解和维护的需要，最好使其规范化，使说明的先后次序固定。例如，按常量说明、简单变量类型说明、数组说明、公用数据块说明、所有的文件说明的顺序进行说明。在类型说明中还可进一步要求，例如可按整型量说明、实型量说明、字符量说明、逻辑量说明顺序排列。

② 当用一个语句说明多个变量名时，应当对这些变量按字母顺序排列。

③ 如果设计了一个复杂数据结构，应使用注释说明这个数据结构在实现时的特点。

5.2.3　表达式和语句结构

设计期间确定了软件的逻辑结构，然而语句的构造却是编写程序的一个主要任务。构造语句时应该遵循的原则是每个语句都应该简单而直接，不能为了提高效率而使程序变得过分复杂。下述规则有助于使语句简单明了。

（1）首先应考虑程序的清晰性和可读性。

不要刻意追求技巧性，若对效率没有特殊要求，在程序的清晰性和效率之间，首先考虑程序的清晰性。在编程时尽量一行只写一条语句；尽量采用简单明了的语句，避免过多的循环嵌套；同时注意，在条件结构或循环结构的嵌套中，分层次缩进，即逻辑上属于同一个层次的互相对齐，逻辑上属于内部层次的推到下一个对齐位置，这样可以使程序的逻辑结构更清晰。在使用表达式时，尽量采用其自然形式，如尽量减少使用逻辑运算中的“非”运算。在混合使用互相无关的运算符时，用加括号的方式排除二义性；将复杂的表达式分解成简单的容易理解的形式；避免浮点数的相等的比较等。程序中经常有一些诸如各种常数、数组的大小、字符位置、变换因子和程序中出现的其他以文字形式写出的数值，对于这些数值应命名合适的名字，有必要的话加以适当的注释，加强程序的可阅读性、理解性。

（2）尽可能使用库函数。

尽量用公共过程或子程序去代替重复的功能代码段。要注意，这段代码应具有一个独立的功能，不要只因代码形式一样便将其抽出，组成一个公共过程或子程序。

（3）注意 GOTO 语句的使用。

① GOTO 语句破坏了程序的结构化和可读性，应尽量避免使用 GOTO 语句，但并非完全禁止。

② 要避免 GOTO 语句不必要的转移和相互交叉。

③ 程序应当简单，避免使用 GOTO 语句绕来绕去。

还需要注意的问题是避免使用 ELSE GOTO 和 ELSE RETURN 结构；避免过多的循环嵌套和条件嵌套；数据结构要有利于程序的简化；要模块化，使模块功能尽可能单一化，模块间的耦合能够清晰可见；利用信息隐蔽，确保每一个模块的独立性。

5.2.4　输入和输出

输入/输出的方式是在需求分析和设计阶段就已经确定了，用户对系统直观的感受很大一部分来自于输入和输出的方式。输入／输出的方式和格式应当尽量做到对用户友好，尽可能方便用户的使用。源程序的输入/输出风格必须满足软件工程学的需要。

输入/输出风格随着人工干预程度的不同而有所不同。例如，对于批处理的输入/输出，总是希望它能按逻辑顺序要求组织输入数据，具有有效的输入/输出出错检查和出错恢复功能，并有合理的输出报告格式。而对于交互式的输入/输出来说，应具有简单而带提示的输入方式，完备的出错检查和出错恢复功能，以及通过人机对话指定输出格式和输入格式的一致性。在设计和程序编码时都应考虑下列原则。

（1）对所有输入数据进行检验，从而识别错误输入，以保证每个数据的有效性。

（2）检查输入项的各种重要组合的合理性，必要时报告输入状态信息。

（3）使输入的步骤和操作尽可能简单，并保持简单的输入格式。

（4）输入数据时，应允许使用自由格式输入。

（5）应允许默认值。

（6）输入一批数据时，最好使用输入结束标志，而不要由用户指定输入数据的数目。

（7）在以交互式方式进行输入时，要在屏幕上使用提示符明确提示交互输入请求，指明可使用选择项的种类和取值范围。同时，在数据输入的过程中和输入结束时，也应在屏幕上给出状态信息。

（8）当程序语言对输入格式有严格要求时，应保持输入格式与输入语句要求的一致性。

（9）给所有的输出加注解，并设计输出报表格式。

输入/输出风格还受到许多其他因素的影响，如输入/输出设备（终端的类型、图形设备、数字化转换设备等）、用户的熟练程度及通信环境等。在交互式系统中，这些要求应成为软件需求的一部分，并通过设计和编码，在用户和系统之间建立良好的通信接口。

总之，要多进行程序编码的实践，并从实践中积累经验，培养和学习良好的程序设计风格，使编写出来的程序清晰易懂，易于测试和维护。

5.3 程序效率

程序效率是指程序的执行速度和程序占用的存储空间，即主要涉及处理时间和存储器容量两个方面。软件的“高效率”，即用尽可能短的时间及尽可能少的存储空间实现程序要求的所有功能，是程序设计追求的主要目标之一。一个程序效率的高低取决于多个方面，主要包括需求分析阶段模型的生成、设计阶段算法的选择和编码阶段语句的实现。正由于编码阶段在很大程度上影响着软件的效率，因此在进行编码时必须充分考虑程序生成后的效率。软件效率的高低是一个相对的概念，它与程序的简单性直接相关，不能因过分追求高效率而忽视了程序设计中的其他要求。一定要遵循“先使程序正确，再使程序有效率；先使程序清晰，再使程序有效率”的准则。软件效率的高低应以能满足用户的需要为主要依据。下面是 3 条基本准则。

① 效率是性能方面的需求，应当在需求分析阶段给出效率方面的要求。软件效率应以需求为准，不应以人力所及为准。

② 提高效率依靠好的设计，而不仅仅是利用程序技巧。

③ 程序的效率与程序的简单性相关。

下面从代码效率、存储器效率、输入/输出效率 3 个方面进一步讨论效率问题。

5.3.1 代码效率

源代码的效率与详细设计阶段所确定的算法效率有直接关系。但是，编码风格也会影响运行速度和对内存的需要。

当把详细设计翻译为代码时，一般可以使用以下准则。

① 编码之前应先简化算术和逻辑的表达式。

② 仔细研究嵌套的循环，以确定是否有语句可以从内层往外移。

③ 尽量避免使用多维数组。

④ 尽量避免使用指针和复杂的列表。

⑤ 使用执行时间短的算术运算。

⑥ 在表达式中尽量避免出现不同的数据类型。

⑦ 尽量不用整数表达式和布尔表达式。

许多编译程序具有优化的特性，办法是使用折叠的重复表达式、循环求值、快速算术运算以及其他一些高效的算法，就可以自动地生成高效的目标码。对于那些对效率要求特别高的应用系统，这种编译程序是不可缺少的编码工具。

5.3.2　存储器效率

在大中型计算机系统中，存储器的容量对软件设计和编码的制约已不再是主要问题，对内存采取基于操作系统的分页功能的虚拟存储管理，也给软件提供了巨大的逻辑地址空间。这时的存储器效率与操作系统的分页功能直接相关，而并不是指让所使用的存储空间达到最少。采用结构化程序设计，将程序功能合理分块，使每个模块或一组密切相关模块的程序体积大小与每页的容量相匹配，可减少页面调度，减少内外存交换，提高存储器效率。

在微型计算机系统中，内存的限制仍是一个现实问题。因此要选择可生成较短目标代码且存储压缩性能优良的编译程序，必要时采用汇编语言编程。

5.3.3　输入/输出效率

如果用户能够容易地向计算机提供输入信息并理解计算机的输出信息，那么人和计算机之间通信的效率就高。因此，简单和清晰同样是提高输入/输出效率的关键。

硬件之间的通信效率是很复杂的问题。但是，从编码的角度看，可以采用一些简单的可以提高输入/输出效率的原则。

① 所有输入/输出都应有缓冲，以避免过多的通信次数。

② 对于辅存（如磁盘）应选用简单有效的访问方法。

③ 与辅存有关的输入/输出应该以块为单位进行。

④ 与终端和打印机有关的输入/输出，应当考虑设备的特性，以提高输入/输出的质量和速度。

⑤ 有的输入/输出方式尽管很高效，但如果难以被人们理解，也不应当采用。

应当注意的是，以上提高输入/输出效率的原则不仅适用于编码阶段，同样也适用于设计阶段。

虽然在编码阶段通过遵循相应的规则可以在一定程度上提高软件的效率，但必须注意：提高软件效率的根本途径在于选择良好的设计方法、良好的数据结构和良好的算法，不能指望通过语句的改进来大幅度提高软件的效率。

5.4　编程安全

提高软件质量和可靠性的技术大致可分为两类，一类是避开错误技术，即在开发的过程中不让差错潜入软件的技术；另一类是容错技术，即对某些无法避开的差错，使其影响减至最小的技术。避开错误是进行质量管理，实现产品应有质量所不可少的技术，也就是软件工程中所讨论的先进的软件分析、开发技术和管理技术。但是，无论使用多么高明的避开错误技术，也无法做到完美无缺和绝无错误，这就需要采用容错技术。实现容错的主要手段是冗余和防错程序设计。

5.4.1　冗余程序设计

冗余是改善系统可靠性的一种重要技术。在软件系统中，采用冗余技术是指要解决一个问题必须设计出两个不同的程序，包括采用不同的算法和设计，而且编程人员也应该不同。例如，求解一个二次方程的实数根，可以在第一个程序中使用二次求根公式，而在第二个程序中采用牛顿-拉非逊数值逼近法。如果两个程序的执行结果都在预定的“计算误差”之内，则可任取其中一个结果或者取两者的平均值作为正确答案。若两个程序的执行结果不一致，则可使用“错误检测系统”加以纠正。如果在同时解同一问题时采用三种或三种以上不同方法进行程序设计，则其运行结果的正确答案可采纳多数一致的那个答案，这种技术称为“多数逻辑”或“多数表决”。

5.4.2 防错程序设计

在编码以及程序设计过程中，总会或多或少地产生一些错误，这些错误有些是属于设计阶段所隐藏下来的，有些则是在编码中产生的。为了避免和纠正这些错误，可在编码过程中有意识地在程序中加进一些错误检查的措施，这就是防错程序设计的基本思想。防错程序设计可分为主动式和被动式两种。

（1）主动式防错程序设计。

主动式防错程序设计是指周期性地对整个程序或数据库进行搜查或在空闲时搜查异常情况。主动式程序设计既可在处理输入信息期间使用，也可在系统空闲时间或等待下一个输入时使用。以下所列出的检查均适合于主动式防错程序设计。

① 内存检查。如果在内存的某些块中存放了一些具有某种类型和范围的数据，则可对它们做经常性的检查。

② 标志检查。如果系统的状态是用某些标志指示的，可对这些标志做单独的检查。

③ 反向检查。对于有些从一种代码翻译成另一种代码或从一种系统翻译成另一种系统的数据或变量值，可以采用反向检查，即利用反向翻译来检查原始值的翻译是否正确。

④ 状态检查。对于某些具有多个操作状态的复杂系统，若用某些特定的存储值来表示这些状态，则可通过单独检查存储值来验证系统的操作状态。

⑤ 连接检查。当使用链表结构时，可检查链表的连接情况。

⑥ 时间检查。如果知道完成某项计算所需的最大时间，则可用定时器来监视这个时间。

⑦ 其他检查。程序设计人员可经常仔细地对所使用的数据结构、操作序列和定时、以及程序的功能加以考虑，从中得到要进行哪些检查的启发。

（2）被动式防错程序设计。

被动式防错程序设计思想是指必须等到某个输入之后才能进行检查，也就是达到检查点时，才能对程序的某些部分进行检查。在被动式防错程序设计中所要进行的检查项目如下。

① 来自外部设备的输入数据，包括范围、属性是否正确。

② 由其他程序所提供的数据是否正确。

③ 数据库中的数据，包括数组、文件、结构、记录是否正确。

④ 操作员的输入，包括输入的性质、顺序是否正确。

⑤ 栈的深度是否正确。

⑥ 数组界限是否正确。

⑦ 表达式中是否出现零分母情况。

⑧ 正在运行的程序版本是否是所期望的（包括最后系统重新组合的日期）。

⑨ 通过其他程序或外部设备的输出数据是否正确。

在防错程序设计中究竟应采用哪种方法取决于具体情况。如在商业程序中，不管是人工记账，还是计算机记账，都可以采用交叉求和的方法，包括决算跟踪在内的其他技术也经常使用。在科学工程程序中，对所有解方程的程序，可以把获得的解代入原方程以检查该解是否正确。

5.5 结构化程序设计方法

1. 结构化程序设计

结构化程序设计的概念最早由 Edsger Wybe Dijkstra 提出，他在 1965 年召开的国际信息处理联合会(International Federation for Information Processing，IEIP)上指出："可以从高级语言中取消 GOTO 语句"，"程序的质量与程序中包含的 GOTO 语句的数量成反比"。1966 年 Bohm 和 Jacopini 证明了只用三种基本的控制结构就能实现任何单入口单出口的程序。这三种基本的控制结构是：顺序结构、选择结构、循环结构。1968 年，Dijkstra 再次建议从一切高级语言中取消 GOTO 语句，只使用三种基本控制结构编写程序。这种结构的着眼点在"固定功能的范围"，就是每一种结构有一个可控制的逻辑结构，上部为入口，下部为出口，使读者对过程流更容易理解。这种程序可以自顶向下阅读，而不必返回。他的建议具有很大的历史意义，不是简单地去掉一个 GOTO 语句的问题，而是创立一种新的程序设计思想、方法和风格，以提高软件的生产率、降低软件维护的代价；使人们认识到程序的清晰易读的重要性，而不应一味追求效率而忽略了程序的清晰性。

现在在程序设计过程中所使用的模块化设计、自顶向下和自底向上设计、结构化程序设计以及数据流和数据结构设计等方法均属于传统的面向过程/数据的设计方法。这种方法把数据和过程作为相互独立的实体，数据用于表达实际问题中的信息，程序用于处理这些数据。程序员在编程时必须时刻考虑所要处理的数据格式，对于不同的数据格式即使要做同样的处理或者对于相同的数据格式但要做不同的处理，都必须编写不同的程序。尽管如此，这种方法还是在相当程度上解决了软件的可靠性、可生产性和可维护性等方面的问题，使软件危机得到了缓解。

2. 结构化程序设计的原则

结构化程序设计是一种设计程序的技术，它采用自顶向下、逐步细化的设计方法；使用"抽象"这个手段，上层对问题抽象、对模块抽象和对数据抽象，下层则进一步分解，进入另一个抽象层次；使用单入口、单出口的控制技术；并且只包含顺序、选择和循环三种结构。其主要原则包括以下 6 条。

① 使用语言中的顺序、选择、重复等有限的基本控制结构表示程序逻辑。

② 选用的控制结构只允许有一个入口和一个出口。

③ 程序语句组成容易识别的块，每块只有一个入口和出口。

④ 复杂结构应该用基本控制结构进行组合嵌套来实现。

⑤ 语言中没有的控制结构，可用一段等价的程序段模拟。

⑥ 严格控制 GOTO 语句，仅在下列情形下才可使用。

- 用一个非结构化的程序设计语言来实现一个结构化的构造。
- 在可以改善而不是损害程序可读性的情况下。

结构化程序设计也有它的缺点，就是目标程序所需要的存储容量和运行时间都有一些增加。

3. 自顶向下、逐步细化的设计方法

在总体设计阶段采用自顶向下逐步细化的方法，可以把一个复杂问题的解分解和细化为一个由许多模块组成的层次结构的软件系统。在详细设计以及编码阶段采用自顶向下逐步细化的方法，可把一个模块的功能再逐步细化为一系列具体的处理步骤，进而翻译成一些可用某种程序设计语言写成的程序。

逐步细化的步骤可以归纳为如下 3 步。

① 由粗到细地对程序进行逐步的细化，每一步可选择其中一条或数条将它们分解为更多或更详细的程序步骤。

② 在细化程序过程时，对数据的描述进行细化。

③ 每步细化均使用相同的结构语言，最后一步一般直接用伪码来描述。

自顶向下、逐步求精方法的优点如下。

① 自顶向下、逐步求精方法符合人们解决复杂问题的普遍规律，可提高软件开发的成功率和生产率。

② 用先全局后局部、先整体后细节、先抽象后具体的逐步求精的过程开发出来的程序具有清晰的层次结构，因此程序容易阅读和理解。

③ 程序自顶向下，逐步细化，分解成一个树形结构，在同一层模块上做的细化工作相互独立。在任何一步发生错误，一般只影响它下层的模块，同一层其他模块不受影响。在以后的测试中，也可以先独立地一个一个模块地测试，最后再集成测试。

④ 程序清晰和模块化，使得在修改和重新设计一个软件时，可复用的代码量最大。

⑤ 每一步工作仅在上层模块的基础上做不多的设计扩展，便于检查。

⑥ 有利于设计的分工和组织工作。

4. **主程序员的组织形式**

主程序员的组织形式指开发程序的人员应以一个主程序员（负责全部技术活动）、一个后备程序员（协调、支持主程序员）和一个程序管理员（负责事务性工作，如收集、记录数据，文档资料管理等）三人为核心，再加上一些专家（如通信专家、数据库专家）、其他技术人员组成小组。这种组织形式突出了主程序员的领导，设计责任集中在少数人身上，有利于提高软件质量，并且能有效地提高软件生产率。

因此，结构化程序设计方法是综合应用这些手段来构造高质量程序的思想方法。

5.6 程序的复杂性及度量

程序复杂性主要指模块内程序的复杂性，它直接关系到软件开发费用的多少、开发周期的长短和软件内部潜藏错误的多少。同时它也是软件可理解性的另一种度量。减少程序复杂性，可提高软件的清晰性和可理解性，并使软件开发费用减少，开发周期缩短，软件内部潜藏错误减少。

为了度量程序复杂性，要求复杂性度量满足以下假设。

① 它可以用来计算任何一个程序的复杂性。

② 对于不合理的程序，例如对于长度动态增长的程序，或者对于原则上无法排错的程序，不应当使用它进行复杂性计算。

③ 如果程序中的指令条数、附加存储量、计算时间增多，不会降低程序的复杂性。

5.6.1 代码行度量法

度量程序的复杂性，最简单的方法就是统计程序的源代码行数。此方法的基本考虑是统计一个程序的源代码行数，并以源代码行数作为程序复杂性的度量。

若设每行代码的出错率为每 100 行源程序中可能的错误数目，例如每行代码的出错率为 1%，则是指每 100 行源程序中可能有一个错误。

Thayer 曾指出，程序出错率的估算范围是 0.04%～7%，即每 100 行源程序中可能存在 0.04～7 个错误。他还指出，每行代码的出错率与源程序行数之间不存在简单的线性关系。Lipow 进一步指出，对于小程序，每行代码的出错率为 1.3%～1.8%；对于大程序，每行代码的出错率增加到 2.7%～3.2%，但这只是考虑了程序的可执行部分，没有包括程序中的说明部分。Lipow 及其他研究者得出对于少于 100 个语句的小程序，源代码行数与出错率是线性相关的。随着程序的增大，出错率以非线性方式增长。所以，代码行度量法只是一个简单的、估计粗糙的方法。

托马斯・麦克凯

5.6.2 McCabe 度量法

McCabe 度量法是由托马斯・麦克凯（Thomas McCabe）提出的一种基于程序控制流的复杂性度量方法。McCabe 定义的程序复杂性度量值又称环路复杂度，它基于一个程序模块的程序图中环路的个数，因此计算它先要画出程序图。

程序图是简化的程序流程图，即将程序流程图中的每个处理符号用空心圆点代替而形成的有向图。

程序图仅描述程序内部的控制流程，完全不表现程序对数据的具体操作，以及分支和循环的判定条件。因此，它往往把一个简单的 IF 语句与循环语句的复杂性看成是一样的，把嵌套的 IF 语句与 CASE 语句的复杂性看成是一样的。

下面给出计算环路复杂性的方法。

根据图论，在一个强连通的有向图 G 中，环的个数由以下公式给出

$$V(G)=m-n+p$$

其中，$V(G)$ 是有向图 G 中的环路数，m 是图 G 中的弧数，n 是图 G 中的节点数，p 是图 G 中的强连通分量个数。

【例 1】计算下面所给流程图（见图 5-1（a））的 McCabe 复杂性度量。

在图 5-1（b）所示的流程图中，n=6，m=8，依据 V(G)=m-n+p 知 V(G)=8-6+1=3，即该程序模块的程序复杂度为 3。

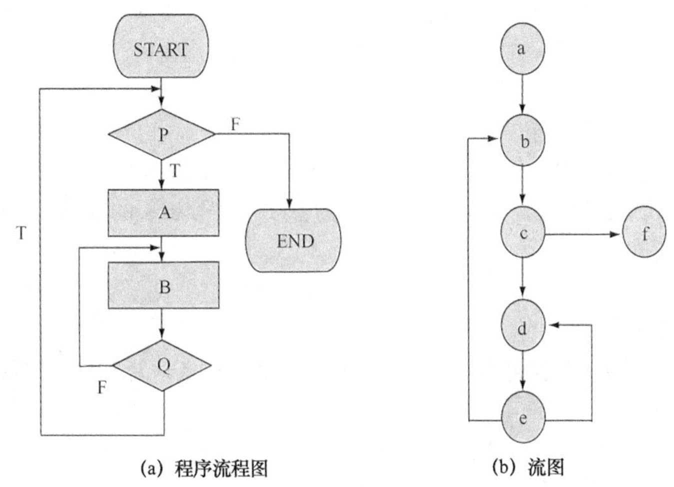

(a) 程序流程图　　(b) 流图

图 5-1

对于复合判定，例如(A = 0)and(C=D)or(X='A')计作 3 个判定。

在一个程序中，从程序图的入口点总能到达图中任何一个节点，因此，程序总是连通的，但不是强连通的。为了使图成为强连通图，从图的入口到出口加一条用虚线表示的有向边，使图成为强连通图。这样可以使用上式计算环路复杂性。

利用 McCabe 环路复杂度度量时，有 4 点说明。

① 环路复杂度取决于程序控制结构的复杂度。当程序的分支数目或循环数目增加时，其复杂度也增加。环路复杂度与程序中覆盖的路径条数有关。

② 环路复杂度是可加的。例如，模块 A 的复杂度为 3，模块 B 的复杂度为 4，则模块 A 与模块 B 的复杂度是 7。

③ McCabe 建议，对于复杂度超过 10 的程序，应分成几个小程序，以减少程序中的错误。Walsh 用实例证实了这个建议的正确性。他发现，在 276 个子程序中，有 23%的子程序的复杂度大于 10，而这些子程序中发现的错误占总错误的 53%。而且复杂度大于 10 的子程序中，平均出错率比小于 10 的子程序高出 21%。这说明在 McCabe 复杂度为 10 的附近，存在出错率的间断跃变。

④ 这种度量的缺点：对于不同种类的控制流的复杂性不能区分；简单 IF 语句与循环语句的复杂件应同等看待；嵌套 IF 语句与简单 CASE 语句的复杂件是一样的；模块间接口当成一个简单分支

处理；一个具有 1000 行的顺序程序与一行语句的复杂性相同。

尽管 McCabe 复杂度度量法有许多缺点，但容易使用，而且在选择方案和估计排错费用等方面是很有效的。

5.6.3 Halstead 度量法

Halstead 度量法可以科学确定计算机软件开发中的一些定量规律，它采用以下一组基本的度量值，这些度量值通常在程序产生之后得出，或者在设计完成之后估算出。

（1）程序长度，即预测的 Halstead 长度。

令 n_1 表示程序中不同运算符（包括保留字）的个数，令 n_2 表示程序中不同运算对象的个数，令 H 表示“程序长度”，则有

$$H = n_1 \times \log_2 n_1 + n_2 \times \log_2 n_2$$

这里，H 是程序长度的预测值，它不等于秩序中语句个数。

在定义中，运算符包括算术运算符、关系运算符、逻辑运算符、赋值符（=或：=）、数组操作符、分界符（，或；或：）、子程序调用符、括号运算符、循环操作符等。成对的运算符，例如“BEGIN…END”“FOR…TO”“REPEAT…UNTIL”“WHILE…DO”“IF…THEN…ELSE”“(…)”等都当作单一运算符。

运算对象包括变量名和常数。

（2）实际的 Halstead 长度。

设 N_1 为程序中实际出现的运算符总个数，N_2 为程序中实际出现的运算对象总个数，N 为实际的 Halstead 长度，则有

$$N = N_1 + N_2$$

（3）程序的词汇表。

Halstead 定义程序的词汇表为不同的运算符种类数和不同的运算对象种类数的总和。若令 n 为程序的词汇表，则有

$$n = n_1 + n_2$$

（4）程序量可用下式算得

$$V = N \times \log_2 (n_1 + n_2)$$

它表明了程序在“词汇上的复杂性”。

（5）程序员工作量可用下式算得

$$E = V / L \text{ 或 } E = H \times \log_2 (n_1 + n_2) \times \left[(n_1 \times N_2) / (2 \times n_2) \right]$$

（6）程序的潜在错误。

Halstead 度量可以用来预测程序中的错误。认为程序中可能存在的差错应与程序的容量成正比。因而预测公式为

$$B = \left[(N_1 + N_2) \times \log_2 (n_1 + n_2) \right] / 3000$$

其中，B 表示该程序的错误数。

Halstead 的重要结论之一是程序的实际 Halstead 长度 N 可以由词汇表 n 算出。即使程序还未编制完成，也能预先算出程序的实际 Halstead 长度 N，虽然它没有明确指出程序中到底有多少个语句。这个结论非常有用。经过多次验证，预测的 Halstead 长度与实际的 Halstead 长度是非常接近的。

Halstead 度量是目前最好的度量方法，但它也有以下缺点。

① 没有区别自己编的程序与别人编的程序。这是与实际经验相违背的。这时应将外部调用乘上一个大于 1 的常数 Kf（应在 1～5 之间，它与文档资料的清晰度有关）。

② 没有考虑非执行语句。补救办法即在统计 n_1、n_2、N_1、N_2 时，可以把非执行语句中出现的运算对象、运算符统计在内。

③ 在允许混合运算的语言中，每种运算符必须与它的运算对象相关。如果一种语言有整型、实型、双精度型三种不同类型的运算对象，则任何一种基本算术运算符，实际上代表了 6 种运算符。如果语言中有 4 种不同类型的算术运算对象，那么每一种基本算术运算符实际上代表 12 种运算符。在计算时应考虑这种因数据类型而引起差异的情况。

5.7　软件测试

5.7.1　软件测试的意义

软件测试是软件开发过程的重要组成部分，是用来确认一个系统的品质或性能是否符合用户提出的要求的标准。软件测试就是在软件投入运行前，对软件需求规格说明、设计规格说明和编码的最终复审，是软件质量保证的关键过程。软件测试是为了发现错误而执行程序的过程。软件测试在软件生存周期中横跨两个阶段：通常在编写好每一个模块之后就做必要的测试（称为单元测试）。编码和单元测试属于软件生存周期中的同一个阶段。在结束这个阶段后对软件系统还要进行各种综合测试，这是软件生存周期的另一个独立阶段，即测试阶段。

5.7.2　软件测试的基本概念

1. 软件测试的概念

不同时期关于软件测试的定义如下。

① 为了发现故障而执行程序的过程。

② 确信程序做了它应该做的事情。

③ 确认程序正确实现了所要求的功能。

④ 以评价程序或系统的属性、功能为目的的活动。

⑤ 对软件质量的度量。

⑥ 验证系统满足要求，或确定实际结果与预期结果之间的差别。

定义①强调寻找故障是测试的目的，定义②、③侧重于用户满意程度，定义④、⑤强调评估软件质量，而定义⑥则将重点放在预期结果上。这些对软件测试的定义，只描述了其中的一个或几个方面的内容，并没有全面地描述软件测试。

1983 年 IEEE（国际电子电气工程师协会）提出的软件工程标准术语中给软件测试下的定义是使用人工或自动手段来运行或测试某个系统的过程，其目的在于检验它是否满足规定的需求或是弄清预期结果与实际结果之间的差别。

该定义包含了两个方面的含义。

① 是否满足规定的需求。

② 是否有差别。

这一定义，明确地提出了软件测试以及检验软件是否满足需求为目标。该定义指出测试时需要明确给定预期结果，然后将它们与实际结果进行比较，这是测试的基础之一，确定预期输出是测试用例必不可少的一部分。

2. 软件测试的角色

测试工程师：负责编写测试计划，组织测试，对测试过程进行记录，收集、整理测试记录数据，对测试结果进行分析，编写测试总结报告。

软件工程师：负责编写、调试客户端测试软件，数据库管理系统的安装、OFS 配置及系统的本底数据准备。

系统工程师：负责测试用的硬件维护及操作系统安装、MSCS 配置。

总工程师：负责对测试计划及测试总结报告进行批准。

用户：必要时可参加测试，并提出具体的测试要求，可要求暂停测试。

测试设计人员与测试员的角色职责图如表 5-1 所示。

表 5-1　角色职责图

角色	职责
测试设计员	负责制订集成测试计划、设计集成测试、实施集成测试、评估集成测试
测试员	执行集成测试，记录测试结果

3. 关于软件测试的一些常用术语

（1）测试

① 测试是一种活动，在该活动中，一个系统或系统的组成部分在特定条件下被运行，结果被观察或记录，并对该系统或组成部分的某些方面进行评估。测试有两个显著的目标，找出故障或演示软件执行正确。

② 测试是一个或多个测试用例的集合。

（2）测试用例

① 测试用例是为特定的目的而开发的一组测试输入、执行条件和预期结果。

② 测试用例是执行的最小实体。

③ 测试步骤。

测试步骤详细说明了如何设置、执行和评估特定的测试用例。

图 5-2 给出了测试的生命周期。从图 5-2 可以看出，前 3 个阶段（①②③）可能引入故障，或导致产生通过其他阶段的故障。而后 3 个阶段（⑤⑥⑦）则清除故障。第 7 个阶段“故障清除”有可能导致以前正确执行的软件出现了错误的行为，引入另一个新的故障。

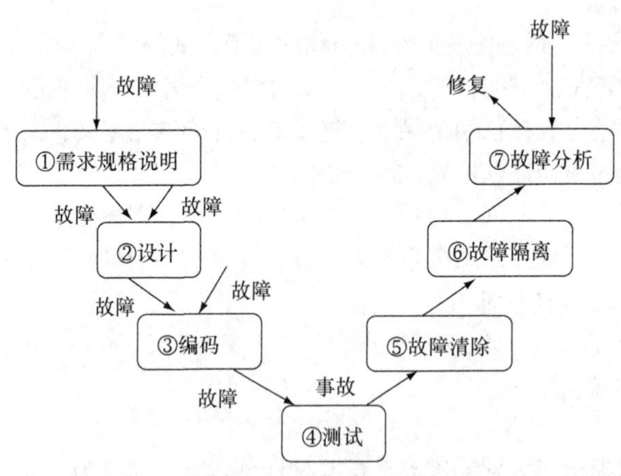

图 5-2　软件测试的生命周期

5.7.3　软件测试的目的、任务、原则和研究对象

1. 软件测试的目的

基于不同的立场，存在着两种完全不同的测试目的。从用户的角度出发，希望通过软件测试暴

露软件中隐藏的错误和缺陷，以考虑是否可以接受该产品。从软件开发者的角度出发，则希望测试成为表明软件产品中不存在错误的过程。验证该软件已正确地实现了用户的要求，确立人们对软件质量的信心。鉴于此，可以将软件测试的目的归纳为以下 3 点。

① 确认软件的质量，一方面是确认软件做了所期望的事情（Do the right thing），另一方面是确认软件以正确的方式来做了这个事件（Do it right）。

② 提供信息，比如提供给开发人员或项目经理的反馈信息，为风险评估所准备的信息。

③ 软件测试不仅是在测试软件产品的本身，而且还包括软件开发的过程。如果一个软件产品开发完成之后发现了很多问题，这说明此软件开发过程很可能是有缺陷的。因此软件测试的第三个目的是保证整个软件开发过程是高质量的。总的目标是：确保软件的质量。

2. 软件测试的任务

测试人员在软件开发过程中的任务。

① 寻找 Bug。

② 避免软件开发过程中的缺陷。

③ 衡量软件的品质。

④ 关注用户的需求。

3. 软件测试的原则

软件测试从不同的角度出发会有两种不同的测试原则。从用户的角度出发，就是希望通过软件测试能充分暴露软件中存在的问题和缺陷，从而考虑是否可以接受该产品；从开发者的角度出发，就是希望测试能表明软件产品不存在错误，已经正确地实现了用户的需求，确立人们对软件质量的信心。

为了达到上述的原则，那么需要注意以下 8 点。

（1）应当尽早地和不断地进行软件测试。

由于原始问题的复杂性，软件本身的复杂性和抽象性，软件开发各个阶段工作的多样性，以及参加开发各种层次人员之间工作的配合关系等因素，使得开发的每个环节都可能产生错误。所以不应把软件测试仅仅看作是软件开发的一个独立阶段，而应当把它贯穿到软件开发的各个阶段中。坚持在软件开发的各个阶段的技术评审，这样才能在开发过程中尽早发现和预防错误，把出现的错误克服在早期，以提高软件质量。

（2）测试用例应由测试输入数据和与之对应的预期输出结果这两部分组成。

测试以前应当根据测试的要求选择测试用例（Test Case），以便在测试过程中使用。测试用例主要用来检验程序员编制的程序，因此不但需要测试输入的数据，而且需要针对这些输入数据的预期输出结果，作为检验实测结果的标准。

（3）程序员应避免检查自己的程序。

程序员以及程序开发小组应尽可能避免测试自己编写的程序，如果条件允许，最好建立独立的软件测试小组或测试机构。另外，程序员对软件规格说明理解错误而引入的错误更难发现。所以，由别人来测试可能会更客观、更有效，并更容易取得成功。

（4）在设计测试用例时，应当包括有效的输入条件和无效的输入条件。

所谓有效的输入条件，是指能验证程序正确的输入条件，而无效的输入条件是指异常的、临界的、可能引起问题异变的输入条件。软件在投入运行以后，用户的使用往往不遵循事先的约定，使用了意外的输入，如果开发的软件遇到这种情况时不能做出适当的反应，就容易产生故障，轻则给出错误的结果，重则导致软件失效。因此，用无效的输入条件测试程序时，往往比用有效的输入条件进行测试能发现更多的错误。

（5）充分注意测试中的群集现象。

测试时不要被一开始发现的若干错误所迷惑，找到了几个错误就以为问题已经解决，不需要继续测试了。经实验表明，测试后程序中残存的错误数目与该程序的错误发现率成正比。如图 5-3 所示。根据这个规律，应当对错误群集的程序段进行重点测试。

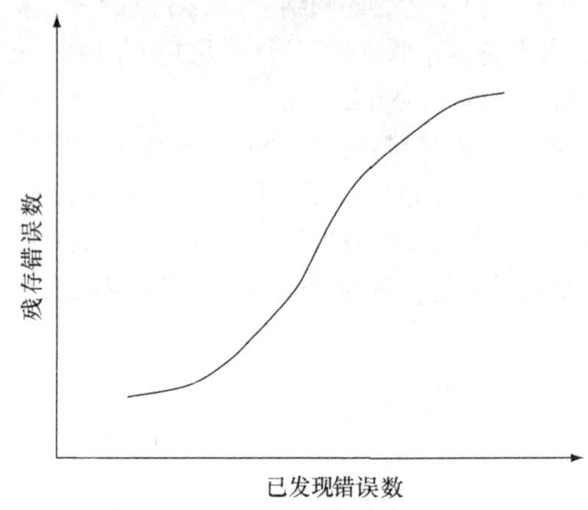

图 5-3　残存错误和已发现错误的关系

在被测程序段中，若发现错误数目多，则残存错误数目也比较多。这种错误群集性现象已被许多程序的测试实践所证实。例如美国 IBM 公司的 OS/370 操作系统中，47%的错误仅与该系统的 4%的程序模块有关。这种现象对测试很有用。

（6）严格执行测试计划，排除测试的随意性。对于测试计划，要明确规定，不要随意解释。

（7）应当对每一个测试结果做全面检查。

有些错误在输出测试结果时已经明显地出现了，但是如果不仔细地全面地检查测试结果，就会使这些错误被遗漏掉。所以必须对预期的输出结果明确定义，对实测的结果仔细分析检查，暴露错误。

（8）妥善保存测试计划、测试用例、出错统计和最终分析报告，为维护提供方便。

4. 软件测试中研究的对象

软件测试并不等于程序测试。软件测试应该贯穿软件定义与开发整个期间。因此需求分析、概要设计、详细设计以及程序编码等各阶段所得到的文档，包括需求规格说明、概要设计规格说明、详细设计规格说明以及源程序，都应该是软件测试的对象。

在对需求理解与表达的正确性、设计与表达的正确性、实现的正确性以及运行的正确性的验证中，任何一个环节发生了问题都可能在软件测试中表现出来。

5.7.4　软件测试的发展历史及趋势

爱德华·基特

爱德华·基特（Edward Kit）在他的书《*Software Testing In The Real World：Improving The Process*》（1995，ISBN：0201877562）中将整个软件测试历史分为三个阶段。

第一个阶段是 20 世纪 60 年代及其以前，那时软件规模都很小、复杂程度低，软件开发的过程随意。开发人员的 Debug 过程被认为是唯一的测试活动。其实这并不是现代意义上的软件测试，当然这一阶段也还没有专门的测试人员出现。

第二个阶段是 20 世纪 70 年代，这一阶段人们对软件测试的理解仅限于基本的功能验证和 Bug 搜寻，而且测试活动仅出现在整个软件开发流程的后期，虽然测试由专门的测试人员来承担，但测试人员都是行业和软件专业的入门新手。

第三个阶段是 20 世纪 80 年代及其以后，软件和 IT 行业进入了大发展时期。这个时期软件测试已有了行业标准（IEEE/ANSI），它再也不是一个一次性的、只是开发后期的活动，而是与整个开发流程融合成一体。软件测试已成为一个专业，需要运用专门的方法和手段，需要专门人才和专家来承担。

在这一历史发展过程中，最值得注意的是测试与开发流程融合的趋势。具体地说，这种融合就是整个软件开发活动对测试的依赖性。传统上认为，只有软件的质量控制依赖于测试，但是现代软件开发的实践证明，不仅软件的质量控制依赖于测试，开发本身离开测试也将无法推进，项目管理离开了测试也从根本上失去了依据。

5.7.5 软件测试的需求规格说明

项目视图和范围文档包含了业务需求，而使用实例文档则包含了用户需求。必须编写从使用实例派生出的功能需求文档，还要编写产品的非功能需求文档，包括质量属性和外部接口需求。软件需求规格说明阐述一个软件系统必须提供的功能和性能以及它所要考虑的限制条件，它不仅是系统测试和用户文档的基础，也是所有子系统项目规划、设计和编码的基础。它应该尽可能完整地描述系统预期的外部行为和用户可视化行为。除了设计和实现上的限制，软件需求规格说明不应该包括设计、构造、测试或工程管理的细节。

1. 采用软件需求规格说明模板

采用需求规格说明书模板（见表 5-2），在组织中要为编写软件需求文档定义一种标准模板。该模板为记录功能需求和各种其他与需求相关的重要信息提供了统一的结构。许多组织一开始都采用 IEEE 标准 830-1998（IEEE 1998）描述的需求规格说明书模板。要相信模板是很有用的，但有时要根据项目特点进行适当的改动。

软件测试的需求规格说明书参见附录五。

表 5-2 需求规格说明模板

	1	2	3	4	5	6
A 引言	目的	文档约定	预期的读者和阅读建议	产品的范围	参考文献	
B 综合描述	产品的前景	产品的功能	用户类和特征	运行环境	设计和实现上的限制	假设和依赖附录
C 外部接口需求附录	用户界面附录	硬件接口	软件接口	通信接口		
D 系统特性	说明和优先级	激励/响应序列	功能需求			
E 其他非功能需求	性能需求	安全设施需求	安全性需求	软件质量属性	业务规则	用户文档
F 其他需求						
G 附件	词汇表	分析模型	待确定问题的列表			

2. 指明需求来源

指明需求的来源是为了让所有项目风险承担者明白需求规格说明书中为何提供这些功能需求，要都能追溯每项需求的来源，这可能是一种使用实例或其他客户要求，也可能是某项更高层系统需求、业务规范、政府法规、标准或别的外部来源。

3. 为每项需求注上标号

为了满足软件需求规格说明的可跟踪性和可修改性的质量标准，必须唯一确定每个软件需求。为每项需求注上标号、制定一种惯例来为需求规格说明书中的每项需求提供一个独立的可识别的标号或记号。这种惯例应当很健全，允许增加、删除和修改。做了标号的需求使得需求能被跟踪，记录需求变更并为需求状态和变更活动建立度量。需求标识方法有序列号、层次化编码、使用“待确定”（ToBe Determined，TBD）符号等。

4. 记录业务规范

记录业务规范是指关于产品的操作原则，比如谁能在什么情况下采取什么动作。将这些编写成需求规格说明书中的一个独立部分，或一个独立的业务规范文档。某些业务规范将引出相应的功能需求；当然这些需求也应能追溯相应业务规范。

5. 创建需求跟踪能力矩阵

建立一个矩阵，把每项需求与实现、测试它的设计和代码部分联系起来。这样的需求跟踪能力矩阵同时也把功能需求和高层的需求及其他相关需求联系起来了。在开发过程中建立这个矩阵，而不要等到最后才去补建。

这里还要介绍需求规格说明书中设计阶段用到的图形模型——数据字典、数据流图、状态转换图、对话图和类图。

（1）数据字典

数据字典是一个定义应用程序中使用的所有数据元素和结构的含义、类型、数据大小、格式、度量单位、精度以及允许取值范围的共享仓库。数据字典的维护独立于软件需求规格说明，并且在产品的开发和维护的任何阶段，各个风险承担者都可以访问数据字典。它定义了原数据元素、组成结构体的复杂数据元素、重复的数据项、一个数据项的枚举值以及可选的数据项。

（2）数据流图

数据流图是结构化系统分析的基本工具。一个数据流图确定了系统的转化过程、系统所操纵的数据或物质的收集（存储），还有过程、存储、外部世界之间的数据流或物质流。数据流模型把层次分解方法运用到系统分析上，这种方法很适用于事务处理系统和其他功能密集型应用程序。

（3）状态转换图

实时系统和过程控制应用程序可以在任何给定的时间内以有限的状态存在。当满足所定义的标准时，状态就会发生改变，例如在特定条件下，接收到一个特定的输入激励。这样的系统是有限状态机的例子。大多数软件系统需要一些状态建模或分析，就像大多数系统涉及转换过程、数据实体和业务对象。

（4）对话图

在许多应用程序中，用户界面可以看作是一个有限状态机。在任何情况下仅有一个对话元素（例如一个菜单、工作区、行提示符或对话框）对用户输入是可用的。在激活的输入区中，用户根据他所采取的活动，可以导航到有限个其他对话元素。因此，许多用户界面可以用状态转换图中的一种对话图来建模。对话图描绘了系统中的对话元素和它们之间的导航连接，但它没有揭示具体的屏幕设计。

（5）类图

面向对象的软件开发优于结构化分析和设计，并且它运用于许多项目的设计中，从而产生了面向对象分析、设计和编程的域。类图是用图形方式叙述面向对象分析所确定的类以及它们之间的关系。

5.7.6 软件测试的设计说明

测试设计说明：详细描述测试方法，规定该设计及其有关测试所包括的特性，还规定完成测试所需的测试用例和测试规程，并规定特性的通过准则。

测试设计的以下 6 个原则。

（1）对被测试程序的每一个（公共）功能，都需要有一个测试用例。

对于一些显然不可能出错的地方，设计测试用例几乎没有意义。譬如窗口的关闭，一方面它们实现的功能非常直截了当，另一方面每个人测试时都在不断关闭窗口。当然，如果这些窗口关闭不是非常的直截了当，对它们的操作会触发其他一系列工作，例如分情形打开不同的窗口等，可能需要为它设计测试用例。为这些简单、直接、烦琐的功能设计测试用例，不能提高软件质量，同样对增进测试也没有好处。相反，它可能使得测试设计人员厌倦这样的测试设计，测试人员也会丧失对于测试的信心。

（2）测试任何可能出错的地方。

XP 的测试原则之一是“测试任何可能出错的地方”。可能做到吗？更何况 80/20 规则表明 80%的错误来自于 20%的活动，为每一种行为的组合写上一个测试不但不可能，同时也是没有实际意义的。测试所有可能出错的地方也就是告诉人们不要测试不可能出错的地方，正如前面所说，不要测试非常简单的事情。

（3）测试边界条件。

这些地方属于传统的测试角落。对于边界条件，必须保证考虑到了所有可能出错的地方。集合是否为空、第一个、最后一个，诸如此类的问题必须小心考虑。对于这些边界条件的确定和测试用例编写，如未初始化，程序的参数没有初始化，最好解决方法是要求程序员在定义每个参数时都先赋予一个明显没有意义的错误的数据，如此在错误发生的时候，测试立刻可以判断出此处有错误，而不是一个似是而非的数据，例如界面上显示数学成绩的结果为 w，读者立刻可以判断错误出现了，而看到结果为 65，但实际上应该 85，就很难判断了。对于该类问题的测试只能是认真详尽检查，同时要求测试设计时也得仔细设计能够让问题发生的用例。

- Null：如果碰到空值，程序会如何处理。
- 最大值、最小值、第一个、最后一个，这些情况下程序如何。
- 最大值为+1、最小值为-1 时怎么样。
- 循环的边界值，初始值是 0 还是 1。
- 循环次数是 0……count-1 还是 1……count。
- 数据库的边界值、空数据库等。

（4）测试设计前提。

在进行一个测试设计的时候，必然需要对程序进行全面了解，所以，需要一份完整的、正确的软件详细设计说明，这份软件详细设计说明一定要详细，只要一看就知道每一部分如果被正确实现后的样子应该是怎样，同时最好还要有全部按钮的名称、提示框的内容，然后才可以设计一个测试的方案出来。

（5）测试设计过程。

① 分析应用程序工作流程。该步骤的目的在于确定并说明主角与系统交互时的操作和/或步骤。这些测试过程说明将进一步用于确定与描述测试应用程序所需的测试用例。这些初期的测试过程说明应是较概括的说明，即对操作的说明应尽可能笼统，而不应具体引用实际数据。

② 确定系统的执行者。执行者是同系统交互的所有事物，例如人、其他软件、硬件、数据库等。

（6）建议程序开发时预留测试点。

如果发现用例在实际处理时有多个过程或多个状态或条件等组合在一起，程序设计时由于其中间过程无须用户关心，而在界面上没有办法观察或操作，目的是避免用户的误操作，同时减少用户操作和理解的难度。

可以建议程序在开发时预留其中间状态的测试点，通过该测试点也许是一个额外的输入输出界面，最终发布程序时将隐藏掉，可以大大降低测试的难度，更加保证测试的充分性。

5.8 软件测试的方法

5.8.1 静态测试和动态测试

从是否需要执行被测软件的角度，可分为静态测试和动态测试。

1. **静态测试**

静态测试是指无须执行被测代码，而是借助专用的软件测试工具评审软件文档或程序，度量程序静态复杂度，检查软件是否符合编程标准，借以发现编写的程序的不足之处，减少错误出现的概率。静态测试在主机上完成，无须目标系统支持，测试的主要内容有编程标准验证、数据流分析技术、质量度量信息、代码结构可视化显示、测试外壳的创建。由此看出，静态测试只是对代码进行扫描分析，检测它的语法规则复杂度等是否符合要求，主要是为软件的质量保证提供依据，以提高软件的可靠性和易维护性。

2. **动态测试**

动态测试是使被测代码在相对真实的环境下运行，从多角度观察程序运行时能体现的功能、逻辑、行为、结构等，以发现其中的错误现象。动态测试方法分为黑盒法和白盒法，黑盒测试是基于功能的测试，只关心软件的功能，而不考虑其内部结构，也叫功能测试；白盒测试只关心软件内部逻辑结构，测试覆盖率，是由逻辑驱动的测试。为了较快得到测试效果，通常先进行功能测试，达到所有功能后，为确定软件的可靠性进行必要的覆盖测试。

5.8.2 黑盒测试法和白盒测试法

从测试是否针对系统的内部结构和具体实现算法的角度来看，可分为黑盒测试和白盒测试。

1. **黑盒测试**

黑盒测试也称功能测试或数据驱动测试，它是在已知产品所应具有的功能上，通过测试来检测每个功能是否都能正常使用，在测试时，把程序看作一个不能打开的黑盒子，在完全不考虑程序内部结构和内部特性的情况下，测试者在程序接口进行测试，它只检查程序功能是否按照需求规格说明书的规定正常使用，程序是否能适当地接收输入数据而产生正确的输出信息，并且保持外部信息（如数据库或文件）的完整性。黑盒测试方法主要有等价类划分、边值分析、因果图、错误推测等，主要用于软件确认测试。黑盒测试着眼于程序外部结构、不考虑内部逻辑结构、针对软件界面和软件功能进行测试。黑盒测试是穷举输入测试，只有把所有可能的输入都作为测试情况使用，才能以这种方法查出程序中所有的错误。实际上测试情况有无穷多个，人们不仅要测试所有有效的输入，而且还要对那些无效但是可能的输入进行测试。黑盒测试的测试用例设计方法如下。

（1）划分等价类

① 如果某个输入条件规定了取值范围或值的个数，则可确定一个有效的等价类（输入值或某个数值在此范围内）和两个无效等价类（输入值或某个数值小于这个范围的最小值或大于这个范围的最大值）。

② 如果规定了输入数据的一组值，而且程序对不同的输入值做不同的处理，则每个允许输入值是一个有效等价类，此处还有一个无效等价类（任何一个不允许的输入值）。

③ 如果规定了输入数据必须遵循的规则，可确定一个有效等价类（符合规则）和若干个无效等价类（从各种不同角度违反规则）。

④ 如果已划分的等价类中各元素在程序中的处理方式不同，则应将此等价类进一步划分为更小的等价类。

（2）确定测试用例

① 为每一个等价类编号。

② 设计一个测试用例，使其尽可能多地覆盖尚未覆盖过的有效等价类。重复这一步，直到所有有效等价类被测试用例覆盖。

③ 设计一个测试用例，使其只覆盖一个无效等价类。

例如，假设对某个列表测试删除操作，必须选择输入值以便执行操作之后，列表为充满状态，具有若干元素或为空（采用它的所有等价类的值进行测试）。

如果对象受状态控制（根据对象的状态产生不同的反应），应利用状态矩阵，如表 5-3 所示。

表 5-3 状态矩阵

激励＼状态	状态 1	状态 2	状态 3
S1	成功	成功	成功
S2	成功	失败	成功
S3	成功	慢检查	成功
S4	失败	失败	成功

用于测试的状态矩阵，可以在此矩阵的基础上测试激励和状态的所有组合。

（3）边界值分析

使用边界值分析方法设计测试用例时一般与等价类划分结合起来，但它不是从一个等价类中任选一个例子作为代表，而是将测试边界情况作为重点目标，选取正好等于、刚刚大于或刚刚小于边界值的测试数据。

① 如果输入条件规定了值的范围，可以选择正好等于边界值的数据作为有效的测试用例，同时还要选择刚好越过边界值的数据作为无效的测试用例。如输入值的范围是[1，100]，可取 0、1、100、101 等值作为测试数据。

② 如果输入条件指出了输入数据的个数，则按最大个数、最小个数、比最小个数少 1、比最大个数多 1 等情况分别设计测试用例。如，一个输入文件可包括 1～255 个记录，则分别设计有 1 个记录、255 个记录，以及 0 个记录的输入文件的测试用例。

③ 对每个输出条件分别按照以上原则①或②确定输出值的边界情况。如，一个学生成绩管理系统规定，只能查询 95～98 级大学生的各科成绩，可以设计测试用例，使得查询范围内的某一届或四届学生的学生成绩，还需设计查询 94 级、99 级学生成绩的测试用例（无效输出等价类）。

由于输出值的边界不与输入值的边界相对应，所以要检查输出值的边界不一定可行，要产生超出输出值之外的结果也不一定能做到，但必要时还需试一试。

④ 如果程序的规格说明给出的输入或输出域是一个有序集合（如顺序文件、线性表、链表等），则应选取集合的第一个元素和最后一个元素作为测试用例。

（4）错误推测

在测试程序时，人们可能根据经验或直觉推测程序中可能存在的各种错误，从而有针对性地编写检查这些错误的测试用例，这就是错误推测法。

（5）因果图

等价类划分和边界值分析方法都只是孤立地考虑各个输入数据的测试功能，而没有考虑多个输入数据的组合引起的错误。

因果图方法中用到了判定表。判定表（Decision Table）是分析和表达多逻辑条件下执行不同操作的情况下的工具。在程序设计发展的初期，判定表就已被当作编写程序的辅助工具。由于它可以把复杂的逻辑关系和多种条件组合的情况表达得既具体又明确。

（6）综合策略

每种方法都能设计出一组有用例子，用这组例子容易发现某种类型的错误，但可能不易发现另一类型的错误。因此在实际测试中，联合使用各种测试方法，形成综合策略，通常先用黑盒测试设计基本的测试用例，再用白盒测试补充一些必要的测试用例。

黑盒测试的优点如下。

① 基本上不需要人监控，如果程序停止运行，一般就是被测试程序崩溃了。

② 设计完测试用例之后，接下来的工作就很简单了。

黑盒测试的缺点如下。

① 结果取决于测试用例的设计，测试用例的设计部分来源于经验。

② 没有状态转换的概念，目前一些成功的例子基本上都是针对 PDU 的，还做不到针对被测试程序的状态转换。

③ 对于没有状态概念的测试来说，寻找和确定造成程序崩溃的测试用例很烦琐，必须把周围可能的测试用例单独确认。对于有状态的测试来说，就更麻烦，尤其不是一个单独的测试用例造成的问题。

2. **白盒测试**

白盒测试也称结构测试或逻辑驱动测试，如图 5-4 所示，它是知道产品的内部工作过程，通过测试来检测产品内部工作是否按照规格说明书的规定正常进行，按照程序内部的结构测试程序，检验程序中的每条通路是否都能按预定要求正确工作，而不顾它的功能，白盒测试的主要方法有逻辑驱动、基本路径测试等，主要用于软件验证。

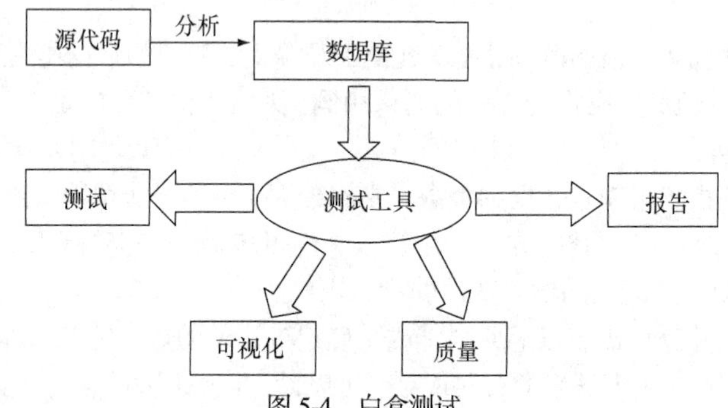

图 5-4　白盒测试

白盒测试是穷举路径测试。在使用这一方案时，测试者必须检查程序的内部结构，从检查程序的逻辑结构着手，得出测试数据。贯穿程序的独立路径数是非常庞大的，即使每条路径都测试了，仍然可能有错误。第一，穷举路径测试不会查出程序违反了设计规范，即程序本身是个错误的程序。第二，穷举路径测试不可能查出程序因遗漏路径而产生的错误。第三，穷举路径测试可能发现不了一些与数据相关的错误。

理论上，应通过代码测试每一条可能的路径，在所有这些简单的单元内实现这样的目标几乎是不可能的。

要达到这种程度的测试覆盖，建议在选择测试数据时应使每个判定都可以用每种可能的方法来评估。为达到上述目标，测试用例应确保每个布尔表达式的求值结果为 True 和 False。例如，表达式（a<3）OR（b>4）的求值结果为 True/False 的四种组合，每一个无限循环至少要执行零次、一次和一次以上。可使用代码覆盖工具来确定白盒测试未测试到的代码。在进行白盒测试的同时应进行可靠性测试。如图 5-5 所示，假设对类 Set of Integers 中的 member 函数执行结构测试，该测试在二进制搜索的帮助下，将检查该集合是否包含了某个指定的整数。

成员（member）函数以及相应的测试流图。虚线箭头指示出采用两个测试用例将所有语句至少执行一次。

对于彻底测试的某个操作，测试用例应遍历代码内路径的所有组合情况。在 member 函数的 while-loop 中存在 3 个可选择的路径。测试用例可以多次遍历该循环，或是根本就不遍历。如果测试用例根本就没有遍历循环，则在代码中只能找到一条路径。如果遍历循环一次，将发现有 3 条路径。如果遍历两次，则将发现存在 6 条路径，如此类推。因而，路径的总数应该是 1+3+6+12+24+48+⋯，在实际情况中，这个路径组合总数根本无法处理。这就是为什么必须选择所有这些路径的子集的原因。本示例中，可以采用两个测试用例来执行所有的语句。其中一个测试用例，可以选择 Set of Integers = {1，5，7，8，11}，且测试数据 t = 3。在另一个测试用例中，可以选择 Set of Integers = {1，5，7，8，11}，且 t = 8。

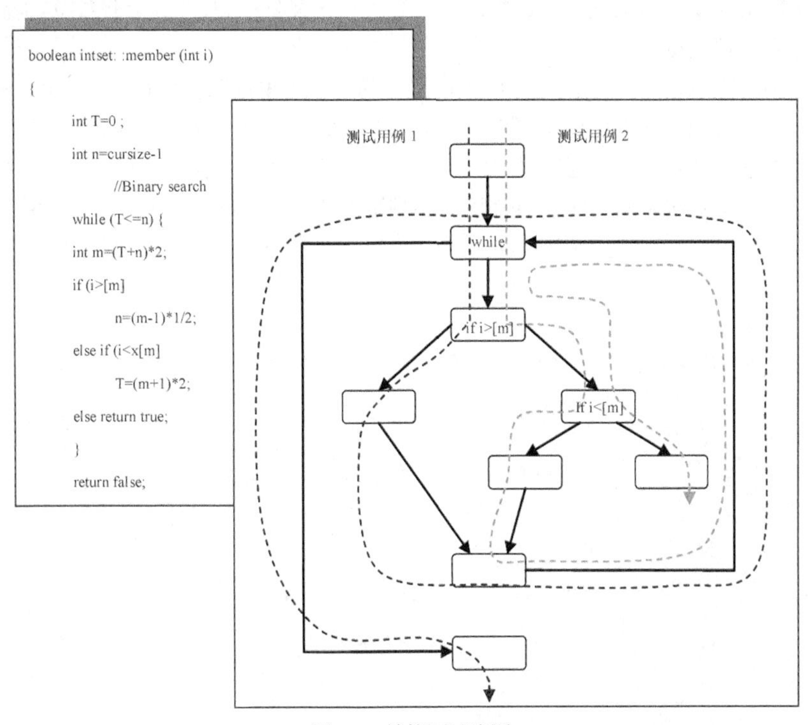

图 5-5　结构测试流图

6 种覆盖标准，即语句覆盖、判定覆盖、条件覆盖、判定/条件覆盖、条件组合覆盖和路径覆盖发现错误的能力呈由弱至强地变化。

当程序中有循环时，覆盖每条路径是不可能的，要设计使覆盖程度较高的或覆盖最有代表性的路径的测试用例。下面根据图 5-6 所示的程序，分别讨论 7 种常用的覆盖技术。

（1）语句覆盖

为了提高发现错误的可能性，在测试时应该执行到程序中的每一个语句。语句覆盖是指设计足够的测试用例，使被测试程序中每个语句至少执行一次。

（2）判定覆盖

判定覆盖指设计足够的测试用例，使得被测程序中每个判定表达式至少获得一次“真”值和“假”值，从而使程序的每一个分支至少都通过一次，因此判定覆盖也称为分支覆盖。

（3）条件覆盖

条件覆盖是指设计足够的测试用例，使得判定表达式中每个条件的各种可能的值至少出现一次。

（4）判定/条件覆盖

该覆盖标准指设计足够的测试用例，使得判定表达式的每个条件的所有可能的值至少出现一次，并使每个判定表达式所有可能的结果也至少出现一次。

（5）多条件覆盖

多条件覆盖也称条件组合覆盖，设计足够的测试用例，使得每个判定中条件的各种可能组合都至少出现一次。显然满足多条件覆盖的测试用例是一定满足判定覆盖、条件覆盖和条件判定组合覆盖的，条件组合覆盖是比较强的覆盖标准，它是指设计足够的测试用例，使得每个判定表达式中条件的各种可能的值的组合都至少出现一次。

（6）路径覆盖

路径覆盖是指设计足够的测试用例，覆盖被测程序中所有可能的路径。在实际的逻辑覆盖测试中，一般以条件组合覆盖为主设计测试用例，然后再补充部分用例，以达到路径覆盖测试标准。

（7）修正条件判定覆盖

修正条件判定覆盖是由欧美的航空/航天制造厂商和使用单位联合制定的“航空运输和装备系统软件认证标准”，目前在国外的国防、航空航天领域应用广泛。这个覆盖度量需要足够的测试用例来确定各个条件能够影响到包含判定的结果。它要求满足两个条件：首先，每一个程序模块的入口和出口点都要考虑至少要被调用一次，每个程序的判定到所有可能的结果值要至少转换一次；其次，程序的判定被分解为通过逻辑操作符（and、or）连接的布尔条件，每个条件对于判定的结果值是独立的。

测试用例的设计如表 5-4 所示。

下面是一段插入排序的程序，将 R[k+1]插入到 R[1…k]的适当位置，其程序流程图如图 5-6 所示。

```
{
 R[0] = R[k+1];
 j = k;
 while (R[j] > R[0])
   {
     R[j+1] = R[j];
     j--;
   }
 R[j+1] = R[0];
}
```

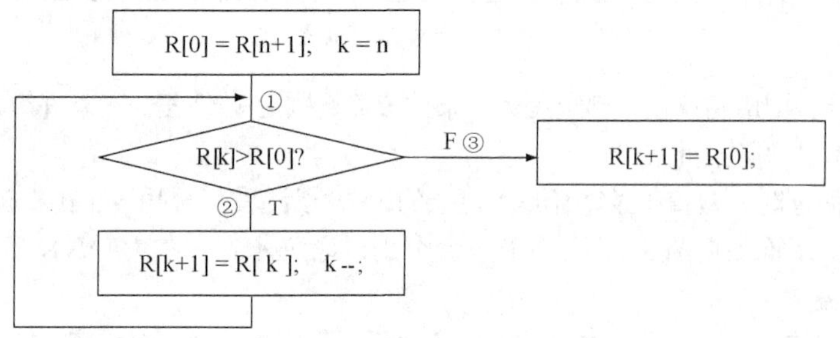

图 5-6　程序的流程图

表 5-4　测试用例设计

循环次数	输入数据					预期结果						覆盖路径	
	K	R[n-2]	R[n-1]	R[n]	R[n+1]	R[0]	k	R[n-2]	R[n-1]	R[n]	R[n+1]	约束	路径
0	n	-	-	1	2	2	n	-	-	1	2	<	①③
	n	-	-	1	1	1	n	-	-	1	1	=	①③
1	n	-	1	3	2	2	n-1	-	1	2	3	><	①②③
	n	-	2	3	2	2	n-1	-	1	2	3	>=	①②③
2	n	1	3	4	2	2	n-2	1	2	3	4	>><	①②②③
	n	2		4	2	2	n-2	2	2	3	4	>>=	①②③

5.9 软件测试的步骤

测试过程按 5 个步骤进行，即单元测试、集成测试、确认测试、系统测试和验收测试。

开始是单元测试，集中对源代码实现的每一个程序单元进行测试，检查各个程序模块是否正确地实现了规定的功能。

集成测试把已测试过的模块组装起来，主要对与设计相关的软件体系结构的构造进行测试。

确认测试则是要检查已实现的软件是否满足了需求规格说明中确定了的各种需求，以及软件配置是否完全正确。

系统测试把已经经过确认的软件纳入实际运行环境中，与其他系统成分组合在一起进行测试。

5.9.1 单元测试

1. 单元测试的基本方法

单元测试的对象是软件设计的最小单位模块。单元测试的依据是详细设计描述，单元测试应对模块内所有重要的控制路径设计测试用例，以便发现模块内部的错误。单元测试多采用白盒测试技术，系统内多个模块可以并行地进行测试。

2. 单元测试任务

单元测试任务包括以下 5 点。

① 模块接口测试。

② 模块局部数据结构测试。

③ 模块边界条件测试。

④ 模块中所有独立执行通路测试。

⑤ 模块的各条错误处理通路测试。

模块接口测试是单元测试的基础。只有在数据能正确流入、流出模块的前提下，其他测试才有意义。测试接口正确与否应该考虑下列因素。

① 输入的实际参数与形式参数的个数是否相同。

② 输入的实际参数与形式参数的属性是否匹配。

③ 输入的实际参数与形式参数的量纲是否一致。

④ 调用其他模块时所给实际参数的个数是否与被调模块的形参个数相同。

⑤ 调用其他模块时所给实际参数的属性是否与被调模块的形参属性匹配。

⑥ 调用其他模块时所给实际参数的量纲是否与被调模块的形参量纲一致。

⑦ 调用预定义函数时所用参数的个数、属性和次序是否正确。

⑧ 是否存在与当前入口点无关的参数引用。

⑨ 是否修改了只读型参数。

⑩ 对全局变量的定义各模块是否一致；是否把某些约束作为参数传递。

如果模块内包括外部输入输出，还应该考虑下列因素。

① 文件属性是否正确。

② OPEN/CLOSE 语句是否正确。

③ 格式说明与输入/输出语句是否匹配。

④ 缓冲区大小与记录长度是否匹配。

⑤ 文件使用前是否已经打开。

⑥ 是否处理了文件尾。

⑦ 是否处理了输入/输出错误。

⑧ 输出信息中是否有文字性错误。

检查局部数据结构是为了保证临时存储在模块内的数据在程序执行过程中完整、正确。局部数据结构往往是错误的根源，应仔细设计测试用例，力求发现下面 5 类错误。

① 不合适或不相容的类型说明。

② 变量无初值。

③ 变量初始化或缺省值有错。

④ 不正确的变量名（拼写错误或不正确的截断）。

⑤ 出现上溢、下溢和地址异常。

除了局部数据结构外，如果可能，单元测试时还应该查清全局数据（例如 FORTRAN 的公用区）对模块的影响。

设计测试用例是为了发现因错误计算、不正确的比较和不适当的控制流造成的错误。此时基本路径测试和循环测试是最常用且最有效的测试技术。计算中常见的错误包括以下情况。

① 误解或用错算符优先级。

② 混合类型运算。

③ 变量初值错。

④ 精度不够。

⑤ 表达式符号错误。

比较判断与控制流常常紧密相关，测试用例还应致力于发现下列错误。

① 不同数据类型的对象之间进行比较。

② 错误地使用逻辑运算符或优先级。

③ 因计算机表示的局限性，期望理论上相等而实际上不相等的两个量相等。

④ 比较运算或变量出错。

⑤ 循环终止条件或不可能出现。

⑥ 迭代发散时不能退出。

⑦ 错误地修改了循环变量。

一个好的设计应能预见各种出错条件，并预设各种出错处理通路，出错处理通路同样需要认真测试，测试应着重检查下列问题。

① 输出的出错信息难以理解。

② 记录的错误与实际遇到的错误不相符。

③ 在程序自定义的出错处理段运行之前，系统已介入。

④ 异常处理不当。

⑤ 错误陈述中未能提供足够的定位出错信息。

边界条件测试是单元测试中最后也是最重要的一项任务。众所周知，软件经常在边界上失效，采用边界值分析技术，针对边界值及边界值左、右的值设计测试用例，有可能发现新的错误。

3. 单元测试过程

单元测试应紧接在编码之后，当源程序编制完成并通过复审和编译检查，便可开始单元测试。测试用例的设计应与复审工作相结合，根据设计信息选取测试数据，将增大发现上述各类错误的可能性。在确定测试用例的同时，应给出期望结果。

应为测试模块开发一个驱动模块（Driver）和（或）若干个桩模块（Stub）。驱动模块在大多数场合称为“主程序”，它接收测试数据并将这些数据传递到被测试模块，被测试模块被调用后，“主程序”打印“进入—退出”消息。

驱动模块和桩模块是测试使用的软件，而不是软件产品的组成部分，但它需要一定的开发费用。若驱动和桩模块比较简单，则实际开销相对低些。遗憾的是，仅用简单的驱动模块和桩模块不能完成某些模块的测试任务，这些模块的单元测试只能采用下面讨论的综合测试方法。

提高模块的内聚度可简化单元测试，如果每个模块只能完成一个，所需测试用例数目将显著减少，模块中的错误也更容易发现。

4. 单元测试工作内容

单元测试工作内容如表 5-5 所示。

表 5-5　单元测试工作内容

活动	输入	输出	参与角色和职责
制定集成测试计划	设计模型 集成构建计划	集成测试计划	测试设计员负责制定集成测试计划
设计集成测试	集成测试计划 设计模型	集成测试用例 测试过程	测试设计员负责设计集成测试用例和测试过程
实施集成测试	集成测试用例 测试过程 工作版本	测试脚本（可选） 测试过程（更新）	测试设计员负责编制测试脚本（可选），更新测试过程
		驱动程序或稳定桩	设计员负责设计驱动程序和桩，实施员负责实施驱动程序和桩
执行集成测试	测试脚本（可选） 工作版本	测试结果	测试员负责执行测试并记录测试结果
评估集成测试	集成测试计划 测试结果	测试评估摘要	测试设计员负责会同集成员、编码员、设计员等有关人员（具体化）评估此次测试，并生成评估摘要

5. 单元测试的优点

（1）一种验证行为。程序中的每一项功能都是由测试来验证它的正确性，它为以后的开发提供支持。就算是开发后期，也可以轻松地增加功能或更改程序结构，而不用担心这个过程中会破坏重要的内容，而且为代码的重构提供了保障，这样程序员就可以更自由地对程序进行改进。

（2）一种设计行为。编写单元测试将使开发人员从调用者的角度观察、思考。特别是先写测试（Test-First），迫使开发人员把程序设计成易于调试和可测试的，即迫使开发人员解除软件中的耦合。

（3）一种编写文档的行为。单元测试是一种无价的文档，它是展示如何使用函数或类的最佳文档。这份文档是可编译、可运行的，并且它保持最新，永远与代码同步。

（4）具有回归性。自动化的单元测试避免了代码出现回归，编写完成之后，可以随时随地快速地运行测试。

6. 单元测试的范畴

下面介绍的 4 个问题，基本上可以说明单元测试的范畴、单元测试所要做的工作。

（1）行为和期望是否一致。这是单元测试最根本的目的，就是用单元测试的代码来证明它所做的就是所期望的。

（2）行为和期望是否始终一致。单元测试时如果只测试代码的一条正确路径，按正确路径走一次，并不算是真正地完成。软件开发是一项复杂的工程，在测试某段代码的行为是否和期望一致时，需要确认在任何情况下，这段代码是否都和期望一致，例如参数可疑、硬盘没有剩余空间、缓冲区溢出、网络掉线等。

（3）是否可以依赖单元测试。不能依赖的代码是没有多大用处的。既然单元测试是用来保证代码的正确性的，那么单元测试也一定要值得依赖。

（4）单元测试是否说明了意图。单元测试能够帮开发人员充分了解代码的用法，从效果上而言，单元测试就像是能执行的文档，说明了在用各种条件调用代码时，所能期望这段代码完成的功能。

5.9.2 集成测试

集成测试（也叫组装测试，联合测试）是单元测试的逻辑扩展。最简单的形式是两个已经测试过的单元组合成一个组件，并且测试它们之间的接口。从这一层意义上讲，组件是指多个单元的集成聚合。在现实方案中，许多单元组合成组件，而这些组件又聚合成程序的更大部分。方法是测试片段的组合，并最终扩展进程，将模块与其他组的模块一起测试。最后，将构成进程的所有模块一起测试。此外，如果程序由多个进程组成，应该成对测试它们，而不是同时测试所有进程。

集成测试是在单元测试的基础上，在将所有的软件单元按照概要设计规格说明的要求组装成模块、子系统或系统的过程中，测试各部分工作是否达到或实现相应技术指标及要求的活动。即在集成测试之前，单元测试应该已经完成，集成测试中所使用的对象应该是已经经过单元测试的软件单元。这一点很重要，因为如果不经过单元测试，那么集成测试的效果将会受到很大影响，并且会大幅增加软件单元代码纠错的代价。

集成测试是单元测试的逻辑扩展。在现实方案中，集成是指多个单元的聚合，许多单元组合成模块，而这些模块又聚合成程序的更大部分，如分系统或系统。集成测试采用的方法是测试软件单元的组合能否正常工作，以及与其他模块能否集成起来工作。最后，还要测试构成系统的所有模块组合能否正常工作。集成测试的标准是《软件概要设计规格说明》，任何不符合该说明的程序模块行为都应该加以记载并上报。

所有的软件项目都不能摆脱系统集成这个阶段。不管采用什么开发模式，具体的开发工作总得从一个一个的软件单元做起，软件单元只有经过集成才能形成一个有机的整体。具体的集成过程可能是显性的也可能是隐性的。只要有集成，就总是会出现一些常见问题，工程实践中，几乎不存在软件单元组装过程中不出任何问题的情况。从图 5-7 可以看出，集成测试需要花费的时间远远超过单元测试，直接从单元测试过渡到系统测试是极不妥当的做法。

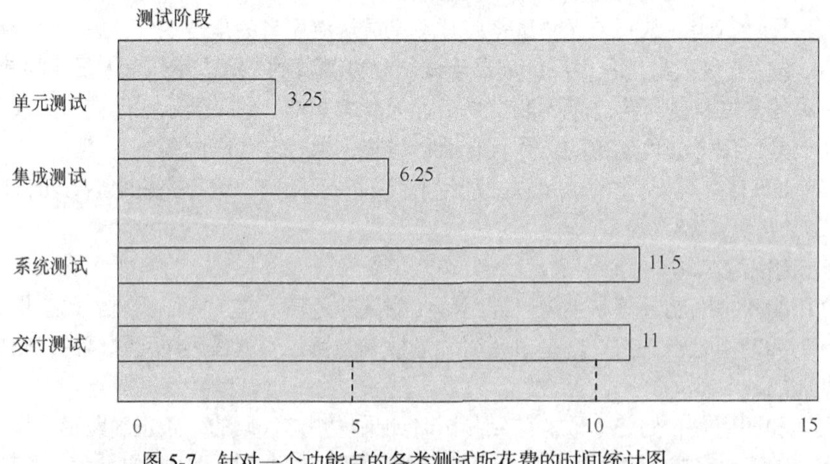

图 5-7 针对一个功能点的各类测试所花费的时间统计图

集成测试的必要性还在于一些模块虽然能够单独地工作，但并不能保证连接起来也能正常工作。程序在某些局部反映不出来的问题，有可能在全局上会暴露出来，影响功能的实现。此外，在某些开发模式中，如迭代式开发，设计和实现是迭代进行的。在这种情况下，集成测试的意义还在于它能间接地验证概要设计是否具有可行性。

集成测试的目的是确保各单元组合在一起后能够按既定意图协作运行，并确保增量的行为正确。它所测试的内容包括单元间的接口以及集成后的功能。使用黑盒测试方法测试集成的功能，并且对以前的集成进行回归测试。

（1）集成测试过程。集成测试过程如图 5-8 所示。

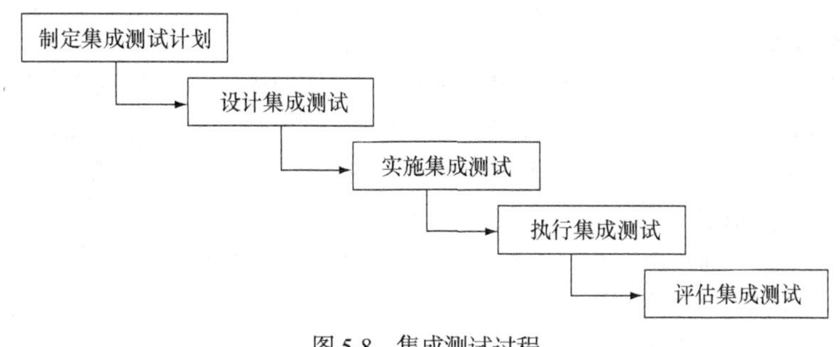

图 5-8　集成测试过程

（2）集成测试需求获取。

集成测试需求所确定的是对某一集成工作版本的测试的内容，即测试的具体对象。集成测试需求主要来源于设计模型（Design Model）和集成构件计划（Integration Build Plan）。集成测试着重于集成版本的外部接口的行为。因此，测试需求须具有可观测、可测评性。

① 集成工作版本应分析其类协作与消息序列，从而找出该工作版本的外部接口。

② 由集成工作版本的外部接口确定集成测试用例。

③ 测试用例应覆盖工作版本每一外部接口的所有消息流序列。

一个外部接口和测试用例的关系是多对多，部分集成工作版本的测试需求可映射到系统测试需求，因此对这些集成测试用例可采用重用系统测试用例技术。

（3）集成测试工作内容及其工作流程。集成测试工作内容及其工作流程如图 5-9 所示。

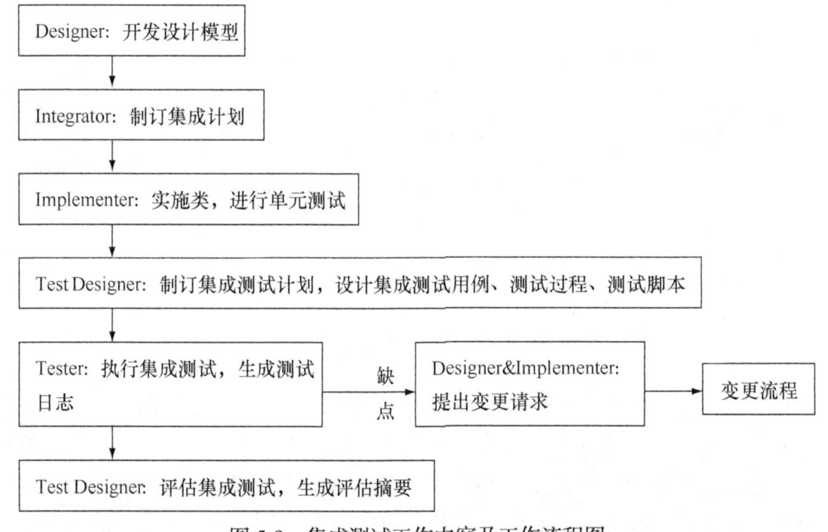

图 5-9　集成测试工作内容及工作流程图

（4）集成测试产生的工件清单。

① 软件集成测试计划。

② 集成测试用例。

③ 测试过程。

④ 测试脚本。

⑤ 测试日志。

⑥ 测试评估摘要。

（5）集成测试常用方案选项。集成测试的实施方案有很多种，如自底向上集成测试、自顶向下集成测试、Big-Bang 集成测试、三明治集成测试、核心集成测试、分层集成测试、基于使用的集成测试等。在此，将重点讨论其中一些经实践检验和一些证实有效的集成测试方案。

1. 自底向上集成测试

自底向上的集成（Bottom-Up Integration）方式是最常使用的方法。其他集成方法都或多或少地继承、吸收了这种集成方式的思想。自底向上集成方式从程序模块结构中最底层的模块开始组装和测试。因为模块是自底向上进行组装的，对于一个给定层次的模块，它的子模块（包括子模块的所有下属模块）事前已经完成组装并经过测试，所以不再需要编制桩模块（一种能模拟真实模块，给待测模块提供调用接口或数据的测试用软件模块）。自底向上集成测试的步骤大致如下。

步骤一：按照概要设计规格说明，明确有哪些被测模块。在熟悉被测模块性质的基础上对被测模块进行分层，在同一层次上的测试可以并行进行，然后排出测试活动的先后关系，制订测试进度计划。图 5-10 给出了自底向上的集成测试过程中各测试活动的拓扑关系。利用图论的相关知识，可以排出各活动之间的时间序列关系，处于同一层次的测试活动可以同时进行，而不会相互影响。

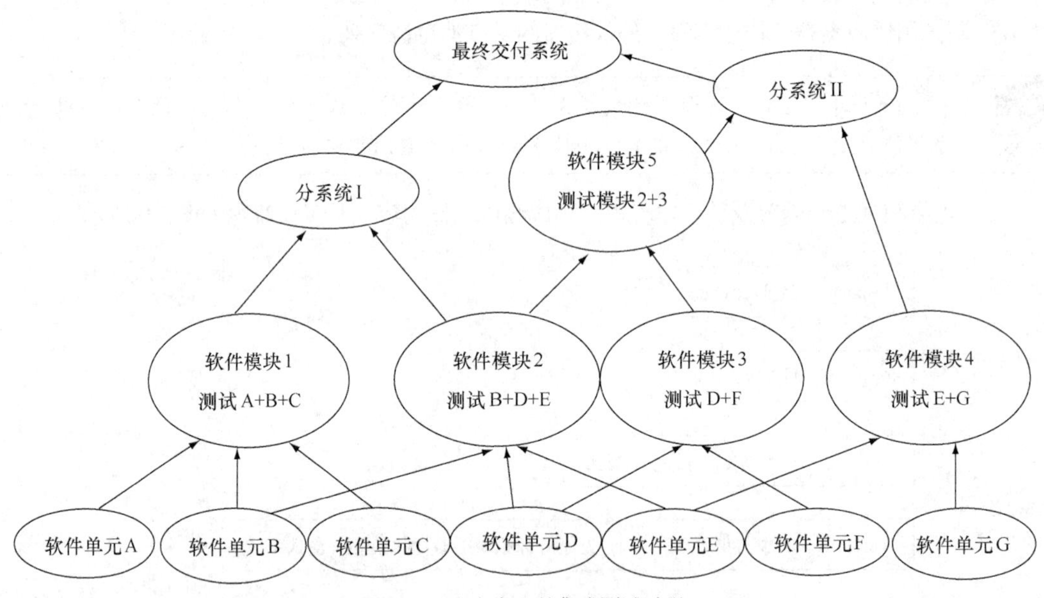

图 5-10 自底向上的集成测试过程

步骤二：在步骤一的基础上，按时间顺序关系，将软件单元集成为模块，并测试在集成过程中出现的问题。这里，可能需要测试人员开发一些驱动模块来驱动集成活动中形成的被测模块。对于比较大的模块，可以先将其中的某几个软件单元集成为子模块，然后再集成为一个较大的模块。

步骤三：将各软件模块集成为子系统（或分系统）。检测各自子系统是否能正常工作。同样，可能需要测试人员开发少量的驱动模块来驱动被测子系统。

步骤四：将各子系统集成为最终用户系统，测试是否存在各分系统能否在最终用户系统中正常工作。

自底向上的集成测试方案是工程实践中最常用的测试方法。相关技术也较为成熟。它的优点很明显：管理方便、测试人员能较好地锁定软件故障所在位置。但它对于某些开发模式不适用，如使用 XP 开发方法，它会要求测试人员在全部软件单元实现之前完成核心软件部件的集成测试。尽管如此，自底向上的集成测试方法仍不失为一个可供参考的集成测试方案。

2. 核心系统先行集成测试

核心系统先行集成测试法的思想是先对核心软件部件进行集成测试，在测试通过的基础上再按各外围软件部件的重要程度逐个集成到核心系统中。每次加入一个外围软件部件都产生一个产品基线，直至最后形成稳定的软件产品。核心系统先行集成测试法对应的集成过程是一个逐渐趋于闭合的螺旋形曲线，代表产品逐步定型的过程，其步骤如下。

步骤一：对核心系统中的每个模块进行单独的、充分的测试，必要时使用驱动模块和桩模块。

步骤二：对于核心系统中的所有模块一次性集合到被测系统中，解决集成中出现的各类问题。在核心系统规模相对较大的情况下，也可以按照自底向上的步骤，集成核心系统的各组成模块。

步骤三：按照各外围软件部件的重要程度以及模块间的相互制约关系，拟定外围软件部件集成到核心系统中的顺序方案。方案经评审以后，即可进行外围软件部件的集成。

步骤四：在外围软件部件添加到核心系统以前，外围软件部件应先完成内部的模块及集成测试。

步骤五：按顺序不断加入外围软件部件，排除外围软件部件集成中出现的问题，形成最终的用户系统。

该集成测试方法对于快速软件开发很有效果，适合较复杂系统的集成测试，能保证一些重要的功能和服务的实现。缺点是被测软件一般必须具有如下特点方能使用此法：能明确区分核心软件部件和外围软件部件，核心软件部件应具有较高的耦合度，外围软件部件内部也应具有较高的耦合度，但各外围软件部件之间却具有较低的耦合度。

3. 高频集成测试

高频集成测试是指同步于软件开发过程，每隔一段时间对开发团队的现有代码进行一次集成测试。如某些自动化集成测试工具能实现对开发团队的现有代码进行一次集成测试，然后将测试结果发到各开发人员的电子邮箱中。该集成测试方法不断地将新代码加入到一个已经稳定的基线中，以免集成故障难以发现，同时控制可能出现的基线偏差。使用高频集成测试需要具备一定的条件：可以持续获得一个稳定的增量，并且该增量内部已被验证没有问题；大部分有意义的功能增加可以在一个相对稳定的时间间隔（如每个工作日）内获得；测试包和代码的开发工作必须是并行进行的，并且需要版本控制工具来保证始终维护的是测试脚本和代码的最新版本；必须借助于自动化工具来完成。高频集成一个显著的特点就是集成次数频繁，显然，人工的方法是不胜任的。

高频集成测试一般采用如下步骤来完成。

步骤一：选择集成测试自动化工具。如很多 Java 项目采用 Junit+Ant 方案来实现集成测试的自动化，也有一些商业集成测试工具可供选择。

步骤二：设置版本控制工具，以确保集成测试自动化工具所获得的版本是最新版本。如使用 CVS 进行版本控制。

步骤三：测试人员和开发人员负责编写对应程序代码的测试脚本。

步骤四：设置自动化集成测试工具，每隔一段时间对配置管理库的新添加的代码进行自动化的集成测试，并将测试报告汇报给开发人员和测试人员。

步骤五：测试人员监督代码开发人员及时关闭不合格项。

按照步骤三至步骤五进行循环，直至形成最终软件产品。

该测试方案能在开发过程中及时发现代码错误，能直观看到开发团队的有效工程进度。在此方案中，开发维护源代码与开发维护软件测试包被赋予了同等的重要性，这对有效防止错误、及时纠正错误都很有帮助。该方案的缺点在于测试包有时候可能不能暴露深层次的编码错误和图形界面错误。

以上介绍了 3 种常见的集成测试方案，一般来讲，在现代复杂软件项目集成测试过程中，通常采用核心系统先行集成测试和高频集成测试相结合的方式进行，自底向上的集成测试方案在采用传统瀑布式开发模式的软件项目集成过程中较为常见。应该结合项目的实际工程环境及各测试方案适用的范围进行合理的选型。

5.9.3 确认测试

确认测试又称有效性测试。任务是验证软件的功能和性能及其他特性是否与用户的要求一致。对软件的功能和性能要求在软件需求规格说明书中已经明确规定。它包含的信息就是软件确认测试的基础。

通过综合测试之后，软件已完全组装起来，接口方面的错误也已排除，软件测试的最后一步——确认测试即可开始。确认测试应检查软件能否按合同要求进行工作，即是否满足软件需求说明书中的确认标准。

1. 确认测试标准

实现软件确认要通过一系列黑盒测试。确认测试同样需要制订测试计划和过程，测试计划应规定测试的种类和测试进度，测试过程则定义一些特殊的测试用例，旨在说明软件与需求是否一致。无论是计划还是过程，都应该着重考虑软件是否满足合同规定的所有功能和性能，文档资料是否完整、确认人机界面和其他方面（例如，可移植性、兼容性、错误恢复能力和可维护性等）是否令用户满意。

确认测试的结果有两种可能，一种是功能和性能指标满足软件需求说明的要求，用户可以接受；另一种是软件不满足软件需求说明的要求，用户无法接受。项目进行到这个阶段才发现严重错误和偏差，一般很难在预定的工期内改正，因此必须与用户协商，寻求一个妥善解决问题的方法。

2. 配置复审

确认测试的另一个重要环节是配置复审。复审的目的在于保证软件配置齐全、分类有序，并且包括软件维护所必需的细节。

3. α、β 测试

事实上，软件开发人员不可能完全预见用户实际使用程序的情况。例如，用户可能错误地理解命令，或提供一些奇怪的数据组合，也可能对设计者自认明了的输出信息迷惑不解，等等。因此，软件是否真正满足最终用户的要求，应由用户进行一系列“验收测试”。验收测试既可以是非正式的测试，也可以是有计划、有系统的测试。有时，验收测试长达数周甚至数月，不断暴露错误，导致开发延期。一个软件产品，可能拥有众多用户，不可能由每个用户验收，此时多采用被称为 α、β 测试的过程，以期发现那些似乎只有最终用户才能发现的问题。

α 测试是指软件开发公司组织内部人员模拟各类用户对即将面市软件产品（称为 α 版本）进行测试，试图发现错误并修正。α 测试的关键在于尽可能逼真地模拟实际运行环境和用户对软件产品的操作并尽最大努力涵盖所有可能的用户操作方式。经过 α 测试调整的软件产品称为 β 版本。紧随其后的 β 测试是指软件开发公司组织各方面的典型用户在日常工作中实际使用 β 版本，并要求用户报告异常情况、提出批评意见。然后软件开发公司再对 β 版本进行改错和完善。

5.9.4 系统测试

系统测试流程如图 5-11 所示。由于系统测试的目的是验证最终软件系统满足产品需求并且遵循系统设计，所以当产品需求和系统设计文档完成之后，系统测试小组就可以提前开始制订测试计划和设计测试用例，而不必等到“实现与测试”阶段结束。这样可以提高系统测试的效率。

系统测试过程中发现的所有缺陷必须用统一的缺陷管理工具来管理，开发人员应当及时消除缺陷（改错）。

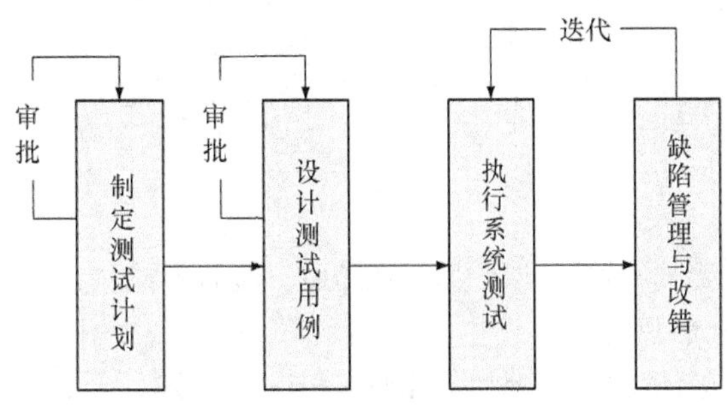

图 5-11　系统测试流程图

1. 角色与职责

项目经理设法组建富有成效的系统测试小组。系统测试小组的成员主要来源如下。

- 机构独立的测试小组。
- 邀请其他项目的开发人员参与系统测试。
- 本项目的部分开发人员。
- 机构的质量保证人员。
- 系统测试小组应当根据项目的特征确定测试内容。

一般地，系统测试主要包括以下内容。

- 功能测试。即测试软件系统的功能是否正确，其依据是需求文档，如《产品需求规格说明书》。由于正确性是软件最重要的质量因素，所以功能测试必不可少。
- 健壮性测试。即测试软件系统在异常情况下能否正常运行的能力。健壮性有两层含义：一是容错能力，二是恢复能力。
- 性能测试。即测试软件系统处理事务的速度，一是为了检验性能是否符合需求，二是为了得到某些性能数据供人们参考（例如用于宣传）。
- 用户界面测试。重点是测试软件系统的易用性和视觉效果等。
- 安全性（Security）测试。是指测试软件系统防止非法入侵的能力。“安全”是相对而言的，一般来说，如果黑客为非法入侵花费的代价（考虑时间、费用、危险等因素）高于得到的好处，那么这样的系统可以认为是安全的。
- 安装与反安装测试。

系统测试过程域中产生的主要文档如下。

- 《系统测试计划》。
- 《系统测试用例》。
- 《系统测试报告》。
- 《缺陷管理报告》。

2. 启动准则

产品需求和系统设计文档完成之后。

3. 输入

产品需求和系统设计文档。

4. 主要步骤

步骤一：制订系统测试计划。

系统测试小组各成员共同协商测试计划。测试组长按照指定的模板起草《系统测试计划》。该计划主要包括以下内容。

- 测试范围（内容）。
- 测试方法。
- 测试环境与辅助工具。
- 测试完成准则。
- 人员与任务表。

项目经理审批《系统测试计划》。该计划被批准后，转向步骤二。

步骤二：设计系统测试用例。

- 系统测试小组各成员依据《系统测试计划》和指定的模板，设计（撰写）《系统测试用例》。
- 测试组长邀请开发人员和同行专家，对《系统测试用例》进行技术评审。该测试用例通过技术评审后，转向步骤三。

步骤三：执行系统测试。

- 系统测试小组各成员依据《系统测试计划》和《系统测试用例》执行系统测试。
- 将测试结果记录在《系统测试报告》中，用“缺陷管理工具”来管理所发现的缺陷，并及时通报给开发人员。

步骤四：缺陷管理与改错。

- 从步骤一至步骤三，任何人发现软件系统中的缺陷时都必须使用指定的“缺陷管理工具”。该工具将记录所有缺陷的状态信息，并可以自动产生《缺陷管理报告》。
- 开发人员及时消除已经发现的缺陷。
- 开发人员消除缺陷之后应当马上进行回归测试，以确保不会引入新的缺陷。

5. 输出

- 消除了缺陷的最终软件系统。
- 系统测试用例。
- 系统测试报告。
- 缺陷管理报告。

6. 结束准则

对于非严格系统可以采用“基于测试用例”的准则如下。

- 功能性测试用例通过率达到100%。
- 非功能性测试用例通过率达到80%时。

对于严格系统，应当补充“基于缺陷密度”的规则。

- 相邻n个CPU每小时内“测试期缺陷密度”全部低于某个值m。例如n大于10，m小于等于1。
- 本规程所有文档已经完成。

7. 度量

测试人员和开发人员统计测试和改错的工作量、文档的规模，以及缺陷的个数与类型，并将此度量数据汇报给项目经理。

8. 实施建议

对系统测试人员进行必要的培训，提高他们的测试效率。

项目经理和测试小组根据项目的资源、时间等限制因素，设法合理地减少测试的工作量，例如减少“冗余或无效”的测试。

系统测试小组根据产品的特征，可以适当地修改本规范的各种文档模板。

对系统测试过程中产生的所有代码和有价值的文档进行配置管理。

为了调动测试者的积极性，建议企业或项目设立奖励机制，例如：根据缺陷的危害程度把奖金分等级，每个新缺陷对应一份奖金，把奖金发给第一个发现该缺陷的人。

9. 系统测试的目标

- 确保系统测试的活动是按计划进行的。
- 验证软件产品是否与系统需求用例不相符或与之矛盾。
- 建立完善的系统测试缺陷记录跟踪库。
- 确保软件系统测试活动及其结果及时通知相关小组和个人。

10. 系统测试的方针

- 为项目指定一个测试工程师负责贯彻和执行系统测试活动。
- 测试组向各事业部总经理/项目经理报告系统测试的执行状况。
- 系统测试活动遵循文档化的标准和过程。
- 向外部用户提供经系统测试验收通过的预部署及技术支持。
- 建立相应项目的缺陷库（Bug），用于系统测试阶段项目不同生命周期的缺陷记录和缺陷状态跟踪。
- 定期的对系统测试活动及结果进行评估，向各事业部经理、项目办总监、项目经理汇报和提供项目的产品质量信息及数据。

11. 系统测试的过程

- 软件项目立项，软件项目负责人将项目启动情况通报给测试组长，测试组长指定测试工程师对该项目进行系统测试跟进和执行。
- 测试工程师首先参与前期的需求分析活动、前景评审、业务培训、SRS 评审。目的是了解系统业务及范围、了解软件需求及范围，验证需求可测性。并将所有收集到的测试需求汇总并输出到《测试需求管理表》中。
- 测试工程师根据测试需求定义测试策略，并进行工作量估计。
- 测试工程师根据测试需求制定测试策略和方法；系统测试工程师参与项目计划和 SDP 评审，依据项目计划（或周计划），编制《系统测试计划》。
- 测试组长周期性地根据事业部项目的测试情况，进行总体测试工作量估计并进行测试任务分派。
- 测试工程师组织《系统测试计划》评审，测试组长根据评审意见审批《系统测试计划》。
- 测试工程师根据《系统测试计划》中的测试环境要求搭建测试环境。特别技术要求的需要项目组和其他相关职能部门的配合。
- 测试工程师检查测试设计入口条件；根据《用例规约》《补充规约》《界面原型》《词汇表》进行测试用例设计。
- 测试工程师组织《系统测试用例》评审，测试组长根据评审意见审批《系统测试用例》。
- 测试工程师定义系统测试用例执行过程，并更新《系统测试用例》。
- 测试工程师检查测试执行入口条件，从受控库获取测试版本，执行系统测试并记录测试结果。
- 系统测试进入产品稳定期，由测试工程师召开缺陷评审会议；测试工程师对整个系统测试过程进行总结和评价，形成《软件缺陷清单》《系统测试评估摘要》《系统测试总结报告》，并将系统测试过程的文档报送给项目组和测试组长。测试组长每月初（或事件驱动）汇总、整编上月的《产品质量简报》，报送给事业部总经理和项目办。
- 如果根据系统测试结果，产品得以批准通过，系统测试工程师卸载被测软件，进行环境初始化，系统测试结束，转入验收测试阶段；否则视批示意见进行。

5.9.5 验收测试

验收测试是软件开发结束后，软件产品投入实际应用以前进行的最后一次质量检验活动。它要回答开发的软件产品是否符合预期的各项要求，以及用户能否接受的问题。由于不只是检验软件某个方面的质量，而是要进行全面的质量检验，并且要决定软件是否合格，因此验收测试是一项严格的正式测试活动。需要根据事先制订的计划，进行软件配置评审、功能测试、性能测试等多方面检测。

用户验收测试可以分为两个大的部分，即软件配置审核和可执行程序测试，其大致顺序可分为：文档审核、源代码审核、配置脚本审核、测试程序或脚本审核、可执行程序测试。

要注意的是，在开发方将软件提交用户方进行验收测试之前，必须保证开发方本身已经对软件的各方面进行了足够的正式测试（当然，这里的“足够”，本身是很难准确定量的）。

用户验收测试的每一个相对独立的部分，都应该有目标（本步骤的目的）、启动标准（着手本步骤必须满足的条件）、活动（构成本步骤的具体活动）、完成标准（完成本步骤要满足的条件）和度量（应该收集的产品与过程数据）。在实际验收测试过程中，收集度量数据，不是一件容易的事情。

1. 软件配置审核

对于一个外包的软件项目而言，软件承包方通常要提供如下相关的软件配置内容。

- 可执行程序、源程序、配置脚本、测试程序或脚本。
- 主要的开发类文档：《需求分析说明书》《概要设计说明书》《详细设计说明书》《数据库设计说明书》《测试计划》《测试报告》《程序维护手册》《程序员开发手册》《用户操作手册》《项目总结报告》。
- 主要的管理类文档：《项目计划书》《质量控制计划》《配置管理计划》《用户培训计划》《质量总结报告》《评审报告》《会议记录》《开发进度月报》。在开发类文档中，容易被忽视的文档有《程序维护手册》和《程序员开发手册》。

《程序维护手册》的主要内容包括：系统说明（包括程序说明）、操作环境、维护过程、源代码清单等，编写目的是为将来的维护、修改和再次开发工作提供有用的技术信息。

《程序员开发手册》的主要内容包括：系统目标、开发环境使用说明、测试环境使用说明、编码规范及相应的流程等，实际上就是程序员的培训手册。

不同大小的项目，都必须具备上述的文档内容，只是可以根据实际情况进行重新组织。

对上述的提交物，最好在合同中规定阶段提交的时机，以免发生纠纷。

通常，正式的审核过程分为 5 个步骤：计划、预备会议（可选）、准备阶段、审核会议和问题追踪。预备会议是对审核内容进行介绍并讨论。准备阶段就是各责任人事先审核并记录发现的问题。审核会议是最终确定工作产品中包含的错误和缺陷。

审核要达到的基本目标是：根据共同制定的审核表，尽可能地发现被审核内容中存在的问题，并最终得到解决。在根据相应的审核表进行文档审核和源代码审核时，还要注意文档与源代码的一致性。

在实际的验收测试执行过程中，常常会发现文档审核是最难的工作，一方面由于市场需求等方面的压力使这项工作常常被弱化或推迟，造成持续时间变长，加大文档审核的难度；另一方面，文档审核中不易把握的地方非常多，每个项目都有一些特别的地方，而且很难找到可用的参考资料。

2. 可执行程序的测试

在文档审核、源代码审核、配置脚本审核、测试程序或脚本审核都顺利完成后，就可以进行验收测试的最后一个步骤——可执行程序的测试，它包括功能、性能等方面的测试，每种测试也都包括目标、启动标准、活动、完成标准和度量等五部分。

要注意的是不能直接使用开发方提供的可执行程序用于测试，而要按照开发方提供的编译步骤，从源代码重新生成可执行程序。

在真正进行用户验收测试之前一般应该已经完成了以下工作（也可以根据实际情况有选择地采

用或增加）。

- 软件开发已经完成，并全部解决了已知的软件缺陷。
- 验收测试计划已经过评审并批准，并且置于文档控制之下。
- 对软件需求说明书的审查已经完成。
- 对概要设计、详细设计的审查已经完成。
- 对所有关键模块的代码审查已经完成。
- 对单元、集成、系统测试计划和报告的审查已经完成。
- 所有的测试脚本已完成，并至少执行过一次，且通过评审。
- 使用配置管理工具且代码置于配置控制之下。
- 软件问题处理流程已经就绪。
- 已经制定、评审并批准验收测试完成标准。

具体的测试内容通常可以包括：安装（升级）、启动与关机、功能测试（正例、重要算法、边界、时序、反例、错误处理）、性能测试（正常的负载、容量变化）、压力测试（临界的负载、容量变化）、配置测试、平台测试、安全性测试、恢复测试（在出现断电、硬件故障或切换、网络故障等情况时，系统是否能够正常运行）、可靠性测试等。

性能测试和压力测试一般情况下是在一起进行的，通常还需要辅助工具的支持。在进行性能测试和压力测试时，测试范围必须限定在那些使用频度高的和时间要求苛刻的软件功能子集中。由于开发方已经事先进行过性能测试和压力测试，因此可以直接使用开发方的辅助工具，也可以通过购买或自己开发来获得辅助工具。具体的测试方法可以参考相关的软件工程书籍。

如果执行了所有的测试案例、测试程序或脚本，用户验收测试中发现的所有软件问题都已解决，而且所有的软件配置均已更新和审核，可以反映出软件在用户验收测试中所发生的变化，用户验收测试就完成了。验收测试工作流程如图 5-12 所示。

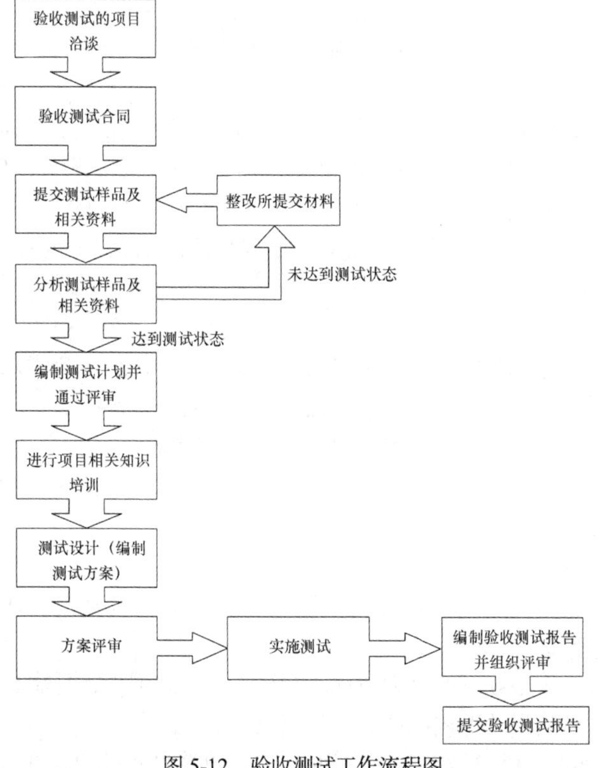

图 5-12　验收测试工作流程图

验收测试工作流程说明和注意事项如下。

- 验收测试业务洽谈。
- 双方就测试项目及合同进行洽谈。
- 签订测试合同。
- 委托方提交测试样品及相关资料。

委托方需提交的文档如下。

- 基本文档（验收测试必需的文档）。
- 用户手册。
- 安装和维护手册。
- 软件样品（可刻录在光盘）。
- 特殊文档。
- 软件产品开发过程中的测试记录。

软件产品源代码如下。

- 编制测试计划并通过评审。
- 进行项目相关知识培训。
- 测试设计。评测中心编制测试方案和设计测试用例集。
- 方案评审。评测中心测试组成员、委托方代表一起对测试方案进行评审。
- 实施测试。评测中心对测试方案进行整改，并实施测试。在测试过程中每日提交测试事件报告给委托方。
- 编制验收测试报告并组织评审。评测中心编制验收测试报告，并组织内部评审，提交验收测试报告。

5.10 调试

调试（也称为纠错）作为成功测试的后果出现，也就是说，调试是在测试发现错误之后排除错误的过程。虽然调试应该而且可以是一个有序的过程，但目前它在很大程度上仍然是一项技巧。软件工程师在评估测试结果时，往往仅面对着软件错误的症状，也就是说，软件错误的外部表现和它内在原因之间可能并没有明显的联系。调试就是把症状和原因联系起来的尚未被人深入认识的智力过程。

5.10.1 调试过程

调试不是测试，但是它总是发生在测试之后。调试过程从执行一个测试用例开始，评估测试结果，如果发现实际结果与预期结果不一致，则这种不一致就是一个症状，它表明在软件中存在着隐藏的问题。调试过程试图找出产生症状的原因，以便改正错误。

调试过程总会有以下两种结果之一。

（1）找到问题的原因并把问题改正和排除。

（2）没有找出问题的原因。

在后一种情况下，调试人员可以猜想一个原因，并设计测试用例来验证这个假设，重复此过程直至找到原因并改正错误。

调试是软件开发过程中最艰巨的脑力劳动。调试工作如此困难，可能心理方面的原因多于技术方面的原因，但是，软件错误的下述特征也是相当重要的原因。

① 症状和产生症状的原因可能在程序中相距甚远，即症状可能出现在程序的一个部分，而实际

的原因可能在与之相距很远的另一部分。紧耦合的程序结果更加剧了这种情况。

② 当改正了另一个错误之后，症状可能暂时消失了。

③ 症状可能实际上并不是由错误引起的。

④ 症状可能是由不易跟踪的人为错误引起的。

⑤ 症状可能是由定时问题而不是由处理问题引起的。

⑥ 可能很难重新产生完全一样的输入条件。

⑦ 症状可能时有时无，这种情况在硬件和软件紧密地耦合在一起的嵌入式系统中特别常见。

⑧ 症状可能是由分布在许多任务中的原因引起的，这些任务运行在不同的处理机上。

在调试过程中会遇到从恼人的小错误到灾难性的大错误等各种不同的错误。错误的后果越严重，查找错误原因的压力也越大。通常，这种压力会导致软件开发人员在改正一个错误的同时引入两个甚至更多个错误。

5.10.2　调试途径

无论采用什么方法，调试的目标都是寻找软件错误的原因并改正错误。一般来说，有下列 3 种调试途径可以采用。

1. 蛮干法

蛮干法可能是寻找软件错误原因的最低效的方法。仅当所有其他方法都失败的情况下，才应该使用这种方法。按照“让计算机自己寻找错误”的策略，这种方法输出内存的内容，激活对运行过程的跟踪，并在程序中到处都写上输出语句，希望在某个地方发现错误原因的线索。虽然所生成的大量信息也可能最终导致调试成功，但是在更多情况下，这样做只会浪费时间和精力。在使用任何一种调试方法之前，必须首先进行周密的思考，必须有明确的目的，应该尽量减少无关信息的数量。

2. 回溯法

回溯是一种相当常用的调试方法，当调试小程序时这种方法是有效的。具体做法是，从发现症状的地方开始，人工沿程序的控制流往回追踪分析源程序代码，直到找出错误原因为止。但是，随着程序规模的扩大，应该回溯的路径数目也变得越来越大，以致彻底回溯编程完全不可能。

3. 原因排除法

对分查找法、归纳法和演绎法都属于原因排除法。

对分查找法的基本思路是，如果已经知道每个变量在程序内若干个关键点的正确值，则可以用赋值语句或输入语句在程序中点附近“注入”这些变量的正确值，然后运行程序并检查所得到的输出。如果输出结果是正确的，则错误原因在程序的前半部分；反之，错误原因在程序的后半部分。对错误原因所在的那部分再重复使用这个方法，直到把出错范围缩小到容易诊断的程度为止。

归纳法是从个别现象推断出一般性结论的思维方法。使用这种方法调试程序时，首先把和错误有关的数据组织起来进行分析，以便发现可能的错误原因。然后导出对错误原因的一个或多个假设，并利用已有的数据来证明或排除这些假设。当然，如果已有的数据尚不足以证明或排除这些假设，则需设计并执行一些新的测试用例，以获得更多的数据。

演绎法从一般原理或前提出发，经过排除和精化的过程推导出结论。采用这种方法调试程序时，首先设想出所有可能的出错原因，然后试图用测试来排除每一个假设的原因。如果测试表明某个假设的原因可能是真的原因，则对数据进行细化以准确定位错误。

上述 3 种调试途径都可以使用调试工具辅助完成，但是工具并不能代替对全部设计文档和源程序的仔细分析与评估。

如果用遍了各种调试方法和调试工具却仍然找不到错误原因，则应该向同行求助。把遇到的问题向同行陈述并一起分析讨论，往往能开阔思路，较快找出错误原因。

一旦找到了错误就必须改正它，但是，改正一个错误可能引入更多的其他错误，以致"得不偿失"。因此，在动手改正错误之前，软件工程师应该仔细考虑下述 3 个问题。

① 是否同样的错误也在程序其他地方存在？在许多情况下，一个程序错误是由错误的逻辑思维模式造成的，而这种逻辑思维模式也可能用在别的地方。仔细分析这种逻辑模式，有可能发现其他错误。

② 将要进行的修改可能会引入的"下一个错误"是什么？在改正错误之前应该仔细研究源程序，以评估逻辑和数据结构的耦合程度。如果所要做的修改位于程序的高耦合段中，则修改时必须特别小心谨慎。

③ 为防止今后出现类似的错误，应该做什么？如果不仅修改了软件产品，还改进了开发软件产品的软件过程，则不仅排除了现有程序中的错误，还避免了今后在程序中可能出现的错误。

5.11 测试设计和管理

5.11.1 错误曲线

在软件开发的过程中，利用测试的统计数据，估算软件的可靠性，以控制软件的质量是至关重要的。

估算错误产生频度的一种方法是估算平均失效等待时间 *MTTF*（Mean Time To Failure）。*MTTF* 估算公式（Shooman 模型）是

$$MTTF=\frac{1}{K(E_Y/I_Y-E_G(t)/I_Y)}$$

其中，K 是一个经验常数，美国一些统计数字表明，K 的典型值是 200；E_Y 是测试之前程序中原有的故障总数；I_Y 是程序长度（机器指令条数或简单汇编语句条数）；t 是测试（包括排错）的时间；$E_G(t)$ 是在 0～t 期间内检出并排除的故障总数。

公式的基本假定是单位（程序）长度中的故障数 E_Y/I_Y 近似为常数，它不因测试与排错而改变；故障检出率正比于程序中的残留故障数，而 *MTTF* 与程序中的残留故障数成正比；故障不可能完全检出，但一经检出应立即得到改正。

下面对此问题做一分析。设 $E_G(t)$ 是 0～t 时间内检出并排除的故障总数，t 是测试时间（月），则在同一段时间 0～t 内的单条指令累积规范化排除故障数曲线 $\varepsilon_c(\tau)$为 $\varepsilon_c(\tau)=\frac{E_Y}{I_Y}(1-e^{-K_1\tau})$，这条曲线开始呈递增趋势，然后逐渐和缓，最后趋近于一条水平的渐近线 E_Y/I_Y。利用公式的基本假定：故障检出率（排错率）正比于程序中的残留故障数且残留故障数必须大于零，经过推导得 $\varepsilon_C(\tau)=\frac{E_Y}{I_Y}(1-e^{-K_1\tau})$，这就是故障累积的 S 型曲线模型，如图 5-13 所示。

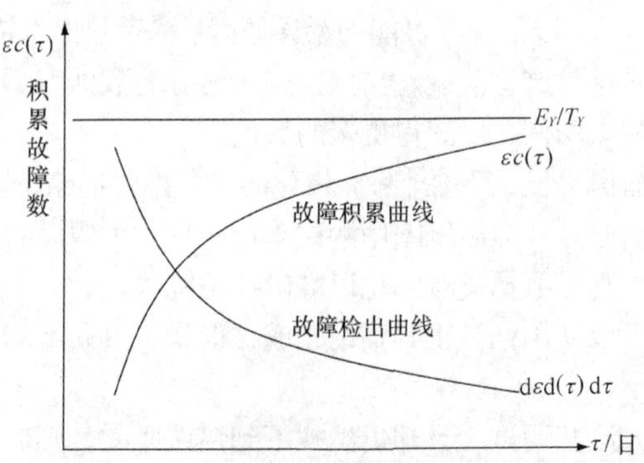

图 5-13 故障累积曲线与故障检出曲线

5.11.2　测试用例设计

测试用例可以写得很简单，也可以写得很复杂。最简单的测试用例是测试的纲要，仅仅指出要测试的内容，如探索性测试（Exploratory Testing）中的测试设计，仅会指出需要测试产品的哪些要素、需要达到的质量目标、需要使用的测试方法等。而最复杂的测试用例就像飞机维修人员使用的工作指令卡一样，会指定输入的每项数据、期待的结果及检验的方法，具体到界面元素的操作步骤，指定测试的方法和工具等。

测试用例写得过于复杂或过于详细，会带来两个问题：一个是效率问题，另一个是维护成本问题。另外，测试用例设计得过于详细，留给测试执行人员的思考空间就比较少，容易限制测试人员的思维。

测试用例写得过于简单，则可能失去了测试用例的意义。过于简单的测试用例设计其实并没有进行"设计"，只是把需要测试的功能模块记录下来而已，它的作用仅仅是在测试过程中作为一个简单的测试计划，提醒测试人员测试的主要功能包括哪些而已。测试用例的设计的本质应该是在设计的过程中理解需求、检验需求，并把对软件系统的测试方法的思路记录下来，以便指导将来的测试。

大多数测试团队编写的测试用例的粒度介于两者之间。而如何把握好粒度是测试用例设计的关键，也将影响测试用例设计的效率和效果。我们应该根据项目的实际情况、测试资源情况来决定设计出怎样粒度的测试用例。

1. 基本路径测试用例设计

路径测试是确定组件实现中错误的白盒测试技术，它假设通过至少一次代码的所有可能路径，大多数错误将引起故障。路径测试是在程序控制流图的基础上，分析控制构造的环路复杂性，导出基本可执行路径集合，由此设计测试用例，并保证在测试中程序的每一个可执行语句至少要执行一次。

下面是选择排序的程序，其中 datalist 是数据表，它有两个数据成员：一个是元素类型为 Element 的数组 V，另一个是数组大小 n。算法中用到两个操作，一是取某数组元素 V[i]的关键码操作 getKey ( )，一是交换两数组元素内容的操作 Swap( )。

```
Void Selectsort( datalist & list) {
   for (int i=0; i<list.n-1; i++) {
     int k=i;
     for (int j=i+1; j<list.n; j++)
       if (list.v[j].getkey() < list.v[k].getkey()) k=j;
     if(k!=i) Swap(list.v[i], list.v[k]);
   }
}
```

设计测试用例。

首先画出该程序的流程图，如图 5-14 所示，再找出图中的所有独立路径，所谓独立路径，是指包括一组以前没有处理的语句或条件的一条路径。

显然，该图有 5 条独立路径。

path1：1 – 3

path2：1 – 2 – 5 – 8 ……

path3：1 – 2 – 5 – 9 ……

path4：1 – 2 – 4 – 6 ……

path5：1 – 2 – 4 – 7 ……

对 5 条路径设计的测试用例见表 5-6。

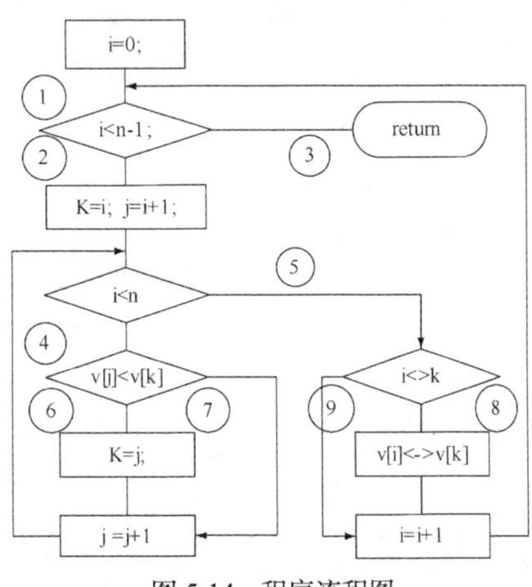

图 5-14　程序流程图

表 5-6 上述每个路径设计测试用例

序号	输入	期望输出	说明
1	n=1	v 保持值不变	path1
2	n=2	路径 5—8—3 不可到达	path2：路径 1—2—5—8—3
3	n=2	路径 5—9—3 不可到达	path3：路径 1—2—5—9—3
4	n=2，v[0]=2，v[1]=1	k=1，v[0]=1，v[1]=2	路径 1—2—4—6—5—8—3
5	n=2，v[0]=2，v[1]=1	k=1，路径 9—3 不可到达	路径 1—2—4—6—5—9—3
6	n=2，v[0]=2，v[1]=1	k=0，路径 8—3 不可到达	路径 1—2—4—7—5—8—3
7	n=2，v[0]=2，v[1]=1	k=0，v[0]=1，v[1]=2	路径 1—2—4—7—5—9—3

2. 等价类划分边界值分析测试用例设计

请使用等价类划分和边界值分析的方法，如图 5-15 所示，设计 Date 类 decrease()方法的测试用例。

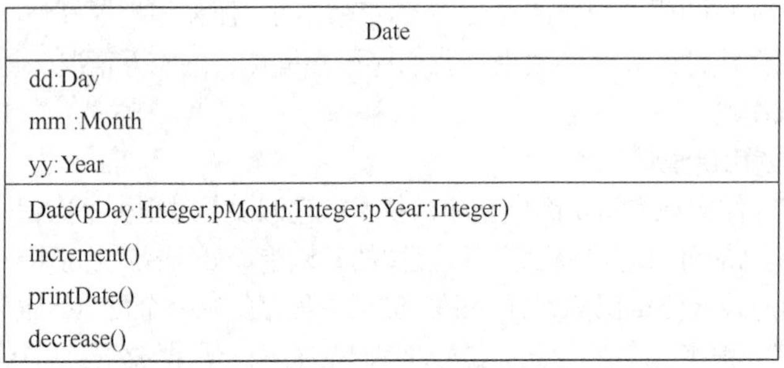

Date
dd:Day mm :Month yy:Year
Date(pDay:Integer,pMonth:Integer,pYear:Integer) increment() printDate() decrease()

图 5-15 类图

从等价类划分考虑，“年份”存在闰年和非闰年，“月份”存在 31 天月、30 天月和 2 月；从边界值考虑，一个月的最后一天和 12 月 31 日。

综上考虑，我们可以选择一种等价类划分。

D1 = {1≤date < 本月最后一天}

D2 = {本月最后一天}

D3 = {12 月 31 日}

M1 = {30 天月}

M2 = {31 天月}

M3 = {2 月}

Y1 = {2000}

Y2 = {闰年}

Y3 = {非闰年}

考虑有效等价类、无效等价类和边界值的情况，我们可以得到表 5-7 所示的测试用例。

表 5-7 测试用例

序号	输入			期望输出
	mm	dd	yy	
1	2	14	2000	2000 年 2 月 15 日
2	2	14	1996	1996 年 2 月 15 日
3	2	14	2002	2002 年 2 月 15 日

续表

序号	输入			期望输出
	mm	dd	yy	
4	2	28	2000	2000 年 2 月 29 日
5	2	28	1996	1996 年 2 月 29 日
6	2	28	2002	2002 年 3 月 1 日
7	2	29	2000	2000 年 3 月 1 日
8	2	29	1996	1996 年 3 月 1 日
9	2	29	2002	无效的输入日期
10	2	30	2000	无效的输入日期
11	2	30	1996	无效的输入日期
12	2	30	2002	无效的输入日期
13	6	14	2000	2000 年 6 月 15 日
14	6	14	1996	1996 年 6 月 15 日
15	6	14	2002	2002 年 6 月 15 日
16	6	29	2000	2000 年 6 月 30 日
17	6	29	1996	1996 年 6 月 30 日
18	6	29	2002	2002 年 6 月 30 日
19	6	30	2000	2000 年 7 月 1 日
20	6	30	1996	1996 年 7 月 1 日
21	6	30	2002	2002 年 7 月 1 日
22	6	31	2000	无效的输入日期
23	6	31	1996	无效的输入日期
24	6	31	2002	无效的输入日期
25	8	14	2000	2000 年 8 月 15 日
26	8	14	1996	1996 年 8 月 15 日
27	8	14	2002	2002 年 8 月 15 日
28	8	29	2000	2000 年 8 月 30 日
29	8	29	1996	1996 年 8 月 30 日
30	8	29	2002	2002 年 8 月 30 日
31	8	30	2000	2000 年 8 月 31 日
32	8	30	1996	1996 年 8 月 31 日
33	8	30	2002	2002 年 8 月 31 日
34	8	31	2000	2000 年 9 月 1 日
35	8	31	1996	1996 年 9 月 1 日
36	8	31	2002	2002 年 9 月 1 日
37	12	31	2000	2001 年 1 月 1 日
38	12	31	1996	1997 年 1 月 1 日

续表

序号	输入			期望输出
	mm	dd	yy	
39	12	31	2002	2003 年 1 月 1 日
40	13	14	2000	无效的输入日期
41	13	30	1996	无效的输入日期
42	13	31	2002	无效的输入日期
43	3	0	2000	无效的输入日期
44	3	32	1996	无效的输入日期
45	9	14	0	无效的输入日期
46	0	0	0	无效的输入日期
47	–1	14	2000	无效的输入日期
48	11	–1	2002	无效的输入日期

3. 灰盒测试

（1）测试用例。

测试用例可根据系统工程算法、详细设计、软件要求或实际代码生成。这些资源的任何结合都可生成功能上或结构上的测试用例。

（2）产生基于测试用例的要求。

灰盒测试法是专门为嵌入式软件研制的。嵌入式软件的关键算法通常是由系统工程组制定的。在需求分析阶段，分配给软件的要求和算法，通常作为输入提供给软件工程组。系统要求、算法常常是用 FORTRAN、C 语言作为编码语言在系统的软件模拟中制定和检验的。得到的软件要求在多数情况下是算法语句。即 FORTRAN、C 语言的系统的软件模拟中制定和检验的。不管要求是用可执行的需求规范语言说明还是嵌入在现行系统模拟中，这些需求信息总是可用来产生基于测试用例的要求。

（3）测试执行环境。

产生基于测试用例的要求后，必须将受测软件放在模拟受测软件的环境中，提取实际的结果。灰盒测试工具具有足够的智能，生成要求的驱动器和插头。最后，得到的实际结果要根据基于测试用例产生的要求得到的期望结果进行检验。

受试软件必须在不同层次上进行检验。第一层是单元级。将受试软件放在能够提取模块规范并能产生调用受试单元的驱动器的环境中。被受试模块调用的所有模块，如果不存在，就会自动地被打桩。灰盒测试法支持桩数据通过 MTIF 文件返回。灰盒测试法支持所有测试软件的自动代码生成（驱动器、桩模块、结果检验）。

（4）灰盒测试工具。

美国 Cleanscape 公司在 2002 年研制出了灰盒测试软件工具，可进行白盒测试、黑盒测试、回归测试、判定测试和变异测试，方法非常简单。灰盒扫描源代码，自动生成输入表、输入值及期望的结果。然后，测试器将列表值和期望的结果存储起来。然后进行灰盒测试，将实际结果与期望的结果进行比较，给出分析结果。具体步骤如图 5-16 所示。

① 模块测试器从模块测试输入文件（MTIF）读出输入参数和期望值。

② 模块测试器将输入参数送给模块驱动器，执行测试用例。

③ 模块驱动器调入受试模块（MUT），并传送输入值。

④ 受试模块用提供的输入值完成其任务，产生结果。

⑤ 模块驱动器将获得的输出送到模块测试器。

⑥ 模块测试器将执行受试模块的实际结果与 MTIF 中规定的期望结果进行比较。将比较的结果存入模块测试输出文档（MTOF）中。

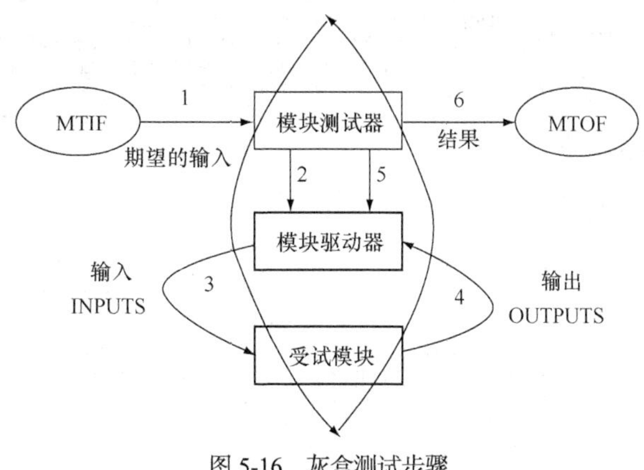

图 5-16　灰盒测试步骤

4. 基于状态的测试

基于状态的测试主要考虑面向对象系统，它根据系统的特定状态选择大量的测试输入，测试某个组件或系统，并将实际的输出与预期的结果相比较。在类环境中，类的 UML 状态图可以导出测试用例组成基于状态的测试。

用这种方法设计测试用例的原则如下。

① 测试每一状态的每一种内部转换，验证程序在正常状态转换下与设计需求的一致性。

② 测试每一状态中每一种内部转换的监护条件，考虑条件为真、为假以及条件参数处于极限值附近的情况。

③ 测试每一状态中是否可能发生奇异的内部转换。

④ 测试状态与状态之间的每一条转换路径，验证程序在合法条件下行为的正确性。

⑤ 测试状态与状态之间每一条转换路径的监护条件，考虑条件为真、为假以及条件参数处于极限值附近的情况。

⑥ 分析状态与状态之间可能发生的异常转换，并设计测试用例。

⑦ 将系统看作一个整体，针对系统的典型功能设计测试用例。

图 5-17 所示是一个 20 位的二进制加法器，它所实现的功能如下。

① 点击“C”键：清除结果。

② 点击“0”键：输出 0。

③ 点击“1”键：输出 1。

④ 点击“+”键：输出+。

⑤ 点击“=”键：显示计算结果。

图 5-17　二进制加法器

首先画出二进制加法器的状态图（见图 5-18），再根据上述状态图设计测试用例的基本原则，将二进制加法器设计成 3 组测试用例，分别用于测试状态图中 3 个状态各自内部的转换、3 个状态之间的转换以及加法算式的正确性。

在下面列出的 3 组测试用例（见表 5-8 至表 5-10）中，使用状态 1 表示二进制加法器状态图中的 Enter Op1、状态 2 表示 Enter Op2、状态 3 表示 Display result。另外，所有测试用例的执行要求：每次测试开始前需重新启动程序或者按 C 键复位，按照按键序列依次输入，并查看结果框中是否有期望的输出结果。

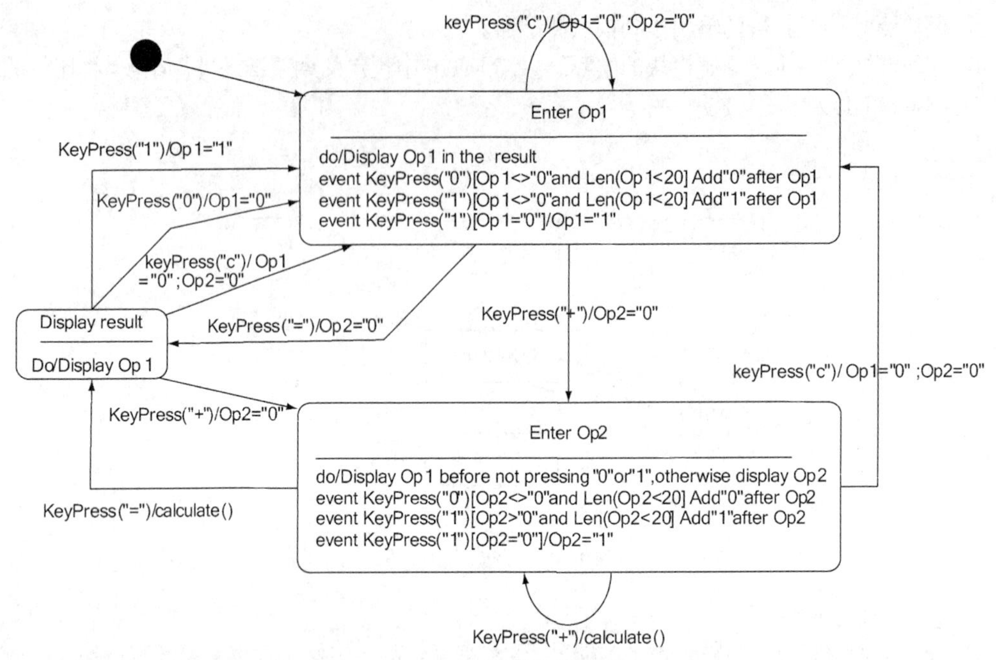

图 5-18 测试用例状态图

表 5-8 第一组测试用例：用于测试状态图中 3 个状态间的转换

序号	测试目的	按键序列	期望输出
1	启动程序后，状态 1 的稳定态	启动程序，不按任何键	0
2	状态 1 下输入 0，[Op1=0]	0	0
3	状态 1 下输入 0，[Op1=0]	0（5 次）	0
4	状态 1 下输入 1，[Op1=0]	1	1
5	状态 1 下输入 0，[Op1<>0]	1 0	10
6	状态 1 下输入 1，[Op1<>0]	1 1	11
7	状态 1 下输入 0，[Op1<>0]	1（5 次）0	111110
8	状态 1 下输入 1，[Op1<>0]	1（5 次）1	111111
9	状态 1 下输入 0，[Len（Op1）= 19]	1（19 次）0	11111111111111111110
10	状态 1 下输入 0，[Len（Op1）= 20]	1（20 次）0	11111111111111111111
11	状态 1 下输入 0，[Len（Op1）= 20]	1（20 次）0	11111111111111111111
12	状态 1 下输入 1，[Len（Op1）= 20]	1（20 次）1	11111111111111111111
13	状态 1 下输入 0，[Len（Op1）= 20]	1（20 次）0（5 次）	11111111111111111111
14	状态 1 下输入 1，[Len（Op1）= 20]	1（20 次）1（5 次）	11111111111111111111
15	状态 2 未发生输入的稳定态	+	0
16	状态 2 未发生输入的稳定态	1 +	1
17	状态 2 下输入 0，[Op1<>0， op2=0]	+ 0	0
18	状态 2 下输入 0，[Op1<>0， op2=0]	1 + 0（5 次）	1
19	状态 2 下输入 1，[Op1=0， op2=0]	+ 1	1
20	状态 2 下输入 1，[Op1<>0， op2=0]	1 + 1	1

续表

序号	测试目的	按键序列	期望输出
21	状态 2 下输入 0，[Op2<>0]	1 + 10	10
22	状态 2 下输入 1，[Op2<>0]	1 + 11	11
23	状态 2 下输入 0，[Op2<>0]	1 + 10（5 次）	100000
24	状态 2 下输入 1，[Op2<>0]	1 + 11（5 次）	111111
25	状态 2 下输入 0，[Len（Op2）=19]	1 + 10（18 次）0	10000000000000000000
26	状态 2 下输入 1，[Len（Op2）=19]	1 + 10（18 次）1	10000000000000000001
27	状态 2 下输入 0，[Len（Op2）=20]	1 + 10（19 次）0	10000000000000000000
28	状态 2 下输入 1，[Len（Op2）=20]	1 + 10（19 次）1	10000000000000000000
29	状态 2 下输入 1，[Len（Op2）=20]	1 + 10（19 次）1（5 次）	10000000000000000000
30	状态 3 下的稳定状态	1 + 1 =	10
31	状态 3 下连续按等号键，不发生转换	1 + 1 =（5 次）	10

表 5-9　　第二组测试用例：用于测试状态图中 3 个状态间的转换

序号	测试目的	按键序列	期望输出
1	状态 1 转换到自身	C	0
2	状态 1 转换到自身	1 C	0
3	状态 1 转换到自身	1 C（3 次）	0
4	状态 1 转换到自身	10（4 次）C	0
5	状态 1 转换到状态 2	+ 1 0 1 0	1010
6	状态 1 转换到状态 2	+ + + 1 0 1 0	1010
7	状态 1 转换到状态 2	1 1 0 + 1 0 1 0	1010
8	状态 2 转换到状态 1	+ 1 0 1 C	0
9	状态 2 转换到状态 1	+ 1 C C C	0
10	状态 2 转换到状态 1	1 + 1 C 1	1
11	状态 2 转换到状态 1	1 + 1 +	10
12	状态 2 转换到自身	1 + 1 + 1 + + +	10
13	状态 2 转换到自身	1 + 1 + 1 + 1 +	11
14	状态 2 转换到自身	1 + + + 1 + 1 + + +	11
15	状态 2 转换到自身	11 + 101 + 100 +	1100
16	状态 2 转换到自身 [累加和等于 20 位]	10（19 次）+ 1 + 10（18 次）+	11000000000000000001
17	状态 2 转换到自身 [累加和超过 20 位]	10（19 次）+ 1 + 10（19 次）+	0
18	状态 2 转换到状态 3	1 + 1 =	10
19	状态 2 转换到状态 3	1 +（3 次）1 =（3 次）	10
20	状态 2 转换到状态 3 [结果等于 20 位]	10（18 次）+ 10（18 次）=	10000000000000000000

续表

序号	测试目的	按键序列	期望输出
21	状态 2 转换到状态 3 [结果超过 20 位]	10（19 次）+ 10（19 次）=	0
22	状态 3 转换到状态 2	1 + 1 = + 1	1
23	状态 3 转换到状态 2 再转换到状态 3	1 + 1 = + 1 =	11
24	状态 1 转换到状态 3	=	0
25	状态 1 转换到状态 3	1 =	1
26	状态 3 转换到状态 1 （复位操作）	1 + 1 = C	0
27	状态 3 转换到状态 1 （复位操作）	1 + 1 = C（5 次）	0
28	状态 3 转换到状态 1 （输入操作数）	1 + 1 = 0	0
29	状态 3 转换到状态 1 （输入操作数）	1 + 1 = 1	1
30	状态 3 转换到状态 1 （输入操作数）	1 + 1 = 110	110
31	状态 3 转换到状态 1 （输入操作数）	1 + 1 = 001100	1100

表 5-10　第三组测试用例：用于测试加法算式正确性

序号	测试目的	按键序列	期望输出
1	第一个操作数位数比第二个操作数位数少	101 + 10101101	10110010
2	第一个操作数位数比第二个操作数位数多	10101101 + 101	10110010
3	不带进位的加法	1000 + 110	1110
4	带进位的加法	1101 + 101	10010
5	混合了进位及不进位加法的累加式	1100001 + 1010 + 100001 + 110	10010010
6	一个操作数为 0 的情况	1010 + 0	1010
7	两个操作数为 0 的情况	0 + 0	0
8	计算结果为 20 位	1000000000000000000 + 1000000000000000000	10000000000000000000
9	一个操作数位数为 20 位	10000000000000000000 + 1101	10000000000000001101
10	一个操作数位数为 20 位（溢出）	10000000000000000000 + 10000000000000000000	0

5.12　软件测试工具

5.12.1　自动软件测试的优点

为了减轻测试的工作量，提高测试的工作效率和质量，很有必要开发一些工具使测试过程趋于自动化。通过自动化测试，可以使某些任务提高执行效率。除此之外，自动软件测试还有很多优点。

① 对程序的回归测试更方便。这是自动化测试最主要的任务，特别是在程序修改比较频繁时，效果是非常明显的。由于回归测试的动作和用例是完全设计好的，测试期望的结果也是完全可以预料的。将回归测试自动运行，可以极大地提高测试效率，缩短回归测试时间。

② 可以运行更多、更烦琐的测试。自动化的一个明显的好处是可以在较少的时间内运行更多的测试。

③ 可以执行一些手工测试困难或不可能进行的测试。比如，对于大量用户的测试，不可能同时让足够多的测试人员同时进行测试，但是却可以通过自动化测试模拟同时有许多用户，从而达到测试的目的。

④ 更好地利用资源。将烦琐的任务自动化，可以提高准确性和测试人员的积极性，将测试技术人员解脱出来投入更多精力设计更好的测试用例。有些测试不适合于自动测试，仅适合于手工测试，在可自动测试完成后，可以让测试人员专注于手工测试部分，提高手工测试的效率。

⑤ 测试具有一致性和可重复性。由于测试是自动执行的，每次测试的结果和执行的内容的一致性是可以得到保障的，从而达到测试的可重复效果。

⑥ 测试的复用性。由于自动测试通常采用脚本技术，这样就有可能只需要做少量的甚至不做修改，实现在不同的测试过程中使用相同的用例。

⑦ 可以让产品更快面向市场。自动化测试可以缩短测试时间和产品开发周期。

⑧ 增加软件信任度。由于测试是自动执行的，所以不存在执行过程中的疏忽和错误，完全取决于测试的设计质量。一旦软件通过了强有力的自动测试后，软件的信任度自然会增加。

总之，通过较少的开销获得更彻底的测试，提高软件质量，这是测试自动化的最终目的。

5.12.2　测试工具分类

不同的测试工具对于代码的覆盖能力也是不同的，通常能够支持修正条件判定覆盖的测试工具价格是极其昂贵的。

1. 黑盒测试（功能测试）工具

常用的黑盒测试工具如下。

① 功能测试工具：用于检测被测程序能否达到预期的功能要求并正常运行。

② 性能测试工具：性能测试工具有助于确定软件和系统的性能。有些工具还可用于自动多客户/服务器加载测试和性能测量，用来生成、控制并分析客户/服务器应用的性能，即性能测试又分为客户端的测试和服务器端的测试。客户端的测试主要关注应用的业务逻辑、用户界面和功能测试等，服务器端的测试主要关注服务器的性能，衡量系统的响应时间、事务处理速度和其他时间敏感等。

2. 白盒测试工具

白盒测试工具一般是针对被测源程序进行的测试，测试中发现的故障可以定位在代码级，根据测试工具的原理不同，又可分为静态测试工具和动态测试工具。

（1）静态测试工具

静态测试是指在不执行程序的情况下，对软件特性进行分析。静态分析主要集中在需求文档、设计文档以及程序结构上，可以进行类型分析、接口分析、输入/输出规格说明等。常用的静态分析工具有：McCabe &Associates 公司开发的 McCabe Visual Quality ToolSet 分析工具，ViewLog 公司开发的 LogiScope 分析工具，Software Research 公司开发的 TestWork/Advisor 分析工具及 Software Emancipation 公司开发的 Discover 分析工具等。

按照完成的职能不同，静态测试工具又有以下 9 种类型。

① 代码审查。代码审查工具能够帮助人们了解不太熟悉的代码，了解代码的相关性，跟踪程序逻辑，查看程序的图形表达，确认死代码，确定需要特别关照的区域，检查程序是否遵守了程序设计规则等。这类工具常称为代码审查器。

② 一致性检查。一致性检查即测试程序的各个单元是否使用了统一的记法或术语，这类工具通常用以检查是否遵循了设计规格说明。此类工具常称为一致性检查器。

③ 错误检查。错误检查用以确定差别，分析错误的严重性和原因。

④ 接口分析。接口分析即检查程序单元之间接口的一致性，以及是否遵循了预先确定的规则或原则。典型的接口分析包括检查传送给子程序的参数以及检查模块的完整性。此类工具称为接口检查器。

⑤ 输入/输出规格说明分析。输入/输出规格说明分析的目标是借助于分析输入/输出规格说明生成测试输入数据。

⑥ 数据流分析。数据流分析即检测数据的赋值与引用之间是否出现了不合理的现象，如引用未赋值的变量、对以前未曾引用变量的再次赋值等数据流异常现象。

⑦ 类型分析。类型分析即检测命名的数据项和操作是否得到了正确的使用。通常类型分析用以检测某一实体的值域（或函数等）是否按正确并且一致的形式构成。

⑧ 单元分析。单元分析即检测单元或构成实体的物理元件是否定义正确和使用一致。

⑨ 复杂度分析。80%的错误是由 20%的代码引起的。复杂度分析有助于确定分析领域中的风险，帮助工程师精确地计划他们的测试活动。换言之，那些标明为较复杂的代码域是必须补充一些测试用例进一步进行审查的域，一般认为是软件测试成本/进度或程序中存在故障的指示器。

（2）动态测试工具

动态测试工具与静态测试工具不同，动态测试工具直接执行被测程序以提供测试支持。它所支持的测试范围十分广泛，包括功能确认与接口测试、覆盖率分析、性能分析、内存分析等。动态测试工具的代表有 Compuware 公司开发的 DevPartner 软件、Rational 公司研制的 Purify 系列。

① 功能确认与接口测试。这部分的测试包括对各个模块功能、模块间的接口、局部数据结构、主要执行路径、错误处理等进行测试。

② 覆盖分析。一般来说，没有经过覆盖分析，软件在发行前仅有 50%的源程序被测试过。在近一半源代码没有被测试的情况下，大量的故障随软件一起被发行出去。在这种情况下，软件的质量、性能和功能不可能得到保障。此外，什么时候停止测试，是否要对程序做进一步的测试，对于测试工程师和测试管理人员来说是不知道的。通过引进测试覆盖概念，这些问题可以得到解决。

覆盖分析可以对测试质量提供定量的分析。换言之，覆盖分析对所涉及的程序结构元素进行度量，以确定测试执行的充分性。这种测试覆盖分析工具对于所有软件测试机构来说都是必不可少的，它可以告诉被测试软件中哪些部分已经被测试过，哪些部分还没有被覆盖到，需要进一步测试。

覆盖分析工具用于单元测试中。例如，测试对安全性要求较高或与安全有关的系统时，要求达到主要路径覆盖。此外，覆盖分析工具还可以度量设计层次结构，如调用树结构的覆盖率。

③ 性能分析。如果一个应用程序运行缓慢，开发人员很难发现哪里出了问题，程序的性能问题

得不到解决，将极大地影响程序的质量，于是查找并修改性能瓶颈已经成为改善整个系统性能的关键。

④ 内存分析。内存泄漏可能会导致系统运行崩溃。内存泄漏是指程序没有释放应该释放的内存单元块，这些内存块从可供分配给所有程序的内存中“漏”掉了。最后，这种故障将“吃”掉所有的内存，致使程序不能正常运行。如果这种故障出现在资源比较匮乏、应用非常广泛的系统中，将可能导致无法预料的重大损失。通过分析内存使用情况，可以了解程序内存分配的真实情况，发现内存的不正常使用，在问题出现前发现征兆，在系统崩溃前发现内存泄露错误，发现内存分配错误，找出发生故障的原因。

5.12.3　自动测试的相关问题

使用自动测试可能会遇到许多问题。下面是普遍存在的问题。

① 不现实的期望。容易对新工具持乐观态度，期望这种工具可以解决目前遇到的所有问题。

② 缺乏测试实践经验。如果缺乏测试实践经验，测试发现故障的能力较差，在这种情况下采用自动测试工具并不是一个好办法。改进测试的有效性比改进测试的效率要好得多。

③ 期望自动测试工具能取代手工测试。不可能也不能期望将所有测试都自动化。下列一些情况更适合进行手工测试。

- 测试很少运行。例如，一年只运行一次，这种情况下不值得将测试自动化。
- 软件不稳定。例如，如果软件从一个版本到另一个版本，在这期间，用户界面和功能频繁变化，那么修改相应的自动化测试的开销就会变大。
- 结果很容易由人来验证，但测试自动化实现很困难甚至是不可能的。例如，彩色模式的合适程度、屏幕轮廓的直观效果或选择指定的屏幕对象是否能播放正确的声音等。
- 涉及物理交互的测试，例如在读卡机上划片、断开某些设备的连接、开关电源等。

④ 期望自动测试发现新故障。不要期望自动测试能发现许多新的故障。测试在首次运行时最有可能发现故障，以后再运行相同的测试，发现新故障的可能性很小。

测试执行工具是一种回归测试工具，用于重复已经执行过的测试，因此，不能用来发现大量新的故障，特别是运行在以前相同的硬件和软件环境中。发现新故障应该是手工测试的主要目的。

⑤ 安全性错觉。没有发现任何故障并不意味软件没有故障，可能是测试不全面或测试本身就有故障。测试自动化工具只能判断实际结果和期望结果之间的差别。如果自动测试报告通过所有测试，只能说明实际结果与期望结果匹配。

⑥ 测试自动化不能提高有效性。自动化测试并不会比手工运行相同的测试更加有效，自动化只能提高测试的效率，即运行测试的开销和时间。

⑦ 自动测试的维护性。软件修改后，经常需要修改部分或全部测试，以便可以重新正确地运行，自动测试也是如此。当修改测试的费用比手工重新测试更高时，测试自动化将被放弃。

⑧ 测试自动化可能会制约软件开发。自动测试可能比手工测试更“脆弱”。软件部分改变有可能使自动测试软件崩溃。由于经济原因，对自动测试影响较大的软件修改可能受到限制。

⑨ 组织问题。自动测试实施起来并不简单。自动化测试的推行有很多阻力，比如机构是否重视，是否有这样的技术水平，由于测试脚本的维护工作量较大，是否值得维护等问题都必须考虑。

⑩ 工具本身没有想象力。工具毕竟是工具，人感官方面的东西，比如界面的美观、声音的体验、易用性等，只有靠人来测试，自动测试工具是无能为力的。测试工具与其他软件的互操作性，也是一个严重的问题。

测试自动化不仅仅与项目有关，在大型组织中，测试自动化很少根据一个项目进行评价，因为所有项目都可能面临许多问题而使收效甚微。应有标准确保测试机构中使用工具的一致性，否则每个小组开发自己的测试自动化方法，这样在测试人员之间很难互通或共享自动测试。

5.13 典型例题详解

例题 1（2014 年下半年软件设计师试题） 图 5-19 所示的程序流程图中有（1）条不同的简单路径。采用 McCabe 度量法计算该程序图的环路复杂性为（2）。

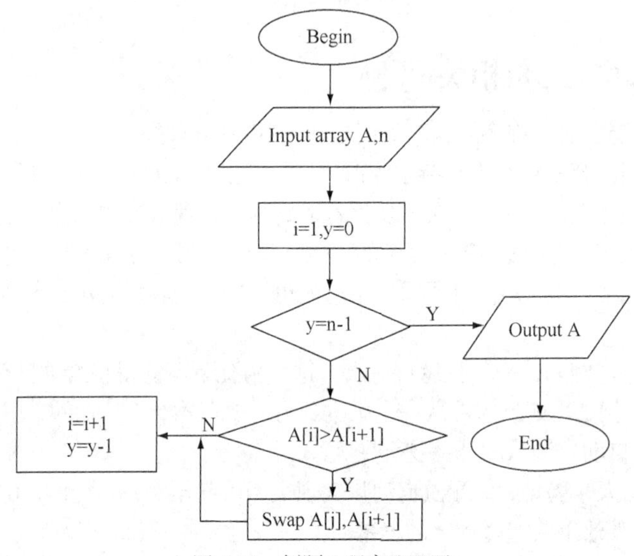

图 5-19 例题 1 程序流程图

（1）

A. 3 B. 4 C. 5 D. 6

（2）

A. 3 B. 4 C. 5 D. 6

分析：环形复杂度定量度量程序的逻辑复杂度。描绘程序控制流的流图之后，可以用下述 3 种方法中的任何一种来计算环形复杂度。

① 流图中的区域数等于环形复杂度。

② 流图 G 的环形复杂度 V(G)=E−N+2，其中，E 是流图中边的条数，N 是节点数。

③ 流图 G 的环形复杂度 V(G)=P+1，其中，P 是流图中判定节点的数目。

这种环路度量法的计算思路是这样的：它是考虑控制的复杂程度，即条件选择的分支繁杂程度。图中有 3 次简单的判断。故 3 条简单路径，形成 3 块环形区域，区域复杂度为 3。

简单路径是指顶点序列中不重复出现的路径，图中在 y=n−1 处有个判断，Y 情况下是一条简单路径，N 情况下在 A[i]>A[i+1]时，Y 和 N 有两条路，循环回 y=n−1，此时若取 Y，则多出两条简单路径，取 N 则顶点重复了，不再是简单路径，故图中有 3 条简单路径。

参考答案：（1）A （2）A

例题 2（2014 年上半年软件设计师试题） 采用白盒测试方法对图 5-20 进行测试，设计了 4 个测试用例：①（x=0,y=3），②（x=1,y=2），③（x=−1,y=2），④（x=3,y=1）。至少需要测试用例①②才能完成___（1）___覆盖，至少需要测试用例①②③或①②④才能完成___（2）___覆盖。

（1）A. 语句 B. 条件 C. 判定/条件 D. 路径

（2）A. 语句 B. 条件 C. 判定/条件 D. 路径

分析：该题主要考查百合测试。当 x=0，y=3 时，程序流程图中的第一个判定取值为真，且其中的两个条件也都取值为真，然后程序执行语句 A。当 x=1，y=2 时，程序流程图中的第一个判定取值为假，且其中的两个条件也都取值为假；然后程序执行第二个判定，结果取假，且第二个判定中的条件也都取值为假。当 x=−1，y=2 时，程序流程图中的第一个判定取值为假，且其中的两个条件也都取值为假。然后程序执行第二个判定，结果取真，且第二个判定中的条件 x<1 取真，y=1 取假。当 x=3，y=1 时，程序流程图中的第一个判定取值为假，且其中的两个条件也都取值为假。然后程序执行第二个判定，结果取真，且第二个判定中的条件 x<1 取假，y=1 取真。综上所述，可知道测试用例①②实现了语句覆盖，即图中的每条语句都至少执行了一次。如果要实现路径覆盖，即每条路径至少执行一次，根据分析可以知道，应该是①②③或①②④组合。

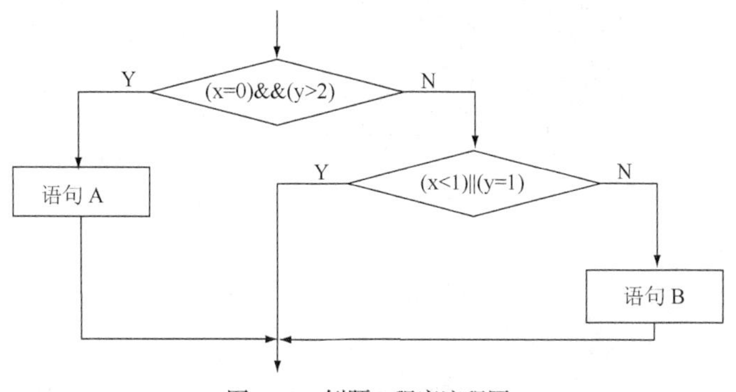

图 5-20　例题 2 程序流程图

参考答案：（1）A　（2）D

例题 3　程序 TRIANGLE 读入 3 个整数值，这 3 个整数代表三角形三边的长度，程序根据这个值判断三角形属于不等边、等腰或等边三角形中的哪一种。程序 TRIANGLE 的流程图和程序图如图 5-21 和图 5-22 所示。

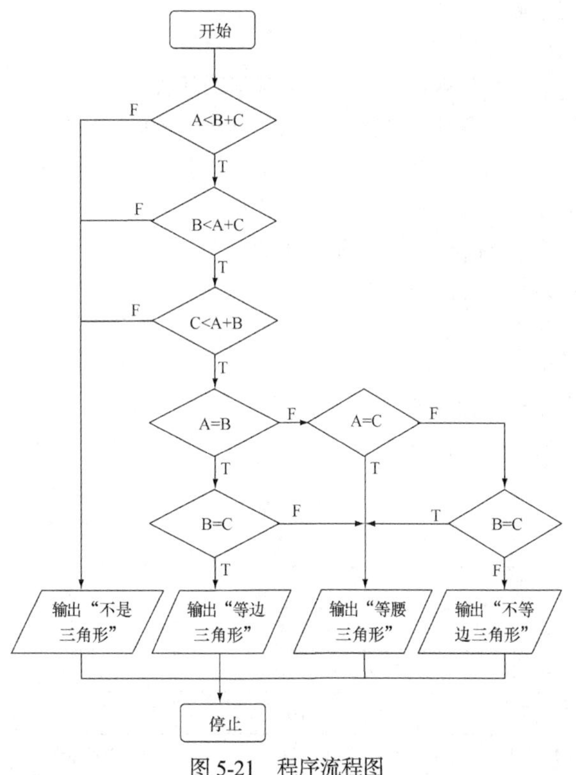

图 5-21　程序流程图

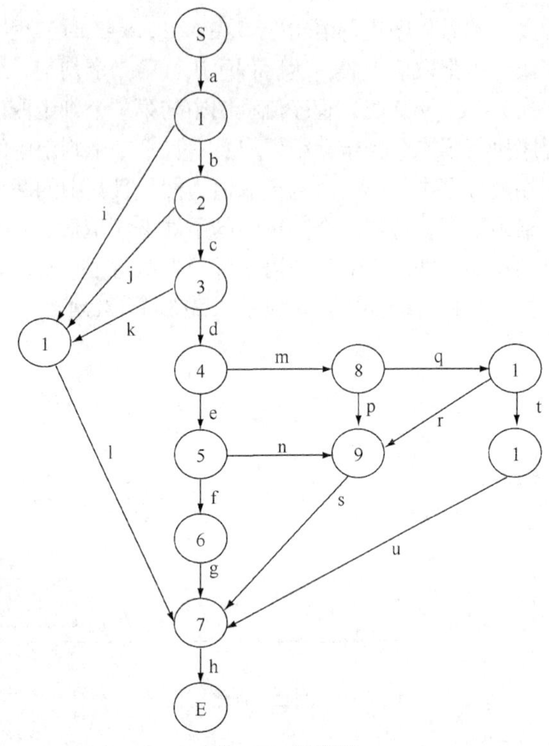

图 5-22　程序图

本例将首先采用黑盒法设计测试用例，然后用白盒法进行检验和补充，综合使用边界值分析、等价划分和错误推测等技术，可以设计出下述情况。

① 正常的不等边三角形。

② 正常的等边三角形。

③ 正常的等腰三角形，包括两条相等边的 3 种不同的排列方法。

④ 两边之和等于第三边的退化三角形，包括两种不同的排列方法。

⑤ 三条边不能构成三角形（即两边之和小于第三边），包括两种不同的排列方法。

⑥ 一条边的长度为 0，包括 3 种不同的排列方法。

⑦ 两条边的长度为 0，包括两种不同的排列方法。

⑧ 二条边的长度均为 0。

⑨ 输入的数据中包含负整数。

⑩ 输入数据不足 3 个。

⑪ 输入数据中包含非正整数的数据。

为了测试上述 11 种情况，设计测试用例如表 5-11 所示。

表 5-11　　程序 TRIANGLE 的测试用例

测试功能	测试数据			期望结果
	排列 1	排列 2	排列 3	
1. 等边	10、10、10	—、—、—	—、—、—	等边三角形
2. 等腰	10、10、17	10、17、10	17、10、10	等腰三角形
3. 不等边	8、10、12	8、12、10	10、12、8	不等边三角形
4. 非三角形	10、10、21	10、21、10	21、10、10	不是三角形

续表

测试功能	测试数据			期望结果
	排列 1	排列 2	排列 3	
5. 退化情况	10、5、5	5、10、5	5、5、10	不是三角形
6. 零数据	0、0、0	—、—、—	—、—、—	
	0、0、17	0、17、0	17、0、0	
	0、10、12	12、0、10	12、10、0	
7. 负数据	-10、-10、-10	—、—、—	—、—、—	
	-10、-10、17	-10、17、-10	17、-10、10	
	-8、10、17	17、-8、10	10、17、-8	
8. 遗漏数据	—、—、—	—、—、—	—、—、—	运行出错（类型不符）
	10、—、—	—、10、—	—、—、10	
	8、10、—	8、—、10	—、8、10	
9. 无效输入	A，B，C	—、—、—	—、—、—	
	=，+，*	—、—、—	—、—、—	
	8，10，A	8，A，10	A，10，8	
	7E3，10.5，A	10.5，7E3，A	A，10.5，7E3	

用白盒法检验产生的测试用例，经过检验表明，只需使用其中的 8 个测试用例，如表 5-12 所示，就可以实现对程序流程图的完全覆盖，也就是说，对这个例子而言，用黑盒测试的测试用例已经够用，不必再进行补充了。

表 5-12　用白盒检验产生的测试用例

编号	测试数据	覆盖的接点	覆盖的边
1	10，10，10	1，2，3，4，5，6，7	abcdefgh
2a	10，10，17	1，2，3，4，5，9，7	abcdensh
2b	10，17，10	1，2，3，4，8，9，7	abcdmpsh
2c	17，10，10	1，2，3，4，8，10，9，7	abcdmqrwh
3a	8，10，12	1，2，3，4，8，10，11，7	absdmqrwh
4a	10，10，21	1，2，3，12，7	abcklh
4b	10，21，10	1，2，12，7	abjlh
4c	21，10，10	1，12，7	aijh

例题 4　“一个程序读入 3 个整数，它们分别代表一个三角形的 3 个边长。该程序判断所输入的整数是否构成一个三角形，以及该三角形是一般的、等腰的或等边的，并将结果打印出来。”要求：设三角形的 3 条边分别为 A、B、C。其中的等价类表如表 5-13 所示。

表 5-13　等价类表

输入条件	有效等价类	无效等价类
是否构成一个三角形	（1）A > 0 且 B > 0 且 C > 0 且 A + B > C 且 B + C > A 且 A + C > B	（2）A≤0 或 B≤0 或 C≤0 （3）A + B≤C 或 A + C≤B 或 B + C≤A
是否等腰三角形	（4）A = B 或 A = C 或 B = C	（5）A≠B 且 A≠C 且 B≠C
是否等边三角形	（6）A = B 且 A = C 且 B = C	（7）A≠B 或 A≠C 或 B≠C

下面设计测试用例。

用例 1：输入【3，4，5】覆盖等价类（1，2，3，4，5，6），输出结果为构成一般三角形。

用例 2：三者取一。

输入【0，1，2】覆盖等价类（2），输出结果为不构成三角形。

输入【1，0，2】覆盖等价类（2），输出结果为不构成三角形。

输入【1，2，0】覆盖等价类（2），输出结果为不构成三角形。

用例 3：三者取一。

输入【1，2，3】覆盖等价类（3），输出结果为不构成三角形。

输入【1，3，2】覆盖等价类（3），输出结果为不构成三角形。

输入【3，1，2】覆盖等价类（3），输出结果为不构成三角形。

用例 4：三者取一。

输入【3，3，4】覆盖等价类（1）（4），输出结果为等腰三角形。

输入【3，4，4】覆盖等价类（1）（4），输出结果为等腰三角形。

输入【3，4，3】覆盖等价类（1）（4），输出结果为等腰三角形。

用例 5：输入【3，4，5】覆盖等价类（1）（5），输出结果为不是等腰三角形。

用例 6：输入【3，3，3】覆盖等价类（1）（6），输出结果为等边三角形。

用例 7：三者取一。

输入【3，4，4】覆盖等价类（1）（4）（7），输出结果为不是等边三角形。

输入【3，4，3】覆盖等价类（1）（4）（7），输出结果为不是等边三角形。

输入【3，3，4】覆盖等价类（1）（4）（7），输出结果为不是等边三角形。

5.14 实验——音乐点播管理系统测试

1. 实验目的

正确运用软件测试技术和方法，完成系统测试；掌握测试用例的设计方法。

2. 实验内容

音乐点播管理系统的管理员登录用例测试如表 5-14 所示。

表 5-14 管理员登录用例

<table>
<tr><td>用例标识</td><td>01</td><td>项目名称</td><td colspan="4">音乐点播管理系统的设计与开发</td></tr>
<tr><td>开发人员</td><td>孟琦</td><td>模块名称</td><td colspan="4">管理员登录</td></tr>
<tr><td>用例作者</td><td>白羚</td><td>参考信息</td><td colspan="4">功能分析</td></tr>
<tr><td>测试类型</td><td>功能测试</td><td>设计日期</td><td colspan="2">2016.1.12</td><td>测试人员</td><td>白羚</td></tr>
<tr><td>测试版本</td><td></td><td>测试日期</td><td colspan="2">2016.2.5</td><td>测试结果</td><td>良好</td></tr>
<tr><td>用例描述</td><td colspan="6">管理员输入不同的正确或错误匹配的账号和密码进行登录测试，使其确保响应机制正确</td></tr>
<tr><td>前置条件</td><td colspan="6">系统后台数据库中已经创建了相应的管理员数据表，包含其账号及密码等字段</td></tr>
<tr><td>编号</td><td>测试项</td><td>操作步骤</td><td>预期结果</td><td>数据</td><td>实际结果</td><td>结果比较说明</td></tr>
<tr><td>1</td><td>管理员在一定的账号密码下能否登录系统，且显示相应的后台管理界面</td><td>输入所注册的用户账号及密码，点击登录</td><td>登录成功并显示相应登录界面</td><td>用户账号及登录密码</td><td>登录成功并显示相应登录界面</td><td>与预期结果一致，该功能模块可正确实现</td></tr>
</table>

音乐点播管理系统音乐信息查询显示用例测试如表 5-15 所示。

表 5-15 音乐信息查询显示用例

用例标识	02	项目名称	音乐点播管理系统的设计与开发		
开发人员	孟琦	模块名称	音乐信息查询显示		
用例作者	李秀丽	参考信息	功能分析		
测试类型	功能测试	设计日期	2016.1.12	测试人员	李秀丽
测试版本		测试日期	2016.2.5	测试结果	良好
用例描述	能够通过输入对应的指示显示相应的音乐信息，显示完整且界面美观				
前置条件	系统管理员已发布相应的音乐信息				

编号	测试项	操作步骤	预期结果	数据	实际结果	结果比较说明
1	输入相对应的指示按钮，能否显示音乐信息的相关内容	根据提示，在输入面板输入相对应的指示按钮，并发送进入所需内容	能成功响应音乐信息功能，显示完整的信息内容	输入指示，信息内容	成功响应音乐信息功能，显示完整的信息内容	与预期结果一致，该功能模块可正确实现

音乐点播管理系统的音乐点播用例测试如表 5-16 所示。

表 5-16 音乐点播用例

用例标识	03	项目名称	音乐点播管理系统的设计与开发		
开发人员	孟琦	模块名称	音乐点播		
用例作者	钟文年	参考信息	功能分析		
测试类型	功能测试	设计日期	2016.1.12	测试人员	钟文年
测试版本		测试日期	2016.2.5	测试结果	良好
用例描述	能够通过输入对应的指示出现对应音乐点播提示				
前置条件	系统管理员已连接相应的云接口				

编号	测试项	操作步骤	预期结果	数据	实际结果	结果比较说明
1	输入相对应的指示按钮，能否显示相应的音乐点播内容	根据提示，在输入面板输入相对应的指示按钮，并发送进入所需内容	能成功响应音乐点播功能，显示完整的音乐点播内容	输入指示，点播内容	成功响应音乐点播功能，显示完整的音乐点播内容	与预期结果一致，该功能模块可正确实现

音乐点播管理系统的音乐播放用例测试如表 5-17 所示。

表 5-17 音乐播放用例

用例标识	04	项目名称	音乐点播管理系统的设计与开发		
开发人员	孟琦	模块名称	音乐播放		
用例作者	卜玮	参考信息	功能分析		
测试类型	功能测试	设计日期	2016.1.12	测试人员	卜玮

续表

测试版本		测试日期	2016.2.5	测试结果	良好	
用例描述	能够通过输入对应的指示显示相应的音乐内容，并可实现相应的音乐播放					
前置条件	系统管理员已连接相应的接口					
编号	测试项	操作步骤	预期结果	数据	实际结果	结果比较说明
1	输入相对应的指示按钮，能否成功播放音乐	根据提示，在输入面板输入相对应的指示按钮	能成功响应音乐点播功能，播放对应输入音乐	输入指示，云接口音乐	成功响应音乐点播功能，播放对应输入音乐	与预期结果一致，该功能模块可正确实现

音乐点播管理系统的普通用户登录欢迎界面用例测试如表 5-18 所示。

表 5-18 普通用户登录欢迎界面用例

用例标识	04	项目名称	音乐点播管理系统的设计与开发			
开发人员	孟琦	模块名称	普通用户登录欢迎界面			
用例作者	廖春梅	参考信息	功能分析			
测试类型	功能测试	设计日期	2016.1.12	测试人员	廖春梅	
测试版本		测试日期	2016.2.5	测试结果	良好	
用例描述	能够在登录系统后，成功自动回复显示欢迎提示词					
前置条件	系统已设置相关提示词					
编号	测试项	操作步骤	预期结果	数据	实际结果	结果比较说明
1	登录系统，能否自动回复显示欢迎提示词	登录系统，进入查看消息	能成功自动回复显示欢迎提示词	欢迎提示词	成功自动回复显示欢迎提示词	与预期结果一致，该功能模块可正确实现

进行本系统的设计实现中的响应连接测试及功能测试，保证所有连接能够正确指向并打开所需界面，实现所需功能。确保提交表单后，数据库中能够及时处理保存并且正确完整，使得系统各功能模块接口运行良好，确保系统安全可靠、布局正常、运行顺畅。

3. 实验思考

① 测试在软件工程中所占的地位？

② 测试的具体方法和详细步骤？

小　结

软件设计的实现包括编码和测试两个阶段。编码是在对软件进行了总体设计和详细设计之后进行的。测试仍然是保证软件可靠性的主要手段，测试阶段的根本任务是发现并改正软件中的错误。设计测试方案是测试阶段的关键技术问题，其基本目标是选用尽可能少的高效测试数据，做到尽可能完善的测试，从而尽可能多地发现软件中的错误。白盒测试和黑盒测试是软件测试的两类不同方法，这两类方法各有所长、相互补充，在测试过程中应该结合使用这两类方法。通常，在测试过程的早期阶段主要是使用白盒测试技术，而在测试的后期主要使用黑盒测试技术。

习 题 5

一、选择题

1. 下面的叙述正确的是【　　】。

① 在软件开发过程中，编程作业的代价最高

② 良好的程序设计风格应以缩小程序占用的存储空间和提高程序的运行速度为原则

③ 为了提高程序的运行速度，有时采用以存储空间换取运行速度的办法

④ 对同一算法，用高级语言编写的程序比用低级语言编写的程序运行速度快

⑤ COBOL 语言是一种非过程型语言

⑥ LISP 语言是一种逻辑型程序设计语言

A. ②②④　　B. ①③⑤　　C. ③　　D. ④⑥

2. 下列选项中与选择程序设计语言无关的因素是【　　】。

A. 程序设计风格　B. 软件执行的环境

C. 软件开发的方法　　D. 项目的应用领域

3. 如果把一个程序作为一个整体，它也是只有一个入口、一个出口的单个顺序结构，这是一种【　　】。

A. 结构程序　　B. 组合的过程　　C. 自顶向下设计　　D. 分解过程

4. 程序控制一般分为三种基本结构即分支、循环和【　　】。

A. 分块　　B. 分支　　C. 循环　　D. 顺序

5. 为了提高易读性，源程序内部应加功能性注释，用于说明【　　】。

A. 程序段或语句的功能　　B. 模块总的功能

C. 模块参数的用途　　D. 数据的用途

6. 序言性注释的主要内容不包括【　　】。

A. 模块的接口　　B. 数据的状态　　C. 模块的功能　　D. 数据的描述

7. 符合数据说明顺序规范的是【　　】。

A. 全程量说明、局部量说明、类型说明、常量说明

B. 全程量说明、局部量说明、常量说明、类型说明

C. 常量说明、类型说明、全程量说明、局部量说明

D. 类型说明、常量说明、全程量说明、局部量说明

8. 提高程序效率的根本途径并非在于【　　】。

A. 选择良好的设计方法　　B. 选择良好的数据结构

C. 选择良好的算法　　D. 对程序语句做调整

9. 面向对象程序设计语言不同于其他语言的最主要的特点是【　　】。

A. 继承性　　B. 分类性　　C. 对象唯一性　　D. 多态性

10. 利用 McCabe 环路复杂度度量时，下列说法错误的是【　　】。

A. 对于复杂度超过 10 的程序，应分成几个小程序，以减少程序中的错误

B. 对于不同种类的控制流的复杂性不能区分

C. 嵌套 IF 语句与简单 CASE 语句的复杂性是不一样的

D. 简单 IF 语句与循环语句的复杂性同等看待

11. 黑盒测试是从【　　】观点出发的测试，白盒测试是从【　　】观点出发的测试。

A. 开发人员、管理人员　　B. 用户、管理人员

C. 用户、开发人员　　D. 开发人员、用户

12. 为了提高测试的效率，应该【　　】。

A. 随机地选取测试数据

B. 取一切可能的输入数据作为测试数据

C. 在完成编码以后制订软件的测试计划

D. 选择发现错误可能性大的数据作为测试数据

13. 在结构测试用例设计中，有语句覆盖、条件覆盖、判定覆盖等，其中【　　】是强的覆盖准则。

A. 语句覆盖　　B. 条件覆盖　　C. 判定覆盖　　D. 路径覆盖

14. 使用白盒测试方法时，确定测试数据应根据【　　】和指定的覆盖标准。

A. 程序的内部逻辑　　B. 程序的复杂结构

C. 使用说明书　　D. 程序的功能

15. 在程序设计过程中，要为程序调试做好准备，主要体现在【　　】。

A. 采用模块化、结构化的设计方法设计程序

B. 编写程序时要为调试提供足够的灵活性

C. 根据程序调试的需要，选择并安排适当的中间结果输出和必要的断点

D. 以上全是

16. 软件测试可能发现软件中的【　　】，但不能证明软件【　　】。

A. 所有错误、没有错误　　B. 错误、没有错误

C. 逻辑错误、没有错误　　D. 设计错误、没有错误

17. 下列几种逻辑覆盖标准中，【　　】能测试出被测程序中所有可能的路径。

A. 判定　　B. 条件　　C. 判定／条件　　D. 路径

18. 与设计软件测试用例无关的文档是【　　】。

A. 需求规格说明书　　B. 详细设计说明书

C. 可行性研究报告　　D. 源程序

19. 软件生命周期的最后的一个阶段是【　　】。

A. 书写软件文档　　B. 软件维护

C. 稳定性测试　　D. 书写详细用户说明

20. 通常在软件的活动中无须用户参与的是【　　】。

A. 需求分析　　B. 维护　　C. 编码　　D. 测试

21. 详细描述软件的功能、性能和用户界面，以使用户了解如何使用软件的是【　　】。

A. 概要设计说明书　　B. 详细设计说明书计

C. 用户手册　　D. 用户需求说明书

22. 系统测试人员与系统开发人员需要通过文档进行沟通，系统测试人员应根据一系列文档对系统进行测试，然后将工作结果撰写成【　　】，交给系统开发人员。

A. 系统开发合同　　B. 系统设计说明书

C. 测试计划　　D. 系统测试报告

23. 如果一个软件是给许多客户使用的，大多数软件厂商要使用几种测试过程来发现那些可能只有最终用户才能发现的错误，【　　】测试是由软件的最终用户在一个或多个用户实际使用环境下来进行的。【　　】测试是由一个用户在开发者的场所来进行的，测试的目的是寻找错误的原

因并改正之。

A. alpha　B. beta　C. gamma　D. delta

24. 用来辅助软件开发、运行、维护、管理、支持等过程中的活动的软件称为软件开发工具，通常也称为【　　】工具。

A. CAD　B. CAI　C. CAM　D. CASE

25. 在软件开发过程中，系统测试阶段的测试目标来自于【　　】阶段。

A. 需求分析　B. 概要设计　C. 详细设计　D. 软件实现

26. 某项目为了修正一个错误而进行了修改，错误修改后，还需要进行【　　】以发现这一修改是否引起原本正确运行的代码出错。

A. 单元测试　B. 接收测试　C. 安装测试　D. 回归测试

27. 在设计测试用例时，应遵循【　　】原则。

A. 仅确定测试用例的输入数据，无须考虑输出结果

B. 只需检验程序是否执行应有的功能，不需要考虑程序是否做了多余的功能

C. 不仅要设计有效合理的输入，也要包含不合理、失效的输入

D. 测试用例应设计得尽可能复杂

28. 单元测试中，检验模块接口时，不需要考虑【　　】。

A. 测试模块的输入参数和形式参数在个数、属性、单位上是否一致

B. 全局变量在各模块中的定义和用法是否一致

C. 输入是否改了形式参数

D. 输入参数是否使用了尚未赋值或者尚未初始化的变量

29. 【　　】不是单元测试主要检查的内容。

A. 模块结构　B. 局部数据结构　C. 全局数据结构　D. 重要的执行路径

二、简答题

1. 程序设计风格是什么？
2. 举例说明各种程序设计语言的特点及适用范围。
3. 数据说明有哪些指导原则？
4. 结构化程序设计中程序设计的自顶向下、逐步求精的方法的优点。
5. McCabe 复杂性度量法有何缺点？
6. 通过黑盒测试主要发现哪些错误？
7. 软件测试的目的是什么？
8. 在软件测试中，应注意哪些原则？
9. 什么是静态测试？什么是动态测试？
10. 软件测试过程中需要哪些信息？
11. 软件测试要经过哪些步骤？这些测试与软件开发各阶段之间的关系是什么？
12. 应该由谁来进行确认测试？是软件开发者还是软件用户？为什么？
13. 单元测试有哪些内容？测试中采用什么方法？
14. 什么是集成测试？为什么要进行集成测试？
15. 什么是黑盒测试法？什么是白盒测试法？
16. 白盒测试有哪些覆盖标准？试对它们的检错能力进行比较。
17. 采用黑盒技术设计测试用例有哪几种方法？这些方法各有什么特点？

第 6 章 软件维护及软件再工程

本章要点

- 软件维护的定义及特点
- 软件维护的过程
- 软件的可维护性
- 软件逆向工程和再工程

6.1 软件维护

6.1.1 软件维护的定义

软件系统交付之后对其实施更改的过程叫作软件维护。由于软件维护的成本非常高，因此重视软件维护是很重要的。其中，包括安全性和成本等问题，都说明寻找减少或消除软件维护问题的方法是很紧迫的需要。

软件工程师所面临的最大挑战是软件系统更改的管理和控制。交付软件系统之后使系统能够正常运行所花费的时间和工作，可以清晰地说明这一点。有关软件系统交付之后对系统实施更改的特点和成本调查结果说明，软件系统整个生存周期总成本的 40%～70%要用于软件维护，属于软件维护工作的活动不只是对软件中的错误进行修改，只要是因为以下原因之一的活动都属于软件维护。

（1）对软件中的错误进行修改。

（2）因软件在使用过程中的软硬件环境发生变化。

（3）用户要求增加新的功能，提高软件的性能等。

（4）为适应新的工作要求而对软件部分或整体进行再工程（Reengineering）。

附录六提供了软件维护手册的详细内容。

6.1.2 软件维护的分类

软件需要进行维护的原因很多，归结起来主要有以下 3 种。

（1）故障

故障是由内程序错误引起的，如无效输出结果、程序设计缺陷、性能差等。

（2）环境变化

由于软件在使用过程中可能发生环境变化，就需要维护人员去修改软件以适应这种变化。环境变化一般有两种类型，一种是数据环境的变化，例如，一个事物处理代码的改变，另一种是处理环境的变化，例如，安装了新的硬件或新的软件（比如操作系统的变化）等。

（3）用户和维护人员的要求

用户和维护人员本身也是维护的一个原因。例如，用户和数据处理人员在使用软件时常常会提出对功能改动或总体性能改善的要求。为了满足这些要求，就需要对软件进行修改，把这些要求添加到软件中去。

由这些原因引进的软件维护活动分为 4 类，每类维护活动的任务各不相同。

（1）改正性维护（Corrective Maintenance）

在软件交付使用后，由于开发时测试阶段的工作不彻底、不完善，必定会有一些错误隐藏在软件中，从而带到运行阶段来。这些隐藏下来的错误在某种特定的使用环境下就会显露出来。改正性维护是在软件运行中发生异常或故障时进行的，它的任务就是诊断和修改软件，以识别和纠正软件中存在的错误，弥补软件性能上的缺陷，排除实施过程中的误操作等。通常要生成完全可靠的软件并不一定合算，因为成本较高。但是，新技术的引入可以大大提高软件的可靠性，从而减少改正性维护的需要。这些新技术包括数据库管理系统、软件开发环境、程序自动生成系统、第四代程序设计语言等，利用这些技术方法可以产生可靠的程序代码。

（2）适应性维护（Adaptive Maintenance）

随着计算机的飞速发展，系统软件、硬件环境的变化或数据环境本身可能发生的一些变化，都可能使用户产生修改软件的需求。因此，适应性维护的任务就是对软件进行适当的修改，以便运行的软件能与变化了的环境相适应。

例如，为了适应操作系统从 DOS 环境到 Windows 环境的变化，对某个事件的编码进行修改；修改程序，使其能够适应新的接口等。

适应性维护是经常发生的，同时也是可以控制的。用户可以采用下面的方法，减少适应性维护的工作量。

① 在配置管理时，把硬件环境、操作系统和其他相关的环境等诸多因素的变化综合考虑。

② 可以把与环境变化有关的而又必须修改的程序放在某些程序模块中，从而便于进行适应性维护。例如，硬件、操作系统和其他相关的外围设备的驱动程序等。

③ 使用内部的程序列表、外部文件以及处理的例行程序包等，可为软件维护时的程序修改提供方便。

④ 使用面向对象的程序设计方法，也可以增加程序的稳定性。

（3）完善性维护（Perfective Maintenance）

在软件的使用过程中，用户往往会提出改进软件功能与性能的要求。完善性维护的任务就是通过修改软件，扩充软件的功能，提高原有软件的性能，满足用户日益增长的需求。例如，缩短原有系统的应答时间，使其达到特定的要求；把现有程序的终端对话方式进行改造，使其具有用户满意的使用界面；为了使系统具有新的数据统计功能，而对程序进行修改等。前面给出的有利于改正性维护和适应性维护的手段，在完善性维护中仍然适用。特别是数据库管理技术、程序生成器、应用软件包等，也可以减少完善性维护的工作量。

（4）预防性维护（Preventive Maintenance）

预防性维护是从维护的全过程考虑的。它是为提高软件的可维护性、可靠性等，对软件进行一些适当的改动，这种改动既不是修改错误也不是提高软件效率，而是为了今后进行的软件维护活动，进一步改进软件打下良好的基础。

开发和维护管理部门在用户提出维护申请之前，可以选择以下程序进行预防性维护。

① 估计若干年以后仍将继续使用的程序。

② 目前正在成功使用的程序。

③ 估计不久的将来要进行大的修改或完善的程序。

在维护的不同阶段，各种维护的工作量在不断地发生变化。在维护阶段的开始时期，改正性维护占了大部分的工作量。随着错误的修正，错误的出现率急剧降低，软件的工作逐步趋向稳定，进入正常的使用时期。但同时由于适应性维护和完善性维护工作量的上升，又会引发大量新的错误，因而加重了维护的工作量。

改正性维护、适应性维护、完善性维护和预防性维护已成为维护类型的标准分类方法。其中预防性维护只占全部维护阶段工作量中很少的一部分，所占的比例为 5%左右，其他三类维护分别所占的比例为 20%、25%和 50%，如图 6-1（a）所示。完善性维护占了维护阶段工作量的一半以上，由此可见，大多数维护工作是用来对软件的更改或加强，而不是纠错。软件维护活动所花费的工作量占整个软件生存期工作量的 70%以上，如图 6-1（b）所示。

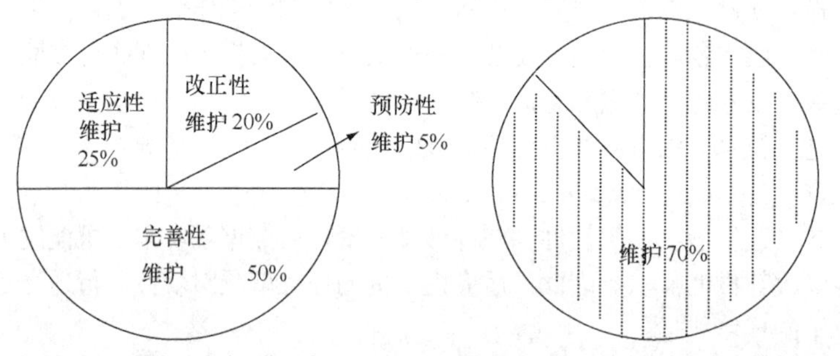

(a) 为四类维护在总维护工作量中的比例　(b) 为维护工作量在软件生存期中所占的比例

图 6-1

6.1.3 软件维护的成本

软件的维护成本体现为有形和无形两类。有形的软件维护成本是花费了多少钱，无形的软件维护成本是对其他方面的影响，可以是以下 3 种。

① 维护不及时和不能满足用户新的功能需求，使得客户不满意。

② 在维护时因为引入了新的错误，使软件整体质量下降，从而造成更大的维护活动。

③ 当必须把软件人员抽调到维护工作中去时，影响正在进行的软件开发工作。

改进软件系统以适应不断变化着的用户需求，都会带来高昂的维护成本。不仅如此，还有一些其他因素会因为妨碍维护活动间接地提高维护成本。这些因素有用户需求、组织环境和操作环境、维护过程、软件产品和维护人员。表 6-1 详细列举出了这些因素。

表 6-1　影响维护的因素

要素	特性
用户需求	要求额外的功能、错误修改和改进可维护性 要求与程序设计无关的支持
组织环境	政策更改 市场中的竞争
操作环境	硬件革新和软件革新
维护过程	获取需求 创新性和没有形成文档的假设 程序设计实现的变化 范例转换 活系统的死范例 错误决策与改正

续表

要素	特性
软件产品	应用领域的成熟度与难度 文档质量 程序的可塑性 程序的复杂度 程序结构 内在质量
维护人员	员工流动性和专家领域

在过去的 20 年中，软件维护的费用不断上升。1970 年用于维护已有软件的费用只占软件总预算的 35%～40%，1980 年上升为 40%～60%，1990 年上升为 70%～80%。维护费用只不过是软件维护最明显的代价，其他一些现在还不明显的代价将来可能更为人们所关注。

因为可用的资源必须提供给维护软件任务使用，以致耽误甚至丧失了开发的时机，这是软件维护的一个无形的代价。其他无形的代价还有如下情形。

① 看来合理的有关改错或修改的要求不能及时满足时，将引起用户不满。

② 由于维护时的改动，在软件中引入了潜伏的故障，从而降低了软件的质量。

③ 必须把软件工程师调去从事维护工作时，将在开发过程中造成混乱。

软件维护的最后一个代价是生产率的大幅度下降，这在维护旧程序时常常发生。用于维护工作的劳动可以分成生产性活动（例如，分析评价，修改设计和编写程序代码等）和非生产性活动（例如，理解程序代码的功能，解释数据结构、接口特点和性能限度等）。下述表达式给出维护工作量的一个模型

$$M = P + K^*\exp(c-d)$$

其中 M 是维护用的总工作量，P 是生产性工作量，K 是经验常数，c 是复杂程度（非结构化设计和缺少文档都会增加软件的复杂程度），d 是维护人员对软件的熟悉程度。上面的模型表明，如果软件的开发途径不好（没有使用软件工程方法论），而且原来的开发人员不能参加维护工作，那么维护工作量和费用将成指数级增加。

6.1.4　软件维护的特点

了解了什么是软件维护以及软件维护的大致要求之后，下面重点说明为什么需要进行软件维护以及软件维护的特点。软件维护有多种因素。

（1）为了提供服务的连续性

系统需要继续运转。例如，控制飞机飞行或火车信号系统的软件不允许遇到错误就停下来。软件的意外失效可能会威胁人员生命安全。日常生活中的很多方面现在都由计算机管理。系统失效会造成严重后果，例如严重不便或重大经济影响。维护活动的目标就是，使系统保持运行，包括程序错误修改、失效恢复以及适应操作系统和硬件的更改。

（2）为了支持强制升级

这类更改是必要的，因为当出现像政府规定修改这样的情况时，例如修改税法，税务机构所使用的软件就被迫需要修改。此外，保持关键产品的竞争优势也需要进行这类更改。

（3）为了支持用户改进要求

总体说来，系统越好，就会被越多地使用，更多用户就会提出功能增强要求，也会有提高性能和针对具体工作环境定制的要求。

（4）为了方便未来的维护工作

在软件开发阶段走捷径，从长远看代价很高，这一点不会用很长时间就能发现。单纯为了使未

来维护工作更容易而实施更改，从经济上和商业上看往往都是很值得的。这种更改可能包括代码和数据库结构的更新，以及文档更新。如果系统要被使用，就永远不会完成，因为系统始终需要改进，以满足不断变化着的世界的需要。

软件维护有结构化维护和非结构化维护，而且两者差别很大。

（1）结构化维护

如果有一个完整的软件配置存在，那么维护工作从评价设计文档开始，确定软件重要的结构特点、性能特点以及接口特点；估量要求的改动将带来的影响，并且计划实施途径；再修改设计并且对所做的修改进行仔细复查；接下来编写相应的源程序代码，使用在测试说明书中包含的信息进行回归测试；最后，把修改后的软件再次交付使用。结构化维护是在软件开发的早期应用软件工程方法学的结果。虽然软件的完整配置并不能保证维护中没有问题，但是确实能减少精力的浪费并且能提高维护的总体质量。

（2）非结构化维护

如果软件配置的唯一成分是程序代码，那么维护活动从艰苦的评价程序代码开始，而且常常由于程序内部文档不足而使评价更困难。对于软件结构、全程数据结构、系统接口、性能和设计约束等经常会产生误解，而且对程序代码所做改动的后果也是难以估量的，因为没有测试方面的文档，所以不可能进行回归测试（即指为了保证所做的修改没有在以前可以正常使用的软件功能中引入错误而重复过去做过的测试）。非结构化维护需要付出很大代价（浪费精力并且遭受挫折和打击），这种维护方式是没有使用良好定义的方法学所开发出来的软件导致的必然结果。

6.2 软件维护过程

软件维护和软件开发一样，要有严格的规范，才能保证软件的质量。一般执行维护的流程如下。

1. 制定维护申请报告

应该以文档的方式提出所有软件维护申请。由申请维护的人员（用户、开发人员）填写，对于改正性的维护申请报告，必须尽量完整地说明错误产生的情况，包括运行时的环境、输入数据、错误提示以及其他有关材料；但是要注意，由于设计的问题，对运行时的描述并不一定能再现该错误。对于适应性或完善性的维护要求，则要提交一份简要的维护要求说明。一切维护活动都应该是从维护申请报告开始。

对维护申请报告进行分析、评价后，在软件维护组织内部还要制定一份软件修改报告，该报告是维护阶段的另一种文档，用来指出以下 4 点。

① 为满足软件问题报告实际要求的工作量。

② 要求修改的类型。

③ 请求修改的优先权。

④ 关于修改的事后数据。

提出维护申请报告之后，由维护机构来评审维护请求。分析评价维护的类型，是改正性的还是改进性的，然后根据问题的严重性安排维护工作，开始具体的维护活动。

2. 维护过程

一个维护申请提出之后，经评审需要维护，则按下列过程实施维护。

① 首先确定要进行维护的类型。要确定维护的类型是改正性的还是改进性的。从用户的观点和维护小组的观点出发得到的结果不一定是相同的，要与用户协商解决这个问题。

② 对改正性维护从评价错误的严重性开始。如果存在一个严重的错误（如一个系统的重要功

能不能执行)，则由管理人员立即组织人员开始分析问题。如果错误不严重，则将改正性维护与软件其他维护任务一起进行，统一安排维护工作，若经过评审后发现申请是错误的，则不需要进行维护活动。

③ 对适应性和完善性软件维护。对问题进行评审、确定问题的优先级。如果优先级低，则看成是另一个开发工作，安排所要求的工作；若优先级高，需要立即开始分析问题，进入此项维护工作。

④ 实施维护任务。不管维护类型如何，也要开展相同的技术工作，这些工作包括分析软件的需求、修改软件设计、修改源程序、单元测试、集成测试、确认测试以及复审，在每个阶段都要有详细的文档。但是，对不同的维护类型，工作的侧重点不一样。

⑤ "救火"维护。对于有的维护申请，需要立即进行修改维护，这时申请的维护称为"救火"维护。显然，如果软件开发机构经常"救火"，就必须要认真检查一下，该机构的管理和技术存在什么重大问题。

3. 维护的复审

在维护任务完成后，要对维护任务进行复审，进行复审时要回答下列问题。

① 评价维护的情况，即设计、编码和测试的哪些方面已经完成。

② 对软件开发工作有哪些改进要求。

③ 对于维护工作，主要的、次要的障碍是什么。

复审对将来的维护工作能否顺利进行有重大影响，对一个软件机构来说也是正规、有效的管理工作的一部分。

4. 维护过程模型

人们意识到需要重视维护的模型已经有一段时间了，但是当前的情况是，与软件开发模型相比，维护模型既没有被充分开发，也没有被充分理解。

过去，系统开发的问题是压倒性的，软件改进性作为维护工作的核心，在很大程度上被忽略没有什么可奇怪的。试图在很好理解开发过程之前考虑系统中的未来更改。但是就像对开发过程的理解一样，对维护过程的理解已经发展，维护过程和生存周期模型已经出现。

举例说明，考虑在一座建筑物中增加一个房间。按原始设计建造房子时，房间 A 和 B 是并排排列的。若干年之后需要第三个房间。如果原来考虑到这种需要，本来应该建造三个较小的房间。如图 6-2 所示。

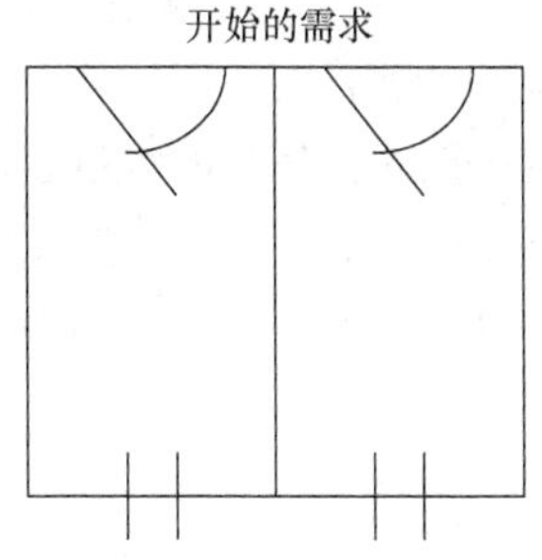

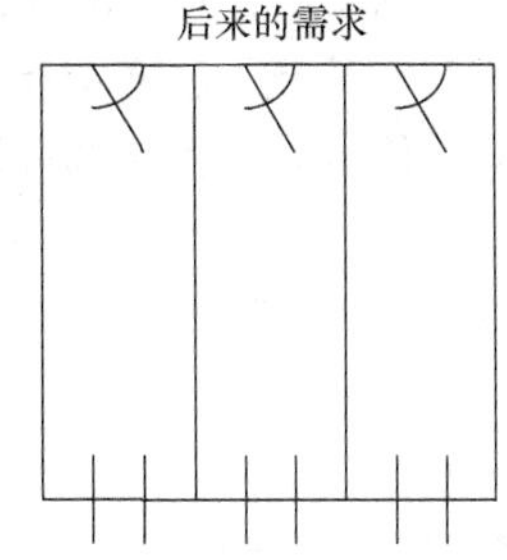

图 6-2　开始和后来的需求

在最初建造房子时，没有第三房间的需要。但是在这座建筑物投入使用一段时间之后，出现了第三个房间的需要。与开始就建造三个房间相比，在现有房子的基础上增加第三个房间是一项很难的任务。

这个例子可以与在软件系统中补充新需求类比。从开始就计划建造 3 个房间相对容易一些，特定功能的最初开发也是这样。在开始建造工作之前决定增加第三个房间稍微困难一些，需要修改计划。对等的情况是在软件设计工作开始之后，但是在实施之前提出需求更改。在建筑物已经完成并投入使用之后再提出增加一个房间，是很困难的问题，修改已经投入使用的软件也是这样。

- 必须拆除房间 A、B 之间的墙。
- 必须修改不同组件之间的软件接口。

这是已经投入使用的建筑物，因此必须考虑产生和清除成堆碎砖问题。所产生的灰尘对于原始建筑工地是很好处理的问题，但是现在却对敏感设备构成重大威胁。在最初建造房子时，施工垃圾可以留在工地中。在最初的开发中，有已分配了资源的专门测试阶段。重新引入已经修改过的软件，可能会有很紧张的时间底线和资源约束。

- 增加第三个房间会需要人员和材料出入，因此会影响最初建造建筑物时不用经过的房间部分。增加房间的工作会对环境产生影响。增加第三个房间，而不是在一开始就设计 3 个房间，会导致不同程度、对不同人、在不同地点上的破坏。所有这些都需要评估和解决。

类似地修改大型复杂软件系统也有影响软件其他部件的潜在可能，而如果最初就考虑到这些内容的话，是能够完全与这些软件部件分开的。正是有这种概念，使维护与最初的开发有很大不同，这种重视维护的模型必须考虑。

软件维护的过程包括维护组织、编写维护报告和对维护进行评价。为此，对每种维护请求都应当规定正规处理过程，并建立复审的评价标准，保存和记录各项维护活动。

（1）建立维护组织

一个维护组织由主管人员（有批准修改权）、维护管理人员和系统管理员等组成。每一项维护请求由维护管理人员转交系统管理员进行评价，系统管理员通常由软件专业人员担任，它们对软件产品的某一部分非常熟悉。维护组织可根据任务的大小和难易程度来确定，但必须在活动开始之前明确分工。规定各自的职责，以避免发生不必要的混乱。

（2）编写维护报告

所有维护请求必须按标准的方式提出。用户要求维护软件时，须填写维护申请表（又称为软件问题报告）。对于改正性维护，必须详细地描述导致出现错误的条件，包括输入数据、错误情况、源程序清单及其他配置（如文档资料等）。对于适应性或完善性维护的请求，则只需提出简明的需求说明即可。

（3）记录和保存软件维护

如果不重视软件维护活动的记录、保存，或者根本不进行记录，就无法评价维护技术的有效性、判定软件产品的完整程度，甚至无法确定什么样的维护才真正有价值。

维护过程中应记录的信息有源程序的标识、源程序语句及指令的数目、选用的程序语言、程序安装日期、程序运行次数及与运行次数相关的故障处理次数、程序修改变化的次数和标识、程序修改的日期、软件工程师的标识、维护申请表的标识、维护类型、维护活动的起始日期、累计的人时耗费及维护所带来的纯利润等。

（4）维护活动的评价

在建立软件维护数据库的基础上，可以对软件维护活动进行度量和评价。

① 程序运行中处理故障的平均次数。

② 每一类维护所花费的总工作量。

③ 每个程序、每条语句所修改的平均数和每种维护类型的平均数。

④ 增删一个语句所花费的平均工作量。

⑤ 一份维护申请表的平均处理时间。

⑥ 各种维护请求类型的比例。

上述 6 项提供了一个定量评价维护工作的框架。据此可以积累历史经验，以便对开发技术、语言选择、维护工作量的估算、维护计划安排、资源和人力的分配等问题做出选择和决定，并对各种软件产品的维护活动做出评价。

6.3　软件的可维护性

软件可维护性是指软件被理解、改正、调整和改进的难易程度。可维护性是指导软件工程各个阶段的一条基本原则，也是软件工程追求的目标之一。

软件的可维护性受各种因素的影响。设计、编码和测试时漫不经心，软件配置不全，都会给维护带来困难。除了与开发方法有关的因素外，还有下列与开发环境有关的因素。

① 是否拥有一组训练有素的软件人员。

② 系统结构是否可理解。

③ 是否使用标准的程序设计语言。

④ 是否使用标准的操作系统。

⑤ 文档的结构是否标准化。

⑥ 测试用例是否合适。

⑦ 是否已有嵌入系统的调试工具。

⑧ 是否有一台计算机可用于维护。

除此之外，软件开发时的原班人马是否能参加维护也是一个值得考虑的因素。

6.3.1　影响软件可维护性的因素

1. 用户

这里所说的用户是指使用系统的个人，不管其是否参与系统开发或维护工作。用户已经知道，在系统投入运行之后还有多种理由会要求修改系统。实施这类修改可能的需要如下。

① 完善现有功能或引入新功能的“累进”工作。

② 改善程序的结构、文档，使其更具有可理解性，并便于未来开发的“抗退化”工作。

不管系统的成功程度如何，都会有一种进化（仍然能够运行）倾向于用户不断变化的需要。从本质上看，影响软件系统的环境包括操作环境和组织环境。这些环境中的典型环境要素包括业务规则、政府法规工作模式、软件与硬件操作平台。

2. 操作环境

操作环境要素有硬件和软件平台。

硬件革新：支持软件运行的硬件平台可能会在软件生存周期内发生变化。这种变化一般通过多种方式影响软件。例如，当处理器升级后，以前针对原处理器产生机器代码的编译器也可能需要修改。

软件平台革新：软件平台是用来构建与支撑应用软件的独立软件系统。它是开发与运行应用软件的基础，是任何一个应用软件得以实现与应用的必要条件。在所有的技术革新中，软件平台化是最有意义的，也是最有生命力的。

3. 组织环境

组织环境要素的例子有政策、商务和税法因素，以及市场和竞争。

（1）政策变化

很多信息系统都有写入程序代码中的商务规则和税务政策。商务规则指机构在其日常运营中所使用的规程。商务规则或税务政策的变化，会要求对所影响的程序做相应的修改。例如，“增值税（VAT）”规则的改变要求必须修改计算和使用了增值税规则的程序。

（2）市场竞争

生产类似软件产品的机构通常相互竞争。从商品经济的角度看，机构都要努力（通过保护该产品的重要市场份额）获得超过其竞争对手的竞争优势。这意味着要进行实质性的修改，以维持通过客户满意水平反映出来的产品形象，或增加现有的“客户规模”。用户可能并不直接支付为了提高竞争优势变更组织环境所产生的维护成本。但是，尽管没有来自用户的直接资金输入，仍然需要分配资源（机器和人员）。

4. 维护过程

维护过程本身也在软件维护框架中起重要作用。重要要素有更改需求获取、程序设计实践变化、“死”范例和错误检测。

（1）更改需求获取

这个过程要找出所要求的更改到底是什么，这会引出很多问题。首先，本质上很难通过推理得到所有需求。只有当系统投入使用时，需求和用户问题才会真正暴露出来。很多用户知道自己想要什么，但是没有能力使分析员和程序员以能够理解的形式表达出来。这是由于存在前面已经定义过的“信息间隙”。

（2）程序设计实践变化

这是指编写和维护程序所使用的方法的差别，包括会影响特定程序结构的功能或操作的使用。如果没有一致性，不同的个人和机构之间往往会存在这种差别。几十年来人们已经制定出良好的程序设计实践基本指南，目标是尽可能减少将来的困难。传统指南包括：避免使用“GOTO”语句、使用有意义的标识符名称、逻辑划分程序、在程序中注释文档设计和实现原理。尽管不多，但是有心理学和经验证据说明，这些做法会影响对程序的理解，因此会影响实施更改所需的时间。

（3）范例转变

这是指开发和维护软件方式的转变。尽管在程序设计语言的结构和可靠性上有很大进步，但是仍然有很多系统是采用不恰当软件工具开发的，采用低级程序设计语言开发和在结构化程序设计技术出现之前开发的很多系统仍然还在使用，有很多正在使用并且需要维护的系统，在开发时没有充分利用更先进或最近的开发技术开发。

这类程序具有以下 4 个特征。

① 没有采用诸如程序结构、数据抽象和功能抽象这样的通信基本功能的技术和方法进行设计。

② 用于编写代码的程序设计语言和技术没有使程序结构、数据结构与类型和系统函数可视化显而易见。

③ 影响其设计的约束不再代表今天的问题。

④ 代码有时使用使人困惑的非标准、非正统结构。

为了弥补这些弱点，并利用现代开发实践和最新程序设计语言的成果，现有程序会被重新调整结构或被完全重写。能够用于这种目的的技术和工具包括结构化程序设计、面向对象、层次程序分解、重新格式化器和精细打印器、自动代码升级。不过必须注意，即使是使用最新程序设计方法开发的程序，经过一系列没有计划的和临时确定的“快速修改”，也会逐渐丧失其良好结构。这种情况会持续下去，直到实施用来恢复程序原有结构的预防性维护。

很多“活系统”是由“死范例”开发的，也就是说，使用了“信息系统的固定点定律”。根据这条定律，在某个时间点上，参加系统开发的每个人都认为自己知道自己想要什么，并与其他人的想法一致。最后的系统只有在交付给用户时才是令人满意的。因此除了极少数例外情况，很难适应变化着的用户及其机构的需要。通过互操作性提供的额外灵活性改进，可以在一定程度上缓解这个问题，但是却不能完全解决。不过应该注意，为了能够开始构建系统，达成共识的需求是最基本的，但这与“最终”产品是什么达成共识并不相同。

6.3.2　软件可维护性度量

软件可维护性与软件质量和可靠性一样是难以量化的概念，然而借助维护活动中可以估量的属性，能间接地度量可维护性。

① 察觉到问题所耗的时间。

② 收集维护工具使用的时间。

③ 分析问题所需时间。

④ 形成修改说明书所用时间。

⑤ 纠错（或修改）所用时间。

⑥ 局部测试所用时间。

⑦ 整体测试所用时间。

⑧ 维护复审所用时间。

⑨ 完全恢复所用时间。

上述每种度量都能方便地记录。作为管理者衡量新工具和新技术有效与否的依据，除了这些面向时间的度量外，有关设计结构和软件复杂性的度量也可间接说明软件的可维护性。

6.3.3　提高软件可维护性的方法

软件的可维护性决定了软件寿命的长短，因此必须提高软件的可维护性。为了提高软件的可维护性. 需要从 5 个方面入手。

1. 软件的质量目标和优先级

对于每一种软件都应建立明确的质量目标。目前广泛使用以下 7 个质量特性来衡量程序的可维护性。对于不同类型的维护，它们的侧重不尽相同，表 6-2 描绘了各类维护中应侧重的质量特性。表中“*”表示不需要的特性。

表 6-2　各类维护中所侧重的质量特性

维护属性	改正性维护	适应性维护	完善性维护
可理解性	*		
可测试性	*		
可修改性	*	*	
可靠性	*		
可移植性		*	
可使用性		*	*
效率			*

2. 提高软件质量的技术和工具

为了改善软件可维护性，应尽量使用能提高软件质量的技术和工具。

① 模块化技术。一个大而复杂的软件系统根据其功能分成许多较小的模块，降低系统复杂性，使系统易于维护。

② 结构化程序设计技术。采用这种技术可以得到良好的程序结构、因为它不仅使模块结构标准化，而且可以使模块间相互作用标准化。

③ 自动重建结构和重新格式化的工具。Caine、Farber 以及 Gordon 的 FORTRAN 工具和 Catalyst 公司的 COBOL 工具等，是目前已有的用于 FORTRAN 和 COBOL 程序的结构化工具。利用这些自动软件工具，可以把非结构化代码转换成良好的结构代码。

3. 质量保证审查

要提高软件可维护性必须有质量保证审查。软件质量保证审查可分为以下 4 种类型。

（1）审查检查点

在软件开发初期就应考虑质量要求，因此在开发过程的每一个阶段的终点都应设置检查点进行质量保证审查，以确保已开发的软件符合标准、满足质量要求。不同的检查点，检查的侧重面不尽相同。例如，在设计阶段，检查重点在于软件的可理解性、可修改性、可测试性；在编码阶段，检查重点在于可理解性、可修改性、可移植性、有效性；测试阶段的重点在于可靠性和有效性。

（2）验收检查

验收检查是软件正式投入运行之前的最后一次检查，以确保软件的可维护性。验收检查必须遵循需求和规则标准、设计标准、源代码标准、文档标准四个方面的最小标准。

（3）周期性的维护审查

对已有的软件应进行周期性的维护审查。每月一次或两月一次，以跟踪软件质量变化。这种周期性的维护审查实际上是开发阶段检查点复查的继续，可以同以前的检查点检查结果、验收检查结果相比较，如果有所变化，则说明软件质量或其他类型的问题有所变化。

（4）维护软件包

软件包是一种商品化的软件，它的专利权属于某一特定单位，这个单位有权将软件包卖给不同的用户使用。在使用过程中用户要对软件包进行维护，可利用卖方提供的测试用例，或自己重新设计新的测试用例来检查软件包程序所执行的功能是否与用户的要求和条件相一致。

4. 程序设计语言

编码时所用的程序设计语言对软件的可维护性影响很大。程序设计语言发展到今天经历了五代，每一种语言对软件维护性的影响是不一样的，如图 6-3 所示。

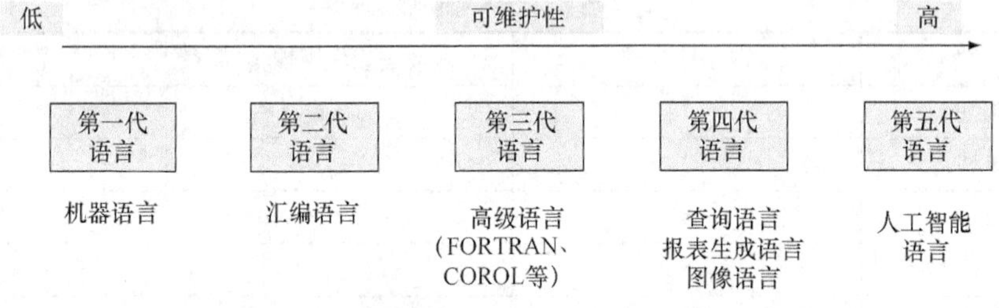

图 6-3 程序设计语言对软件维护性的影响

5. 软件文档

文档是影响软件可维护性的决定性因素。具有好的文档的软件才具有高的可维护性。

软件系统的文档可分为用户文档和系统文档两类。

（1）用户文档

用户文档主要描述系统功能和使用方法，它包括功能描述、安装说明、使用说明、参考手册、操作员指南等五方面的内容。它是用户了解软件系统的第一步，通过它，用户可以获得对系统的初步印象。

（2）系统文档

系统文档描述系统设计、实现和测试等各个方面的内容，包括从问题定义、需求分析到验收测试计划这样一系列与系统实现有关的文档。它将引导读者从对系统概况的了解到对系统每个方面每个特点的具体认识。

无论是用户文档还是系统文档都需要进行改进。事实上，某些维护请求可能并不要求修改设计或源程序代码，只是表明用户文档不清楚或不正确，因此只需对文档做必要的维护。

6.4 逆向工程和再工程

6.4.1 预防性维护

对于很早以前开发的程序，由于没有科学的软件工程做指导，开发出来的程序结构不好，可能一个模块就有上千条语句，又没有相应的文档。为了修改这类程序以适应用户新的或变更的需求，可以有以下 4 种选择。

① 通过反复地修改，以实现必要的变更。

② 尽可能多地掌握程序的内部工作细节，以便更有效地做出修改。

③ 重新设计、重新编码和测试那些需要变更的软件部分，把软件工程方法应用于有修改的部分。

④ 用 CASE 工具（逆向工程和再工程工具）对程序全部重新设计、重新编码和测试。

第一个选择比较盲目，通常人们倾向后三种选择。选择哪一种，要看具体情况而定；但对于以下 3 种情况，常常作为预防性维护的对象。

① 预先选定多年留待使用的程序。

② 当初成功使用的程序。

③ 可能在最近的将来要做重大修改或增强的程序。

预防性维护方法是由 Miller 提出来的。他的想法是“结构化翻新”，并将这个概念定义为“把今天的方法学应用到昨天的系统，以支持明天的需求”。

支持再工程，而不是维护原有程序的理由如下。

① 维护一行源代码的代价可能是 14～40 倍于初始开发该行源代码的代价。

② 软件体系结构（程序及数据结构）的重新设计使用了现代设计概念的维护方法，可能有很大的帮助。

③ 由于软件的原型已经存在，开发生产率应当大大高于平均水平。

④ 现行用户具有较多有关该软件的经验，因此，新的变更需求和变更的范围能够容易搞清。

⑤ 逆向工程和再工程的工具可以使一部分作业自动化。

⑥ 软件配置将可以在完成预防性维护的基础上建立起来。

当软件开发组织将软件当作产品卖出去后，预防性维护的好处可在程序的“新发布”中为人们所理解。一个大型软件开发机构可能拥有 800～2000 个产品程序，这些程序可根据其重要性排一个优先次序，然后当作预防性维护的候选对象加以评估。

6.4.2 软件的逆向工程和再工程

逆向工程是从源代码中抽取出来的设计信息。作为逆向工程的评价，要求抽取出来的信息的抽象程度越高越好。下面是逆向工程中得到的信息抽象层次（从低到高），依次为软件过程的设计表示、程序和数据结构信息、数据和控制流模型和实体、关系模型。软件公司做逆向工程一般是自己的程序，有些是在多年以前开发出来的。这些程序没有规格说明，对它们的了解很模糊。因此，软件的逆向工程是分析程序，力图在比源代码更高的抽象层次上建立程序表示的过程。再工程（Reengineering），它不仅能从已存在的程序中重新获得设计信息，而且还能使用这些信息来改建或重构现有的系统，以提高它的综合质量。一般软件人员利用再工程重新实现已存在的程序，同时加进新的功能或改善它的性能。

每一个大的软件开发机构（或许多小的软件开发单位）有着上百万行的老代码。这些都是逆向工程或再工程的可能对象。为了执行预防性维护，软件开发组织必须选择在将来可能变更的程序，做好变更它们的准备，逆向工程和再工程可用于执行这种维护任务。

6.4.3 软件再工程过程

在许多有大量软件的组织机构中，维护这些系统是一个挑战。为了了解原因，可以来看看提供一种新型人身保险产品的保险公司。为了支持该产品，公司开发了软件来处理保险单、保单持有人信息、保险统计信息以及记账信息，这样的保单可能要维持数十年。有时不到最后一个保单持有人死亡并且每一项索赔都得到支付，是不可能报废软件的。因此，保险公司可能会用多种实现语言在不同平台上支持许多不同的应用程序。这种情况下，组织机构必然很难决定怎样才能使得系统更易于维护。其选择可能是扩充，或者用新技术替换，每种选择都希望在成本尽可能低的情况下保持或者增加软件质量。

软件再生面对这种维护挑战，试图增加当前系统的总体质量。它回顾系统的工作产品，试图得到更多的信息，或者将它们编排得更易于理解。软件再生要考虑如下 6 个方面。

- 库存目录分析。
- 文档重构。
- 逆向过程。
- 代码重构。
- 数据重构。
- 正向工程。

6.4.4 软件再工程的方法

再工程的方法有 4 类。

第一类为用户指导下的搜索与变换。此类方法用于导出实现级和结构级信息。它要求维护人员在数据库系统的支持下，运用查询语言，针对源代码或与之相近的表示形式，指定待查找的句型，根据搜索结果分析出所需信息或进行特殊变换。这类方法目前使用较广，亦较成功。

第二类方法为变换式方法，除领域级外所有的抽象级别上的信息都可以用此类方法推导。变换式方法又细分为不需要维护人员过多干涉的自动分析法（如静态分析、调用图、校对流图等）和基于特定库的用户指导变换法两类。

第三类方法是基于领域知识的方法，主要用于恢复功能级和领域级信息。领域知识一般用库表示，用已确定或假定的领域概念与代码之间的对应关系推导进一步的假设，最后导出程序的功能。显然该方法的不确定性最大，因此目前成熟的工具原型系统还很少见。

第四类方法称为铅板恢复法，这类方法仅适用于推导实现级和结构级信息。这些方法用于识别程序设计“铅板”或公共结构，“铅板”既可为一个简单算法（如两变量互换值），亦可为相对复杂的成分（如冒泡分类）。因铅板与程序之间可能存在多种形式，所以此类方法还包含大量的推理与决策。各类方法采用的输入形式、搜索策略和推理策略都不尽相同。后两类方法又称为基于知识的方法。

尽管每个软件组织都可能有数百万行代码可供重构，但由于缺乏时机和支持工具或者因为经济上得不偿失，往往只有那些决定或移植，或重新设计，成为重用而需验证正确性的程序才被选择实施再工程。

6.5　典型例题详解

例题 1（2014 年软件设计师试题） 某搜索引擎在使用过程中，若要增加接收语音输入的功能，使得用户可以通过语音输入来进行搜索，此时应对系统进行________维护。

A．改正性　　B．适应性　　C．完善性　　D．预防性

分析：在系统运行过程中，软件需要维护的原因是多样的，根据维护的原因不同，可以将软件维护分为以下 4 种。

① 改正性维护。为了识别和纠正软件错误、改正软件性能上的缺陷、排除实施中误使用，应当进行的诊断和改正错误的过程就称为改正性维护。

② 适应性维护。在使用过程中，外部环境（新的硬、软件配置）、数据环境（数据库、数据格式、数据输入/输出方式、数据存储介质）可能发生变化。为使软件适应这种变化，而去修改软件的过程就称为适应性维护。

③ 完善性维护。在软件的使用过程中，用户往往会对软件提出新的功能与性能要求。为了满足这些要求，需要修改或再开发软件，以扩充软件功能、增强软件性能、改进加工效率、提高软件的可维护性。这种情况下进行的维护活动称为完善性维护。

④ 预防性维护。这是指预先提高软件的可维护性、可靠性等，为以后进一步改进软件打下良好基础。通常，预防性维护可定义为“把今天的方法学用于昨天的系统以满足明天的需要”。也就是说，采用先进的软件工程对需要维护的软件或软件中的某一部分（重新）进行设计、编码和测试。

参考答案：C

例题 2（2013 年软件设计师试题） 系统的可维护性的评价指标不包括_____。

A．可理解性　　B．可测试性　　C．可移植性　　D．可修改性

分析：系统的可维护性的评价指标主要包括：可理解性、可测试性、可修改性、维护工具。

参考答案：C

例题 3（2011 年软件设计师试题） 针对应用在运行期的数据特点，修改其排序算法使其更高效，属于维护_____。

A．改正性　　B．适应性　　C．完善性　　D．预防性

分析：软件维护一般分为改正性维护、适应性维护、完善性维护和预防性维护。完善性维护是对软件功能的扩展和对性能的改善。题目中“修改其排序算法使其更高效”很明显是对性能的改善，属于完善性维护。

参考答案：C

小　　结

维护是软件生命周期的最后一个阶段，也是持续时间最长、代价最大的一个阶段。软件工程学的主要目的就是提高软件的可维护性，降低维护的代价。软件维护通常包括 4 类活动：为了纠正在使用过程中暴露出来的错误而进行的改正性维护；为了适应外部环境的变化而进行的适应性维护；

为了改进原有的软件而进行的完善性维护；为了改进将来的可维护性和可靠性而进行的预防性维护。尽管软件维护和软件开发密切相关，但是两者是不同的。参与维护的工作人员是否理解这种差别很重要。

习 题 6

一、选择题

1. 在软件维护工作中进行得最少的部分是【　　】。
   A. 改正性维护　B. 适应性维护　C. 完善性维护　D. 预防性维护
2. 软件维护工作中大部分的工作是由于【　　】而引起的。
   A. 程序的可靠性　B. 适应新的硬件环境
   C. 适应新的软件环境　D. 用户的需求改变
3. 软件的可维护性变量可分解为对多种因素的度量，下述各种因素中，【　　】是可维护度量的内容。
   （1）可测试性　（2）可理解性　（3）可修改性　（4）可复用性
   A. 全部　B. （1）　C. （1）、（2）和（3）　D. （1）、（2）
4. 软件维护是保证软件正常、有效运行的重要手段，而软件的下述特性：
   （1）可测试性　（2）可理解性　（3）可修改性　（4）可移植性
   哪个（些）有利于软件维护？【　　】
   A. 只有（1）　B. （2）和（3）
   C. （1）、（2）和（3）　D. 都有利
5. 在软件生命周期中，【　　】阶段所占工作量最大，约占70%。
   A. 分析　B. 维护　C. 编码　D. 测试
6. 软件维护指的是【　　】。
   A. 对软件的改进、适应和完善　B. 维护正常运行
   C. 配置新软件　D. 软件开发的一个阶段
7. 产生软件维护的副作用是指【　　】。
   A. 开发软件时的错误　B. 运行时的错误
   C. 隐含的错误　D. 因修改软件而造成的错误
8. 维护阶段用来指出修改工作量、性质、优先权和事后数据的文档是【　　】。
   A. 软件问题报告　B. 软件修改报告
   C. 测试分析报告　D. 维护申请报告
9. 软件维护工作的最主要部分是【　　】。
   A. 改正性维护　B. 适应性维护
   C. 完善性维护　D. 预防性维护
10. 【　　】是指当系统在遇到非预期事件时，仍能按照预订方式做合适的处理。
    A. 可用性　B. 正确性　C. 稳定性　D. 健壮性
11. 以下关于软件维护和可维护性的叙述中，不正确的是【　　】。
    A. 软件维护要解决软件产品在交付用户之后运行中发生的各种问题
    B. 软件的维护期通常比开发期长得多，其投入也大得多

C. 进行质量保证审查可以提高软件产品的可维护性

D. 提高可维护性是在软件维护阶段考虑的问题

12. 由于信用卡公司升级了其信用卡支付系统，导致超市的原有信息系统也需要做相应的修改工作，该类维护属于【　　】。

A. 改正性维护　B. 适应性维护　C. 完善性维护　D. 预防性维护

二、简答题

1. 什么是软件可维护性？可维护性度量的特性是什么？
2. 提高可维护性的方法有哪些？
3. 软件维护有哪些内容？
4. 软件维护困难的原因是什么？
5. 软件维护的流程是什么？
6. 维护技术有哪些？
7. 影响软件维护代价的元素有哪些？
8. 软件维护费用的度量模型是什么？
9. 为了保证软件的可维护性，需要做哪些质量保证检查，试述维护过程。
10. 维护的特点有哪些？
11. 好的文档的作用和意义是什么？

第二篇

面向对象的软件工程

第 7 章 面向对象方法学

本章要点

- 面向对象方法学的要点
- 面向对象方法学的概念
- 面向对象建模
- 对象模型、动态模型及功能模型

7.1 面向对象方法学概述

传统的软件工程方法学曾经给软件产业带来巨大进步，缓解了部分软件危机，使用这种方法学开发的许多中小规模软件项目都获得了成功。但是，人们也注意到，当把这种方法学应用于大型软件产品的开发时，似乎很少取得成功。

在 20 世纪 60 年代后期，奥利·约翰·达尔（Ole-Johan Dahl，1931—2002）和克利斯登·奈加特（Kristen Nygaard，1926—2002）正式发布的面向对象编程语言 Simula—67 中首次引入了类和对象的概念，自 20 世纪 80 年代中期起，人们开始注重面向对象分析和设计的研究，逐步形成了面向对象方法学。到了 20 世纪 90 年代，面向对象方法学已经成为人们在开发软件时首选的范型，面向对象技术已成为当前最好的软件开发技术。

奥利·约翰·达尔

面向对象方法学的出发点和基本原则，是尽可能模拟人类习惯的思维方式，使开发软件的方法与过程尽可能接近人类认识世界解决问题的方法与过程，也就是使描述问题的问题空间与实现解法的解空间在结构上尽可能一致。

客观世界的问题都是由客观世界中的实体及实体相互间的关系构成的。人们把客观世界中的实体抽象为问题域的对象（Object）。因为所要解决的问题具有特殊性，因此，对象是不固定的。一个雇员可以作为一个对象，一家由多名雇员组成的公司也可以作为一个对象，到底应该把什么抽象为对象，是由所要解决的问题决定的。

克利斯登·奈加特

从本质上说，我们用计算机解决客观世界的问题，是借助于某种程序设计语言的规定，对计算机中的实体施加某种处理，并用处理结果去映射解。我们把计算机中的实体称为解空间对象。显然，解空间对象取决于所使用的程序设计语言。例如，汇编语言提供的对象是存储单元；面向过程的某种解空间对象，就规定了允许对该类对象施加的操作。

从动态观点看，对对象施加的操作就是该对象的行为。在问题空间中，对象的行为是极其丰富的，然而解空间中的对象的行为却是非常简单的。因此，只有借助于十分复杂的算法，才能操纵解空间对象从而得到解。这就是人们常说的“语义断层”，也是长期以来程序设计始终是一门学问的原因。

通常，客观世界中的实体既具有静态属性又具有动态行为。然而传统语言提供的解空间对象实质上却仅是描述实体属性的数据，需在程序中从外部对它施加操作，才能模拟其行为。

众所周知，软件系统本质上是信息处理系统。数据和处理原本是密切相关的，把数据和处理人为地分离成两个独立的部分，会增加软件开发的难度。与传统方法相反，面向对象方法是一种以数据或信息为主线，把数据和处理相结合的方法。面向对象方法把对象作为由数据及可以施加在这些数据上的操作所构成的统一体，对象和传统的数据有本质区别，它不是被动地等待外界对它施加操作，相反，它是进行处理的主体。必须发消息请求对象主动地执行它的某些操作，处理它的私有数据，而不能从外界直接对它的私有数据进行操作，从外界直接操作的只能是类提供给外界的一些“窗口”，也就是公共部分。

7.1.1 面向对象方法学的要点

面向对象方法所提供的“对象”概念，是让软件开发者自己定义或选取解空间对象，然后把软件系统作为一系列离散的解空间对象的集合。应该使这些解空间对象与问题空间对象尽可能一致。这些解空间对象彼此间通过发送消息而相互作用，从而得出问题的解。也就是说，面向对象方法是一种新的思维方法，它不是把程序看作是工作在数据上的一系列过程或函数的集合，而是把程序看作是相互协作而又彼此独立的对象的集合。每个对象就像一个微型程序，有自己的数据、操作、功能和目的。这样做就向着减少语义断层的方向迈了一大步。在许多系统中，解空间对象都可以直接模拟问题空间的对象，解空间与问题空间的结构十分一致，因此，这样的程序易于理解和维护。

概括地讲，面向对象方法具有下述 4 个要点。

① 认为客观世界是由对象组成的，任何事物都是对象，复杂的对象可以由比较简单的对象以某种方式组合而成。按照这种观点，可以认为整个世界就是一个最复杂的对象。因此，面向对象的软件系统是由对象组成的，软件中的任何元素都是对象，复杂的软件对象由比较简单的对象组合而成。

② 把所有的对象都划分成对象类，每个对象类定义一组数据和一组方法。数据用于表示对象的静态属性，是对象的状态信息。因此，每当建立该对象类的一个新实例时，就按照类中对数据的定义为这个新对象生成一组专用的数据，以便描述该对象独特的属性值。类中定义的方法，是施加于该类对象上的操作，是该类所有对象共享的，并不需要为每个对象都复制操作的代码。

③ 按照子类与父类的关系，把若干个对象类组成一个层次结构的系统。在这种层次结构中，通常下层的派生类具有和上层基类相同的特性，这种现象称为继承。但是，如果在派生类中对某些特性做重新描述，需以新描述为准，也就是说，底层的特性将屏蔽高层的同名特性。

④ 对象彼此之间仅能通过传递消息互相联系。对象与传统的数据有本质区别，它不是被动地等待外界对它施加操作，相反，它是进行处理的主体，必须发消息请求执行它的某个操作，处理其私有数据，而不能从外界直接对它的私有数据进行操作。也就是说，一切该对象的局部私有信息，都被封装在该对象类的定义中，就好像装在一个不透明的黑盒子中一样，在外界是看不见的，更不能直接使用，这就是“封装”。

综上所述，面向对象的方法学可以用下列方程来概括：

OO=Objects +Classes +Inheritance +Communication with Messages

面向对象既使用对象又使用类和继承机制，同时对象之间仅能通过传递消息实现彼此通信。

如果仅使用对象和消息，则这种方法可以称为基于对象的方法，而不能称为面向对象的方法；如果进一步把所有对象都划分为类，则这种方法可称为基于类的方法，但仍然不是面向对象的方法。

只有同时使用对象、类、继承和消息的方法，才是真正称为面向对象的方法。

7.1.2 面向对象方法学的优点

（1）与人类习惯的思维方式一致

传统的程序设计技术是面向过程的设计方法，这种方法以算法为核心，把数据和操作作为彼此独立的部分，数据代表问题空间中的客体，程序代码则用于处理这些数据。

面向对象的软件技术是以对象为核心。对象是对现实世界实体的正确抽象，描述内部状态表示静态属性的数据，以及可以对这些数据施加的操作，封装在一起所构成的统一体，对象之间通过传递消息互相联系，以模拟现实世界中不同事物彼此之间的联系。

面向对象的设计方法与传统的面向过程的方法本质不同。面向对象设计方法的基本原理是使用现实世界的概念抽象地思考问题，从而自然地解决问题，它强调模拟现实世界中的概念而不强调算法，它鼓励开发者在软件开发的绝大部分过程中都用应用领域的概念去思考。面向对象的软件开发过程从始至终都围绕着建立问题领域的对象模型来进行。对问题领域进行自然的分解，确定需要使用的对象和类，建立适当的类等级，在对象之间传递消息实现必要的联系，从而按照人们习惯的思维方式建立起问题领域的模型，模拟客观世界。传统的软件开发可以用"瀑布"模型来描述，这种方法强调自顶向下式按部就班地完成软件开发工作。

面向对象方法学的基本原则是按照人类习惯的思维方法建立问题域的模型，开发出尽可能直观、自然地表现求解方法的软件系统。面向对象的软件系统中广泛使用的对象，是对客观世界中实体的抽象。对象实际上是抽象数据类型的实例，提供了比较理想的数据抽象机制，同时又具有良好的过程抽象机制。对象类是对一组相似对象的抽象，类等级中上层的类是对下层类的抽象。因此，面向对象的环境提供了强有力的抽象机制，便于用户在利用计算机软件系统解决复杂问题时使用习惯的抽象思维工具。此外，面向对象方法学中普遍进行的对象分类过程，支持从特殊到一般的归纳思维过程；面向对象方法学中通过建立类等级而获得的继承特性，支持从一般到特殊的演绎思维过程。面向对象的软件技术为开发者提供了随着对某个应用系统的认识逐步深入和具体化的过程，从而设计和实现该系统的可能性，可以先设计出由抽象类构成的系统框架，随着认识深入和具体化再逐步派生出更具体的派生类。这样的开发过程符合人们认识客观世界并解决复杂问题时逐步深化的渐进过程。

（2）稳定性好

传统的软件开发方法以算法为核心，开发过程基于功能分析和功能分解。用传统方法所建立起来的软件系统的结构紧密依赖于系统所要完成的功能，当功能需求发生变化时将引起软件结构的整体修改。事实上，用户需求变化大部分是针对功能的，因此，这样的软件系统是不稳定的。面向对象方法构造问题领域的对象模型，以对象为中心构造软件系统。它的基本做法是用对象模拟问题领域中的实体，以对象间的联系刻画实体间的联系。面向对象的软件系统的结构是根据问题领域的模型建立起来的，而不是基于对系统应完成的功能的分解，所以，当对系统的功能需求变化时并不会引起软件结构的整体变化，往往仅需要做一些局部性的修改。例如，从已有类派生出一些新的子类以实现功能扩充或修改，增加或删除某些对象等。总之，由于现实世界中的实体是相对稳定的，因此，以对象为中心构造的软件系统也是比较稳定的。

（3）可重用性好

用已有的零部件装配新的产品，是典型的重用技术。重用是提高生产率的最主要的方法。

传统的软件重用技术是利用标准函数库，即试图用标准函数库中的函数作为"预制件"来建造新的软件系统。但是，标准函数缺乏必要的"柔性"，不能适应不同应用场合的不同需要，并不是理想的可重用的软件成分。实际的库函数仅提供最基本、最常用的功能，在开发一个新的软件系统时，通常多数函数是开发者自己编写的，甚至绝大多数函数都是新编的。

使用传统方法学开发软件时，人们认为具有功能内聚性的模块是理想的模块，如果一个模块完成一个且只完成一个相对独立的子功能，那么这个模块就是理想的可重用模块。基于这种认识，通常把标准函数库中的函数做成功能内聚的。但是，即使是具有功能内聚性的模块也并不是自含的和独立的，相反，它必须运行在相应的数据结构之上。如果要重用这样的模块，则相应的数据也必须重用。如果新软件系统中的数据与最初产品中的数据不同，则要么修改数据，要么修改整个模块。

在面向对象方法所使用的对象中，数据和操作是作为平等伙伴出现的。因此，对象具有很强的自含性，此外，对象固有的封装性和信息隐藏机制，使得对象的内部实现与外界隔离，具有较强的独立性。由此可见，对象是比较理想的模块和可重用的软件成分。

面向对象的软件技术在利用可重用的软件成分构造新的软件系统时，有很大的灵活性。有两种方法可以重复使用一个对象类：一种方法是创建该类的实例，从而直接使用它；另一种方法是从它派生出一个满足当前需要的新类。继承性机制使得子类不仅可以重用其父类的数据结构和程序代码，而且方便在父类代码的基础上进行修改和扩充，这种修改并不影响对原有类的使用。由于可以像使用集成电路（Integrated Circuit，IC）构造计算机硬件那样，比较方便地重用对象类来构造软件系统，因此，有人把对象类称为“软件 IC”。

（4）较易开发大型软件产品

在开发大型软件产品时，组织开发人员的方法不恰当往往是出现问题的主要原因。用面向对象方法学开发软件时，构成软件系统的每个对象就像一个微型程序，有自己的数据、操作、功能和用途，因此，可以把一个大型软件产品分解成一系列本质上相互独立的小产品来处理，这不仅降低了开发的技术难度，而且也使得对开发工作的管理变得更加容易。对于大型软件产品来说，面向对象范型优于结构化范型。许多软件公司的经验表明，当把面向对象方法学用于大型软件的开发时，软件成本明显降低的同时，软件的整体质量也提高了。

（5）可维护性好

用传统方法和面向过程语言开发出来的软件很难维护，是长期困扰人们的一个严重问题，也是软件危机的突出表现。采用面向对象方法，对软件实现模块化开发，对各个实体对象采用接口连接，减少了各实体属性间关系的冗余，大大提高了软件的可维护性。

① 面向对象的软件稳定性比较好。如前所述，当对软件的功能或性能的要求发生变化时，通常不会引起软件整体改变，只需对局部做一些修改。由于对软件所需做的改动较小且限于局部，比较容易实现。

② 面向对象的软件比较容易修改。类是理想的模块机制，它的独立性好，修改一个类通常很少会牵扯到其他的类。如果仅修改一个类的内部实现部分，而不修改该类的对外接口，则可以完全不影响软件的其他部分。

面向对象软件技术特有的继承机制，使得对软件的修改和扩充比较容易实现，通常只须从已有类派生出一些新类，无须修改已有的类。

面向对象软件技术的多态性机制，使得当扩充软件功能时对原有代码所需的修改进一步减少，需要增加的新代码也比较少。

③ 面向对象的软件容易理解。在维护已有软件的时候，首先需要对原有软件与此次修改有关的部分有深入理解，才能正确完成维护工作。传统软件之所以难于维护，在很大程度上是因为修改所涉及的部分分散在软件各个地方，需要了解的面很广，内容很多，而且传统软件的解空间与问题空间的结构很不一致，更增加了理解原有软件的难度和工作量。

面向对象的软件技术符合人们习惯的思维方式，用这种方法所建立的软件系统的结构与问题空间的结构基本一致。因此，面向对象的软件系统比较容易理解。对面向对象软件系统所做的修改和扩充，通常通过在原有类的基础上派生出一些新类实现。由于对象类有很强的独立性，当派生新类的时候通常不需要详细了解基类中操作的实现算法。因此，了解原有系统的工作量大幅下降。

④ 易于测试和调试。为了保证软件质量，对软件进行维护后必须进行必要的测试，以确保修改或扩充的功能按照要求正确地实现，而且没有影响到软件不该修改的部分。如果测试过程中发现了错误，必须通过测试改正过来。显然，软件是否易于测试和调试，是影响软件可维护性的一个重要因素。

对面向对象的软件进行维护，主要通过从已有类派生出一些新类来实现。因此，维护后的测试和调试工作也主要围绕这些新类进行。类是独立性很强的模块，向类的实例发消息即可运行它，观察它是否能正确地完成要求它做的工作。对类的测试通常比较容易实现，如果发现错误，也往往集中在类的内部，比较容易调试。

7.2　面向对象方法学的基本概念

7.2.1　对象

在应用领域中有意义的、与要解决的问题有关系的任何事物都可以作为对象，它既可以是具体的物理实体的抽象，也可以是人为的概念，或者是任何有明确边界和意义的东西。对象是对问题域中某个实体的抽象，设立某个对象就反映了软件系统具有保存有关它的信息并且与它进行交互的能力。由于客观世界中的实体通常都既具有静态的属性，又具有动态的行为，因此，面向对象方法学中的对象是由描述该对象属性的数据以及可以对这些数据施加的所有操作封装在一起构成的统一体。对象可以做的操作表示它的动态行为，在面向对象分析和面向对象设计中，通常把对象的操作称为服务或方法。

1. 对象的形象表示

为有助于读者理解对象的概念，图 7-1 形象地描绘了具有 3 个操作的对象。

当在软件中使用一个对象，只能通过对象与外界的界面来操作它。对象与外界的界面也就是该对象向公众开放的操作。使用对象向公众开放的操作，只需知道该操作的名字和所需要的参数，例如提供附加信息或设置状态，根本无需知道实现这些操作的方法。事实上，实现对象操作的代码和数据是隐藏在对象内部的，一个对象好像是一个黑盒子，表示它内部状态的数据和实现各个操作的代码及局部数据，都被封装在这个黑盒子内部，在外面是看不见的，更不能从外面去访问或修改这些数据或代码。使用对象时只需知道它向外界提供的接口形式而无须知道它的内部实现算法，不仅使得对象的使用变得非常简单、方便，而且具有很高的安全性和可靠性。对象内部的数据只能通过对象的公有方法（如 C++的公有成员函数）来访问或处理，这就保证了对这些数据的访问或处理在任何时候都是使用统一的方法进行的。

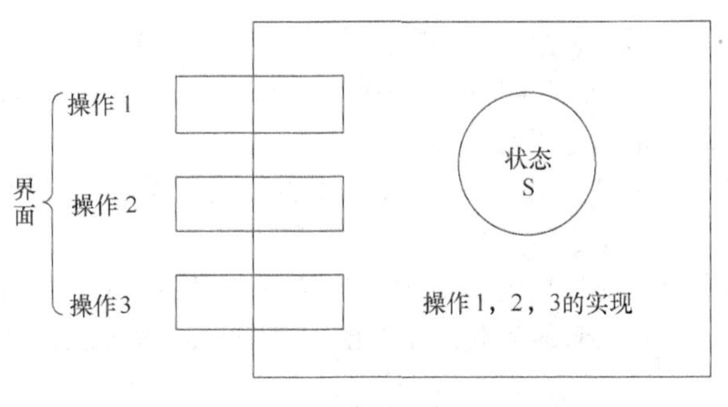

图 7-1　对象的形象表示

2. 对象的定义

目前，对对象所下的定义并不完全统一，人们从不同角度给出对象的不同定义。这些定义虽然形式不同，但基本含义是相同的。下面给出对象的3个定义。

① 定义1：对象是具有相同状态的一组操作的集合。

这个定义主要是从面向对象程序设计的角度看“对象”。

② 定义2：对象是对问题域中某个事物的抽象，这种抽象反映了系统保存有关这个事物的信息或与它交互的能力。也就是说，对象是对属性值和操作的封装。

这个定义着重从信息模拟的角度看待“对象”。

③ 定义3：对象∷=〈ID,MS,DS,MI〉。其中，ID是对象的标识或名字，MS是对象中的操作集合，DS是对象的数据结构，MI是对象受理的消息名集合（即对外接口）。

这个定义是一个形式化的定义。

总之，对象是封装了数据结构及可以施加在这些数据结构上的操作的封装体，这个封装体不仅有可以唯一标识它的名字，而且向外界提供一组服务（即公有的操作）。对象中的数据表示对象的状态，一个对象的状态只能由该对象的操作来改变。每当需要改变对象的状态时，只能由其他对象向该对象发送消息，对象响应消息时，按照消息模式找出与之匹配的方法，并执行该方法。

从动态角度或对象的实现机制来看，对象是一台自动机。具有内部状态S，操作f_i（i=1,2,…,n），且与操作f_i对应的状态转换函数为g_i（i=1,2,…,n）的一个对象，可以用图7-2所示的自动机来模拟。

3. 对象的特点

（1）以数据为中心。操作围绕对其数据所需要做的处理来设置，不设置与这些数据无关的操作，而且操作的结果往往与当时所处的状态（数据的值）有关。

（2）对象是主动的。它与传统的数据有本质不同，不是被动地等待对它进行处理，相反，它是进行处理的主体。为了完成某个操作，不能从外部直接加工它的私有数据，而是必须通过它的公有接口向对象发消息，请求执行它的某个操作，处理它的私有数据。

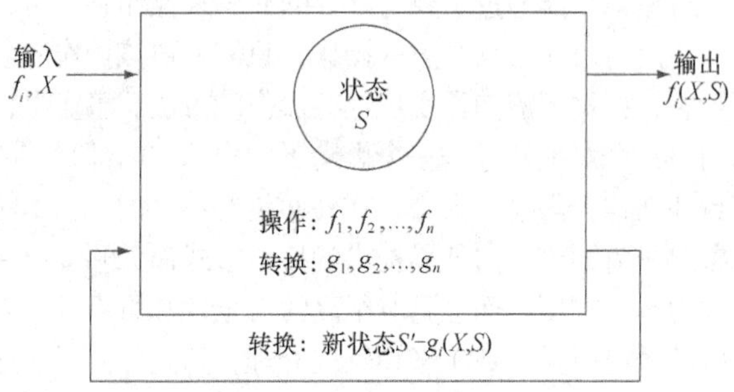

图7-2　用自动机模拟对象

（3）实现了数据封装。对象好像是一个黑盒子，它的私有数据完全被封装在盒子内部，对外是隐藏的、不可见的，对私有数据的访问或处理只能通过公有的操作进行。为了使用对象内部的私有数据，只需知道数据的取值范围（值域）和可以对该数据施加的操作（即对象提供了哪些处理或访问数据的哪些公有方法），根本无需知道数据的具体结构以及实现操作的算法，这也就是抽象数据类型的概念。因此，一个对象类型也可以看作是一种抽象数据类型。

（4）本质上具有并行性。对象是描述其内部状态的数据及可以对这些数据施加的全部操作的集合。不同对象各自独立地处理自身的数据，彼此通过发消息传递信息完成通信。因此，本质上具有并行工作的属性。

（5）模块独立性好。对象是面向对象的软件的基本模块，为了充分发挥模块化简化开发工作的优点，需要模块具有较强独立性。具体来说，也就是要求模块的内聚性强、耦合性弱。如前所述，对象是由数据及可以对这些数据施加的操作所组成的统一体，而且对象是以数据为中心的，操作围绕对其数据所需做的处理来设置，没有无关的操作。因此，对象内部各种元素彼此结合得很紧密，内聚性相当强。由于完成对象功能所需要的元素（数据和方法）基本上都被封装在对象内部，它与外界的联系自然就比较少，因此，对象之间的耦合通常比较松散。

7.2.2　其他概念

1. 类（Class）

现实世界中存在的客观事物有些是彼此相似的，例如，张三、李四、王五等，虽说每个人职业、性格、爱好、特长等各有不同，但是，他们的基本特征是相似的，都是黄皮肤、黑头发、黑眼睛，于是人们把他们统称为“中国人”。人类习惯于把有相似特征的事物归为一类，分类是人类认识客观世界的基本方法。

在面向对象的软件技术中，“类”就是对具有相同数据和相同操作的一组相似对象的定义。也就是说，类是对具有相同属性和行为的一个或多个对象的描述，通常在这种描述中也包括对怎样创建该类的新对象的说明。

以上先详细地阐述了对象的定义，然后在此基础上定义了类。也可以先定义类再定义对象，例如，这样定义类和对象：类是支持继承的抽象数据类型，而对象就是类的实例。

2. 实例（Instance）

实例就是由某个特定的类所描述的一个具体的对象。类是对具有相同属性和行为的一组相似的对象的抽象，类在现实世界中并不能真正存在。

实际上类是建立对象时使用的“样板”，按照这个样板所建立的一个个具体的对象，就是类的实际例子，通常称为实例。

当使用“对象”这个术语时，既可以指一个具体的对象，比如具体的某个人张三，也可以泛指一般的对象，但是，当使用“实例”这个术语时，必然是指一个具体的对象。

3. 消息（Message）

消息就是要求某个对象执行在定义它的那个类中所定义的某个操作的规格说明。通常，一个消息由下述 3 部分组成。

① 接收消息的对象；

② 消息选择符（也称为消息名）；

③ 零个或多个变元。

4. 方法（Method）

方法就是对象所能执行的操作，也就是类中所定义的服务。方法描述了对象执行操作的算法，响应消息的方法。在 C++语言中把方法称为成员函数。

5. 属性（Attribute）

属性就是类中所定义的数据，它是对客观世界实体所具有的性质的抽象。类的每个实例都有自己特有的属性值。在 C++语言中把属性称为数据成员。

例如，Circle 类中定义的代表圆心坐标、半径、颜色等的数据成员，就是圆这个类的属性。

6. 封装（Encapsulation）

在面向对象的程序中，把数据和实现操作的代码集中起来放在对象内部。一个对象好像是一个不透明的黑盒子，表示对象状态的数据和实现操作的代码与局部数据，都被封装在黑盒子里面，从外面是看不见的，更不能从外面直接访问或修改这些数据和代码。使用一个对象时，只需知道它向外界提供的接口形式，无须知道它的数据结构细节和实现操作的算法。

综上所述，对象具有封装性的条件如下。

① 有一个清晰的边界。所有私有数据和实现操作的代码都被封装在这个边界内，从外面看不见，更不能直接访问。

② 有确定的接口（即协议）。这些接口就是对象可以接收的消息，只能通过向对象发送消息来使用它。

③ 受保护的内部实现。实现对象功能的细节（私有数据和代码）不能在定义该对象的类的范围外访问。

封装也就是信息隐藏，通过封装，对外界隐藏了对象的实现细节。

对象类实质上是抽象数据类型。类把数据说明和操作说明与数据表达和操作实现分离开了，使用者只需知道它的说明（值域及可对数据施加的操作），就可以使用它。

7. 继承（Inheritance）

广义地说，继承是指能够直接获得已有的性质和特征，而不必重复定义它们。在面向对象的软件技术中，继承是子类自动地共享基类中定义的数据和方法的机制。面向对象软件技术的许多强有力的功能和突出的优点，都来源于把类组成一个层次结构的系统（类等级）：一个类的上层可以有父类，下层可以有子类。这种层次结构系统的一个重要性质是继承性，一个类直接继承其父类的全部描述（数据和操作）。为了更深入、具体地理解继承性的含义，图 7-3 描绘了实现继承机制的原理。

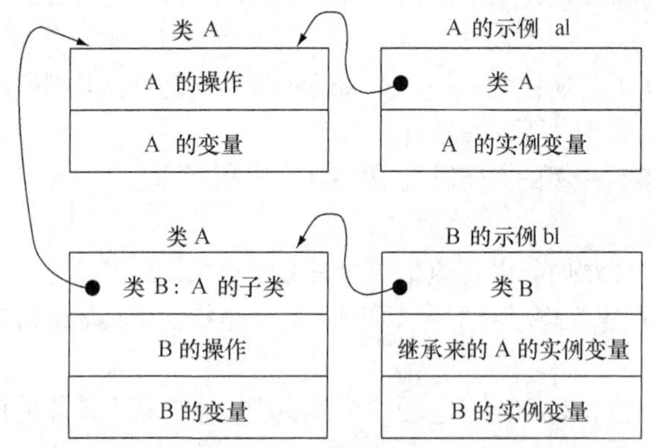

图 7-3　实现继承机制的原理

图中以 A、B 两个类为例，其中 B 类是从 A 类派生出来的子类，它除了具有自己定义的特性（数据和操作）之外，还从父类 A 类继承特性。当创建 A 类的实例 a1 的时候，a1 以 A 类为样板建立实例变量（在内存中分配所需空间），但是它并不从 A 类中复制所定义的方法。

当创建 B 类的实例 b1 的时候，b1 既要以 B 类为样板建立实例变量，又要以 A 类为样板建立实例变量，b1 所能执行的操作既有 B 类中定义的方法，又有 A 类中定义的方法，这就是继承。当然如果 B 类中又定义了和 A 类中同名的数据或操作，则 b1 仅使用 B 类中定义的这个数据或操作，除非采用特别措施，否则 A 类中与之同名的数据或操作在 b1 中就不能使用。

继承具有传递性。因此，一个类实际上继承了它所在的类等级中，在它上层的全部基类的所有描述，属于某类的对象除了具有该类所描述的性质外，还具有类等级中该类上层全部基类描述的一切性质。当一个类只允许有一个父类时，也就是说，当类等级为树形结构时，类的继承是单继承；当允许一个类有多个父类时，类的继承是多重继承。多重继承的类可以组合多个父类的性质构成所需要的性质，因此功能更强、使用更方便。但是，使用多重继承时要注意避免二义性。

继承性使得相似的对象可以共享程序代码和数据结构，从而大大减少了程序中的冗余信息。在程序执行期间，对对象某一性质的查找是从该对象类在类等级中所在的层次开始，沿着类等级逐层向上进行的，并把第一个被找到的性质作为所要的性质。因此，低层的性质将屏蔽高层的同名性质。使用从原有类派生出新的子类的办法，使得对软件的修改变得比过去容易得多了。当需要扩充原有的功能时，派生类的方法可以调用其基类的方法，并在此基础上增加必要的程序代码；当需要完全改变原有操作的算法时，可以在派生类中实现一个与基类方法同名但算法不同的方法；当需要增加新的功能时，可以在派生类当中增加一个新方法。

继承性使得用户在开发新的应用系统时可以继承原相似系统的功能或从类库中选取需要的类，再派生出新的类以实现所需功能。有了继承性以后，还可以把已有的一般性的解加以具体化的办法来达到软件重用的目的。首先，使用抽象的类开发出一般性问题的解；然后，在派生类中增加少量代码，使一般性的解具体化，从而开发出符合特定应用需要的具体解。

8. 多态性（Polymorphism）

多态性一词来源于希腊语，意思是“有多种形态”。在面向对象的软件技术中，多态性是指子类对象可以像父类对象那样使用，同样的消息既可以发送给父类对象，也可以发送给子类对象。即在类等级的不同层次中可以共享（公用）一个行为（方法）的名字，然而不同层次中的每个类却各自按自己的需要来实现这个行为。当对象接收到发送给它的消息时，根据该对象所属于的类动态选用在该类中定义的实现算法。在 C++语言中，多态性是通过虚函数来实现的。在类等级不同层次中可以说明名字、参数特征和返回值类型都相同的虚拟成员函数，而不同层次的类中的虚函数的实现算法各不相同。虚函数机制使得程序员能在一个类等级中使用相同函数的多个不同版本，在运行时才根据接收消息的对象所属于的类，决定到底执行哪个特定的版本，这叫作动态联编，也叫滞后联编。

多态性机制不仅增加了面向对象软件系统的灵活性，进一步减少了信息冗余，而且显著提高了软件的可重用性和可扩充性。当扩充系统功能增加新的实体类型时，只需派生出与新实体类相应的新的子类，并在新派生出的子类中定义符合该类需要的虚函数，完全无需修改原有的程序代码，甚至不需要重新编译原有的程序。

9. 重载（Overloading）

有两种重载：函数重载是指在同一作用域内的若干个参数特征不同的函数可以使用相同的函数名字；运算符重载是指同一个运算符可以施加于不同类型的操作数上面。当然，当参数特征不同或被操作数的类型不同时，实现函数的算法或运算符的语义是不相同的。在 C++语言中，函数重载是通过静态联编（也叫先前联编）实现的，也就是在编译时根据函数变元的个数和类型，决定到底使用函数的哪个实现代码；对于重载的运算符，同样是在编译时根据被操作数的类型，决定使用该算符的哪种语义。重载进一步提高面向对象系统的灵活性和可读性。

7.3　面向对象建模

为了更好理解问题，人们常常采用建立问题模型的方法。所谓模型，就是为了理解事物而对事物做出的一种抽象，是对事物的一种无歧义的书面描述。通常，模型由一组图形符号和组织这些符号的规则组成，利用它们来定义和描述问题域中的术语和概念。更进一步讲，模型是一种思考工具，利用这种工具可以把知识规范地表示出来。

模型可以帮助人们思考问题、定义术语、在选择术语时做出恰当的假设，并且有助于保持定义和假设的一致性。

为了开发复杂的软件系统，系统分析员应该从不同角度抽象出目标系统的特性，使用精确的表示方法构造系统的模型，验证模型是否满足用户对目标系统的需求，并在设计过程中逐渐把和实现有关的细节加进模型中，直至最终用程序实现模型。对于那些因过分复杂而不能直接理解的系统，特别需要建立模型，建模的目的主要是为了减少复杂性。人的头脑每次只能处理一定数量的信息，模型通过把系统的重要部分分解成人的头脑一次能处理的若干子部分，从而减少系统的复杂程度。

通常，用户和专家可以通过快速建立的原型亲身体验，从而对系统模型进行更有效地审查。模型常常会经过多次必要地修改，通过不断改正错误的或不全面的认识，最终使软件开发人员对问题有了透彻地理解，从而为后续的开发工作奠定坚实的基础。

用面向对象方法成功地开发软件的关键，首先是对问题域的理解。面向对象方法最基本的原则，是按照人们习惯的思维方式，用面向对象观点建立问题域的模型，开发出尽可能自然地表现求解方法的软件。

用面向对象方法开发软件，通常需要建立 3 种形式的模型，它们分别是描述系统数据结构的对象模型、描述系统控制结构的动态模型和描述系统功能的功能模型。这 3 种模型都涉及数据、控制和操作等共同的概念，只不过每种模型描述的侧重点不同。这 3 种模型从 3 个不同但又密切相关的角度模拟目标系统，它们各自从不同侧面反映了系统的实质性内容，综合起来则全面地反映了对目标系统的需求。一个典型的软件系统组合了上述三方面内容：它使用数据结构（对象模型）、执行操作（动态模型），并且完成数据值的变化（功能模型）。

为了全面地理解问题域，对任何大系统来说，上述 3 种模型都是必不可少的。当然，在不同的应用问题中，这 3 种模型的相对重要程度会有所不同。但是，用面向对象方法开发软件，在任何情况下，对象模型始终都是最重要、最基本、最核心的。在整个开发过程中，3 种模型一直都在发展、完善。在面向对象分析过程中，构造完全独立于实现的应用域模型；在面向对象设计过程中，把求解域的结构逐渐加入到模型中；在实现阶段，把应用域和求解域的结构都编成程序代码并进行严格地测试验证。

7.4 对象模型

对象模型表示静态的、结构化的系统的“数据”性质。它是对模拟客观世界实体的对象以及对象彼此间关系的映射，描述了系统的静态结构。正如 7.1 节所述，面向对象方法强调围绕对象而不是围绕功能来构造系统。对象模型为建立动态模型和功能模型，提供实质性框架。

为了建立对象模型，需要定义一组图形符号，并且规定一组组织这些符号以表示特定语义的规则。也就是说，需要用适当的建模语言来表达模型，建模语言由记号（即模型中使用的符号）和使用记号的规则（语法、语义和语用）组成。

面向对象方法的用户并不了解不同建模语言的优缺点，很难在实际工作中根据应用的特点选择合适的建模语言，不同建模语言之间存在的细微差别也极大地妨碍了用户之间的交流。面向对象方法的发展，要求在精心比较不同建模语言的优缺点和总结面向对象技术应用经验的基础上，把建模语言统一起来。

通常，使用统一建模语言 UML 提供的类图来建立对象模型。在 UML 中术语“类”的实际含义是“一个类及属于该类的对象”。下面简要地介绍 UML 的类图。

7.4.1 类图的基本符号

类图描述类及类与类之间的静态关系。类图是一种静态模型，它是创建其他 UML 图的基础。一个系统可以由多张类图来描述，一个类也可以出现在几张类图中。

1. 定义类

UML 中类的图形符号为长方形，用两条横线把长方形分成上、中、下 3 个区域（下面两个区域可省略），三个区域分别放类的名字、属性和服务，如图 7-4 所示。

类名是一类对象的名字。命名是否恰当对系统的可理解性影响相当大，因此，为类命名时应该遵守以下 3 条准则。

① 使用标准术语。应该使用在应用领域中人们习惯的标准术语作为类名，不要随意创造名字。例如，“交通信号灯”比“信号单元”这个名字好，“传送带”比“零件传送设备”好。

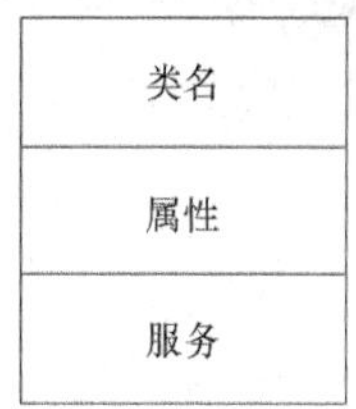

图 7-4　类的图形符号

② 使用具有确切含义的名词。尽量使用能表示类的含义的日常用语做名字，不要使用空洞的或含义模糊的词做名字。例如，“库房”比“房屋”或“存物场所”更确切。

③ 必要时用名词短语做名字。为使名字的含义更准确，必要时用形容词加名词或其他形式的名词短语做名字。例如“最小的领土单元”“储藏室”“公司员工”等都是比较恰当的名字。

总之，名字应该是富于描述性的、简洁的而且无二义性的。

2. 定义属性

UML 描述属性的语法格式如下。

可见性属性名：类型名=初值{性质串}

属性的可见性（即可访问性）通常有下述 3 种，即公有的（Public）、私有的（Private）和保护的（Protected），分别用加号（+）、减号（-）和井号（#）表示。如果未声明可见性，则表示该属性的可见性尚未定义。注意，没有默认的可见性。

属性名和类型名之间用冒号（:）分隔。类型名表示该属性的数据类型，它可以是基本数据类型，也可以是用户自定义的类型。

在创建类的实例时应给其属性赋值，如果给某个属性定义了初值，则该初值可作为创建实例时这个属性的默认值。类型名和初值之间用等号（=）隔开。

用花括号括起来的性质串明确地列出该属性所有可能的取值。枚举类型的属性往往用性质串列出可以选用的枚举值，不同枚举值之间用逗号分隔。也可以用性质串说明属性的其他性质，例如，约束说明{只读}表明该属性是只读属性。

3. 定义服务

服务也就是操作，UML 描述操作的语法格式如下。

可见性操作名（参数表）：返回值类型{性质串}

操作可见性的定义方法与属性相同。

参数表是用逗号分隔的形式参数的序列。描述一个参数的语法如下。

参数名：类型名=默认值

当操作的调用者未提供实际参数时，该参数就使用默认值。

与属性类似，在类中也可定义类作用域操作，在类图中表示为带下划线的操作。这种操作只能存取本类的类作用域属性。

7.4.2　表示关系的符号

如前所述，类图由类及类与类之间的关系组成。定义了类之后就可以定义类与类之间的各种关系了。类与类之间通常有关联、泛化（继承）、依赖和细化等四种关系。

1. 关联（Association）

关联表示两个类的对象之间存在某种语义上的联系。例如，作家使用计算机，人们就认为在作家和计算机之间存在某种语义连接，因此，在类图中可以将作家类跟计算机类两者之间的关联关系表示出来。

（1）普通关联

普通关联是最常见的关联关系，只要在类与类之间存在连接关系就可以用普通关联表示。普通关联的图示符号是连接两个类之间的直线，如图 7-5 所示。

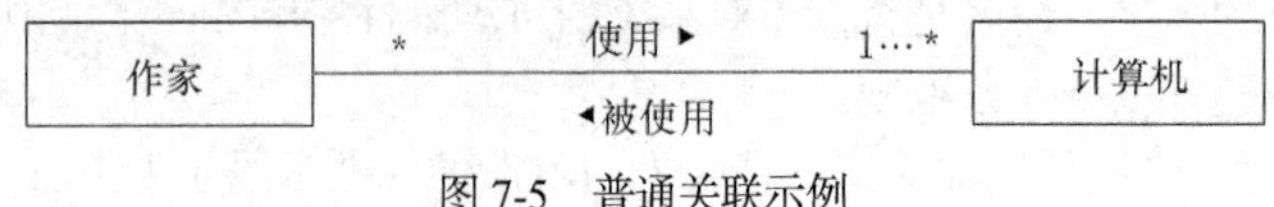

图 7-5　普通关联示例

通常，关联是双向的，可在一个方向上为关联起一个名字，在另一个方向上起另一个名字（也可不起名字）。为避免混淆，在名字前面（或后面）加一个表示关联方向的黑三角。

在表示关联的直线两端可以写上重数（Multiplicity），它表示该类有多少个对象与对方的一个对象连接。若图中未明确标出关联重数，则默认是 1。重数表示方法通常有以下 5 种。

0…1　　表示 0 到 1 个对象
0…*或*　　表示 0 到多个对象
1+或 1…*　　表示 1 到多个对象
1…15　　表示 1 到 15 个对象
3　　表示 3 个对象

（2）关联的角色

在任何关联中都会涉及参与此关联的对象所扮演的角色（即起的作用），在某些情况下，显式标明角色名有助于别人理解类图。例如，图 7-6 所示是一个递归关联（即一个类与它本身有关联关系）的例子。一个人与另一个人结婚，必然一个人扮演丈夫的角色，另一个人扮演妻子的角色。如果没有显式标出角色名，则意味着用类名作为角色名。

（3）限定关联

限定关联通常用在一对多或多对多的关联关系中，可以把模型中的重数从一对多变成一对一，或从多对多简化成多对一。在类图中把限定词放在关联关系末端的一个小方框内。

例如，某操作系统中一个目录下有许多文件，一个文件仅属于一个目录，在一个目录内，文件名确定了唯一一个文件。图 7-7 利用限定词“文件名”表示了目录与文件之间的关系，可见，利用限定词把一对多关系简化成了一对一关系。

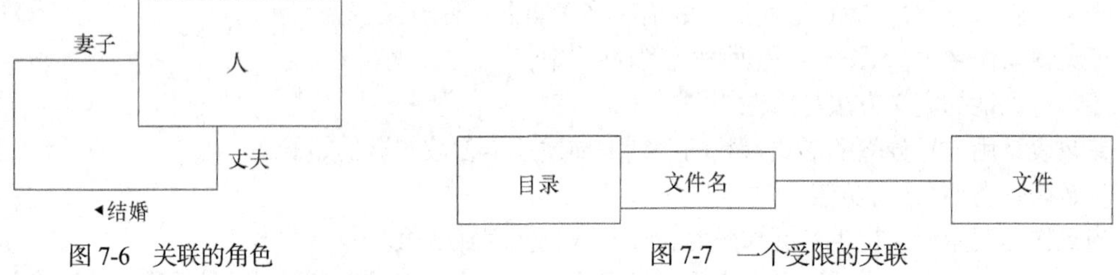

图 7-6　关联的角色　　图 7-7　一个受限的关联

限定提高了语义精确性，增强了查询能力。在图 7-7 中，限定的语法表明文件名在其目录内是唯一的。因此，查找一个文件的方法就是首先定下目录，然后在该目录内查找指定的文件名。由于目录加文件名可唯一地确定一个文件，因此，限定词“文件名”应该放在靠近目录的那一端。

（4）关联类

为了说明关联的性质可能需要一些附加信息。可以引入一个关联类来记录这些信息。关联中的每个连接与关联类的一个对象相联系。关联类通过一条虚线与关联连接。

例如，图 7-8 所示是一个电梯系统的类模型，队列就是电梯控制器类与电梯类的关联关系上的关联类。从图中可以看出，一个电梯控制器控制着 4 台电梯。这样，控制器和电梯之间的实际连接就有 4 个，每个连接都对应一个队列（对象），每个队列（对象）存储着来自控制器和电梯内部按钮的请求服务信息。电梯控制器通过读取队列信息，选择一个合适的电梯为乘客服务。关联类与一般的类一样，也有属性、操作和关联。

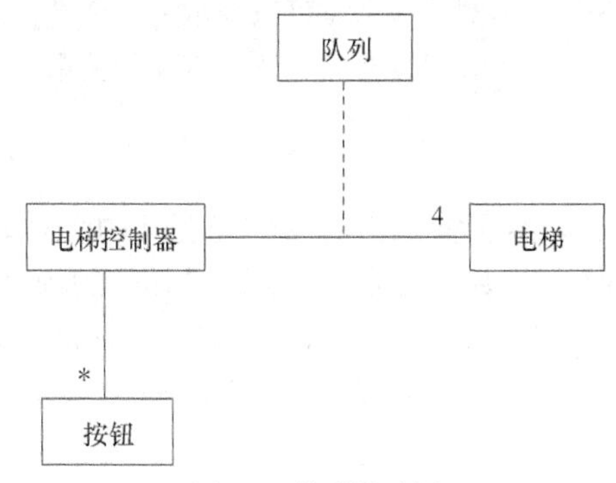

图 7-8　关联类示例

2. 聚集（Aggregation）

聚集也称为聚合，是关联的特例。聚集表示类与类之间的关系是整体与部分的关系。在陈述需求时使用的“包含”“组成”“分为……部分”等字句，往往意味着存在聚集关系。除了一般聚集之外，还有两种特殊的聚集关系，分别是共享聚集和组合聚集。

（1）共享聚集

如果在聚集关系中处于部分方的对象可同时参与多个处于整体方对象的构成，则该聚集称为共享聚集。例如，一个课题组包含许多成员，每个成员又可以是另一个课题组的成员，则课题组和成员之间是共享聚集关系，如图 7-9 所示。一般聚集和共享聚集的图示符号，都是在表示关联关系的直线末端紧挨着整体类的地方画一个空心菱形。

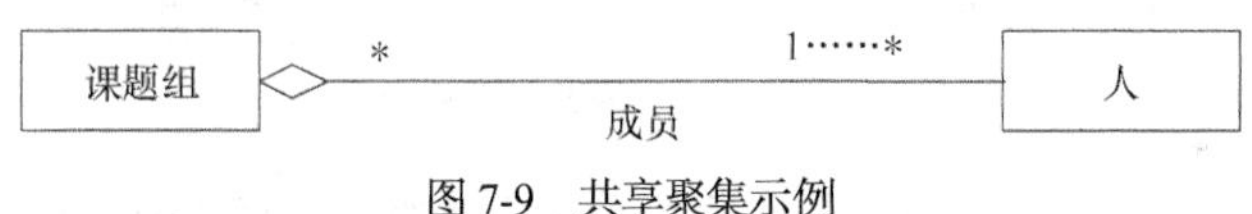

图 7-9　共享聚集示例

（2）组合聚集

如果部分类完全隶属于整体类，部分与整体共存，整体不存在了部分也会随之消失（或失去存在价值了），则该聚集称为组合聚集（简称为组成）。例如，在屏幕上打开一个窗口，它就由文本框、列表框、按钮和菜单组成，一旦关闭了窗口，各个组成部分也同时消失，窗口和它的组成部分之间存在着组合聚集关系。图 7-10 所示是窗口的组成，从图上可以看出，组成关系用实心菱形表示。

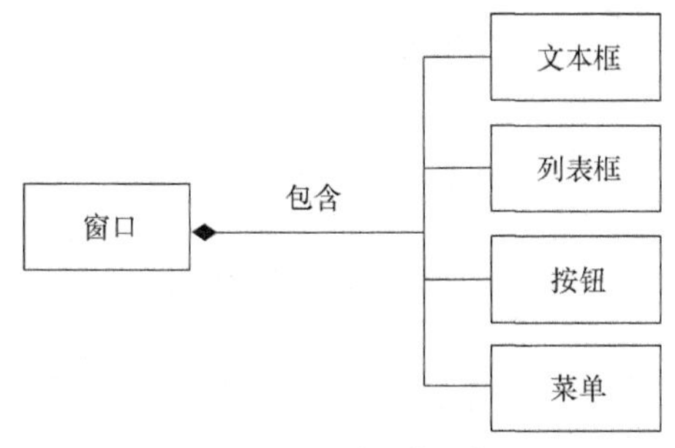

图 7-10　组合聚集示例

3. 泛化（Generalization）

UML 中的泛化关系就是通常所说的继承关系，它是通用类和具体类之间的一种分类关系。具体类完全拥有通用类的信息，并且还可以附加一些其他信息。

在 UML 中，用一端为空心三角形的连线表示泛化关系，三角形的顶角紧挨着通用元素。

注意，泛化针对类型而不针对实例，一个类可以继承另一个类，但一个对象不能继承另一个对象。实际上，泛化关系指出在类与类之间存在“一般—特殊”关系。泛化可进一步划分成普通泛化和受限泛化。

（1）普通泛化

普通泛化与 7.2.2 节中讲过的继承基本相同，对普通泛化的概念此处不再赘述。

需要特别说明的是，没有具体对象的类称为抽象类。抽象类通常作为父类，用于描述其他类（子类）的公共属性和行为。表示抽象类时，在类名下方附加一个标记值{abstract}，如图 7-11 所示。图下方的两个折角矩形是模型元素“笔记”的符号，其中的文字是注释，分别说明两个子类的操作 drive( ) 的功能。

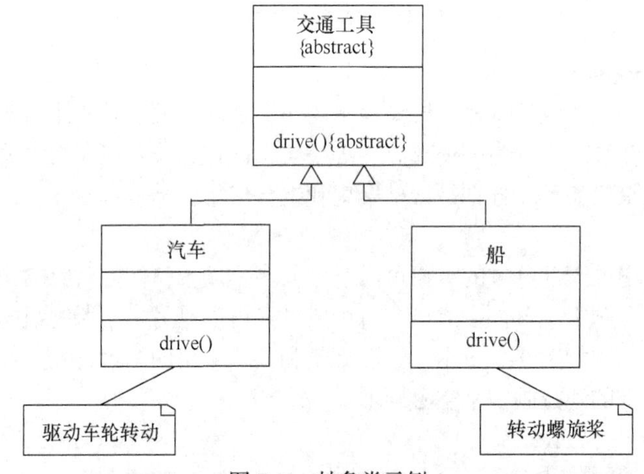

图 7-11　抽象类示例

抽象类通常都具有抽象操作。抽象操作仅用来指定该类的所有子类应具有哪些行为。抽象操作的图示方法与抽象类相似，在操作标记后面跟随一个性质串{abstract}。与抽象类相反的类是具体类，具体类有自己的对象，并且该类的操作都有具体的实现方法。图 7-12 给出了一个比较复杂的类图示例，这个例子综合应用了前面讲过的许多概念和图示符号。

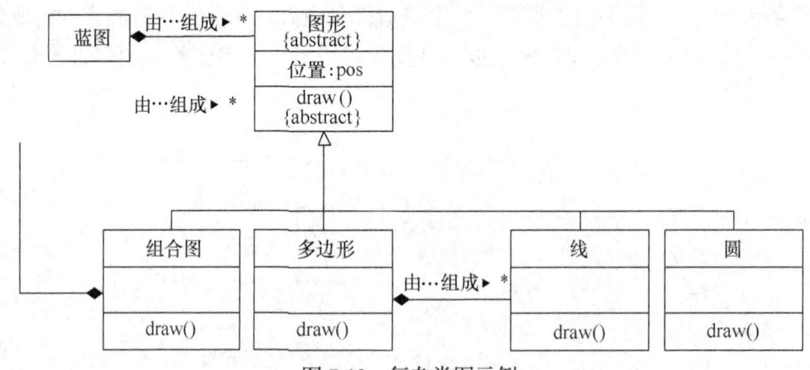

图 7-12　复杂类图示例

（2）受限泛化

可以给泛化关系附加约束条件，以进一步说明该泛化关系的使用方法或扩充方法，这样的泛化关系称为受限泛化。预定义的约束有 4 种：多重、不相交、完全和不完全。这些约束都是语义约束。多重继承指的是，一个子类可以同时多次继承同一个上层基类，例如图 7-13 中的水陆两用类继承了两次交通工具类。与多重继承相反的是不相交继承，即一个子类不能多次继承同一个基类（这样的基类相当于 C++语言中的虚基类）。如果图中没有指定{多重}约束，则是不相交继承，一般的继承都是不相交继承。

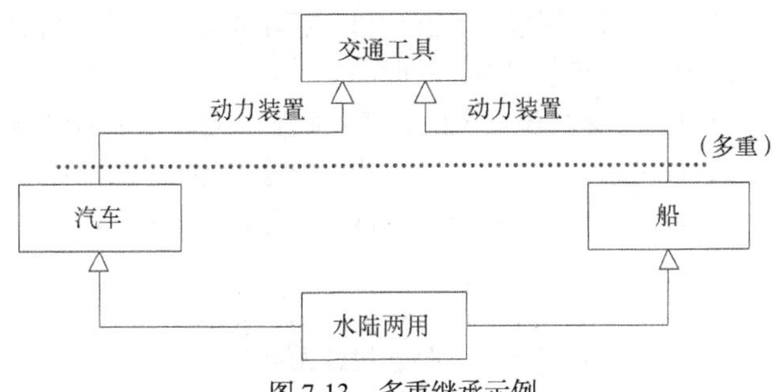

图 7-13　多重继承示例

完全继承指的是父类的所有子类都已在类图中穷举出来了，图示符号是指定{完全}约束。

不完全继承与完全继承恰好相反，父类的子类并没有都列举出来，随着对问题理解的深入，可不断补充和维护，这为日后系统的扩充和维护带来很大方便。不完全继承是一般情况下默认的继承关系。

4. 依赖（Dependency）

（1）依赖关系

依赖关系描述两个模型元素（类、用例等）之间的语义连接关系：其中一个模型元素是独立的，另一个模型元素不是独立的，它依赖于独立的模型元素，如果独立的模型元素改变了，将影响依赖于它的模型元素。

在 UML 的类图中，用带箭头的虚线连接有依赖关系的两个类，箭头指向独立的类。在虚线上可以带一个版类标签，具体说明依赖的种类。例如，图 7-14 表示一个友元依赖关系，该关系使得 B 类的操作可以使用 A 类中私有的或保护的成员。

（2）细化关系

当对同一个事物在不同抽象层次上描述时，这些描述之间具有细化关系。假设两个模型元素 A 和 B 描述同一个事物，它们的区别是抽象层次不同，如果 B 是在 A 的基础上的更详细的描述，则称 B 细化了 A，或称 A 细化成了 B。细化的图示符号为由元素 B 指向元素 A 的、一端为空心三角形的虚线（注意，不是实线），如图 7-15 所示。细化用来协调不同阶段模型之间的关系，表示各个开发阶段不同抽象层次的模型之间的相关性，常用于跟踪模型的演变。

图 7-14　友元依赖关系　　图 7-15　细化关系示例

7.5　动态模型

动态模型表示瞬时的、行为化的系统“控制”性质，它规定了对象模型中的对象的合法变化序列。

对象模型一旦建立之后，需要考察对象的动态行为，所有对象都具有自身的生存周期。对一个对象来说，生存周期由许多阶段组成，在每个特定阶段中，都有适合该对象的一组运行规律和行为规则，用以规范该对象的行为。生存周期中的阶段也就是对象的状态。所谓状态，是对对象属性值的一种抽象。当然，在定义状态时应忽略那些不影响对象行为的属性。各对象之间的相互触发就形成了一系列的状态变化。人们把一个触发行为称作一个事件。对象对事件的响应，取决于接受该触发的对象当时所处的状态，响应包括改变自己的状态或者又形成一个新的触发行为。

状态有持续性，它占用一段时间间隔。状态和事件密不可分，一个事件分开两个状态，一个状态隔开两个事件。事件表示时刻，状态代表时间间隔。

通常，用 UML 提供的状态图来描绘对象的状态、触发状态转换的事件以及对象的行为。

每个类的动态行为用一张状态图来描绘，各个类的状态图通过共享事件合并起来，从而构成系统的动态模型。动态模型是基于事件共享而互相关联的一组状态图的集合。

7.6　功能模型

功能模型表示变化的系统的“功能”性质，它指明了系统应该“做什么”，因此更直接地反映了用户对目标系统的需求。

通常，功能模型由一组数据流图组成。在面向对象方法学中，数据流图远不如在结构分析、设计方法中那样重要。一般说来，与对象模型和动态模型比较起来，数据流图并没有增加新的消息，但是，建立功能模型有助于软件开发人员更深入地理解问题域，改进和完善自己的设计。因此，不能完全忽视功能模型的作用。

UML 提供的用例图是进行需求分析和建立功能模型的强有力工具。在 UML 中把用例图建立起来的系统模型称为用例模型。

通常，软件系统的用户数量庞大，每个用户只知道自己如何使用系统，但是没有人准确地知道系统的整体运行情况。因此，使用用例模型代替传统的功能说明，往往能够更好地获取用户需求，它所回答的问题是“系统应该为每个或每类用户做什么”。

用例模型描述的是外部行为者所理解的系统功能。用例模型的建立是系统开发者和用户反复讨论的结果，它描述了开发者和用户对需求规格所达成的共识。

7.6.1　用例图

一幅用例图包含的模型元素有系统、行为者、用例及用例之间的关系。图 7-16 是自动售货机系统的用例图。

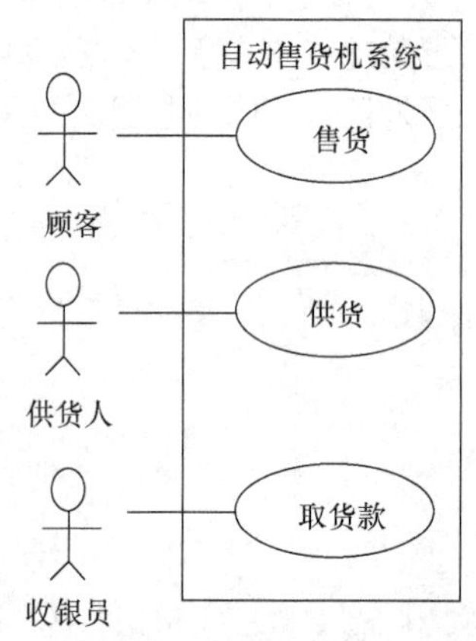

图 7-16　自动售货机系统用例图

1. 系统

系统被看作是一个提供用例的黑盒子，内部如何工作、用例如何实现，这些对于建立用例模型来说都是不重要的。代表系统的方框的边线表示系统的边界，用于划定系统的功能范围，定义了系统所具有的功能。描述该系统功能的用例置于方框内，代表外部实体的行为者置于方框外。

2. 用例

一个用例是可以被行为者感受到的、一个系统的、完整的功能。在 UML 中把用例定义成系统完成的一系列动作，动作的结果能被特定的行为者察觉到。这些动作除了完成系统内部的计算与工作外，还包括与一些行为者的通信。用例通过关联与行为者连接，指出一个用例与哪些行为者交互，这种交互是双向的。

用例具有下述特征。

（1）用例代表某些用户可见的功能，实现一个具体的用户目标。

（2）用例总是被行为者启动的，并向行为者提供可识别的值。

（3）用例必须是完整的。

用例是一个类，它代表一类功能而不是使用该功能的某个具体实例。用例的实例是系统的一种实际使用方法，通常把用例的实例称为脚本。例如，在自动售货机系统中，张三投入硬币购买矿泉水，系统收到硬币后把矿泉水送出，上述过程就是一个脚本；李四投币买可乐，但是可乐已卖完了，于是系统给出提示信息并把硬币退还给李四，这个过程是另一个脚本。

3. 行为者

行为者是指与系统交互的人或其他系统，它代表外部实体。使用用例并且与系统交互的任何人或物都是行为者。行为者代表一种角色，而不是某个具体的人或物。事实上，一个具体的人可以充当多种不同角色。

在用例图中用直线连接行为者和用例，表示两者之间交换信息，称为通信联系。行为者触发（激活）用例，并与用例交换信息。单个行为者可与多个用例联系，反之，一个用例也可与多个行为者联系。对于同一个用例而言，不同行为者起的作用也不同。可以把行为者分成主行为者和副行为者，还可分成主动行为者和被动行为者。

实践表明，行为者对确定用例是非常有用的。面对一个大型、复杂的系统，要列出用例清单往往很困难，可以先列出行为者清单，再针对每个行为者列出它的用例。这样做可以比较容易地建立起用例模型。

4. 用例之间的关系

UML 用例之间主要有扩展和使用两种关系，它们是泛化关系的两种不同形式。

（1）扩展关系

向一个用例中添加一些动作后构成了另一个用例，这两个用例之间的关系就是扩展关系，后者继承前者的一些行为，通常把后者称为扩展用例。例如，在自动售货机系统中，“售货”是一个基本的用例，如果顾客购买罐装饮料，售货功能完成得很顺利。但是，如果顾客要购买用纸杯装的散装饮料，则不能执行该用例提供的常规动作，而要做些改动。

我们可以修改售货用例，使之既能提供售罐装饮料的常规动作又能提供售散装饮料的非常规动作，但是，这会把该用例与一些特殊的判断和逻辑混杂在一起，使正常的流程晦涩难懂。图 7-17 中把常规动作放在“售货”用例中，而把非常规动作放置于“售散装饮料”用例中，这两个用例之间的关系就是扩展关系。在用例图中，用例之间的扩展关系图示为构造型《扩展》的泛化关系。

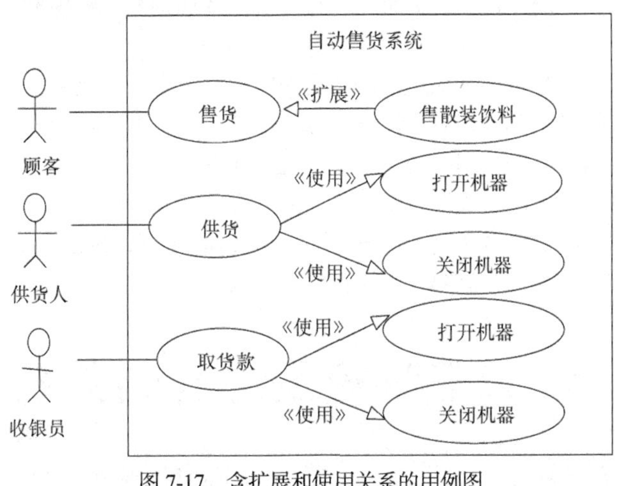

图 7-17　含扩展和使用关系的用例图

（2）使用关系

当一个用例使用另一个用例时，这两个用例之间就构成了使用关系。如果在若干个用例中有某些相同的动作，则可以把这些相同的动作提取出来单独构成一个用例（称为抽象用例）。这样，当某个用例使用该抽象用例时，就好像这个用例包含了抽象用例中的所有动作。在用例图中，用例之间的使用关系用构造型《使用》的泛化关系表示，如图 7-17 所示。

扩展与使用之间的异同：这两种关系都意味着从几个用例中抽取那些公共的行为并放入一个单独的用例中，而这个用例被其他用例使用或扩展，但是，使用和扩展的目的是不同的。通常在描述一般行为的变化时采用扩展关系，在两个或多个用例中出现重复描述又想避免这种重复时，可以采用使用关系。

7.6.2 用例建模

几乎在任何情况下都需要使用用例，通过用例可以获取用户要求、规划和控制项目。获取用例是需求分析阶段的主要工作之一，而且是首先要做的工作。大部分用例在项目的需求分析阶段产生，并且随着开发工作的深入，还会发现更多用例，这些新发现的用例都应及时补充进已有的用例集中，用例集中的每个用例都是对系统的一个潜在的需求。

一个用例模型由若干幅用例图组成。创建用例模型的工作包括：定义系统、寻找行为者和用例、描述用例、定义用例之间的关系、确认模型。其中，寻找行为者和用例是关键。

1. 确定行为者

为获取用例首先要找出系统的行为者，可以通过请系统的用户回答一些问题的办法来发现行为者。下述问题有助于发现行为者。

① 谁将使用系统的主要功能（主行为者）？

② 谁需要借助系统的支持来完成日常工作？

③ 谁来维护和管理系统（副行为者）？

④ 系统控制哪些硬件设备？

⑤ 系统需要与哪些其他系统交互？

⑥ 哪些人或系统对本系统产生的结果（值）感兴趣？

2. 确定用例

一旦找到了行为者，就可以通过请每个行为者回答下述问题来获取用例。

① 行为者需要系统提供哪些功能？行为者自身需要做什么？

② 行为者是否需要读取、创建、删除、修改或存储系统中的某类信息？

③ 系统中发生的事件需要通知行为者吗？行为者需要通知系统某些事件吗？从功能观点看，这些事件能做什么？

④ 行为者的日常工作是否因为系统的新功能而被简化或提高了效率？

还有一些不是针对具体行为者而是针对整个系统的问题，也能帮助建模者发现用例，具体如下。

① 系统需要哪些输入/输出？输入来自何处？输出到哪里去？

② 当前使用的系统（可能是人工系统）存在的主要问题是什么？

注意，最后这两个问题并不意味着没有行为者也可以有用例，只是在获取用例时还不知道行为者是谁。事实上，一个用例必须至少与一个行为者相关联。

7.7 三种模型之间的关系

面向对象建模技术所建立的 3 种模型，分别从 3 个不同侧面描述了所要开发的系统。这 3 种模型相互补充、相互配合，使得我们对系统的认识更加全面。功能模型指明了系统应该“做什么”；动态模型明确规定了什么时候做（即在何种状态下接受了什么事件的触发）；对象模型则定义了做事情的实体。

在面向对象方法学中，对象模型是最基本最重要的，它为其他两种模型奠定了基础，我们依靠对象模型完成 3 种模型的集成。下面扼要地叙述 3 种模型之间的关系。

① 针对每个类建立的动态模型，描述了类实例的生命周期或运行周期。

② 状态转换驱使行为发生，这些行为在数据流图中被映射成处理，在用例图中被映射成用例，它们同时与类图中的服务相对应。

③ 功能模型中的处理（或用例）对应于对象模型中类所提供的服务。通常，复杂的处理（或用例）对应复杂对象提供的服务，简单的处理（或用例）对应基本的对象提供的服务。有时一个处理（或用例）对应多个服务，也有一个服务对应多个处理（或用例）的时候。

④ 数据流图中的数据存储，以及数据的源点/终点，通常是对象模型中的对象。

⑤ 数据流图中的数据流，往往是对象模型中对象的属性值，也可能是整个对象。

⑥ 用例图中的行为者，可能是对象模型中的对象。

⑦ 功能模型中的处理（或用例）可能产生动态模型中的事件。

⑧ 对象模型描述了数据流图中的数据流、数据存储以及数据源点/终点的结构。

7.8　典型例题详解

例题 1（2013 年 5 月软件设计师试题）　继承是父类和子类之间共享数据和方法的机制。以下关于继承的叙述中，不正确的是_____。

A. 一个父类可以有多个子类，这些子类都是父类的特例

B. 父类描述了这些子类的公共属性和操作

C. 子类可以继承它的父类（或祖先类）中的属性和操作而不必自己定义

D. 子类中可以定义自己的新操作而不能定义和父类同名的操作

分析：面向对象编程　(OOP）语言的一个主要功能就是“继承”。继承是指这样一种能力：它可以使用现有类的所有功能，并在无需重新编写原来的类的情况下对这些功能进行扩展。通过继承创建的新类称为“子类”或“派生类”。被继承的类称为“基类”“父类”或“超类”。继承的过程，就是从一般到特殊的过程。

要实现继承，可以通过“继承”（Inheritance）和“组合”（Composition）来实现。在某些 OOP 语言中，一个子类可以继承多个基类。但是一般情况下，一个子类只能有一个基类，要实现多重继承，可以通过多级继承来实现。

继承概念的实现方式有三类：实现继承、接口继承和可视继承。

① 实现继承是指使用基类的属性和方法而无需额外编码的能力。

② 接口继承是指仅使用属性和方法的名称、但是子类必须提供实现的能力。

③ 可视继承是指子窗体（类）使用基窗体（类）的外观和实现代码的能力。

在考虑使用继承时，有一点需要注意，那就是两个类之间的关系应该是“属于”关系。例如，Employee 是一个人，Manager 也是一个人，因此这两个类都可以继承 Person 类。但是 Leg 类却不能继承 Person 类，因为腿并不是一个人。

抽象类仅定义将由子类创建的一般属性和方法，创建抽象类时，请使用关键字 Interface 而不是 Class。

参考答案：D

例题 2（2014 年 11 月软件设计师试题） 多态分为参数多态、包含多态、过载多态和强制多态共四种不同形式，其中多态在许多语言中都存在，最常见的例子就是_____子类型化。

A. 参数　　B. 包含　　C. 过载　　D. 强制

分析：首先介绍多态系统的一些概念。

单态系统：值被认为只有一种类型，即所有的数据项必须具有唯一一种类型。

多态系统：一个值具有多于一种类型的能力。

多态系统支持的技术有以下 4 种。

① 强制多态：避免单态语言的严密性，提供了一种有限的多态形式。必须预先规定类型之间的映射关系。如 int 型与 float 型运算，其结果为 float 型。

② 过载多态：参数的类型化形式将用于选择合适的函数。加函数可对两个整数或两个实数进行运算，参数的类型化信息将被用于合适的函数。

③ 参数多态：一个函数将一致地在某个范围类型中发挥作用。采用类模板来实现。

④ 包含多态：在一个父类上定义的函数可以操作任何子类型。采用继承关系来实现。前两者称为特定多态，无原则的形式且仅支持特定数目的类型；后两者称为通用多态性，有原则的形式，工作于一个无限的类型集合中。

参考答案：B

例题 3（2011 年 11 月软件设计师试题） 采用面向对象开发方法时，对象是系统运行的基本实体。以下关于对象的叙述中，正确的是_____。

A. 对象只能包括数据（属性）

B. 对象只能包括操作（行为）

C. 对象一定有相同的属性和行为

D. 对象通常由对象名、属性和操作三个部分组成

分析：在面向对象技术中，对象是建立面向对象程序所依赖的基本单元。对象既包括数据（属性），也包括作用于数据的操作（行为）。而对象通常可由对象名、属性和操作三个部分组成。

参考答案：D

7.9 实验——音乐点播管理系统面向对象方法学

1. 实验目的

掌握面向对象建模的基本概念，了解 Rational Rose 建模软件的特色及运行环境，掌握其基本功能及操作。以前章节已经运用结构化开发方法完成了音乐点播管理系统的开发。通过接下来的部分，运用面向对象的知识，详细地从需求入手，完成对系统的分析、设计和实现。

2. 实验内容

（1）音乐点播管理系统的目标。

随着信息时代的发展及其不断地深入，面对大量繁杂的音乐信息管理、分类、查询与点播工作，为了增强现有音乐点播管理系统与用户的便捷交互，实现资源的云管理、数据的安全可靠，迫切需要通过计算机来管理听众操作。方便听众点播系统所存的音乐、查询个人点播情况及个人信息。音乐点播管理系统通过增加网络设备及模块来扩展、升级整个系统，达到和办公自动化网络的连接，实现全方位管理功能。音乐点播管理系统具有界面友好、功能强大、使用方便、安全可靠等优点。管理对听众的点播要求进行操作，同时形成点播报表给读者查看确认；管理人员的功能最为复杂，

包括对听众、音乐信息进行管理和维护，及系统状态的查看、维护并生成报表。

（2）音乐点播管理系统的范围。

听众：可直接查询音乐点播管理系统的存储音乐信息，根据本人用户名和密码登录系统，还可以进行本人点播情况的查询和维护部分个人信息。

管理员：实现对音乐信息、点播信息、总体点播情况信息的管理和统计，以及用户和管理人员信息的查看及维护。管理员可以浏览、查询、添加、删除、修改、统计音乐的基本信息；浏览、查询、统计、添加、删除和修改用户听众的基本信息；浏览、查询、统计听众的点播信息，但不能添加、删除和修改听众的点播信息。

Rational Rose 是菜单驱动的应用程序，支持八种不同类型的 UML 图：用例图、类图、时序图、协作图、活动图、状态图、组件图、部署图。安装并熟悉 Rational Rose 的安装及其建模环境，简单操作 Rose 相关界面：浏览区、工具栏、文档窗口、图形窗口和日志。

Rational Rose 在建模方面具有以下特点。

① 保证模型和代码高度一致。Rose 可以实现真正意义上的正向、逆向和双向工程。

② 支持多种语言。Rose 本身能够支持的语言包括 C++、Visual C++、Java、Visual Basic、PowerBuilder 等，还可为数据库应用产生数据库描述语言（DDL）。

③ 为团队开发提供强有力的支持。Rose 提供了两种方式来支持团队开发：一种是采用 SCM（软件配置管理）的团队开发方式；另一种是没有 SCM 情况下的团队开发方式。这两种方式为用户提供了极大的灵活性，用户可以根据开发的规模和开发人员数目以及资金情况等选择一种方式进行团队开发。

④ 支持模型的 Internet 发布。Rose 的 Internet Web Publisher 能够创建一个基于 Web 的 Rose 模型的 HTML 版本，使得其他人员能够通过标准的浏览器，如 IE 来浏览该模型。

⑤ 生成使用简单且定制灵活的文档。Rose 本身提供了直接产生模型文档的功能。

⑥ 支持关系型数据库的建模。利用 Rose 能够进行数据库的建模。Rose 能够为 ANSI、Oracle、SQL Server 等支持标准 DDL 的数据库自动生成数据描述语言。

Rational Rose 基本使用方法

Rational Rose 主界面如图 7-18 所示。

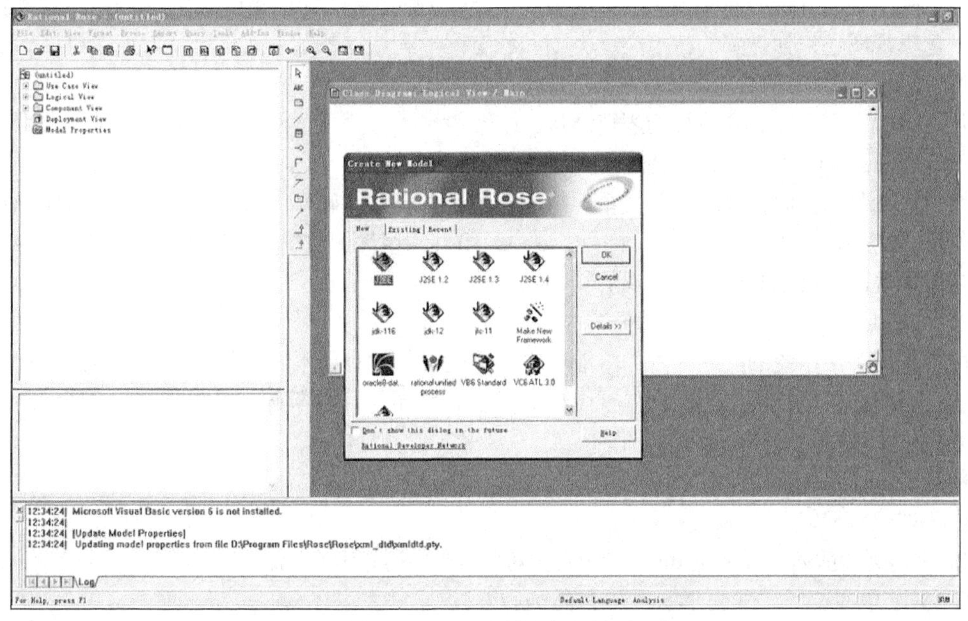

图 7-18　Rose 应用程序主界面

Rose 的工作区分为 4 个部分：浏览区、文档区、编辑区和日志区。

（1）浏览区——用来浏览、创建、删除和修改模型中的模型元素。

浏览区是层次结构，组成树形视图样式，用于在 Rose 模型中迅速定位。浏览区可以显示模型中的所有元素，包括用例、关系、类和组件等，每个模型元素可能又包含其他元素。利用浏览区可以增加模型元素（参与者、用例、类、组件、图等）；浏览现有的模型元素；浏览现有的模型元素之间的关系；移动模型元素；更名模型元素；将模型元素添加到图中；将文件或者 URL 链接到模型元素上；将模型元素组成包；访问模型元素的详细规范；打开图。

浏览区中有 4 个视图：Use Case View（用例视图）、Logical View（逻辑视图）、Component View（组件视图）、Deployment View（配置视图）。

（2）文档区——用来显示和书写各个模型元素的文档注释。

文档区用于为 Rose 模型元素建立文档，例如对浏览区中的每一个参与者写一个简要定义，只要在文档区输入这个定义即可。

（3）编辑区——用来显示和创作模型的各种图。

在编辑区中，可以打开模型中的任意一张图，并利用左边的工具栏对图进行浏览和修改。修改图中的模型元素时，Rose 会自动更新浏览区。同样，通过浏览区改变元素时，Rose 也会自动更新相应的图。这样就可以保证模型的一致性。

（4）日志区——用来记录对模型所做的所有重要动作。

Rational Rose 的视图

Rose 模型中有 4 个视图：Use Case View（用例视图）、Logical View（逻辑视图）、Component View（组件视图）、Deployment View（配置视图）。每个视图针对不同的对象，具有不同的作用。

（1）Use Case View（用例视图）

用例视图包括系统中的所有参与者、用例和用例图，还可能包括一些时序图或协作图。用例视图是系统中与实现无关的视图，它只关注系统功能的高层形状，而不关注系统的具体实现方法。

通常在项目开始时要先确定，之后不轻易修改。

（2）Logical View（逻辑视图）

逻辑视图关注系统如何实现用例中提出的功能，提供系统的详细图形，描述组件之间如何关联。另外，逻辑视图还包括需要的特定类、类图和状态图。利用这些细节元素，开发人员可以构造系统的详细信息。

从逻辑视图中可以看到系统的逻辑结构。

（3）Component View（组件视图）

组件视图显示代码模块之间的关系。组件视图包含模型代码库、可执行文件、运行库和其他组件的信息。组件是代码的实际模块。在 Rose 中，组件和组件图在组件视图中显示。

从组件视图中可以看出系统实现的物理结构。

（4）Deployment View（配置视图）

配置视图关注系统的实际配置，可能与系统的逻辑结构有所不同。例如，系统可能使用三层逻辑结构，但配置可能是两层的。配置视图还要处理其他问题，如容错、网络带宽、故障恢复和响应时间等。一个项目只有一个配置视图。

使用 Rational Rose 建模

（1）创建模型

Rose 模型文件的扩展名是.mdl，要创建模型，需要完成下列步骤。

① 从菜单栏选择“File→New”，或单击标准工具栏中的“New”按钮；

② 弹出对话框，选择要用到的框架，单击“OK”按钮。如果不使用模板，单击“Cancel”按钮。

如果选择使用模板，Rose 会自动装入此模板的默认包、类和组件。模板提供了每个包中的类和接口，各有相应的属性和操作。通过创建模板，可以收集类与组件，便于作为基础设计和建立多个系统。如果单击“Cancel”按钮，表示创建一个空项目，用户需要从头开始创建模型。

（2）保存模型

Rational Rose 的保存，类似于其他应用程序。可以通过菜单或者工具栏来实现。

① 保存模型：通过选择菜单“File→Save”或者单击工具栏的“Save”按钮，来保存系统建模。

② 保存日志：激活日志窗口，通过菜单“File→Save Log As”来保存，或者右键单击日志窗口，在弹出的菜单中选择“Save Log As”命令来保存。

（3）设置全局选项

全局选项可以通过菜单 Tools→Options 进行设置。

① 设置字体。在 Options 对话框中，可以设置文档窗口字体、日志窗口字体和默认字体，单击不同的 Front 按钮，就可以分别设置字体。

② 设置颜色。Rose 中可以单独修改对象的颜色。单击 Options 对话框中的“Line Color”和“Fill Color”按钮，用户可以分别设置对象的线颜色和填充颜色。

3. 实验思考

① 利用 Rose 制作不同的 UML 图时，操作界面有哪些差异?

② 列举 Rose 的基本功能。

小　结

本章所讲述的面向对象方法学概念和表示符号，可以适用于整个软件开发过程。介绍了三种不同的模型，它们分别是描述系统静态结构的对象模型、描述系统控制结构的动态模型、以及描述系统计算结构的功能模型。其中，对象模型是最基本、最核心、最重要的。用面向对象观点建立系统的模型，能够促进和加深对系统的理解，有助于开发出更容易理解、更容易维护的软件。软件开发人员无需像用结构分析、设计技术那样，在开发过程的不同阶段转换概念和表示符号。

习 题 7

一、选择题

1. 面向对象程序设计语言必须具备的特征有【　　】。

   A. 可视性、继承性、封装性　　B. 继承性、可复用性、封装性

   C. 继承性、多态性、封装性　　D. 可视性、移植性、封装性

2. 在 UML 提供的图中，【　　】用于描述系统与外部系统及用户之间的交互；【　　】用于按时间顺序描述对象间的交互。

   A. 用例图　　B. 类图　　C. 对象图　　D. 时序图

3. 在关于类的实例化的描述中，正确的是【　　】。

   A. 同一个类的对象具有不同的静态数据成员值

   B. 不同的类的对象具有相同的静态数据成员值

   C. 同一个类的对象具有不同的对象自身引用（this）值

   D. 同一个类的对象具有相同的对象自身引用（this）值

4. 在面向对象技术中，类属于一种【　　】机制。

A. 包含多态　B. 参数多态　C. 过载多态　D. 强制多态

5. 类之间共享属性和操作的机制称为【　　】。

A. 多态　B. 动态绑定　C. 静态绑定　D. 继承

二、简答题

1. 什么是面向对象方法学？它有哪些优点？
2. 什么是“对象”？它与传统的数据有何异同？
3. 什么是“类”？
4. 什么是“继承”？
5. 什么是模型？开发软件为何要建模？
6. 什么是对象模型？建立对象模型时主要使用哪些图形符号？这些符号的含义是什么？
7. 什么是动态模型？建立动态模型时主要使用哪些图形符号？这些符号的含义是什么？
8. 什么是功能模型？建立功能模型时主要使用哪些图形符号？
9. 试用面向对象观点分析、研究本书第2章中给出的订货系统的例子。在这个例子中有哪些类？试建立订货系统的对象模型。
10. 建立订货系统的用例模型。

第 8 章 面向对象分析

本章要点

- 面向对象分析的基本过程
- 对象模型的建立
- 动态模型的建立
- 功能模型的建立

8.1 面向对象分析建模过程

8.1.1 概述

面向对象分析（Object-Oriented Analysis，OOA），就是抽取和整理用户需求并建立问题域精确模型的过程。面向对象分析的关键，是识别出问题域内的对象，并分析它们相互间的关系，最终建立起问题域简洁、精确、可理解的正确模型。

在面向对象分析阶段，开发人员应该首先理解在需求获取阶段产生的用例模型，找出描述问题域和系统责任所需的对象和类，将用例行为映射到对象上，进一步分析它们的内部构成和外部关系，从而建立面向对象分析模型。最后，开发人员和用户一起检查模型，保证模型的正确性、一致性、完整性和可行性。面向对象分析建模过程如图 8-1 所示。

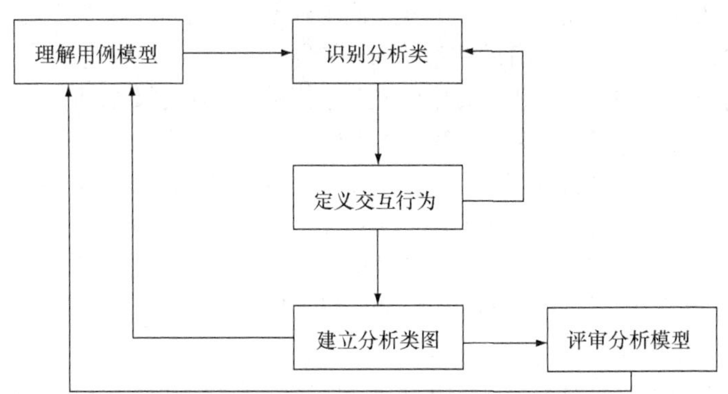

图 8-1　面向对象分析建模过程

需要强调的是，分析过程是一个循环渐进的过程，识别分析类和细化分析模型不是一蹴而就的，需要多次地循环迭代实现。在分析需求陈述的过程中，系统分析员需要反复多次地与用户协商、讨论交流信息，还应该通过调研了解现有的类似系统。正如以前多次讲过的，快速建立一个可在计算机上运行的原型系统，非常有助于分析员和用户之间的交流和理解，从而能更准确地提炼出用户的需求。

接下来，系统分析员应该深入理解用户需求，抽象出目标系统的本质属性，并用模型准确地表示出来。用自然语言书写的需求陈述通常是有二义性的，内容往往不完整、不一致。分析模型应该成为对问题的精确而又简洁的表示，后继的设计阶段将以分析模型为基础。更重要的是，通过建立分析模型能够纠正在开发早期对问题域的误解。

在面向对象建模的过程中，系统分析员必须认真向领域专家学习，尤其是在建模过程中的分类工作往往有很大难度。继承关系的建立实质上是知识抽取过程，它必须反映出一定深度的领域知识，这不是系统分析员单方面努力所能做到的，必须有领域专家的密切配合才能完成。此外，系统分析员还应该仔细研究以前针对相同的或类似问题域进行面向对象分析所得到的结果。由于面向对象分析结果的稳定性和可重用性，这些结果在当前项目中往往有许多是可以重用的。

8.1.2 3 个子模型与 5 个层次

面向对象分析的目标是要建立一系列的模型来描述能够满足用户需要的计算机软件。面向对象分析模型需表示出系统的信息（或数据）、功能和行为三个方面的基本特征。相应地，在进行面向对象分析时，需要建立面向对象的对象模型、功能模型和行为模型。复杂问题（大型系统）的对象模型由 5 个层次组成，即主题层、对象层、结构层、属性层和服务层，如图 8-2 所示。

这 5 个层次很像叠在一起的 5 张透明塑料片，它们一层比一层显现出对象模型的更多细节。在概念上，这 5 个层次是整个模型的 5 张水平切片。

主题层
对象层
结构层
属性层
服务层

图 8-2　对象模型的 5 个层次

在这里有必要介绍一下主题的概念，主题是知道读者（包括系统分析员、软件设计人员、领域专家、管理人员、用户等，总之，“读者”泛指所有需要读懂系统模型的人）理解大型、复杂模型的一种机制。也就是说，通过划分主题把一个大型、复杂的对象模型分解成几个不同的概念范畴。心理研究表明，人类的短期记忆一般限于一次记忆 5～9 个对象，这就是著名的“7 ± 2 原则”。面向对象分析从下述两个方面来体现这条原则，控制可见性和指导读者的注意力。首先，面向对象分析通过控制能见到的层次数目来控制可见性。其次，面向对象分析增加了一个主题层，它可以从一个相当高的层次描述总体模型，并对读者的注意力加以指导。

这 5 个层次对应着面向对象分析过程中建立对象模型的 5 项主要活动，找出类和对象、识别结构、识别主题、定义属性、定义服务。必须强调指出的是，我们说的是“5 项活动”，而没有说 5 个步骤。事实上，这 5 项工作完全没有必要按顺序完成，也无须在彻底完成一项工作以后再开始另外一项工作。虽然这 5 项活动的抽象层次不同，但是在进行面向对象分析时并不需要严格遵守自顶向下的原则。人们往往喜欢先在一个较高的抽象层次上工作，如果在思考过程中突然想到一个具体事物，就会把注意力转移到深入分析发掘这个具体领域，然后又返回到原先所在的较高的抽象层次。例如，分析员找出一个类和对象，想到在这个类中应该包含的一个服务，于是把这个服务的名字写在服务层，然后又返回到类和对象层，继续寻找问题域中的另一个类和对象。面向对象分析大体上按照下列顺序进行：寻找类和对象，识别结构，识别主题定义属性，建立动态模型，建立功能模型，定义服务。但是，分析不可能严格地按照预定顺序进行，大型、复杂系统的模型需要反复构造才能建成。通常，先构造出模型的子集，然后再逐渐扩充，直到完全、充分地理解了整个问题，才能最终把模型建立起来。

此外，分析也不是一个机械的过程，大多数需求陈述都缺乏必要的信息，所缺少的信息主要从用户和领域专家那里获取，同时也需要从分析员对问题域的背景知识中提取。在分析过程中，系统分析员必须与领域专家及用户反复交流，以便澄清二义性，纠正错误的概念，补足缺少的信息。面向对象建立的系统模型，尽管在最终完成之前还是不准确、不完整的，但对做到准确、无歧义的交流仍然是大有益处的。

8.2　需求陈述

8.2.1　书写要点

需求陈述的内容包括：问题范围、功能需求、性能需求、应用环境及假设条件等。需求陈述应该阐明“做什么”，而不是“怎样做”。它应该描述用户的需求而不是提出解决问题的方法。应该指出哪些是系统必要的性质，哪些是任选的性质。应该避免对设计策略施加过多的约束，也不要描述系统的内部结构，因为这样做将限制实现的灵活性。对系统性能及系统与外界环境交互协议的描述，是合适的需求。此外，对采用的软件工程标准、模块构造准则、将来可能做的扩充以及可维护性要求等方面的描述，也都是适当的需求。

书写需求陈述时，要尽力做到语法正确，而且应该慎重选用名词、动词、形容词和同义词。不少用户书写的需求陈述，都把实际需求和设计决策混为一谈。系统分析员必须把需求与实现策略区分开，后者是一类伪需求，分析员至少应该认识到它们不是问题域的本质性质。

需求陈述可简可繁。对人们熟悉的传统问题的陈述，可能相当详细；相反，对陌生领域项目的需求，开始时可能写不出具体细节。绝大多数需求陈述都是有二义性的、不完整的甚至不一致的。某些需求有明显错误，还有一些需求虽然表述得很准确，但它们对系统行为存在不良影响或者实现起来造价太高。另外一些需求初看起来很合理，但却并没有真正反映用户的需要。应该看到，需求陈述仅仅是理解用户需求的出发点，它并不是一成不变的文档。不能指望没有经过全面、深入分析的需求陈述是完整、准确、有效的。随后进行的面向对象分析的目的，就是全面、深入地理解问题域和用户的真实需求，建立起问题域的精确模型。系统分析员必须与用户及领域专家密切配合协同工作，共同提炼和整理用户需求。在这个过程中，很可能需要快速建立起原型系统，以便与用户更有效地交流。

8.2.2　例子

以自动取款机（ATM）系统为例进行分析，如图 8-3 所示。下面是 ATM 系统的需求陈述。

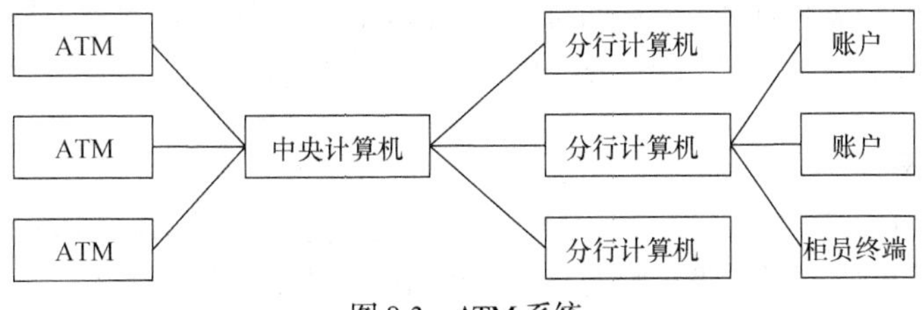

图 8-3　ATM 系统

某银行拟开发一个自动取款机系统，它是由自动取款机、中央计算机、分行计算机及柜员终端组成的网络系统。ATM 和中央计算机由总行投资购买。总行拥有多台 ATM，分别设在全市各主要街道上。分行负责提供分行计算机和柜员终端，柜员终端设在分行营业厅及分行下属的各个储蓄所内。该系统的软件开发成本由各个分行分摊。

银行柜员使用柜员终端处理储户提交的储蓄事务。储户可用现金或支票向自己拥有的某个账户内存款或开立新账户，也可从自己的账户中取款。通常，一个储户可拥有多个账户。柜员负责把储户提交的存款或取款事务输进柜员终端，接收现金或支票，或付给储户现金。柜员终端与相应的分行计算机通信，分行计算机具体处理针对某个账户的事务并且维护账户。

拥有银行账户的储户有权申请领取银行卡，使用银行卡可以通过 ATM 访问自己的账户。用银行卡可在 ATM 上提取现金(即取款)，或查询有关自己账户的信息(例如，某个指定账户上的余额)，办理转账、存款等事务。

所谓银行卡就是一张特制的磁卡，上面有分行代码和卡号。分行代码唯一标志总行下属的一个分行，卡号确定了这张卡可以访问哪些账户。每张银行卡仅属于一个储户所有，但是，同一张卡可能有多个副本。因此，必须考虑同时在若干台 ATM 上使用同一张银行卡的可能性。也就是说，系统应该能够处理并发的访问。

当用户把银行卡插入 ATM 之后，ATM 就与用户交互，以获取有关这次事务的信息，并与中央计算机交换关于事务的信息。首先，ATM 要求用户输入密码，接下来 ATM 把从这张卡上读到的信息以及用户输入的密码传给中央计算机，请求中央计算机核对这些信息并处理这次事务。中央计算机根据卡上的分行代码确定这次事务与分行的对应关系，并且委托相应的分行计算机验证用户密码。如果用户输入的密码是正确的，ATM 就要求用户选择事务类型（如取款、查询等）。当用户选择取款时，ATM 请求用户输入取款额。最后，ATM 从现金出口吐出现金，并且选择是否打印出账单。

8.3 建立对象模型

面向对象分析的首要工作是建立问题域的对象模型。这个模型描述了现实世界中的“类”与“对象”以及它们之间的关系，表示了目标系统的静态数据结构。静态数据结构对应用细节依赖较少，比较容易确定。当用户的需求变化时，静态数据结构相对来说比较稳定。因此，用面向对象方法开发绝大多数软件时，都首先建立对象模型，然后再建立另外的模型。需求陈述、应用领域的专业知识以及关于客观世界的常识，是建立对象模型时的主要信息来源。

对象模型通常有 5 个层次。典型的工作步骤是，首先确定对象类和关联（因为它们影响系统整体结构和解决问题的方法），对于大型复杂问题还要进一步划分出若干个主题；然后给类和关联增添属性，以进一步描述它们，接下来利用适当的继承关系进一步合并和组织类。对于类中操作的最后确定，则等到建立了动态模型和功能模型之后，因为这两个子模型更准确地描述了对类中提供的服务的需求。初始的分析模型通常都是不准确、不完整甚至包含错误的，必须在随后的反复分析中加以更正和扩充。此外，在面向对象分析的每一步，都应该仔细分析研究以前针对相同的或类似的问题域进行面向对象分析所得到的结果，并尽可能重用这些结果。

8.3.1 确定类与对象

类与对象是在问题域中客观存在的，系统分析员的主要任务就是通过分析找出这些类与对象。首先找出所有候选的类与对象，然后筛选掉不正确的或不必要的类与对象。

1. 找出候选的类与对象

对象是对问题域中有意义的事物的抽象，它们既可能是物理实体，也可能是抽象概念。大多数客观事物可分为可感知的物理实体（如飞机、汽车、书）、人或组织的角色（如医生、教师、雇主、雇员）、应该记忆的事件（如飞行、演出、访问）、两个或多个对象的相互作用（如购买、纳税）、需要说明的概念（如政策、保险政策）。在分析问题时，可以参照上述 5 类常见事物，找出在当前问题域中的候选类。另一种分析方法是非正式分析法。这种分析方法以用自然语言书写的需求陈述为依据，把陈述中的名词作为类与对象的候选者，用形容词作为确定属性的线索，把动词作为服务（操作）的候选者。当然，用这种简单方法确定的候选者是非常不准确的，其中往往包含大量不正确的或不必要的事物，还需经过更进一步的严格筛选。

以 ATM 系统为例，说明非正式分析过程。从需求陈述中找出些名词，可以把它们作为类与对象的初步候选者。比如：银行、自动取款机（ATM）、系统、中央计算机、分行计算机、柜员终端、网络、总行、分行、软件、成本、市、街道、营业厅、储蓄所、柜员、储户、现金、支票、账户、事务、现金兑换卡、余额、磁卡、分行代码、卡号、用户、副本、信息、密码、类型、取款额、账单、访问。

通常，在需求陈述中不会一个不漏地写出问题域中所有有关的类和对象，因此，分析员应该根据领域知识或常识进一步把隐含的类和对象提取出来。

2. 筛选出正确的类与对象

显然，仅通过一个简单、机械的过程不可能正确地完成分析工作。非正式分析仅仅帮助人们找到一些候选的类和对象，接下来严格考察每个候选对象，从中去掉不正确的或不必要的，仅保留确实应该记录其信息或需要其提供服务的那些对象。

筛选时主要依据下列标准，删除不正确或不必要的类与对象。

（1）冗余

如果两个类表达了同样的信息，则应该保留在此问题域中最富于描述类的名称。

以 ATM 系统为例，上面用非正式分析法得出了 34 个候选的类，其中“储户”与“用户”，“现金兑换卡”与“磁卡”“副本”分别描述相同的信息，因此，去掉“用户”“磁卡”以及“副本”等冗余的类，仅保留“储户”和“现金兑换卡”这两个类。

（2）无关

现实世界中存在许多对象，不能把它们都纳入到系统中去，仅需要把与本问题密切相关的类与对象放进目标系统中。有些类在其他问题中可能很重要，但与当前要解决的问题无关，同样也应该把它们删掉。

以 ATM 系统为例，这个系统并不处理分摊软件开发成本的问题，而且 ATM 和柜员终端放置的地点与本软件的关系不大。因此，删掉候选类“成本”“市”“街道”“营业厅”“储蓄所”。

（3）笼统

在需求陈述中常常使用一些笼统的、泛指的名词，虽然在初步分析时把它们作为候选的类与对象列出来了，但是，要么系统无须记忆有关它们的信息，要么在需求陈述中有更明确、更具体的名词对应它们所暗示的事务。因此，通常把这些笼统的或模糊的类去掉。

以 ATM 系统为例，“银行”实际指总行或分行，“访问”在这里实际指事务，“信息”的具体内容在需求陈述中就已经指明。此外还有一些笼统含糊的名词。总之，在本例中应该删掉“银行”“网络”“系统”“软件”“信息”和“访问”等候选类。

（4）属性

在需求陈述中有些名词实际上描述的是其他对象的属性，应把这些名词从候选类与对象中去掉。当然，如果某个性质具有很强的独立性，则应把它作为类而不是作为属性。

在 ATM 系统的例子中，“现金”“支票”“取款额”“账单”“余额”“分行代码”“卡号”“密码”和“类型”等，实际上都应该作为属性对待。

（5）操作

在需求陈述中有可能使用一些既可作为名词又可作为动词的词，应慎重考虑它们在本问题中的含义，以便正确地决定把它们作为类还是作为类中定义的操作。例如，谈到电话时通常把“拨号”当作动词，当构造电话模型时，确实应把它作为一个操作，而不是一个类。但是，在开发电话的自动记账系统时，“拨号”需要有自己的属性（如日期、时间、受话地点等），因此应该把它作为一个类。总之，本身具有属性需独立存在的操作，应该作为类与对象。

（6）实现

在分析阶段不应该过早地考虑怎样实现目标系统。因此，应该去掉仅与实现有关的候选的类与对象。在设计和实现阶段，这些类与对象可能是重要的，但在分析阶段过早地考虑它们反而会分散我们的注意力。在 ATM 系统的例子中，“事务日志”无非是对一系列事务的记录，它的确切表示方式是面向对象设计的议题；“通信链路”在逻辑上是一种联系，在系统实现时它是关联链的物理实现。总之，应该暂时去掉“事务日志”和“通信链路”这两个类，在设计或实现时再考虑它们。

8.3.2 确定关联

1. 初步确定关联

在需求陈述中使用的描述性动词或动词词组，通常表示关联关系。因此，在初步确定关联时，大多数关联可以通过直接提取需求陈述中的动词词组而得出。通过分析需求陈述，还能发现一些在陈述中隐含的关联。然后，根据领域知识再进一步补充一些关联。

初次确定对象间关系集合后，要进一步进行筛选，去掉不正确的关系。筛选主要有以下准则。

- 去掉已删对象所涉及的关系。
- 去掉与问题无关的关系。
- 去掉瞬间时间，因为关系描述的是对象间静态的作用。
- 去掉三元关系。
- 去掉能用其他关系定义的关系（派生关系）。
- 筛选完后，进一步完善余下的对象间关系，主要通过对关系名的修正使其适应不同的关系，并且分解所涉及的对象、确定关系的类型和确定关系的阶数。

以 ATM 系统为例，经过分析初步确定以下关联。

（1）直接提取动词短语得出的关联。

- 中央计算机、ATM、分行计算机及柜员终端组成网络。
- 总行拥有多台 ATM。
- 主要街道上设置 ATM。
- 分行提供分行计算机和柜员终端。
- 柜员终端设在分行营业厅及储蓄所内。
- 分行分摊软件开发成本。
- 储户拥有账户。
- 分行计算机处理针对账户的事务。
- 分行计算机维护账户。
- 柜员终端与分行计算机通信。
- 柜员输入针对账户的事务。
- 中央计算机与 ATM 交换关于事务的信息。
- 中央计算机确定事务与分行的对应关系。
- 系统 ATM 读现金兑换卡。
- 系统 ATM 与用户交互。
- 系统 ATM 吐出现金。
- 系统 ATM 打印账单。
- 系统处理并发的访问。

（2）需求陈述中隐含的关联。

- 总行由各个分行组成。
- 分行保管账户。
- 总行拥有中央计算机。
- 系统维护事务日志。
- 系统提供必要的安全性。
- 储户拥有现金兑换卡。

（3）根据问题域知识得出的关联。

- 现金兑换卡访问账户。
- 分行雇用柜员。

2. 筛选

经初步分析得出的关联只能作为候选的关联，还需进一步筛选，去掉不正确的或不必要的关联。筛选时注意根据以下标准删除候选关联。

（1）已删去的类之间的关联。如果在分析确定类与对象的过程中已经删掉了某个候选类，则与这个类有关的关联也一并删去，或用其他类重新表达这个关联。

以 ATM 系统为例，由于已经删去了“系统”“网络”“软件”“现金”“事务日志”“账单”“成本”“市”“街道”“营业厅”“储蓄所”等候选类，因此，与这些类有关的下列 8 个关联也应该删除。

- 中央计算机、ATM、分行计算机及柜员终端组成网络。
- 主要街道上设置 ATM。
- 柜员终端设在分行营业厅及储蓄所内。
- 分行分摊软件开发成本。
- 系统维护事务日志。
- 系统提供必要的安全性。
- 系统 ATM 吐出现金。
- 系统 ATM 打印账单。

（2）与问题无关的或应在实现阶段考虑的关联。应该把处在本问题域之外的关联或与实现密切相关的关联删去。

例如，在 ATM 系统的例子中，“系统处理并发的访问”并没有标明对象之间的新关联，它只不过提醒人们在实现阶段需要使用实现并发访问的算法，以处理并发事务。

（3）瞬时事件。关联应该描述问题域的静态结构，而不应该是一个瞬时事件。

以 ATM 系统为例，“ATM 读现金兑换卡”描述了 ATM 与用户交互周期中的一个动作，它并不是 ATM 与现金兑换卡之间的固有关系，因此应该删去。类似地，还应该删去“ATM 与用户交互”这个候选的关联。

如果用动作表述的需求隐含了问题域的某种基本结构，则应该用适当的动词词组重新表示这个关联。例如，在 ATM 系统的需求陈述中，“中央计算机确定事务与分行的对应关系”隐含了结构上“中央计算机与分行通信”的关系。

（4）三元关联。三个或三个以上对象之间的关联，大多可分解为二元关联或用词组描述成限定的关联。

在 ATM 系统的例子中，“柜员输入针对账户的事务”可以分解成“柜员输入事务”和“事务修改账户”这样两个二元关联。而“分行计算机处理针对账户的事务”也可以做类似的分解。“ATM 与中央计算机交换关于事务的信息”这个候选的关联，实际上隐含了“ATM 与中央计算机通信”和“在 ATM 上输入事务”这两个二元关联。

（5）派生关联。应该去掉那些可以用其他关联定义的冗余关联。

例如，在 ATM 系统的例子中，“总行拥有多台 ATM”实质上是“总行拥有中央计算机”和“ATM 与中央计算机通信”这两个关联组合的结果。而“分行计算机维护账户”的实际含义是“分行保管账户”和“事务修改账户”。

3. 进一步完善

应该进一步完善经过筛选后剩下的关联，通常从以下 4 个方面进行改进。

（1）正名。名字是帮助读者理解的关键因素之一。因此，应仔细选择含义更明确的名字作为关联名。

例如，“分行提供分行计算机和柜员终端”不如改为“分行拥有分行计算机”和“分行拥有柜员终端”。

（2）分解。为了能够适用于不同的关联，必要时应该分解以前确定的类与对象。

例如，在 ATM 系统的例子中，应该把“事务”分解成“远程事务”和“柜员事务”。

（3）补充。发现了遗漏的关联应该及时补上。

例如，在 ATM 系统的例子中，把“事务”分解成了两类之后，需要补充“柜员输入柜员事务”“柜员事务输进柜员终端”“在 ATM 上输入远程事务”和“远程事务由现金兑换卡授权”等关联。

（4）标明重数。应该初步判定各个关联的类型，并粗略地确定关联的重数。但是，无须为此花费过多精力，因为在分析过程中随着认识的逐渐深入，重数也会经常改动。图 8-4 所示是经上述分析过程之后得出的 ATM 系统原始的类图。

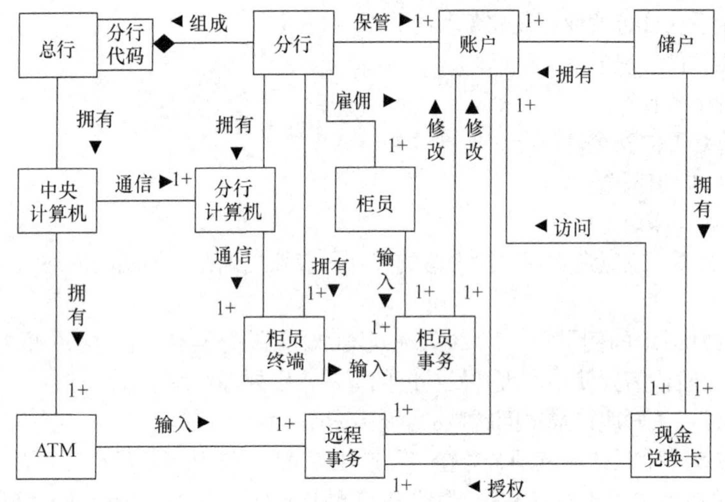

图 8-4 ATM 系统原始的类图

8.3.3 划分主题

主题是一种关于模型的抽象机制，起到一种控制作用。

一个实际的目标系统通过对象和机构的确定，问题空间的事物已经进行了抽象和概括，但是所确定的对象和结构数目巨大，必须进一步抽象。

从名称来看，主题就是一个名词或者名词短语，与对象名类似，但是主题和对象的抽象程度不同。确定主题的方法如下。

① 为每一个结构追加一个主题。

② 为每一个对象追加一个主题。

③ 若当前主题的数目超过 7 个，则对已经存在的主题进行归并。

归并的原则是当两个主题对应的属性和服务有着较密切的联系时，就将它们归并为一个主题。主题是一个单独的层次，每个主题有一个序号，主题之间的联系是消息连接。

在开发大型、复杂系统的过程中，为了降低复杂程度，人们习惯于把系统进一步划分成几个不同的主题，也就是在概念上把系统包含的内容分解成若干个范畴。

在开发小型的系统时，可能根本无须引入主题层。对于含有较多对象的系统，则往往先识别出类与对象和关联，然后划分主题，并用它作为指导开发者和用户观察整个模型的一种机制；对于规模极大的系统，则首先由高级分析员粗略地识别对象和关联，然后初步划分主题，经进一步分析，对系统结构有更深入的了解之后，再进一步修改和精炼主题。

应该按问题域而不是用功能分解方法来确定主题。此外，应该按照使不同主题内的对象相互间依赖和交互最少的原则来确定主题。

8.3.4　确定属性

属性表示对象的性质。借助于属性，人们能够对类和对象及结构有更深入、更具体的认识。注意，在分析阶段不要用属性类表示对象间的关系，使用关联能够表示两个对象间的任何关系，而且把关系表示得更清晰、更醒目。一般来说，确定属性的过程分为两个步骤。

1. 分析

在需求陈述中用名词词组表示的属性，例如“学生的学号”。还有用形容词表示的具体属性，例如“什么颜色的”。属性的确定既与问题域有关，也和目标系统的任务有关。应该仅考虑与具体应用直接相关的属性，不要考虑那些超出所要解决的问题范围的属性。在分析过程中应该首先找出最重要的属性，以后再逐渐把其余属性增添进去。在分析阶段不要考虑那些纯粹用于实现的属性。

2. 选择

删除掉不确定和不必要的属性。主要考虑以下一些情况。

（1）误把对象当作属性。

如果某个实体的独立存在比它的值更重要，则应把它作为一个对象而不是对象的属性，在具体应用领域中具有自身性质的实体，必然是对象。同一个实体在不同应用领域中，到底应该作为对象还是属性，需要具体分析才能确定。例如，在邮政目录中，“城市”是一个属性，而在人口普查中却应该把“城市”当作对象。

（2）误把关联类的属性当作一般对象的属性。

如果某个性质依赖于某个关联类的存在，则该性质是关联类的属性，在分析阶段不应该把它作为一般对象的属性。特别是在多对多关联中，关联类属性很明显，即使在以后的开发阶段中，也不能把它归并成相互关联的两个对象中的任一属性。

（3）把限定误当成属性。

如前所述，正确使用限定词往往可以减少关联的重数。如果把某个属性值固定下来以后能减少关联的重数，则应该考虑把这个属性重新表述成一个限定词。在 ATM 系统的例子中，“分行代码”“账号”“雇员号”和“站号”等都是限定词。

（4）误把内部状态当成子属性。如果某个性质是对象的非公开的内部状态，则应该从对象模型中删去这个属性。

（5）过于细化。在分析阶段应该忽略那些对大多数操作都没有影响的属性。

（6）存在不一致的属性。类应该是简单而且一致的。如果得出一些看起来与其他属性毫不相关的属性，则应该考虑把该类分解成两个不同的类。

有必要说明的是，我们这里讨论的 ATM 系统是一个简化之后的例子，而不是一个完整的实际应用系统。因此图 8-5 中所给出的属性远比实际应用系统中的属性要少。

经筛选后，得到 ATM 系统中各个类的属性，如图 8-5 所示。图中还标出了一些限定词。

“卡号”实际上是一个限定词。在研究卡号含义的过程中，发现以前在分析确定关联的过程中遗漏了“分行发放现金兑换卡”关联，现把这个关联补上，卡号是这个关联上的限定词。

“分行代码”是关联“分行组成总行”上的限定词。

“账号”是关联“分行保管账户”上的限定词。

“雇员号”是“分行雇佣柜员”上的限定词。

“站号”是“分行拥有柜员终端”“柜员终端与分行计算机通信”及“中央计算机与 ATM 通信”3 个关联上的限定词。

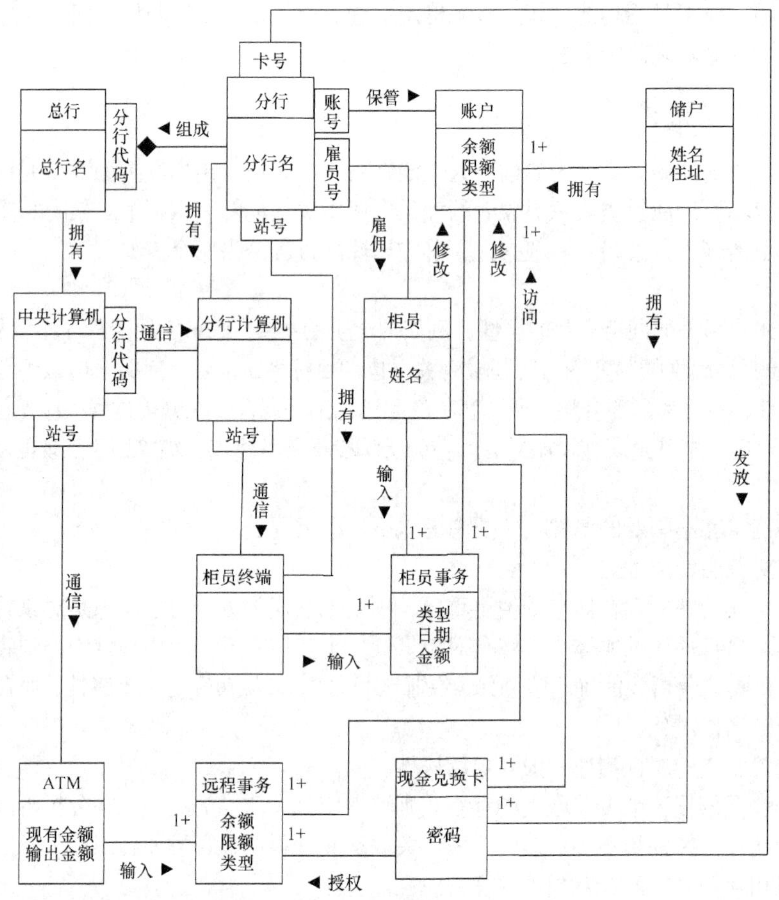

图 8-5 ATM 系统对象模型中的属性

8.3.5 识别继承关系

利用继承机制共享属性和服务，对系统对象加以组织，一般可用两种方式建立继承关系。

（1）自底向上

抽象出泛化的父类，这个过程实质上模拟的是人类的归纳思维过程。例如，通过对客车类和货车类的分析，可以归纳出汽车类。再比如，在 ATM 系统中，“远程事务”和“柜员事务”是类似的，可以泛化出父类“事务”。类似地，可以从“ATM”和“柜员终端”泛化出父类“输入站”。

（2）自顶向下

把现有类细化成更具体的子类，这模拟的是人类的演绎思维过程。从应用域中常常能明显看出应该做的自顶向下的具体化工作。例如，带有形容词修饰的名词词组往往暗示了一些具体类。但是，在分析阶段应该避免过度细化。

利用多重继承可以提高共享程度，但是同时也增加了概念上以及实现时的复杂程度。使用多重继承机制时，通常应该指定一个主要父类，从它继承大部分属性和行为，次要父类只须补充一些属性和行为。

8.3.6 反复修改

模型的建立过程是一个多次反复修改、逐步完善的过程。由于面向对象的概念和符号在整个开发过程中都是一致的，因此，模型的构造更容易做到过程迭代、信息反馈、逐步完善。实际工作中，模型的构造过程并不一定严格按照前面介绍的次序进行。可以合并几个步骤的工作一起完成，也可以按照自己的习惯交换前后各项工作的次序，还可以先初步完成几项工作，再返回来加以完善。但是，如果是初次接触面向对象方法，则最好先按以上介绍的次序进行，有了实际经验以后，再总结出更适合自己的构造方式。

下面以 ATM 系统为例，图 8-6 所示为带有继承关系的 ATM 对象模型，讨论可能做的修改。

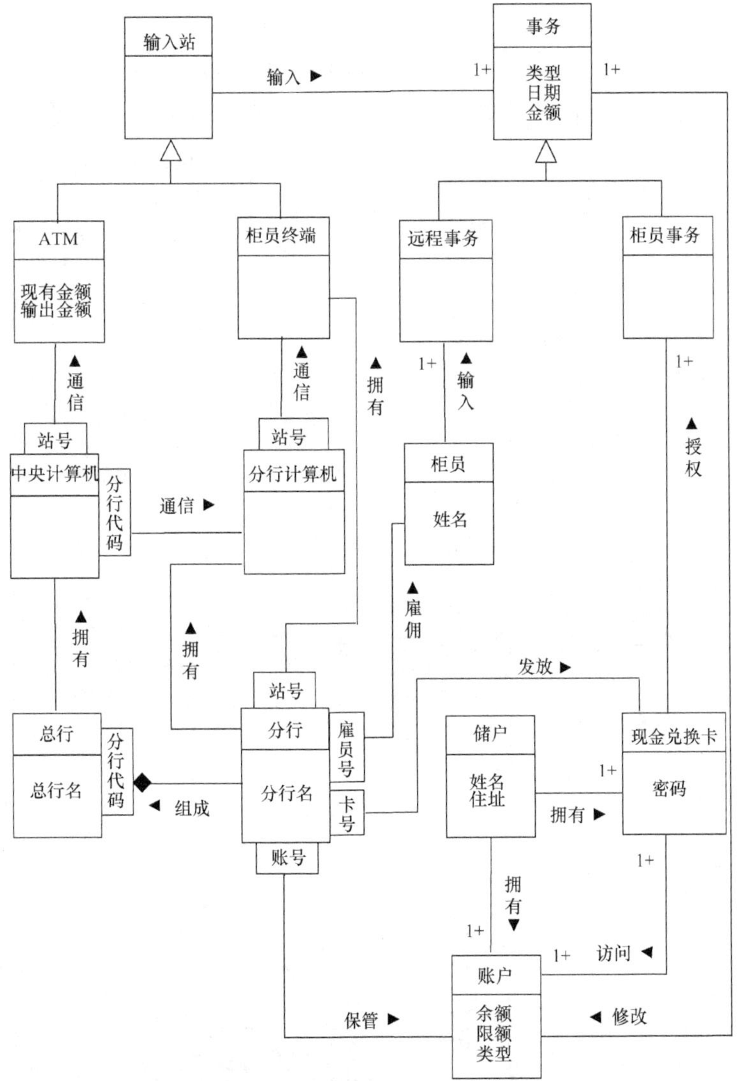

图 8-6　带有继承关系的 ATM 对象模型

（1）分解“现金兑换卡”类。

实际上，“现金兑换卡”有两个相对独立的功能，它既是鉴别储户使用ATM权限的卡，又是ATM获得分行代码和卡号等数据的数据载体。因此，把“现金兑换卡”类分解为“卡权限”和“现金兑换卡”两个类，将使每个类的功能更单一。前一个类标志储户访问账户的权限，后一个类是含有分行代码和卡号的数据载体。多张现金兑换卡可能对应着相同的访问权限。

（2）“事务”由“更新”组成。

通常，一个事务包含对账户的若干次更新，这里所说的更新，指的是对账户所做的一个动作（如取款、存款或查询）。“更新”虽然代表一个动作，但是它有自己的属性（如类型、金额等），应该独立存在，因此把它作为类。

（3）把“分行”与“分行计算机”合并。

区分“分行”与“分行计算机”，对于分析这个系统来说并没有多大意义。为简单起见，应该把它们合并。类似地，应该合并“总行”和“中央计算机”。图8-7给出了修改后的ATM对象模型，与修改前比较起来，它更简单、更清晰。

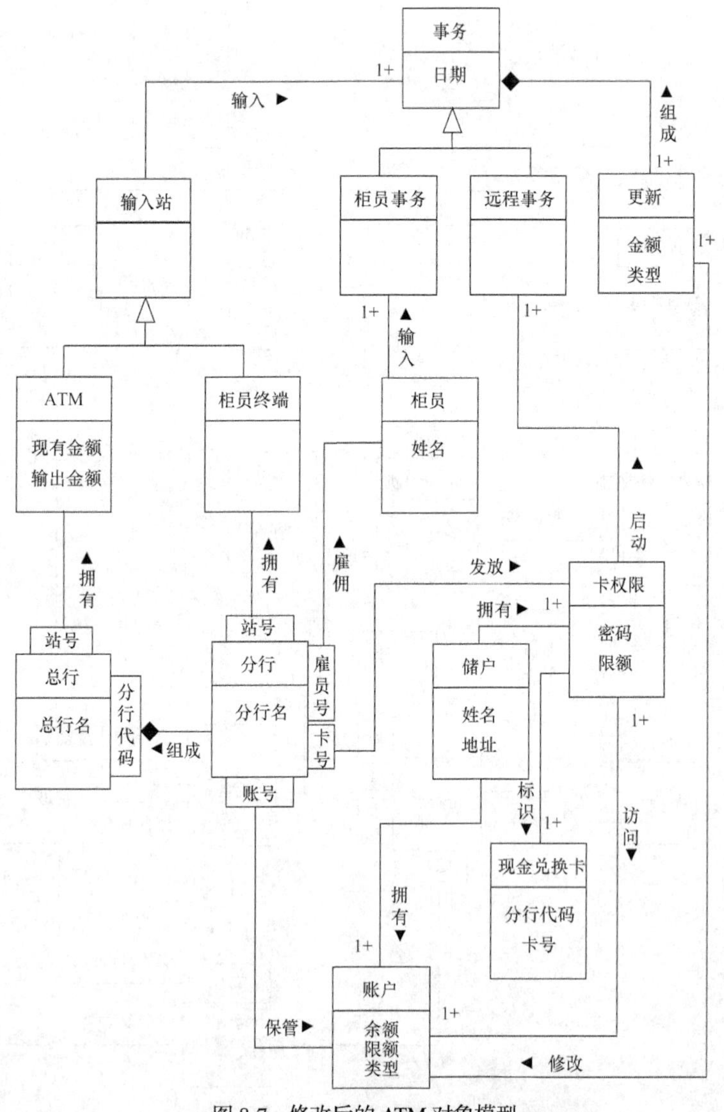

图8-7　修改后的ATM对象模型

8.4　建立动态模型

对于仅存储静态数据的系统（比如数据库）来说，动态模型并没有什么意义。然而在开发交互式系统时，动态模型却起着很重要的作用。如果收集输入信息是目标系统的一项主要工作，则在开发这类应用系统时建立正确的动态模型是至关重要的。

建立动态模型的第一步是编写典型交互行为的脚本。虽然脚本中不可能包括每个偶然事件，但是，必须保证不遗漏常见的交互行为。第二步，从脚本中提取出事件，确定触发每个事件的动作对象以及接受事件的目标对象。第三步，排列事件发生的次序，确定每个对象可能有的状态以及状态间的转换关系，并用状态图描绘它们。最后，比较各个对象的状态图，检查它们之间的一致性，确保事件之间的匹配。

8.4.1　编写脚本

在建立动态模型的过程中，脚本是指系统在某一执行期间内出现的一系列事件。脚本描述用户（或其他外部设备）与目标系统之间的一个或多个典型的交互过程，以便对目标系统的行为有更为具体的认识。编写脚本的目的是保证不遗漏重要的交互步骤，它有助于确保整个交互过程的正确性和清晰性。

脚本描写的范围并不是固定的，既可以包括系统中发生的全部事件，也可以只包括由某些特定对象触发的事件。脚本描写的范围主要由编写脚本的具体目的决定。

即使在需求陈述中已经描写了完整的交互过程，也还需要花很大精力构思交互的形式。例如，ATM 系统的需求陈述，虽然表明了应从储户那里获取有关事务的信息，但并没有准确说明获取信息的具体过程，对动作次序的要求也是模糊的。因此，编写脚本的过程，实质上就是分析用户对系统交互行为要求的过程。在编写脚本的过程中，需要与用户充分交换意见，编写后还应该经过他们审查与修改。

编写脚本时，首先编写正常情况下的脚本。然后，考虑特殊情况，例如输入或输出的数据为最大值（或最小值）。最后，考虑出错情况。例如，输入的值为非法值或响应失败。对大多数交互系统来说，出错处理都是最难实现的部分。如果可能，应该允许用户"异常终止"一个操作或"取消"一个操作。此外，还应该提供比如"帮助"和状态查询之类的在基本交互行为之上的"通用"交互行为。

脚本描述事件序列。每当系统中的对象与用户（或其他外部设备）交换信息时，就发生一个事件。所交换的信息值就是该事件的参数（例如"输入密码"事件的参数是所输入的密码）。也有许多事件是无参数的，这样的事件仅传递一个信息，即该事件已经发生了。

对于每个事件，都应该指明触发该事件的动作对象（例如系统、用户或其他外部事物）、接受事件的目标对象以及该事件的参数。表 8-1 和表 8-2 分别给出了 ATM 系统的正常情况脚本和异常情况脚本。

表 8-1　　ATM 系统的正常情况脚本

• ATM 请储户插卡；储户插入一张现金兑换卡
• ATM 接受该卡并读它上面的分行代码和卡号
• ATM 要求储户输入密码；储户输入自己的密码 1234 等数字
• ATM 请求总行验证卡号和密码；总行要求 39 号分行核对储户密码，然后通知 ATM 说这张卡有效

续表

• ATM 要求储户选择事务类型（取款、转账、查询等）；储户选择“取款”
• ATM 要求储户输入取款额；储户输入 1000
• ATM 确认取款额在预先规定的限额内，然后要求总行处理这个事务；总行把事务请求转给分行，该分行成功地处理完这项事务并返回该账户的新余额
• ATM 吐出现金并请储户拿走这些现金；储户拿走现金
• ATM 问储户继续这项事务；储户回答“不”
• ATM 打印账单，退出现金兑换卡，请储户拿走他们；储户取走账单和卡
• ATM 请储户插卡

表 8-2　　ATM 系统的异常情况脚本

• ATM 请储户插卡；储户插入一张现金兑换卡
• ATM 接受这张卡并顺序读它上面的数字
• ATM 要求密码；储户误输入 8888
• ATM 请求总行验证输入的数字和密码；总行在向有关分行咨询之后拒绝这张卡
• ATM 显示“密码错”，并请储户重新输入密码；储户输入 1234；ATM 请总行验证后知道这次输入的密码正确
• ATM 请储户选择事务类型；储户选择“取款”
• ATM 询问取款额；储户改变主意不想取款，按下“取消”键
• ATM 退出现金兑换卡，并请储户拿走它；储户拿走卡
• ATM 请储户插卡

8.4.2 设想用户界面

动态交互过程除了内部数据流和控制流交错执行的控制逻辑外，还需提供一个初始事件或信息的外部输入界面。界面的形式可以是命令行的字符界面，也可以是图形形式的界面。

虽然动态模型分析和刻画了应用系统的内部控制逻辑，但用户对系统的“第一印象”往往来自于界面。因此，用户界面的美观、方便、易学以及效率等特点对用户接受一个系统有很重要的作用。面向对象分析中考虑的主要是界面所提供的信息交换方式。这种信息交换方式决定了动态交互过程的运行质量。

未经过实际使用，很难评价一个用户界面的优劣。因此，软件开发人员应当快速构造用户界面的原型，供用户试用与评价。图 8-8 所示是初步设想出的 ATM 界面格式。

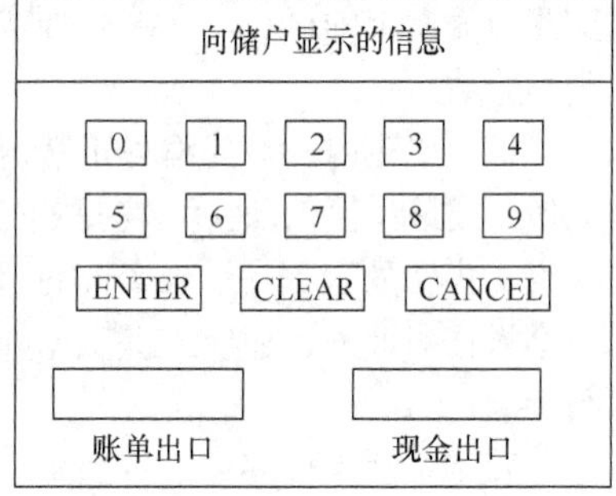

图 8-8　ATM 的界面格式

8.4.3 绘制事件跟踪图

完整、正确的脚本为建立动态模型奠定了必要的基础。但是，用自然语言书写的脚本往往不够简明，而且有时在阅读时会有二义性。为了有助于建立动态模型，通常在画状态图之前先画出事件跟踪图，为此首先需要进一步明确事件及事件与对象的关系。

1. 确定事件

应该仔细分析每个脚本，以便从中提取出所有外部事件。事件包括系统与用户（或外部设备）交互的所有信号、输入、输出、中断和动作等。从脚本中容易找出正常事件，但是，应该小心仔细，不要遗漏了异常事件和出错事件。

传递信息的对象的动作也是事件。例如，储户插入现金兑换卡、储户输入密码、ATM 吐出现金等都是事件。大多数对象到对象的交互行为都对应着事件。

应把对控制流产生相同效果的那些事件组合在一起作为一类事件,并给它们取一个唯一的名字。例如，“吐出现金”是一个事件类，尽管在这类事件中，每个个别事件的参数值不同，然而这并不影响控制流。但是，应该把对控制流有不同影响的那些事件区分开来，不要误把它们组合到一起。例如，“账户有效”“账户无效”和“密码错”等都是不同的事件，一般说来，不同应用系统对相同事件的响应并不相同，因此，在最终分类所有事件之前，必须先画出状态图。如果从状态图中看出某些事件之间的差异对系统行为并没有影响，则可以忽略这些事件间的差异。

经过分析，应该区分出每类事件的发送对象和接受对象。一类事件相对它的发送对象来说是输出事件，但是相对它的接受对象来说则是输入事件。有时一个对象把事件发送给自己，在这种情况下，该事件既是输出事件又是输入事件。

2. 画出事件跟踪图

从脚本中提取各类事件并确定了每类事件的发送对象和接受对象之后，就可以用事件跟踪图把事件序列以及事件与对象的关系，形象、清晰地表示出来。事件跟踪图实质上是扩充的脚本，可以认为事件跟踪图是简化的 UML 顺序图。

在事件跟踪图中，一条竖线代表一个对象，每个事件用一条水平的箭头线表示，箭头方向从事件的发送对象指向接受对象。时间从上向下递增，也就是说，画在最上面的水平箭头线代表最先发生的事件，画在最下面的水平箭头线所代表的事件最晚发生。箭头线之间的间距并没有具体含义，图中仅用箭头线在垂直方向上的相对位置表示事件发生的先后，并不表示两个事件之间的精确时间差。图 8-9 所示是 ATM 系统正常情况下的事件跟踪图。

图 8-9 ATM 系统正常情况脚本的事件跟踪图

8.4.4 绘制状态图

状态图描绘事件与对象状态的关系。当对象接受了一个事件以后，它的下一个状态取决于当前状态及所接受的事件。由事件引起的状态改变称为“转换”。如果一个事件并不引起当前状态发生转换，则可忽略这个事件。

通常，用一张状态图描绘一类对象的行为，它确定了由事件序列引出的状态序列。但是，也不是任何一个类都需要有一张状态图描绘它的行为。很多对象仅响应与过去历史无关的那些输入事件，或者把历史作为不影响控制流的参数。对于这类对象来说，状态图是不必要的。系统分析员应该集中精力仅考虑具有重要交互行为的那些类。

从一张事件跟踪图出发画状态图时，应该集中精力仅考虑影响一类对象的事件，也就是说，仅考虑事件跟踪图中指向某条竖线的那些箭头线。把这些事件作为状态图中的有向边（即箭头线），边上标出事件名。两个事件之间的间隔就是一个状态。一般来说，如果同一个对象对相同事件的响应不同，则这个对象处在不同状态。应该尽量给每个状态取个有意义的名字。通常，从事件跟踪图中当前考虑的竖线射出的箭头线，是这条竖线代表的对象达到某个状态时所做的行为（往往是引起另一类对象状态转化的事件）。

根据一张事件跟踪图画出状态图之后，再把其他脚本的事件跟踪图合并到已画出的状态图中，为此需在事件跟踪图中找出以前考虑过的脚本的分支点（例如，“验证账户”就是一个分支点，因为验证的结果可能是“账户有效”，也可能是“无效账户”），然后把其他脚本中的事件序列并入已有的状态图中，作为一条可选的路径。

考虑完正常事件之后再考虑边界情况和特殊情况，其中包括在不适当时候发生的事件（例如，系统正在处理某个事件时，用户要求取消该事务）。有时用户（或外部设备）不能做出快速响应，然而某些资源又必须及时收回，于是在一定间隔就产生了“超时”事件。对用户出错情况往往需要花费很多精力处理，并且会使原来清晰、紧凑的程序结构变得复杂、烦琐，但是，出错处理是不能省略的。

当状态图覆盖了所有脚本，包含了影响某类对象状态的全部事件时，该类的状态图就构造出来了，利用这张状态图可能会发现一些遗漏的情况。测试完整性和出错处理能力的最好办法，是设想各种可能出现的情况，多问几个“如果……，则……”的问题。

以 ATM 系统为例，“ATM”“柜员终端”“总行”和“分行”都是主动对象，它们相互发送事件；而“现金兑换卡”“事务”和“账户”是被动对象，并不发送事件。“储户”和“柜员”虽然也是动作对象，但是它们都是系统外部的因素，无须在系统内实现它们，因此，只需要考虑“ATM”“总行”“柜员终端”和“分行”的状态图。

图 8-10、图 8-11 和图 8-12 所示分别是“ATM”“总行”和“分行”的类状态图。由于“柜员终端”的状态图跟“ATM”的状态图类似，故省略。这些状态图都是简化的，尤其对异常情况和出错情况的考虑是相当粗略的（例如，图 8-10 并没有表示在网络通信链路不通时的系统行为，实际上，在这种情况下，ATM 停止处理储户事务）。

8.4.5 审查动态模型

图 8-10 为 ATM 类的状态图。

各个类的状态图通过共享事件合并起来，就构成了系统的动态模型。在完成了每个具有重要交互行为的对象的状态图之后，应该检查系统一级的完整性和一致性。一般来说，每个事件都应该既有发送对象又有接受对象，当然，有时发送者和接受者是同一个对象。对于没有前驱或后继的状态应该重点审查，如果这个状态不是交互序列的起点或终点，则表明发现了一个错误。应该认真审核每个事件，跟踪它对系统中各个对象所产生的效果，以保证这些事件与每个脚本相匹配。

以 ATM 系统为例，在总行类的状态图 8-11 中，事件“分行代码错”是由总行发出的，但是在 ATM 类的状态图中并没有一个状态接受这个事件。因此，在 ATM 类的状态图中应该再补充一个状态“do/显示分行代码错信息”，它接受由前驱状态“do/验证账户”发出的事件“分行代码错”，它的后续状态是“退卡”。图 8-12 所示为分行类的状态图。

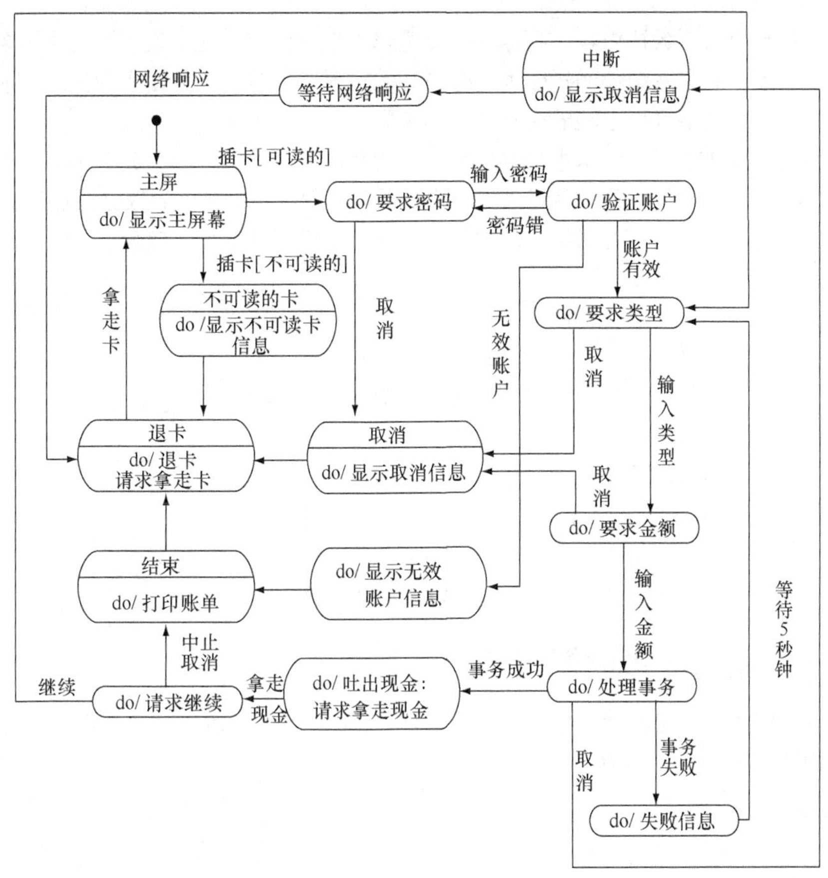

图 8-10　ATM 类的状态图

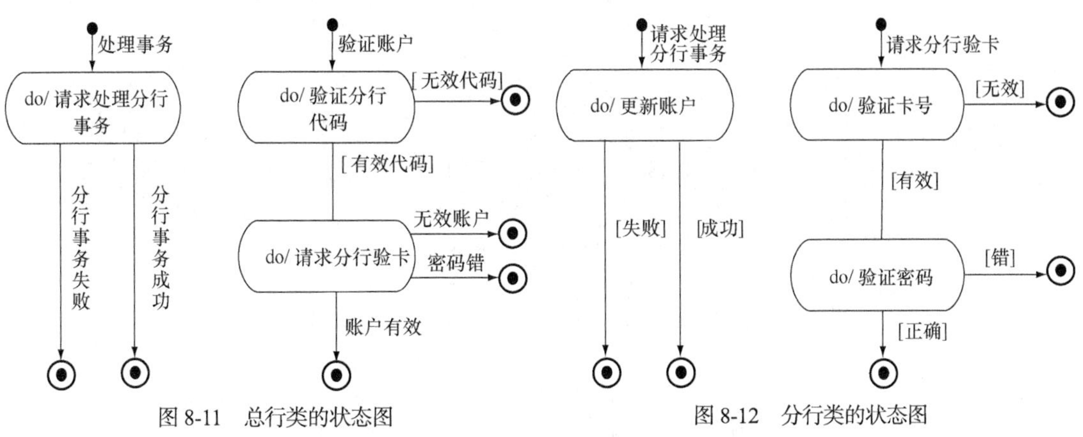

图 8-11　总行类的状态图　　　　图 8-12　分行类的状态图

8.5　建立功能模型

功能模型表达的是系统内部数据流的传送和处理的过程。功能模型由一组数据流图组成。在面向对象的开发方法中，采用功能模型的形式描述系统做什么。建立功能模型有助于软件开发人员更深入地理解问题域，改进和完善自己的设计。通常在建立对象模型和动态模型之后再建立功能模型。

8.5.1 绘制基本系统模型图

基本系统模型由若干数据源点、终点和一个逻辑处理框构成，这个处理框代表了系统加工、变换数据的整体功能。基本系统模型指明了目标系统的边界，由数据源点输入的数据和输出到数据终点的数据，是系统与外部世界之间的交互事件的参数。

图 8-13 所示是 ATM 系统的基本系统模型。尽管在储蓄所内储户的事务是由柜员通过柜员终端提交给系统的，但是信息的来源和最终接受者都是储户，因此，本系统的数据源点/终点为储户。另一个数据源点是现金兑换卡，因为系统从它上面读取分行代码和卡号等信息。

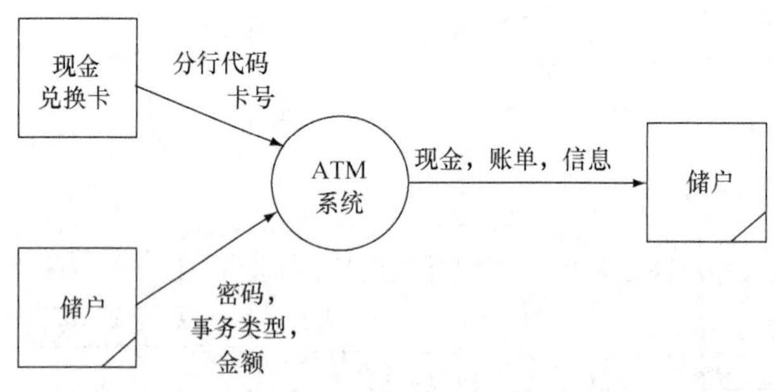

图 8-13　ATM 系统的基本系统模型

8.5.2 绘制功能级数据流图

把基本模型中的单一逻辑处理分解成若干处理，主要处理对系统中数据的加工和变化。ATM 系统的功能级数据流图如图 8-14 所示。

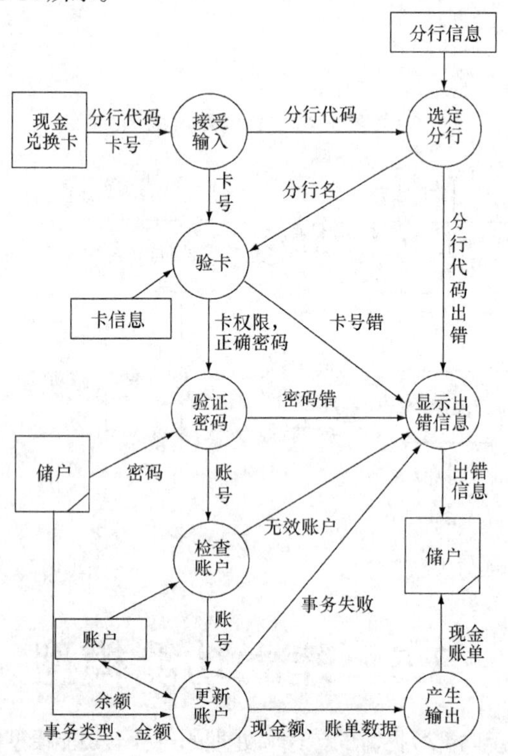

图 8-14　ATM 系统的功能级数据流图

8.5.3 描述处理框功能

将功能级处理框进一步细化，着重描述各个处理框所代表的功能，而不是实现功能的具体算法。描述既可以是说明性的，也可以是过程性的。说明性描述规定了输入值和输出值之间的关系，以及输出值应遵循的规律。过程性描述则通过算法说明“做什么”。一般来说，说明性描述优于过程性描述，因为这类描述中通常不会隐含具体实现方面的考虑。

ATM 系统数据流图中大多数处理框的功能都比较简单。作为一个例子，表 8-3 给出了对“更新账户”这个处理功能的描述。

表 8-3 对更新账户功能的描述

更新账户（账号，事务类型，金额）→现金额，账单数据，信息
如果取款额超过账户当前余额，拒绝该事务且不付出现金。
如果取款额不超过账户当前余额，从余额中减去取款额后作为新的余额，付出储户要取的现金。
如果事务是存款，把存款额加到余额中得到新余额，不付出现金。
如果事务是查询，不付出现金。
在上述任何一种情况下，账单内容都是：ATM 号，日期，时间，账号，事务类型，事务金额（如果有的话），新余额。

8.6 定义服务

在面向对象技术中，对象是由一组属性数据和基于数据之上的一组服务（又称操作或方法）封装而构成的独立单元。因此，建立一个完整的对象模型，既要确定类中的属性信息，还要确定类中应该提供的服务。确定类中应提供哪些服务的工作需要动态模型和功能模型构造完成之后才能进行，因为这两个子模型明确地描述了每个类中应该分担的系统责任。依据这些责任便可以确定类中应提供哪些服务。

确定一个类中的服务，主要取决于该类在问题中的实际作用以及求解过程中承担的处理责任。确定的原则如下。

（1）常规行为。一个类中定义属性数据是表达状态的主要内容。类中应提供访问、修改自身属性值的基本操作。这类操作属于类的内部操作，可不必在对象模型中显式表示。

（2）事件的处理操作。在面向对象的系统中，一个事件，即意味着一条消息。类和对象中必须提供处理相应消息的服务。动态模型中，状态图描述了对象应接收的事件（消息），因此，该对象中必须具有由消息选择指定的服务，这个服务修改对象的状态（属性值）并启动相应的服务。例如，在 ATM 系统中，发往 ATM 对象的事件“中止”，启动该对象的服务“打印账单”，发往分行的事件“请分行验卡”启动该对象的服务“验证卡号”，而事件“处理分行事务”启动分行对象的服务“更新账户”。可以看出，所启动的这些服务通常就是接受事件的对象在相应状态的行为。

（3）完成数据流图中处理框对应的操作。功能模型中的每个处理框代表了系统应实现的部分功能，而这些功能都与一个对象（也可能是若干个对象）中提供的服务相对应。因此，应该仔细分析状态图和数据流图，以便正确地确定对象应该提供的服务。例如，在 ATM 系统中，从状态图看出分行对象应该提供“验证卡号”服务，而在数据流图上与之对应的处理框是“验卡”，根据实际应该完成的功能看，该对象提供的这个服务应该是“验卡”。

（4）利用继承机制优化服务集合，减少冗余服务。在一个对象提供的服务或多个对象提供的服务中，可能会存在冗余或重复的情况。应该尽量利用继承机制优化服务功能和减少服务的数目。只要不违反问题的实际情况和一般常识，应该尽量抽取相似的公共属性和服务，以建立这些相似类的新父类，并在类等级的不同层次中正确地定义各个服务。

8.7 典型例题详解

进行面向对象的需求分析，实质就是用面向对象的思想建立需求模型。当然这些对象模型的核心就是对象图（类图）。以电梯系统为例，分析前期工作和传统的方法一致，即可简单地用图 8-15 表示。只不过图中的逻辑模型用面向对象思想构造原型系统。

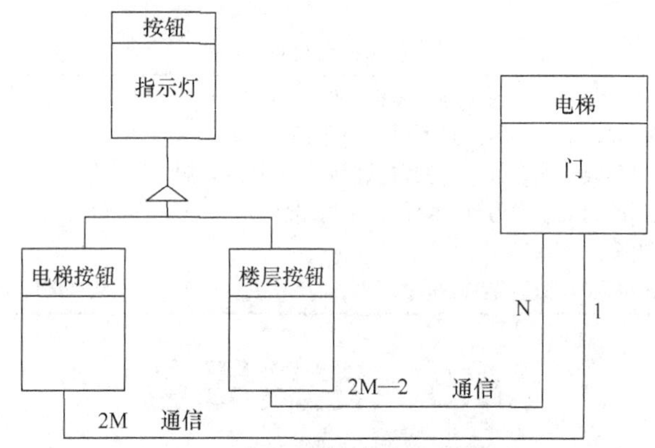

图 8-15 电梯系统对象类图（初图）

通过这个实际的例题来了解如何进行面向对象的分析。

例：将要讨论的是电梯的控制问题，下面给出对这个问题的描述。在一幢有 m 层楼的大厦中需要一套控制 n 部电梯的产品，要求这 n 部电梯根据下列约束条件在楼层间移动。

C1：每部电梯有 m 个按钮，每个按钮代表一个楼层。当按下一个按钮时，该按钮指示灯亮，同时电梯驶向相应的楼层，当到达由按钮指定的楼层时指示灯熄灭。

C2：除大厦的最低层和最高层之外，每层楼都有两个按钮分别指示上行和下行。当这两个按钮之一被按下时相应指示灯亮，当电梯到达此楼层时灯熄灭，电梯向要求的方向移动。

C3：当电梯无升降动作时，关门并停在当前楼层。

1. 首先建立对象模型

面向对象分析的第一步是构造对象模型。在这个步骤中将抽象出类和它的属性，并用对象模型图描绘类与对象及它们彼此之间的关系。类所提供的服务将在面向对象分析后期或面向对象设计阶段再确定下来。首先抽象出问题域中包含的类，可以用下述 3 个过程产生候选类，并对所得到的结果加以精化。

（1）精确地定义问题。

应该尽可能简洁地定义所需要的产品，最好只用一句话来描述目标系统。例如，对电梯系统可以像下面这样描述，在一个 m 层楼的大厦里，用每层楼的按钮和电梯内的按钮来控制 n 部电梯的移动。

（2）提出非形式化策略。

为了提出一种解决上述问题的非形式化策略，必须确定问题的约束条件。最好能用一小段文字把非形式化策略清楚地表达出来，对电梯问题来说，解决问题的非形式化策略可表达如下：在一幢有 m 层楼的大厦里，用电梯内的和每个楼层的按钮来控制 n 部电梯的运动。当按下电梯按钮以请求在某一指定楼层停下时，按钮指示灯亮；当请求获得满足时，指示灯熄灭；当电梯无升降操作时，关门并停在当前楼层。

（3）把策略形式化。

非形式化策略的文字中共有八个不同的名词：按钮、电梯、楼层、运动、大厦、指示灯、请求和门。这些名词所代表的事物可作为类的初步候选者。其中，楼层和大厦是处于问题边界之外的，因此可以忽略；运动、指示灯、请求和门可以作为其他类的属性，例如，指示灯（的状态）可作为按钮类的属性，门（的状态）可作为电梯类的属性。经过上述筛选后只剩下两个候选类，即电梯和按钮。

增加了“电梯门”类和“请求”类之后，得到对象模型的第二次求精结果，修改了对象模型之后，把数据“电梯门”和“请求”标识为类。

图 8-16 所示为电梯系统对象模型的改进图。

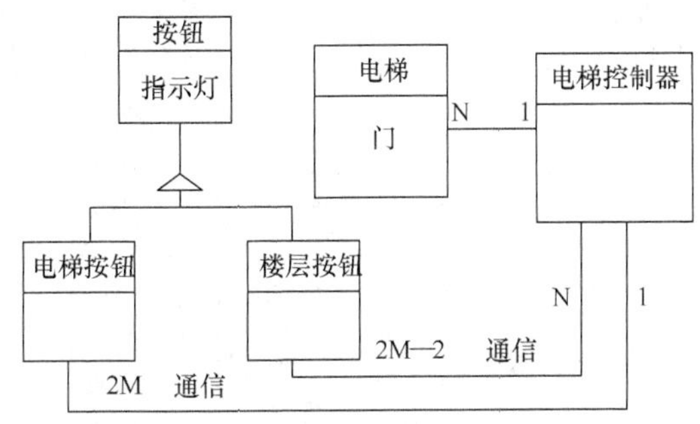

图 8-16　电梯系统对象类图（改进图）

2. 建立动态模型

（1）编写脚本

这一步的目的是，决定每一个类应该做的操作。达到这个目的的一种有效的方法，列出用户和系统之间相互作用的典型情况，即写出脚本（包括正常情况脚本和异常情况脚本）。下面分别介绍正常情况脚本和异常情况脚本。

电梯系统正常情况脚本如下。

- 用户 A 在 3 楼按上行按钮呼叫电梯，用户 A 希望到 7 楼去。上行按钮指示灯亮。
- 一部电梯到达 3 楼，电梯内的用户 B 已按下了到 9 楼的按钮。上行按钮指示灯熄灭。
- 电梯开门。用户 A 进入电梯，用户 A 按下电梯内到 7 楼的按钮。 7 楼按钮指示灯亮。
- 电梯关门。
- 电梯到达 7 楼。7 楼按钮指示灯熄灭。
- 电梯开门。用户 A 走出电梯。电梯在等待时间到后关门。
- 电梯载着用户 B 继续上行到达 9 楼。

电梯系统异常情况脚本如下。

- 用户 A 在 3 楼按上行按钮呼叫电梯，但是用户 A 希望到 1 楼。上行铵钮指示灯亮。
- 一部电梯到达 3 楼，电梯内用户 B 已按下了到 9 楼的按钮。上行按钮指示灯熄灭。
- 电梯开门。用户 A 进入电梯。
- 用户 A 按下电梯内 1 楼的按钮。电梯内 1 楼按钮指示灯亮。电梯在等待超时后关门。
- 电梯上行到达 9 楼。电梯内 9 楼按钮指示灯熄灭。
- 电梯开门。用户 B 走出电梯。
- 电梯在等待超时后关门。
- 电梯载着用户 A 下行驶向 1 楼。

（2）画状态转换图

电梯控制器是在电梯系统中起核心控制作用的类，下面将画出这个类的状态转换图。为简单起见，仅考虑一部电梯（即 n=1）的情况。电梯控制器的动态模型如图 8-17 所示，对照电梯系统的脚本来理解它。

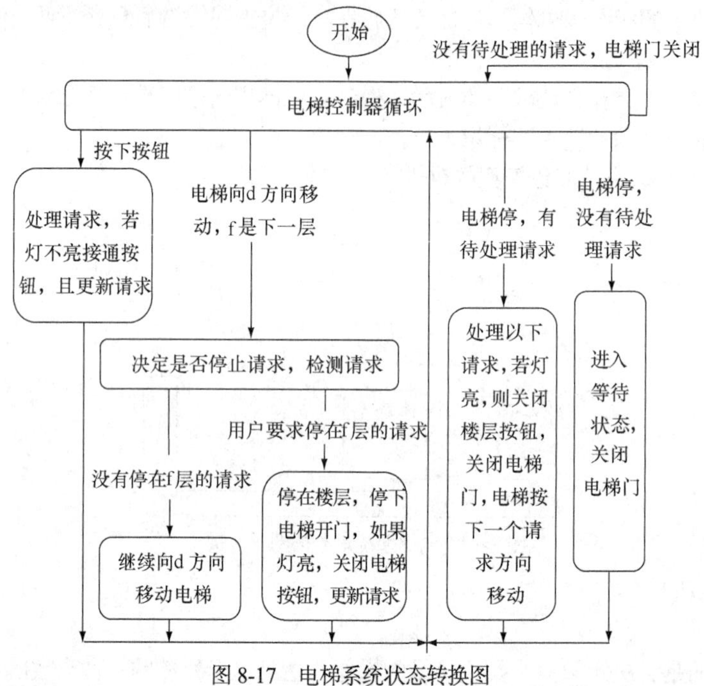

图 8-17　电梯系统状态转换图

3. 建立功能模型

结构化中使用的数据流图与面向对象中使用的数据流图的差别，主要是数据存储的含义可能不同：在结构化中数据存储几乎总是作为文件或数据库来保存，然而在面向对象中类的状态变量（即属性）也可以是数据存储。因此，面向对象的功能模型中包含两类数据存储，分别是类的数据存储和不属于类的数据存储。建立的方法与传统方法一致，这里不再叙述了。

8.8　实验——音乐点播管理系统面向对象分析

1. 实验目的

学习利用 Rational Rose 工具绘制 UML 图，并通过绘制 UML 图深入理解 UML，学习利用 UML 进行面向对象分析与建模。

2. 实验内容

针对系统具体问题的需求，开展系统的面向对象分析。确定系统的参与者，确定系统用例，识别系统中的类，定义交互行为，确定系统的包，绘制用例图、系统包图、活动图、序列图、协作图。可根据附录七进行 UML 设计建模。

（1）根据项目的目标和范围分析出所有的项目干系人。项目干系人指和项目有直接利益关系的人，如用户（即听众）、系统管理员。用户点播音乐要通过系统来实现，并与系统进行交互。

（2）提取出所有的非功能性需求。这里主要指音乐点播管理系统的安全性、可靠性、效率等要求。

（3）分析所有的功能性需求，采用用例分析的方法建立用例模型。通过调查分析，本系统所具有的功能性需求如下。

① 音乐点播管理系统为管理员提供主功能界面。音乐点播管理系统在启动时要求管理员输入密码，只有密码正确，才可以进入系统的主功能界面。

② 管理员负责对音乐点播管理系统的维护工作，因此系统应赋予管理员对音乐信息、听众用户信息和音乐版权信息进行录入、修改、查询和删除等功能的操作权限。

③ 系统响应听众的操作实现点播业务。

④ 听众查询音乐、查询本人点播情况、个人信息的修改。

⑤ 音乐信息、听众信息和音乐版权信息保存在对应的数据库表中。

以上功能性需求都要通过建立用例视图来表达，音乐点播管理系统用例建模步骤如下。

① 找出系统边界。

方法是确定谁会直接使用该系统，即和项目有直接利益关系的人，也就是前面所说的“项目干系人”，这些都是参与者。

② 确定参与者。

③ 找出用例。方法是定义该参与者希望系统做什么，参与者希望系统做的每件事应为一个用例。

④ 说明用例，识别用例关系。方法是：对每件事来说，参与者何时会使用系统；通常会发生什么，这就是用例的基本过程。

⑤ 编写用例脚本。

根据建立用例模型的步骤来学习如何一步步分析出系统功能。

① 找出音乐点播管理系统边界。

a. 听众查询音乐点播管理系统所存的音乐、个人点播情况及个人信息的修改。

b. 音乐点播管理系统对音乐点播及听众信息进行登记操作，同时形成点播报表给听众查看确认。

c. 管理人员的功能最为复杂，包括对工作人员、听众、音乐进行管理和维护，及系统状态的查看、维护并生成报表。

② 确定参与者。

a. 读者：可直接查看音乐点播管理系统的音乐情况，听众根据本人用户号和密码登录系统，还可以进行本人点播情况的查询和维护部分个人信息。

b. 管理人员：本功能实现对音乐信息、听众信息、总体点播音乐情况信息的管理和统计，以及工作人员和管理人员信息的查看及维护。管理员可以浏览、查询、添加、删除、修改、统计音乐及音乐点播者的基本信息，统计音乐点播管理系统的点播信息。

③ 找出用例。用例如图 8-18 所示。

④ 说明用例，识别用例关系。

⑤ 编写用例脚本。

这一阶段的目的有两个：第一，对用例图中各用例加以详细解释和说明；第二，可以为建立分析模型奠定基础。如图 8-19～图 8-21 所示，编写的是“音乐信息管理”主用例下的输入、查询、修改三个子用例的脚本。

（4）建立系统分析模型，包括分析类图和顺序图。

① 通过对“音乐信息管理”用例中的“输入音乐信息”子用例的分析，发现实体类、边界类、控制类分别有以下 3 类。

a. 实体类：音乐信息表类。

b. 边界类：登录界面类、控制界面类。

c. 控制类：按钮操作类。

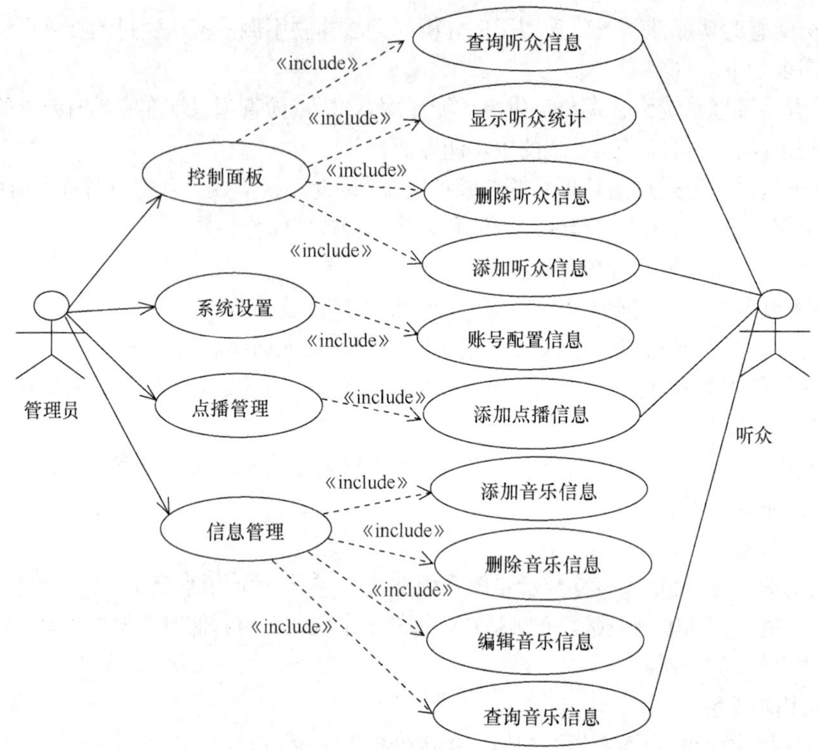

图 8-18　音乐点播管理系统用例图

用例名称：输入音乐信息
参与者：管理员
前置条件
增加权限的管理员登录到系统，且得到编号的音乐。
基本事件流
当管理员要增加音乐信息时，启动增加音乐信息类。
通过主界面菜单操作进入音乐信息管理界面。
通过按钮操作调出增加音乐信息录入窗口。
输入该音乐的相关信息（根据数据库表字段）。
通过按钮操作保存音乐信息到音乐信息数据表中。
异常事件流
若管理员没有增加音乐信息的权限，系统给出“您没有该操作的权限”的提示信息，该子用例被终止。
若要增加的音乐编号已经存在，给出“该编号音乐已经存在”的提示信息，该子用例被终止。
若要增加的音乐必填字段信息输入不完整，系统给出“请输入完整信息”的提示信息，并回到增加音乐信息的录入界面等待重新输入；若输入的信息不合法，系统给出“含有不合法信息”的提示，并返回增加音乐信息状态，等待重新输入信息；若输入的为空信息，则系统给出“您输入的空记录无无效”，该子用例被终止。
后置条件
若此子用例成功运行，则创建增加音乐信息记录，并将该音乐信息保存到音乐信息表中；否则，系统中音乐信息不发生变化。

图 8-19　输入音乐信息用例脚本

用例名称：查询音乐信息
参与者：管理员、听众
前置条件
管理员或听众总以各自权限范围内的身份登录系统，否则系统状态不变。
后置条件
若该用例成功运行，则管理员或听众能够看见所查询音乐的相关信息。
基本事件流
当管理员要查询音乐信息时，启动查询音乐信息类。
通过主界面菜单操作进入音乐信息管理界面。
通过菜单操作选择查询方法(索引查询、音乐名查询、相关查询、版权查询等）。
进入查询音乐信息输入窗口。
输入所要查询的音乐的相关信息(根据数据库表的字段)。
通过按钮操作在本窗口中显示出所查音乐的相关信息(同上)。
异常事件流
若输入的音乐信息，在系统中找不到，则给出“没有该音乐”的提示信息，并返回查询状态，等待重新输入查询信息；若输入的信息不合法时，系统给出“含有不合法信息”的提示，并返回查询音乐信息状态，等待重新输入信息；若输入的为空信息，则系统给出“您输入的空记录无效”，该子用例被终止。

图 8-20　查询音乐信息用例脚本

用例名称：修改音乐信息
参与者：管理员
前置条件
有修改权限的管理员登录到该系统，且有需要修改信息的音乐；否则，音乐信息不变。
后置条件
若此子用例成功运行，则保存经过修改后的音乐信息到数据库表中。
基本事件流
当管理员要修改音乐信息时，启动修改音乐信息类。
通过菜单操作进入音乐信息管理界面。
通过按钮操作调出修改音乐信息窗口。
输入需要修改的音乐 ID。
通过按钮操作在本窗口中调出该音乐原始信息。
覆盖原始信息，输入需要修改的音乐信息。
通过按钮操作保存刚修改过的信息到音乐信息数据表中。
异常事件流
若管理员没有修改音乐信息的权限时，系统给出“您没有该权限”的提示信息，该子用例被终止；若输入的需要修改的音乐 ID，在系统中找不到，则提示“找不到该音乐”的提示信息，该子用例被终止；若输入的信息不合法，则给出“含有不合法信息”的提示，该子用例被终止。

图 8-21　修改音乐信息用例脚本

根据以上分析绘制分析类图，如图 8-22 所示。

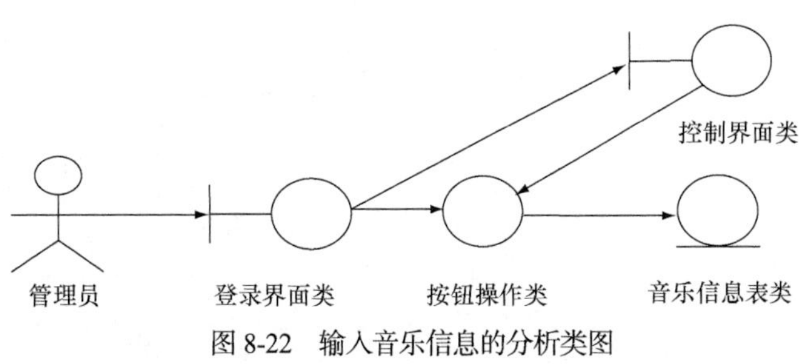

图 8-22　输入音乐信息的分析类图

输入音乐信息顺序图，如图 8-23 所示。

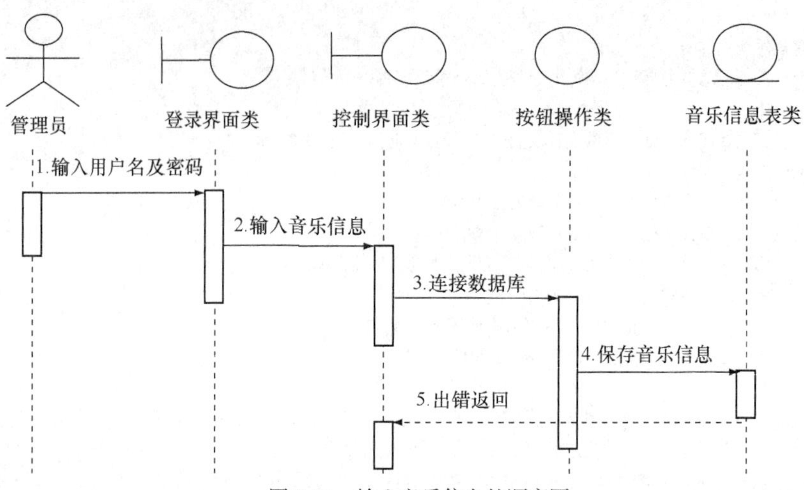

图 8-23　输入音乐信息的顺序图

② 通过对“音乐信息管理”用例中的“查询音乐信息”子用例的分析，发现实体类、边界类、控制类分别有以下 3 类。

a. 实体类：音乐信息表类。

b. 边界类：登录界面类、输入查询音乐信息界面、主控界面。

c. 控制类：按钮操作类。

根据以上所述绘制分析类图，如图 8-24 所示。

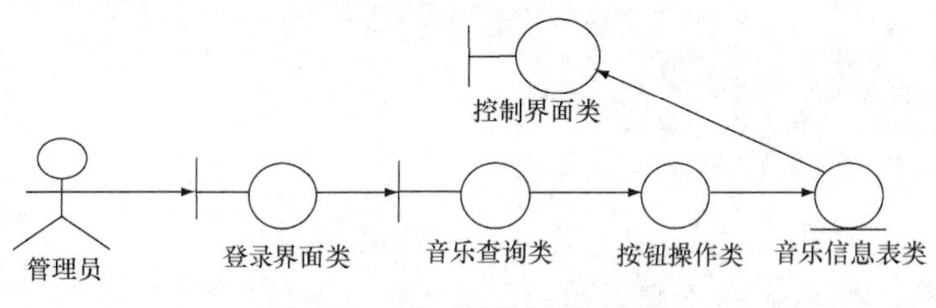

图 8-24　查询音乐信息分析类图

查询音乐信息顺序图，如图 8-25 所示。

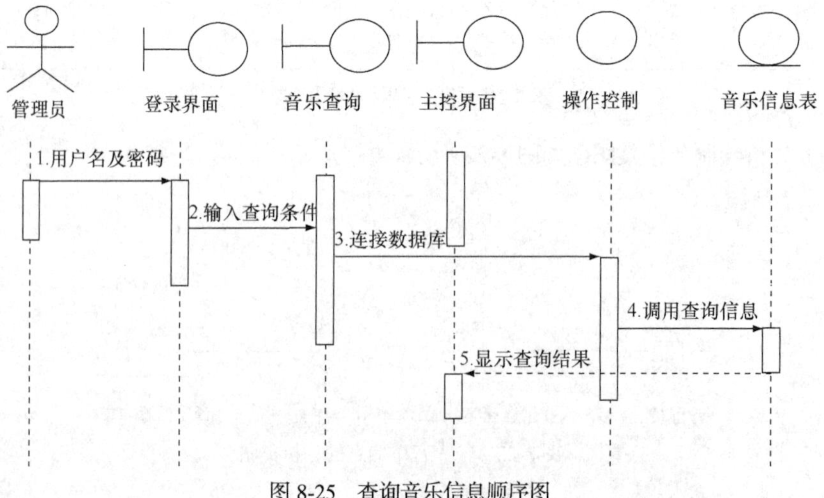

图 8-25　查询音乐信息顺序图

③ 通过对“音乐信息管理”用例中的“修改音乐信息”子用例的分析，发现实体类、边界类、控制类分别有以下几类。

a. 实体类：音乐信息表类。

b. 边界类：登录界面类、输入修改音乐信息界面、主控界面。

c. 控制类：按钮操作类。

根据以上所述绘制分析类图，如图 8-26 所示。

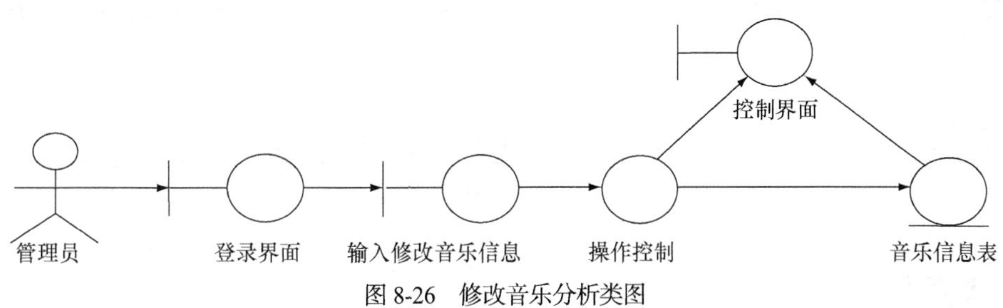

图 8-26　修改音乐分析类图

修改音乐信息顺序图，如图 8-27 所示。

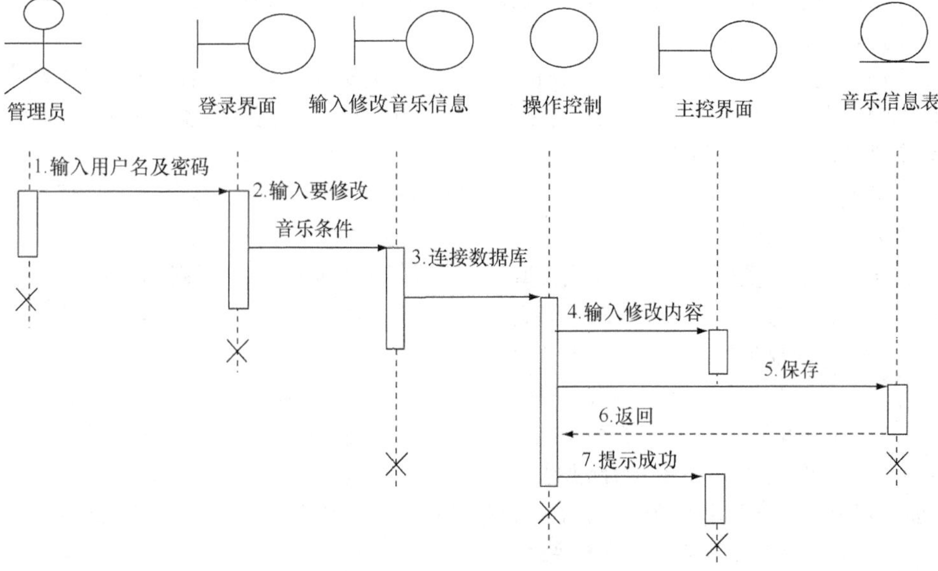

图 8-27　修改音乐信息顺序图

3. 实验思考

① 在 Rose 中创建一个新的模型时，有哪些视图？其主要作用有哪些？

② 列举 Rose 中多种建立、删除、修改用例、用例图、角色、包的方法。

③ 什么是业务逻辑？哪种 UML 图适合对业务逻辑过程建模？

小　结

需求分析的目的就是构造一个用户也能看懂的系统模型，传统方法是构造以数据流图为核心的系统模型图；而面向对象方法则是构造以对象图（类图）为核心的系统模型。UML 是面向对象方法不可缺少的工具，进行面向对象的需求分析必须对 UML 要有一定程度的掌握。

本章概念很多，如数据流图、UML 等；掌握这些概念很重要，且不能和其他一些概念混淆。据流图是描述未来系统的逻辑模型。另外，就同一概念在不同方面使用时含义有差别，甚至完全不同，比如在进行面向对象分析时，提到的脚本概念，这和现实中操作系统中的概念完全不同。

总之，需求分析就是清楚“系统要做什么”，即用户的需求，且将需求在不同层次上的不同的部分描述出来。

习 题 8

一、选择题

1. 由 RumBaugh 等人提出的一种面向对象方法叫做对象模型化技术（OMT），即三视点技术，它要求把分析时收集的信息建立在三个模型中。

第一个模型是【 A 】，它的作用是描述系统的静态结构，包括构成系统的对象和类，它们的属性和操作，以及它们之间的联系。

第二个模型是【 B 】，它 描述系统的控制逻辑，主要涉及系统中各个对象和类的时序及变化状况。【 B 】包括两种图，即【 C 】和【 D 】。【 C 】描述每一类对象的行为，【 D 】描述发生于系统执行过程中的某一特定场景。

第三个模型是【 E 】，它着重于描述系统内部数据的传送与处理，它由多个数据流图组成。

供选择的答案：

A，B，E：①数据模型 ②功能模型 ③行为模型 ④信息模型
⑤原型 ⑥动态模型 ⑦对象模型 ⑧逻辑模型
⑨控制模型 ⑩仿真模型

C，D：①对象图 ②概念模型图 ③状态迁移图 ④数据流程图
⑤时序图 ⑥事件追踪图 ⑦控制流程图 ⑧逻辑模拟图
⑨仿真图 ⑩行为图

2. 面向对象分析需要找出软件需求中客观存在的所有实体对象（概念），然后归纳、抽象出实体类。【 】是寻找实体对象的有效方法之一。

A. 会议调查　　B. 问卷调查
C. 电话调查　　D. 名词分析

3. 在采用标准 UML 构建的用例模型（Use-Case Model）中，参与者（Actor）与用例（Use Case）是模型中的主要元素，其中参与者与用例之间可以具有【 】关系。

A. 包含（include）　　B. 递归（Recursive）
C. 关联（Association）　　D. 组合（Composite）

4. 采用二维表格结构表达实体类型及实体间联系的数据模型是【 】

A. 层次模型　　B. 网状模型
C. 关系模型　　D. 面向对象模型

5. 采用 UML 进行软件建模过程中，类图是系统的一种静态视图，用【 】可明确表示两类事物之间存在的整体/部分形式的关联关系。

A. 依赖关系　　B. 聚合关系
C. 泛化关系　　D. 实现关系

二. 简答题

1. 建立分析和设计模型的一种重要方法是 UML。试问 UML 是一种什么样的建模方法？它如何表示一个系统？

2. 基于复用的面向对象的需求分析过程主要分为两个阶段：论域分析和应用分析。试讨论它们各自承担什么任务？如何衔接？

第9章 面向对象设计

本章要点

- 面向对象的准则和启发规则
- 软件重用的基本概念
- 系统的分解及各个子系统的设计
- 设计关联
- 设计优化

9.1 面向对象设计的准则

设计就是把分析阶段得到的需求转变成符合成本和质量要求的、抽象的系统实现方案的过程。从面向对象分析到面向对象设计（Object-Oriented Design，OOD），是一个逐渐扩充模型的过程。或者说，面向对象设计就是用面向对象观点建立求解域模型的过程。

尽管分析和设计的定义有明显的区别，但是在实际的软件开发过程中二者的界限是模糊的，许多分析结果可以直接映射成设计结果。因此，分析和设计活动是一个多次反复迭代的过程。面向对象方法学在概念和表示方法上的一致性，保证了在各项开发活动之间的平滑过渡，领域专家和开发人员能够比较容易地跟踪整个系统开发过程，这是面向对象方法与传统方法比较起来所具有的一大优势。

传统方法学把设计进一步划分成总体设计和详细设计两个阶段，类似地，也可以把面向对象设计再细分为系统设计和对象设计。系统设计确定实现系统的策略和目标系统的高层结构。对象设计确定解空间中的类、关联、接口形式及实现服务的算法。

优秀设计能够权衡各种因素，从而使得系统在其整个生存周期中的开销最小。对大多数软件系统而言，60%以上的软件费用都用于软件维护，因此，优秀软件设计的一个主要特点就是容易维护。软件设计的基本原理在进行面向对象设计时仍然成立，但是增加了一些与面向对象方法密切相关的新特点，从而具体化为面向对象设计准则。

1. 模块化

模块是软件工程中一个基本的概念，它是软件系统的基石。在结构设计方法中，模块是按系统功能的划分而组织的执行实体。而在面向对象方法中，对象就是模块，它是把数据和处理数据的方法（服务）结合在一起而构成的概念实体。

2. 抽象化

面向对象方法不仅支持过程抽象，而且支持数据抽象。类实际上是一种抽象数据类型，它对外开放的公共接口构成了类的规格说明（即协议），这种接口规定了外界可以使用的合法操作符，利用这些操作符可以对类实例中包含的数据进行操作。使用者无须知道这些操作符的实现算法和类中数据元素的具体表示方法，就可以通过这些操作符使用类中定义的数据。通常把这些类抽象称为规格说明抽象。

此外，某些面向对象的程序设计语言还支持参数化抽象。所谓参数化抽象，是指当描述类的规格说明时并不具体指定所要操作的数据类型，而是把数据类型作为参数。这使得类的抽象程度更高，应用范围更广，可重用性更高。

3. 信息隐藏和封装

在面向对象方法中，信息隐藏是通过对对象的封装来实现的。类和对象在构造中将接口与事件过程分离，从而支持了实现过程信息的隐蔽。封装是一种数据的构造方式，它从手段上保证了对象的数据结构和服务实现的隐蔽。

4. 对象的高内聚和弱耦合

内聚与耦合是软件设计中评价模块独立性（即模块划分的质量）的指标。在面向对象方法中，对象和类成为基本模块，因此，模块内聚就是指一个对象或类中其内部属性和服务相互联系的紧密程度。在对象或类中存在 3 种不同类型的内聚。

（1）服务内聚。一个服务应该且仅完成一个功能。

（2）类内聚。类的构造原则是，一个类应该只有一个用途，其属性和服务应该是高内聚的，类属性和服务应该是完成该类承担的任务所必需的，其中不应该有与任务无关的属性或服务。如果某个类有多个用途，通常应该把它分解成多个专用的类。

（3）一般—特殊内聚。设计出的一般—特殊结构，应该符合多数人的概念，更准确地说，这种结构应该是对响应的领域知识的正确抽取。

例如，虽然表面看来飞机与汽车有相似的地方（都用发动机驱动，都有轮子……），但是，如果把飞机和汽车都作为“机动车”类的子类，则明显违背了人们的常识，这样的一般—特殊结构是低内聚的。正确的做法是，设置一个抽象类“交通工具”，把飞机和机动车作为交通工具类的子类，而汽车又是机动车类的子类。

一般来说，紧密的集成耦合与高度的一般—特殊内聚是一致的。

耦合是指一个软件结构内不同模块之间相互联系的紧密程度。在面向对象方法中是最基本的模块。因此，耦合主要是指不同对象之间相互关联的紧密度。弱耦合是优秀设计的一个重要标准，这有助于使得系统中某一部分的变化对其他部分的影响降到最低程度。在理想情况下，对某一部分的理解、测试或修改，无须涉及系统的其他部分。

一般来说，对象之间的耦合可分为两大类。

（1）交互耦合

如果对象之间是通过消息来实现它们之间的联系，这种联系就是交互耦合。为使交互耦合尽可能松散，应该遵循下述准则。

① 尽量降低消息连接的复杂程度。应该尽量减少消息中包含的参数个数，降低参数的复杂程度。

② 减少对象发送（或接收）的消息数。

（2）继承耦合

继承是一般类和特殊类之间耦合的一种形式，从本质上看，通过继承关系结合起来的基类和派生类，构成了系统中粒度更大的模块。因此，它们彼此之间应该结合得越紧密越好。为了获得紧密的继承耦合，特殊类应该确实是对它的一般化类的一种具体化。因此，如果一个派生类摒弃了它基类的许多属性，则它们之间是松耦合的。在设计时应该使特殊类尽量多继承并使用其一般化类的属性和服务，从而更紧密地耦合到其一般化类。

5. **可扩充性**

面向对象易扩充设计，继承机制以两种方式支持扩充设计。第一，继承关系有助于复用已有定义，使开发新定义更加容易。随着继承结构的逐渐变深，新类定义继承的规格说明和实现的量也就逐渐增大。这通常意味着，当继承结构增长时，开发一个新类的工作量反而逐渐减少。第二，在面向对象的语言中，类型系统的多态性也支持可扩充的设计。

6. **可重用性**

软件可重用性是提高软件开发生产率和目标系统质量的重要途径。重用基本上从设计阶段开始。重用有两方面的含义：一是尽量使用自己已有的类（包括开发环境提供的类库，及以往开发类似系统创建的类）；二是在设计新类的协议时，应该考虑将来的可重复使用。

9.2 启发规则

人们使用面向对象方法学开发软件的历史虽然不长，但是也积累了一些经验。总结这些经验得出了几条启发规则，他们往往能够帮助软件开发人员提高面向对象设计的质量。

1. **设计结果应该清晰易懂**

使设计结果清晰、易读、易懂，是提高软件可维护性和可重用性的重要措施。显然，人们不会重用那些他们不理解的设计。保证设计结果清晰易懂的主要因素如下。

（1）用词一致。应该使名字与它所代表的事物一致，而且应该尽量使用人们习惯的名字。不同类中相似服务的名字应该相同。

（2）使用已有的协议。如果开发同一软件的其他人员已经建立了类的协议，或者在所使用的类库中已有相应的协议，则应该使用这些已有的协议。

（3）减少消息模式的数目。如果已有标准的消息协议，设计人员应该遵守这些协议。如果确需自己建立消息协议，则应该尽量减少消息模式的数目，只要可能，就使消息具有一致的模式，以利于读者理解。

（4）避免模糊的定义。一个类的用途应该是有限的，而且应该从类名可以较容易地推想出其他用途。

2. **一般—特殊结构的深度应适当**

应该使类等级中包含的层次数适当。一般来说，在一个中等规模（大约包含 100 个类）的系统中，类等级层次数应保持为 7 ± 2。不应该仅仅从方便编码的角度出发随意创建派生类，应该使一般—特殊结构与领域知识或常识保持一致。

3. **设计简单的类**

应该尽量设计小而简单的类，以便于开发和管理。当类很大的时候，要记住它的所有服务是非常困难的。经验表明，如果一个类的定义不超过一页纸（或两页），则使用这个类是比较容易的。为使类保持简单，应该注意以下 4 点。

（1）避免包含过多的属性。属性过多通常表明这个类过分复杂了，它所完成的功能可能太多。

（2）有明确的定义。为了使类的定义明确，分配给每个类的任务应该简单，最好能用一两个简单语句描述它的任务。

（3）尽量简化对象之间的合作关系。如果需要多个对象协同配合才能做好一件事，则破坏了类的简明性和清晰性。

（4）不要提供太多的服务。一个类提供的服务过多，同样表明这个类过分复杂。典型地，一个类提供的公共服务不超过 7 个。

在开发大型软件系统时，遵循上述启发规则也会带来另一个问题：设计出大量较小的类，同样会带来一定复杂性。解决这个问题的办法，是把系统中的类按逻辑分组，也就是划分“主题”。

4. 使用简单的协议

一般来说，消息中的参数不要超过 3 个。当然，不超过 3 个的限制也不是绝对的，但是，经验表明，通过复杂消息相互关联的对象是紧耦合的，对一个对象的修改往往导致其他对象的修改。

5. 使用简单的服务

面向对象设计出来的类中的服务通常都很小，一般只有 3～5 行源程序语句，可以用仅含一个动词和一个宾语的简单句子描述它的功能。如果一个服务中包含了过多的源程序语句，或者语句嵌套层次太多，或者使用了复杂的 CASE 语句，则应该仔细检查这个服务，设法分解或简化它。

6. 把设计变动减至最小

通常，设计的质量越高，设计结果保持不变的时间也越长。即使出现必须修改设计的情况，也应该使修改的范围尽可能小。

在设计的早期阶段，变动较大，随着时间推移，设计方案日趋成熟，改动也越来越小了。理想的设计变动曲线如图 9-1 所示。图中的峰值与出现设计错误或发生非预期变动的情况相对应。峰值越高，表明设计质量越差，可重用性也越差。

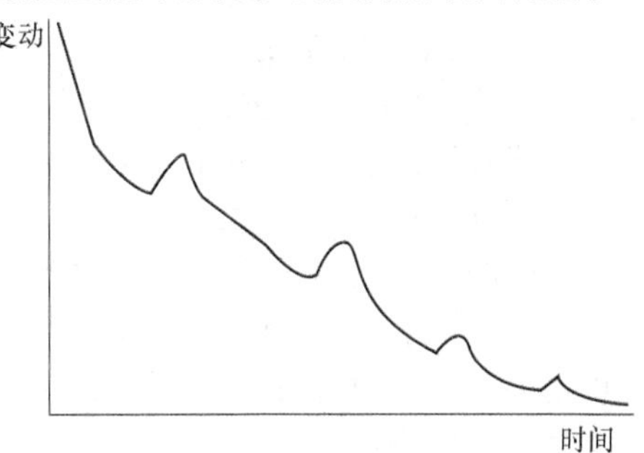

图 9-1　理想的设计变动情况

9.3　软件重用

9.3.1　概述

1. 重用

软件重用是指在软件开发过程中重复使用相同或相似的软件元素的过程。这些软件元素包括应用领域知识、开发经验、设计经验、体系结构、需求分析文档、设计文档、程序代码和测试用例等。对于新的软件开发项目而言，它们是构成整个软件系统的部件，或者在软件开发过程中可发挥某种作用。通常把这些软件元素称为软件构件。

最大限度地重用现有的成熟的软件，不仅能缩短开发周期，提高开发效率，也能提高软件的可维护性和可靠性。因为现有的成熟软件，已经过严格的运行检测，大量的错误已在开发、运行和维护过程中排除，应该是比较可靠的。在项目规划开始阶段就要把软件重用列入工作中不可缺少的一部分，作为提高可靠性的一种必要手段。

广义地说，软件重用可分为 3 个层次。

- 知识重用（例如，软件工程知识的重用）。
- 方法和标准的重用（例如，面向对象方法或国家制定的软件开发规范的重用）。
- 软件成分的重用。

前两个重用层次属于知识工程研究的范畴，这里仅讨论软件成分重用问题。

2. 软件成分的重用级别

软件成分的重用可以进一步划分成以下 3 个级别。

（1）代码重用

人们谈论最多的是代码重用，通常把它理解为调用库中的模块。实际上，代码重用也可以采用下列几种形式中的任何一种。

① 源代码剪贴：这是最原始的重用形式。这种重用方式的缺点是，复制或修改原有代码时可能出错，更糟糕的是，存在严重的配置管理问题，人们几乎无法跟踪原始代码块多次修改重用的过程。

② 源代码包含：许多程序设计语言都提高包含库中源代码的机制。使用这种重用形式时，配置管理问题有所缓解，因为修改了库中源代码之后，所有包含它的程序自然都必须重新编译。

③ 继承：利用继承机制重用类库中的类时，无须修改已有的代码，就可以扩充或具体化在库中找出的类，因此，基本上不存在配置管理问题。

（2）设计结果重用

设计结果重用指的是，重用某个软件系统的设计模型（即求解模型）。这个级别的重用有助于把一个应用系统移植到完全不同的软件、硬件平台上。

（3）分析结果重用

这是一种更高级别的重用，即重用某个系统的分析模型。这种重用特别适用于用户需求未改变，但系统体系结构发生了根本变化的场合。

3. 典型的可重用软件成分

更具体地说，可能被重用的软件成分主要有以下 10 种。

（1）项目计划。软件项目计划的基本结构和许多内容（例如，软件质量保证计划）都是可以跨项目重用的。这样做减少了用于制订计划的时间，也降低了与建立进度表和进行风险分析等活动相关联的不确定性。

（2）成本估计。因为在不同项目中经常含有类似的功能，所以有可能在只做极少修改或根本不做修改的情况下，重用对该功能的成本估计结果。

（3）体系结构。即使在考虑不同的应用领域时，也很少有截然不同的程序和数据体系结构。因此，有可能创建一组类属的体系结构模板（例如事务处理体系结构），并把那些模板作为可重用的设计框架。通常把类属的体系结构模板称为领域体系结构。

（4）需求模型和规格说明。类和对象的模型及规格说明是明显的重用的候选者，此外，用传统软件工程方法开发的分析模型（例如数据流图），也是可重用的。

（5）设计。用传统方法开发的体系结构、数据、接口和过程设计结果，是重用的候选者，更常见的是，系统和对象设计是可重用的。

（6）源代码。用兼容的程序设计语言书写的、经过验证的程序构件，是重用的候选者。

（7）用户文档和技术文档。即使针对的应用是不同的，也经常有可能重用用户文档和技术文档的大部分。

（8）用户界面。这可能是最广泛被重用的软件成分，图形用户界面（Graphical User Interface，GUI）软件经常被重用。因为它可占到一个应用程序的 60%的代码量，因此，重用的效果非常显著。

（9）数据。在大多数经常被重用的软件成分中，被重用的数据包括：内部表、列表和记录结构，以及文件和完整的数据库。

（10）测试用例。一旦设计或代码构件将被重用，相关的测试用例应该“附属于”它们，也被重用。

9.3.2 类构件

面向对象技术中的“类”，是比较理想的可重用软构件，不妨称为类构件。类构件有 3 种重用方式，分别是实例重用、继承重用和多态重用。下面进一步讨论类构件的有关内容。

（1）可重用软件构件应具备的特点。

为使软件构件也像硬件集成电路那样，能够在构造各种各样的软件系统时方便地重复使用，就必须使它们满足下列要求。

① 模块独立性强。具有单一、完整的功能，且经过反复测试被确认是正确的。它应该是一个不

受或很少受外界干扰的封装体，其内部实现在外面是不可见的。

② 具有高度可塑性。可重用的软件构件必须具有高度可裁剪性，即必须提供为适应特定需求而扩充或修改已有构件的机制，而且所提供的机制必须使用起来非常简单方便。

③ 接口清晰、简明、可靠。软件构件应该提供清晰、简明、可靠的对外接口，而且还应该有详尽的文档说明，以方便用户使用。

（2）类构件的重用方式。

① 实例重用。由于类的封装性，使用者无须了解实现细节，就可以使用适当的构造函数，按照需要创建类的实例。然后向所创建的实例发送适当的消息，启动相应的服务，完成需要完成的工作。这是最基本的重用方式。此外，还可以用几个简单的对象作为类的成员，创建出一个更复杂的类，这是实例重用的另一种形式。虽然实例重用是最基本的重用方式，但是，设计出一个理想的类构件并不是一件容易的事情。例如，决定一个类对外提供多少服务就是一件相当困难的事。提供的服务过多，会增加接口复杂度，也会使类构件变得难于理解；提供的服务过少，则会因为过分一般化而失去重用价值。每个类构件的合理服务数都与具体应用环境密切相关，因此找到一个合理的折中值是相当困难的。

② 继承重用。面向对象方法特有的继承性，提供了一种对已有的类构件进行裁剪的机制。当已有的类构件不能通过实例重用完全满足当前系统需求时，继承重用提供了一种安全地修改已有类构件的方法，以便在当前系统中重用的手段。

要提高继承重用的效果，关键是设计一个合理的、具有一定深度的类构件继承层次结构。这样做有下述两个好处。

- 每个子类在继承父类的属性和服务的基础上，只加入少量新属性和新服务，这就不仅降低了每个类构件的接口复杂度，表现出一个清晰的进化过程，提高了每个子类的可理解性，而且为软件开发人员提供了更多可重用的类构件。因此，在软件开发过程中，应该时刻注意提取这种潜在的可重用性构件，必要时应在领域专家的帮助下，建立符合领域知识的继承层次。
- 为多态重用奠定了良好的基础。

③ 多态重用。利用多态性不仅可以使对象的对外接口更加一般化（基类与派生类的许多对外接口是相同的），从而降低了消息连接的复杂程度，而且还提供了一种简便可靠的软件构件组合机制。系统运行时，根据接收消息的对象类型，由多态性机制启动正确的方法，去响应一个一般化的消息，从而简化了消息界面和软件构件的连接过程。

为充分实现多态重用，在设计类构件时，应把注意力集中在下列一些可能影响重用性的操作上。

- 与表示方法有关的操作。例如，不同实例的比较、显示、擦除等。
- 与数据结构、数据大小等有关的操作。
- 与外部设备有关的操作。例如，设备控制。
- 实现算法在将来可能会改进（或改变）的核心操作。

如果不预先采取适当措施，上述这些操作会妨碍类构件的重用。因此，必须把它们从类的操作中分离出来，作为“适配接口”。例如，假设类 C 具有操作 M_1，$M_2\cdots$，M_n 和操作 A_1，$A_2\cdots$，A_k，其中 $A_j(1\leqslant j\leqslant k)$是上面列出的可能影响类 C 重用的几类操作，$M_i(1\leqslant i\leqslant n)$是其他操作。如果 M_i 通过调用适配器接口 A_j 实现，则实际上 M 被 A 参数化了。在不同应用环境下，用户只需重新定义 $A_j(1\leqslant j\leqslant k)$就可以重用类 C。

还可以把适配接口再进一步细分为转换接口和扩充接口。转换接口是每个类构件在重用时都必须重新定义的服务的集合。如果某个服务有多种可能的实现方法，则应该把它当作扩充接口。扩充接口与转换接口不同，并不需要强迫用户在派生类中重新定义它们，相反，如果在派生类中没有给出扩充接口的新算法，则将继承父类中的算法。当用 C++语言实现时，在基类中把这类服务定义为普通的虚函数。

9.3.3 软件重用的效益

近几年来软件产业界的实例研究表明，通过积极的软件重用能够获得可观的商业效益，产品质量、开发生产率和整体成本都得到了改善。

（1）质量

理想情况下，为了重用而开发的软件构件已被证明是正确的，且没有缺陷。事实上，由于不能定期进行形式化验证，错误可能而且也确实存在。但是，随着每一次重用，都会有一些错误被发现并被清除，构件的质量也会随之改善。随着时间的推移，构件将变成实质上无错误的。

惠普公司经研究发现，被重用的代码的错误率是每千行代码中有 0.9 个错误，而新开发的软件错误率是每千行代码中有 4.1 个错误。对一个包含 68%重用代码的应用系统来说，错误率大约是每千行代码中有 2.0 个错误，与不使用重用的开发相比，错误率降低了 51%，虽然不同研究者报告的改善率不尽相同，但是可以肯定的是，重用确实能给软件产品的质量及可靠性带来实质性的提高。

（2）生产率

当把可重用的软件成分应用于软件开发的全过程时，创建计划、模型、文档、代码和数据所需花费的时间将减少，从而将用较少的投入给客户提供相同级别的产品，因此，生产率得到了提高。

由于应用领域、问题复杂程度、项目组的结构和大小、项目期限、可应用的技术等许多因素都对项目组的生产率有影响，因此，不同开发组织对软件重用带来生产率提高的数字的报告并不相同，但基本上 30%～50%的重用大约可以使生产率提高 25%～40%。

（3）成本

软件重用带来的净成本节省可以用下式估算

$$C=Cs-Cr-Cd$$

其中，*Cs* 是项目从头开发（没有重用）时所需要的成本；*Cr* 是与重用相关联的成本；*Cd* 是交付给客户的软件的实际成本。与重用相关联的成本 *Cr* 主要包括下述成本。

① 领域分析与建模的成本。

② 设计领域体系结构的成本。

③ 为便于重用而增加的文档的成本。

④ 维护和完善可重用的软件成分的成本。

⑤ 为从外部获取构件所付出的版税和许可证费用。

⑥ 创建（或购买）及运行重用库的费用。

⑦ 设计和实现可重用构件的人员的培训费用。

虽然和领域分析及运行重用库相关联的成本可能相当高，但是它们可以由许多项目分摊。以上列出的很多其他成本所解决的问题，实际上是良好软件工程实践的一部分，不管是否优先考虑重用，这些问题都应该解决。

9.4 划分子系统

人类解决复杂问题时普遍采用的策略是“分而治之，各个击破”。首先把系统分解成若干个比较小的部分，然后再分别设计每个部分。这样做有利于降低设计的难度，有利于分工协作，也有利于维护人员对系统的理解和维护。

系统的主要组成部分称为子系统。通常根据所提供的功能来划分子系统，例如，编译系统可划分成词法分析、语法分析、中间代码生成、优化、目标代码生成和出错处理等子系统。一般来说，子系统的数目应该与系统规模基本匹配。

各个子系统之间应该具有简单、明确的接口。接口确定了交互形式和通过子系统边界的信息流，但是无须规定子系统内部的实现算法。因此，可以相对独立地设计各个子系统。

在划分和设计子系统时，应该尽量减少子系统彼此之间的依赖性。

采用面向对象方法设计软件系统时，面向对象设计模型（即求解域的对象模型）与面向对象分析模型（即问题域的对象模型）一样，也由主题、类—&—对象、结构、属性、服务等五个层次组成。这五个层次一层比一层表示的细节多，我们可以把这五个层次想象为整个模型的水平切片。此外，大多数系统的面向对象设计模型，在逻辑上都由四大部分组成。这四大部分对应于组成目标系统的四个子系统，它们分别是问题域子系统、人机交互子系统、任务管理子系统和数据管理子系统。当然，在不同的软件系统中，这四个子系统的重要程度和规模可能相差很大，规模过大的在设计过程中应该进一步划分成更小的子系统，规模过小的可合并在其他子系统中。某些领域的应用系统在逻辑上可能仅由 3 个（甚至少于 3 个）子系统组成。

我们可以把面向对象设计模型的四大组成部分想象成整个模型的四个垂直切片。典型的面向对象设计模型可以用图 9-2 表示。

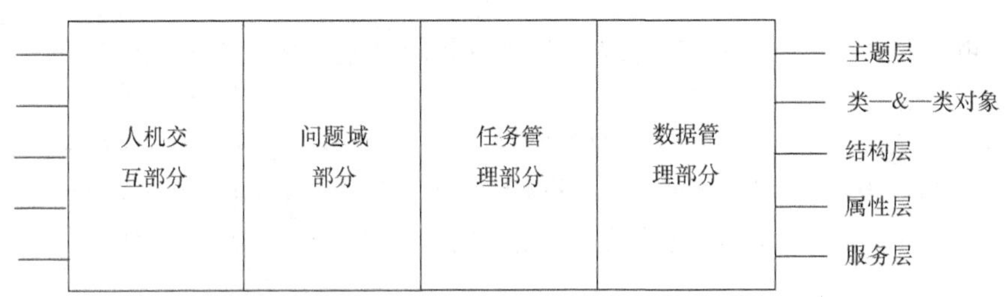

图 9-2　典型的面相对象设计模型

9.4.1　子系统之间的两种交互方式

在软件系统中，子系统之间的交互有两种可能的方式，分别是客户—供应商（Client-Supplier）关系和平等伙伴（Peer-to-Peer）关系。

（1）客户—供应商关系

在这种关系中，作为“客户”的子系统调用作为“供应商”的子系统，后者完成某些服务工作并返回结果。使用这种交互方案，作为客户的子系统必须了解作为供应商的子系统的接口，然而后者却无须了解前者的接口，因为任何交互行为都是由前者驱动的。

（2）平等伙伴关系

在这种关系中，每个子系统都能调用其他子系统，因此，每个子系统都必须了解其他子系统的接口。由于各个子系统需要相互了解对方的接口，因此这种组织系统的方案比起客户—供应商方案来，子系统之间的交互更复杂，而且这种交互方式还可能存在通信环路，从而使系统难于理解，容易发生不易察觉的设计错误。

总的来说，单向交互比双向交互更容易理解，也更容易设计和修改，因此应该尽量使用客户—供应商关系。

9.4.2　组织系统的两种方案

把子系统组织成完整的系统时，有水平层次组织和垂直块状组织两种方案可供选择。

（1）水平层次组织

这种组织方案把软件系统组织成一个层次系统，每层是一个子系统。上层在下层的基础上建立，下层为实现上层功能而提供必要的服务。每一层内所包含的对象，彼此间相互独立，而处于不同层次上的对象，彼此间往往有关联。实际上，在上、下层之间存在客户—供应商关系。低于子系统提供服务，相当于供应商，上层子系统使用下层提供的服务，相当于客户。

层次结构又可进一步划分成两种模式：封闭式和开放式。所谓封闭式，就是每层子系统仅仅使用其直接下层提供的服务。由于一个层次的接口只影响与其紧相邻的上一层，因此，这种工作模式降低了各层次之间的相互依赖性，更容易理解和修改。在开放模式中，某层子系统可以使用处于其下面的任何一层子系统所提供的服务。这种工作模式的优点是，减少了需要在每一层重新定义的服务数目，使得整个系统更高效、更紧凑。但开放模式的系统不符合信息隐藏原则，对任一个子系统的修改都会影响处在更高层次的那些子系统。设计软件系统时到底采用哪种结构模式，需要权衡效率和模块独立性等多种因素，通盘考虑以后再做决定。

通常，在需求陈述中只描述了对系统顶层和底层的需求，顶层就是用户看到的目标系统，底层则是可以使用的资源。这两层往往差异很大，设计者必须设计一些中间层次，以减少不同层次之间的概念差异。

（2）垂直块状组织

这种组织方案把软件系统垂直地分解成若干个相对独立的、弱耦合的子系统，一个子系统相当于一块，每一块提供一种类型的服务。

利用层次和块的各种可能的组合，可成功地由多个子系统组成一个完整的软件系统。当混合使用层次结构和块状结构时，同一层次可以由若干块组成，而同一块也可以分为若干层。例如，图 9-3 所示为一个应用系统的组织结构，这个应用系统采用了层次与块状的混合结构。

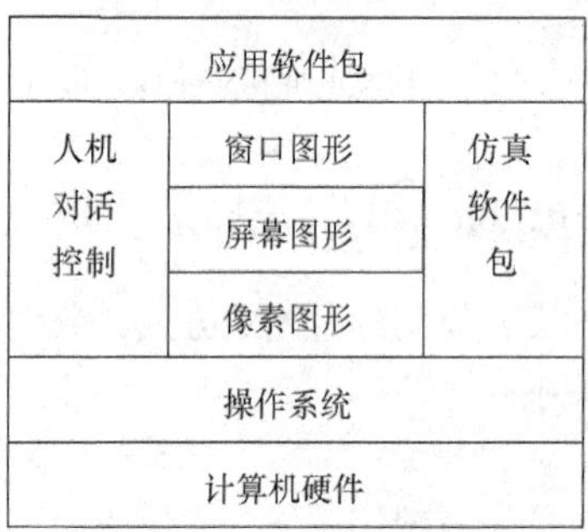

图 9-3 典型应用系统的组织结构

9.4.3 设计系统的拓扑结构

由子系统组成完整的系统时，典型的拓扑结构有管道形、树形、星形等。设计者应该采用与问题结构相适应的、尽可能简单的拓扑结构，以减少子系统之间的交互数量。

9.5 设计子系统

9.5.1 设计问题域子系统

在开始进行设计工作之前（至少在完成设计之前），设计者应该了解本项目预计要使用的编程语言、可用的软构件库（主要是类库）以及程序员的编程经验。

面向对象分析所得出的问题域精确模型，为设计问题域子系统奠定了良好的基础，建立了完整的框架。只要可能，就应该保持面向对象分析所建立的问题域结构。通常，面向对象设计仅需从现实角度对问题域模型做一些补充或修改，主要是增添、合并或分解类—&—对象、属性及服务，调整继承关系等。当问题与子系统过分复杂庞大时，应该把它进一步分解成若干个更小的子系统。

使用面向对象方法学开发软件，能够保证问题域组织框架的稳定性，从而便于追踪分析、设计和编程的结果。在设计与实现过程中所做的细节修改（例如，增加具体类，增加属性或服务）并不影响开发结果的稳定性，因为系统的总体框架是基于问题域的。

面向对象方法的核心是，促使人们按照问题本身去组织系统的概念框架。无论分析、设计、实现，每一个阶段都是按照问题域本身的样子去构造、组织的。因此，问题域子系统是软件系统中定义问题、表达类和对象静态结构和动态交互关系的求解模型，它是软件系统的核心；问题域子系统以分析阶段的对象模型和动态模型为基础。从技术实现的角度对模型进行必要的补充或修改。

问题域子系统设计的主要内容如下。

（1）按照需求信息的最新变动调整并修改模型。

有两种情况会导致修改通过面向对象分析所确定的系统需求：一是用户需求或外部环境发生了变化；二是分析员对问题域理解不透彻或缺乏领域专家的帮助，以致面向对象分析模型不能完整、准确地反映用户的真实需求。

无论出现上述哪种情况，通常都只需简单地面向对象分析结果，然后再把这些修改反映到问题域子系统中。

（2）调整和组合问题域中的类。

良好的类定义是面向对象设计工作的关键。在研究分析模型时，必须对类的定义和内容做认真仔细的分析。首先应尽量使用（复用）已定义好的类（许多面向对象的开发工具都提供了定义好的基类），或从复用类中添加“一般—特殊”关系派生出与问题域相关的类，这样就可以利用继承关系，复用继承来的属性和服务功能。若确实没有可供复用的类而必须创建新类时，也应当充分考虑新类的协议内容，以利于今后的复用。

另外，若在设计过程中发现，一些具体类需要定义一个公共协议，也就是说，这些类都需要定义一组类似的服务（很可能还需要相应的属性）。在这种情况下可以引入一个父类（或者叫根类），以便建立这个协议（即命名公共服务集合）。

（3）调整对象模型中的继承的支持级别。

如果对象模型中包含了多重继承关系，然而所使用的程序设计语言并不提供多重继承机制，则在问题域子系统的设计中，应该把对象模型中的多重继承结构转换成单继承结构。

支持继承机制的语言能直接描述问题域中固有的语义，并能表示公共的属性和服务，为重用奠定了较好的基础。因此，只要可能，就应该使用具有继承机制的语言开发软件系统。

（4）改进系统的性能。

性能是评价一个系统运行效率的重要指标，性能的改进主要从系统的运行速度、空间消耗、成本的节省、用户满意度等方面进行，例如，在类即对象中扩充一些保存临时结果的属性以节省计算时间；尽量合并那些运行时需要频繁交换信息的对象类。

（5）增加底层细节。

从技术实现的角度，将问题域中一些低层的细节信息（主要是与硬件、设备或物理连接相关的信息）分离成独立的细节类，以隔离高层的逻辑实现。

当问题域子系统规模较大时，可将其分解为若干个更小的部分。

图 9-4 给出了 ATM 系统的问题域子系统的结构。在面向对象设计过程中，把 ATM 系统的问题

域子系统进一步划分成了 3 个更小的子系统，即 ATM 子系统、中央计算机子系统和分行计算机子系统。它们的拓扑结构为星形，以中央计算机为中心向外辐射，与所有 ATM 站及分行计算机进行通信。物理连接用专用电话线实现。根据 ATM 站号和分行代码，区分由每个 ATM 站和每台分行计算机连向中央计算机的电话线。

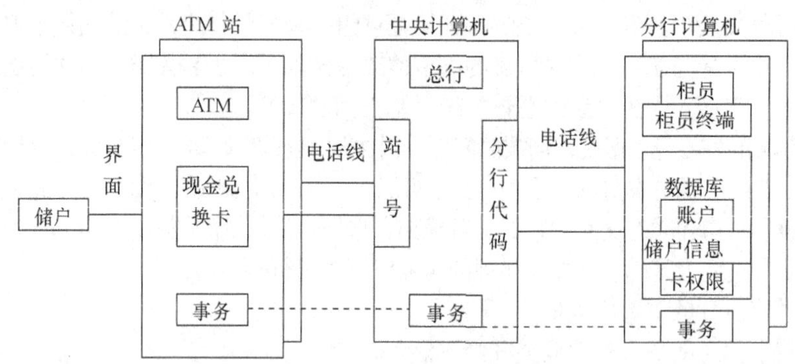

图 9-4　ATM 系统问题域子系统的结构

由于在面向对象分析过程中已经对 ATM 系统做了相当仔细的分析，而且假设所使用的实现环境能完全支持面向对象分析模型的实现，因此，在面向对象设计阶段无须对已有的问题域模型做实质性的修改或扩充。

9.5.2　设计人机交互子系统

在面向对象分析过程中，已经对用户界面需求做了初步分析，在面向对象设计过程中，则应该对系统的人机交互子系统进行详细设计，以确定人机交互的细节，其中包括制定窗口和报表的形式、设计命令层次等项内容。

人机交互部分的设计结果，将对用户情绪和工作效率产生重要影响。人机界面设计得好，会使系统对用户产生吸引力，激发用户的创造力，提高工作效率；相反，人机界面设计得不好，用户在使用过程中就会感到不方便、不习惯，甚至会产生厌烦和恼怒的情绪。

由于对人机界面的评价，在很大程度上由人的主观因素决定，因此，使用由原型支持的系统化的设计策略，是成功地设计人机交互子系统的关键。

1. 设计人机交互界面的准则

遵循下列准则有助于设计出让用户满意的人机交互界面。

（1）一致性。使用一致的术语、一致的步骤、一致的动作。

（2）减少步骤。应使用户为做某件事情而需敲击键盘的次数、点击鼠标的次数或者下拉菜单的距离都减至最少。还应使得技术水平不同的用户，为获得有意义的结果所需使用的时间都减少。特别应该为熟练用户提供简捷的操作方法（例如，热键）。

（3）及时提供反馈信息。每当用户等待系统完成一项工作时，系统都应该向用户提供有意义的、及时的反馈信息，以便用户能够知道系统目前已经完成该项工作的比例。

（4）提供“撤销”命令。人在与系统交互的过程中难免会犯错误，因此，应该提供“撤销（Undo）”命令，以便用户及时撤销错误的动作，消除错误动作造成的后果。

（5）无须记忆。不应该要求用户记住在某个窗口中显示的信息，然后再用到另一个窗口中，这是软件系统的责任而不是用户的任务。

此外，在设计人机交互部分时应该力求达到下述目标：用户在使用该系统时用于思考人机交互方法所花费的时间减至最少，而用于做他实际想做的工作所用的时间达到最大值。更理想的情况是，人机交互界面能够增强用户的能力。

（6）易学。人机交互界面应该易学易用，应该提供联机参考资料，以便用户在遇到困难时可随时参阅。人机交互界面不仅应该方便、高效，还应该让人在使用时感到心情愉快，能够从中获得乐趣，从而吸引人去使用它。

2. 设计人机交互子系统的策略

（1）分类用户

人机交互界面是给用户使用的，显然，要设计好人机交互子系统，设计者应该认真研究使用它的用户。应该深入到用户的工作现场，仔细观察用户是怎样工作的，这对设计好人机交互界面是非常必要的。

在深入现场的过程中，设计者应该认真思考下述问题：用户必须完成哪些工作？设计者能够提供什么工具来支持这些工作的完成？怎样使得这些工具使用起来更方便、更有效？

为了更好地了解用户的需要与爱好，以便设计出符合用户需要的界面，设计者首先应该把将来可能与系统交互的用户分类。通常从下列几个不同角度进行分类。

① 按技能水平分类（新手、初级、中级、高级）。

② 按职务分类（总经理、经理、职员）。

③ 按所属的集团分类（职员、顾客）。

（2）描述用户

应该仔细了解将来使用系统的每类用户的情况，把获得的下列各项信息记录下来。

① 用户类型。

② 使用系统欲达到的目的。

③ 特征（年龄、性别、受教育程度、限制因素等）。

④ 关键的成功因素（需求、爱好、习惯等）。

⑤ 技能水平。

⑥ 完成本职工作的脚本。

（3）设计命令层次

设计命令层次的工作通常包含以下几项内容。

① 研究现有的人机交互界面的含义和准则。现在，Windows 已经成了微机上图形用户界面事实上的工业标准。所有 Windows 应用程序的基本外观及给用户的感受都是相同的（例如，每个程序至少有一个窗口，它由标题栏标识；程序中大多数功能可通过菜单选用；选中某些菜单项会弹出对话框，用户可通过它输入附加信息……）。Windows 程序通常还遵循广大用户习以为常的许多约定（例如，File 菜单的最后一个菜单项是 Exit；在文件列表框中用鼠标单击某个表项，则相应的文件名变亮，若用鼠标双击则会打开该文件……）。

设计图形用户界面时，应该保持与普通 Windows 应用程序界面相一致，并遵守广大用户习惯的约定，这样才会被用户接受和喜爱。

② 确定初始的命令层次。所谓命令层次，实质上是用过程抽象机制组织起来的、可供选用的服务的表示形式。设计命令层次时，通常先从对服务的过程抽象着手，然后再进一步修改它们，以适合具体应用环境的需要。

③ 精化命令层次。为进一步修改完善初始的命令层次，应该考虑以下因素。

- 次序。仔细选择每个服务的名字，并在命令层的每一部分内把服务排好次序。排序时或者把最常用的服务放在最前面，或者按照用户习惯的工作步骤排序。
- 整体—部分关系。寻找在这些服务中存在的整体—部分模式，这样做有助于在命令层中分组组织服务。

- 宽度和深度。由于人的短期记忆能力有限，命令层次的宽度和深度都不应该过大。
- 操作步骤。应该用尽量少的单击、拖动和击键组合来表达命令，而且应该为高级用户提供简捷的操作方法。

④ 设计人机交互类。人机交互类与所使用的操作系统及编程语言密切相关。例如，在 Windows 环境下运行的 Visual C++语言提供了 MFC 类库，设计人机交互类时，往往仅需从 MFC 类库中选出一些适用的类，然后从这些类派生出符合自己需要的类就可以了。

9.5.3 设计任务管理子系统

用传统方法设计的软件系统，其任务的执行方式大多是顺序的。因此，其任务管理的功能可以很简单。而在面向对象的软件系统中，一个任务的完成可能需要多个对象以并发交互的方式协同配合。这个并发任务的执行过程可以通过分析阶段的动态模型来识别和确认。

如果两个对象之间不存在信息交互，则这两个对象在本质上是可以并发活动的，通过检查各个对象的状态图及它们之间交换的事件，能够把若干个非并发的对象归并到一条控制线中。所谓控制线，是一条遍及状态图集合的路径，在这条路径上每次只有一个对象是活动的。在计算机系统中用任务（Task）来实现这条控制线，也可以将任务视为一连串活动（其含义由服务代码定义）构成的一个进程（Process）。若干个任务的并发执行称为多任务。

常见的任务有事件驱动型任务、时钟驱动型任务、优先任务、关键任务和协调任务等。设计任务管理子系统包括确定各类任务并把任务分配给适当的硬件或软件去执行。

1. 确定事件驱动型任务

一些负责与硬件设备通信的任务是由事件驱动的，也就是说，这种任务可由事件来激发。通常，事件是表明某些数据到达的信号。

在系统运行时，这类任务的工作过程如下：任务处于睡眠状态（不消耗处理器时间），等待来自数据线或其他数据源的中断；一旦接收到中断，就唤醒了该任务，接收数据并把数据放入内存缓冲区或发往目的地，通知需要知道这件事的对象，然后该任务又回到睡眠状态。

2. 确定时钟驱动型任务

以固定的事件间隔激发某事件，以执行一些处理。例如，某些设备需要周期性地获得数据；某些人机接口、子系统、任务、处理器或其他系统也可能需要周期性地通信。因此，时钟驱动型任务应运而生。

时钟驱动型任务的工作过程如下：任务设置了唤醒时间后进入睡眠状态；任务睡眠（不消耗处理器时间），等待来自系统的中断；一旦接收到了这种中断，任务就被唤醒，执行它的工作，再通知所有有关的对象，最后该任务又回到睡眠状态。

3. 确定优先任务和关键任务

任务优先级能根据需要调节实时处理的优先级次序，保证紧急事件能在限定的时间内得到处理。优先级分为以下两种。

（1）高优先级

某些服务完成一些有特权的操作，如资源调度、实时处理等，而被赋予了很高的优先级。为了在严格限定的时间内完成这种服务，就需要把这类服务分离成独立的、高优先级的任务。

（2）低优先级

与高优先级相反，有些任务的工作不是特别重要，系统在允许的情况下才会去执行它们；这类任务属于低优先级处理（通常是指那些背景处理）。设计时应该将这类服务分离出来。

关键任务是有关系统成功或失败的关键处理，这类处理通常都有严格的可靠性要求。在设计的过程中可能会用额外的任务把这些关键处理分离出来，以满足高可靠性处理的要求。对高可靠性处理应该精心设计和编码，并且应该严格测试。

4. 确定协调任务

当系统中存在三个以上的任务时，就应该增加一个任务，将它作为协调任务。引入协调任务有助于把不同的任务之间的协调控制封装起来，该任务可以使用状态转换矩阵来描述。这类任务应该仅做协调工作，不要把本属于被协调任务的类和对象的操作分配给它们。

5. 尽量减少任务数

必须仔细分析和选择每个确定需要的任务，应该使系统中包含的任务数尽量少。

设计多任务系统的主要问题是，设计者常常为了自己处理时的方便而轻率地定义过多的任务。这样做加大了设计工作的技术复杂度，并使系统变得不易理解，从而也加大了系统维护的难度。

6. 确定资源需求

使用多处理器或固件，主要是为了满足高性能的需求。设计者必须通过计算系统载荷（计算每一秒处理的业务数及处理一个业务所花费的时间）来估算所需要的 CPU（或其他固件）的处理能力。

设计者应该综合考虑各种因素，以决定哪些子系统用硬件实现，哪些子系统用软件实现。设计者必须综合权衡一致性、成本和性能等多种因素，还要考虑未来的可扩充性和可修改性。

9.5.4 设计数据管理子系统

数据管理子系统是系统存储或检索对象的基本设施，它建立在某种数据存储管理系统之上，并且隔离了数据存储管理模式（文件、关系数据库或面向对象数据库）的影响。

1. 选择数据存储管理模式

不同的数据存储管理模式有不同的特点，使用范围也不相同，设计者应该根据应用系统的特点选择适用的模式。

（1）文件管理系统。

文件管理系统是操作系统的一个组成部分，使用它长期保存数据具有成本低和简单等特点，但是，文件操作的级别低，为提供适当的抽象级别还必须编写额外的代码。此外，不同操作系统的文件管理系统往往有明显差异。

（2）关系数据库管理系统。

关系数据库管理系统的理论基础是关系代数，不仅理论基础坚实而且有下列主要优点。

① 提供了各种最基本的数据管理功能（例如，中断恢复、多用户共享、多应用共享、完整性、事务支持等）。

② 为多种应用提供了一致的接口。

③ 标准化的语言（大多数商品化关系数据库管理系统都使用 SQL 语言）。

关系数据库管理系统通常都相当复杂，而且有下述一些具体缺点，以致限制了这种系统的普遍使用。

① 运行开销大：即使只完成简单的事务（例如，只修改表中的一行），也需较长时间。

② 不能满足高级应用的需求：关系数据库管理系统是为商务应用服务的，商务应用中的数据量虽大，但是数据结构却比较简单。事实上，关系数据库管理系统很难用在数据类型丰富或操作不标准的应用中。

③ 与程序设计语言的连接不自然：SQL 语言支持面向集合的操作，是一种非过程性语言；然而大多数程序设计语言本质上却是过程性的，每次只能处理一个记录。

（3）面向对象数据库管理系统。

面向对象数据库管理系统是一种新技术，主要有两种设计途径：扩展的关系数据库管理系统和扩展的面向对象程序设计语言。

① 扩展的关系数据库管理系统在关系数据库的基础上增加了抽象数据类型和继承机制，此外还增加了创建及管理类和对象的通用服务。

② 扩展的面向对象程序设计语言，扩充了面向对象程序设计语言和功能，增加了在数据库中存储和管理对象的机制。开发人员可以用统一的面向对象观点进行设计，不需要区分存储数据结构和程序数据结构（即生存周期短暂的数据）。

目前，大多数“对象”数据管理模式都采用“复制对象”的方法是先保留对象值，然后，在需要时创建对象的一个副本。扩展的面向对象程序设计语言则扩充了这种机制，它支持“永久对象”方法：准确存储对象（包括对象的内部标识），而不是仅仅存储对象值。使用这种方法，当从存储器中检索出一个对象的时候，它就完全等同于原先存在的那个对象。“永久对象”方法为在多用户环境中从对象服务器中共享对象奠定了基础。

2. 设计数据管理子系统

设计数据管理子系统，既需要设计数据格式又需要设计相应的服务。

（1）设计数据格式。

设计数据格式的方法与所使用的数据存储管理模式密切相关，下面分别介绍适用于每种数据存储管理模式的设计方法。

① 文件系统

- 定义第一范式表。列出每个类的属性表，把属性表规范称为第一范式，从而得到第一范式表的定义。
- 为每一个第一范式表定义一个文件。
- 测量性能和需要的存储容量。
- 修改原设计的第一范式，以满足性能和存储需求。

必要时把归纳结构的属性压缩在单个文件中，以减少文件数量。必要时把某些属性组合在一起，并用某种编码值表示这些属性，而不再分别使用独立的域表示每一个属性。这样做可以减少所需要的存储空间，但是增加了处理时间。

② 关系数据库管理系统

- 定义第三范式表。列出每个类的属性表，把属性表规范成第三范式，从而得出第三范式表的定义。
- 为每个第三范式表定义一个数据库表。
- 测量性能和需要的存储容量。
- 修改先前设计的第三范式，以满足性能和存储需求。

③ 面向对象数据库管理系统

- 扩展的关系数据库途径，适用于关系数据库管理系统相同的方法。
- 扩展的面向对象程序设计语言途径。不需要规范化属性的步骤，因为数据库管理系统本身具有把对象值映射成存储值的功能。

（2）设计相应的服务。

如果某个类的对象需存储起来，则在这个类中增加一个属性和服务，用于完成存储对象自身的工作。应把为此目的增加的属性和服务作为“隐含”的属性和服务，即无须在面向对象设计模型的属性和服务层中显式地表示它们，仅需在关于类—&—对象的文档中描述它们。

这样设计之后，对象将知道怎样存储自己。用于“存储自己”的属性和服务，在问题域子系统和数据管理子系统之间构成一座必要的桥梁。利用多重继承机制，可以在某个适当的基类中定义这样的属性和服务，然后，如果某个类的对象需要长期存储，该类就从基类中继承这样的属性和服务。

（3）介绍使用不同数据存储管理模式时的设计要点。

① 文件系统

被存储的对象需要知道打开哪个（些）文件，怎样把文件定位到正确的记录上，怎样检索出旧值（如果有的话），以及怎样用现有的值更新它们。此外，还应该定义一个 Object Server（对象服务器）类，并创建它的实例。该类提供下列服务。

- 通知对象保存自身。
- 创建已存储的对象（查找、读值、创建并初始化对象），以便把这些对象提供给其他子系统使用。注意，为提高性能，应该批量处理访问文件的要求。

② 关系数据库管理系统

被存储的对象应该知道访问哪些数据库表，怎样访问所需要的行，怎样检索出旧值（如果有的话），以及怎样使用现有值更新它们。此外，还应该定义一个 Object Server（对象服务器）类，并声明它的对象。该类提供下列服务。

- 通知对象保存自身。
- 检索已存储对象（查找、读值、创建并初始化对象），以便由其他子系统使用这些对象。

③ 面向对象数据库管理系统

- 扩展的关系数据库途径。与使用关系数据库管理系统时的方法相同。
- 扩展的面向对象程序设计语言途径。无须增加服务，这种数据库管理系统已经给每个对象提供了“存储自己”的行为。只需给需要长期保存的对象加个标记，然后由面向对象数据库管理系统负责存储和恢复这类对象。

3. 例子

为具体说明数据库管理子系统的设计方法，让我们再看看 ATM 系统。

从图 9-4 中我们可以看出，唯一的永久性数据存储放在分行计算机中。由于必须保持数据的一致性和完整性，而且常常有多个并发事务同时访问这些数据，因此，必须采用成熟的商品化关系数据库管理系统存储数据。应该把每一个事务作为一个不可分割的批操作来处理，由事务封锁账户直到该事务结束为止。

在这个例子中，需要存储的对象主要是账户类的对象。为了支持数据管理子系统的实现，账户类对象必须知道自己是怎样存储的，有两种方法可以达到这个目的。

（1）每个对象自己保存自己。

账户类对象在接到“存储自己”通知后，知道怎样把自身存储起来（需要增加一个属性和一个服务来定义上述行为）。

（2）由数据管理子系统负责存储对象。

账户类对象在接到“存储自己”的通知后，知道应该向数据管理子系统发送什么消息，以便由数据管理子系统把它的状态保存起来，为此也需要增加属性和服务来定义上述行为。使用这种方法的优点是，无须修改问题域子系统。

如上节所述，应定义一个数据管理类 Object Server，并声明它的对象，提供下列服务。

- 通知对象保存自身或保存需长期存储的对象的状态。
- 检索已存储的对象并使之“复活”。

9.6　设计类中的服务

面向对象分析得出的对象模型，通常并不详细描述类能提供的服务。面向对象设计则是扩充、完善和细化面向对象分析模型的过程，设计类中的服务是它的一项重要工作内容。

9.6.1 确定类中应有的服务

需要综合考虑对象模型、动态模型和功能模型，才能正确确定类中应有的服务。对象模型是进行对象设计的基本框架。但是，面向对象分析得出的对象模型，通常只在每个类中列出很少几个最核心的服务。设计者必须把动态模型中对象的行为以及功能模型中的数据处理转换成由适当的类所提供的服务。

一张状态图描绘了一个对象的生存周期，图中的状态转换是执行对象服务的结果。功能模型指明了系统必须提供的服务。状态图中状态转换所触发的动作，在功能模型中有时可能扩展成一张数据流图。数据流图中的某些处理可能与对象提供的服务相对应，下列规则有助于确定操作的目标对象（即应该在该对象所属的类中定义这个服务）。

① 如果某个处理的功能是从输入流中抽取一个值，则该输入流就是目标对象。

② 如果某个处理具有类型相同的输入流和输出流，而且输出流实质上是输入流的另一种形式，则该输入/输出流就是目标对象。

③ 如果某个处理从多个输入流得出输出值，则该处理是输出类中定义的一个服务。

④ 如果某个处理把对输入流处理的结果输出给数据存储或动作对象，则该数据存储或动作对象就是目标对象。

当一个处理涉及多个对象时，为确定把它作为哪个对象的服务，设计者必须判断哪个对象在这个处理中起主要作用。通常在起主要作用的对象类中定义这个服务。下面两条规则有助于确定处理的归属。

- 如果处理影响或修改了一个对象，则最好把该处理与处理的目标（而不是触发者）联系在一起。
- 考察处理涉及的对象类及这些类之间的关联，从中找出处于中心地位的类。如果其他类和关联围绕这个中心类构成星形，则这个中心类就是处理的目标。

9.6.2 设计实现服务的方法

在面向对象设计过程中还应进一步涉及实现服务的方法，主要应该完成以下 3 项工作。

（1）设计实现服务的算法。

设计实现服务的算法时，应该考虑下列 3 个因素。

① 算法复杂度。通常选用复杂度较低（即效率较高）的算法，但是也不要过分追求高效率，应该以能满足用户需求为准。

② 容易理解与容易实现。容易理解与容易实现的要求往往与高效率有矛盾，设计者应该对这两个因素适当折中。

③ 易修改。应该尽可能预测将来可能做的修改，并在设计时预先做些准备。

（2）选择数据结构。

在分析阶段，仅需考虑系统中需要的信息的逻辑结构，在面向对象设计过程中，则需要选择能够方便、有效地实现算法的物理数据结构。

（3）定义内部类和内部操作。

在面向对象设计过程中，可能需要增添一些在需求陈述中没有提到的类，这些新增加的类，主要用来存放在执行算法过程中所得到的某些中间结果。

此外，复杂操作往往可以用简单对象上的更底层操作来定义。因此，在分解高层操作时常常引入新的底层操作。在面向对象设计过程中应该定义这些新增加的底层操作。

9.7 设计关联

在对象模型中，关联是连接不同对象的纽带，它指定了对象相互间的访问路径。在面向对象设计过程中，设计人员必须确定实现关联的具体策略。既可以选定一个全局性的策略统一实现所有关联，也可以分别为每个关联选择具体的实现策略，以与它在应用系统中的使用方式相适应。为了更好地设计实现关联的途径，首先应该分析使用关联的方式。

9.7.1 关联的遍历

在应用系统中，使用关联有两种可能的遍历方式：单向遍历和双向遍历。在应用系统中，某些关联只需要单向遍历，这种单向关联实现起来比较简单，另外一些关联可能需要双向遍历，双向关联实现起来稍微麻烦一些。

在使用原型法开发软件的时候，原型中的所有关联都应该是双向的，以便于增加新的行为，快速地扩充和修改原型。

1. 实现单向关联

用指针可方便地实现单向关联。如果关联的阶是一元的（见图 9-5），则实现关联的指针是一个简单指针；如果阶是多元的，则需要用一个指针集合实现关联（见图 9-6）。

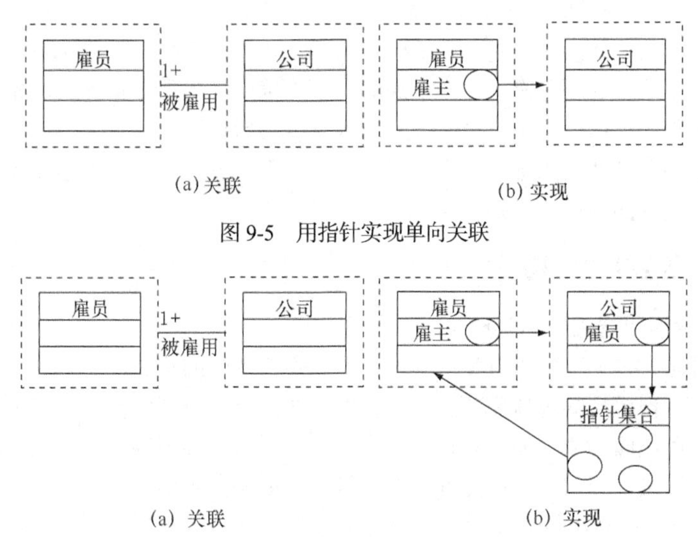

图 9-5　用指针实现单向关联

图 9-6　用指针实现双向关联

2. 实现双向关联

许多关联都需要双向遍历，当然，两个方向遍历的频度往往并不相同。实现双向关联有下列 3 种方法。

① 只用属性实现一个方向的关联，当需要反向遍历时，就执行一次正向查找。如果两个方向遍历的频度相差很大，而且需要尽量减少存储开销和修改时的开销，则这是一种很有效的实现双向关联的方法。

② 两个双向的关联都用属性实现。具体实现方法已在上节中讲过，如图 9-6 所示。这种方法能实现快速访问。但是，如果修改了一个属性，则相关的属性也必须随之修改，才能保持该关联链的一致性，当访问次数远远多于修改次数时，这种实现方法很有效。

③ 用独立的关联对象实现双向关联。关联对象不属于相互关联的任何一个类，它是独立的关联类的实例，如图 9-7 所示。

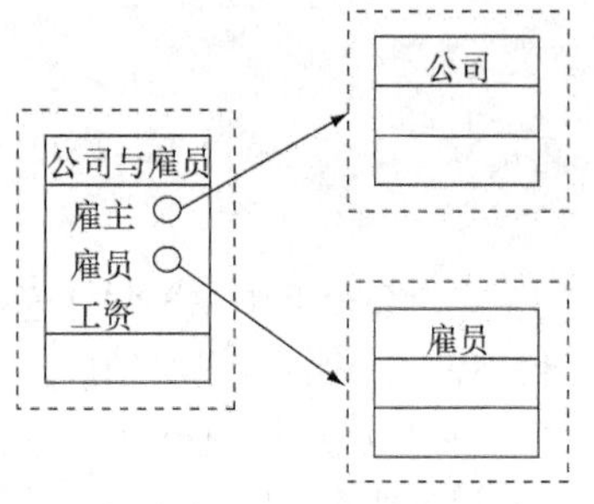

图 9-7　用对象实现关联

9.7.2　关联对象的实现

可以引入一个关联类来保存描述关联性质的信息，关联中的每个连接对应着关联类的一个对象。实现关联对象的方法取决于关联的重数。对于一对一关联来说，关联对象可以与参与关联的任一个对象合并。对于一对多关联来说，关联对象可以与“多”端对象合并。如果是多对多关联，则关联链的性质不可能只与一个参与关联的对象有关，通常用一个独立的关联类来保存描述关联性质的信息，这个类的每个实例表示一条具体的关联链及该链的属性（见图 9-7）。

9.8　设计优化

9.8.1　确定优先级

系统的各项质量指标并不是同等重要的，设计人员必须确定各项质量指标的相对重要性（即确定优先级），以便在优化设计时指定折中方案。

系统的整体质量与设计人员所制定的折中方案密切相关。最终产品成功与否，在很大程度上取决于是否选择好了系统目标。若没有站在全局的高度正确确定各质量指标的优先级，系统中各子系统则会按照相互对立的目标做优化，导致系统资源严重浪费。

因此需在效率和清晰性之间寻求适当的折中方案。下面各小节分别讲述在优化设计时提高效率的技术，以及建立良好的继承结构的方法。

9.8.2　提高效率的技术

1. 增加冗余关联以提高访问效率

在面向对象分析过程中，应该避免在对象模型中存在冗余的关联，因为冗余关联不仅没有增添任何信息，反而会降低模型的清晰度。但是，在面向对象设计过程中，当考虑用户的访问模式，及不同类型的访问彼此之间的依赖关系时，就会发现，分析阶段确定的关联可能并没有构成效率最高的访问路径。下面用设计公司雇员技能数据库的例子，说明分析访问路径及提高访问效率的方法。

图 9-8 所示是从面向对象分析模型中摘取的一部分。公司类中的服务从 Find-skill 返回具有指定技能的雇员集合。例如，用户可能会询问公司中会讲日语的雇员有哪些人。

图 9-8　公司、雇员及技能之间的关联链

假设某公司共有 2000 名雇员，平均每名雇员会 10 种技能，则简单的嵌套查询将遍历雇员对象 2000 次，针对每名雇员平均再遍历技能对象 10 次。如果全公司仅有 5 名雇员精通日语，则查询命中率仅有 1/4000。

提高访问效率的一种方法是使用哈希表："具有技能"这个关联不再利用无序表实现，而是改用哈希表实现。只要"会讲日语"是用唯一一个技能对象表示，这样改进后就会使查询次数由 20000 次减少到 2000 次。

但是，当仅有极少数对象满足查询条件时，查询命中率仍然很低。在这种情况下，更有效的提高查询效率的方法是，给那些需要经常查询的对象建立索引。例如，针对上述例子，我们可以增加一个额外的限定关联"精通语言"，用来联系公司与雇员这两类对象，如图 9-9 所示。利用适当的冗余关联，可以立即查到精通某种具体语言的雇员，而无须多余的访问，当然，索引也必然带来开销：占用内存空间，而且每当修改其关联时也必须相应地修改索引。因此，应该只给那些经常执行并且开销大、命中率低的查询建立索引。

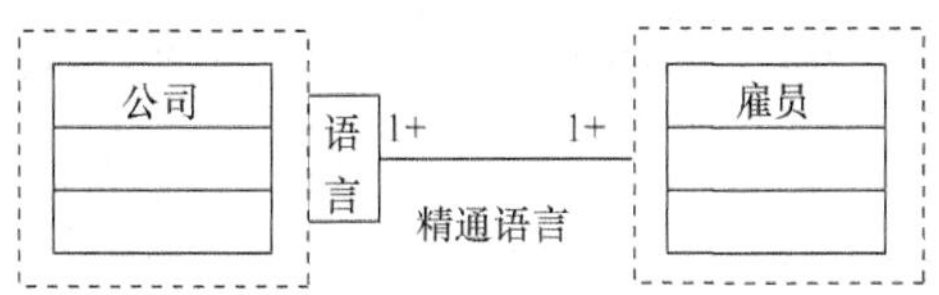

图 9-9 为雇员技能数据库建立索引

2. 调整查询次序

改进了对象模型的结构，从而优化了常用的遍历之后，接下来就应该优化算法了。优化算法的一个途径是尽量缩小查找范围。例如，假设用户在使用上述的雇员技能数据库的过程中，希望找出既会讲日语又会讲法语的所有雇员。如果某公司只有 5 位雇员会讲日语，会讲法语的雇员却有 200 人，则应该先查找会讲日语的雇员，然后再从这些会讲日语的雇员中查找同时会讲法语的人。

3. 保留派生属性

通过某种运算从其他数据派生出来的数据，是一种冗余数据。通常把这类数据"存储"在计算它的表达式中。如果希望避免重复计算复杂表达式所带来的开销，可以把这类冗余数据作为派生属性保存起来。

派生属性既可以在原有类中定义，也可以定义新类，并用新类的对象保存它们。每当修改了基本对象之后，所有依赖于它的、保存派生属性的对象也必须相应地修改。

9.8.3 调整继承关系

在面向对象设计过程中，建立良好的继承关系是优化设计的一项重要内容。继承关系能够为一个类族定义一个协议，并能在类之间实现代码共享以减少冗余。一个基类和它的子孙类在一起成为一个类继承。在面向对象设计中，建立良好的类继承是非常重要的。利用类继承能够把若干个类组织成一个逻辑结构。

下面讨论与建立类继承有关的问题。

1. 抽象与具体

在设计类继承时，很少使用纯粹的自顶向下的方法。通常的做法是，首先创建一些满足具体用途的类，然后对它们进行归纳，一旦得出一些通用的类以后，往往可以根据需要再派生出具体类。在进行了一些具体化的工作之后，也许就应该再次归纳了。对于某些类继承来说，这是一个持续不断的演化过程。

图 9-10 所示是用一个人们在日常生活中熟悉的例子，讲述从具体到抽象、再到具体的过程。

如果在一组相似的类中存在公共的属性和公共的行为，则可以把这些公共的属性和行为抽取出来放在一个共同的祖先类中，供其子类继承，如图 9-10（a）和图 9-10（b）所示。在对现有类进行归纳的时候，要注意下述两点。

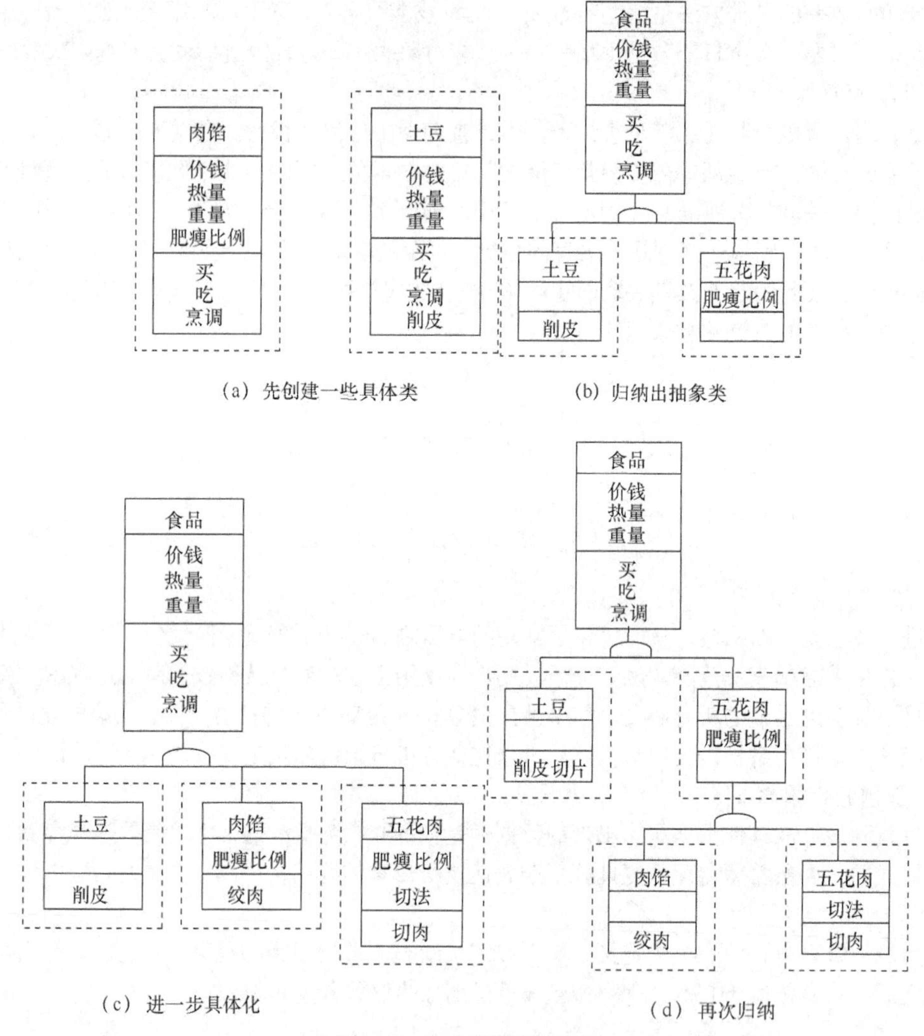

（a）先创建一些具体类　（b）归纳出抽象类

（c）进一步具体化　（d）再次归纳

图 9-10　设计类继承的例子

① 不能违背领域知识和常识。

② 应该确保现有类的协议（同外部世界的接口）不变。

更常见的情况是，各个现有类中的属性和行为（操作），虽相似却并不完全相同，在这种情况下需要对类的定义稍加修改，才能定义一个基类供其子类中继承需要的属性或行为。

有时抽象出一个基类之后，在系统中暂时只有一个子类能从它继承属性和行为，显然，在当前情况下抽象出这个基类并没有获得共享的好处。但是，这样做通常仍然是值得的，因为将来可能重用这个基类。

2. 利用委托实现行为共享

仅当存在真实的一般—特殊关系（即子类确实是父类的一种特殊形式）时，利用继承机制实现行为共享才是合理的。

有时程序员只想用继承作为实现操作共享的一种手段，并不打算确保基类和派生类具有相同的行为。在这种情况下，如果从基类继承的操作中包含了子类不应有的行为，则可能引起麻烦。例如，假设程序员正在实现一个 Stack（后进先出栈）类，类库中已经有一个 List（表）类。如果程序员从 List 类派生出 Stack 类，则如图 9-11（a）所示：把一个元素压入栈，等价于在表尾加入一个元素；把一个元素弹出栈，相当于从表尾移走一个元素。但是，与此同时，也继承了一些不需要的表操作。

例如，从表头移走一个元素或在表头增加一个元素。万一用户错误地使用了这类操作，Stack 类将不能正常工作。

如果只想把继承作为实现操作共享的一种手段，则利用委托（即把一类对象作为另一类对象的属性，从而在两类对象间建立组合关系）也可以达到同样目的，而且这种方法更安全。使用委托机制时，只有有意义的操作才委托另一类对象实现，因此，不会发生不慎继承了无意义（甚至有害的）操作的问题。

图 9-11（b）所示描绘了委托 List 类实现 Stack 类操作的方法。Stack 类的每个实例都包含一个私有的 List 类实例（或指向 List 类实例的指针）。Stack 对象的操作 Push（压栈），委托 List 类对象通过调用 last（定位到表尾）和 add（加入一个元素）操作实现，而 Pop（出栈）操作则通过 List 的 last 和 remove（移走一个元素）操作实现。

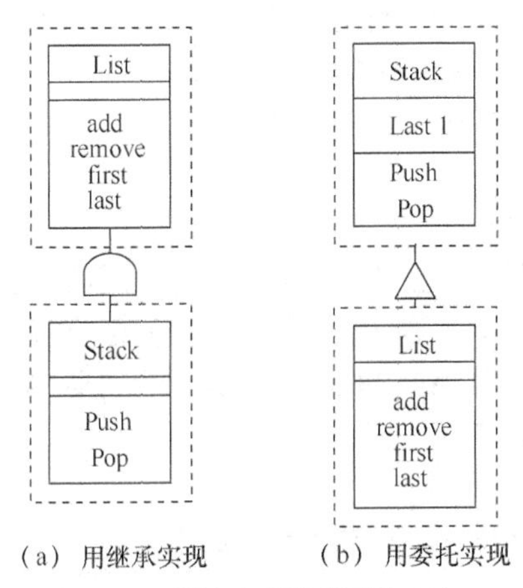

（a）用继承实现　　（b）用委托实现

图 9-11　用表实现栈的两种方法

9.9　设计模式

9.9.1　相关概念

设计面向对象软件比较困难，而设计可复用的面向对象软件就更加困难。面向对象系统中看到类和相互通信的对象的重复模式，这些模式解决特定的设计问题，使面向对象设计更灵活、优雅，最终复用性更好。设计模式使人们可以更加简单方便地复用成功的设计和体系结构。设计模式帮助做出有利于系统复用的选择，避免设计损害系统复用性。通过提供一个显式类和对象作用关系以及它们之间潜在联系的说明规范，设计模式甚至能够提高已有系统的文档管理和系统维护的有效性。简而言之，设计模式可以帮助设计者更快更好地完成系统设计。

一般而言，一个模式有 4 个基本要素。

1. 模式名称（Pattern Name）

一个助记名，它用一两个词来描述模式的问题、解决方案和效果。命名一个新的模式增加了我们的设计词汇。设计模式允许我们在较高的抽象层次上进行设计。模式名可以帮助我们思考，便于我们与其他人交流设计思想及设计结果。

2. 问题（Problem）

描述了应该在何时使用模式。它解释了设计问题和问题存在的前因后果，它可能描述了特定的设计问题，如怎样用对象表示算法等；也可能描述了导致不灵活设计的类或对象结构。

3. 解决方案（Solution）

描述了设计的组成成分，它们之间的相互关系及各自的职责和协作方式。因为模式就像一个模板，可应用于多种不同场合，所以解决方案并不描述一个特定而具体的设计或实现，而是提供设计问题的抽象描述和怎样用一个具有一般意义的元素组合（类或对象组合）来解决这个问题。

4. 效果（Consequences）

描述了模式应用的效果及使用模式应权衡的问题。因为复用是面向对象设计的要素之一，所以模式效果包括它对系统的灵活性、扩充性或可移植性的影响，显式地列出这些效果对理解和评价这些模式很有帮助。

在 Smalltalk-80 中，类的模型/视图/控制器三元组（Model/View/Controller，MVC）被用来构建用户界面。MVC 包括三类对象。模型 Model 是应用对象，视图 View 是它在屏幕上的表示，控制器 Controller 定义用户界面对用户输入的响应方式。不使用 MVC，用户界面设计往往将这些对象混在一起，而 MVC 则将它们分离以提高灵活性和复用性。

9.9.2 描述设计模式

描述设计模式，图形符号虽然很重要也很有用，却还远远不够，它们只是将设计过程的结果简单记录为类和对象之间的关系。为了达到设计复用，我们必须同时记录设计产生的决定过程、选择过程和权衡过程。具体的例子也是很重要的，它们让你看到实际的设计。用统一的格式描述设计模式，每一个模式根据以下的模板被分成若干部分。模板具有统一的信息描述结构，有助于你更容易地学习、比较和使用设计模式。

（1）模式名和分类。模式名简洁地描述了模式的本质。一个好的名字非常重要，因为它将成为你的设计词汇表中的一部分。

（2）意图。意图是回答下列问题的简单陈述：设计模式是做什么的？它的基本原理和意图是什么？它解决的是什么样的特定设计问题？

（3）别名。模式的其他名称。

（4）动机。用以说明一个设计问题以及如何用模式中的类、对象来解决该问题的特定情景。该情景会帮助你理解随后对模式更抽象的描述。

（5）适用性。什么情况下可以使用该设计模式？该模式可用来改进哪些不良设计？你怎样识别这些情况？

（6）结构。采用基于对象建模技术的表示法对模式中的类进行图形描述。使用交互图来说明对象之间的请求序列和协作关系。

（7）参与者。参与者指设计模式中的类和/或对象以及它们各自的职责。

（8）协作。模式的参与者怎样协作以实现它们的职责。

（9）效果。模式怎样支持它的目标？使用模式的效果和所需做的权衡取舍是什么？系统结构的哪些方面可以独立改变？

（10）实现。实现模式时需要知道的一些提示、技术要点及应避免的缺陷，以及是否存在某些特定于实现语言的问题。

（11）代码示例。用来说明怎样用 C++或 Smalltalk 实现该模式的代码片段。

（12）已知应用。是实际系统中发现的模式的例子。每个模式至少包括了两个不同领域的实例。

（13）相关模式。与这个模式紧密相关的模式有哪些？其间重要的不同之处是什么？这个模式应与哪些其他模式一起使用？

9.9.3　23 种设计模式

以下简单介绍 23 种设计模式。

Abstract Factory（抽象工厂）：提供一个创建一系列相关或相互依赖对象的接口，而无须指定它们具体的类。

Adapter（适配器）：将一个类的接口转换成客户希望的另外一个接口。Adapter 模式使得原本由于接口不兼容而不能一起工作的那些类可以一起工作。

Bridge（桥接）：将抽象部分与它的实现部分分离，使它们都可以独立地变化。

Builder（生成器）：将一个复杂对象的构建与它的表示分离，使得同样的构建过程可以创建不同的表示。

Chain of Responsibility（职责链）：为了解除请求的发送者和接收者之间的耦合，而使多个对象都有机会处理这个请求。将这些对象连成一条链，并沿着这条链传递该请求，直到有一个对象处理它。

Command（命令）：将一个请求封装为一个对象，从而使你可用不同的请求对客户进行参数化；对请求排队或记录请求日志，以及支持可取消的操作。

Composite（组成）：将对象组合成树形结构以表示“部分—整体”的层次结构。Composite 使得客户对单个对象和复合对象的使用具有一致性。

Decorator（装饰）：动态地给一个对象添加一些额外的职责。就扩展功能而言，Decorator 模式比生成子类方式更为灵活。

Façade（外观）：为子系统中的一组接口提供一个一致的界面，Facade 模式定义了一个高层接口，这个接口使得这一子系统更加容易使用。

Factory Method（工厂方法）：定义一个用于创建对象的接口，让子类决定将哪一个类实例化。Factory Method 使一个类的实例化延迟到其子类。

Flyweight（享元）：运用共享技术有效地支持大量细粒度的对象。

Interpreter（解释器）：给定一个语言，定义它的文法的一种表示，并定义一个解释器，该解释器使用该表示来解释语言中的句子。

Iterator（迭代器）：提供一种方法顺序访问一个聚合对象中的各个元素，而又不需暴露该对象的内部表示。

Mediator（中介者）：用一个中介对象来封装一系列的对象交互。中介者使各对象不需要显式地相互引用，从而使其耦合松散，而且可以独立地改变它们之间的交互。

Memento（备忘录）：在不破坏封装性的前提下，捕获一个对象的内部状态，并在该对象之外保存这个状态。这样以后就可将该对象恢复到保存的状态。

Observer（观察者）：定义对象间的一种一对多的依赖关系，以便当一个对象的状态发生改变时，所有依赖于它的对象都得到通知并自动刷新。

Prototype（原型）：用原型实例指定创建对象的种类，并且通过拷贝这个原型来创建新的对象。

Proxy（代理）：为其他对象提供一个代理以控制对这个对象的访问。

Singleton（单件）：保证一个类仅有一个实例，并提供一个访问它的全局访问点。

State（状态）：允许一个对象在其内部状态改变时改变它的行为。对象看起来似乎修改了它所属的类。

Strategy（策略）：定义一系列的算法，把它们一个个封装起来，并且使它们可相互替换。本模式使得算法的变化可独立于使用它的客户。

Template Method（模板方法）：定义一个操作中的算法的骨架，而将一些步骤延迟到子类中。

Template Method 使得子类可以不改变一个算法的结构即可重定义该算法的某些特定步骤。

Visitor（访问者）：表示一个作用于某对象结构中的各元素的操作。它使你可以在不改变各元素的类的前提下定义作用于这些元素的新操作。

9.10 典型例题详解

例题 1（2011 年 5 月软件设计师试题） 某软件产品在应用初期运行在 Windows 2000 环境中。现因某种原因，该软件需要在 Linux 环境中运行，而且必须完成相同的功能。为适应该需求，软件本身需要进行修改，而所需修改的工作量取决于该软件的_____。

A. 可复用性　　B. 可维护性　　C. 可移植性　　D. 可扩充性

分析：软件的可复用性指软件或软件的部件能被再次用于其他应用中的程度。软件复用性取决于其模块的独立性、通用性和数据共享性等。

软件的可维护性是指一个软件模块是否容易修改、更新和扩展，即在不影响系统其他部分的情况下修改现有系统功能中问题或缺陷的能力。

软件的可移植性指将软件系统从一个计算机系统或操作系统移植到另一种计算机系统或操作系统中运行时所需工作量的大小。可移植性取决于系统中硬件设备的特征、软件系统的特点和开发环境，以及系统分析与设计中关于通用性、独立性和可扩充性等方面。

软件的可扩充性指软件的体系结构、数据设计和过程设计的可扩充程度。可扩充性影响着软件的灵活性和可移植性。

由例题可知，完成相同的功能，软件本身需要进行修改，而所需修改的工作量取决于该软件产品的可移植性。

参考答案：C

例题 2（2011 年 5 月软件设计师试题） 面向对象系统中有两种基本的复用方式：框架复用和类库复用。以下关于框架和类库的描述中，说法错误的是_____。

A. 框架是一个“半成品”的应用程序

B. 框架会为一个特定的目的实现一个基本的、可执行的架构

C. 类库只包含一系列可被应用程序调用的类

D. 类库是框架的一种扩展形式

分析：类库是一种预先定义的程序库，它以程序模块的形式，按照类层次结构把一组类的定义和实现组织在一起。可见，类库只包含一系列可被应用程序调用的类。

框架是类库的一种扩展形式，它为一个特定的目的实现一个基本的、可执行的架构。换言之，它是一个“半成品”的应用程序。

参考答案：D

例题 3（2011 年 5 月软件设计师试题） 在面向对象软件开发过程中，采用设计模式_____。

A. 以复用成功的设计

B. 以保证程序的运行速度达到最优值

C. 以减少设计过程创建的类的个数

D. 允许在非面向对象程序设计语言中使用面向对象的概念

分析：在面向对象软件开发过程中，设计模式可以使人们简单方便地复用成功的设计和体系结构，系统地命名、解释系统中的重要的设计。设计模式提供一个显示类和对象作用关系以及之间潜在联系的说明，提高已有系统的文档管理和系统维护的有效性。

参考答案：A

例题 4（2013 年 5 月软件设计师试题） 统一过程模型是一种“用例和风险驱动，以架构为中心，迭代并且增量”的开发过程，定义了不同阶段及其制品，其中精化阶段关注_____。

A. 项目的初始活动

B. 需求分析和架构演进

C. 系统的构建，产生实现模型

D. 软件提交方面的工作，产生软件增量

分析：统一软件开发过程将软件开发周期划分为四个连续阶段，即初始阶段、精化阶段、构造阶段和交付阶段。其中的精化阶段分析问题领域，建立健全的体系结构基础，关注需求分析和架构演进，编制项目计划，淘汰项目中最高风险的元素。

参考答案：B

例题 5（2014 年 11 月软件设计师试题） 模块 A、B 和 C 都包含相同的 5 个语句，这些语句之间没有联系。为了避免重复把这 5 个语句抽取出来组成一个模块 D，则模块 D 的内聚类型为_____内聚。

A. 功能　　　　B. 通信　　　　C. 逻辑　　　　D. 偶然

分析：功能内聚：完成一个单一功能，各个部分协同工作，缺一不可。

顺序内聚：处理元素相关，而且必须顺序执行。

通信内聚：所有处理元素集中在一个数据结构的区域上。

过程内聚：处理元素相关，而且必须按特定的次序执行。

瞬时内聚：所包含的任务必须在同一时间间隔内执行（如初始化模块）。

逻辑内聚：完成逻辑上相关的一组任务。

偶然内聚：完成一组没有关系或松散关系的任务。

参考答案：D

9.11 实验——音乐点播管理系统面向对象设计

1. 实验目的

掌握使用 Rose 进行面向对象系统设计的方法，通过实际建模的操作，进一步了解 UML 组成和其中各种图形的作用，理解 UML 标准将更好地理解面向对象方法，促进面向对象分析与设计建模的能力。

2. 实验内容

在面向对象方法中，分析与设计的界限实际上比较模糊。在问题域部分，设计的重点是类的设计，识别系统中的实体类、边界类、控制类，并创建类图。

① 定义对象类。

② 定义用户接口。

③ 定义联系。

④ 绘制对象类图。

⑤ 建立数据库模型。

⑥ 建立组件模型。

⑦ 建立配置图。

详细介绍结构设计及类的设计。可根据附录七进行 UML 设计建模。

音乐点播管理系统结构可以用包图来描述，如图 9-12 所示。包是类的集合，用户界面包包括登录界面类、控制界面类、信息提示界面类；数据库包包括音乐信息类、听众信息表类、点播一览表类、版权信息表类；业务包包括音乐信息管理类、音乐点播管理类、听众信息管理类、出版社信息管理系统管理类；组件包包括添加控件类、查询控件类、修改控件类、删除控件类。

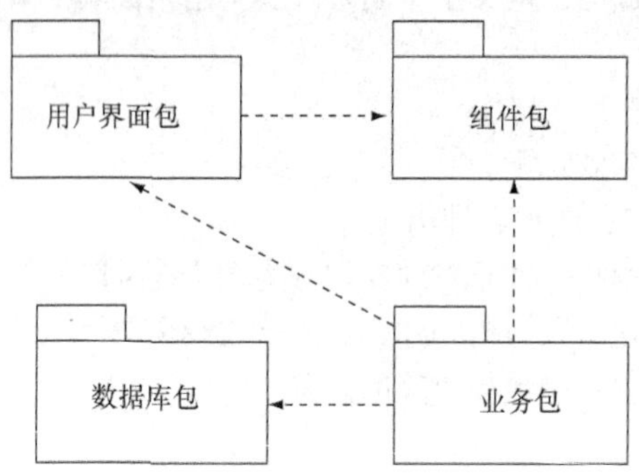

图 9-12　音乐点播管理系统包图

在包图中描述了包之间的关系：业务包要依赖于用户界面包、数据库包、组件包，而用户界面包依赖于组件包。

设计每个类中包含哪些属性及操作，并进一步分析类之间的关系。用状态图来描述一个对象在其生命周期内的行为，如登录对象的状态图。用活动图描述操作的行为，也可以描述用例和对象内部的工作过程。其中活动图是状态图变化来的。用协作图描述相互合作的对象之间的交互关系，它描述的交互关系是对象间的消息连接关系，更侧重于说明哪些对象之间有消息传递。

以音乐信息管理类图为例，其类图如图 9-13 所示。

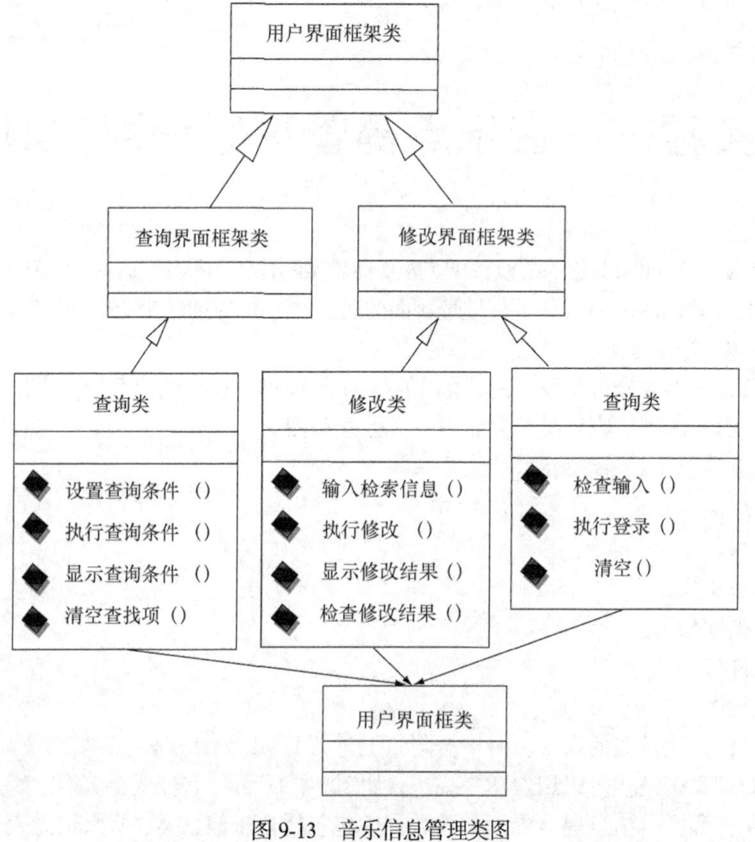

图 9-13　音乐信息管理类图

3. 实验思考

① 除了按照实体类、边界类、控制类来组织类以外，有没有其他的方式来组织类?

② 列举 Rose 中建立类的不同方法。

③ 思考结构化设计与面向对象设计的主要差别。

小　　结

面向对象设计，就是用面向对象观点建立求解空间模型的过程。本章结合面向对象方法学固有的特点讲述了面向对象设计准则，并介绍了一些有助于提高设计质量的启发式规则。结合面向对象方法学的特点，对软件重用做了较全面的介绍，其中着重讲述了类构件的重用技术。分别讲述了多个子系统的设计方法。此外还讲述了设计中服务的方法及实现关联的策略。通常应该在设计工作开始之前，对系统的各项质量指标的相对重要性做认真分析和仔细权衡，指定出恰当的系统目标。在设计过程中根据既定的系统目标，做必要的优化工作。

习 题 9

一、选择题

1. 面向对象技术中，组合关系表示【　　】。

A. 包与其中模型元素的关系　　B. 用例之间的一种关系

C. 类与其对象的关系　　D. 整体与其部分之间的一种关系

2. UML 中关联的多重度是指【　　】。

A. 一个类中被另一个类调用的次数

B. 一个类的某个方法被另一个类调用的次数

C. 一个类的实例能否与另一个类的多少个实例相关联

D. 两个类的实例所具有的相同的方法和属性

3. 下列不是函数重载所要求的条件是【　　】。

A. 函数名相同　　B. 参数个数不同

C. 参数类型不同　　D. 函数返回值类型不同

4. 下面选项中不属于面向对象程序设计特征的是【　　】。

A. 继承性　　B. 多态性　　C. 类比性　　D. 封闭性

5. 以下不属于面向对象设计准则的是【　　】。

A. 模块化　　B. 抽象　　C. 弱耦合　　D. 可维护

6. 以下关于面向对象设计的叙述中，错误的是【　　】。

A. 面向对象设计应在面向对象分析之前，因为只有产生了设计结果才可对其进行分析

B. 面向对象设计与面向对象分析是面向对象软件过程中两个重要的阶段

C. 面向对象设计应该依赖于面向对象分析的结果

D. 面向对象设计产生的结果在形式上可以与面向对象分析产生的结果类似，例如都可以使用 UML 表达

二、简答题

1. 面向对象设计应遵循哪些准则？简述每条准则内容，并说明遵循这条准则的必要性。

2. 简述软件工程中界面的设计原则。
3. 简述有助于提高面向对象设计质量的每条主要启发规则的内容和必要性。
4. 数据存储有哪 3 种模式?
5. 为什么说类构件是目前比较理想的可重用软构件?它有哪些重用方式?
6. 为了设计人机交互子系统,为什么需要分类用户?
7. 从面向对象分析阶段到面向对象设计阶段,对象模型有何变化?

第 10 章 面向对象实现

本章要点

- 面向对象实现的主要工作
- 面向对象设计的质量
- 面向对象测试

10.1 面向对象语言

10.1.1 面向对象语言的优点

从技术原理上说，任何一种通用程序设计语言都可以实现面向对象的概念，使用面向对象语言，实现面向对象概念，远比使用非面向对象语言方便，面向对象方法应该尽量选用支持面向对象技术的语言来实现面向对象的程序设计。用面向对象语言能够更完整、更准确地表达问题域语义的面向对象语言的语法，其优点主要如下。

（1）使用一致的表示方法。

从问题域到 OOA，从 OOA 到 OOD，最后到 OOP，面向对象软件工程采用一致的表示方法。一致的表示方法使得在软件开发过程中始终使用统一的概念，便于工作人员互相通信协作，也有利于维护人员理解软件的各种配置成分。

（2）广泛运用重用机制。

可重用性是提高软件开发生产率和目标系统质量的重要途径。不仅仅在程序设计这个层次上进行重用，而且要在更广泛的范围中运用重用机制。随着时间的推移，软件开发组织既可能重用在某个问题域内的 OOA 结果，也可能重用相应的 OOD、OOP 结果。

（3）便于维护。

尽管人们反复强调保持文档与源程序一致的必要性，但是，在实际工作中很难做到让两类不同的文档完全一致。因此，维护人员最终要面对的往往只有源程序本身。

以 ATM 系统为例，说明在程序内部表达问题域语义对维护工作的意义。假设在维护该系统时没有合适的文档资料可供参阅，于是维护人员人工浏览程序或使用软件工具扫描程序，记下或打印出程序显式陈述的问题域语义，维护人员看到“ATM”“账户”和“现金兑换卡”等，这对维护人员理解所要维护的软件将有很大帮助。

因此，在选择编程语言时，应该考虑的首要因素，是在供选择的语言中哪个语言能最好地表达问题域语义。一般说来，应该尽量选用面向对象语言来实现面向对象分析和设计的结果。

10.1.2 面向对象语言的技术特点

当今的面向对象程序设计语言（Object-Oriented Programming Language，OOPL）分为两大类：一类是纯面向对象语言，如 Smalltalk 和 Eiffel 等；另一类是在过程型语言的基础上增加了面向对象的结构，如 C++、Objective-C 等。纯面向对象语言着重于方法研究和快速原型法的实现，混合性面向对象语言着重于运行速度和使传统程序员容易接受面向对象的思想。成熟的面向对象语言通常都提供丰富的类库和强有力的开发环境。图 10-1 是面向对象程序设计语言发展的示意图。

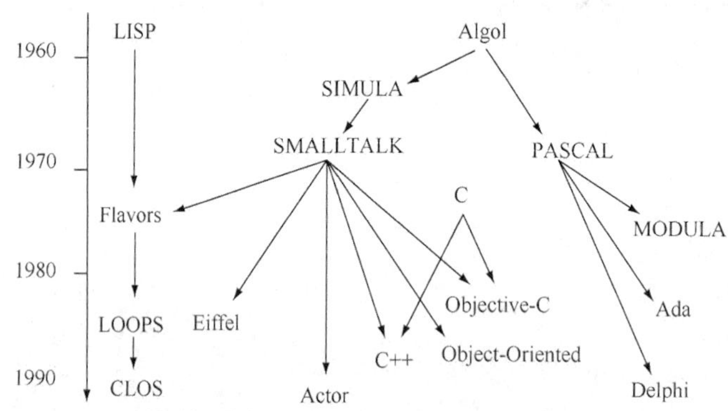

图 10-1 面向对象程序设计语言发展示意图

面向对象语言主要有以下技术特点。

（1）具有支持类和对象概念的实现机制。

所有面向对象语言都允许用户动态创建对象，并且可以用指针引用动态创建的对象。允许动态创建对象，就意味着系统必须处理内存管理问题，如果不及时释放不再需要的对象所占有的内存，动态存储分配就有可能耗尽内存。

有两种管理内存的方法，一种是由语言的运行机制自动管理内存，即提供自动回收“垃圾”的机制；另一种是由程序员编写释放内存的代码。自动管理内存不仅方便而且安全，但必须采用先进的垃圾收集算法才能减少开销。某些面向对象语言（比如 C++）允许程序员定义析构函数。这种机制使得程序员能方便地构造和唤醒释放内存的操作，却又不是垃圾收集机制。

（2）具有实现整体—部分结构（即聚集）的机制。

一般来说，有两种实现方法，分别使用指针和独立的关联对象实现整体—部分结构。大多数现有的面向对象语言并不显式支持独立的关联对象，在这种情况下，使用指针是最容易的实现方法，通过增加内部指针可以方便地实现关联。

（3）具有实现属性和服务的机制。

对于实现属性的机制应该着重考虑以下方面内容：支持实例连接的机制；属性的可见性控制；对属性值的约束。对于服务来说，主要应该考虑下列因素：支持消息连接（即表达对象交互关系）的机制；控制服务可见性的机制；动态联编。

所谓动态联编，是指应用系统在运行过程中，当需要执行一个特定服务的时候，选择（或联编）实现该服务的适当算法。动态联编机制使得程序员在向对象发送消息时拥有较大自由，在发送消息前，无须知道接受消息的对象当时属于哪个类。

（4）实现一般—特殊（即泛化）结构的机制。

既包括实现继承的机制，也包括解决名字冲突的机制。所谓解决名字冲突，指的是处理在多个基类中可能出现的重名问题，这个问题仅在支持多重继承的语言中才会遇到。某些语言拒绝接受有名字冲突的程序，另一些语言提供了解决冲突的协议。不论使用何种语言，程序员都应该尽力避免出现名字冲突。

（5）具有参数化类。

在实际的应用程序中，常常看到这样一些软件元素（即函数、类等软件成分），从它们的逻辑功能看，彼此是相同的，所不同的主要是处理的对象（数据）类型不同。例如，对于一个向量（一维数组）类来说，不论是整型向量、浮点型向量，还是其他任何类型的向量，针对它的数据元素的类型是不同的。如果程序语言提供一种抽象出这类共性的机制，则对减少冗余和提高可重用性是大有好处的。

参数化类是指使用一个或多个类型去参数化一个类的机制。有了这种机制，程序员就可以先定义一个参数化的类模板（即在类定义中包含以参数形式出现的一个或多个类型），然后把数据类型作为参数传递进来，从而把这个类模板应用在不同的应用程序中，或用在同一应用程序的不同部分。例如，Eiffel 语言中就有参数化类，C++语言也提供了类模板。参数化类的特性有助于减少程序设计的冗余工作，提高程序的重用性。

（6）提供类型检查。

面向对象语言的编译系统在编译时对类型的匹配检查的严格程度是判断语言实现能力的重要指标。程序设计语言按照编译时进行类型检查的严格程度分为两类：一类是弱类型，语言仅要求每个变量或属性隶属于一个对象，如 Smalltalk；另一类是强类型，语言要求每个变量或属性必须准确地属于某个特定类，如 C++和 Eiffel。当今大多数新语言都是强类型的。

强类型语言有两个优点：一是有利于在编译时发现程序错误，有助于提高软件的可靠性和运行效率；二是增加了优化的可能性。通常使用强类型编译型语言开发软件产品，弱类型用于解释型语言快速开发原型。总的来说，强类型语言有助于提高软件的可靠性和运行效率，现代的程序语言理论支持强类型检查，大多数新语言都是强类型的。

（7）提供类库。

为了提高软件的可重用性，大多数面向对象语言都提供一个实用的类库。某些语言本身并没有规定提供什么样的类库，而是由实现这种语言的编译系统自行提供类库。存在类库，许多软构件就不必由程序员重新编写，这为实现软件重用带来很大方便。

类库中往往包含实现通用数据结构（如动态数组、表、队列、栈、树等）的类，通常把这些类称为包容类。在类库中还可以找到实现各种关联的类。更完整的类库通常还提供独立于具体设备的接口类（例如，输入／输出流）。此外，用于实现窗口系统的用户界面类也非常有用，它们构成一个相对独立的图形库。

（8）提供持久对象的保存。

持久对象是指能够不依赖于程序执行的生命周期而长时间保存下来的数据对象。希望长期保存数据的原因有两个：一是为实现在不同程序之间传递数据，需要保存数据；二是为恢复被中断了的程序的运行，首先需要保存数据。

面向对象语言分为以下两类：一类面向对象语言没有提供直接存储对象的机制，这些语言的用户必须自己管理对象的输入／输出，或者购买面向对象的数据库管理系统，如 C++；另一类面向对象语言把当前的执行状态完整地保存在磁盘上，如 Smalltalk。

（9）效率。

普遍认为面向对象语言的主要缺点是效率低。产生这种印象的一个原因是，某些早期的面向对象语言是解释型的而不是编译型的。事实上，使用拥有完整类库的面向对象语言，有时能比使用非面向对象语言得到运行更快的代码。这是因为类库中提供了更高效的算法和更好的数据结构，例如，程序员已经无须编写实现哈希表或平衡树算法的代码了，类库中已经提供了这类数据结构，而且算法先进，代码精巧可靠。

认为面向对象语言效率低的另外一个理由是，这种语言在运行时使用动态联编实现多态性，这似乎需要在运行时查找继承树，以得到定义给定操作的类。事实上，绝大多数面向对象语言都优化了这个查找过程，从而实现了高效率查找。只要程序运行时始终保持类结构不变，就能在子类中存储各个操作的正确入口点，从而使得动态联编成为查找哈希表的高效过程。不会由于继承树深度加大或类中定义的操作数增加而降低效率。

（10）提供开发环境。

软件工具和软件工程环境对软件生产率有很大影响。由于面向对象程序中继承关系和动态联编等引入的特殊复杂性，面向对象语言所提供的软件工具或开发环境就显得尤其重要了。至少应该包括下列一些最基本的软件工具：编辑程序、编译程序或解释程序、浏览工具以及调试器等。

编译程序或解释程序是最基本、最重要的软件工具。编译与解释的差别主要是速度和效率不同。利用解释程序解释执行用户的源程序，虽然速度慢、效率低，但却可以更方便、更灵活地进行调试。编译语言适用于开发正式的软件产品，优化工作做得好的编译程序能生成效率很高的目标代码。有些面向对象语言除了提供编译程序外，还提供一个解释工具，从而给用户带来很大方便。

某些面向对象语言的编译程序，先把用户源程序翻译成一种中间语言程序，然后再把中间语言程序翻译成目标代码。这样做可能会使得调试器不能理解原始的源程序。在评价调试器时，首先应该弄清楚它是针对原始的面向对象源程序，还是针对中间代码进行调试。如果针对中间代码进行调试，则会给调试人员带来许多不便。此外，面向对象的调试器，应该能够查看属性值和分析消息连接的后果。

在开发大型系统的时候，需要有系统构造工具和变动控制工具。因此应该考虑语言本身是否提供了这种工具，或者该语言能否与现有的这类工具很好地集成起来。经验表明，传统的系统构造工具（例如，UNIX 的 Make）目前对许多应用系统来说都已经太原始。

10.1.3 面向对象语言的选择原则

开发人员选择合适的面向对象语言是非常重要的，以下是应着重考虑的方面。

（1）选择将来能占主导地位的语言。

为了使自己的产品在若干年后仍然具有很强的生命力，根据目前占有的市场份额，参考专业书刊和学术会议上所做的分析、评价，选用将来占主导地位可能性最大的语言编程。

（2）考虑具有良好的类库和开发环境的语言。

面向对象方法开发软件的一个主要优点是通过可重用性提高软件生产率。决定可重用性的因素，不仅仅需要选用能够最完整、最准确地表达问题域语义的面向对象语言，开发环境和类库也是非常重要的因素。事实上，语言、类库和开发环境这三个因素综合起来，共同决定了可重用性。

考虑类库的时候，应该考虑类库中提供了哪些有价值的类。随着类库的日益成熟和丰富，在开发新应用系统时，需要开发人员自己编写的代码将越来越少。为便于积累可重用的类和重用已有的类，在开发环境中，除了提供前述的基本软件工具外，还应该提供使用方便的类库编辑工具和浏览工具。其中的类库浏览工具应该具有强大的联想功能。

（3）考虑其他因素。

在选择编程语言时，应考虑其他因素：为用户学习面向对象分析、设计和编码技术所能提供的培训服务；在使用这个面向对象语言期间能提供的技术支持；能提供给开发人员使用的开发工具、开发平台和发行平台，对机器性能和内存的需求，集成已有软件的难易程度等。

10.2　面向对象程序设计风格

良好的程序设计风格对面向对象实现非常重要，不仅能明显减少维护或扩充的开销，而且有助于新项目中重用已有的程序代码。良好的面向对象程序设计风格，既包括传统的程序设计风格准则，也包括为适应面向对象方法所特有的概念而必须遵守的一些新准则。

10.2.1　提高可重用性

软件重用是提高软件开发生产率和目标系统质量的重要方法。因此，设计面向对象程序时，要尽量提高软件的可重用性。软件重用有多个层次，在编码阶段主要涉及代码重用问题。一般来说，代码重用有两种：一种是内部重用（即本项目内的代码重用）；另一种是外部重用（即新项目重用旧项目的代码）。内部重用主要是找出设计中相同或相似的部分，然后利用继承机制共享它们；外部重用则必须反复精心设计。但是实现这两类重用的程序设计准则却是相同的。准则如下。

（1）提高方法的内聚、降低耦合。

一个方法应该只完成单个功能，如果某个方法涉及两个或多个不相关的功能，则应该把它分解成几个更小的方法。尽量不使用全局信息，尽量降低方法与外界的耦合程度。

（2）减小方法的规模。

应该减小方法的规模，如果某个方法规模过大，则应该把它分解成几个更小的方法。

（3）保持方法的一致性。

保持方法的一致性，有助于实现代码重用。功能相似的方法应该有一致的名字、参数特征、返回值类型、使用条件及出错条件等。

（4）尽量做到全面覆盖。

如果输入条件的各种组合都可能出现，则应该针对所有组合写出方法，而不能仅仅针对当前用到的组合情况写方法。另外，还应该考虑到一个方法不能只是处理正常值，也要处理空值、极限值及界外值等异常情况。

（5）分开策略方法和实现方法。

根据完成的功能的不同，方法分为两种：一类是策略方法，这类方法负责做出决策，提供变元，管理全局资源；另一类是实现方法，这类方法只负责完成具体的操作，不做出任何决策，也不管理资源。

策略方法应该检查系统运行状态，并处理出错情况，它们并不直接完成计算或实现复杂的算法。策略方法通常紧密依赖于具体应用，这类方法比较容易编写，也比较容易理解。

实现方法仅仅针对具体数据完成特定处理，通常用于实现复杂的算法。实现方法并不制定决策，也不管理全局资源，如果在执行过程中发现错误，它们应该只返回执行状态而不对错误采取行动。由于实现方法是自含式算法，相对独立于具体应用，因此，在其他应用系统中也可能重用它们。

为了提高可重用性，建议编程时不要把策略和实现放在同一方法中，应把算法的核心部分放在一个单独的具体实现方法中，从策略方法中提取具体参数，作为调用实现方法的变元。

（6）尽量不使用全局信息。

应该尽量降低方法与外界的耦合程度，不使用全局信息是降低耦合度的一项主要措施。

（7）利用继承机制。

在面向对象程序中，实现共享和提高重用程度的主要途径就是使用继承机制。

① 调用公共代码。把公共的代码分离出来，构成一个被其他方法调用的公用方法，在基类中定

义这个公用方法，供派生类中的方法调用。

② 调用分解因子。从不同类的相似方法中分解出不同的代码，把余下的代码作为公用方法中的公共代码，把分解出的因子作为名字相同、算法不同的方法，放在不同类中定义，并被这个公用方法调用。

③ 使用委托机制。委托机制是指把一类对象作为另一类对象的属性，从而在两类对象间建立组合关系。主要适用于当逻辑上不存在一般—特殊关系，而重用已有的代码时。

④ 把代码封装在类中。我们往往希望重用其他方法编写的、解决同一类应用问题的程序代码，重用这类代码比较安全的途径就是把被重用的代码封装在类中。

10.2.2 提高可扩充性

以下的面向对象程序设计准则有助于提高可扩充性。

（1）封装实现策略。

应该把类的实现策略（包括描述属性的数据结构、修改属性的算法等）封装起来，对外只提供公有的接口，否则将降低今后修改数据结构或算法的自由度。

（2）慎用公有方法。

根据方法所在位置的不同分为公有方法和私有方法。公有方法是向公众公布的接口，对这类方法的修改往往会涉及许多其他类，所以修改起来的代价比较高；私有方法是仅在类内使用的方法，通常利用私有方法来实现公有方法，修改私有方法所涉及的类少，所以代价比较低。为了提高可修改性，降低维护成本，应该精心选择和定义公有方法。

（3）不要用一个方法遍历多条关联链。

一个方法应该只包含对象模型中的有限内容。违反这条准则将导致方法过分复杂，既不易理解，也不易修改扩充。

（4）避免使用多分支语句。

一般说来，可以利用 DO_CASE 语言测试对象的内部状态，而不要用来根据对象类型选择应有的行为，否则在增添新类时将不得不修改原有的代码。应该合理地利用多态性机制，根据对象当前类型，自动决定应有的行为。

10.2.3 提高稳健性

程序员写代码时不仅要考虑效率，也要考虑稳健性。所谓稳健性就是硬件故障、输入的数据无效或操作错误等意外环境下，系统能做出适当响应的程度。通常需要在健壮性与效率中间做出适当的折中。必须认识到，对于任何一个实用软件来说，健壮性都是不好忽略的质量指标，为了提高健壮性应该遵循以下 4 条准则。

（1）具备处理用户操作错误的能力。

软件系统必须具有处理用户操作错误的能力。当用户输入数据发生错误时，不应该引起程序运行中断或造成“死机”，应该给出恰当的提示信息，并准备再次接收用户的输入。

（2）检查参数的合法性。

用户在使用公有方法时可能违反参数的约束条件，所以要着重检查其参数的合法性。

（3）不要预先确定限制条件。

在设计阶段，往往很难准确地预测出应用系统中使用的数据结构的最大容量需求。因此不应该预先设定限制条件。如果有必要和可能，则应该使用动态内存分配机制，创建未预先设定限制条件的数据结构。

（4）先测试后优化。

为了在效率与稳健性之间做出合理的折中，应该先测试，合理地确定为提高性能应该着重优化的关键部分。如果实现某个操作的算法有许多种，则应该综合考虑内存需求、速度及实现的简易程度等因素，合理折中后选定适当的算法。

10.3 测试策略

10.3.1 面向对象测试模型

面向对象的开发模型突破了传统的瀑布模型，将开发分为面向对象分析（OOA）、面向对象设计（OOD）和面向对象编程（OOP）三个阶段。针对这种开发模型，结合传统的测试步骤的划分，把面向对象的软件测试分为：面向对象分析的测试、面向对象设计的测试、面向对象编程的测试、面向对象的单元测试、面向对象的集成测试、面向对象的系统测试。

10.3.2 面向对象分析的测试

传统的面向结构的分析是一个功能分解的过程，是把一个系统看成可以分解的功能的集合。这种传统的功能分解分析法的着眼点在于一个系统需要什么样的信息处理方法和过程，以过程的抽象来对待系统的需要。而面向对象分析（OOA）是“把 E-R 图和语义网络模型，即信息造型中的概念，与面向对象程序设计语言中的重要概念结合在一起而形成的分析方法”，最后通常是得到问题空间的图表的形式描述 OOA。直接映射问题空间，全面地将问题空间中实现功能的现实抽象化。将问题空间中的实例抽象为对象，用对象的结构反映问题空间的复杂实例和复杂关系，用属性和操作表示实例的特性和行为。对一个系统而言，与传统分析方法产生的结果相反，行为是相对稳定的，结构是相对不稳定的，这更充分反映了现实的特性。OOA 的结果是为后面阶段类的选定和实现，类层次结构的组织和实现提供平台。因此，对 OOA 的测试，应从以下方面考虑。

（1）对认定的对象的测试。

（2）对认定的结构的测试。

（3）对认定的主题的测试。

（4）对定义的属性和实例关联的测试。

（5）对定义的服务和消息关联的测试。

10.3.3 面向对象设计的测试

面向对象设计（OOD）采用“造型的观点”，以 OOA 为基础归纳出类，并建立类结构或进一步构造成类库，实现分析结果对问题空间的抽象。由此可见，OOD 不是在 OOA 上的另一思维方式的大动干戈，而是对 OOA 的进一步细化和更高层的抽象。所以，OOD 与 OOA 的界限通常是难以严格区分的。OOD 确定类和类结构不仅是满足当前需求分析的要求，更重要的是通过重新组合或加以适当的补充，能方便实现功能的重用和扩增，以不断适应用户的要求。因此，对 OOD 的测试，应从如下三方面考虑：对认定的类的测试；对构造的类层次结构的测试；对类库的支持的测试。

10.3.4 面向对象编程的测试

典型的面向对象程序具有继承、封装和多态的新特性，这使得传统的测试策略必须有所改变。封装是对数据的隐藏，外界只能通过被提供的操作来访问或修改数据，这样降低了数据被任意修改和读写的可能性，降低了传统程序中对数据非法操作的测试。继承是面向对象程序的重要特点，继承使得代码的重用率提高，同时也使错误传播的概率提高。多态使得面向对象程序对外呈现出强大的处理能力，但同时却使得程序内“同一”函数的行为复杂化，测试时不得不考虑不同类型具体执行的代码和产生的行为。

面向对象程序是把功能的实现分布在类中。能正确实现功能的类，通过消息传递来协同实现设计要求的功能。因此，在面向对象编程（OOP）阶段，忽略类功能实现的细则，将测试的目光集中在类功能的实现和相应的面向对象程序风格，主要体现为以下两个方面。

① 数据成员是否满足数据封装的要求。

② 类是否实现了要求的功能。

10.3.5 面向对象的单元测试

传统的单元测试的对象是软件设计的最小单位——模块。单元测试的依据是详细设计的描述，单元测试应对模块内所有重要的控制路径设计测试用例，以便发现模块内部的错误。单元测试多采用白盒测试技术，系统内多个模块可以并行地进行测试。

当考虑面向对象软件时，单元的概念发生了变化。封装驱动了类和对象的定义，这意味着每个类和类的实例（对象）包装了属性（数据）和操纵这些数据的操作。而不是个体的模块。最小的可测试单位是封装的类或对象，类包含一组不同的操作，并且某特殊操作可能作为一组不同类的一部分存在，因此，单元测试的意义发生了较大变化。不再孤立地测试单个操作，而是将操作作为类的一部分来测试。

10.3.6 面向对象的集成测试

传统的集成测试是通过自底向上或自顶向下集成完成功能模块的集成测试，一般可以在部分程序编译完成以后进行。但对于面向对象程序，相互调用的功能是分布在程序的不同类中，类通过消息相互作用申请并提供服务。类相互依赖极其紧密，根本无法在编译不完全的程序上对类进行测试。所以，面向对象的集成测试通常需要在整个程序完成编译以后进行。此外，面向对象的集成测试需要进行两级集成：一是将成员函数集成到完整类中；二是将类与其他类集成。

面向对象的集成测试能够检测出单元测试无法检测出的那些类相互作用时才会产生的故障。单元测试可以保证成员函数行为的正确性，集成测试则只关注系统的结构和内部的相互作用。

面向对象的集成测试可以分为静态测试和动态测试两步进行。静态测试主要针对程序结构进行，检测程序结构是否符合要求，通过静态测试方式处理由动态绑定引入的复杂性。动态测试则测试与每个动态语境有关的消息。面向对象集成测试的动态视图更加重要。

10.3.7 面向对象的系统测试

通过单元测试和集成测试，仅能保证软件开发的功能得以实现，但不能确认在实际运行时，它是否满足用户的需要。为此，对完成开发的软件必须经过规范的系统测试。系统测试应该尽量搭建与用户实际使用环境相同的测试平台，应该保证被测系统的完整性。对临时没有的系统设备部件，也应有相应的模拟手段。系统测试时，应该参考 OOA 分析的结果，对应描述的对象、属性和各种服务，检测软件是否能够完全“再现”问题空间。系统测试不仅是检测软件的整体行为表现，从另一个侧面看，也是对软件开发设计的再确认。

面向对象测试的整体目标，以最小的工作量发现最多的错误，和传统软件测试的目标是一致的，但是 OO 测试的策略和战术有很大不同。测试的视角扩大到包括复审分析和设计模型，此外，测试的焦点从过程构件（模块）移向了类。

不论是传统的测试方法还是面向对象的测试方法，都应该遵循下列的原则。

① 应当尽早和不断地测试。

② 程序员应避免检查自己的程序，测试工作应该由独立的专业的软件测试机构来完成。

③ 设计测试用例时，应该考虑到合法的输入和不合法的输入，以及各种边界条件，特殊情况下要制造极端状态和意外状态，比如网络异常中断、电源断电等情况。

④ 注意测试中的错误集中现象，这和程序员的编程水平以及习惯有很大的关系。

⑤ 对测试错误结果一定要有一个确认的过程。一般由 A 测试出来的错误，一定要由一个 B 来确认，严重的错误可以召开评审会进行讨论和分析。

⑥ 制订严格的测试计划，并把测试时间安排得尽量宽松，不要希望在极短的时间内完成一个高水平的测试。

⑦ 回归测试的关联性一定要引起充分的注意。修改一个错误而引起更多错误出现的现象并不少见。

⑧ 妥善保存一切测试过程中的文档，测试的重现性要以测试文档为依据。

10.4　设计测试用例

目前，面向对象软件测试用例的设计方法还处于研究和发展阶段。与传统的软件测试不同的是，面向对象测试更关注于设计适当的操作序列以检查类的状态。

设计测试用例有以下 3 个要点。

① 应该唯一标识每一个测试案例，并且与被测试的类明显地建立关联。

② 陈述测试对象的一组特定状态。

③ 对每一个测试建立一组测试步骤，要思考或确定的问题包括：对被测试对象的一组特定状态、一组消息和操作。考虑当对象测试时可能产生的一组异常、一组外部条件、辅助理解和实现测试的补充信息。

类的封装性和继承性给面向对象软件的开发带来了很多好处，但却给测试带来了负面影响。一方面，面向对象测试用例设计的目标是类，类的属性和操作是封装的，而测试需要了解对象的详细状态；同时测试还要检测数据成员是否满足数据封装的要求，基本原则是数据成员是否被外界直接调用，即被数据成员所属的类或子类以外的类调用。另一方面，继承也给测试用例的设计带来了不少麻烦。继承并没有减少对子类的测试，相反使测试过程更加复杂。如果子类和父类的环境不同，则父类的测试用例对于子类没用，需要为子类设计新的测试用例。

10.4.1　设计类测试用例

对于面向对象软件，小型测试着重测试单个类和类的封装，即类级别的测试，测试方法有随机测试、划分测试和基于故障的测试等。

（1）类级随机测试

随机测试是针对软件在使用过程中随机产生的一系列不同的操作序列设计的测试案例，可以测试不同的类实例生存历史。

为了简要地说明这些方法，下面是银行应用系统的例子。在这个应用中，类 account（账户）有以下操作：open（打开）、setup（建立）、deposit（存款）、withdraw（取款）、balance（余额）、summarize（清单）、creditLimit（透支限额）和 close（关闭）。这些操作的每一个都能应用于类 account 的实例，但是，由于这个问题的本质提出了某些约束条件。例如，在其他操作执行之前，必须首先执行 open 操作，并且在所有其他操作执行完，最后必须执行 close 操作。即使对于这些约束，还存在这些操作的许多不同的排列。一个 account 类实例的最小行为历史包括下列操作：open · setup · deposit· withdraw · close。这就

是对 account 类的最小测试序列。但是，在下面的序列中可能发生许多其他行为：open · setup · deposit· [deposit |withdraw |balance |summarize |creditLimit] · withdraw · close。从上述序列可以随机地产生一系列不同的操作序列，例如：

测试用例#r1：open · setup · deposit · deposit · balance · summarize · withdraw · close。

测试用例#r2：open · setup · deposit · withdraw · deposit · balance · creditLimit · withdraw · close。

执行上述这些及另外一些随机产生的测试用例，可以测试类实例的不同生存历史。

（2）类级划分测试

划分测试方法与传统软件测试采用的等价划分方法类似，减少了测试类所需要的测试用例的数量。首先，把输入和输出分类，然后为测试划分出来的每个类别设计测试用例。

下面分别介绍划分类别的方法。

基于状态的划分方法是根据操作改变类状态的能力对操作进行范畴划分。仍以 account 类为例，首先将状态操作和非状态操作分开，状态操作包括 deposit 和 withdraw，而非状态操作有 balance、summarize 和 creditLimit，然后分别为它们设计测试用例。

测试用例#p1 ：open · setup · deposit · deposit · withdraw · withdraw · close。

测试用例#p2：open · setup · deposit · summarize · creditLimit · withdraw · close。

测试用例#p1 改变状态，而测试用例#p2 测试不改变状态的操作（在最小测试序列中的操作除外）。

基于属性的划分根据操作使用的属性将操作划分成范畴。对于 account 类，以属性 balance 为例。首先根据这个属性将操作划分为 3 个类别：使用 balance 的操作；修改 balance 的操作；不使用或修改 balance 的操作，然后为每个范畴设计测试序列。当然对于 account 类也可以使用其他属性进行划分。

基于功能的划分是根据类操作所执行的一般功能将操作进行划分的。首先将 account 类中的操作划分为初始化操作（open、setup）、计算操作（deposit、withdraw）、查询操作（balance、summarize、creditLimit）和关闭操作（close），然后分别为每个类别设计测试用例。

（3）类级基于故障的测试

基于故障的测试与传统的错误测试推测法类似。首先，推测软件中可能有的错误，然后，设计出最可能发现这些错误的测试案例。为了推测出软件中可能存在的错误，应该仔细研究分析模型和设计模型，很大程度上要依靠测试人员的经验。

10.4.2 测试类间测试用例

从面向对象的集成测试开始，设计测试用例就要考虑类间的协作，通常可以从 OOA 的类—关系模型和类—行为模型中导出类间测试用例。

类间测试方法有随机测试方法、划分测试方法、基于场景的测试和行为测试。

随机测试方法和划分测试方法与类级随机测试、类级划分测试类似，下面主要看一下基于场景的测试和行为测试。

（1）基于场景的测试

基于场景的测试关注的是用户做什么，这正是基于故障测试所忽略的，即不正确的归约和子系统间的交互。当与不正确的归约关联发生错误时，软件就可能不做用户所希望的事情，这样软件质量会受影响；当一个子系统的行为所建立的环境使得另一个子系统失败时，子系统间的交互错误就会发生。

（2）行为测试

行为测试即从动态模型导出测试用例。用状态转换图作为表示类的动态行为模型，类的状态图可以导出测试该类的动态行为的测试用例。

设计的测试用例，一方面应该覆盖所有状态，另一方面应该导出足够的测试用例，以保证该类的所有行为都被适当地测试过。

10.5　典型例题详解

例题 1（2013 年 5 月软件设计师试题） 在设计测试用例时，应遵循_____原则。

A. 仅确定测试用例的输入数据，无须考虑输出结果

B. 只需检验程序是否执行应有的功能，不需要考虑程序是否做了多余的功能

C. 不仅要设计有效合理的输入，也要包含不合理、失效的输入

D. 测试用例应设计得尽可能复杂

分析： 测试用例要包括待测试的功能、应输入的数据和预期的输出结果。测试数据应该选用少量、高效的测试数据进行尽可能完备的测试。基本目标是：设计一组发现某个错误或某类错误的测试数据。测试用例应覆盖有效合理的输入，也要包括不合理、失效的输入。

参考答案：C

例题 2（2014 年 11 月软件设计师试题） 在软件开发过程中，系统测试阶段的测试目标来自于_____阶段。

A. 需求分析　　B. 概要设计　　C. 详细设计　　D. 软件实现

分析： 系统测试是针对整个产品系统进行的测试，目的是验证系统是否满足了需求规格的定义，找出与需求规格不符或与之矛盾的地方，从而提出更加完善的方案。

参考答案：A

例题 3（2013 年 5 月软件设计师试题） 某项目为了修正一个错误而进行了修改。错误修正后，还需要进行_____以发现这一修正是否引起原本正确运行的代码出错。

A. 单元测试　　B. 接受测试　　C. 安装测试　　D. 回归测试

分析： 回归测试是为了验证修改的正确性及其影响而进行的，是软件维护中常用的方法，以确定测试是否达到了预期目的，检查修改是否损害了原有的正常功能。回归测试作为软件生存周期的一个组成部分，在整个软件测试过程中占有很大的比重，软件开发的各个阶段都会进行多次回归测试。

参考答案：D

10.6　实验——音乐点播管理系统面向对象实现

1. 实验目的

掌握面向对象系统实现的方法，学习 Rose 插件的安装与使用，并掌握 Rose 生成代码的方法。

2. 实验内容

实现是将系统的设计模型转换为可以交付测试的系统的一个设计过程，其重点是实现本系统软件的设计。音乐点播管理系统软件由源程序代码、二进制可执行代码和相关数据结构组成，这些内容以组件图来描述。音乐信息管理的程序组件图、音乐点播管理系统的网络结构、各组件存放位置用部署图来描述。Rose 提供了在 UML 模型与代码之间的相互转换的能力，被称为双向工程。

① Rose 插件的安装。

② 模型检查。

③ 创建组件以及将类映射到组件。

④ 设置代码生成属性。

⑤ 选择类、组件和包。

⑥ 生成代码。

⑦ 逆向工程。

3. 实验思考

① 列举 Rose 中设置模型元素的代码生成属性的不同方法。

② 模型检查有哪些内容？如何进行模型检查？

小　结

本章介绍了面向对象设计语言的优点、技术特点，以及其选择原则。程序设计风格应尽可能提高可重用性、可扩充性及其稳健性，对面向对象实现有一定的重要性。测试策略讲述了面向对象分析的测试、面向对象设计的测试、面向对象编程的测试、面向对象的单元测试、面向对象的集成测试、面向对象的系统测试。而面向对象软件测试用例的设计方法还处于研究和发展阶段。与传统的软件测试不同的是，面向对象测试更关注于设计适当的操作序列以检查类的状态。

习题 10

一、选择题

1. 下面的叙述正确的是【　　】。

① 在软件开发过程中，编程作业的代价最高

② 良好的程序设计风格应以缩小程序占用的存储空间和提高程序的运行速度为原则

③ 为了提高程序的运行速度，有时采用以存储空间换取运行速度的办法

④ 对同一算法，用高级语言编写的程序比用低级语言编写的程序运行速度快

⑤ Cobol 语言是一种非过程型语言

⑥ LISP 语言是一种逻辑型程序设计语言

A. ②②④　　B. ①③⑤　　C. ③　　D. ④⑥

2. 下列选项中与选择程序设计语言无关的因素是【　　】。

A. 程序设计风格　　B. 软件执行的环境

C. 软件开发的方法　　D. 项目的应用领域

3. 一个程序如果把它作为一个整体，它也是只有一个入口、一个出口的单个顺序结构，这是一种【　　】。

A. 结构程序　　B. 组合的过程　　C. 自顶向下设计　　D. 分解过程

4. 程序控制一般分为三种基本结构即分支、循环和【　　】。

A. 分块　　B. 分支　　C. 循环　　D. 顺序

5. 为了提高易读性，源程序内部应加功能性注释，用于说明【　　】。

A. 程序段或语句的功能　　B. 模块总的功能

C. 模块参数的用途　　D. 数据的用途

6. 序言性注释主要内容不包括【　　】。

A. 模块的接口　　B. 数据的状态

C. 模块的功能　　D. 数据的描述

7. 适合在互联网上编写程序，并且可供在不同平台上运行的面向对象的程序设计语言是【　　】。

A. Algol　　B. Java　　C. Smalltalk　　D. Lisp

8. 面向对象程序设计语言不同于其他语言的最主要的特点是【　　】。

A. 继承性　　B. 分类性　　C. 对象唯一性　　D. 多态性

9. 提高程序效率的根本途径并非在于【　　】。

A. 选择良好的设计方法　　B. 选择良好的数据结构

C. 选择良好的算法　　D. 对程序语句做调整

10. 20 世纪 60 年代后期，由 Dijkstra 提出的，用来提高程序设计的效率和质量的方法是【　　】。

A. 模块化程序设计　　B. 并行化程序设计

C. 标准化程序设计　　D. 结构化程序设计

11. 软件的集成测试工作最好由【　　】承担，以提高集成测试的效果。

A. 该软件的设计人员　　B. 该软件开发组的负责人

C. 该软件的编程人员　　D. 不属于该软件开发组的软件设计人员

12. 集成测试的主要方法有两个，一个是_____，一个是_____【　　】。

A. 白盒测试方法、黑盒测试方法

B. 渐增式测试方法、非渐增式测试方法

C. 等价分类方法、边缘值分析方法

D. 因果图方法、错误推测方法

13. 面向对象的测试可分为四个层次，按由低到高的顺序，这四层是【　　】。

A. 类层—模板层—系统层—算法层

B. 算法层—类层—模板层—系统层

C. 算法层—模板层—类层—系统层

D. 类层—系统层—模板层—模板层

二、简答题

1. 面向对象程序设计的优点及技术特点是什么？
2. 良好的面向对象程序设计风格的标准有哪些？
3. 面向对象程序设计的策略有哪些？
4. 设计测试用例的要点有哪些？
5. 测试面向对象软件时，单元测试、集成测试和确认测试各有哪些特点？
6. 测试面向对象软件时，主要有哪些设计单元测试用例的方法？
7. 测试面向对象软件时，主要有哪些设计集成测试用例的方法？

第三篇

软件工程管理及开发实例

第 11 章 软件工程标准化和软件文档

本章要点

- 软件工程标准化的概念
- 软件工程标准化的意义
- 软件工程标准化的制定和推行
- 软件工程标准的层次和体系构架
- ISO 9000 国际标准简介
- 软件文档

11.1 软件工程标准化

11.1.1 软件工程标准化的概念

随着软件工程学科的发展，人们对计算机软件的认识逐渐深入。软件工作的范围从使用程序设计语言编写程序，扩展到整个软件生存周期。诸如，软件概念的形成、需求分析、设计、实现、测试、调试、安装和检验、运行和维护直到软件引退（被新的软件所代替）。同时还有许多技术管理工作（如过程管理、产品管理、资源管理等）以及确认与验证工作（如评审与审计、产品分析、测试等），常常是跨越软件生存期各个阶段的专门工作。所有这些方面都应逐步建立起标准或规范。

标准：对重复性的事物和概念所做的统一规定。以科学、技术和实践经验的综合成果为基础，经有关方面协商一致，由一个公认机构批准，以特定形式发布，作为准则和依据。

标准化：是指在经济、技术、科学及管理等社会实践中，对重复性事物的概念通过制定、发布和实施标准达到统一，以获得最佳秩序和社会效益的活动。它是一门综合性学科，具有综合性、政策性和统一性的特点。

11.1.2 软件工程标准化的类型及意义

开发一个软件项目，有多个层次、不同分工的人员相互配合，在开发项目的各个部分以及各开发阶段之间也都存在着许多联系和衔接问题。如何把这些错综复杂的关系协调好，需要有一系列统一的约束和规定。在软件开发项目取得阶段成果或最后完成时，需要进行阶段评审和验收测试。投入运行的软件，其维护工作中遇到的问题又与开发工作有着密切的关系。软件的管理工作则渗透到软件生存周期的每一个环节。所有这些都要求提供统一的行动规范和衡量准则，使得各种工作都能有章可循。

软件工程标准的类型也是多方面的，它可能包括过程标准（如方法、技术、度量等）、产品标准（如需求、设计、部件、描述、计划、报告等）、专业标准（如职别、道德准则、认证、特许、课程等）以及记法标准（如术语、表示法、语言等）。如表 11-1 和表 11-2 所示。

表 11-1　　软件工程标准分类 1

			软件生存周期								
			概念	需求	设计	实现	测试	制造	安装与检验	运行与维护	引退
标准类型	过程	方法									
		技术									
		度量									
	产品	需求									
		设计									
		部件									
		描述									
		计划									
		报告									
	专业	职别									
		道德准则									
		认证									
		特许									
		课程									
	记法	术语									
		表示法									
		语言			ISO 5807						

表 11-2　　软件工程标准分类 2

			技术管理			确认与验证		
			过程管理	产品管理	资源管理	评审与审计	产品分析	测试
标准类型	过程	方法				NSAC-39	NSAC-39	NSAC-39
		技术	FIPS 105					
		度量						
	产品	需求						
		设计						
		部件						
		描述						
		计划						
		报告						

续表

			技术管理			确认与验证		
			过程管理	产品管理	资源管理	评审与审计	产品分析	测试
标准类型	专业	职别						
		道德准则						
		认证						
		特许						
		课程						
	记法	术语						
		表示法						
		语言						

软件工程的标准化会给软件工作带来许多好处，如下所示。

① 提高软件可靠性、可维护性和可移植性（这表明标准化可提高软件产品的质量）。

② 提高软件的生产率，提高软件人员的技术水平。

③ 提高软件人员之间的通信效率，减少差错和误解。

- 有利于软件管理。
- 有利于降低软件产品的成本和运行维护成本，缩短软件开发周期。

11.2　软件工程标准的制定与推行

软件工程标准的制定与推行通常要经历一个环状的生命期（见图 11-1）。最初，制定一项标准仅仅是初步设想，经发起后沿着环状生存周期，顺时针进行要经历以下的步骤。

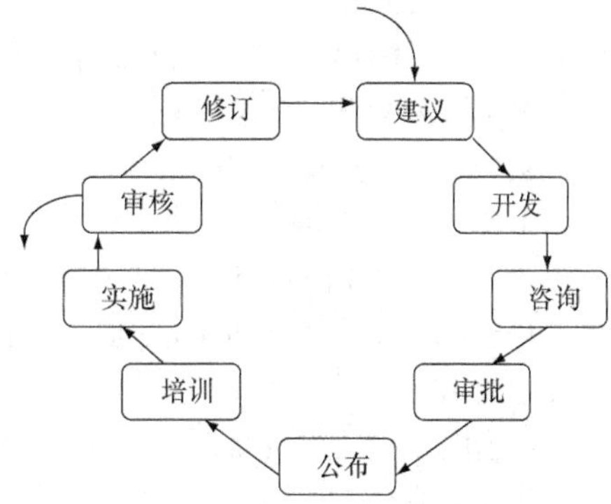

图 11-1　软件工程标准的环状生存周期

① 建议：拟订初步的建议方案。

② 开发：制定标准的具体内容。

③ 咨询：征求并吸收有关人员意见。

④ 审批：由管理部门决定能否推出。

⑤ 公布：公开发布，使标准生效。

⑥ 培训：为推行准备人员条件。

⑦ 实施：投入使用，需经历一定的期限。

⑧ 审核：检验实施效果，决定修订还是撤销。

⑨ 修订：修改其中不适当的部分，形成标准的新版本，进入新的周期。

为使标准逐步成熟，可能在环状生存周上循环若干圈，需要做大量的工作。事实上，软件工程标准在制定和推行过程中还会遇到许多实际问题。其中影响软件工程标准顺利实施的一些不利因素应当特别引起重视。这些因素可能有以下 5 种。

① 标准本身制定得有缺陷，或是存在不够合理、不够准确的部分。

② 标准文本编写有缺点，如文字叙述可读性差、理解性差，或是缺少实例供读者参阅。

③ 主管部门未能坚持大力推行，在实施的过程中遇到问题未能及时加以解决。

④ 未能及时做好宣传、培训和实施指导。

⑤ 未能及时修订和更新。

由于标准化的方向是无可置疑的，应该努力克服困难，排除各种障碍，坚定不移地推动软件工程标准化更快地发展。

11.3 软件工程标准的层次和体系框架

11.3.1 软件工程标准的层次

根据软件工程标准制定的机构和标准适用的范围有所不同，它可分为五个级别，即国际标准、国家标准、行业标准、企业（机构）标准及项目（课题）标准。以下分别对五级标准的标识符及标准制定（或批准）的机构做一些简要说明。

ISO 建立组织者，1946 年，伦敦

1. 国际标准

由国际联合机构制定和公布，提供各国参考的标准。国际标准化组织（International Standards Organization，ISO）。这一国际机构有着广泛的代表性和权威性，它所公布的标准也有较大影响。20 世纪 60 年代初，该机构建立了“计算机与信息处理技术委员会”，专门负责与计算机有关的标准化工作。

2. 国家标准

由政府或国家级的机构制定或批准，适用于全国范围的标准，如：

中华人民共和国国家质量监督检验检疫总局是我国的最高标准化机构，它所公布实施的标准简称为“国标（GB）”。现已批准了若干个软件工程标准。

美国国家标准协会（AmericanNationalStandards Institute，ANSI）。这是美国一些民间标准化组织的领导机构，具有一定权威性。

美国商务部国家标准局联邦信息处理标准[Federal Information Processing Standards（Nation—Bureau of Standards），FIPS（NBS）]。它所公布的标准均有 FIPS 字样，如，1987 年发表的 FIPS PUB 132—87 Guideline for validation and verification plan of computer software 软件确认与验证计划指南。

英国国家标准（British Standard，BS）。

日本工业标准（Japanese Industrial Standard，JIS）。

3. 行业标准

IEEE 纽约总部

由行业机构、学术团体或国防机构制定，并适用于某个业务领域的标准，如：美国电气和电子工程师学会（Institute Of Electrical and Electronics Engineers，IEEE）。近年该学会专门成立了软件标准分技术委员会（SESS），积极开展了软件标准化活动，取得了显著成果，受到了软件界的关注。IEEE 通过的标准常常要报请 ANSI 审批，使其具有国家标准的性质。因此，IEEE 公布的标准常冠有 ANSI 字头。例如，ANSI/IEEE Str 828—1983 软件配置管理计划标准。

GJB 是中华人民共和国国家军用标准。这是由我国国防科学技术工业委员会批准，适合于国防部门和军队使用的标准。如：1988 年发布实施的 GJB473—88 军用软件开发规范。

美国国防部标准（Department of Defense-Standards，DOD-STD），适用于美国国防部门。

美国军用标准（Military-Standards，MIL-S），适用于美军内部。

此外，近年来我国许多经济部门（例如航天航空部、原国家机械工业委员会、对外经济贸易部、石油化学工业总公司等）开展了软件标准化工作，制定和公布了一些适应于本部门工作需要的规范。这些规范大都参考了国际标准或国家标准，对各自行业所属企业的软件工程工作起了有力的推动作用。

4. 企业标准

一些大型企业或公司，由于软件工程工作的需要，制定适用于本部门的规范。例如，美国 IBM 公司通用产品部（GeneralProducts Division）1984 年制定的“程序设计开发指南”，仅供公司内部使用。

5. 项目规范

项目规范由某一科研生产项目组织制定，且为该项任务专用的软件工程规范。例如，计算机集成制造系统（Computer Integrated Manufacturing Systems，CIMS）的软件工程规范。

11.3.2　中国的软件工程标准化工作

中国制定和推行标准化工作的总原则是向国际标准靠近，对于能够在中国适用的标准一律按等同采用的方法，以促进国际交流。

至今，中国已陆续制定和发布了 20 项国家标准。这些标准可分为 4 类。

1. 基础标准

GB/T 11457—2006　信息技术软件工程术语。

GB/T 1526—1989（ISO 5807：1985）信息处理　数据流程图、程序流程图、系统流程图、程序网络图和系统资源图的文件编制符号及约定。

GB 13502—1992（ISO 8631：1986）信息处理　程序构造及其表示法的约定。

GB/T 15535—1995（ISO 5806：1984）信息处理　单命中判定表规范。

GB/T 14085—1993（ISO 8790：1987）信息处理系统　计算机系统配置图符号及约定。

2. 开发标准

GB/T 8566—1988 信息技术　软件生存周期过程。

GB/T 15532—2008 计算机软件测试规范。

3. 文档标准

GB/T 8567—2006 计算机软件文档编制规范。

GB/T 9385—2008 计算机软件需求规格说明规范。

GB/T 9386—2008 计算机软件测试文档编制规范。

GB/T 16680—2015 系统与软件工程　用户文档的管理者要求。

4. 管理标准

GB/T 16260.1—2006 软件工程　产品质量　第 1 部分：质量模型。

GB/T 16260.2—2006 软件工程　产品质量　第 2 部分：外部度量。

GB/T 16260.3—2006 软件工程　产品质量　第 3 部分：内部度量。

GB/T 16260.4—2006 软件工程　产品质量　第 4 部分：使用质量的度量。

GB/T 14394—2008 计算机软件可靠性和可维护性管理。

GB/T 19000.3—2008 软件工程

GB/T 19001—2000 应用于计算机软件的指南。

除去国家标准以外，近年来中国还制定了一些国家军用标准。根据国务院、中央军委在 1984 年 1 月颁发的军用标准化管理办法的规定，国家军用标准是指对国防科学技术和军事技术装备发展有重大意义而必须在国防科研、生产、使用范围内统一的标准。凡已有的国家标准能满足国防系统和部队使用要求的，不再制定军用标准。出于他们的特殊需要，近年来已制定了以“GJB”为标记的软件工程国家军用标准 12 项。

11.4 ISO 9000 国际标准简介

国际标准化组织（International Organization for Standardization， ISO），是一个全球性的非政府组织，是国际标准化领域中一个十分重要的组织。ISO 的任务是促进全球范围内的标准化及其有关活动，以利于国际间产品与服务的交流，以及在知识、科学、技术和经济活动中发展国际间的相互合作。它显示了强大的生命力，吸引了越来越多的国家参与其活动。

1. ISO 9000 标准产生的背景

近年来，国际上影响最为深远的质量管理标准当属国际标准化组织于 1987 年公布的 ISO 9000 系列标准了。这一国际标准发源于欧洲经济共同体，但很快就波及美国、日本及其他世界各国。到目前为止，已有 70 多个国家在它们的企业中采用和实施这一系列标准，一套国际标准在如此短的时间内被这么多的国家采用，影响如此广泛，实属罕见。中国对此也十分重视，采取了积极态度，一方面确定对其等同采用，发布了与其相应的质量管理国家标准系列 GB/T 19000，同时积极组织实施和开展质量认证工作。

ISO 9000 系列标准迅速地在国际上广为流行，其原因主要有以下两点。

① 市场经济，特别是国际贸易的驱动。无论任何产业，其产品的质量如何都是生产者、消费者以及中间商十分关注的问题。市场的竞争很大程度上反映了在质量方面的竞争。ISO 9000 系列标准客观地对生产者（也称供方）提出了全面的质量管理要求和办法，并且还规定了消费者（也称需方）的管理职责，使其得到双方的普遍认同，从而将符合 ISO 9000 标准的要求作为国际贸易活动中建立互相信任关系的基石。于是近年来在各国企业中形成了不通过这一标准认证就不具备参与国际市场竞争实力的潮流，并且在国际贸易中，把生产者是否达到 ISO 9000 质量标准作为购买产品的前提条件，取得 ISO 9000 质量标准认证被人们当作进入国际市场的通行证。

② ISO 9000 系列标准适用领域广阔。它的出现最初针对制造行业，但现已面向更为广阔的领域。硬件：指不连续的具有特定形状的产品，如机械、电子产品。软件：通过支持媒体表达的信息所构成的智力产品。流程性材料：将原料转化为某一特定状态的产品，例如，流体、粒状、线状等，通过瓶装、袋装等或通过管道传输交付。服务：为满足客户需求的更为广泛的活动。

2. ISO 的由来

国际标准化活动最早开始于电子领域，于 1906 年成立了世界上最早的国际标准化机构——国际电工委员会（International Electro technical Commission，IEC）。其他技术领域的工作原先由成立于 1926 年的国家标准化协会的国际联盟（International Federation of the National Standardizing Associations，ISA）承担，重点在于机械工程方面。ISA 的工作在 1942 年终止。1946 年，来自 25 个国家的代表在伦敦召开会议，决定成立一个新的国际组织，其目的是促进国际间的合作和行业标准的统一。于是，ISO 这一新组织于 1947 年 2 月 23 日正式成立，总部设在瑞士的日内瓦。ISO 于 1951 年发布了第一个标准工业长度测量用标准参考温度。

“ISO”并不是国际标准化组织（International Organization for Standardization）首字母缩写，而是一个词，它来源于希腊语，意为“相等”，现在有一系列用它做前缀的词，诸如“isometric”（意为“尺寸相等”）“isonomy”（意为“法律平等”）。从“相等”到“标准”，内涵上的联系使“ISO”成为组织的名称。

3. ISO 的组织结构

ISO 的组织机构包括全体大会、主要官员、成员团体、通信成员、捐助成员、政策发展委员会、理事会、ISO 中央秘书处、特别咨询组、技术管理处、标样委员会、技术咨询组、技术委员会等。

近几年，全国各地正在大力推行 ISO 9000 族标准，开展以 ISO 9000 族标准为基础的质量体系咨询和认证。国务院《质量振兴纲要》的颁布，更引起广大企业和质量工作者对 ISO 9000 族标准的关心和重视。

根据 ISO 9000—1 给出的定义，ISO9000 族是指“由 ISO／TC176 技术委员会制定的所有国际标准”。准确的说法应该是由 ISO／TC176 技术委员会制定并已由 ISO（国标准化组织）正式颁布的国际标准有 19 项，ISO／TC176 技术委员会正定还未经 ISO 颁布的国际标准有 7 项。对 ISO 已正式颁布的 ISO 9000 族的 19 项国际标准，我国已全部将其等同转化为我国国家标准。其他还处在标准草案阶段的 7 项国际标准，我国也正在跟踪研究，一旦正式颁布，我国将及时将其等同转化为国家标准。

4. ISO 9000 标准简介

ISO 9000 系列标准的主体部分可以分为如下两组。

① “需方对供方要求质量保证”的标准——9001～9003。

② 用于“供方建立质量保证体系”的标准——9004。

9001、9002 和 9003 之间的区别在于其对象的工序范围不同：9001 范围最广，包括从设计直到售后服务，9002 为 9001 的子集，而 9003 又是 9002 的子集。

ISO 9000 系列标准的内容。

ISO 9000　质量管理和质量保证标准：选择和使用规则。

ISO 9001　质量体系：设计／开发、生产、安装和服务中的质量保证模式。

ISO 9002　质量体系：生产和安装中的质量保证模式。

ISO 9003　质量体系：最终检验和测试中的质量保证模式。

ISO 9004　质量管理和质量体系要素：规则。

ISO 9000—3 标准。

ISO 9000 系列标准原本是为制造硬件产品而制定的标准，不能直接用于软件制作。曾试图将 9001 改写用于软件开发方面，但效果不佳。于是以 ISO 9000 系列标准的追加形式，另行制定出 ISO 9000—3 标准。ISO 9000—3 成为“使 9001 适用于软件开发、供应及维护”的“指南”。图 11-2 所示为 ISO 9000 质量保证标准。

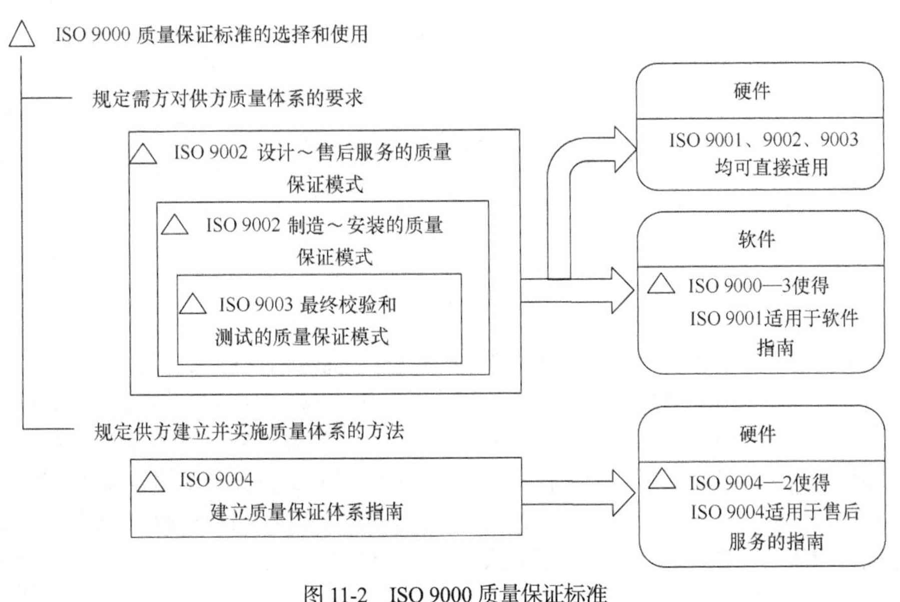

图 11-2　ISO 9000 质量保证标准

ISO 9000 标准要求证实“企业具有持续提供符合要求产品的能力”。质量认证是取得这一证实的有效方法。产品质量若能达到标准提出的要求，由不依赖于供方和需方的第三方权威机构对生产厂家审查证实后出具合格证明。如果认证工作是公正的、可靠的，其公证的结果应当是可以信赖的。为了达到质量标准，取得质量认证，必须多方面开展质量管理活动。其中，负责人的重视以及全体人员的积极参与是取得成功的关键。

11.5　软件文档

11.5.1　软件文档的作用和分类

软件文档（Document）也称文件，通常指的是一些记录的数据和数据媒体，它具有固定不变的形式，可被人和计算机阅读。它和计算机程序共同构成了能完成特定功能的计算机软件（有人把源程序也当作文档的一部分）。文档在软件开发人员、软件管理人员、维护人员、用户以及计算机之间的多种桥梁作用可从图 11-3 中看出。

众所周知，硬件产品和产品资料在整个生产过程中都是有形可见的，软件生产则有很大不同，文档本身就是软件产品。没有文档的软件，不称其为软件，更谈不上软件产品。软件文档的编制（Documentation）在软件开发工作中占有突出的地位和相当的工作量。高效率、高质量地开发、分发、管理和维护文档对于转让、变更、修正、扩充和使用文档，对于充分发挥软件产品的效益有着重要意义。

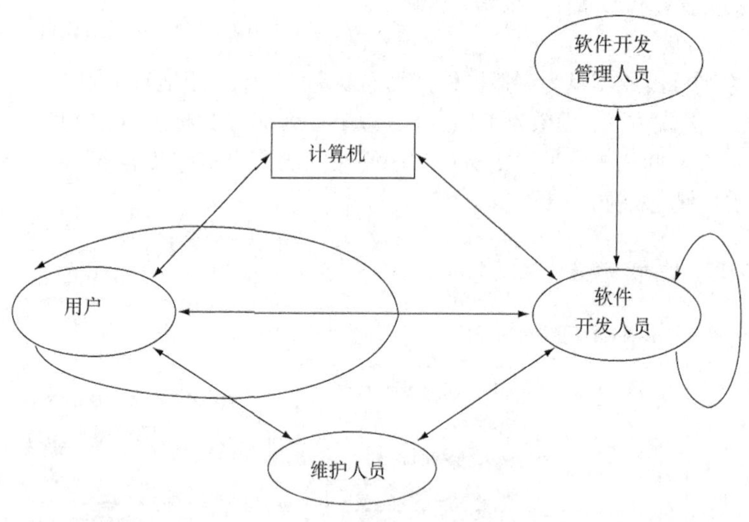

图 11-3　文档桥梁作用

在软件开发的各个阶段中，不同人员对文件的关心不同。表 11-3 表示了各类人员与软件文件的关系。软件开发人员在各个阶段中以文档作为前阶段工作成果的体现和后阶段工作的依据，这个作用是显而易见的。软件开发过程中软件开发人员需制订相关工作计划或工作报告，这些计划和报告都要提供给管理人员，并得到必要的支持。管理人员则可通过这些文档了解软件开发项目安排、进度、资源使用和成果等。软件开发人员需为用户了解软件的使用、操作和维护提供详细的资料，人们称这些资料为用户文档。以上三种文档构成了软件文档的主要部分。

表 11-3　　各类人员与软件文件的关系

文件＼人员	管理人员	开发人员	维护人员	用户
可行性研究报告	✓	✓		
项目开发计划	✓	✓		
软件需求说明书		✓		
数据要求说明书		✓		
测试计划		✓		
概要设计说明书		✓	✓	
详细设计说明书		✓	✓	
数据库设计说明书		✓		
模块开发卷宗	✓		✓	
用户书册				✓
操作手册				✓
测试分析报告		✓	✓	
开发进度月报				
项目开发总结	✓			

1. 文档的作用

① 提高软件开发过程的能见度。把开发过程中发生的事件以某种可阅读的形式记录在文档中。

② 管理人员可把这些记载下来的材料作为检查软件开发进度和开发质量的依据，实现对软件开发的工程管理。

③ 提高开发效率。软件文档的编制，使得开发人员对各个阶段的工作都进行周密思考、全盘权衡以减少返工，并且可在开发早期发现错误和不一致性，便于及时加以纠正。

④ 作为开发人员在一定阶段的工作成果和结束标志。

⑤ 记录开发过程中有关信息，便于协调以后的软件开发、使用和维护。

⑥ 提供对软件的运行、维护和培训的有关信息，便于管理人员、开发人员、操作人员、用户之间协作、交流和了解。使软件开发活动更科学、更有成效。

⑦ 便于潜在用户了解软件的功能、性能等各项指标，为他们选购符合自己需要的软件提供依据。

从某种意义上文档是软件开发规范的体现和指南。按规范要求生成一整套文档的过程，就是按照软件开发规范完成一个软件开发的过程。所以，在使用工程化的原理和方法来指导软件的开发和维护时，应当充分注意软件文档的编制和管理。

2. 文档的分类

软件文档从形式上可以分为两类：开发过程中填写的各种图表（工作表格）和编制的技术资料或技术管理资料（文档或文件）。软件文档的编制可以用自然语言、特别设计的形式语言、介于两者之间的半形式化语言（结构化语言）以及各类图形进行表示。表格用于编制文档。文档可以书写，也可以在计算机支持系统中产生，但它必须是可阅读的。

按照文档产生和使用的范围，软件文档大致可以分为三类，如图 11-4 所示。

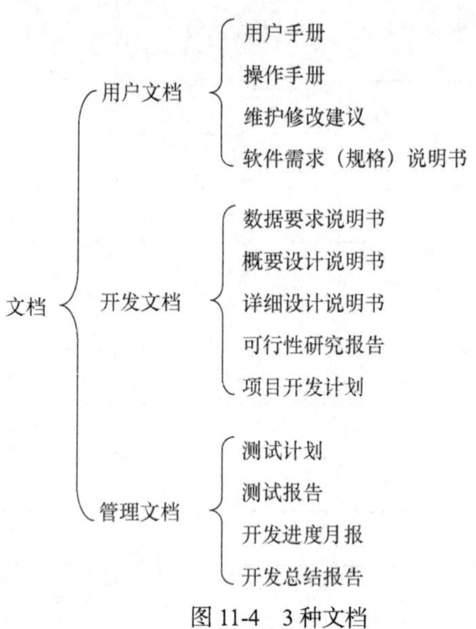

图 11-4　3 种文档

3. 文档包含的内容

软件文件是在软件开发过程中产生的，与软件生存周期有着密切关系。就一个软件而言，其生存周期各阶段需要编写各种文件，表 11-4 描述了软件生存周期各阶段所需要编写的文档类型。

表 11-4　　软件生存周期各阶段中的文件编制

阶段 文件	可行性研究与计划	需求分析	设计	实现	测试	使用与维护
可行性研究报告	✓					
项目开发计划	✓	✓				
软件需求说明书		✓				
数据概要说明书		✓				
测试计划		✓	✓			
概要设计说明书			✓			
详细设计说明书				✓		
数据库设计说明书			✓			
模块开发卷宗				✓	✓	
用户书册		✓	✓	✓	✓	
操作手册			✓	✓	✓	
测试分析报告					✓	✓
开发进度月报	✓	✓	✓	✓	✓	✓
项目开发总结						✓

注：其中有些文件的编写工作可能要在若干个阶段中延续进行。

① 可行性研究报告。说明该软件开发项目的实现在技术上、经济上和社会因素上的可行性，评述为了合理地达到开发目标，可供选择的各种可能实施的方案，说明并论证所选定实施方案的理由。

② 项目开发计划。为软件项目实施方案制订出具体计划，应该包括各部分工作的负责人员、开发的进度、开发经费的预算、所需的硬件及软件资源等。项目开发计划应提供给管理部门，并作为开发阶段评审的参考。

③ 软件需求说明书。也称软件规格说明书，其中对所开发软件的功能、性能、用户界面及运行环境等做出详细的说明。它是用户与开发人员双方在对软件需求取得共同理解的基础上达成的协议，也是实施开发工作的基础。

④ 数据要求说明书。该说明书应给出数据逻辑描述和数据采集的各项要求，为生成和维护系统数据文卷做好准备。

⑤ 概要设计说明书。该说明书是概要设计阶段的工作成果，它应说明功能分配、模块划分、程序的总体结构、输入输出以及接口设计、运行设计、数据结构设计和出错处理设计等，为详细设计奠定基础。

⑥ 详细设计说明书。着重描述每一模块是怎样实现的，包括实现算法、逻辑流程等。

⑦ 用户手册。详细描述软件功能、性能和用户界面，使用户了解如何使用该软件。

⑧ 操作手册。为操作人员提供该软件各种运行情况的有关知识及操作方法的细节。

⑨ 测试计划。为做好组装测试和确认测试，需为如何组织测试制订实施计划。计划应包括测试的内容、进度、条件、人员、测试用例的选取原则、测试结果允许的偏差范围等。

⑩ 测试分析报告。测试工作完成以后，应提交测试计划执行情况的说明。对测试结果加以分析，并提出测试的结论意见。

⑪ 开发进度月报。该月报是软件人员按月向管理部门提交的项目进展情况报告。报告应包括进度计划与实际执行情况的比较、阶段成果、遇到的问题和解决的办法以及下个月的打算等。

⑫ 项目开发总结报告。软件项目开发完成以后，应与项目实施计划对照，总结实际执行的情况，如进度、成果、资源利用、成本和投入的人力。此外还需对开发工作做出评价，总结出经验和教训。

⑬ 维护修改建议，软件产品投入运行以后，发现需对其进行修正、更改等问题，应将存在的问题、修改的考虑以及修改的影响估计做详细的描述，写成维护修改建议，提交审批。

以上这些文档是在软件生存期中，随着各阶段工作的开展适时编制。其中有的仅反映一个阶段的工作，有的则需跨越多个阶段。

这些文档最终要向软件管理部门，或是向用户回答以下的问题。

① 哪些需求要被满足，即回答“做什么”。

② 所开发的软件在什么环境中实现以及所需信息从哪里来，即回答“从何处”。

③ 某些开发工作的时间如何安排，即回答“何时干”。

④ 某些开发（或维护）工作打算由“谁来做”。

⑤ 某些需求是怎么实现的。

⑥ 为什么要进行那些软件开发或维护修改工作。

上述 13 个文档都在一定程度上回答了这 6 个方面的问题。

11.5.2　软件文档编制的质量要求

为了使软件文档能起到前面所提到的多种桥梁作用，使它有助于程序员编制出有助于管理人员监督和管理软件开发，有助于用户了解软件的工作和应做的操作，有助于维护人员进行有效的修改和扩充，文档的编制必须保证一定的质量。质量差的软件文档不仅使读者难于理解，给使用者造成许多不便，而且会削弱对软件的管理（管理人员难以确认和评价开发工作的进展），增加软件的成本（一些工作可能被迫返工），甚至造成更加有害的后果（如错误操作等）。

造成软件文档质量不高可能是如下原因。

① 缺乏实践经验，缺乏评价文档质量的标准。

② 不重视文档编写工作或是对文档编写工作的安排不恰当。

最常见到的情况是，软件开发过程中不能分阶段及时完成文档的编制工作，而是在开发工作接近完成时集中人力和时间专门编写文档。另一方面和程序工作相比，许多人对编制文档不感兴趣。于是在程序工作完成以后，不得不应付一下，把要求提供的文档赶写出来。这样的做法不可能得到高质量的文档。实际上，要得到真正高质量的文档并不容易，除去应在认识上对文档工作给予足够的重视外，常常需要编写初稿，听取意见进行修改，甚至要经过重新改写的过程。

高质量的文档应当体现在以下一些方面。

（1）针对性

文档编制以前应分清读者对象，按不同的类型、不同层次的读者，决定怎样适应他们的需要。例如，管理文档主要是面向管理人员的，用户文档主要是面向用户的，这两类文档不应像开发文档（面向软件开发人员）那样过多地使用软件的专业术语。

（2）精确性

文档的行文应当十分确切，不能出现多义性的描述。同一课题若干文档内容应是一致的。

（3）清晰性

文档编写应力求简明，如有可能，配以适当的图表，以增强其清晰性。

（4）完整性

任何一个文档都应当是完整的、独立的，它应自成体系。例如，前言部分应做一般性介绍，正文给出中心内容，必要时还有附录，列出参考资料等。同一课题的几个文档之间可能有些部分相同，这些重复是必要的。例如，同一项目的用户手册和操作手册中关于本项目功能、性能、实现环境等方面的描述是没有差别的。特别要避免在文档中出现转引其他文档内容的情况。比如，一些段落并未具体描述，而用“见××文档××节”的方式，这将给读者带来许多不便。

（5）灵活性

各个不同的软件项目，其规模和复杂程度有着许多实际差别，不能一律看待。文档是针对中等规模的软件而言的。对于较小的或比较简单的项目，可做适当调整或合并。比如，可将用户手册和操作手册合并成用户操作手册；软件需求说明书可包括对数据的要求，从而去掉数据要求说明书；概要设计说明书与详细设计说明书合并成软件设计说明书等。

（6）可追溯性

由于各开发阶段编制的文档与各阶段完成的工作有着紧密的关系，前后两个阶段生成的文档，随着开发工作的逐步扩展，具有一定的继承关系。在一个项目各开发阶段之间提供的文档必定存在着可追溯的关系。例如，某一项软件需求，必定在设计说明书、测试计划甚至用户手册中有所体现。必要时应能做到跟踪追查。

11.5.3 软件文档的管理和维护

在整个软件生存周期中，各种文档作为半成品或是最终成品，会不断地生成、修改或补充。为了最终得到高质量的产品，达到上节提出的质量要求，必须加强对文档的管理。以下 6 个方面是应注意做到的。

① 软件开发小组应设一位文档保管人员，负责集中保管本项目已有文档的两套主文本。两套文

本内容完全一致。其中的一套可按一定手续，办理借阅。

② 软件开发小组的成员可根据工作需要在自己手中保存一些个人文档。这些一般都应是主文本的复制件，在做必要的修改时，也应先修改主文本。

③ 开发人员个人只保存着主文本中与他工作相关的部分文档。

④ 在新文档取代了旧文档时，管理人员应及时注销旧文档。在文档内容有更动时，管理人员应随时修订主文本，使其及时反映更新了的内容。

⑤ 项目开发结束时，文档管理人员应收回开发人员的个人文档。发现个人文档与主文本有差别时，应立即着手解决。这常常是未及时修订主文本造成的。

⑥ 在软件开发过程中，可能发现需要修改已完成的文档，特别是规模较大的项目，主文本的修改必须特别谨慎。修改以前要充分估计修改可能带来的影响，并且要按照提议、评议、审核、批准和实施等步骤加以严格的控制。

11.6　典型例题详解

例题 1（2006 年 11 月软件设计师试题）　_____确定了标准体制和标准化管理体制，规定了制定标准的对象与原则以及实施标准的要求，明确了违法行为的法律责任和处罚办法。

A. 标准化　　B. 标准　　C. 标准化法　　D. 标准与标准化

分析：此题考的是标准化相关的基本概念，在这些概念中，标准和标准化是大家所熟知的，它们的定义如下。

标准：对重复性的事物和概念所做的统一规定。以科学、技术和实践经验的综合成果为基础，经有关方面协商一致，由一个公认机构批准，以特定形式发布，作为共同遵守的准则和依据。

标准化：是指在经济、技术、科学及管理等社会实践中，对重复性事物的概念通过制订、发布和实施标准达到统一，以获得最佳秩序和社会效益的活动。它是一门综合性学科，具有综合性、政策性和统一性的特点。

而标准化法平时提得非常少，但在这里，大家只需要了解标准和标准化的概念，即可以用排除法得到答案 C。同时，为了加深大家对标准化法的认知，下面是对标准化法的简介。

"标准化法"即《中华人民共和国标准化法》，它由中华人民共和国第七届全国人民代表大会常务委员会第五次会议于 1988 年 12 月 29 日通过，1989 年 4 月 1 日起实施。《中华人民共和国标准化法》分为五章二十六条，其主要内容是：确定了标准体系和标准化管理体制，规定了制定标准的对象与原则以及实施标准的要求，明确了违反法律的责任和处罚办法。它是中国人民共和国的一项重要法律，它规定了我国标准化工作的方针、政策、任务和标准化体制等。它是国家推行标准化、实施标准化管理和监督的重要依据。

此外，标准化方面还有一个概念也是需要牢记的，即标准化的过程：一般包括标准产生（调查、研究、形成草案、批准发布）、标准实施（宣传、普及、监督、咨询）和标准更新（复审、废止或修订）三个子过程。

参考答案：C

例题 2（2011 年 5 月软件设计师试题）　高质量的文档所应具有的特性中，不包括_____。供选择的答案：

A. 针对性，文档编制应考虑读者对象群

B. 精确性，文档的行文应该十分确切，不能出现多义性的描述

C. 完整性，任何文档都应当是完整的、独立的，应该自成体系

D. 无重复性，同一软件系统的几个文档之间应该没有相同的内容，若确实存在相同内容，则可以用“见××文档××节”的方式引用

分析：

本题主要考查文档管理的相关内容。高质量的文档应具有针对性、精确性和完整性等特性，即文档编制应考虑读者对象群；文档的行文应该十分确切，不能出现多义性的描述；任何文档都应当是完整的、独立的，应该自成体系。

选项 D 描述的显然不符合高质量文档的要求。

参考答案：D

例题 3（2009 年 11 月软件设计师试题） 系统开发计划用于系统开发人员与项目管理人员在项目期内进行沟通，它包括______和预算分配表等。

A. PERT 图　　B. 总体规划　　C. 测试计划　　D. 开发合同

分析：

本题考查系统开发计划文档知识。

用于系统开发人员与项目管理人员在项目期内进行沟通的文档主要有系统开发计划，包括工作任务分解表、PERT 图、甘特图和预算分配表等。总体规划和开发合同用于与系统分析人员在系统规划和系统分析阶段的沟通。测试计划用于系统测试人员与系统开发人员之间的沟通。

参考答案：A

例题 4（2014 年 5 月系统集成项目管理工程师真题） 根据《软件文档管理指南 GB/T 16680—1996》，项目文档分为开发文档、产品文档和管理文档三类。______属于产品文档类。

A. 可行性研究报告　　B. 职责定义

C. 软件支持手册　　D. 参考手册和用户指南

分析：

根据《软件文档管理指南 GB/T 16680—1996》的相关内容，软件文档归入如下三种类型。

开发文档：描述开发过程本身。

产品文档：描述开发过程的产物。

管理文档：记录项目管理的信息。

其中，管理文档建立在项目管理信息的基础上，诸如：开发过程的每个阶段的进入和进度变更的记录、软件变更情况的记录、相对于开发的判定记录、职责定义。这种文档从管理的角度规定涉及软件生存的信息。基本的产品文档包括：培训手册、参考手册和用户指南、软件支持手册、产品手册和信息广告。

参考答案：D

例题 5（2015 年 5 月系统集成项目管理工程师真题） 根据《计算机软件质量保证计划规范 GB/T 12504—1990》，为确保软件的实现满足需求而需要的基本文档中不包括______。

A. 项目实施计划　　B. 软件验证与确认计划

C. 软件设计说明书　　D. 软件需求规格说明书

分析：

根据《计算机软件质量保证计划规范 GB/T 12504—1990》中的相关内容，为了确保软件的实现满足需求，至少需要下列基本文档。

软件需求规格说明书（Software Requirements Specification）

软件设计说明书（Software Design Description）

软件验证与确认计划（Software Verification and Validation Plan）
软件验证和确认报告（Software Verification and Validation Report）
用户文档（User Documcntation）
除基本文档外，还应包括下列文档：
项目实施计划（其中可包括软件配置管理计划，但在必要时也可以单独制订该计划）
项目进展报表
项目开发各阶段的评审报表
项目开发总结
根据以上内容分析可知，项目实施计划不属于基本文档范畴，而属于其他文档范畴。
参考答案：A

小　　结

制定标准化程序设计语言，为某一程序设计语言规定若干个标准子集，对于语言的实现者和用户都带来了很大方便。软件工程标准的制定与推行通常要经历一个环状的生命期。软件工程的标准化会给软件工作带来许多好处，本章讲述了软件工程标准的层次和体系结构。而软件文档（Document）也称文件，文档在软件开发人员、软件管理人员、维护人员、用户以及计算机之间有着多种桥梁作用。为了使软件文档能起到前面所提到的多种桥梁作用，文档的编制必须保证一定的质量。高质量的文档应当体现在针对性、精确性、清晰性、完整性、灵活性和可追溯性。

习 题 11

一、选择题

1. 软件需求规格说明书的内容不应该包括【　　】。
   A. 对重要功能的描述　　B. 对算法的详细过程描述
   C. 对数据的要求　　D. 软件的性能
2. 软件需求说明书在软件开发中具有重要作用，但其作用不应该包括【　　】。
   A. 软件设计的依据　　B. 用户和开发人员对软件要做什么的共同理解
   C. 软件验收的依据　　D. 软件可行性分析依据
3. 据国家标准 GB8566—8 计算机软件开发的规定，软件的开发和维护划分为八个阶段，其中组装测试的计划是在【　　】阶段完成的。
   A. 可行性研究和计划　　B. 需求分析
   C. 概要设计　　D. 详细设计
4. 软件工程学是指导计算机软件开发和【　　】的工程学科。
   A. 软件维护　　B. 软件设计　　C. 软件应用　　D. 软件理论
5. 国际标准化组织和国际电工委员会发布的关于软件质量的标准中规定了【　　】质量特性及相关的 21 个质量子特性。
   A. 5 个　　B. 6 个　　C. 7 个　　D. 8 个

6. ISO/IEC 规定的 6 个质量特性包括功能性、可靠性、可使用性、效率、【　　】和可移植性等。

A. 可重用性　　B. 组件特性　　C. 可维护性　　D. 可测试性

7. ISO/IEC9126—1991 规定的 6 个质量特性 21 个质量子特性，其中可测试性属于【　　】。

A. 可使用性　　B. 效率　　C. 可维护性　　D. 可移植性

8. 通常把软件交付使用后做的变更称为维护，软件投入使用后的另一项工作是软件再工程，针对这类软件实施的软件工程活动，主要是对其重新实现，使其具有更好的【　　】，包括软件重构、重写文档等。

A. 功能性　　B. 可靠性　　C. 可使用性　　D. 可维护性

9. 对于软件产品来说，有四个方面影响着产品的质量，即开发技术、过程质量、人员素质及【　　】等条件。

A. 风险控制　　B. 项目管理

C. 配置管理　　D. 成本、时间和进度

10. 软件文档是软件工程实施的重要成分，它不仅是软件开发各阶段的重要依据，而且也影响软件的【　　】。

A. 可理解性　　B. 可维护性

C. 可扩展性　　D. 可移植性

11. 上海市标准化行政主管部门制定并发布的工业产品的安全、卫生要求的标准，在其行政区域内是【　　】。（软件设计师考试 2006 年 5 月试题 10）

A. 强制性标准　　B. 推荐性标准

C. 自愿性标准　　D. 指导性标准

12. 已经发布实施的标准（包括已确认或修改补充的标准），经过实施一定时期后，对其内容再次审查，以确保其有效性、先进性和适用性，其周期一般不超过【　　】年。（软件设计师考试 2005 年 11 月试题 8）

A. 1　　B. 3　　C. 5　　D. 7

13. 由我国信息产业部批准发布，在信息产业部范围内统一使用的标准，称为【　　】。（软件设计师考试 2005 年 5 月试题 13）

A. 地方标准　　B. 部门标准　　C. 行业标准　　D. 企业标准

14.《计算机软件产品开发文件编制指南》（GB 8567—88）是【　　】标准。（软件设计师考试 2004 年 11 月试题 22）

A. 强制性标准　　B. 推荐性标准　　C. 强制行业　　D. 推荐性行业

15. CMU/SEI 推出的【　　】将软件组织的过程能力分为 5 个成熟度级别，每一个级别定义了一组过程能力目标，并描述了要达到这些目标应该具备的实践活动。（软件设计师考试 2004 年 5 月试题 35）

A. CMM　　B. PSP　　C. TSP　　D. SSE-CMM

16. 系统测试人员与系统开发人员需要通过文档进行沟通，系统测试人员应根据一系列的文档对系统进行测试，然后将工作结果撰写成【　　】，交给系统开发人员。（软件设计师考试 2008 年 11 月上午试题 33）

A. 系统开发合同书　　B. 系统设计说明书

C. 测试计划　　D. 系统测试报告

二、简答题

1. 试说明软件工程标准化的重要性。
2. 试述标准以及标准化的概念。
3. 试述标准的分类。
4. 试述标准化机构。
5. 软件工程标准化的等级有哪些?
6. 文档的作用是什么?
7. 试述软件工程文档的分类。
8. 试述需求说明书的作用。
9. 试述软件文档完整性的含义和要求。

第 12 章 软件工程质量

本章要点

- 软件质量的定义及其特性
- 软件质量的度量，软件质量保证
- 软件技术评审
- 软件质量管理体系
- CMM 成熟度模型及其应用

12.1 软件质量概述

12.1.1 软件质量的定义

软件质量可以从两个角度来看。从用户角度来看，质量就是适用性，即满足用户潜在或指明需求的程度；从产品角度来看，质量与产品的内在特性相关。

ANSI/IEEE Std 729—1983 定义软件质量为“与软件产品满足规定的和隐含的需求的能力有关的特征或特性的全体”，具体包括如下内容。

① 软件产品中所能满足用户给定需求的全部特性的集合。

② 软件具有所期望的各种属性组合的程度。

③ 用户主观得出的软件是否满足其综合期望的程度。

④ 决定软件在使用中将满足其综合期望程度的软件合成特性。

M.J. Fisher 将软件质量定义为“所有描述计算机软件优秀程度的特性的组合”。也就是说，为满足软件的各项精确定义的功能、性能需求，符合文档化的开发标准，需要相应地给出或设计一些质量特性及其组合，作为在软件开发与维护中的重要考虑因素。如果这些质量特性及其组合都能在产品中得到满足，则这个软件产品质量就是高的。

软件质量反映了以下三方面的问题。

① 软件需求是度量软件质量的基础。不符合需求的软件就不具备质量。

② 规范化的标准定义了一组开发准则，用来指导软件人员用工程化的方法来开发软件。如果不遵守这些开发准则，软件质量就得不到保证。

③ 往往会有一些隐含的需求没有显式地提出来，如软件应具备良好的可维护性。如果软件只满足那些精确定义了的需求而没有满足这些隐含的需求，软件质量也不能保证。

软件质量是各种特性的复杂组合。它随着应用的不同而不同，随着用户提出的质量要求不同而不同。因此，有必要讨论各种质量特性，以及评价质量的准则，还要介绍为保证质量所进行的各种活动。

12.1.2 软件质量的特性

软件质量的特性反映了软件的本质。讨论一个软件的质量，问题最终要归结到定义软件的质量特性。而定义一个软件的质量，就等价于为该软件定义一系列质量特性。人们通常把影响软件质量的特性用软件质量模型来描述。不同的质量模型定义了不同的质量特性。

McCall 等人定义的质量特性如下。

① 正确性：在预定环境下，软件满足设计规格说明及用户预期目标的程度。它要求软件本身没有错误。

② 可靠性：软件按照设计要求，在规定时间和条件下不出故障，持续运行的程度。

③ 效率：为了完成预定功能，软件系统所需的计算机资源的多少。

④ 完整性：为某一目的而保护数据，避免它受到偶然或有意的破坏、改动或遗失能力。

⑤ 可使用性：对于一个软件系统，用户学习、使用软件及为程序准备输入和解释输出所需工作量的大小。

⑥ 可维护性：为满足用户新的要求，或当环境发生了变化，或运行中发现了新的错误时，对一个已投入运行的软件进行相应诊断和修改所需工作量的大小。

⑦ 可测试性：测试软件以确保其能够执行预定功能所需工作量的大小。

⑧ 灵活性：修改或改进一个已投入运行的软件所需工作量的大小。

⑨ 可移植性:将一个软件系统从一个计算机系统或环境移植到另一个计算机系统或环境中运行所需工作量的大小。

⑩ 可复用性：一个软件（或软件的部件）能再次用于其他应用（该应用的功能与此软件或软件部件的所完成的功能有关）的程度。

⑪ 互连性：又称相互操作性。连接一个软件和其他系统所需工作量的大小。若该软件要联网或与其他系统通信或把其他系统纳入自己的控制之下，需有系统间的接口，使之可以连接。

ISO9162 定义的 6 个质量特性如下。

① 功能性（Functionality）：是与一组功能及其指定的性质有关的一组属性，这里的功能是指满足明确或隐含的要求的那些功能。

② 可靠性（Reliability）：是与在规定的一段时间和条件下，软件维持其性能水平的能力有关的一组属性。

③ 可用性（Usability）：是与一组规定或潜在用户为使用软件所需做的努力和对这样的使用所做的评价有关的一组属性。

④ 效率（Efficiency）：是在规定的条件下，软件性能水平与所使用的资源量之间的关系有关的一组属性。

⑤ 可维护性（Maintainability）：是与进行指定的修改所需的努力有关的一组属性。

⑥ 可移植性（Portability）：是与软件从某一环境转移到另一环境的能力有关的属性。

这 6 个质量特性各有其子特性，关系如表 12-1 所示。

表 12-1　　质量特性与子特性的关系

质量特性	质量子特性
功能性（Functionality）	适用性、准确性、互操作性、一致性、安全性
可靠性（Reliability）	健壮性、容错性、可恢复性

续表

质量特性	质量子特性
可使用性（Usability）	可理解性、可学习性、可操作性
效率（Efficiency）	时间性能、资源性能
可维护性（Maintainability）	可分析性、可修改性、稳定性、可测试性
可移植性（Portability）	适应性、可安装性、遵循性、可替换性

12.2 软件质量的度量模型

12.2.1 软件度量和软件质量的度量

1. 软件度量的基本概念

软件度量是对软件开发项目、过程及其产品进行数据定义、收集以及分析的持续性定量化过程，目的在于对此加以理解、预测、评估、控制和改善。没有软件度量，就不能从软件开发的暗箱中跳出来。通过软件度量可以改进软件开发过程，促进项目成功，开发高质量的软件产品。度量取向是软件开发诸多事项的横断面，包括顾客满意度度量、质量度量、项目度量，以及品牌资产度量、知识产权价值度量等。度量取向要依靠事实、数据、原理、法则；其方法是测试、审核、调查；其工具是统计、图表、数字、模型；其标准是量化的指标。

软件度量在软件开发的过程、产品、资源、方法和技术的相互关联中提供了可见性。度量有助于人们定义一个基线，以便更好地了解所提出变更的性质和影响，同时还有助于管理人员和开发人员对各种活动进行评估和预测，从而进行控制，达到过程改进的目的。

软件度量能够为项目管理者提供有关项目的各种重要信息，其实质是根据一定规则，将数字或符号赋予系统、构件、过程或者质量等实体的特定属性，即对实体属性的量化表示，从而能够清楚地理解该实体。软件度量贯穿整个软件开发生存周期，是软件开发过程中进行理解、预测、评估、控制和改善的重要载体。软件质量度量建立在度量数学理论基础之上。软件度量包括 3 个维度，即项目度量、产品度量和过程度量。具体情况如表 12-2 所示。

表 12-2　　软件度量三维度

度量维度	侧重点	具体内容
项目度量	理解和控制当前项目的情况和状态；项目度量具有战术性意义，针对具体的项目进行	规模、成本、工作量、进度、生产力、风险、顾客满意度等
产品度量	侧重理解和控制当前产品的质量状况，用于对产品质量的预测和控制	以质量度量为中心，包括功能性、可靠性、易用性、效率性、可维护性、可移植性等
过程度量	理解和控制当前情况和状态，还包含了对过程的改善和未来过程的能力预测；过程度量具有战略性意义，在整个组织范围内进行	如成熟度、管理、生存周期、生产率、缺陷植入率等

软件度量是针对计算机软件的度量，是对一个软件系统、组件或过程具有的某个给定属性的度的一个定量测量。通过度量，可以对软件给出客观的评价，可用于指出软件属性的趋势，能有针对性地进行改善。

目前软件度量的研究主要集中在三个方面：寻找新的和更有效的度量指标，确认已知度量的有效性和度量的形式化。

在寻找新的和更有效的度量指标方面，主要采用面向对象的技术，针对的主要领域包括产品的结构度量、产品的质量度量和过程度量。产品结构度量主要是对软件工程过程中生成的文档，例如需求规约、设计规约、源程序等进行结构上的度量，被度量最多的是源程序。这是因为与其他文档相比，源程序对软件的语法及语义的形式化表达更完整。产品的质量度量针对的是软件产品的质量特性，如可靠性、可维护性等。过程度量集中在软件过程的特性上，例如需求工作量、设计工作量等。

确认已知度量的有效性是目前开展较多的度量研究课题。最常使用的确认方法是用度量对软件质量特性做预测。目前使用软件产品度量对质量特性做预测的工作都是使用统计学的方法，如方差分析（Analysis of Variance）和回归（Regression），是通过对实践数据（Empirical Data）进行分析完成的。例如，Li 和 Henry 在 1993 年成功地使用 CK 度量集预测了软件模块的维护工作量；Basili 等在 1996 年使用几乎是同一组度量，成功地预测了软件模块的出错率；Subramanyam 和 Krishnan 在 2003 年也用 CK 度量集，在控制了模块大小的条件下，成功地预测了有缺陷的模块。这些研究大多数是基于实践方法（Empirical Methods）的。

2. 软件产品度量方法（即软件质量度量方法）

软件产品度量用于对软件产品进行评价，并在此基础之上推进产品设计、产品制造和产品服务优化。软件产品的度量实质上是软件质量的度量。

软件产品的度量主要针对作为软件开发成果的软件产品的质量而言，独立于其过程。软件的质量由一系列质量要素组成，每一个质量要素又由一些衡量标准组成，每个衡量标准又由一些量度标准加以定量刻画。质量度量贯穿于软件工程的全过程以及软件交付之后，在软件交付之前的度量主要包括程序的复杂性、模块的有效性和总的程序规模，在软件交付之后的度量则主要包括残存的缺陷数和系统的可维护性方面。

软件质量度量的常用方法如下。

① Halstead 复杂性度量法，基本思路是根据程序中可执行代码行的操作符和操作数的数量来计算程序的复杂性。操作符和操作数的量越大，程序结构就越复杂。

② McCabe 复杂性度量法，其基本思想是程序的复杂性很大程度上取决于程序控制流的复杂性，单一的顺序程序结构最简单，循环和选择所构成的环路越多，程序就越复杂。

下一节会简要介绍软件质量的度量模型。

3. 软件过程度量

（1）软件过程性能。

过程度量是对软件开发过程的各个方面进行度量，目的在于预测过程的未来性能，减少过程结果的偏差，对软件过程的行为进行目标管理，为过程控制、过程评价持续改善提供定量性基础。过程度量与软件开发流程密切相关，具有战略性意义。软件过程质量的好坏会直接影响软件产品质量的好坏，度量并评估过程、提高过程成熟度可以改进产品质量。相反，度量并评估软件产品质量会为提高软件过程质量提供必要的反馈和依据。过程度量与软件过程的成熟度密切相关，其度量模型如图 12-1 所示。

（2）软件过程管理中的过程度量。

弗罗哈克（William A. Florac）、帕克（Robert E. Park）和卡尔顿（Anita D. Carleton）在《实用软件度量：过程管理和改善之度量》（*Practical Software Measurement: Measuring for Process Management and Improvement*）中描述了过程管理和项目管理的关系，认为软件项目团队生产产品基于三大要素：产品需求、项目计划和已定义软件过程。

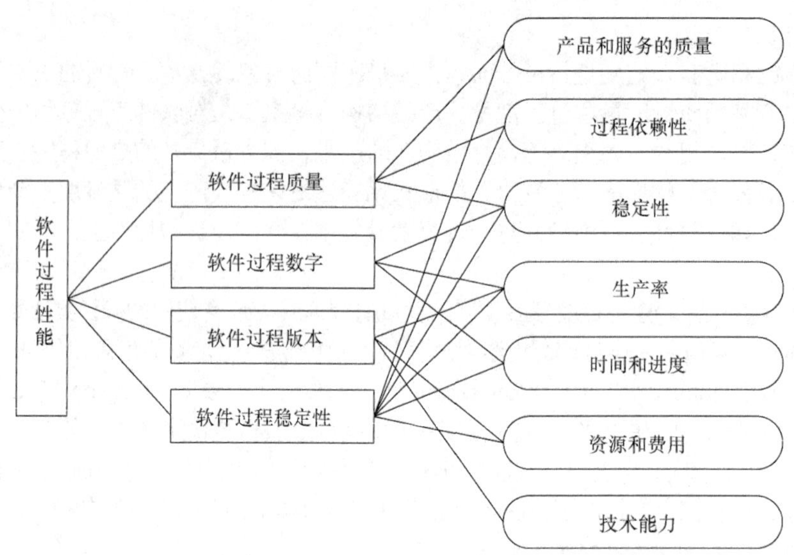

图 12-1 软件过程性能的度量模型

度量数据在项目管理中将被用来识别和描述需求、准备能够实现目标的计划、执行计划、跟踪基于项目计划目标的工作执行状态和进展。

而过程管理也能使用相同的数据和相关度量来控制和改善软件过程本身。这就意味着，软件组织能使用建构和维持度量活动的共同框架来为过程管理和项目管理两大管理功能提供数据。

软件过程管理包括定义过程、计划度量、执行软件过程、应用度量、控制过程和改善过程，其中计划度量和应用度量是软件过程管理中的重要步骤，也是软件过程度量的核心内容。计划度量建立在对已定义软件过程的理解之上，产品、过程、资源的相关事项和属性已经被识别，收集和使用度量以进行过程性能跟踪的规定都被集成到软件过程之中。应用度量通过过程度量将执行软件过程所获得的数据，以及通过产品度量将产品相关数据用来控制和改善软件过程。

（3）软件过程度量的内容。

软件过程度量主要包括三大方面的内容。

① 成熟度度量（Maturity Metrics），主要包括以下内容。

- 组织度量。
- 资源度量。
- 培训度量。
- 文档标准化度量。
- 数据管理与分析度量。
- 过程质量度量。

② 管理度量（Management Metrics），主要包括以下内容。

- 项目管理度量（如里程碑管理度量、风险度量、作业流程度量、控制度量、管理数据库度量等）。
- 质量管理度量（如质量审查度量、质量测试度量、质量保证度量等）。
- 配置管理度量（如需求变更控制度量、版本管理控制度量等）。

③ 生命周期度量（Life Cycle Metrics），主要包括以下内容。

- 问题定义度量。
- 需求分析度量。
- 设计度量。
- 制造度量。

- 维护度量。

（4）软件过程度量的流程。

软件过程的度量，需要按照已经明确定义的度量流程加以实施，这样能使软件过程度量作业具有可控制性和可跟踪性，从而提高度量的有效性。软件过程度量的一般流程主要包括以下内容。

① 确认过程问题。

② 收集过程数据。

③ 分析过程数据。

④ 解释过程数据。

⑤ 汇报过程分析。

⑥ 提出过程建议。

⑦ 实施过程行动。

⑧ 实施监督和控制。

这一度量过程的流程质量能保证软件过程度量获得有关软件过程的数据和问题，并进而对软件过程实施改善。

12.2.2　软件质量的度量模型

软件质量度量管理模型（Software Quality Management，SQM），也称为软件质量评价模型，就是从整体上评价软件质量，以便在软件开发过程中对软件质量进行控制，并对最终软件产品进行评价和验收的模型。1968 年 Rubey 和 Hartwick 首次提出了从整体上来度量软件质量的观点，针对一些软件属性提出了度量方法，但是没有提出度量模型。

此后，Boehm 等人于 1976 年提出了定量评价软件质量的概念，给出了 60 个质量度量公式，并且首次提出了软件质量的层次模型。1978 年 Walters 和 McCall 提出了从软件质量要素、准则到度量的三层次软件质量度量模型，此模型中的软件质量要素减到了 11 个。1985 年 ISO 依据 McCall 的模型提出了软件质量度量模型，该模型由三层组成。ISO 最新正式推出的软件质量度量模型 ISO/IEC 9126 模型，提出了内部质量度量和外部质量度量的概念，为软件质量评价奠定了基础，也为制定软件质量评价标准提供了依据。下面具体分析各个质量度量模型。

1. Boehm 模型

Boehm 等人于 1976 年首次提出了软件质量度量模型。他们认为软件产品的质量基本可从三个方面来考虑：软件的可使用性、软件的可维护性和软件的可移植性。可使用性分为可靠性、效率和人工工程三个方面，反映用户的满意程度；可维护性可以从可测试性、可理解性、可修改性三个侧面进行度量，反映公司本身的满意程度；可移植性被单独划分为一个属性，可见在 70 年代，软件移植技术很受重视，因为当时的硬件系统尚不成熟，主流系统还不明显。而到了 80 年代之后，由于主流硬件系统基本形成，软件移植已不再如以前那样重要，取而代之的是软件的重用性，因为它是软件价值的反映，是未来的开发者对该软件的满意程度。这些属性又被进一步细分为准确性、完备性、健壮性、一致性、可说明性、设备效率、可存取性、通信性、设备独立性、自包含性、自描述性、结构化、简明性、可扩充性、易读性等 15 个属性，互有交叉。

由此可见，Boehm 模型将软件质量分解为若干层次，对于最低层的软件质量属性再引入数量化的指标，从而得到软件质量的整体评价。

2. McCall 模型

1979 年 McCall 等人改进 Boehm 质量模型，又提出了一种软件质量模型 McCall 模型。该质量模型中的质量概念基于 11 个特性之上。而这 11 个特性分别面向软件产品的运行、修正、转移。它们与特性的关系如图 12-2 所示。McCall 等认为，特性是软件质量的反映，软件属性可用作评价准则，定量化地度量软件属性可知软件质量的优劣。

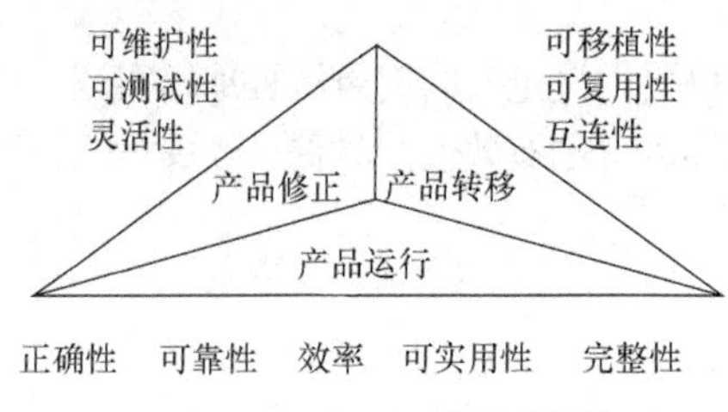

图 12-2 McCall 软件质量模型

对以上各个质量特性直接进行度量是很困难的，有些情况下甚至是不可能的。因此，McCall 定义了一些评价准则，使用它们对反映质量特性的软件属性分级，以此来估计软件质量特性的值。软件属性一般分级范围是 0（最低）到 10（最高）。

而在意外的情况下，也能做出适当的处理，隔离故障，尽快地恢复，这才是一个好的程序。此外，有人在灵活性中加了一个评价准则，叫作"可重配置特性"，它是指软件系统本身各部分的配置能按用户要求实现的容易程度。在简明性中也加了一个评价准则，即"清晰性"，它是指软件的内部结构、内部接口要清晰，人机界面要清晰。

各评价准则定义如表 12-3 所示。

表 12-3 McCall 软件质量评价准则

可跟踪性	在特定的开发和运行环境下，跟踪设计表示的（可追溯）或实际程序部件到原始需求的（可追溯）能力
完备性	软件需求充分实现的程度
一致性	在整个软件设计与实现的过程中技术与记号的统一程度
安全性	防止软件受到意外的或蓄意的存取、使用、修改、毁坏，或防止泄密的程度
容错性	系统出错（机器临时发生故障或数据输入不合理）时，能以某种预定方式，做出适当处理，得以继续执行和恢复系统的能力。它又称健壮性
准确性	能达到的计算或控制精度。它又称精确性
简单性	在不复杂、可理解的方式下，定义和实现软件功能的程度
执行效率	为了实现某个功能，提供使用最少处理时间的程度
存储效率	为了实现某个功能，提供使用最少存储空间的程度
存取控制	软件对用户存取权限的控制方式达到的程度
操作性	操作软件的难易程度，它通常取决于与软件操作有关的操作规程，以及是否提供有用的输入／输出方法
易训练性	软件辅助新的用户使用系统的能力，这取决于是否提供帮助用户熟练掌握软件系统的方法。它又称可培训性或培训性
简明性	软件易读的程度，这个特性可以帮助人们方便地阅读本人或他人编制的程序和文档。它又称可理解性
模块独立性	软件系统内部接口达到的高内聚、低耦合的程度
自描述性	对软件功能进行自我说明的程度。亦称自含文档性
结构性	软件能达到的结构良好的程度
文档完备性	软件文档齐全、描述清楚、满足规范或标准的程度

续表

通用性	软件功能覆盖面宽广的程度
可扩充性	软件的体系结构、数据设计和过程设计的可扩充的程度
可修改性	软件容易修改，而不致于产生副作用的程度
自检性	软件监测自身操作效果和发现自身错误的能力，又称工具性
机器独立性	不依赖于某个特定设备及计算机而能工作的程度，又称硬件独立性
软件独立性	软件不依赖于非标准程序设计语言特征、操作系统特征，或其他环境约束，仅靠自身能实现其功能的程度，又称自包含性
通信共享性	使用标准的通信协议、接口和带宽的标准化的程度
数据共享性	使用标准数据结构和数据类型的程度
通信性	提供有效的 I／O 方式的程度

3. ISO/IEC 9126 质量模型

ISO 于 1985 年提出建议，软件质量度量模型应由三层组成。

高层（Top Level）：软件质量需求评价准则（SQRC）。

中层（Mid Level）：软件质量设计评价准则（SQDC）。

低层（Low Level）：软件质量度量评价准则（SQMC）。

1991 年，ISO 推出了软件质量模型 ISO/IEC 9126，高层称为质量特性，中间层称为质量子特性，第三层称为度量。这个标准经过了几次修正，最新版本为 ISO/IEC 9126：2001，包括质量模型、外部度量、内部度量和使用质量度量。

ISO/IEC 9126 中定义了 6 个外部质量特性和内部质量特性以及 4 个使用质量特性。

使用质量是从用户角度来看的软件质量，包括效率（Effectiveness）、生产力（Productivity）、安全（Safety）和满意度（Satisfaction）。使用质量度量用来测量软件产品从以上四个方面满足用户需求的程度。这 4 个特性的具体定义如下。

① 效率：指软件产品辅助用户获得准确完整地制定目标的性能。

② 生产力：指软件产品帮助用户为了效率花费适当数量的资源的性能。

③ 安全性：指软件产品对业务、财产或环境等的危害具有可以接受的风险等级的性能。

④ 满意度：指软件产品满足用户的性能。

ISO 的三层次模型与 McCall 等人的模型相似，ISO 的高层、中层和低层分别与 McCall 模型中的要素、评价准则和度量相对应。根据 ISO 的观点，高层和中层应建立国际标准以便在国际范围内推广应用 SQM 技术，而低层可由各公司、单位视实际情况制定。

12.3　软件质量保证

12.3.1　软件质量保证的概念

质量保证是为保证产品和服务充分满足消费者要求的质量而进行的有计划、有组织的活动。质量保证是面向消费者的活动，是为了使产品实现用户要求的功能，站在用户立场上来掌握产品质量的。这种观点也适用于软件的质量保证。

软件的质量保证就是向用户及社会提供满意的高质量的产品。进一步地，软件的质量保证活动也和一般的质量保证活动一样，是确保软件产品在软件生存周期所有阶段的质量的活动。即为了确定、达到和维护需要的软件质量而进行的所有有计划、有系统的管理活动。它包括的主要功能如下。

- 制定和展开质量方针。
- 制定质量保证方针和质量保证标准、建立和管理质量保证体系。
- 明确各阶段的质量保证业务、坚持各阶段的质量评审。
- 确保设计质量、提出与分析重要的质量问题。
- 总结实现阶段的质量保证活动，整理面向用户的文档、说明书等。
- 鉴定产品质量，鉴定质量保证体系、收集、分析和整理质量信息。

12.3.2 软件质量保证的主要任务

软件质量保证由各项任务构成，这些任务的参与者有两类人：软件开发人员和质量保证人员。前者负责技术工作，后者负责质量保证的计划、监督、记录、分析及报告工作。

软件开发人员通过采用可靠的技术方法和措施，进行正式的技术评审，执行计划周密的软件测试来保证软件产品的质量。软件质量保证人员则辅助软件开发组得到高质量的最终产品。1993 年美国 Software Engineering Institute 推荐了一组有关质量保证的计划、监督、记录、分析及报告的 SQA 活动。这些活动将由一个独立的 SQA 小组执行（或协助）。

① 为项目制定 SQA 计划。该计划在制订项目计划时制定，由相关部门审定。它规定了软件开发小组和质量保证小组需要执行的质量保证活动，其要点包括：需要进行哪些评价；需要进行哪些审计和评审；项目采用的标准；错误报告的要求和跟踪过程；SQA 小组应产生哪些文档；为软件项目组提供的反馈数量等。

② 参与开发该软件项目的软件过程描述。软件开发小组为将要开展的工作选择软件过程，SQA 小组则要评审过程说明，以保证该过程与组织政策、内部的软件标准、外界所制定的标准（如 ISO 9001）以及软件项目计划的其他部分相符。

③ 评审各项软件工程活动，核实其是否符合已定义的软件过程。SQA 小组识别、记录和跟踪所有偏离过程的偏差，核实其是否已经改正。

④ 审计指定的软件工作产品，核实其是否符合已定义的软件过程中的相应部分。SQA 小组对选出的产品进行评审，识别、记录和跟踪出现的偏差，核实其是否已经改正，定期向项目负责人报告工作结果。

⑤ 确保软件工作及工作产品中的偏差已被记录在案，并根据预定规程进行处理。偏差可能出现在项目计划、过程描述、采用的标准或技术工作产品中。

⑥ 记录所有不符合部分，并向上级管理部门报告。跟踪不符合部分直到问题得到解决。

除了进行上述活动外，SQA 小组还需要协调变更的控制与管理，并帮助收集和分析软件度量的信息。

12.3.3 软件质量保证的策略

软件质量的保证策略如下。

① 以检测为重：产品制成之后进行检测，只能判断产品质量，不能提高产品质量。

② 以过程管理为重：把质量保证的工作重点放在过程管理上，对制造过程中的每一道工序都要进行质量控制。

③ 以新产品开发为重：在新产品的开发设计阶段，采取强有力的措施来消除由于设计原因而产

生的质量隐患。

基于以上策略，有下面的保证措施。

① 基于非执行的测试（也称为复审或评审）：保证在编码前各阶段产生的文档的质量。

② 基于执行的测试（即前面讲过的软件测试）：需要在程序编写出来之后进行，它是保证软件质量的最后一道防线。

③ 程序正确性证明：使用数学方法严格验证程序是否与它的说明完全一致。

12.4　技术评审

技术评审最初是由 IBM 公司为了提高软件质量和提高程序员生产率而倡导的。技术评审方法已被业界广泛采用并收到了很好的效果，它被普遍认为是软件开发的最佳实践之一。

技术评审（Technical Review，TR）的目的是尽早地发现工作成果中的缺陷，并帮助开发人员及时消除缺陷，从而有效地提高产品的质量。

正式技术评审的流程如图 12-3 所示。

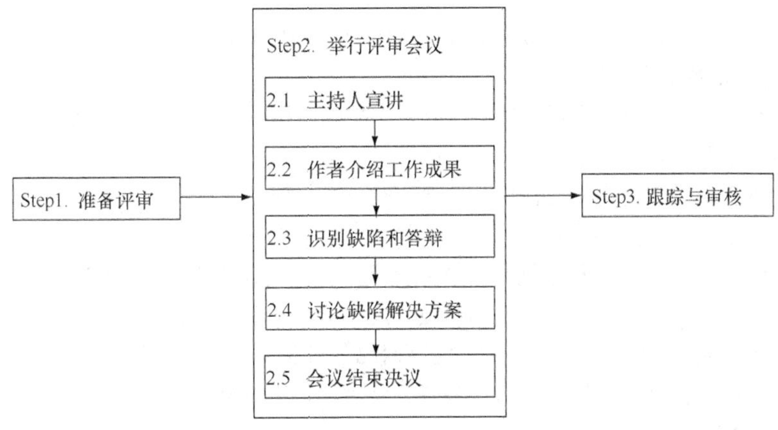

图 12-3　正式技术评审的流程

技术评审有如下好处。

① 通过消除工作成果的缺陷而提高产品的质量。

② 技术评审可以在任何开发阶段执行，不必等到软件可以运行之际，越早消除缺陷，就越能降低开发成本。

③ 开发人员能够及时地得到同行专家的帮助和指导，无疑会加深对工作成果的理解，更好地预防缺陷，一定程度上提高了开发生产率。

技术评审有两种基本类型。

① 正式技术评审（FTR）。FTR 较严格，需举行评审会议，参加评审会议的人员较多。

② 非正式技术评审（ITR）。ITR 的形式较灵活，通常在同伴之间开展，不必举行评审会议，评审人员较少。

理论上讲，为了确保产品的质量，产品的所有工作成果都应当接受技术评审。现实中，为了节约时间，允许人们有选择地对工作成果进行技术评审。技术评审方式也视工作成果的重要性和复杂性而定。将重要性、复杂性各分“高、中、低”3 个等级。

重要性—复杂性组合与技术评审方式的对应关系如表 12-4 所示。

表 12-4　　重要性—复杂性组合和技术评审方式的对应关系

重要性—复杂性组合	技术评审方式（FTR，ITR）
高高	FTR
高中	FTR
高低	FTR 或者 ITR 均可
中中	FTR 或者 ITR 均可
中低	ITR
低低	ITR

1. 准备评审

① 评审主持人首先确定评审会议的时间、地点、设备和参加会议的人员名单（包括评审员、记录员、作者、旁听者等），并告知所有相关人员（例如 Email）。

② 评审主持人把工作成果及相关材料、技术评审规程、检查表等发给评审员。

③ 评审员阅读（了解）工作成果及相关材料。

2. 举行评审会议

① 主持人宣讲本次评审会议的议程、重点、原则、时间限制等。

② 作者扼要地介绍工作成果。

③ 评审员根据“检查表”认真查找工作成果的缺陷。作者回答评审员的问题，双方要对每个缺陷达成共识（避免误解）。

④ 作者和评审员共同讨论缺陷的解决方案。对于当场难以解决的问题，由主持人决定“是否有必要继续讨论”或者“另定时间再讨论”。

⑤ 评审小组给出评审结论和意见，主持人签字后本次会议结束。评审结论有 3 种。

a. 工作成果不合格，需要做比较大的修改，之后必须重新对其评审。

b. 工作成果合格，“无须修改”或者“需要轻微修改但不必再审核”。

c. 工作成果基本合格，需要作少量的修改，之后通过审核即可，转向第 3 步。

3. 跟踪与审核

作者修正工作成果，消除已发现的缺陷。评审主持人（或者指定审查员）跟踪每个缺陷的状态。直到工作成果合格为止。技术评审报告的模板如表 12-5 所示。

表 12-5　　技术评审报告的模板

XXX 技术评审报告

1. 基本信息

提示：由评审主持人或记录员填写

成果介绍	名称、版本、作者、时间等
评审时间	
评审地点	
评审会议名单	
人员 A	评审主持人
人员 B	

2. 问答记录

提示：由评审主持人或记录员填写，主要记录评审过程中的疑问、答复、争论、处理意见。

记录 A	
记录 B	

3. 评审结论与意见

提示：由评审主持人填写。

评审结论	[　] 工作成果合格，“无须修改”或者“需要轻微修改但不必再审核”。 [√] 工作成果基本合格，需要做少量的修改，之后通过审核即可。 [　] 工作成果不合格，需要做比较大的修改，之后必须重新对其评审
意见建议	
签字	主持人签字

4. 缺陷跟踪与审核

提示：如果适用了缺陷跟踪软件，那么无须手工填写此表，用软件生成缺陷报表就行。

缺陷描述	缺陷解决方案、结果

12.5　软件质量管理体系

12.5.1　软件产品质量管理的特点

软件产品质量管理，就是为了开发出符合质量要求的软件产品，贯穿于软件开发生存周期过程的质量管理工作。同其他产品相比，软件产品的质量有其明显的特殊性。

① 很难制定具体的、数量化的产品质量标准，所以没有相应的国际标准、国家标准或行业标准。对软件产品而言，无法制定诸如“合格率”“一次通过率”“产品组合管理（Product Portfolio Management，PPM）”“寿命”之类的质量目标。每千行的缺陷数量是通用的度量方法，但缺陷的等级、种类、性质、影响不同，不能说每千行缺陷数量小的软件一定比该数量大的软件质量更好。至于软件的可扩充性、可维护性、可靠性等，也很难量化，不好衡量。软件质量指标的量化手段需要在实践中不断总结。

② 软件产品质量没有绝对的合格与不合格界限，软件不可能做到“零缺陷”，对软件的测试不可能穷尽所有情况，有缺陷的软件仍然可以使用。软件产品的不断完善通过维护和升级问题来解决。

③ 软件产品之间很难进行横向的质量对比，很难说哪个产品比哪个产品好多少。不同软件之间的质量也无法直接比较，所以没有什么“国际领先”“国内领先”的提法。

④ 满足了用户需求的软件质量，就是好的软件质量。如果软件在技术上很先进，界面很漂亮，功能也很多，但不是用户所需要的，仍不能算软件质量好。客户的要求需双方确认，而且这种需求一开始可能是不完整、不明确的，随着开发的进行不断调整。

⑤ 软件的类型不同，软件质量的衡量标准的侧重点也不同。例如，对于实时系统而言，效率（Efficiency）会是衡量软件质量的首要要素；对于一些需要软件使用者（用户）与软件本身进行大量交互的系统，如资源管理软件，对可用性（Usability）就提出了较高的要求。

正是基于上述软件产品质量的特殊性，软件产品质量管理也有其自身的特点。

（1）软件质量管理应该贯穿软件开发的全过程，而不仅仅是软件本身。

软件质量不仅仅是一些测试数据、统计数据、客户满意度调查回函等，衡量一个软件质量的好坏，首先应该考虑完成该软件生产的整个过程是否达到了一定质量要求。例如在软件开发实践中，软件质量控制主要是靠流程管理（如缺陷处理过程、开发文档控制管理、发布过程等），严格按软件工程执行，才能保证质量。

① 通过从"用户功能确认书"到"软件详细设计"过程的过程定义、控制和不断改善，确保软件的"功用性"。

② 通过测试部门的"系统测试""回归测试"过程的定义、执行和不断改善，确保软件的可靠性和可用性并通过"性能测试"，确保软件的效率。

③ 通过软件架构的设计过程及开发中代码、文档的实现过程，确保软件的可维护性。

④ 通过引入适当的编程方法、编程工具和设计思路，确保软件的"可移植性"等。

（2）对开发文档的评审是产品检验的重要方式。

由于软件是在计算机上执行的代码，离开软件的安装、使用说明文档等则寸步难行，所以开发过程中的很多文档资料也作为产品的组成部分，需要像对产品一样进行检验，而对文档资料的评审就构成了产品检验的重要方式。

（3）通过技术手段保证质量。

利用多种工具软件进行质量保证的各种工作，如用并行版本系统（Concurrent Version System，CVS）软件进行配置管理和文档管理、用 MR 软件进行变更控制、用 Rational Rose 软件进行软件开发等。采用先进的系统分析方法和软件设计方法（OOA、OOD、软件复用等）来促进软件质量的提高。

12.5.2 软件质量管理的指导思想

1. 缺陷预防

分析过去遇到过的缺陷并采用响应的措施以避免这些类型的缺陷以后再次出现。这些缺陷可能在当前项目的早期阶段或任务中被确定，也可能是被其他项目所确定。缺陷预防活动也是项目间汲取教训的一种机制，规划缺陷预防活动，找出并确定引起缺陷的通常原因，对引起缺陷的通常原因划分优先级并系统地消除。

2. 紧紧扣住用户需求

用户分为两种：CUSTOMER 和 END USER。前者付钱，而后者使用。两者要求有时不同，所以两方面的要求都要满足。但有时两方面的要求并不一致。因此，应采取以下方式。

① 采用快速原型法，尽快提供用户软件原型，并及时获取用户的反馈，根据用户的反馈不断修改软件，避免全部完工后再交给用户。否则，要改的地方可能很多，甚至推翻重来。

② 充分设计之后再编码，防止因考虑不周而返工。

③ 牢牢控制对缺陷的修改。用专门的软件，记录和跟踪软件缺陷的修复。缺陷跟踪记录包括：发现人、缺陷描述、修复人、修复记录、确认人、确认结论，通过后才关闭该记录。

④ 充分进行软件的系统测试。软件编码、单元测试、集成测试后，还要进行充分的系统测试、回归测试，软件稳定、不再出现新的缺陷后，再考虑软件出厂。

⑤ 恰当掌握软件的放行标准。并不是零缺陷的软件才是质量高的软件，软件零缺陷几乎是不可能的，对遗留的缺陷要充分进行分析，只要能满足用户需求，软件遗留的缺陷可以通过今后升级版本解决。

基于以上指导思想，在 ISO 9000：2000 系列标准下提出了下面八个质量管理原则，这些原则与 CMM/CMMI 标准的管理原则是相通的。特别是 CMMI 标准，综合了三个源标准，也借鉴和融合了当今适用的管理理论和实践，包括 ISO 9000 等其他标准的管理思想。

• 以顾客为中心：组织依存于其顾客。因此，组织应理解顾客当前的和未来的需求，满足顾客要求并争取超越顾客期望。

• 领导作用：领导将本组织的宗旨、方向和内部环境统一起来，并创造使员工能够充分参与实现组织目标的环境。

• 全员参与：各级人员是组织之本。只有他们的充分参与，才能使他们的才干为组织带来最大的收益。

• 过程方法：将相关资源和活动作为过程进行管理，可以更高效地得到期望的结果。

过程方法的原则适用于某些较简单的过程或由许多过程构成的过程网络。在应用于质量管理体系时，2000 版 ISO 9000 族标准建立了一个过程模式。此模式把管理职责、资源管理、产品实现、测量、分析与改进作为五大主要过程，描述其相互关系，并以顾客要求为输入，提供给顾客的产品为输出，通过信息反馈来测定顾客满意度，评价质量管理体系的业绩。

• 管理的系统方法：针对设定的目标，识别、理解并管理一个由相互关联的过程所组成的体系，有助于提高组织的有效性和效率。

• 持续改进：持续改进是组织的一个永恒的目标。

• 基于事实的决策方法：对数据和信息的逻辑分析或直觉判断是有效决策的基础。以事实为依据做决策，可防止决策失误。在对信息和资料做科学分析时，统计技术是最重要的工具之一。统计技术可以用来测量、分析和说明产品和过程的变异性。统计技术可以为持续改进的决策提供依据。

• 互利的供方关系：通过互利的关系，增强组织及其供方创造价值的能力。供方提供的产品可能将对组织向顾客提供满意的产品产生重要的影响，一次处理好与供方的关系，影响到组织能否持续稳定地提供顾客满意的产品。对供方不能只讲控制，不讲合作互利。特别对关键供方，更要建立互利关系。这对组织和供方双方都是有利的。

12.5.3　软件质量管理体系

1. 基于 CMM 的质量管理体系

软件质量管理和质量保证工作应该不断创新，适应形势发展需要，主动将全面质量管理和质量改进思想纳入质量管理和质量保证计划，使软件质量提高到新的水平。在此只介绍一些已成熟的软件质量管理与保证理论。

（1）CMM 概述。

CMM 是指“能力成熟度模型”，其英文全称为 Capability Maturity Model for Software，英文缩写为 SW-CMM，简称 CMM。它是对于软件组织在定义、实施、度量、控制和改善其软件过程的实践中各个发展阶段的描述。CMM 的核心是把软件开发视为一个过程，并根据这一原则对软件开发和维护进行过程监控和研究，以使其更加科学化、标准化，使企业能够更好地实现商业目标。

软件生产能力成熟度模型（Capability Maturity Model For Software，SW-CMM），以下简称“CMM”，是 1987 年由美国卡内基-梅隆大学软件工程研究所（CMU SEI）研究出的一种用于评价软件承包商能力并帮助改善软件质量的方法，其目的是帮助软件企业对软件工程过程进行管理和改进，增强开发与改进能力，从而能按时地、不超预算地开发出高质量的软件。

能力成熟度模型集成（Capability Maturity Model Integration，CMMI），是把所有现存的与将被发展出来的各种能力成熟度模型集成到一个框架中。这个框架用于解决两个问题：第一，软件获取办法的改革；第二，从集成产品与过程发展的角度出发，建立一种包含健全的系统开发原则的过程改进。

CMM 为软件企业的过程能力提供了一个阶梯式的改进框架，它基于过去所有软件工程过程改进的成果，吸取了以往软件工程的经验教训，提供了一个基于过程改进的框架；它指明了一个软件组织在软件开发方面需要管理哪些主要工作、这些工作之间的关系，以及以怎样的先后次序，一步一步地做好这些工作而使软件组织走向成熟。

（2）CMM 成熟度级别。

CMM 框架用 5 个不断进化的层次来评定软件生产的历史与现状，其中初始层是混沌的过程，可重复层是经过训练的软件过程，定义层是标准一致的软件过程，管理层是可预测的软件过程，优化层是能持续改善的软件过程。任何单位所实施的软件过程，都可能在某一方面比较成熟，在另一方面不够成熟，但总体上属于这 5 个层次中的某一个层次。而在某个层次内部，也有成熟程度的区别。在 CMM 框架的不同层次中，需要解决带有不同层次特征的软件过程问题。因此，一个软件开发单位首先需了解自己正处于哪一个层次，然后才能够针对该层次的特殊要求解决相关问题，这样才能得到事半功倍的软件过程改善效果。任何软件开发单位在致力于软件过程改善时，只能由所处的层次向紧邻的上一层次进化。而在由某一成熟层次向上一更成熟层次进化时，在原层次中已具备的能力还必须得到保持与发扬。

软件产品质量在很大程度上取决于构筑软件时所使用的软件开发和维护过程的质量。软件过程是人员密集和设计密集的作业过程：若缺乏有素训练，就难以建立起“支持实现成功”是软件过程的基础，改进工作亦将难以取得成效。CMM 描述的这个框架正是从无定规的混沌过程向训练有素的成熟过程演进的途径。

CMM 包括“软件能力成熟度模型”和“能力成熟度模型的关键惯例”。“软件能力成熟度模型”用于描述模型的结构，并给出该模型基本构件的定义。“能力成熟度模型”的关键惯例详细描述了每个“关键过程方面”涉及的“关键惯例”。“关键过程方面”是指一组相关联的活动；每个软件能力成熟度等级包含若干个对该成熟度等级至关重要的过程方面，它们的实施对达到该成熟度等级的目标起到保证作用。称这些过程域为该成熟度等级的关键，反之，有非关键过程域是指对达到相应软件成熟度等级的目标不起关键作用。归纳为：互相关联的若干软件实践活动和有关基础设施的一个集合。而“关键惯例”是指使关键过程方面得以有效实现和制度化的作用最大的基础设施和活动，对关键过程的实践起关键作用的方针、规程、措施、活动以及相关基础设施的建立。关键实践一般只描述“做什么”而不强制规定“如何做”。各个关键惯例按每个关键过程的 5 个“公共特性”（对执行该过程的承诺，执行该过程的能力，该过程中要执行的活动，对该过程执行情况的度量和分析，及证实所执行的活动符合该过程）归类，逐一详细描述。当做到了某个关键过程的全部关键惯例就认为实现了该关键过程，实现了某成熟度级及其低级所含的全部关键过程就认为达到了该级。

上面提到了 CMM 把软件开发组织的能力成熟度分为 5 个等级。除了第 1 级外，其他每一级由几个关键过程方面组成。每一个关键过程方面都由上述 5 种公共特性予以表征。CMM 给了每个关键过程一些具体目标。按每个公共特性归类的关键惯例是按该关键过程的具体目标选择和确定的。如果恰当地处理了某个关键过程涉及的全部关键惯例，这个关键过程的各项目标就达到了，也就表明该关键过程实现了。这种成熟度分级的优点在于，这些级别明确而清楚地反映了过程改进活动的轻重缓急和先后顺序。如表 12-6 所示。

表 12-6　　过程成熟度级别

能力等级	特点	关键过程
第一级基本级	软件过程是混乱无序的，对过程几乎没有定义，成功依靠的是个人的才能和经验，管理方式属于反应式	
第二级重复级	建立了基本的项目管理来跟踪进度。费用和功能特征，制定了必要的项目管理制度，能够利用以前类似的项目应用取得成功	需求管理，项目计划，项目跟踪和监控，软件子合同管理，软件配置管理，软件质量保障

续表

能力等级	特点	关键过程
第三级确定级	已经将软件管理和过程文档化、标准化，同时综合成该组织的标准软件过程，所有的软件开发都使用该标准软件	组织过程定义，组织过程焦点，培训大纲，软件集成管理，软件产品工程，组织协调，专家审评
第四级管理级	收集软件过程和产品质量的详细度量，对软件过程和产品质量有定量的理解和控制	定量的软件过程管理和产品质量管理
第五级优化级	软件过程的量化反馈和新的思想技术促进过程的不断改进	缺陷预防，过程变更管理和技术变更管理

（3）CMM 评估的步骤。

一般来说，评估是一种协调的、客观的测量，是对组织的软件过程的强项和弱项的测量。CMM 评估的高层目标是标识出组织遵从哪些 CMM PKA 和不遵从哪些以及为什么。评估的主要目标不是确定一个组织 CMM 等级上的得分，这只是个附带的结果；而是标识改进应该聚焦的部分，即可能需要提供资源支持或需要重新定义工作方式的部分。为此，评估过程需要在工作状态下查看过程和实践；通常是查看在组织中选出的项目。目标是得到组织大纲的一个代表性图像，然后基于这个图像，将观察写成文档，做出结论并提出建议。

评估的步骤如下。

① 决定执行一个评估。

② 与一位主任评估师签定合同。

③ 选择评估团队。

④ 选择项目。

⑤ 选择参与者。

⑥ 制订评估计划。

⑦ 评审与批准已制订的计划。

⑧ 在 CMM 方面培养团队。

⑨ 团队做好准备。

⑩ 举行启动会议。

⑪ 散发和填写成熟度提问单。

⑫ 考察提问单结果。

⑬ 考察过程和时间文档。

⑭ 进行现场访谈。

⑮ 提炼信息。

⑯ 编制评估发现的草稿。

⑰ 陈述评估发现的草稿。

⑱ 发布正式评估报告。

⑲ 交付报告。

⑳ 举行高层管理会议。

这只是从管理方面应该了解的评估过程，至于每一步应该如何做，做些什么工作，可参看有关资料中的更详细的阐述。

2. ISO 基于 ISO 9000 的质量管理体系

（1）系列标准

国际标准化组织制定的 ISO 9000 系列标准是国际公认的质量管理和质量保证标准，被世界各国和地区广泛采用。按照该系列标准的定义，“产品是活动或过程的结果”“产品包括服务、硬件、流程型材料、软件或它们的组合。”所以毫无疑义，软件企业、软件产品的质量管理和质量保证，也应该遵循这套标准。这套标准源于国际标准化组织（英文缩写为ISO）1986年发布的ISO 8402“质量——术语”和1987年发布的ISO 9000“质量管理和质量保证标准——选择和使用指南”、ISO 9001“质量体系—设计开发、生产、安装和服务的质量保证模式”、ISO 9002“质量体系—生产和安装的质量保证模式”、ISO 9003“质量体系—最终检验和试验的质量保证模式”、ISO 9004“质量管理和质量体系要素——指南”等6项国际标准，统称为系列标准，或称为1987版ISO 9000系列国际标准。

1990年负责制定ISO 9000系列标准的ISO/TC 176质量管理和质量保证技术委员会决定对1987年版的ISO 9000系列的6项标准进行修订，并采纳1987年最初提出的ISO 9000系列标准的修订战略，将这次修订分两个阶段进行。第一阶段称之为“有限修改”，即在标准结构上不做大的变动，仅对标准的内容进行小范围修改，但这种修改要趋向于将来的修订本，以便更好地满足标准使用者的需要。1994年ISO/TC 176完成了对标准的第一阶段的修订工作，ISO发布了1994版ISO 8402、ISO 9001—1、ISO 9001、ISO 9002、ISO 9001和ISO 9004等6项国际标准，统称为1994版ISO标准。这些标准分别取代1987版的6项标准。

1994年发布ISO 9000族修订本时，ISO/TC 176提出了“ISO 9000族”的概念，“ISO 9000族”是指由ISO/TC 176制定的所有国际标准。ISO在发布上述6项质量标准时，已陆续制定发布了10项指南性国际标准。这样，ISO 9000族国际标准就从1987年仅有的6项发展到1994年的16项，其中包括ISO 9001—3：1991“质量管理和质量保证标准——第3部分：ISO 9001在软件开发、供应和维护中的使用指南”。这个指南是专门针对软件的质量管理和质量保证而制定的，对软件企业和软件产品的质量管理和质量保证具有重要的意义。ISO/TC 176在1994年完成对标准的第一阶段的“有限修改”工作后，随即启动修订战略第二阶段的工作，称之为“彻底修改”。1996年，在广泛征求标准使用者意见、了解顾客对标准修订的要求、比较各种修改方案后，相继提出了“2000版ISO 9001的标准结构和内容的设计规范”和“ISO 9001修订草案”，作为1994版标准修订的依据。在2000版ISO 9001里面引入了全面质量管理的概念，全面质量管理的基本工作方法是PDCA循环，即由计划（PLAN）、实施（DO）、检查（CHECK）、处理（ACTION）这四个密切相关的阶段所构成的工作方式。国际质量管理学界普通认为，PDCA循环是一个非常科学的工作方式，引进PDCA循环，即过程方法模式，对质量保证有很大的益处。

（2）ISO 9001—3

ISO 9001—3是国际标准化组织关于软件质量管理和保证而制定的国际标准。因此，它适合合同环境下的软件开发质量的保证。在这里，提出了较完整的质量体系要素。质量体系是由质量体系要素构成的，在ISO 9001中一共有20个质量体系要素，这些体系要素主要是针对硬件而设计的，对软件不完全适用。在ISO 9001—3中针对软件的特点将软件的质量体系要素区分为三种类型，设计了22个体系要素，其中结构类型要素4个，生存周期活动类型要素9个，支持活动类型要素9个。

① 结构类质量体系要素共4个：领导的责任、质量体系的建立和运行、内部质量体系审核、纠正措施。

② 生存周期类质量体系要素共9个：合同评审、需方要求规范、开发策略、质量策划、设计和实施、试验和确认、验收、复制交付和安装、维护。

③ 支持活动类型质量体系要素共9个：技术状态管理、文件控制、质量记录、测量、规则和惯例、工具和方法、采购、配套的软件产品、培训。

很明显，不管是CMM还是ISO，都强调对产生应用软件之过程的管理，提高软件产品的生产效率和软件的质量，同时，软件工程理论的广泛运用也推动了软件产业由小规模生产到集成自动化生产迈进。这也充分说明，软件产品质量不仅表现在最终产品的质量，还应该包含软件产生过程的质量，只有这样，才能使软件组织连续不断地生产出高质量的软件产品。

另外，从管理层次上看，ISO 要比 CMM 所处的级别高，ISO 只是提出了一个质量管理框架，是属于指导性的框架，而 CMM 提出的框架是一个操作性很强的框架，其 KPA 过程非常明确地提出了过程目标和过程注意事项。因此，在软件组织中，可以将 ISO 和 CMM 结合起来应用，即：把 ISO 作为软件质量管理的指导性框架，把 CMM 作为具体实施层的应用，这样就可以充分利用二者的优势来共同完成对软件开发过程的质量控制，从而达到既提高软件开发效率又保证所开发的软件具有较高的质量。

12.6　典型例题详解

例题 1（2013 年 5 月软件设计师试题）　软件的复杂性主要体现在程序的复杂性。______是度量软件复杂性的一个主要参数。

A. 代码行数　　　　B. 常量的数量

C. 变量的数量　　　　D. 调用的库函数的数量

分析：代码行数度量法以程序的总代码行数作为程序复杂性的度量值。这种度量方法有一个重要的隐含假定：书写错误和语法错误在全部错误中占主导地位。

参考答案：A

例题 2（2014 年 11 月软件设计师试题）　以下关于 CMM 的叙述中，不正确的是______。

A. CMM 是指软件过程能力成熟度模型

B. CMM 根据软件过程的不同成熟度划分了 5 个等级，其中，1 级被认为成熟度最高，5 级被认为成熟度最低

C. CMMI 的任务是将已有的几个 CMM 模型结合在一起，使之构造成为“集成模型

D. 采用更成熟的 CMM 模型，一般来说可以提高最终产品的质量

分析：CMM（Capability Maturity Model）是能力成熟度模型的缩写，CMM 是国际公认的对软件公司进行成熟度等级认证的重要标准。CMM 共分五级：初始级、可重复级、已定义级、定量管理级、优化级。在每一级中，定义了达到该级过程管理水平所应解决的关键问题和关键过程。每一较低级别是达到较高级别的基础。

参考答案：B

例题 3（2014 年 11 月软件设计师试题）　在 ISO/IEC 软件质量模型中，可靠性是指在规定的一段时间内和规定的条件下，软件维持在其性能水平的能力；其子特性不包括______。

A. 成熟性　　B. 容错性　　C. 易恢复　　D. 可移植性

分析：可靠性包括四个子特征：成熟性、容错性、易恢复性和兼容性。

参考答案：D

小　　结

软件质量就是与软件产品满足规定和隐含需求能力有关的特征或特性的全体。ISO 定义了六个质量特性：功能性、可靠性、可维护性、效率、可使用性、可移植性。软件的质量是由质量特性体

系所属的质量度量模型来评价的。软件质量保证是为保证产品和服务充分满足消费者要求的质量而进行的有计划、有组织的活动。技术评审的目的是尽早地发现工作成果中的缺陷，并帮助开发人员及时消除缺陷，从而有效地提高产品的质量。研究软件质量管理，就是要建立一个完善的软件质量管理体系，并且介绍了两个已成熟的体系：基于 CMM 的质量管理体系和基于 ISO 9000 的质量管理体系。接下来概述了能力成熟度模型 CMM。

习 题 12

一、选择题

1. 在 McCall 软件质量度量模型中，属于面向软件产品的操作是【　　】。

A. 正确性　B. 可维护性　C. 适应性　D. 互操作性

2. ISO9000 是由 ISO/TC176 制定的国际标准，关于质量保证和【　　】。

A. 质量控制　B. 质量管理　C. 质量策划　D. 质量改进

3. 追求更高的效益和效率为目标的持续性活动是【　　】。

A. 质量策划　B. 质量控制　C. 质量保证　D. 质量改进

4. 为保证软件的质量可以采取的措施是【　　】。

A. 严格审查　B. 控制成本　C. 定期复查　D. 科学测试

5. 质量保证是为了保证产品和服务充分满足消费者要求的质量而进行的有计划、有组织的活动。质量保证使产品实现的功能是【　　】。

A. 系统分析员　B. 程序员　C. 软件开发者要求　D. 用户要求

6. 以软件质量为目的的技术活动是【　　】。

A. 技术创新　B. 测试　C. 技术改造　D. 技术评审

7. 提高软件质量和可靠的技术大致可分为两大类：其中一类就是避开错误技术，但避开错误技术无法做到完美无缺和绝无错误，这就需要【　　】。

A. 消除错误　B. 检测错误　C. 避开错误　D. 容错

8. 软件度量的三个维度包括【　　】。

A. 技术度量　B. 项目度量　C. 产品度量

D. 过程度量　E. 生产率度量

9. 全面质量管理的基础工作包括【　　】。

A. 定额工作　B. 计划工作　C. 标准化工作　D. 统计工作

10. ISO1985 提出的关于软件质量度量模型的层次组成是【　　】。

A. 软件质量需求评价准则　B. 软件质量设计评价准则

C. 软件质量度量评价准则　D. 软件质量过程评价准则

11. （软件设计师考试 2011 年 11 月试题 31）将每个用户的数据和其他用户的数据隔离开，是考虑了软件的【　　】。

A. 功能性　B. 可靠性　C. 可维护性　D. 易实用性

12. （软件设计师考试 2011 年 11 月试题 32）在软件评审中，设计质量是指设计的规格说明书符合用户的要求，设计质量的评审内容不包括【　　】。

A. 软件可靠性　B. 软件的可测试性　C. 软件性能实现情况　D. 模块层次

13. （系统集成项目管理工程师考试 2011 年 11 月试题 11）以下关于软件质量保证和质量评价的描述中，不正确的是【　　】。

A. 软件质量保证过程通过计划制订、实施和完成一组活动提供保证，这些活动保证项目生命周期中的软件产品和过程符合其规定的需求

B. 验证和确认过程确定某一开发和维护活动的产品是否符合互动的需求，最终的产品是否满足用户需求

C. 检查的目的是评价软件产品，以确定其对使用意图的适合性，目标是识别规范说明与标准的差异，并向管理提供证据

D. 软件审计的目的是提供软件产品和过程对于可应用的规则、标准、指南、计划和流程的遵从性的独立评价

二、简答题

1. 软件质量是什么？有何基本特性？
2. 软件度量是什么？软件质量的度量是什么？二者有何关系？
3. 软件质量保证是什么？软件质量保证的主要任务包含哪些？
4. 试简述正式技术评审意义和基本流程。
5. PDCA 循环是什么？它的主要步骤是什么？举例说明如何应用 PDCA 循环。
6. 试简述 ISO 9000 族标准的质量管理原理。

第 13 章 软件工程项目管理

本章要点

- 软件工程项目管理的基本概念
- 进度计划中的 Gantt 图及工程网络技术
- 风险管理的分类、评估、管理和监控

13.1 软件项目管理

项目管理逐渐成为各机构执行管理功能的有效手段。项目管理应该成为一种企业整体的行为。20 世纪 60 年代到 20 世纪 70 年代初期，许多大型软件项目的失败告诉人们：软件管理困难重重。软件产品常常不能按时完成、可靠性差、成本是预期的几倍。在这种背景下，项目管理这门学科应运而生。

13.1.1 软件项目管理的特点

软件项目管理并不是单纯地把其他工程学科的管理方法运用到软件开发中来，它们之间在很多方面有显著的区别。下面简单介绍一下软件项目管理的一些特征。

（1）软件产品是不可见的。

软件产品在开发过程中，软件项目的管理者是无法看到其进展情况的，他们只能从开发人员提交的进度报告中来掌握。

（2）软件过程没有统一的标准。

在开发某一软件产品的时候，应该按照一般的软件工程的步骤进行实施，但是人们不能保证某一软件过程何时有可能出现问题。

（3）大型软件项目常常是“一次性的”。

对于软件项目不可能像建造桥梁那样，一次一次地从中积累出经验来。软件项目通常会有些很难预见的问题，并且计算机技术日新月异，早先的经验也随之过时，其中的教训也不能在新的项目里发挥作用。

软件项目管理是一个重大的课题，下面将深入介绍项目规划、项目进度、风险管理、成本估算及人员管理等。

13.1.2 软件项目管理的主要职能

① 制订计划：规定待完成的任务、要求、资源、人力和进度等。

② 建立组织：为实施计划，保证任务的完成，需要建立分工明确的责任机构。

③ 配备人员：任用各种层次的技术人员和管理人员。

④ 指导：鼓励和动员软件人员完成所分配的情况。

13.1.3　软件项目管理的主要内容

一般来说，项目管理包括进度管理、资源与费用管理、质量管理三个基本内容。在项目管理方面已有不少成功的经验、方法与软件工具。对于软件项目来说，还有两个比较特殊的问题。首先是测试工作方面的支持。由于软件质量比较难以测定，所以不仅需要根据设计任务书提出测试方案，而且还需要提供相应的测试环境与测试数据。人们很自然地希望软件开发工具能够在这些方面提供帮助。另一个是版本管理问题。当软件规模比较大的时候，版本的更新、各模块之间以及模块与使用说明之间的一致性、向外提供的版本的控制等都带来一系列十分复杂的管理问题。如果软件开发工具能够在这些方面给予支持或帮助，无疑将有利于软件开发工作的进行。

软件项目管理的内容主要包括如下 7 个方面：人员的组织与管理、软件度量、软件项目计划、风险管理、软件质量保证、软件过程能力评估、软件配置管理等。

这 7 个方面都是贯穿、交织于整个软件开发过程中的，其中人员的组织与管理把注意力集中在项目组人员的构成、优化上；软件度量用关注用量化的方法评测软件开发中的费用、生产率、进度和产品质量等要素是否符合期望值，包括过程度量和产品度量两个方面；软件项目计划主要包括工作量、成本、开发时间的估计，并根据估计值制定和调整项目组的工作；风险管理预测未来可能出现的各种危害到软件产品质量的潜在因素并由此采取措施进行预防；质量保证是保证产品和服务充分满足消费者要求的质量而进行的有计划、有组织的活动；软件过程能力评估是对软件开发能力的高低进行衡量；软件配置管理针对开发过程中人员、工具的配置、使用提出管理策略。

13.1.4　软件项目管理活动

1. 计划项目

软件项目计划是一个软件项目进入系统实施的启动阶段，主要进行的工作包括确定详细的项目实施范围、定义递交的工作成果、评估实施过程中主要的风险以及制订项目实施的时间计划、成本和预算计划、人力资源计划等。

软件项目管理过程从项目计划活动开始，而第一项计划活动就是估算需要多长时间、需要多少工作量以及需要多少人员。此外，还必须估算所需要的资源（硬件及软件）和可能涉及的风险。

为了估算软件项目的工作量和完成期限，首先需要预测软件规模。度量软件规模的常用方法有直接的方法——LOC（代码行）和间接的方法——FP（功能点）。这两种方法各有优缺点，应该根据软件项目的特点选择适用的软件规模度量方法。

根据项目的规模可以估算出完成项目所需的工作量，可以使用一种或多种技术进行估算，这些技术主要分为两大类：分解和经验建模。分解技术需要划分出主要的软件功能，接着估算实现每一个功能所需的程序规模或人数。经验技术的使用是根据经验导出的公式来预测工作量和时间。可以使用自动工具来实现某一特定的经验模型。

精确的项目估算一般至少会用到上述技术中的两种。通过比较和协调使用不同技术导出的估算值，可能得到更精确的估算。软件项目估算永远不会是一门精确的科学，但将良好的历史数据与系统化的技术结合起来能够提高估算的精确度。

当对软件项目给予较高期望时，一般都会进行风险分析。在标识、分析和管理风险上花费的时间和人力可以从多个方面得到回报：更加平稳的项目进展过程；更高的跟踪和控制项目的能力；由于在问题发生之前已经做了周密计划而产生的信心。

对于一个项目管理者，他的目标是定义所有的项目任务，识别出关键任务，跟踪关键任务的进展情况，以保证能够及时发现拖延进度的情况。为此，项目管理者必须制定一个足够详细的进度表，以便监督项目进度并控制整个项目。

常用的制订进度计划的工具主要有 Gantt 图和工程网络两种。Gantt 图具有悠久历史、直观简明、容易学习、容易绘制等优点，但是，它不能明显地表示各项任务彼此间的依赖关系，也不能明显地表示关键路径和关键任务，进度计划中的关键部分不明确。因此，在管理大型软件项目时，仅用 Gantt 图是不够的，不仅难于做出既节省资源又保证进度的计划，而且还容易发生差错。

工程网络不仅能描绘任务分解情况及每项作业的开始时间和结束时间，而且还能清楚地表示各个作业彼此间的依赖关系。从工程网络图中容易识别出关键路径和关键任务。因此，工程网络图是制订进度计划的强有力的工具。通常，联合使用 Gantt 图和工程网络这两种工具来制订和管理进度计划，使它们互相补充、取长补短。有关 Gantt 图与工程网络图的内容将在 13.5 节详细介绍。

2. 项目组织

项目组织是保证工程项目正常实施的组织保证体系，就项目这种一次性任务而言，项目组织建设包括从组织设计、组织运行、组织更新到组织终结这样一个生命周期。项目管理要在有限的时间、空间和预算范围内将大量物资、设备和人力组织在一起，按计划实施项目目标，必须建立合理的项目组织。

（1）项目组织特征。

① 组织目标单一，工作内容庞杂。

② 项目组织是一个临时性机构。

③ 项目组织应精干高效。

④ 项目经理是项目组织的关键。

（2）项目组织设置原则。

① 有效幅度管理原则。

② 权责对等原则。

③ 才职相称原则。

④ 命令统一原则。

⑤ 效果与效率原则。

⑥ 适时重组原则。

（3）项目组织机构的类型。

① 工程指挥部型。从 1964 年以来，我国大型工程项目主要采取这种形式，目前仍然被广泛采用。优点是对项目实施过程中所出现的相互间协作配合问题的解决具有决策快、效率高的特点；缺点是该形式是行政管理的方式，许多方面不能符合市场经济的规律。现代项目管理中所采用的工程指挥部型项目组织，无论是形式上还是内容上都比早期的工程指挥部型有了很大的改进。

② 职能组织型。该结构呈金字塔形，高层管理者位于金字塔的顶部，中层和底层管理者则沿着塔身向下分布。公司的经营活动按照设计、生产、营销和财务等职能划分成部门；一个项目可以作为公司中某个职能部门的一部分，这个部门应该是对项目的实施最有帮助或最有可能使项目成功的部门，例如开发一个新产品项目可以被安排在技术部门的下面，直接由技术部门经理负责。

③ 项目组织型。在这种组织形式中，每个项目就如同一个微型公司那样运作，项目组的成员来自不同的部门，完成每个项目所需的资源完全分配给这个项目，专门为该项目服务。

④ 矩阵组织型。现代大型项目中应用最广泛的新型组织形式，它是职能组织型和项目组织型的结合。

（4）项目组的组建。

① 项目组的组成成员。

- 项目经理。包括客户项目经理、设计单位项目经理和实施单位项目经理。

- 项目工程师：主管产品的设计开发，负责产品的功能分析、规格说明、图纸、费用估算、质量、工程变更及技术文档。
- 制造工程师。为项目工程师的设计成果组织有效的生产过程，包括设计和安装相应的生产设备、安排生产进度以及其他的生产活动。
- 现场经理。负责在产品交付用户使用时的现场支持、安装调试等。
- 合同管理员：负责项目的所有正式书面文件，对用户变更、提问、投诉、法律方面、成本及其他授权给项目的关于合同方面的事务保持跟踪。
- 项目管理员。负责记录项目的日常收支情况，包括成本变化、劳务费用、日常用品及设备状况等；还要定期做一些报表，并与项目经理和公司领导保持密切联系。
- 支持服务经理。负责产品的服务支持，与分包商联系、信息处理等。

② 建立项目组沟通计划：通常可以采用会议、书面情况报告、电子邮件或其混合形式来加强项目组成员间的信息沟通和相互交流。

③ 项目启动会议。目的是召集项目有关人员开会，介绍项目目标、实施策略及计划安排，宣布有关项目管理中的有关规程；出席人员包括项目发起人、客户代表、公司主观领导、有关职能部门经理和全体项目组成员，该会议的结束标志着项目正式启动。

3. 控制项目

对于软件开发项目而言，控制是十分重要的管理活动。下面介绍软件工程控制活动中的质量保证和配置管理。其实上面所提到的风险分析也可以算是软件工程控制活动的一类。而进度跟踪则起到连接软件项目计划和控制的作用。

软件质量保证（Software Quality Insurance，SQA）是在软件过程中的每一步都进行的“保护性活动”。SQA 主要有基于非执行的测试（也称为评审）、基于执行的测试（即通常所说的测试）和程序正确性证明。

软件评审是最为重要的 SQA 活动之一。它的作用是，在发现及改正错误的成本相对较小时就及时发现并排除错误。审查和走查是进行正式技术评审的两类具体方法。审查过程不仅步数比走查多，而且每个步骤都是正规的。由于在开发大型软件过程中所犯的错误绝大多数是规格说明错误或设计错误，而正式的技术评审发现这两类错误的有效性高达 75%，因此技术评审是非常有效的软件质量保证方法。

软件配置管理（Software Configuration Management，SCM）是应用于整个软件过程中的保护性活动，它是在软件整个生存周期内管理变化的一组活动。

软件配置由一组相互关联的对象组成，这些对象也称为软件配置项，它们是作为某些软件工程活动的结果而产生的。除了文档、程序和数据这些软件配置项之外，用于开发软件的开发环境也可置于配置控制之下。

一旦一个配置对象已被开发出来并且通过了评审，它就变成了基线。对基线对象的修改导致建立该对象的版本。版本控制是用于管理这些对象而使用的一组规程和工具。

4. 终结项目

项目终结确保工程项目验收、正式终结并形成书面文字，使一个项目或项目的某一期有序正式终结，包括合同（双方或多方）执行完毕、工程经验、工程教训学习的文件编制、管理终结。第 1 级，没有正式结束所有交接的终结过程，无合同执行结束过程，工程文件记载没有收集，没有分类，更没有储存。第 2 级，明确了非正式的结束过程，整个项目管理过程的关键性技术和学习及质量进行了非正式审议。第 3 级，完成所有的终结活动，工程文件已经储存，并得以管理。项目团队积极参与，对项目管理方法提出总结建议，并将项目管理最好的方法编制成文。第 4 级，合同执行终结，管理执行终结，工程文件编制并综合集成。第 5 级，项目终结过程得到优化，项目管理过程得以持续改进。

13.2 基于CASE技术的开发工具简介

软件开发工具是一种计算机程序系统，用来帮助软件的开发、维护和管理。例如，自动设计工具、编译程序、测试工具及维护工具等。

CASE 技术是软件工具和软件方法的结合。它不同于以前的软件技术，因为它强调了解决整个软件开发过程的效率问题，而不仅仅是实现阶段。CASE 也是一种最完美的软件技术，CASE 着眼于软件分析和设计以及程序实现和维护的自动化，从软件生存期的两端解决了软件生产率的问题。

CASE 工具是指 CASE 的最外层用户使用 CASE 去开发一个应用系统，所接触到的所有软件工具。

- 图形工具：绘制结构图、系统专用图。
- 屏幕显示和报告生成的各种专用系统：可支持生成一个原型。
- 专用检测工具：用以测试错误或不一致的专用工具及其生成的信息。
- 代码生成器：从原型系统的工具中自动产生可执行代码。
- 文件生成器：产生结构化方法和其他方法所需要的用户系统文件。

对于 CASE 工具的分类可以帮助开发人员了解不同类型的 CASE 工具的作用及任务，从不同的角度可以产生不同的分类方法，下面从功能方面进行分类。

- 规划工具：PERT 工具、估算工具、电子表格工具。
- 编辑工具：文本编辑器、图表编辑器、文字处理器。
- 配置工具：版本管理、系统建立管理。
- 原型建立工具：高端语言、用户界面生成工具。
- 变更工具：需求跟踪工具、变更控制器。
- 方法支持工具：设计编辑器、数据字典、代码生成器。
- 语言处理工具：编译及解释系统、静态及动态分析器。
- 测试工具：测试用例生成工具、调试程序。
- 文档工具：图像编辑器、文字工具等。

接下来对基于 CASE 技术的开发工具进行简单的介绍。

1. Rational Rose

Rational 公司曾以 ADA 语言享誉全世界，今天又以面向对象的可视化建模工具 Rational Rose 博得业界好评。Rational Rose 包括一体化建模语言 UML、OOSE 及 OMT。其中 UML 由 Rational 公司三位世界级面向对象技术专家 Grady Booch、Ivar Jacobson 和 James Rumbaugh，通过对早期面向对象研究和设计方法进一步扩展而得，为可视化建模奠定坚实的理论基础。

Rose 工具集中体现了当代软件开发的先进思想，把面向对象的建模和螺旋上升式的开发过程相结合，支持最新的 UML 标准。并且，Rose 工具中集成了许多的软件技术，支持团队开发，支持代码的自动生成（如 Java 、C++、VB、Oracle 等的代码生成），与多种外部程序相联系，如版本管理程序等，为软件系统的开发提供了一个全面的支持环境。

RUP（Rational Unified Process）是 Rational 公司提出的面向对象的软件开发过程，RUP 是针对 UML 建模技术而发展的一种开发过程模型。UML 与 RUP 的结合可以相得益彰，Rose 提供了对 RUP 和 UML 的完善支持。

对于代码的自动生成，Rose 提供了对几种主流开发工具的支持，这些代码生成模块是以插件的形式提供，主要有下面 8 种：VC++、VB、Smaltalk、Ada、Java、SQL、Oracle8、PowerBuilder 等，在 Rational 中使用 UML 等建立好系统的模型后，这些插件会将描述的模型元素转变为相应的开发语言的描述，加速了系统的开发过程。

Rose 的逆向工程功能，除了提供由模型到程序代码的自动生成外，Rose 还提供由程序代码到再现系统模型的逆向工程功能，对代码进行修改时，Rose 的逆向工程功能可以保证模型和代码的一致性，对没有模型的系统，可以通过 Rose 重构系统模型，帮助分析和理解系统。

现在 Rose 已经发展成为一套系统的软件开发工具，对软件工程的全过程进行支持，包括系统建模、模型集成、代码生成、软件系统测试、软件文档生成、逆向工程、软件开发的项目管理、团队开发管理等。

2. PowerDesigner

Power Designer 系列产品提供了一个完整的建模解决方案。业务或系统分析人员、设计人员、数据库管理员 DBA 和开发人员可以对其裁剪以满足他们的特定需要；而其模块化的结构为购买和扩展提供了极大的灵活性，从而使开发单位可以根据其项目的规模和范围来使用他们所需要的工具。Power Designer 灵活的分析和设计特性允许使用一种结构化的方法有效地创建数据库或数据仓库，而不要求严格遵循一个特定的方法学。Power Designer 提供了直观的符号表示使数据库的创建更加容易，并使项目组内的交流和通信标准化，同时能更加简单地向非技术人员展示数据库和应用的设计。

Power Designer 不仅加速了开发的过程，也向最终用户提供了管理和访问项目的信息的一个有效的结构。它允许设计人员不仅创建和管理数据的结构，而且开发和利用数据的结构针对领先的开发工具环境快速地生成应用对象和数据敏感的组件。开发人员可以使用同样的物理数据模型查看数据库的结构和整理文档，以及生成应用对象和在开发过程中使用的组件。应用对象生成有助于在整个开发生命周期提供更多的控制和更高的生产率。

13.3　成本估算

为了使开发项目能够在规定的时间内完成，而且不超过预算，成本估算和管理控制是关键。软件开发成本主要是指软件开发过程中所花费的工作量及相应的代价。它不同于其他物理产品的成本，它不包括原材料和能源的消耗，主要是人的劳动消耗。人的劳动消耗所需代价是软件产品的开发成本。另一方面，软件产品开发成本的计算方法不同于其他物理产品成本的计算。软件产品不存在重复制造过程，它的开发成本是由一次性方法过程所花费的代价来计算的。因此软件开发成本的估算，应是从软件计划、需求分析、设计、编码、单元测试、组装测试到确认测试，整个软件开发全过程所花费的代价为依据。

要注意到成本估算和预算之间的差别。成本估算作为预算的一个输入，预算各项作为预算的不同账目或报表的输入。预算要受到授权实体的审核，此实体是一个预算管理部门，或者是项目策略经理。作为一名项目经理，也许无法控制预算，但可以根据成本估算结果来控制预算输入。

有些附加信息需要在成本估算中体现出来。这包括决策，例如不同的内容将通过什么投资渠道获得投资。应该将原始估算与从评估人员那里得到的最终结果进行比较，将评估人员忽略的因素增加到估算中。

软件项目管理从项目计划开始，制订计划的基础是对软件规模、工作量和开发周期的估算。为了估算项目的工作量和工期，首先要估算软件的规模。早期，软件规模很小，估算误差影响不大。随着软件规模的不断扩大和软件需求越来越复杂，软件成本估算的准确性成了影响软件项目成败的关键因素。对软件规模的估算一般有两种方法。

（1）代码行技术

代码行是用以表示软件规模的一个单位。代码行技术依据以往开发类似产品的经验和历史数据，估计实现一个功能所需要的源程序行数。当有以往开发类似产品的历史数据可以供参考时，用这种方法估计出的数值是比较准确的。把实现每个功能所需要的源程序行数累加起来，就可以得到实现整个软件所需要的源程序代码行数。

（2）功能点技术

为了克服代码行技术的缺点，人们把对问题分解的焦点放到了信息域的数量上，提出了基于功能点的方法。功能点技术依据对软件信息域特性和软件复杂性的评估结果估算软件规模，即用功能点（FP）为单位度量软件规模。

工作量估算采用工作量模型进行估算，并且工作量模型也是一个经验公式。工作量是软件规模的函数，单位通常是人月（pm）。因为大多数估算模型的经验数据都是从有限个项目的样本集中总结出来的，因此，没有一个估算模型可以适用于所有类型的软件和开发环境，必须根据当前项目的特点选择适用的估算模型，并且根据需要适当地调整。经验公式分为三类：静态单变量模型、动态多变量模型和结构成本模型。其中，静态单变量模型分为面向 KLOC 的估算模型和面向 FP 的估算模型。

估算出完成给定项目所需要的总工作量之后，接下来估算总工期。对于一个估计工作量为 20 人月的项目，可想出下列几种进度表：1 个人用 20 个月完成该项目；4 个人用 5 个月完成该项目；20 个人用 1 个月完成该项目。但这些进度表并不显示，实际上软件开发时间与从事开发工作的人数之间并不是简单的反比关系。当软件规模以及开发小组规模变大后，个人生产效率将下降，因此开发时间与人数并非是简单的反比关系，需适当地增加工期。

对一个大型的软件项目，由于项目的复杂性，开发成本的估算不是一件简单的事，要进行一系列的估算处理。主要靠分解和类推的手段进行。基本估算方法分为三类。

1. 自顶向下的估算方法

这种方法的思想是从项目的整体出发，进行类推。即估算人员根据以前已完成项目所耗费的总成本（或工作总量），推算将要开发的软件总成本（或工作总量），然后按比例分配到各开发任务中去，再检验它是否能满足要求。这种方法的优点是估算量小、速度快；缺点是对项目中的特殊困难估计不足，估算出来的成本盲目性大，有时会遗漏被开发软件的某些部分。

2. 自底向上的估算法

这种方法的想法是把待开发的软件细分，直到每一个子任务都已经明确所需要的开发工作量，然后把它们加起来，得到软件开发的总工作量。这是一种常见的估算方法。它的优点是估算各个部分的准确性高。缺点是缺少各项子任务之间相互联系所需要的工作量，还缺少许多与软件开发有关的系统级工作量（配置管理、质量管理和项目管理）。所以往往估计值偏低，必须用其他方法进行校验和校正。

3. 差别估算法

这种方法综合了上述两种方法的优点，其方法是把待开发的软件项目与过去已完成的软件项目进行比较，不同的部分则采用相应的方法进行估算，这种方法的优点是可以提高估算的准确度，缺点是不容易明确“类似”的界限。

13.4 计划和组织

13.4.1 项目计划的制订

项目计划详细说明了所需软件工作及如何实现。它定义了每一个主要任务，并估算其所需时间和资源，同时为管理层的评估和控制提供了一个框架。项目计划也提供了一种很有效的学习途径。

如果能合理建档，它便是一个与实际运行效能比较的基准。这种比较可以使计划者看到他们的估算误差，从而提高其估算精确度。

人们着重强调对项目规模和资源的估算，是因为低质量的项目资源估算将不可避免地造成资源短缺、进度延迟和预算超支。又由于项目资源估算是从软件规模估算中直接衍生出来的，所以低质量的规模估算是造成许多软件项目问题的根本原因。

项目计划应在项目开始初期制订出，并随着工程的进展不断地加以精化。起初，由于软件需求通常是模糊而又不完整的，人们的工作重点应在于明确该项目需要哪些领域的知识，并且如何获取这些知识。如果不遵循这一指导原则，程序员们通常会积极地投入到那部分已知的工作中去，而把未知部分留滞到以后。这种工作方式通常会产生很多问题，因为未知部分具有最高的风险系数。软件项目计划的逻辑如下所述。

由于软件需求在初始阶段是模糊而又不完整的，质量计划只能建立在对客户需求的大致而不确切的理解之上。因此，项目计划应该从找出含糊不确切与准确恰当的软件需求间的映射关系入手。

接着建立一种概念设计。项目初始架构的建立要十分谨慎，因为它通常标定了产品模块的分割线，同时描述了这些模块所实现的功能及所有模块间的关系。这就为项目计划和项目实施提供了组织框架，因此一个低质量的概念设计是不能满足要求的。

在每一次后续的需求精化时，也应同时精化资源映射，项目规模估算和工程进度。

13.4.2　项目组人员组织与管理

人员是软件工程项目最重要、最活跃的资源因素。如何组织得更加合理，如何管理得更加有效，从而最大限度地发挥这一重要的资源潜力，对于成功地完成软件工程项目至关重要。

1. 项目组的组织结构

开发组织采用什么形式，要针对软件项目的特点来决定，同时也与参加人员的素质有关。建立项目组织时要考虑这样一些原则。

（1）项目责任制度。项目必须实行项目负责人责任制，项目责任人对项目的完成负全部责任。

（2）人员少而精。项目组成员之间的交流和协作是项目成败的关键。人员少，具有便于组织管理、合理分工、减少通信等优点；人员精，有利于互相激励、发挥各自的特长优势，提高工作效率。

2. 程序设计小组的组织形式

一般情况，程序设计人员是在一定程度上独立自主地完成各自任务，但这并不意味着互相之间没有联系。事实上，人员之间联系得多少和联系方式与生产效率直接相关。程序设计小组内人数少，如 2～3 人，则人员之间的联系较简单。但随着人数的增加，相互之间的联系是按非线性关系变得复杂起来。因此，小组内部人员的组织形式对生产率也有很大的影响。

3. 主程序员组

主程序组由主程序员、程序员和后备工程师为核心组成。主程序员是经验丰富、能力强的高级程序员，负责小组全部技术活动的计划、协调与审查工作，并负责设计和实现项目中的关键部分。后援工程师协助和支持主程序员工作，为主程序员提供咨询，并做部分分析、设计和实现的工作，在必要时代替主程序员工作，以便使项目能继续进行。程序员负责项目的具体分析与开发，以及文档资料的编写工作。根据系统规模大小及难易程度，小组还可聘请一些专家、辅助人员、软件资料员协助工作。主程序员组这种集中领导的组织形式突出了主程序员的领导作用，简化了人际通信。这种组织形式能否取得好的效果，很大程度上取决于主程序员的技术水平和管理才能。美国的软件产业中大多采用主程序员组的组织形式。如图 13-1 所示。

4. 民主小组

小组由经验丰富的技术人员组成。项目有关的所有重大决策都由全体成员集体讨论后决定。这种组织形式强调发挥每个成员的积极性，要求每个成员充分发挥主动精神和协作精神。通过充分讨论，也是在互相学习，因而在组内形成一个良好合作的工作气氛。但有时也会因此削弱个人的责任心和必要的权威作用。有人认为这种组织形式适合于研制时间长、开发难度大的项目。日本软件产业中大多采用这种组织形式，能够取得较好的效果。这种组织形式在强调发挥每个成员的积极性的同时，也创造了一个尊重每个成员的良好工作环境。由于小组成员在工作上能够很好地配合，因而做到了较长时间稳定的人员合作关系。这样的小组形式避免了因软件人员频繁流动对工作造成的严重干扰。如图 13-2 所示。

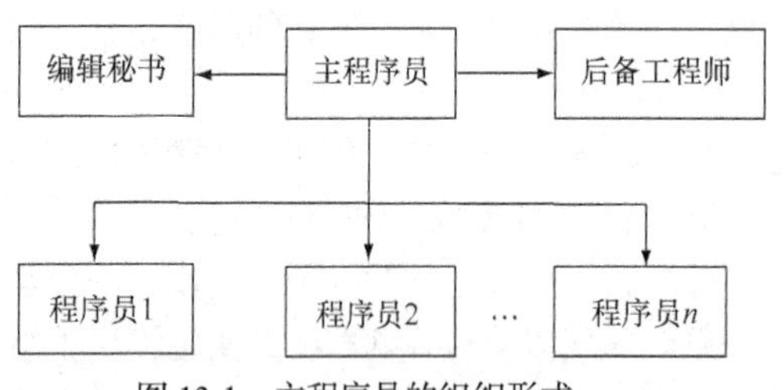

图 13-1　主程序员的组织形式

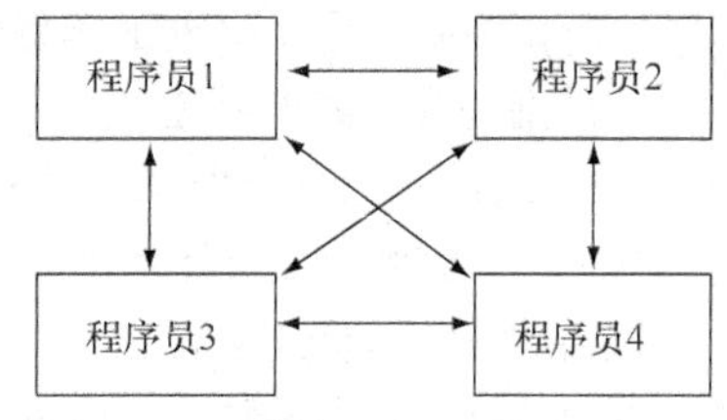

图 13-2　民主小组程序员形式

5. 层次小组

小组内人员分为 3 级：组长、高级程序员和程序员。组长负责全组工作，包括任务分配、技术评审和复查、掌握工作量和参加技术活动。组长直接领导 2 至 3 名高级程序员。高级程序员通过基层小组，管理若干个程序员。这种组织结构只允许必要的人际通信。它比较适合项目本身就是层次结构状的课题以及大型软件项目的开发。如图 13-3 所示。

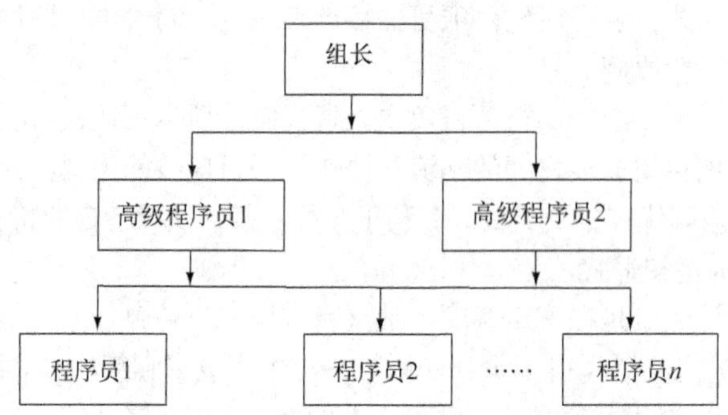

图 13-3　层次小组程序员组

积极的人员管理和交流对于项目成败来说非常关键。有效的人员管理能够促进团队的建设和协作。接下来介绍一下人员管理的原则。

（1）领导风格

- 领导团队而不是管理团队。
- 展示足够的自信心。
- 建立对开发项目的自我认识。
- 参加专业交流，不要盲目地出风头。
- 跟踪技术领域的发展。
- 工作勤奋负责。
- 对自己的专业实力有足够的认识，忌浮华。

（2）监督

- 适当的时候授权于人。
- 保证下属对工作的热情与积极性，采取客观的方法。
- 建立透明的评估机制。
- 培养信任感并树立威信。
- 在决策制定过程中汲取他人意见。

（3）交流

- 运用专业手段进行交流。
- 积极参加到开发小组成员的讨论中来。
- 及时准确地传达别人的意见以赢得尊重。
- 培养良好的倾听习惯。
- 将个人领导魅力融入到交流中。

（4）解决冲突

- 在同事、下属及领导之间协调好关系。
- 遇到突发事件保持冷静沉着。
- 不要权利争斗，但要争取必要的权利。
- 坦率地处理错误，但不要有意迁就。
- 使项目目标与公司目标相协调。

13.5　进度计划与控制

从众多的软件工程项目实施记录来看，软件开发计划的准确性很难把握，这有多种因素影响：首先，项目进度计划不切合实际；其次，在开发过程中，用户需求不断变更，并且这种变更的因素在制定计划的时候还没有考虑进去；再者，对可能的各种风险、工作量、资源数量估计不足，项目组成员之间沟通不畅等。所有这些因素可能导致项目延期。所以，项目管理者除了尽量准确做好项目估算外，另一项重要任务就是根据项目估算的结果，如实做好项目计划，并在项目实施中，跟踪监督，及时调整，做好项目进度控制。

13.5.1　制订开发进度计划

进度计划是软件计划工作中一项最困难的任务，计划人员要把可用资源与项目工作量协调好；要考虑各项任务之间的相互依赖关系，并且尽可能地平行进行；预见可能出现的问题和项目的瓶颈，并提出处理意见；规定进度，评审和应交付的文档。

假设用作变量的开发时间 TD 按线性变化，而且已经得到了总的开发工作量估计值 ED，要求在规定的时间 TD 内完成，在项目中最好有参加工作的人员平均值 M，即 $M=ED/TD$，这将是一个非常有用的数据。在上述方程中，项目的工作量和开发时间不能作为独立的变量。Brooks 定律描述了这种现象的最极端情况：为误期的软件项目增加人员将会使其进度更慢。

估算开发时间可以使用类似工作量的估算法。一些研究人员指出，开发时间与开发工作量之间十分精确地满足以下方程关系

$$TD=a(ED)^b$$

其中 a 和 b 为经验得出的常数，分别采用 2～4 和 0.25～0.4 之间的数值。若 ED 以人月为单位，则 TD 的单位为月。

方程 $TD=a(ED)^b$ 给出了名义开发时间。某些模型给出了工作量的下限，不管项目增加多少额外的工作人员，也不能提高开发进度。如 COCOMO 模型，最多只能压缩到名义开发时间的 75%。所增加的这一部分工作人员的工作量都消耗在保持项目人员之间的通信的开销中了。各阶段开发进度分配也必须由经验数据确定，表 13-1 为典型的百分比值。

表 13-1　　系统各阶段的开发进度分配

阶段	占开发时间的百分比（%）
需求分析	10～30
设计	17～27
编码和单元测试	25～60
组装测试和确认测试	16～28

13.5.2　Gantt 图与时间管理

时间管理是在项目的执行和实施过程中进行的，通过经常性的检查进度是否按进度计划完成，来发现和纠正偏差，并找出原因，以便在短时间里找到解决的方法。Gantt 图是表示项目进度计划使用最广泛的工具之一。一张 Gantt 图可以表示出计划过程和实际过程。表 13-2 是 Gantt 图用于安排软件工程进度计划的一个例子。

表 13-2　　Gantt 图例子

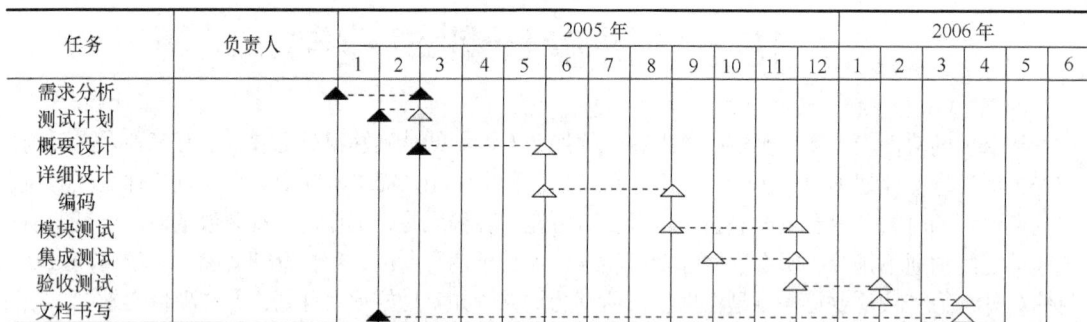

任务	负责人	2005 年												2006 年					
		1	2	3	4	5	6	7	8	9	10	11	12	1	2	3	4	5	6
需求分析		▲		▲															
测试计划			▲	△															
概要设计				▲			△												
详细设计							△			△									
编码										△			△						
模块测试											△		△						
集成测试													△		△				
验收测试															△		△		
文档书写			▲														△		

在 Gantt 图中，每一项任务的开始时间和结束时间先均用空心小三角表示，两者用横线相连，令人一目了然。当活动开始时，将横线左面的小三角涂黑，当活动结束时，再把横线右边的小三角涂黑。从表 13-2 可以看出，需求分析工作从 2005 年 1 月开始，到 3 月底已经完成；测试计划、文档书写工作从 2 月初开始，概要设计也已经开始，这 3 项工作尚未完成；其他几项还未开始。

Gantt 图表示任务之间并行和串行关系，简单明了，易画、易读、易改，使用十分方便。由于图中显示了年、月，用它来检查工程完成的情况十分直观、方便。但是，它不能显示各项子任务之间的依赖关系，以及哪些是关键任务等。要弥补这一不足，可采用工程网络技术。

13.5.3　工程网络与关键路径

任务之间的依赖关系可以用工程网络的方式来定义。工程网络技术（Program Evaluation and Review Technique，PERT）可以利用 PERT 图制订计划。

该图用圆圈表示事件（子任务的开始或结束），还能明显地表示各个子任务之间的依赖关系。事件是可以明确定义的时间点，本身并不消耗时间和资源。用有向弧或箭头表示一个事件结束，另一个事件开始。用开始事件编号和结束事件的编号表示一个任务，箭头上方的数字表示该子任务的持续时间，箭头旁边的数字表示该任务允许的机动时间。例如任务 3→4 的持续时间为 3，机动时间为 0。

表示事件的圆圈分左右两部分，左半部分中的数字表示事件的序号。圆圈的右半部分划分为上、下两部分，上部中的数字表示前一子任务结束或后一个子任务开始的最早时刻；右下部中的数字则表示前一子任务结束或后一子任务开始的最迟时刻。

工程网络图只有一个开始点和一个终止点，开始点没有流入的箭头，最早时刻定义为零。终止点没有流出的箭头，其最迟时刻就是它的最早时刻。中间的事件圆表示在它之前的子任务已经完成，在它之后的子任务可以开始。如图 13-4 所示。

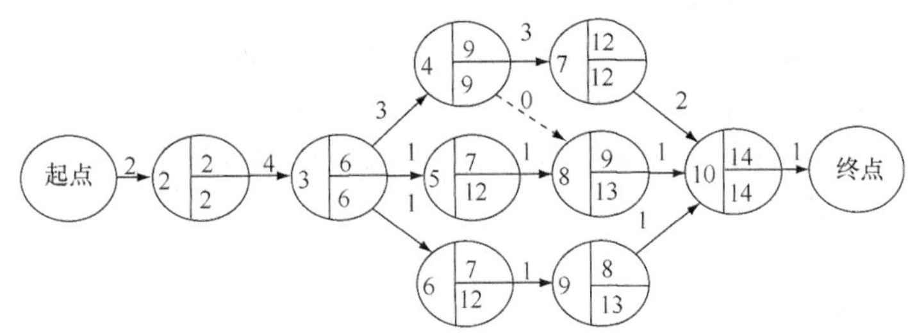

图 13-4　工程网络图

工程网络图中还可以有一些虚线箭头表示虚拟子任务。这些虚拟子任务实际并不存在，只是表示子任务之间存在依赖关系。例如，在图 13-4 中有虚拟子任务 4→8，表示只有 4→8 和任务 5→8 都结束后，事件 8 才能开始，虚拟任务 4→8 本身并不花费时间。

关键路径是指一系列决定项目最早完成时间的事件链接。虽然这些事件并不一定是项目中最重要的，但肯定是项目网络中最长的路径，并且有最少的机动时间。尽管关键路径是最长的，但是代表了为完成项目所花费的最少的时间。在绘制完工程网络图之后，通过计算，能够确定出项目各任务的最早开始时间和最迟结束时间。通过最早与最迟时间之差来分析每一个时间的重要性与紧迫程度。机动时间为 0 的事件就是关键任务，而由关键任务组成的路径就构成关键路径。

一个项目可以有多条关键路径，并且关键路径也可能因实际情况发生变化。关键路径的主要目的就是要确定项目中的关键任务，而后找出关键路径，以保证项目实施过程中重点突出，线路明确，按期完成。

下面介绍画工程网络图的步骤。

1. 计算最早时刻

事件的最早时刻是该事件可以开始的最早时间。工程网络图由开始点沿着事件发生的顺序，使用以下 3 条简单规则来计算最早时刻 EET。

① 考虑进入该事件的所有作业。

② 对每个作业都计算它的持续时间与起始事件的 EET 之和。

③ 选取上述 EET 之和中的最大值，作为该事件的最早时刻 EET。

例如，作业 2→3 由事件 2 开始，到事件 3 结束。事件 2 的最早时刻为 2，只有一个作业进入事件 3；作业 2→3 的持续时间为 4；则事件 3 的最早时间为 2+4=6。

作业 3→5 的持续时间为 1，事件 3 的最早时刻为 6，事件 5 的只有一个作业进入，则事件 5 的最早时刻为 6+1=7。

作业 5→8 进入事件 8，持续时间为 1，事件 5 的最早时刻为 7，有 7+1=8。

虚拟作业 4→8 也进入事件 8，持续时间为 0，事件 4 的最早时刻为 9，有 9+0=9。

根据第三条规则，事件 8 的最早时刻为

EET=max{7+1，9+0}=9

按照此方法，算出所有事件的最早时刻，写在每个圆圈的右上部内。

2. 计算最迟时刻

从结束点开始，计算出每个事件的最迟时刻，写在圆圈的右下部内。事件的最迟时刻是在不影响工程进度的前提下，该事件最晚可以发生的时刻。

结束点的最迟时刻就是它的最早时刻。其他点的最迟时刻 LET 按作业的逆向顺序，使用下述规则进行计算。

① 考虑离开该事件的所有作业。

② 从每个作业的结束事件的最迟时刻中减去该作业的持续时间。

③ 选取上述差数中的最小值，作为该事件的最迟时刻 LET。

例如，图 13-4 中事件 10，离开它的作业只有一个，是作业 10→11，持续时间为 1，结束事件的最迟时刻为 15。因而事件 10 的最迟时刻为 15−1=14。

同理，事件 7 的最迟时刻为 14−2=12。

事件 8 的最迟时刻为 14−1=13。

离开事件 4 的作业有两个：作业 4→7 和虚拟作业 4→8。持续时间分别为 3 和 0。

因而，事件 4 的最迟时刻为

LET=min{12−3，13−0}=9

3. 机动时间

不在关键路径上的作业有一定的机动时间，实际开始时间可以比预定时间晚一点，或者实际持续时间可以比预定持续时间长一些，而并不影响工程的结束时间。

一个作业可以有的机动时间等于它的结束事件的最迟时刻减去它的开始事件的最早时刻，再减去这个作业的持续时间

机动时间=最迟时间−最早时间−持续时间

在工程网络图中，每个作业的机动时间写在该作业的箭头下面的括号里（见图 13-4）。关键路径上的作业的机动时间为 0。

在制订进度计划时，仔细考虑和利用网络图中的机动时间，往往能安排出既节省资源又不影响竣工时间的进度表。

对于不在关键路径上的任务，可根据实际情况调整其开始时间。这样做，既不影响整个工程的进度，又可减少工作人员。将网络图和 Gantt 图结合起来安排进度，有时可以节省不少的人力。例如，在图 13-4 中，作业 3→5 和作业 3→6 本来是两个并行的作业，由于可以在时间安排上错开进行，如果由一组人员先后完成这两个作业，就节省了一组人力。其他作业也一样，应仔细研究是否能节省人力。

争取缩短关键路径上的某些任务的耗时数，以便缩短整个工程的工期。

利用工程网络和 Gantt 图可制订合理的进度计划，并科学地管理软件开发的进展情况。

一般来说，Gantt 图适用于简单的软件项目，而对各项任务的相互依赖关系较为复杂的软件项目，使用网络技术较为适宜。有时可同时使用这两种方法，互相比较，取长补短，随时调整，更好地安排项目进度。

13.5.4 项目进度跟踪与控制

项目进度控制的目的是增强项目进度的透明度，以便当项目进展与项目计划出现严重偏差时可以采取适当的纠正或预防措施。已经归档和发布的项目计划是项目控制和监督中活动、沟通、采取纠正和预防措施的基础。

在制定项目进度阶段形成的 Gantt 图可以作为测量项目进展的基础。项目控制者应该经常监督

项目所处的状态，他可以用符号在 Gantt 图中标出项目活动的确切位置，同时他要保持有关项目活动的实际状态和理想状态差距的记录。这些项目信息应该与控制活动所需要的清晰的指示一起传达给相关的人员。项目中的关键点或控制点越多，控制活动就越容易，随着控制点数量的增多，允许监督项目进度的方法就越平常和清晰。项目控制延迟所需要采取的控制措施包括：工作的重新设计、生产力的提高、项目范围的修正、项目总体规划的修正、项目的加速或行动的冲突、不必要活动的删除、重新估计关键点或到期时间。

在跟踪当前项目过程中，有些任务是项目经理每周需考虑的，如跟踪项目预算、跟踪项目范围的状态、跟踪项目产品的进展状态、跟踪项目进度、分析变化、管理有效的范围变化等。

（1）跟踪项目范围的状态。

随着项目进展，项目经理应定期检查开发人员的工作是否处于项目范围内，是否有些问题已经超出了项目范围。对于超出项目范围的问题，有两种处理方法：可以检查整个变化管理和范围修订过程，正式批准有效的项目范围扩展；或者也可以阻止开发人员在与项目无关的事情上浪费时间。由项目经理完全负责召集人员并对他们超出范围的工作加以纠正。

还必须紧密控制项目产品的开发。在项目组从事各方面的开发工作时，必须对其加以跟踪，了解项目产品的状态，包括工作出了差错、工作进展完全正确以及有人在交付产品时需要帮助等。应该非常了解项目的产品是什么样的，因为经过反复修订的项目需求文档是由项目经理撰写的，正是这份文档规定了如何生产产品。除了需求文档，还有一份任务表，描述了如何开发产品、满足需求。

（2）跟踪项目进度。

由于若干方面的因素，进度表的安排会被打破：项目组成员完成任务进展缓慢；项目组成员做了他不该做的工作，因此扩大了项目范围，并打破项目进度表；项目组成员生病，或遭遇不幸事件，占用了项目时间；项目组成员与另一成员坠入情网，把时间花费在了通过电子邮件谈情说爱上，而不是集中精力完成项目；厂商没有按时提供产品或服务；公司策略变化等外部因素降低了项目的处理优先等级等。

任何可以阻碍项目组工作的事情都将导致项目进度的推迟。应该在进度表中留出一些余地。但是，过多的回旋余地会超出进度，会被要求解释其中的原因。

（3）分析变化。

差值分析是一种理想的方法，可以利用项目管理软件方便地进行计算。在制订时间和经费计划时，需要键入与某任务相关的开支。然后在真正使用经费时，需要键入使用的时间和所采购物品的开支，这样，软件就会计算出预算与实际支出之间的差值。如果通过普通的电子表格制订一个廉价的项目计划，那么在计算差值时就需要多付出一些努力，但它也同样是一种有效的手段。在计算时，把实际值与预算值加以比较，并计算出提前或落后的百分比。

一个需要经常监督的差值是实现这种非人力资源。例如，可以预计使用 8 小时，通过负载模拟软件对一个网站进行测试。由于这是一个企业软件，其他人也需要预定时间使用这一软件，所以预计使用这一软件的时间将对其他项目产生影响。

（4）管理有效的范围变化。

如果考虑对项目范围加以调整，而这种变化又是合理的，那么一项任务就是对这一变化加以管理。现存的有效变化管理政策可以协助实现范围调整。例如，变化管理政策可能规定，拟议中的范围变化应该在实施前提交给筹划指导委员会。这样，就可以与项目干系人对这一拟议中的变化进行讨论，对与之相关的风险加以分析，并在开始实施之前得到委员会的同意。

如果有人提出了一项变化请求，他们必须经历一个严格的审查过程，这一过程大概需要数周的时间，而这一变化请求根本不那么重要。这时，项目经理的工作不是拒绝变化请求，而是要保证所接受的变化必须是重要的，值得增加项目时间和开支。

一旦某个变化请求得到认可，必须重新审查项目计划，也许需要增加人力，获得批准使用更多资源。最重要的是获得项目主管的批准，以实施这一变化。在大型项目中，还要对项目的范围文档进行修订。项目范围变化后，文档要更新，新工作文档需要得到正式批准。

13.6 风险管理

软件开发几乎总会存在风险。能够预见可能影响项目进度或正在开发的软件产品的质量的风险，是每个项目管理者应该具备的能力。对付风险应该采取主动的策略，也就是说，早在技术工作开始之前就应该启动风险管理活动：标识出潜在的风险，评估它们出现的概率和影响，并且按重要性把风险排序，然后，软件项目组制订一个计划来管理风险。

风险管理的主要目标是预防风险，但并非所有风险都能预防，因此，项目组还必须制订一个处理意外事件的计划，以便一旦风险变成现实时能够以可控的和有效的方式做出反应。

13.6.1 风险识别与分类

软件项目的风险无非体现在以下 6 个方面：需求、技术、成本、机构、人员、产品和进度。在表 13-3 中简单列出了 6 种风险类型及 IT 项目开发中常见的风险。

表 13-3 可能出现的 IT 项目开发中的风险

风险	风险类型	描述
需求风险	需求风险	软件需求与预期相比，可能会有很大的出入
计划编制风险	进度风险	计划跟不上变化
组织和管理风险	机构风险	有时，管理者的决策将对项目进度产生巨大影响
人员风险	人员风险	有着丰富开发经验的人员随时可能跳槽
开发环境风险	技术风险	所需要的硬件等基础设备没有按时到位
客户风险	需求风险	达不到客户的要求
产品风险	产品风险	软件产品的质量不能得到保证
设计和实现风险	技术风险	开发人员的技术不能满足项目的需求
过程风险	机构风险	管理体制不够完善，进度跟不上

1. 需求风险

- 需求已经成为项目基准，但需求还在继续变化。
- 需求定义欠佳，而进一步的定义会扩展项目范畴。
- 添加额外的需求。
- 产品定义含糊的部分比预期需要更多的时间。
- 在做需求中客户参与不够。
- 缺少有效的需求变化管理过程。

2. 计划编制风险

- 计划、资源和产品定义全凭客户或上层领导口头指令，并且不完全一致。
- 计划是优化的，是“最佳状态”，但计划不现实，只能算是“期望状态”。
- 计划基于使用特定的小组成员，而那个特定的小组成员其实指望不上。
- 产品规模（代码行数、功能点、与前一产品规模的百分比）比估计的要大。

- 完成目标日期提前，但没有相应地调整产品范围或可用资源。
- 涉足不熟悉的产品领域，花费在设计和实现上的时间比预期的要多。

3. **组织和管理风险**

- 仅由管理层或市场人员进行技术决策，导致计划进度缓慢，计划时间延长。
- 低效的项目组结构降低生产率。
- 管理层审查决策的周期比预期的时间长。
- 预算削减，打乱项目计划。
- 管理层做出了打击项目组织积极性的决定。
- 缺乏必要的规范，导致工作失误与重复工作。
- 非技术的第三方的工作（预算批准、设备采购批准、法律方面的审查、安全保证等）时间比预期的延长。

4. **人员风险**

- 作为先决条件的任务（如培训及其他项目）不能按时完成。
- 开发人员和管理层之间关系不佳，导致决策缓慢，影响全局。
- 缺乏激励措施，士气低下，降低了生产能力。
- 某些人员需要更多的时间适应还不熟悉的软件工具和环境。
- 项目后期加入新开发人员，需进行培训并逐渐与现成员沟通，从而使工作效率降低。
- 由于项目组成员之间发生冲突，导致沟通不畅、设计欠佳、接口出现错误和额外重复工作。
- 不适应工作的成员没有调离项目组，影响了项目组其他成员的积极性。
- 没有找到项目急需的具有特定技能的人。

5. **开发环境风险**

- 设施未及时到位。
- 设施虽到位，但不配套，如没有电话、网线、办公用品等。
- 设施拥挤、杂乱或者破损。
- 开发工具未及时到位。
- 开发工具不如期望的那样有效，开发人员需要时间创建工作环境或者切换新的工具。
- 新的开发工具的学习期比预期的长，内容繁多。

6. **客户风险**

- 客户对于最后交付的产品不满意，要求重新设计和重做。
- 客户的意见未被采纳，造成产品最终无法满足用户要求，因而必须重做。
- 客户对规划、原型和规格的审核决策周期比预期的要长。
- 客户未能参与规划、原型和规格阶段的审核，导致需求不稳定和产品生产周期的变更。
- 客户答复的时间（如回答或澄清与需求相关问题的时间）比预期长。
- 客户提供的组件质量欠佳，导致额外的测试、设计、集成及客户关系管理工作。

7. **产品风险**

- 矫正质量低下的不可接受的产品，需要比预期更多的测试、设计和实现工作。
- 开发额外的不需要的功能（镀金），延长了计划进度。
- 严格要求与现有系统兼容，需要进行比预期更多的测试、设计和实现工作。
- 要求与其他系统或不受本项目组控制的系统相连，导致无法预料的设计、实现和测试工作。
- 在不熟悉或未经检验的软件和硬件环境中运行所产生的未预料到的问题。
- 开发一种全新的模块将比预期花费更长的时间。
- 依赖正在开发中的技术将延长计划进度。

8. **设计和实现风险**

- 设计质量低下，导致重复设计。
- 一些必要的功能无法使用现有代码和库实现，开发人员需使用新库或者自行开发新功能。
- 代码和库质量低下，导致需要进行额外的测试，修正错误，或重新制作。
- 过高估计了增强型工具对计划进度的节省量。
- 分别开发的模块无法有效集成，需要重新设计或制作。

9. **过程风险**

- 大量的纸面工作导致进程比预期的慢。
- 前期的质量保证行为不真实，导致后期的重复工作。
- 太不正规（缺乏对软件开发策略和标准的遵循），导致沟通不足、质量欠佳，甚至需重新开发。
- 过于正规（教条地坚持软件开发策略和标准），导致过多耗时于无用的工作。
- 向管理层撰写进程报告占用开发人员的时间比预期的多。
- 风险管理人员粗心，导致未能发现重大的项目风险。

识别风险是风险管理的第一个阶段，这一阶段是要系统化地识别已知的和可预测的风险，在可能时避免这些风险，且当必要时控制这些风险。根据风险内容，可以将风险分为以下内容。

（1）技术风险：源于组成开发系统的软件技术或硬件技术的风险。

（2）人员风险：与软件开发团队的成员有关的风险。

（3）机构风险：源于软件开发的机构环境的风险。

（4）工具风险：源于 CASE 工具和其他用于系统开发的支持软件的风险。

（5）需求风险：源于客户需求的变更和需求变更的处理过程的风险。

（6）估算风险：源于对系统特性和构建系统所需资源进行估算的风险。

在进行具体的软件项目风险识别时，可以根据实际情况对风险分类。但简单的分类并不总是行得通的，某些风险根本无法预测。在这里，介绍一下美国空军软件项目风险管理手册中指出的如何识别软件风险。这种识别方法要求项目管理者根据项目实际情况标识影响软件风险因素的风险驱动因子，这些因素包括以下 4 个方面。

① 性能风险：产品能够满足需求和符合使用目的的不确定程度。

② 成本风险：项目预算能够被维持的不确定的程度。

③ 支持风险：软件易于纠错、适应及增强的不确定的程度。

④ 进度风险：项目进度能够被维持且产品能按时交付的不确定的程度。

13.6.2 风险评估与分析

在风险辨识后进行风险估算，风险估算从以下 4 个方面评估风险清单中的每一个风险。

① 建立一个尺度，以反映风险发生的可能性。

② 描述风险的后果。

③ 估算风险对项目及产品的影响。

④ 标注风险预测的整体精确度，以免产生误解。

对辨识出的风险进行进一步的确认后分析风险，即假设某一风险出现后，分析是否有其他风险出现，或是假设这一风险不出现，分析它将会产生什么情况，然后确定主要风险出现最坏情况后，如何将此风险的影响降低到最小，同时确定主要风险出现的个数及时间。进行风险分析时，最重要的是量化不确定性的程度和每个风险可能造成损失的程度。为了实现这点，必须考虑风险的不同类型。识别风险的一个方法是建立风险清单，清单上列举出在任何时候可能碰到的风险，最重要的是要对清单的内容随时进行维护，更新风险清单，并向所有的成员公开，应鼓励项目团队的每个成员勇于发现问题并提出警告。建立风险清单的一个办法是将风险输入缺陷追踪系统中，建立风险追踪工具，缺失追踪系统一般能将风险项目标示为已解决或尚待处理状态，也能指定解决问题的项目团队成员，并安排处理顺序。风险清单给项目管理提供了一种简单的风险预测技术，表 13-4 是一个风险清单的例子。

表 13-4　　风险清单

风险	类别	概率	影响
资金将会流失	商业风险	40%	1
技术达不到预期效果	技术风险	30%	1
人员流动频繁	人员风险	60%	3

在风险清单中，风险的概率值可以由项目组成员个别估算，然后加权平均，得到一个有代表性的值；也可以通过先做个别估算而后求出一个有代表性的值来完成。对风险产生的影响可以对影响评估的因素进行分析。

一旦完成风险清单的内容，就要根据概率进行排序，高发生率、高影响的风险放在上方，依次类推。项目管理者对排序进行研究，并划分重要和次重要的风险，对次重要的风险再进行一次评估并排序。对重要的风险要进行管理。从管理的角度来考虑，风险的影响及概率是起着不同作用的，一个具有高影响且发生概率很低的风险因素不应该花太多的管理时间，而高影响且发生率从中到高的风险以及低影响且高概率的风险，应该首先列入管理考虑之中。表 13-5 所示为对识别出的风险进行分析后，其出现的可能性及造成的结果。

表 13-5　　项目开发中的风险分析

风险	出现的概率	造成的结果
开发经费出现赤字，须减少预算	小	灾难性
招聘不到符合项目要求的开发人员	大	灾难性
开发过程中，主要人员有急事离开	中等	严重
客户需求变化，主体设计要重新	中等	严重
新员工的培训跟不上	中等	可容忍
低估了软件的规模	大	可容忍
开发工具编码效率低	中等	可忽略

在此，需强调的是如何评估风险的影响，如果风险真的发生了，它所产生的后果会受到 3 个因素影响：风险的性质、范围及时间。风险的性质是指当风险发生时可能产生的问题。风险的范围是指风险的严重性及其整体分布情况。风险的时间是指主要考虑何时能够感到风险及持续多长时间。可以利用风险清单进行分析，并在项目进展过程中迭代使用。应该定期复查风险清单，评估每一个风险，以确定新的情况引起风险的概率及影响发生改变。这个活动可能会添加新的风险，删除一些不再有影响的风险，并改变风险的相对位置。

13.6.3　风险策划与管理

风险管理在项目管理中占有非常重要的地位。第一，有效的风险管理可以提高项目的成功率。其次，风险管理可以增加团队的健壮性。与团队成员一起进行风险分析可以让大家对困难有充分的估计，对各种意外有心理准备，大大提高组员的信心，从而稳定队伍。第三，有效的风险管理可以帮助项目经理抓住工作重点，将主要精力集中于重大风险，将工作方式从被动救火转变为主动防范。

被动风险策略是针对可能发生的风险来监督项目，直到它们变成真正的问题时，才会拨出资源来处理它们。更普遍的是，软件项目组对风险不闻不问，直到发生了错误才赶紧采取行动，试图迅速地纠正错误。这种管理模式常常被称为“救火模式”。当补救的努力失败后，项目就处在真正的危机之中了。

对于风险管理的一个更好的策略是主动式的。主动策略早在技术工作开始之前就已经启动了。标识出潜在的风险，评估它们出现的概率及产生的影响，对风险按重要性进行排序，然后，软件项目组建立一个计划来管理风险。主动策略中的风险管理，其主要目标是预防风险。但是，因为不是所有的风险都能够预防，所以，项目组必须建立一个应付意外事件的计划，使其在必要时能够以可控的及有效的方式做出反应，任何一个系统开发项目都应将风险管理作为软件项目管理的重要内容。

风险管理目标的实现包含 3 个要素。第一，必须在项目计划书中写下如何进行风险管理；第二，项目预算必须包含解决风险所需的经费，如果没有经费，就无法达到风险管理的目标；第三，评估风险时，风险的影响也必须纳入项目规划中。

风险管理涉及的主要过程包括风险识别、风险量化、风险应对计划制订和风险监控，风险识别在项目的开始时就要进行，并在项目执行中不断进行。也就是说，在项目的整个生命周期内，风险识别是一个连续的过程。

风险识别：风险识别包括确定风险来源、风险产生的条件，描述其风险特征和确定有可能影响本项目的风险事件。风险识别不是一次就可以完成的，应当在项目自始至终定期进行。

风险量化：涉及对风险及风险的相互作用的评估，是衡量风险概率和风险对项目目标影响程度的过程。风险量化的基本内容是确定哪些事件需要制定应对措施。

风险应对计划制订：针对风险量化的结果，为降低项目风险的负面效应制定风险应对策略和技术手段的过程。风险应对计划依据风险管理计划、风险排序、风险认知等依据，得出风险应对计划、剩余风险、次要风险以及为其他过程提供的依据。

风险监控：涉及对整个项目管理过程中的风险进行应对。该过程的输出包括应对风险的纠正措施以及风险管理计划的更新。每个步骤所使用的工具和方法详见表 13-6。

表 13-6　风险管理步骤及方法

风险管理步骤	所使用的工具、方法
风险识别	头脑风暴法、面谈、Delphi 法、核对表、SWOT 技术
风险量化	风险因子计算、PERT 估计、决策树分析、风险模拟
风险应计划制定	回避、转移、缓和、接受
风险监控	核对表、定期项目评估、净值分析

13.6.4 风险规避与监控

所有风险分析活动都只有一个目的——辅助项目组建立处理风险的策略。如果软件项目组对于风险采取主动的方法，则避免永远是最好的策略。这可以通过建立一个风险缓解计划来达到，即制定对策。

对不同的风险项要建立不同的风险规避和监控的策略。如对于开发人员离职的风险项目，开始时应做好人员流动的准备，采取一些措施确保人员离开时项目仍能继续；制定文档标准并建立一种机制保证文档及时产生；对每个关键性技术岗位要培养后备人员。对于技术风险，可以采用的策略是对采用的关键技术进行分析，避免软件在生命周期中很快落后；在项目开发过程中，保持对风险因素相关信息的收集，减少对合作公司的依赖尤其是对延续性强的项目应该尽可能地吸收合作公司的技术并变为自己的技术，避免因为可能发生的与合作公司合作的终止带来的影响和风险，降低投入成本。

一个有效的策略必须考虑风险避免、风险监控和风险管理及意外事件计划这样四个问题。风险的策略管理可以包含在软件项目计划中，或者风险管理步骤也可以组成一个独立的风险缓解、监控和管理计划（Risk, Mitigation Monitoring and Management plan，RMMM）将所有风险分析工作文档化，并且由项目管理者作为整个项目计划的一部分来使用，RMMM 计划的大纲主要包括：主要风险，风险管理者，项目风险清单，风险缓解的一般策略、特定步骤，监控的因素和方法，意外事件和特殊考虑的风险管理等。一旦建立了 RMMM 计划，就开始了风险缓解及监控，风险缓解是一种避免问题的活动，风险监控则是跟踪项目的活动。它有三个主要目的：评估一个被预测的风险是否真的发生了；保证为风险而定义的缓解步骤被正确地实施；收集能够用于未来的风险分析信息。

软件开发是高风险的活动。如果项目采取积极风险管理的方式，就可以避免或降低许多风险，而这些风险如果没有处理好，就可能使项目陷入瘫痪中。因此在软件项目管理中还要进行风险跟踪。对辨识后的风险在系统开发过程中进行跟踪管理，确定还会有哪些变化，以便及时修正计划。具体内容如下。

① 实施对重要风险的跟踪。

② 每月对风险进行一次跟踪。

③ 风险跟踪应与项目管理中的整体跟踪管理相一致。

④ 风险项目应随着时间的不同而相应地变化。

通过风险跟踪，进一步对风险进行管理，从而保证项目计划如期完成。

13.7　配置管理

13.7.1　软件配置

在软件开发过程中，从开发环境的建立，到各阶段产生的大量文档、代码等，开发活动会需要一些必不可少的工具，不断地产生一些记录成果的文档以及源代码，这些内容构成了软件产品的主体内容和开发软件必不可少的东西，即软件配置项（Software Configuration Items，SCI）。简单地说，软件产品包含的全部附件和开发软件必不可少的一些东西，都是软件配置项。

随着软件开发过程的进行，软件配置项的数量会迅速增加。而且由于种种原因，软件配置项的内容随时都可能发生变化。开发过程中，软件开发人员不仅要努力保证每个软件配置项正确，而且必须保证一个软件的所有配置项是完全一致的，否则，就会造成开发活动的混乱。但是，软件配置的变化是不可避免的。随着配置项的增加，这种变化会使软件开发活动陷入困境。因此，必须专门管理和控制这种变化。

变更是软件项目与生俱来的特性，因为经常会变更，所以软件开发基本上都是迭代化的过程。变更不是坏事，因为每当变更被提出来的时候，都是发现缺陷或错误的时候。但是，若不能适当控制和管理变化，软件开发过程很快就会失控，造成混乱并产生更多严重的错误。

软件配置管理就是在软件整个生命周期内管理变化的一组活动。具体地说，这组活动的意义在于：标识变化、控制变化、确保适当地实现变化，向需要知道这类信息的人报告变化。

13.7.2　软件配置管理的任务

随着软件工程过程的进行，软件配置项的层次、数量迅速增加。考虑到因为市场原因、客户原因、组织原因和预算与进度原因的影响，软件工程过程随时都可能发生变化。因此，软件配置项会不可避免地发生变化。软件配置管理的任务就是在计算机软件的整个生命周期内管理变化。对于软件配置管理的任务，需要进行基线和软件配置项的管理。

1. 基线

"基线"这一术语也是来自国外，所以在表述上与我们的习惯也有些差异。若按我们的习惯理解，其实"基线"就是"定稿"与"没定稿"的分界线。当软件开发活动到达一个里程碑时，所产生的软件配置项就要接受正式的技术复审，复审通过以后，就"定稿"了，这些配置项就要交给专人管理，这就叫进入了基线。

IEEE 把基线定义为：已通过正式复审的软件中间产品或软件文档，它可以作为进一步开发的基础，并且只有通过正式的变化控制过程才能改变它。由此可见，基线是一个软件配置管理概念，它有助于我们在不严重妨碍合理变化的前提下来控制变化。

简而言之，基线就是通过了正式复审的软件配置项集合。在软件配置项进入基线之前，可以反复修改它。一旦进入了基线，当发现有误时虽然仍然可以修改，但是必须经过正式的流程，未经批准就不能随意变更。

除了软件配置项之外，许多软件工程组织也把软件工具纳入配置管理之下，也就是说，把特定版本的编辑器、编译器和其他 CASE 工具，作为软件配置的一部分"固定"下来。因为修改软件配置项时必须要用到这些工具，为防止不同版本的工具产生的结果不同，应该把软件工具也基线化，并且列入综合的配置管理过程之中。

2. 软件配置项

软件配置项已经定义为在部分软件工程过程中创建的信息。一般地说，一个软件配置项（SCI）可以是一个文档、一套测试用例或者一个已经命名的程序构件。下面的 SCI 成为配置管理技术的目标并形成一组基线。

① 系统规约。

② 软件项目计划。

③ 软件需求规约。

- 图形分析模型。
- 处理规约。
- 原型。
- 数学规约。

④ 初步的设计手册。

⑤ 设计规约。

- 数据设计描述。
- 体系结构设计描述。
- 模块设计描述。
- 界面设计描述。
- 对象描述（如果采用了面向对象技术）。

⑥ 源代码清单。

⑦ 测试规约。

- 测试计划和过程。
- 测试用例和结构记录。

⑧ 操作和安装手册。

⑨ 可执行程序。

- 模块的可执行代码。

- 链接的模块。

⑩ 数据库描述。

- 模式和文件结构。
- 初始内容。

⑪ 联机用户手册。

⑫ 维护文档。

- 软件问题报告。
- 维护请求。
- 工程变化命令。

⑬ 软件工程的标准和规程。

除此以外，为了清晰地描述开发环境，许多软件开发组织也将使用的工具盒开发环境内容纳入配置管理库中。工具，就像利用它们生产的产品一样，可以被基线化，并作为综合配置管理工作的一部分，一般称之为"环境基线"。SCI 被组织成配置对象、被命名并被归类到项目配置管理数据库中。一个配置对象有名字、属性，并通过"关系"和其他的对象连接。

在图 13-5 中，配置对象"设计规约""测试规约""数据模块""模块 N""源代码"分别被定义。但每个对象都和其他对象存在一定关联。曲线表示的是组装关系，说明数据模块和模块 N 都是设计规约的组成部分。直线双箭头连接指明关联关系。若一个对象（比如源代码对象）发生变化，关联关系使得软件工程师能据此判定哪些对象会被影响。

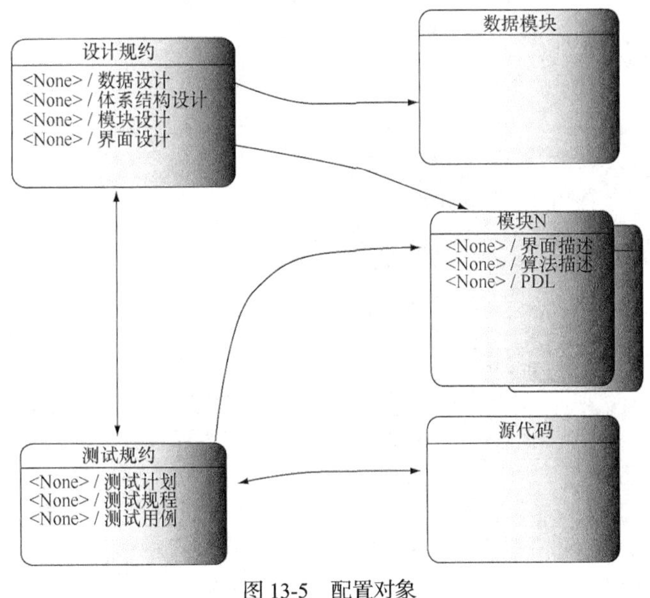

图 13-5　配置对象

13.7.3　软件配置管理的过程

软件配置管理是软件质量保证的重要一环，主要任务是控制变化，同时也负责各个软件配置项和软件各种版本的标识、软件配置审计以及对软件配置发生的任何变化的报告。软件配置管理主要有 5 项任务：标识、版本控制、变化控制、配置审计和报告。

1. 标识软件配置中的对象

为了控制和管理软件配置项，必须单独命名每个配置项，然后用面向对象方法组织它们。可以标识出两类对象：基本对象和聚集对象。基本对象是软件工程师在分析、设计、编码或测试过程中创建出来的“文本单元”，例如，需求规格说明的一个段落、一个模块的源程序清单或一组测试用例。聚集对象是基本对象和其他聚集对象的集合。

每个对象都是一组能唯一标识它的特征：名字、描述、资源表和“实习”。对象名是无二义性地标识该对象的一个字符串。在设计标识软件对象的模式时，必须认识到对象在整个生存周期中一直在演化，因此所设计的标识模式必须能无歧义地标识每个对象的不同版本。

2. 版本控制

版本控制联合使用规程和工具来管理所创建的配置对象的不同版本。借助于版本控制技术，用户能够通过选择适当的版本来指定软件系统的配置。实现这个目标的方法是把属性和软件的每个版本关联起来，然后通过描述一组所期望的属性来指定构造所需要的配置。

3. 变化控制

变更控制是一种规程活动，它能够在对配置对象进行修改时保证质量和一致性。配置审计是一项软件质量保证活动，它有助于确保在进行修改时仍然保持质量。状态报告向需要知道关于变化的信息的人提供有关每项变化的信息。

软件工程过程中某一阶段的变更，均要引起软件配置的变更，这种变更必须严格加以控制和管理，保持修改信息，并把精确的、清晰的信息传递到软件工程过程的下一步骤。变更控制包括建立控制点和建立报告与审查制度。对于一个大型软件来说，不加控制的变更很快就会引起混乱。因此变更控制是一项最重要的软件配置任务，变化控制把人的规程和自动工具结合起来，以提供一个控制的机制，变更控制的过程如图 13-6 所示。

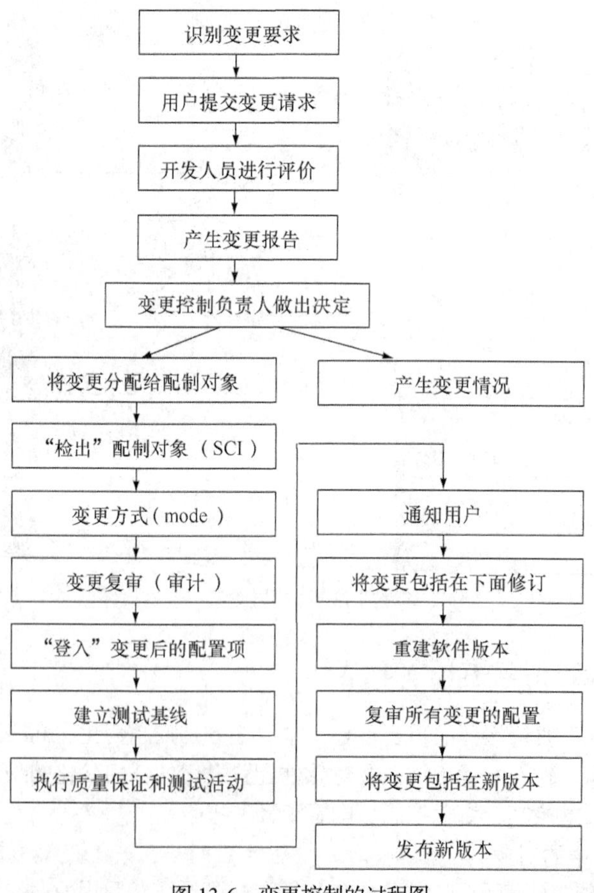

图 13-6　变更控制的过程图

其中“检出”和“登入”处理实现了两个重要的变更控制要素，即存取控制和同步控制。存取控制管理各个用户存取和修改一个特定软件配置对象的权限。同步控制可用来确保由不同用户所执行的并发变更。

典型的变化控制过程如下。

① 接到变化请求之后，首先评估该变化在技术方面的得失、可能产生的副作用、对其他配置对象和系统功能的整体影响以及估算出的修改成本。评估的结果形成“变化报告”，该报告供“变化控制审批者”审阅。变化控制审批者既可以是一个人，也可以由一组人组成，其对变化的状态和优先级做最终决策。

② 对每个被批准的变化都生成一个“工程变化命令”，其描述将要实现的变化、必须遵守的约束以及复审和审计的标准。把要修改的对象从项目数据库中“签出”（check out），进行修改并应用适当的 SQA 活动。

③ 最后，把修改后的对象“签入”（check in）数据库，并用适当的版本控制机制创建该软件的下一个版本。“签入”和“签出”过程实现了变化控制的两个主要功能：访问控制和同步控制。访问控制决定哪个软件工程师有权访问和修改一个特定的配置对象，同步控制有助于保证由两名不同的软件工程师完成的并行修改不会相互覆盖。

在一个软件配置项变成基线之前，仅需应用非正式的变化控制。该配置对象的开发者可以对它进行任何合理的修改。一旦该对象经过了非正式技术复审并获得批准，就创建了一个基线。而一旦一个软件配置项变成基线，就开始实施项目级的变化控制。进入基线以后的配置项，为了对其进行修改，开发者必须获得项目管理者的批准（如果变化是“局部的”），如果变化影响到其他软件配置项，还必须得到变化控制审批者的批准。

在某些情况下，可以省略正式的变化请求、变化报告和工程变化命名，但是，必须评估每个变化并且跟踪和复审所有变化。

4. 配置审计

为确保适当地实现所需变化，通常需要进行正式的技术复审和软件配置审计两个活动。

正式的技术复审关注被修改后的配置对象的技术正确性。复审者审查该对象以确定它与其他软件配置项的一致性，并检查是否有遗漏或副作用。

软件配置对象的有些特征，通常技术复审过程没有重点关注，例如修改时是否遵循了软件工程标准，是否在该配置项中显著地标明了所做的修改，是否注明了修改日期和修改者，是否适当地更新了所有相关的软件配置项，是否遵循了标注变化、记录变化和报告变化的规程等。这些特征都由配置审计活动加以评估，配置审计可看作对正式技术复审的补充。

5. 状态报告

书写配置状态报告是软件配置管理的一项任务，它回答下述问题。

① 发生了什么事情?

② 谁做的这件事?

③ 这件事是什么时候发生的?

④ 它将影响哪些其他事物?

配置状态变化对大型项目的成功有重大影响。当大量人员在一起工作时，可能一个人并不知道另一个人在做什么。两名开发人员可能试图按照相互冲突的想法去修改同一个软件配置项；软件工程队伍可能耗费几个月的工作量根据过时的硬件规格说明开发软件；察觉到所建议的修改有严重副作用的人可能还不知道该项修改正在进行。配置状态报告通过改善所有相关人员之间的通信，帮助消除这些问题。

13.8 项目管理认证体系 IPMP 与 PMP

13.8.1 IPMP 概况

国际项目管理专业资质认证（International Project Management Professional，IPMP）是国际项目管理协会（International Project Management Association，IPMA）在全球推行四级项目管理专业资质认证体系的总称。IPMP 是对项目管理人员知识、经验和能力水平的综合评估证明，据 IPMP 认证等级划分获得 IPMP 各级项目管理认证的人员，将分别具有负责大型国际项目、大型复杂项目、一般复杂项目或具有从事项目管理专业工作的能力。

IPMA 依据国际项目管理专业资质标准（IPMA Competence Baseline，ICB），针对项目管理人员专业水平的不同将项目管理专业人员资质认证划分为四个等级，即 A 级、B 级、C 级、D 级，每个等级分别授予不同级别的证书。

A 级（Level A）证书是认证的高级项目经理（Certificated Projects Director，CPD）。获得这一级认证的项目管理专业人员有能力指导一个公司（或一个分支机构）的包括有诸多项目的复杂规划，有能力管理该组织的所有项目，或者管理一项国际合作的复杂项目。

B 级（Level B）证书是认证的项目经理（Certificated Project Manager，CPM）。获得这一级认证的项目管理专业人员可以管理大型复杂项目。

C 级（Level C）证书是认证的项目管理专家（Certificated Project Management Professional，PMP）。获得这一级认证的项目管理专业人员能够管理一般复杂项目，也可以在所有项目中辅助项目经理进行管理。

D 级（Level D）证书是认证的项目管理专业人员（Certificated Project Management Practitioner，PMF）。获得这一级认证的项目管理人员具有项目管理从业的基本知识，并可以将它们应用于某些领域。

由于各国项目管理发展情况不同，各有各的特点，因此 IPMA 允许各成员国的项目管理专业组织结合本国特点，参照 ICB 制定在本国认证国际项目管理专业资质的国家标准（National Competence Baseline，NCB），这一工作授权于代表本国加入 IPMA 的项目管理专业组织完成。

13.8.2 PMP 简介

项目管理专业人员（Project Management Professional，PMP）。自从 1984 年以来，美国项目管理协会（PMI）一直致力于全面发展，并保持一种严格的、以考试为依据的专家资质认证项目，以便推进项目管理行业和确认个人在项目管理方面所取得的成就。美国项目管理协会的项目管理专业人员（PMP）认证是世界上对项目管理从业人员最具权威的认证。PMP 是众多希望取得项目管理认证的个人和企业的选择之一。获得 PMP 认证之后，个人的公司和名字将会被列入项目管理团体中最大、最具影响力的资质认证组织之中，为个人企业在国际范围内的项目合作中获得宝贵的竞争优势、获得国际认可。目前，全世界有大约 43000 名项目管理专业人员（PMP），他们在 120 多个国家提供项目管理服务。而初级项目管理人员的年薪大约在 40 万人民币以上，从某种程度上讲，PMP 意味着高薪。对各种行业的企业来说，除了项目经理们为了职业的发展要求拥有 PMP 证书外，许多顾客要求企业拥有一定数量的取得 PMP 证书的专业人士为他们提供服务，因为越来越多的业内人士认识到，PMP 对企业意味着高效与科学的管理、优质的服务、规范化的制度，甚至于可以杜绝腐败现象的发生，在建筑、电子行业可以将豆腐渣工程的出现机率控制为零。许多企业的雇主都将获得 PMP 认证的项目管理人员定位为这一领域的领导者，并且都承认雇佣他们来管理自己的关键项目会获得赢利。随着 WTO 的加入，国际经济一体化进程的加快及西部大开发进程的深入，越来越多的外资及国际项目进入中国，进而对国际型项目管理人才的迫切需求将会越演越烈，各国都相继建立起了自己的项目管理体系，但作为世界项目管理研究开山之祖的美国项目管理协会 PMI 授权的 PMP 资质认证才真正是全球公认的金牌资质证书，并被越来越多的业界人士公认为继 MBA、MPA 之后的项目经理及高级管理人士的含金量最高的金牌名片。

13.9　典型例题详解

例题 1（2012 年 5 月软件设计师试题）　________最不适宜采用无主程序员组的开发人员组织形式。

A. 项目开发人数少（如 3～4 人）的项目

B. 采用新技术的项目

C. 大规模项目

D. 确定性较小的项目

分析：无主程序员组中的成员相互平等，工作目标和决策都由全体成员民主讨论。这种组织有利于发挥个人积极性，但由于职责不明确，不利于外界联系。明显大规模的项目不适合采用这种人员组织形式。

参考答案：C

例题 2（2012 年 5 月软件设计师试题）　若软件项目组对风险采用主动的控制方法，则______是最好的风险控制策略。

A. 风险避免　　　　B. 风险监控

C. 风险消除　　　　D. 风险管理及意外事件计划

分析：如果软件项目组对于风险采取主动的方法，则避免永远是最好的策略。通过建立一个风险缓解计划来完成。

参考答案：A

例题 3（2014 年 5 月软件设计师试题）　以下关于进度管理工具 Gantt 图的叙述中，不正确的是_______。

A. 能清晰地表达每个任务的开始时间、结束时间和持续时间

B. 能清晰地表达任务之间的并行关系

C. 不能清晰地确定任务之间的依赖关系

D. 能清晰地确定影响进度的关键任务

分析：Gantt 图即以图示的方式通过活动列表和时间刻度形象地表示出任何特定项目的活动顺序与持续时间。基本上是一条线条图，横轴表示时间，纵轴表示活动（项目），线条表示在整个期间上计划和实际的活动完成情况。它直观地表明任务计划在什么时候进行，以及实际进展与计划要求的对比。

优点：能清晰地描述每个任务开始及结束时间，以及各任务间的并行性。

缺点：不能清晰地反映每个任务之间的依赖关系，难以确定项目关键所在，不能反映计划中有潜力的部分。

参考答案：D

13.10 软件工程项目管理实验

1. **实验目的**

了解项目管理的基本概念和项目管理核心领域的一般知识，掌握项目管理软件 Microsoft Project 的操作界面和基本操作，并学会使用其帮助文件。熟悉 Project 的界面和基本操作。了解 Project 视图（Gantt 图、任务分配状况、日历、网络图、资源工作表、资源使用情况、资源图表、组合视图），能够在各个视图之间切换。

2. **实验内容**

依靠 Project 计划和管理项目，可以快速、准确地建立项目计划，有效地组合和跟踪任务与资源，使得项目符合工期和预算，降低成本。安装 Project，并学习其基本功能和使用方法，运用其设计和管理项目管理文件。

首先新建项目文件，设置关键项目信息（结合音乐点播管理系统项目实例）。

① 创建项目文件、设置项目基本信息。

（a）针对项目做功能分解。

- 使用“文件—新建”命令打开新建项目任务窗格，选择新建区域下的空白项目超链接，新建一个项目文件“项目 1”。
- 选择“项目—项目信息”命令，打开“项目信息”对话框。
- 默认情况下，用户可以利用“项目信息”对话框指定开始时间等。
- 在“日历”下拉列表中指定一个用于计算工作时间的标准日历。
- 完成上述操作后单击“确定”按钮。
- 输入本组项目中的各个任务，把功能分解的所有任务都输入（只需要输入任务名称即可）。

建立项目文件，如图 13-7 所示。

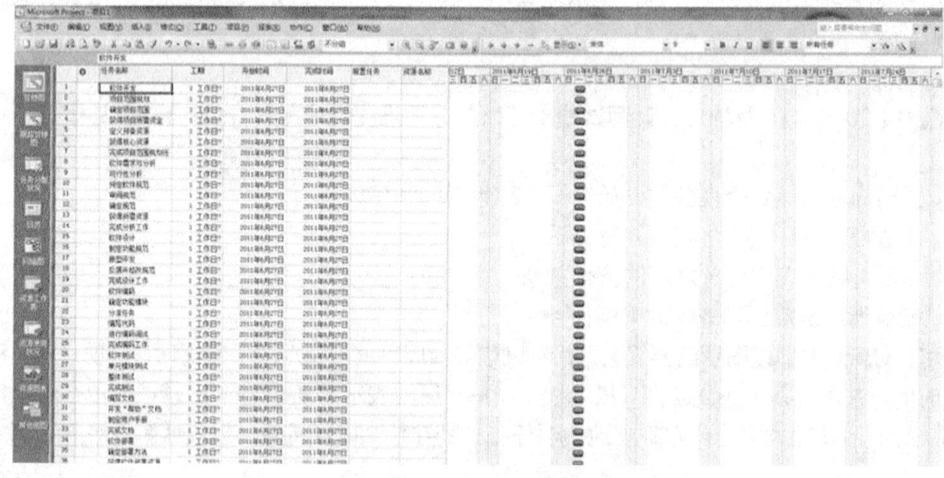

图 13-7　项目文件图

（b）使用模板创建项目文件。

- 文件—新建，打开新建项目任务窗格。
- 选择模板选项域下的本机的模板，打开“模板”对话框，打开 Project 模板。
- 在内置模板中选择软件开发模板，单击“确定”按钮。

- 创建模板后，用户根据自己的项目对模板进行修改。

使用模板建立项目文件，如图 13-8 所示。

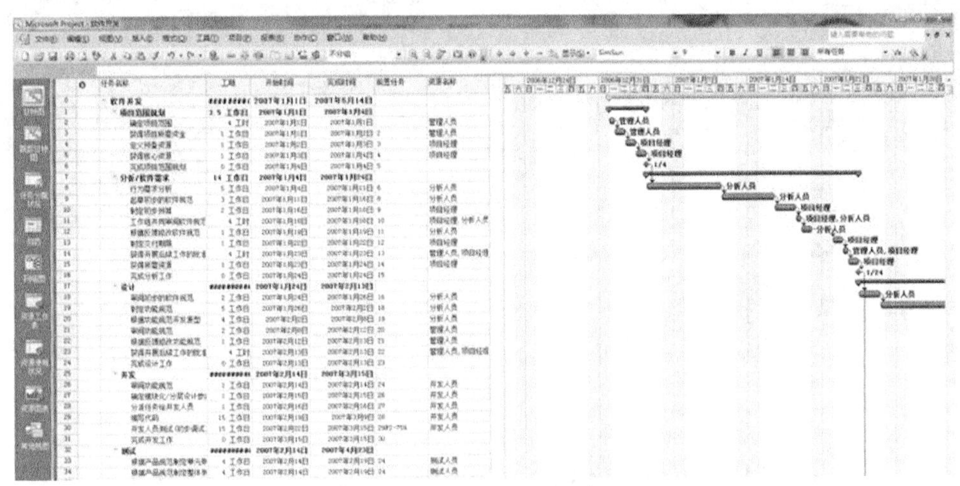

图 13-8　模板项目文件图

（c）使用帮助查看各个菜单选项，了解各个工具栏。

② 编制项目进度计划，包括日历设置、任务分解、工期设定、任务关联性设定、辅助功能设定。

（a）输入任务及工期。

（b）把任务设置为里程碑（里程碑是用于标识日程中的重要事项，其工期为 0）。

（c）输入周期性任务（项目进行过程中重复发生的任务）：插入—周期性任务—周期性任务信息。

（d）编辑任务列表。

- 使用任务信息对话框（项目—任务信息—常用—任务信息）。
- 使用大纲组织任务列表。（在 Gantt 图的任务名称域选择第一个要作为子任务的任务，然后选择插入—新任务命令，在任务名称域中输入摘要任务的任务名称，最后选择要作为子任务的多个任务，单击“降级”按扭把这些任务降级为子任务）。

（e）对任务分组（Gantt 图视图，常用—分组依据）。

（f）排定任务日程。

- 为项目选定基准日历（理解基准、项目、资源和任务四种日历，知道四种基准日历的异同）：项目—项目信息—项目信息。
- 改变日期显示格式：工具—选项—视图—日期格式。
- 自定义工作时间：工具—选项—日历。
- 新建日历：工具—更改工作时间—新建。
- 编辑日历：工具—更改工作时间—在“范围”下拉列表中选择要编辑的日历—选择日期。
- 设置日历视图的外观：视图—日历，打开日历视图—格式—条形图样式。
- 为任务分配日历，在 Gantt 图的任务名称域中双击要为其分配日历的任务，打开“任务信息”对话框—高级—在“日历”下拉列表中选择分配给任务的日历（选中排定日程忽略资源日历）。

（g）建立任务的相关性。

在 Gantt 视图中选择要建立相关性的任务，在“常用”工具栏中，选择链接任务或者选择“编辑—链接任务”命令，建立任务的相关性。能够进行任务的拆分：“常用”工具栏—单击“任务拆分”按钮。

任务关联后的项目文件如图 13-9 所示。

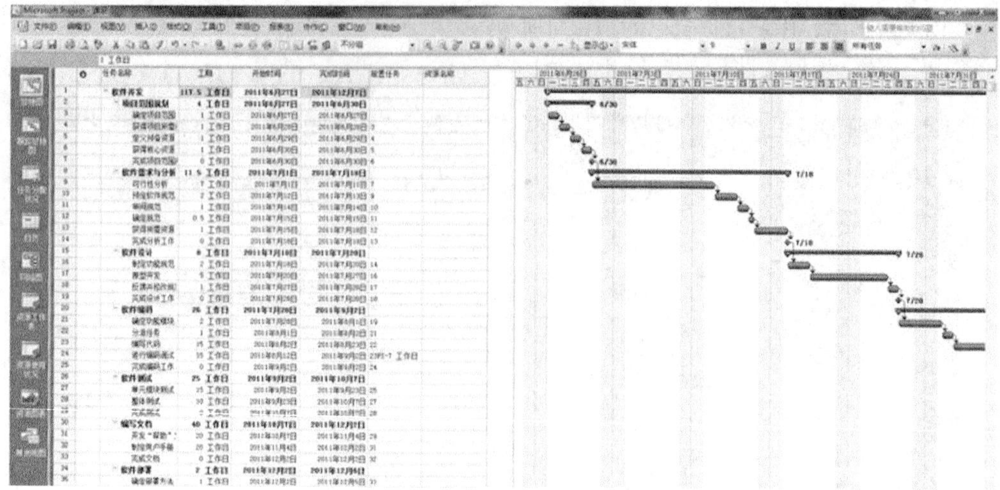

图 13-9　任务关联后项目文件图

③ 项目资源计划编制，成本计划编制，建立资源及成本，分配资源及成本。

（a）创建资源列表：在已创建的项目中选择“视图—资源工作表”命令，打开资源工作表，在资源名称域中，分别输入资源的名称，在类型域中指定资源类型为工时或材料，在这里人员指定为工时，如果要指定资源组，可在资源名称的组域中输入组的名称。对每个工时资源（人员或设备），在最大单位域中使用默认值为 100%，如为 200%，表明特定的资源的两个全职单位。

（b）利用“资源信息”对话框设置资源。在资源工作表中选择某资源后，单击“常用”工具栏中的“资源信息”按钮，或双击该资源，就可以打开“资源信息”对话框。利用该对话框的“常规”选项卡可以方便地进行资源的设置。

（c）编辑资源日历：当资源需要按不同的日程工作时，或者需要说明假期或者停工期，可以修改个别资源的资源日历。在工作表中选择需要更改工作日程的资源，选择项目—资源信息命令，打开“资源信息”对话框，选择“工作时间”选项卡，仿照编辑日历的方法编辑资源的工作日历。可以为某资源创建一个基准日历。选择“工具—更改工作时间”命令，打开“更改工作时间”对话框，单击其中的“新建”按钮，创建新的基准日历，为资源组创建基准日历后，如要给基准日历分配资源，只要双击资源打开“资源信息”对话框，在“工作时间”选项卡中的“基准日历”下拉列表中选择所创建的基准日历即可。

（d）分配资源：在创建资源列表并设置好资源信息和资源日历后，就可以为项目中的任务分配资源，为任务分配资源即创建了一个工作分配，用户可以不受限制地对资源进行修改。视图—Gantt 图，打开 Gantt 图视图，从中选择要进行资源分配的任务，选择“工具—分配资源”命令，打开“分配资源”对话框。重复以上步骤，直到所有任务都分配好资源。最后单击“关闭”按钮，关闭“分配资源”对话框。

（e）删除和替换资源分配。在甘特图中选择需要删除资源分配的任务，选择“工具—分配资源”命令，打开“分配资源”对话框，在“分配资源”对话框的“资源”列表中选择要删除的已分配的资源，单击“删除”按钮即可。

（f）跟踪资源。视图—任务分配状况命令，打开任务分配状况视图。选择视图—表—工时命令，在工作表中添加工时域。

（g）成本分配。

分配费率。视图—资源工作表，在确认选择“视图—表—项”命令后，在资源工作表中选择该资源，并在其标准费率和加班费率域中，输入所需的费率。

分配固定的任务成本。使用“视图—Gantt 图”命令打开 Gantt 图视图，通过“视图—表—成本”命令，在 Gantt 图的固定成本域中输入相应任务的固定成本就可以了。

分配固定的资源成本。打开 Gantt 图，在任务名称域中选择某个任务，选择“窗口—拆分”命令，打开组合视图。通过任务窗体视图，在资源名称域中，输入新的资源名称，选择“格式—详细信息—资源成本”命令，在组合视图的下方窗格中显示资源成本。在“任务类型”下拉列表中选择“固定工期”选项，将输入的任务类型设置为固定工期。在单位域中将任务设置为 0%，在成本域中为资源分配输入一个成本值为 100。单击“确定”按钮。

加班成本的计算。执行“视图—任务分配状况”命令，打开任务分配状态视图，选择“视图—表—工时”命令，在任务分配状况视图中选择整个工时域，选择插入一列命令，打开“列定义”对话框，在“域名称”下拉列表中选择加班工时选项，标题的对齐方式为居中，数据的对齐方式为右，宽度设置为 10，单击“确定”按钮，在任务分配状况视图中添加加班工时域。选择相应资源，在域中输入加班总量。

项目中货币设置的更改。执行“工具—选项”命令，打开“选项”对话框，在“视图”选项卡的货币选项域的“符号”文本框中输入所需的货币符号，在“位置”下拉列表框中可以选择所需的货币格式，在“小数位数”文本框中输入需要显示的小数位数，设置完成后，单击“确定”按钮，则当前项目的货币符号和格式被改变。

（h）为项目添加估计成本。在默认情况下，Gantt 图中所呈现的域并不包含“成本”，因此，要将该域插入并呈现在工作页面中。打开工程文件，选取工期域，单击鼠标右键，从弹出的快捷菜单中选择“插入列”命令，接着出现“列定义”对话框，在“域名称”下拉列表框中选择“成本”选项后，单击“确定”按钮，接着针对每项任务所需的费用，一次进行输入。如果想把已经存在的域暂时屏蔽，选中该域，单击鼠标右键，从弹出的快捷菜单中选择“隐藏列”命令。

（i）组织成本数据。

隐藏子任务。把鼠标移到想要隐藏的子任务的任何一个域中，在“格式”工具栏中单击“隐藏子任务图标”按钮，这时就能把其下的子任务隐藏。如果要再显示子任务，只需要在“格式”工具栏中，单击“显示子任务图标”按钮。

（j）资源成本。执行“视图—资源工作表”命令，切换到资源工作表视图，设置资源情况。成本累算域：开始（只要租借，成本便发生）结束（直到活动结束，没有发生问题时费用才支付）按比例（即进行到什么时候便付费到什么时候）。

项目成本信息设置如图 13-10 和图 13-11 所示。

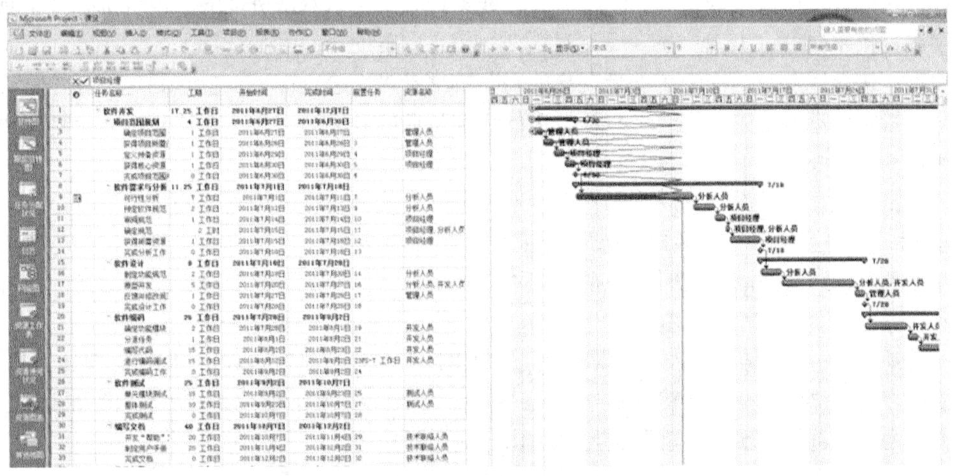

图 13-10　项目资源信息设置结果图

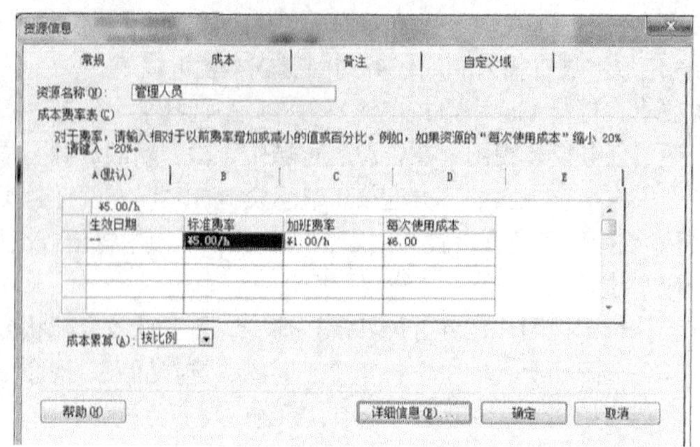

图 13-11 项目资源信息设置图

④ 跟踪项目进度，设置基准计划，查看比较基准信息，跟踪项目进程，创建进度线。

（a）跟踪项目进度。

• 更新完整项目：选择一个已完成的项目进行更新。选择“工具—跟踪—更新项目”菜单命令，使用“更新项目”对话框可更新项目中所选任务或所有任务的完成百分比，或者重新排定未完成工时的日程。

• 更新选定任务：如果实际发生的情况只与某一任务或者部分任务相关，则可以使用选定任务的更新方法，对单一任务或者部分任务进行更新。选择“工具—跟踪—更新任务”菜单命令，弹出“更新任务”对话框，对选定任务进行更新。

• 重新安排未完成任务：打开项目，选择要更新的项目或任务。选择工具—跟踪—更新项目菜单命令，弹出“更新项目”对话框进行相应修改。

• 显示项目的进度线：进度线反映项目进度状况，它是根据日期构造的垂直方向上的折线。所谓进度线，是显示在 Gantt 图视图中以直观方式表示项目进度的折线。进度线连接正在进行的任务，可在 Gantt 图上创建图表以表示落后于日程的工作，尖峰可表示超前于日程的工作。

（b）创建进度线。

单击“跟踪”工具栏的“添加进度线”图标按钮，鼠标变化后，将鼠标移到 Gantt 图视图的条形图上，此时会出现一个黄色的提示框，其中显示了鼠标当前所在位置对应的日期。

在需要设置进度线的地方单击鼠标，即可添加一条当前日期的进度线。

如果希望设置进度线的日期和间隔方式及线条样式，可以双击进度线，或者选择“工具—跟踪—进度线”菜单命令，出现“进度线”对话框，单击“日期与间隔”选项卡。

使用“进度线”对话框中的“日期与间隔”选项卡可以进行如下设置：固定间隔显示进度线；显示基于特定状态日期的进度线；显示选定的特定日期的进度线；显示与比较基准计划或实际计划进行比较的进度线。

为项目创建比较基准计划后，用户可以通过以下途径来查看比较基准的相关信息。

• 使用“项目统计”对话框。通过“项目统计”对话框，用户可以查看当前计划与比较基准计划的开始时间、结束时间、工时、工期、成本以及工时和工期的完成的百分比等信息，还有两者之间的差异。

• 使用比较基准表。在比较基准表中，用户可以查看比较基准开始时间、结束时间、工时和工期等信息。选择“视图—表—其他表”命令，打开“其他表”对话框后，在表选择区域选择“任务”选项，在列表中选择“比较基准”选项，单击“应用”按钮。

比较基准如图 13-12 所示。

	工期	工时	成本
当前	117.25d	1,036h	¥4,677.00
比较基准	117.5d	124h	¥643.00
实际	5.28d	44.8h	¥183.70
剩余	111.97d	991.2h	¥4,493.30

完成百分比：
工期：5%　　工时：4%　　关闭

图 13-12　项目比较基准图

⑤ 收集、整理和分析各个阶段的质量信息等。

3. 实验思考

① 如果需要修改项目文件，最大的限度是什么？

② 如何实现 Project 与 Excel 的数据迁移？

小　　结

本章讲述了软件工程项目管理的几个主要方面：软件工程项目管理的常见技术及其工具，软件项目的管理活动、成本的估计、进度计划、风险管理、软件成熟度模型、项目管理的认证体系等。在常见技术及其工具部分介绍了 CASE 技术及基于 CASE 技术的管理工具；在成本估计部分介绍了几种成本估计的方法和两种典型的成本估算模型；在进度计划部分主要介绍了 Gantt 图和工程网络技术；在风险管理部分讲述了风险的分类、风险识别、评估和控制；简述了项目管理认证体系 PMP 与 IPMP。

习 题 13

一、选择题

1. 下列哪些项目过程是作为成本估计的一个输入？【　　】

A. 预算　　B. 进度计划　　C. 小组成员的选拔　　D. 小组的建立

2. 下列哪些风险将使整个项目改变？【　　】

A. 大的预算变化　　B. 人员问题　　C. 计划改变　　D. 开发工具效率低

3. 下列哪个阶段可以认为项目没有成功？【　　】

A. 计划　　B. 组织　　C. 控制　　D. 终结

4. 图 13-13 所示是一个软件项目的活动图，其中顶点表示项目里程碑，连接顶点的边表示包含的活动，边上的值表示完成活动所需要的时间，则关键路径的长度为【　　】。

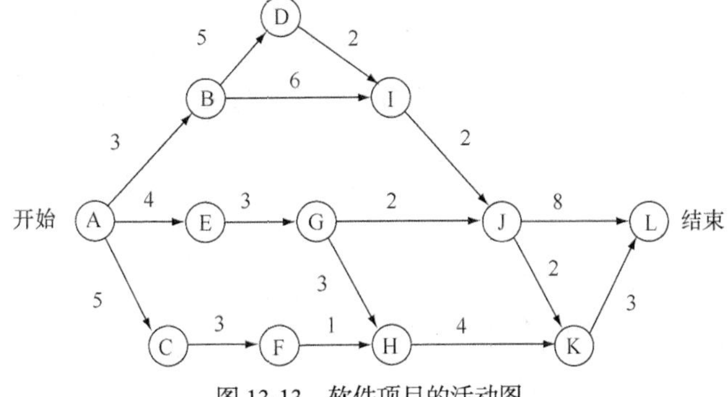

图 13-13　软件项目的活动图

A. 20　　B. 19　　C. 17　　D. 16

5. 甘特图（Gantt 图）不能【　　】。

A. 作为项目进度管理的一个工具

B. 清晰地描述每个任务的开始和截止时间

C. 清晰地获得任务并行进行的信息

D. 清晰地获得各任务之间的依赖关系

6. 软件产品配置是指一个软件产品在生存周期各个阶段所产生的各种形式和各种版本的文档、计算机程序、部件及数据的集合。该集合的每个元素称为该产品配置中的一个配置项。下列不应该属于配置项的是【　　】。

A. 源代码清单　　B. 设计规格说明书

C. 软件项目实施计划　　D. CASE 工具操作手册

7. 下列关于软件需求管理或需求开发的叙述中，正确的是【　　】。

A. 需求管理是指对需求开发的管理

B. 需求管理包括需求获取、需求分析、需求定义和需求验证

C. 需求开发是将用户需求转化为应用系统成果的过程

D. 在需求管理中，要求维持对用户原始需求和所有产品构件需求的双向跟踪

二、简答题

1. 软件项目管理的主要职能。

2. IT 项目中风险的分类。

3. 讨论领导和经理之间的区别。

4. 从您的单位或学校中选出您最不认同的领导。找出领导素质中他或她所不具备的特征。为促使他或她成为一位好领导，讨论一下你可以提出哪些意见。

5. 图 13-14 所示是表示某项目各项任务的工程网络图。

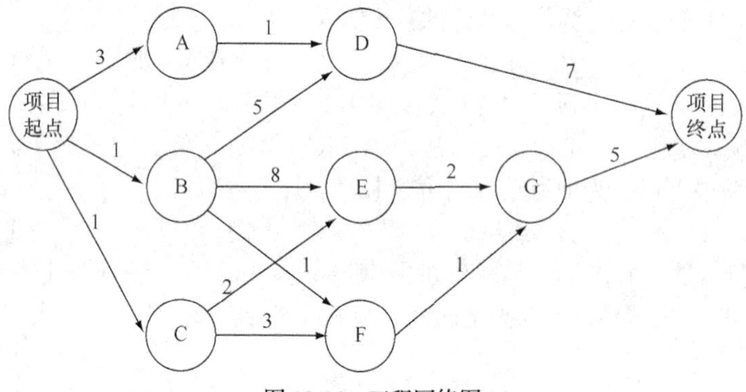

图 13-14　工程网络图

圆圈中的字母代表各个任务开始或结束事件的编号，箭头上方的数字表示完成各任务所需要的周数。要求：

① 标出每个事件的最早时刻、最迟时刻与机动时间。问完成该工程项目共需要多少时间？

② 标出工程的关键路径。

6. 简述软件成熟度分哪几个等级。

7. 讨论一下如何对一个项目进行风险评估。

第 14 章 简单的人事管理系统设计与开发

本章要点

- 项目论证和计划
- 可行性分析
- 需求分析
- 总体设计
- 详细设计
- 系统实现
- 测试与维护

14.1 项目论证和计划

利用 Power Designer 16.5 作为设计工具，PowerBuilder 12.5 作为程序开发工具，后台数据库采用 Sybase 数据库，设计开发出基于 C/S 模式的人事管理系统。

14.1.1 系统调查

在企业的日常事务中，人事管理工作是非常重要的一项工作，它负责整个企业的日常人事安排、人员的人事管理等。上一代的人事管理系统是单机单用户方式，开发简单，能充分利用数据库的特性。其缺点是开发出的系统依赖性强、运行必须依托数据库环境；不容易升级与扩展；无法实现数据的共享与并行操作；代码重用性差。

14.1.2 新系统的总体功能需求和性能要求

建立一个合理的人事管理系统，从而能够对单位人事系统做完善的管理，使企业管理更加科学规范，并能根据系统提供的准确信息进行适当地调整，促使企业更好地发展。采用现有的软硬件及科学的管理系统开发方案，建立人事管理系统，实现移动人事管理的计算机自动化。系统应符合公司人事管理制度，达到操作直观、方便、实用、安全等要求，并做到以下 4 点。

（1）简易性。系统设计尽量简单，从而实现使用方便、提高效率、节省开支，提高系统的运行质量。

（2）灵活性。系统对外界条件的变化有较强的适应能力。

（3）完整性。系统是各个子系统的集合，作为一个有机的整体存在。因此，要求各个子系统的功能尽量规范，数据采集统一，语言描述一致。

（4）可靠性。实现安全的、可靠的数据保护措施。

人事管理系统可以用于支持企业完成劳动人事管理工作，实现的目标如下。

① 支持企业高效率完成劳动人事管理的日常业务，包括新职员调入时的人事管理，职员调出、辞职、退休等。

② 支持企业进行劳动人事管理及其相关方面的科学决策，如企业领导根据现有的员工数目决定招聘的人数等。

14.1.3 系统开发的框架

系统开发的框架设计属于项目计划的内容，如图 14-1 所示。

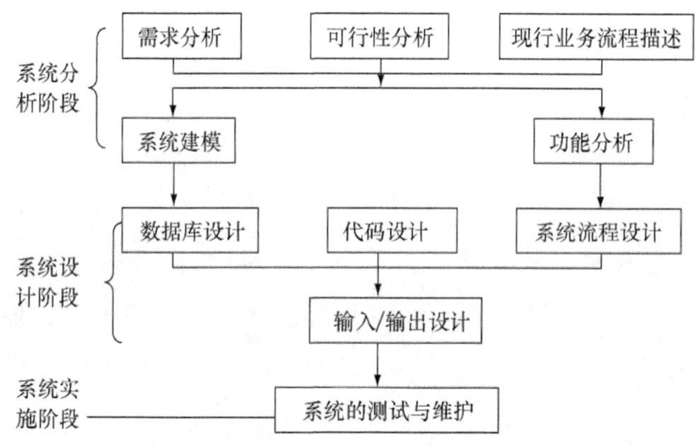

图 14-1 系统开发框架

14.2 可行性分析

通过对系统内容的调查与分析，复查系统的规模和目标。对新系统设计的几个关键技术进行可行性分析后的流程图如图 14-2 所示。

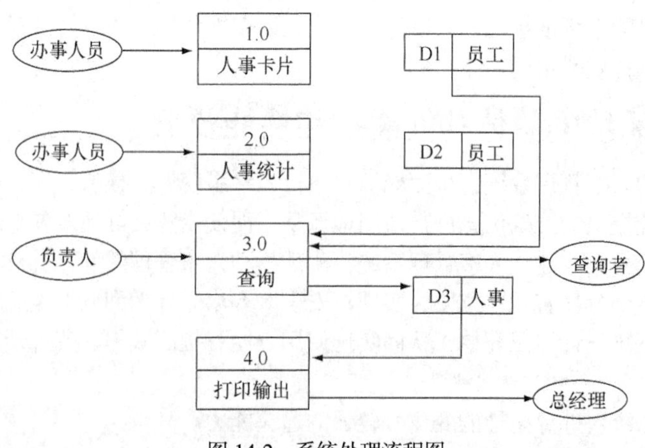

图 14-2 系统处理流程图

（1）技术可行性

随着国内软件开发的日益发展壮大,各中小企事业单位已具备独立开发各种类型的软件的能力，能够满足不同行业的特别的需求。而这个系统尽管其在组织关系上存在着很大的复杂性、烦琐性，但是就整个系统的技术构成上来看，它还是属于一个数据库应用类的系统，其基本操作还是对存在的数据库进行添加、删除、查找、编辑等。所以就单纯的数据库应用来看，暂不存在太大的技术性问题。

（2）经济可行性

对于整个系统而言，在系统未运行之前，初期投资比较大，花费相对而言较多。但减少了数据的流通环节，提高了效率，又保证了各项数据的准确性，同时也避免了工作人员的流动造成的数据丢失等问题，适应了当前的发展。

（3）管理可行性

随着时代的发展，人员素质已经逐步提高，不论是对于电脑系统的基本操作还是对于系统的维护都有了一定的基础，管理的可行性也得到了保障。

（4）开发环境可行性

采用 PowerBuilder 12.5 作为开发工具，PowerBuilder 12.5 可以和多种 PC 产品集成，并可以通过专用接口或 ODBC 接口连接许多比较常用的数据库。PowerBuilder 12.5 具有可视化的开发环境，使代码的编写更为直观，并且在可视化环境下的调试和维护也相对容易。其次 PowerBuilder 12.5 随身携带的 Sybase SQL Anywhere 数据库本身就是一个功能强大的 DBMS，对小型应用来说，直接使用这个数据库就是一个质优价廉的选择。而为方便用户界面的开发，PowerBuilder 12.5 提供了大量控件，这既丰富了应用程序的表达能力，也加快了项目的开发速度。同时，它拥有多平台的开发环境，如果要把一个平台上开发的代码移植到另外一个平台上，只要重新编译就可以了。

14.3　需求分析

14.3.1　数据流分析

数据流图是新系统逻辑模型的主要组成部分，它可以反映出新系统的主要功能、系统与外部环境间的输入/输出、系统内部的处理、数据传送、数据存储等情况。它的绘制依据是现行系统流程图，数据流图是管理信息系统的总体设计图。其中数据处理指对数据的逻辑处理功能，也就是对数据的变换功能。数据流是指处理功能的输入或输出，用一个水平箭头或垂直箭头表示。数据存储是数据保存的地方。数据源/数据去向表示数据的来源或数据的流向。

（1）顶层数据流图。顶层数据流图如图 14-3 所示。

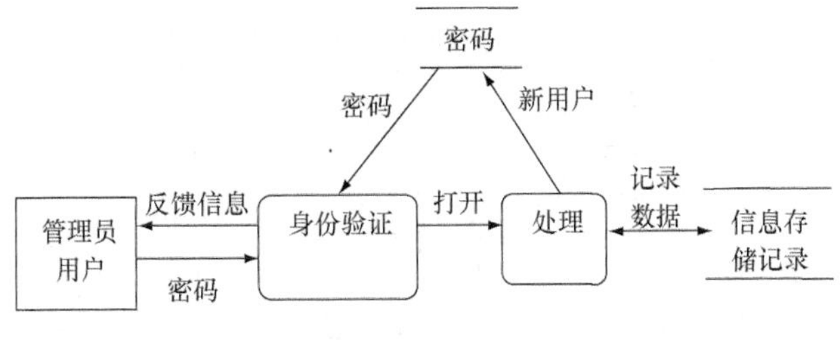

图 14-3　顶层数据流图

（2）管理员总体数据流图。管理员总体数据流图如图 14-4 所示。

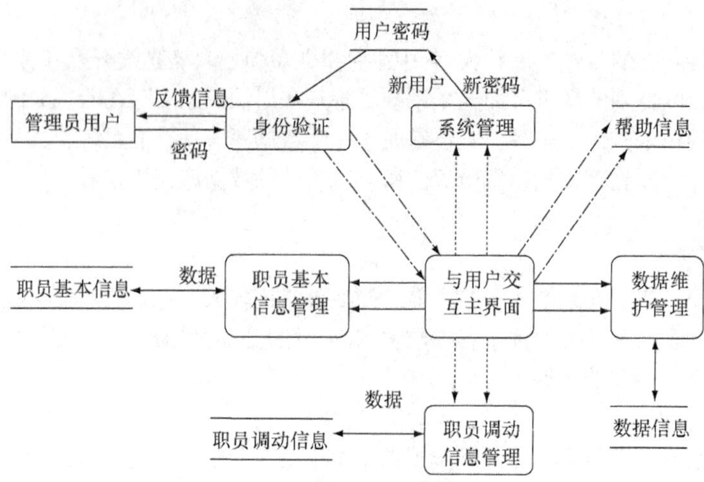

图 14-4　管理员总体数据流图

（3）普通用户总体数据流图。普通用户总体数据流图如图 14-5 所示。

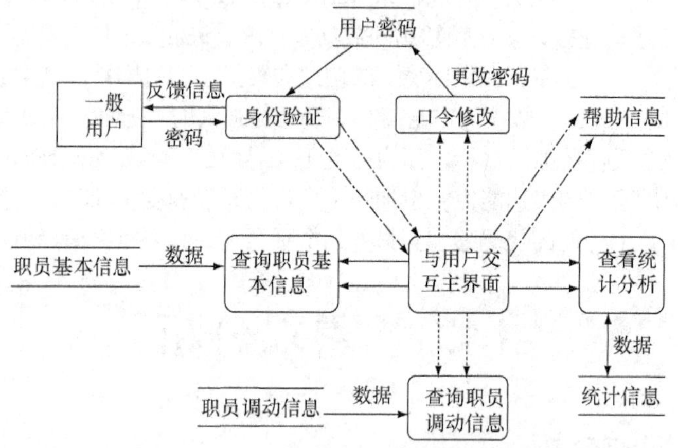

图 14-5　普通用户总体数据流图

14.3.2　系统流程图

系统流程图如图 14-6 所示。

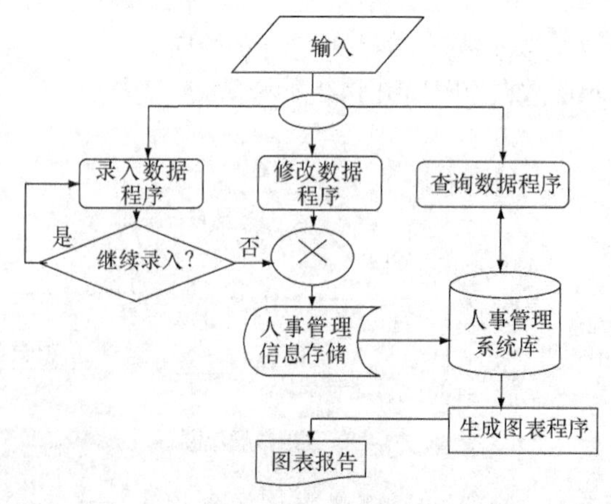

图 14-6　系统流程图

14.3.3　数据字典

数据字典是开发者与用户相互沟通的有效途径之一。它能形象地向用户描述开发者的意图，使用户明白数据库可能具有的项目，可有效地缓解开发者和用户之间的交流障碍，也有利于用户向开发者提出自己的需求，避免因理解分歧造成的代价巨大的接口问题。

数据字典是各类数据描述的集合，它是进行详细地数据收集和数据分析后所获得的主要成果。主要数据字典用卡片表示如下。

名字：职员基本信息
描述：档案入库时进行登记的职员基本信息表
定义：职员基本信息=职员代号+职员姓名+性别+所在部门+身份证号+出生年月+籍贯+民族+学历+政治面貌+工龄+开始工作时间+家庭住址+联系电话+所在部门代号+学历
位置：职员基本信息

名字：职员编码信息
描述：标识不同用户的编码
定义：职员编码信息=职员编码+职员姓名+权限
位置：登录界面信息

名字：职员学历信息
描述：标识员工的学历情况
定义：职员学历信息=职员代号+姓名+学历代码+学历名称
位置：职员学历信息

名字：用户授权信息
描述：标识不同用户的操作权限
定义：用户授权信息=职员姓名+职员代号+程序号
位置：登录界面信息

名字：职员所属部门信息
描述：标识每个职员的部门情况
定义：职员部门信息=职员代号+部门代号+部门名称
位置：部门信息

名字：调入时间
描述：标识职员调入的时间
定义：调入时间 datetime
位置：职员基本信息

名字：联系电话
描述：职员的联系电话
定义：联系电话 varchar（15）
位置：职员基本信息

名字：职员学历
描述：职员的学历情况
定义：学历 varchar（30）
位置：职员基本信息

名字：备注
描述：职员信息的补充说明
定义：备注 varchar（30）
位置：职员基本信息

针对本系统，通过职员管理内容和过程分析，设计的数据项和数据结构如下。

（1）职员基本情况，包括的数据项有职员代号、职员姓名、性别、所在部门代号、身份证号、生日、籍贯、民族、健康状况、政治面貌、工龄、开始工作时间、家庭住址、联系电话、职务、职称等。

（2）职员学历信息，包括的数据项有职员代号、学历代码、学历名称。

（3）职员所属部门信息，包括的数据项有职员代号、部门名称、部门代号。

（4）职员籍贯信息，包括的数据项有职员代号、籍贯代号、籍贯名称。

（5）职员代号信息，包括的数据项有职员代号、职员姓名、权限。

（6）用户授权信息，包括的数据项有职员姓名、职员代号、程序号。

14.3.4 系统用例图

用例图由用例（Use Case）、参与者（Actor）和系统边界组成，用来描述系统的功能。用例图是外部用户所能观察到的系统功能的模型图，呈现了一些参与者和一些用例以及它们之间的关系，主要用于对系统、子系统或类的功能行为进行建模。用例图定义了系统的功能需求，它是从系统的外部看系统功能，并描述系统内部对功能的具体实现。本软件系统的用例图如图 14-7 所示。

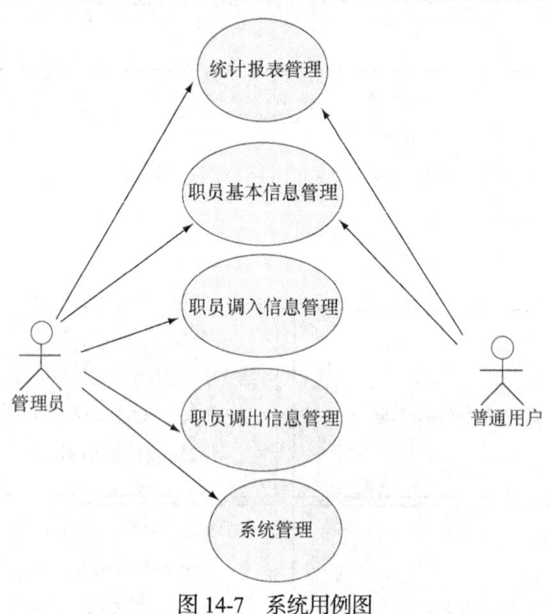

图 14-7 系统用例图

14.4 总体设计

14.4.1 功能模块图

画出功能模块图是软件工程开发中的一个重要环节，它显示出工程所要实现的各种功能并进行分类，在后续的软件详细设计及软件实现阶段，软件工程师根据功能模块图来具体实现这些功能。本系统的功能模块图如图 14-8 所示。

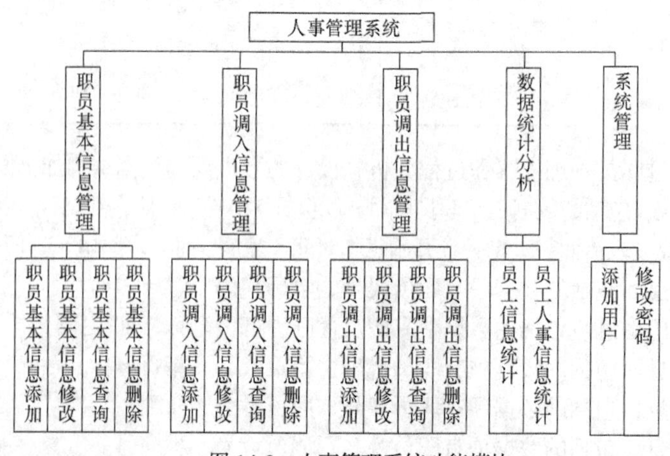

图 14-8 人事管理系统功能模块

14.4.2　层次方框图

系统功能框图是对系统功能模块图的进一步细化，本系统功能框图如图 14-9 所示。

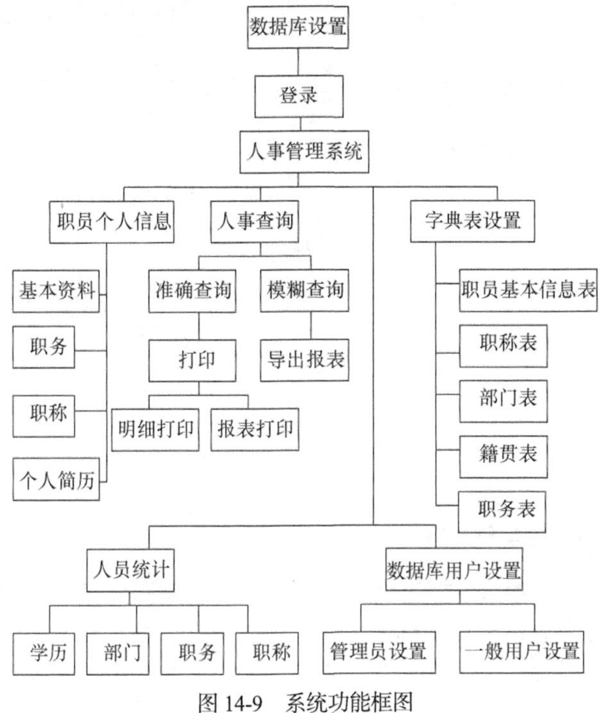

图 14-9　系统功能框图

14.4.3　IPO 图

在系统设计阶段，IPO 图用来说明每个模块的输入/输出数据和数据加工。开发人员不仅可以利用 IPO 图进行模块设计，而且可以利用它评价总体设计。用户和管理人员可利用 IPO 图编写、修改和维护程序。IPO 图是系统设计阶段的一种重要文档资料。本系统的 IPO 图如图 14-10 所示。

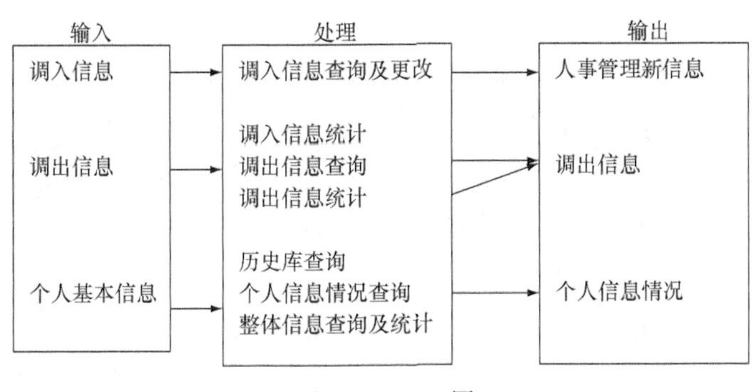

图 14-10　IPO 图

14.4.4　工作流程图

工作流程图是通过适当的符号记录全部工作事项，用以描述工作活动流向顺序。它是用图的形式反映一个组织系统中各项工作之间的逻辑关系，用以描述工作流程之间的联系与统一的关系。系统工作流程图如图 14-11 所示。

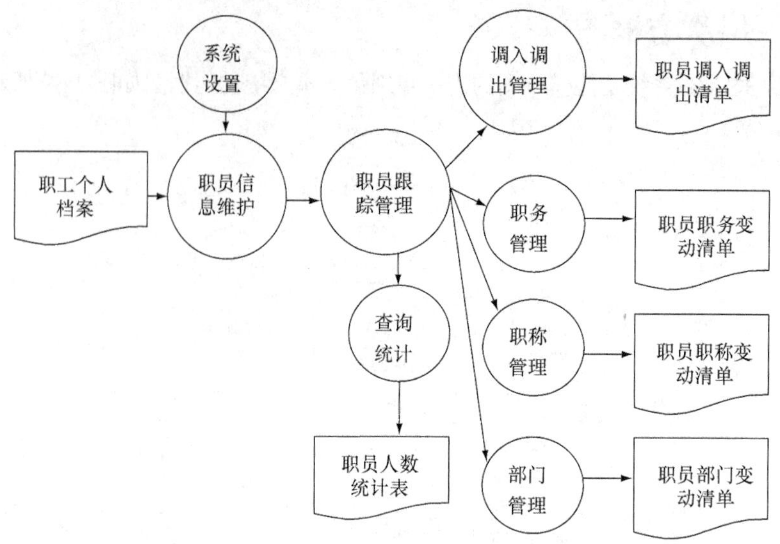

图 14-11　工作流程图

14.4.5　系统数据库设计

数据库设计（Database Design）是指对于软件系统，根据用户的需求，设计数据库的结构和建立数据库的过程。数据库设计是管理信息系统类型软件设计工作中重要的组成部分，需要设计出正确完备的数据库，满足客户提出的需求。数据库设计的过程一般根据前期需求分析获得的数据字典，设计出 E-R 模型，然后根据 E-R 模型生成数据库的物理模型，进而生成数据库。本系统的 E-R 模型和物理模型分别如图 14-12 和图 14-13 所示。

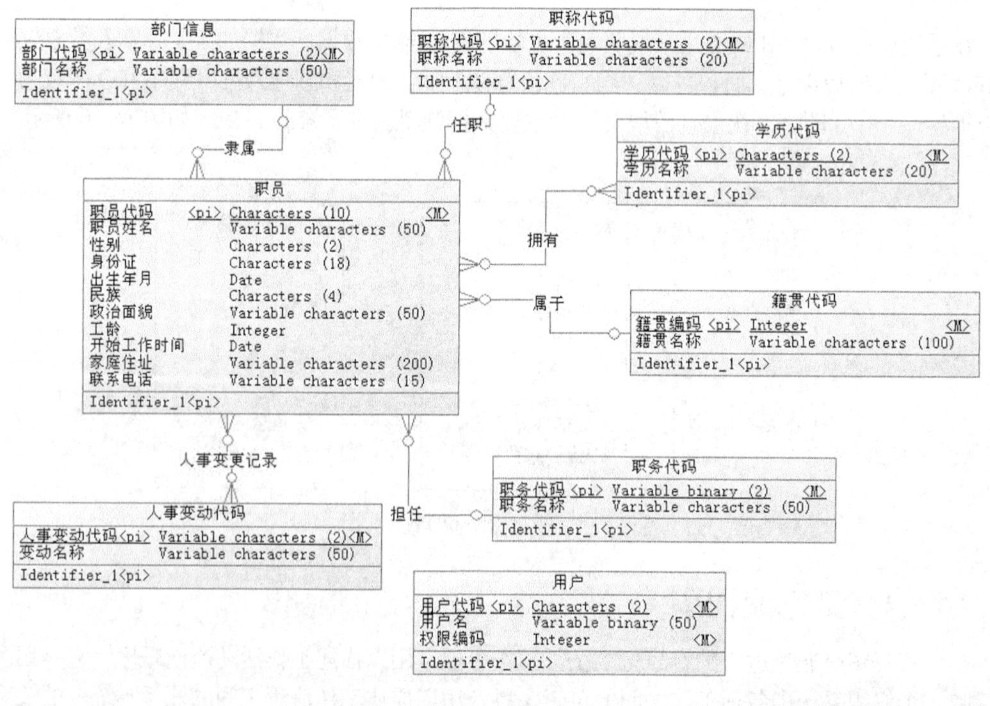

图 14-12　系统数据库 E-R 模型

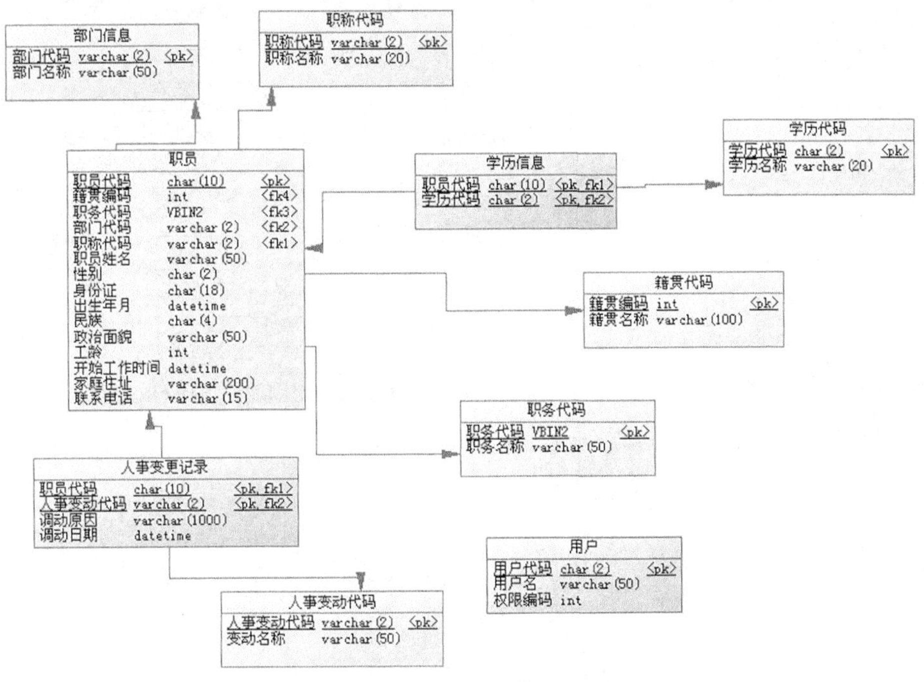

图 14-13　系统数据库物理模型

14.5　详细设计

详细设计是软件工程中软件开发的一个步骤，是对总体设计的一个细化，需要详细设计每个功能模块的实现算法、所需的局部结构。对于每个功能模块的实现算法，一般需要画出功能模块的流程图。本软件系统的一些主要功能模块图如图 14-14～图 14-18 所示。

（1）查询功能流程图。查询功能流程图如图 14-14 所示。

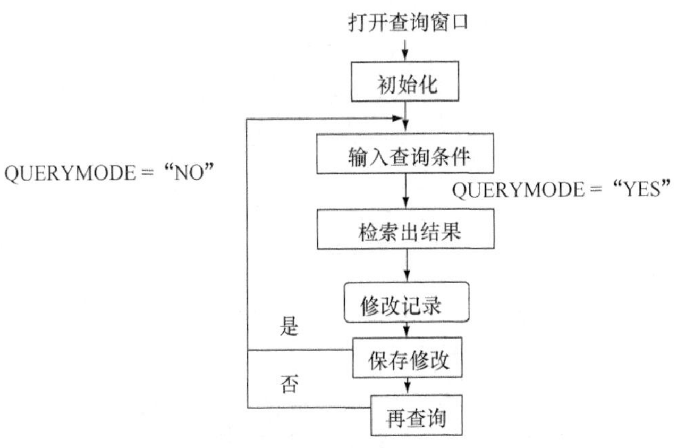

图 14-14　查询功能流程

（2）登录界面程序流程图。登录界面程序流程图如图 14-15 所示。

（3）添加功能流程图。添加功能流程图如图 14-16 所示。

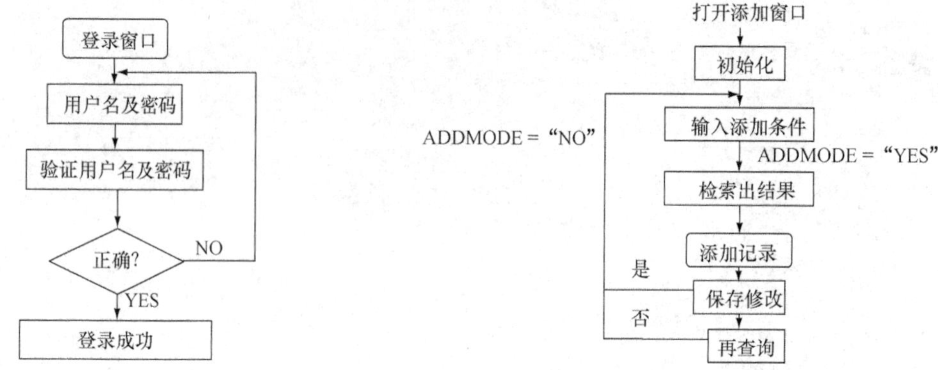

图 14-15　登录界面程序流程图　　　　图 14-16　添加功能流程图

（4）系统程序流程图。系统程序流程图如图 14-17 所示。

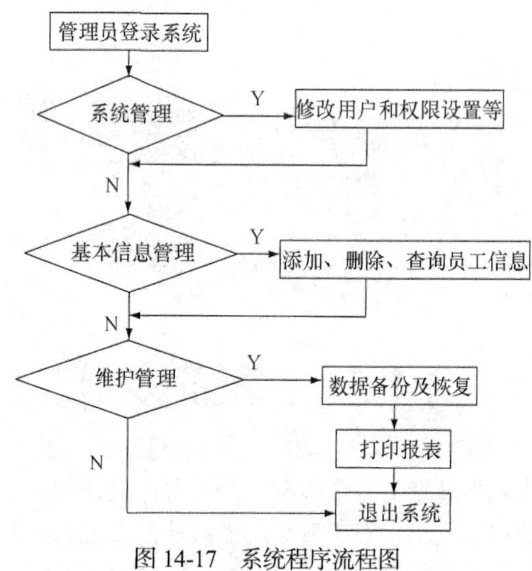

图 14-17　系统程序流程图

（5）系统功能流程图。系统功能流程图如图 14-18 所示。

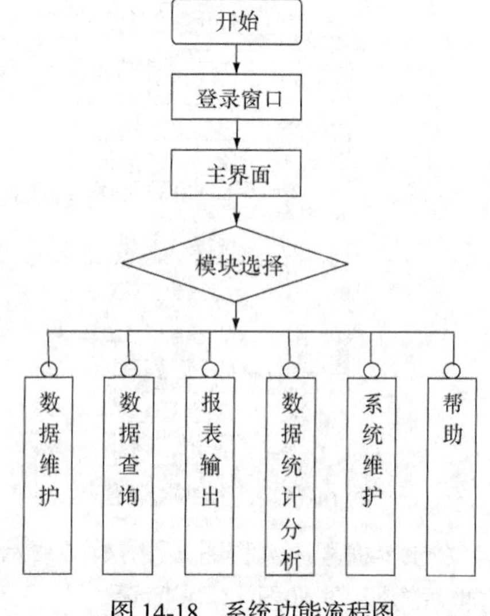

图 14-18　系统功能流程图

14.6　系统实现

1. 实现工具

（1）PowerBuilder 12.5

本系统采用 PowerBuilder 12.5 软件开发，它广泛使用于 C/S 体系结构下的应用程序，具有完整的 Web 应用开发功能，同时支持多种关系数据库管理系统，采用面向对象技术、图形化的应用开发环境，是数据库的前端开发工具；通过微软公司的 ODBC 接口和其他大型数据库接口，能够高速读取数据库中的数据。值得一提的是，PowerBuilder 12.5 拥有数据窗口对象（DATA Windows）操作，它能操纵关系数据库的数据而无须编写 SQL 语句，可进行修改、更新、插入、删除等。

（2）Sybase 数据库

PowerBuilder 12.5 上的 Sybase 是 PomerSoft 子公司推出的新一代数据库开发工具，它除了能够设计传统的性能、基于客户/服务器（Client / Server）体系结构的应用系统外，也能够用于开发基于 Internet 的应用系统。Sybase 数据库在数据模型（关系模型）、查询语言（ANSI/SQL 89、ISO/ANSI SQL 92）、安全控制等方面遵循国际标准，这就使得在数据库方面易于操作、方便快捷。

Sybase 数据库还具有客户端应用程序与数据库服务器分布的透明性。Sybase 的客户/服务器体系结构基于独立的单进程、多线程服务器 SQL Server 和支持客户端进程的例程库 Open Client，两者之间采用内部的 TDS 表单式数据流协议传送数据。

将 PowerBuilder 12.5 和 Sybase 数据库这两个在各自领域最流行的软件结合起来，开发出的人事管理系统具有一定的实用价值。

（3）Power Designer

本系统的用例设计以及数据库设计采用 Power Designer。Power Designer 是 Sybase 公司的 CASE 工具集，使用它可以方便地对管理信息系统进行分析设计，它几乎包括了数据库模型设计的全过程。利用 Power Designer 可以制作数据流图、概念数据模型、物理数据模型，还可以为数据仓库制作结构模型，也能对团队设计模型进行控制。它可以与许多流行的数据库设计软件，例如 PowerBuilder、Delphi、VB 等相配合，以缩短开发时间，使系统设计更优化。

Power Designer 是能进行数据库设计的功能强大的软件，是一款开发人员常用的数据库建模工具。使用它可以分别从概念数据模型（Conceptual Data Model）和物理数据模型（Physical Data Model）两个层次对数据库进行设计。在这里，概念数据模型描述的是独立于数据库管理系统（DBMS）的实体定义和实体关系定义；物理数据模型是在概念数据模型的基础上针对目标数据库管理系统的具体化。

2. 开发平台

人事管理系统的设计工具采用 Power Designer 16.5，数据库采用 Sybase，前端采用 PowerBuilder 12.5 作为应用开发工具。客户端软件在 Windows 95/98、Windows Me 以及 Windows 2000/XP、Windows 7/8 下均可以安装使用。

3. 数据库系统工作结构图

数据库系统工作结构图如图 14-19 所示。

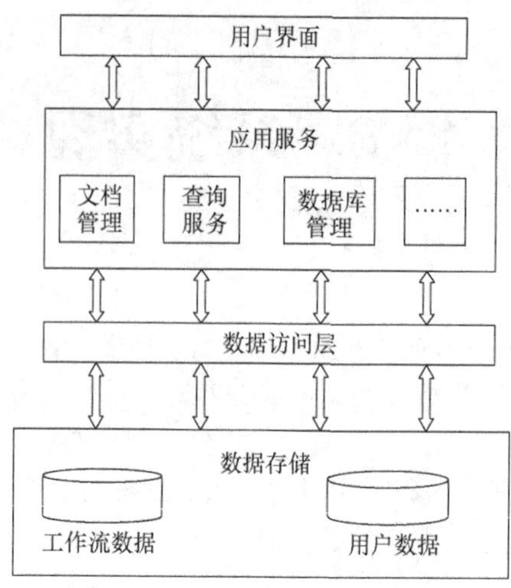

图 14-19　数据库系统工作结构图

14.7　测试与维护

测试是为了发现程序中的错误而执行程序的过程。测试的目的是软件投入生产性运行之前，尽可能多地发现软件中的错误。成功的测试能发现系统运行中的错误，让系统正确运行。软件测试过程包括：单元测试、集成测试、系统测试和验收测试（确认测试），其中验收测试分为：Alpha 测试和 Beta 测试。

14.7.1　测试用例与测试结果

测试用例（Test Case）是为某个特殊目标而编制的一组测试输入、执行条件以及预期结果，以便测试某个程序路径或核实是否满足某个特定需求。测试用例内容包括测试目标、测试环境、输入数据、测试步骤、预期结果、测试脚本等，并形成文档上报给开发人员。本系统的主要功能模块的测试用例如下。

（1）管理系统登录模块。该模块是系统管理人员的登录界面，管理员须输入正确的用户名称和密码才能进入人事管理系统。该模块的设计主要是为了确保人事管理数据的保密性和安全性，对录入、修改、访问进行权限管理。

（2）人事管理系统主界面模块。该模块是调用其他各功能模块的主模块，主要包括对数据维护、数据查询、报表输出、数据统计分析、窗口和帮助等模块的调用。

（3）职员基本信息显示及查询、打印模块。该模块包括查询、打印职员的学历学位信息、所属部门、籍贯等信息。

（4）数据查询模块。通过该模块可以对调出/调入人员、在职人员、离职人员以及退休人员等信息进行查询。

调入人员的信息查询结果：显示调入人员的基本信息状况。

调出人员的信息查询结果：显示调出人员的基本信息状况。

（5）报表输出模块。该模块包括对个人详细信息、在职人员清单、离职人员清单、退休人员清单和调出调入人员清单的打印。

（6）数据统计分析模块。通过该模块可以对各部门的人员数量、人员学历结构、职务和职称结构进行统计，并且可以选择不同的统计图形表达方式。

（7）窗口模块。可以通过此模块选择出自己喜欢的界面风格，使得界面美观，符合不同人员的审美。

（8）系统退出模块。当对人事管理系统操作结束，即可选择该模块，用于退出系统。

14.7.2　系统维护

（1）数据维护模块

该模块用于对在职人员、离职人员、调出/调入人员、数据备份、数据恢复以及查看运行日志等内容的维护，其窗口如图 14-20 所示。

在职人员维护(W)
离职人员维护(S)
退休人员维护(R)
人员调入(I)
人员调出(O)
数据备份(B)
数据恢复(U)
更换操作员(E)
查看运行日志(L)
退出系统(X)

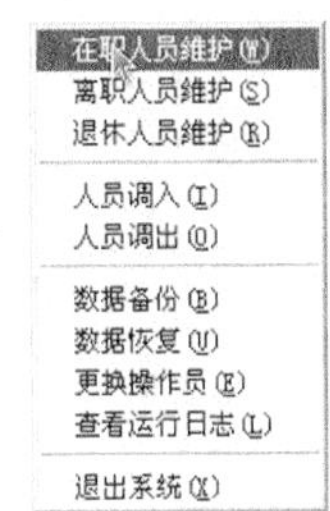

图 14-20　数据维护窗口

（2）运行日志模块

该模块用于管理人员查看登录信息以及其信息被查看、更改的操作信息和操作时间，便于发现系统发生错误的原因，防止不法分子的非法进入及非法操作，保障系统的正常工作，其界面如图 14-21 所示。

（3）调入/调出人员维护

根据人员变动情况，对调动信息进行维护，其界面如图 14-22 所示。

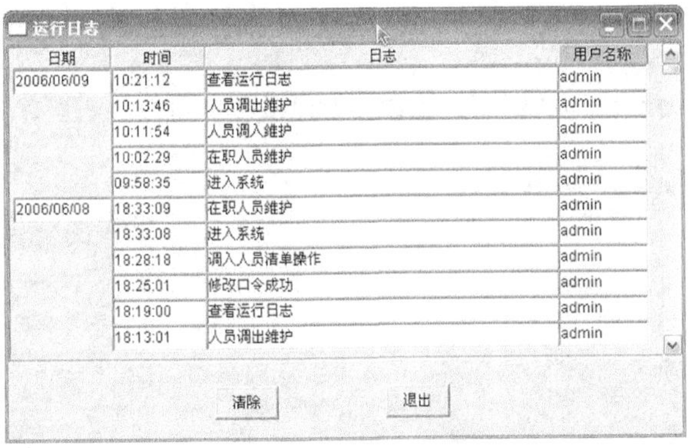

运行日志
日期 时间 日志 用户名称
2006/06/09 10:21:12 查看运行日志 admin
10:13:46 人员调出维护 admin
10:11:54 人员调入维护 admin
10:02:29 在职人员维护 admin
09:58:35 进入系统 admin
2006/06/08 18:33:09 在职人员维护 admin
18:33:08 进入系统 admin
18:28:18 调入人员清单操作 admin
18:25:01 修改口令成功 admin
18:19:00 查看运行日志 admin
18:13:01 人员调出维护 admin
清除
退出

图 14-21　运行日志界面

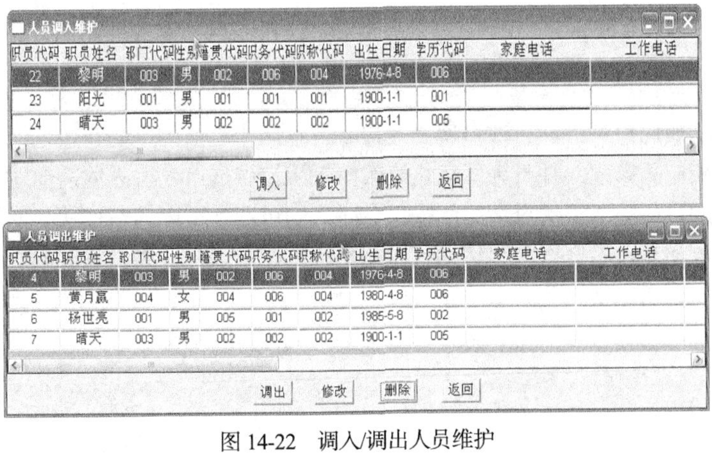

人员调入维护
职员代码 职员姓名 部门代码 性别 籍贯代码 职务代码 职称代码 出生日期 学历代码 家庭电话 工作电话
22 黎明 003 男 002 006 004 1976-4-8 006
23 阳光 001 男 001 001 001 1900-1-1 001
24 晴天 003 男 002 002 002 1900-1-1 005
调入 修改 删除 返回
人员调出维护
职员代码 职员姓名 部门代码 性别 籍贯代码 职务代码 职称代码 出生日期 学历代码 家庭电话 工作电话
4 黎明 003 男 002 006 004 1976-4-8 006
5 黄月赢 004 女 004 006 004 1980-4-8 006
6 杨世亮 001 男 005 001 002 1985-5-8 002
7 晴天 003 男 002 002 002 1900-1-1 005
调出 修改 删除 返回

图 14-22　调入/调出人员维护

（4）系统维护模块

通过此模块，管理员可以对部门表、籍贯表、学历表、职称、职务表和用户权限等信息进行管理，并且可以通过此模块对运行日志进行相应的设置，如图 14-23 所示。

（5）部门维护模块

该模块用于对部门信息进行维护，管理员可以通过这个模块对部门信息进行增加、删除、修改等操作，便于系统的及时更新，如图 14-24 所示。

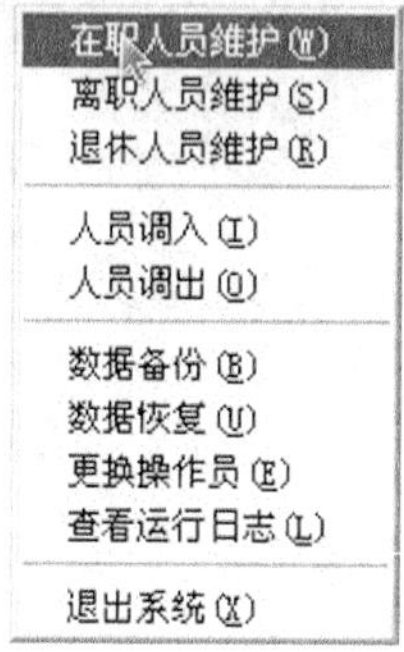

图 14-23 系统维护窗口

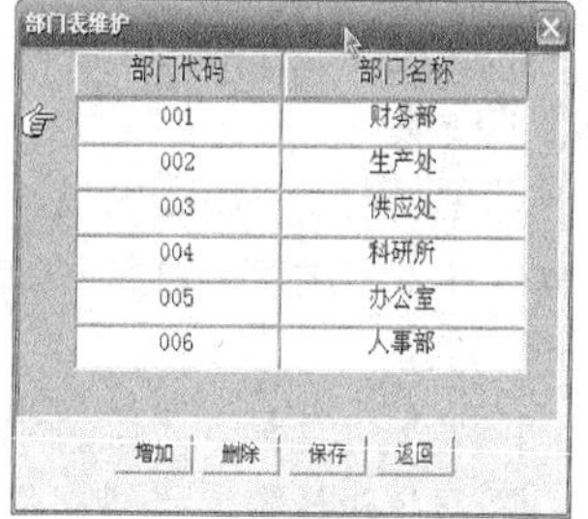

图 14-24 部门维护界面

（6）权限设置模块

管理员通过该模块可以增加、删除用户，对不同用户进行不同的权限设置，普通用户通过该模块可以修改自己的口令，如图 14-25 所示。

（7）增加用户模块

管理增加用户时，要对增加的新用户设置类型以及用户名称和用户口令，如图 14-26 所示。

图 14-25 权限设置界面

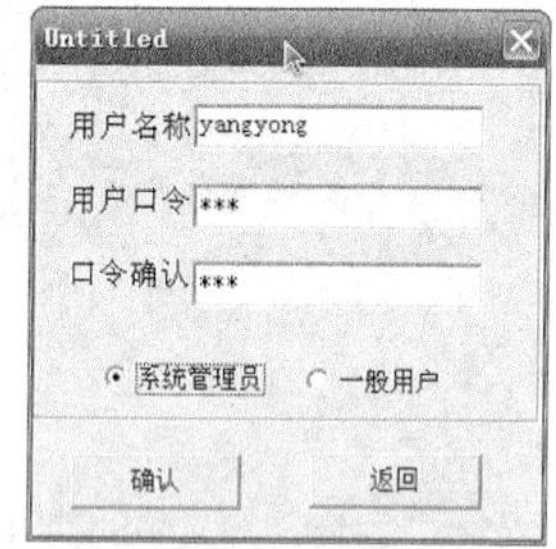

图 14-26 增加用户界面

（8）用户口令维护模块

管理员或者一般用户可以通过该模块修改口令，在修改之前为了防止盗用，需要首先输入原口令，然后再进行相应的修改，并且为了防止修改时输入错误的口令，因此需要对新输入的口令进行验证。若在修改的过程中，不想重新去修改口令时，则可选择“取消”按钮，取消操作；若修改成功则提示成功修改信息；若修改时出错则提示出错的原因，请用户继续对其进行修改，如图 14-27 所示。

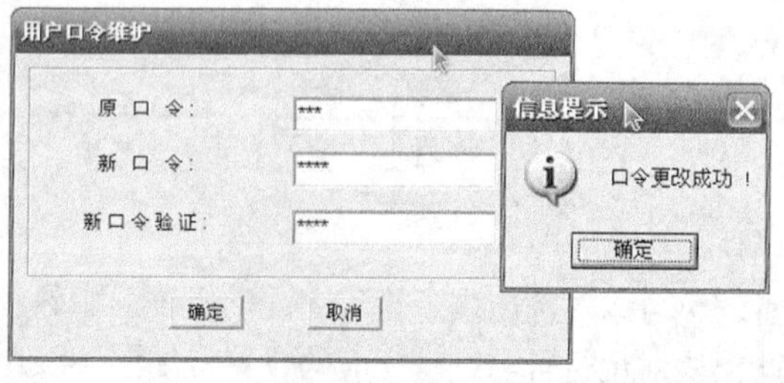

图 14-27 用户口令维护界面

（9）权限维护模块

管理员通过此模块可以对不同的用户设置不同的操作权限，设计时将其设计成可选框，若赋予用户某个权限，则在相应的权限上选中，在选择框上出现一个“√”表示选中此项目，可选框的默认状态为选中状态。未选中的选择表示用户没有此项操作权限，如图 14-28 所示。

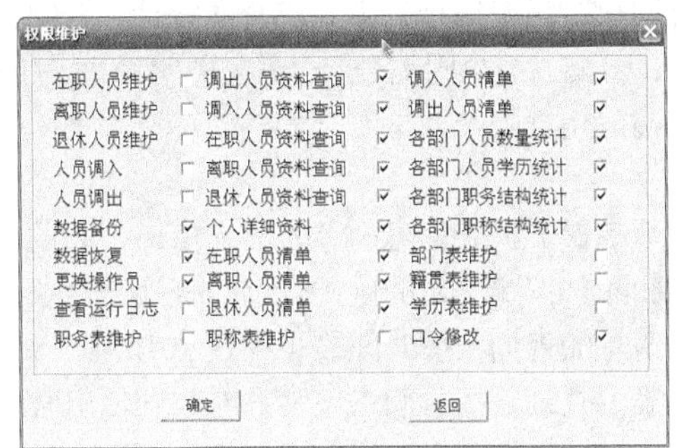

图 14-28　权限维护界面

小　　结

本章主要以人事管理系统作为实例，介绍了软件工程的各个环节，如：项目论证和计划、可行性分析、需求分析、总体设计、详细设计、系统实现和测试维护。其中详细介绍了软件工程设计开发环节的主要内容及图表，旨在帮助读者对软件工程有一个清晰的认识，对未来的系统开发设计有一定的帮助，并充分用软件工程的方法来解决实际问题。

习 题 14

1. 能源管理收费系统

系统功能的基本要求：用户基本信息的录入，包括用户的单位、部门、姓名、联系电话、住址、用户的水、用户的电、用户的气数据的录入（每月数据的录入）；水、电、气价格的管理；工号的管理；查询、统计的结果打印输出。

2. 校园小商品交易系统

系统功能的基本要求：包含 4 类用户，管理员、商品发布者、普通用户、访客；向管理员提供自身密码修改，其他用户添加、删除，用户信息修改、统计；商品信息添加、修改、删除、查找、统计；向商品发布者提供注册、登录、注销、自身密码修改、自身信息修改；商品信息发布，自身商品信息统计；查找浏览其他商品；向一般用户提供商品浏览、查找、获知商家联系方式，订购商品；向访客提供商品浏览、查找、获知商家联系方式。

3. 实验选课系统

系统功能的基本要求：实验选课系统分为教师、学生及系统管理员三类用户，学生的功能包括选课、查询实验信息等，教师的功能包括考勤、学生实验成绩录入、查询实验信息等。管理员的功能包括新建教师、学生账户，设定实验课程信息（设定实验时间、地点、任课教师）；管理员可对教师、学生及实验课程信息进行修改；教师可对任课的考勤、成绩进行修改；学生可以对自己选修的课程重选、退选；管理员可删除教师、学生及实验课程信息；教师可查询所任课程的学生名单、实验时间、考勤及实验成绩，并可按成绩分数段进行统计；学生可查询所学课程的实验时间、教师名单；管理员具有全系统的查询功能。

4. 销售合同管理系统

系统功能的基本要求：对数据库数据的管理、添加、修改；对合同的管理，修改、增加合同，整理、备份合同；统计，合同执行情况统计、未完成合同统计、合同分类统计；打印合同，销售及供货合同单、简易报表打印；查询，按合同编号、金额、签订日期、供货日期查询；浏览全部合同、浏览未完成合同；考虑系统的使用权限及数据安全。

5. 仪器仪表管理

系统功能的基本要求：新的仪器仪表信息的录入；在借出、归还、维修时对仪器仪表信息的修改；对报废仪器仪表信息的删除；按照一定的条件查询、统计符合条件的仪器仪表信息；查询功能至少应该包括仪器仪表基本信息的查询、按时间段（如在 2015 年 1 月 1 日到 2015 年 10 月 10 日购买、借出、维修的仪器仪表等）查询、按时间点（借入时间、借出时间、归还时间）查询等；统计功能至少包括按时间段（如在 2015 年 1 月 1 日到 2015 年 10 月 10 日购买、借出、维修的仪器仪表等）统计、按仪器仪表基本信息的统计等；对查询、统计的结果打印输出。

6. 仓库设备管理

系统功能的基本要求：新的设备信息的录入；在借出、归还、维修时对设备信息的修改；对报废设备信息的删除；按照一定的条件查询、统计符合条件的设备信息；查询功能至少应该包括设备基本信息的查询、按时间段（如在 2015 年 1 月 1 日到 2015 年 10 月 10 日购买、借出、维修的设备等）查询、按时间点（借入时间、借出时间、归还时间）查询等，统计功能至少包括按时间段（如在 2015 年 1 月 1 日到 2015 年 10 月 10 日购买、借出、维修的设备等）统计、按设备基本信息的统计等；对查询、统计的结果打印输出。

7. 仓库管理系统

系统功能的基本要求：各种商品信息的输入，包括商品的价格、类别、名称、编号、生产日期、保证期、所属公司等信息；各种商品信息的修改；对于已售商品信息的删除；按照一定的条件，查询、统计符合条件的商品信息，包括每个商品的订单号、价格、类别、所属公司等信息；对查询、统计的结果打印输出。

附录一 可行性研究报告

1 引言

1.1 编写目的

说明编写本可行性研究报告的目的，指出预期的读者。

1.2 背景

说明所建议开发的软件系统的名称；本项目的任务提出者、开发者、用户及实现该软件的计算中心或计算机网络；该软件系统同其他系统或其他机构的基本的相互来往关系。

1.3 定义

列出本文件中用到的专业术语的定义和外文首字母组词的原词组。

1.4 参考资料

列出可用的参考资料，如：本项目的经核准的计划任务书或合同、上级机关的批文；属于本项目的其他已发表的文件；本文件中各处引用的文件、资料，包括所需用到的软件开发标准。

列出这些文件资料的标题、文件编号、发表日期和出版单位，说明能够得到这些文件资料的来源。

2 可行性研究的前提

2.1 要求

说明对所建议开发的软件的基本要求，如：功能；性能；输出如报告、文件或数据，对每项输出要说明其特征，如用途、产生频度、接口以及分发对象；输入说明系统的输入，包括数据的来源、类型、数量、数据的组织以及提供的频度；处理流程和数据流程用图表的方式表示出最基本的数据流程和处理流程，并辅之以叙述；在安全与保密方面的要求；同本系统相连接的其他系统；完成期限。

2.2 目标

说明所建议系统的主要开发目标，如：人力与设备费用的减少；处理速度的提高；控制精度或生产能力的提高；管理信息服务的改进；自动决策系统的改进；人员利用率的改进。

2.3 条件、假定和限制

说明对这项开发中给出的条件、假定和所受到的限制，如：所建议系统的运行寿命的最小值；进行系统方案选择比较的时间；经费、投资方面的来源和限制；法律和政策方面的限制；硬件、软件、运行环境和开发环境方面的条件和限制；可利用的信息和资源。

2.4 进行可行性研究的方法

说明这项可行性研究将是如何进行的，所建议的系统将是如何评价的。摘要说明所使用的基本方法和策略，如调查、加权、确定模型、建立基准点或仿真等。

2.5 评价尺度

3 对现有系统的分析

3.1 处理流程和数据流程

说明现有系统的基本的处理流程和数据流程。

3.2 工作负荷

列出现有系统所承担的工作及工作量。

3.3 费用开支

列出由于运行现有系统所引起的费用开支，如人力、设备、空间、支持性服务、材料等开支以及开支总额。

3.4 人员

列出为了现有系统的运行和维护所需要的人员的专业技术类别和数量。

3.5 设备

列出现有系统所使用的各种设备。

3.6 局限性

列出本系统的主要的局限性，例如处理时间赶不上需要，响应不及时，数据存储能力不足，处理功能不够等。并且要说明，为什么对现有系统的改进性维护已经不能解决问题。

4 所建议的系统

4.1 对所建议系统的说明

概括地说明所建议系统，并说明所列出的要求将如何得到满足，说明所使用的基本方法及理论根据。

4.2 处理流程和数据流程

给出所建议系统的处理流程和数据流程。

4.3 改进之处

按列出的目标，逐项说明所建议系统相对于现存系统具有的改进。

4.4 影响

说明在建立所建议系统时，预期将带来的影响。包括：对设备的影响；对软件的影响；对用户单位机构的影响；对系统运行过程的影响；对开发的影响；对经费开支的影响等。

4.5 局限性

说明所建议系统尚存在的局限性以及这些问题未能消除的原因。

4.6 技术条件方面的可行性。

5 可选择的其他系统方案

5.1 可选择的系统方案 1

5.2 可选择的系统方案 2

6 投资及效益分析

6.1 支出

对于所选择的方案，说明所需的费用。如果已有一个现存系统，则包括该系统继续运行期间所需的费用。包括：基本建设投资；其他一次性支出；非一次性支出。

6.2 收益

对于所选择的方案，说明能够带来的收益，这里所说的收益，表现为开支费用的减少或避免、差错的减少、灵活性的增加、动作速度的提高和管理计划方面的改进等，包括：一次性收益；非一次性收益；不可定量的收益。

6.3　收益／投资比

求出整个系统生命期的收益／投资比值。

6.4　投资回收周期

求出收益的累计数开始超过支出的累计数的时间。

6.5　敏感性分析

所谓敏感性分析是指一些关键性因素如系统生命期长度、系统的工作负荷量、工作负荷的类型与这些不同类型之间的合理搭配、处理速度要求、设备和软件的配置等变化时，对开支和收益的影响最灵敏的范围的估计。在敏感性分析的基础上做出的选择当然会比单一选择的结果要好一些。

7　社会因素方面的可行性

7.1　法律方面的可行性

7.2　使用方面的可行性

8　结论

附录二 需求规格说明书

1 引言

1.1 编写目的

说明编写这份需求规格说明书的目的，指出预期的读者。

1.2 背景

说明：待开发软件的软件系统的名称；本项目的任务提出者、开发者、用户及实现该软件的计算中心或计算机网络；该软件系统同其他系统或其他机构的基本的相互来往关系。

1.3 定义

列出本文件中用到的专业术语的定义和外文首字母组词的原词组。

1.4 参考资料

列出可用的参考资料，如：本项目的经核准的计划任务书或合同、上级机关的批文；属于本项目的其他已发表的文件；本文件中各处引用的文件、资料、包括所要用到的软件开发标准。列出这些文件资料的标题、文件编号、发表日期和出版单位，说明能够得到这些文件资料的来源。

2 任务概述

2.1 目标

叙述该项软件开发的意图、应用标准、作用范围以及其他的应向读者说明的有关该开发软件的背景材料。解释被开发软件与其他有关软件之间的关系，如果本软件产品是一项独立的软件，则全部内容自含。如果所定义的产品是一个更大的系统的一个组成部分，则应说明本产品与该系统中其他各组成部分之间的关系，为此可使用一张方框图来说明该系统的组成和本产品同其他各部分的联系和接口。

2.2 用户的特点

列出本软件的最终用户的特点，充分说明操作人员、维护人员的教育水平和技术专长，以及本软件的预期使用额度，这些是软件设计工作的重要约束。

2.3 假定和约束

列出进行本软件开发工作的假定和约束，例如经费限制、开发期限等。

3 需求规定

3.1 对功能的规定

用表的方式（例如 IPO 表即输入、处理、输出表的形式），逐项定量和定性的叙述对软件所提出的功能要求，例如，说明输入什么量、经过怎样的处理、得到什么输出，说明软件应支持的终端数和应支持的并行操作数。

3.2 对性能的规定

3.2.1 精度

说明对该软件输入、输出数据精度的要求，可能包括传输过程中的精度。

3.2.2 时间特性要求

说明对于该软件的时间特性要求，如对响应时间、更新处理时间、数据的转换和处理时间、解题时间等的要求。

3.2.3 灵活性

说明对该软件的灵活性的某些要求，即当需求发生变化时，该软件对这些变化的适应能力，如：操作方式上的变化；运行环境的变化；同其他软件接口的变化；精度和有效时限的变化；计划的变化或改进。

对于为了提供这些灵活性而进行的专门设计应该加以标明。

3.3 输入、输出的要求

解释各输入输出数据类型，并逐项说明其媒体、格式、数据范围、精度等。对软件的数据输出及必须标明的控制输出量进行解释并举例，包括对应拷贝报告（正常结果输出、状态输出及异常输出）以及图形或显示报告。

3.4 数据管理能力要求

说明需要管理的文卷和记录的个数、表和文卷的大小规模，要按可预见的增长对数据及其分量的存储要求做出估算。

3.5 故障处理要求

列出可能的软件、硬件故障以及对各项性能而言所产生的后果和对故障处理的要求。

3.6 其他专门要求

如用户单位对安全保密的要求，对使用方面的要求，对可维护性、可补充性、易读性、可靠性、运行环境可转换性的特殊要求等。

4 运行环境规定

4.1 设备

列出运行该软件所需要的硬件设备。说明其中的新型设备及其专门功能，包括：处理器型号、内存容量、外存容量、联机或脱机、媒体及其存储格式，设备的型号及其数量；输入及输出设备的型号和数量，联机或脱机；数据通信设备的型号和数量；功能键及其他专用硬件。

4.2 支持软件

列出支持软件，包括要用到的操作系统、编译（或汇编）程序、测试支持软件等。

4.3 接口

说明该软件同其他软件之间的接口、数据通信协议等。

4.4 控制

说明控制该软件的运行方法和控制信号，并说明这些控制信号的来源。

附录三
总体设计说明书

1　引言

1.1　编写目的

1.2　范围

说明：

a. 待开发的软件系统的名称；

b. 列出本项目任务的提出者、用户，以及将运行该项软件的单位。

1.3　定义

1.4　参考资料

引出要用到的参考资料，如：

a. 本项目的经核准的计划任务书或合同、上级机关的批文；

b. 属于本项目的其他已发表的文件；

c. 本文件中参考引用的文件、资料，包括所要用到的软件开发标准。

列出这些文件的标题、文件编号、发表日期和出版单位，说明能够得到这些文件资料的来源。

2　总体设计

2.1　需求规定

说明对本系统的主要的输入输出项目、处理的功能性能要求，详细的说明可参见《需求分析说明书》。

2.2　运行环境

简要地说明对本系统的运行环境（包括硬件环境和支持环境）的规定，详细说明参见《需求分析说明书》。

2.3　基本设计概念和处理流程

尽量使用图表的形式说明本系统的基本设计概念和处理流程。

2.4　结构

用一览表及框图的形式说明本系统的系统元素（各层模块、子程序、公用程序等）的划分，扼要说明每个系统元素的标识符和功能，分层次地给出各元素之间的控制与被控制关系。

2.5　功能需求与程序的关系

用一张如下的表说明实现各项功能需求和各模块程序的分配关系：

2.6　人工处理过程

说明在本软件系统的工作过程中必须包含的人工处理过程。

2.7　尚未解决的问题

说明在概要设计过程中尚未解决，而设计者认为在系统完成之前必须解决的各个问题。

功能需求的实现同各块程序的分配关系

	程序 1	程序 2	……	程序 m
功能需求 1	√		……	
功能需求 2		√	……	
……	……	……	……	……
功能需求 n		√	……	√

3　接口设计

3.1　用户接口

说明将向用户提供的命令和它们的语法结构，以及软件的回答信息。

3.2　外部接口

说明本系统同外界的所有接口的安排，包括软件与硬件之间的接口。本系统与各个支持软件之间的接口关系。

3.3　内部接口

4　运行设计

4.1　运行模块组合

说明对系统施加不同的外界运行控制时所引起的各种不同的运行模块组合，说明每种运行所需要的内部模块和支持软件。

4.2　运行控制

说明每一种外界的运行控制的方式方法和操作步骤。

4.3　运行时间

说明每种运行模块组合将占用各种资源的时间。

5　系统数据结构设计

5.1　逻辑结构设计要点

给出本系统内所使用的每个数据结构的名称、标识符，以及它们之中每个数据项、记录、文卷和系的标识、定义、长度及它们之间层次的或表格的相互关系。

5.2　物理结构设计要点

给出本系统内所使用的每个数据结构中的每个数据项的存储要求、访问方法、存储单位、存取的物理关系（索引、设备、存储区域）、设计考虑和保密条件。

5.3　数据结构与程序的关系

数据结构与程序的关系

	程序 1	程序 2	……	程序 m
数据结构 1	√		……	
数据结构 2		√	……	
……	……	……	……	……
数据结构 n		√	……	√

6　系统出错处理设计

6.1　出错信息

用一览表的方式说明每种可能的出错或故障情况出现时，系统输出信息的形式、含义及处理方法。

6.2　补救措施

说明故障出现后可能采取的变通措施，包括：

a. 后备技术：说明准备采用的后备技术，当原始系统数据丢失时启用的副本的建立和启动的技术。例如，周期性的把磁盘信息记录到磁带上去，就是对于磁盘媒体的一种后备技术。

b. 降效技术：说明准备采用的后备技术，使用另一个效率稍低的系统或方法来求得所需结果的某些部分。例如，一个自动系统的降效技术可以是手工操作和数据的人工记录。

c. 恢复及再启动技术：说明将使用的恢复及再启动技术，使软件从故障点恢复执行或使软件从头开始重新运行的方法。

6.3　系统维护设计

说明为了系统维护的方便而在程序内部设计中做出的安排，包括在程序中专门安排用于系统的检查与维护的检测点和专用模块。

附录四 详细设计说明书

1 引言

1.1 编写的目的

说明编写详细说明书的目的，并指明所面向的读者对象。

1.2 项目背景

包括项目的来源和主管部门等。

1.3 定义

列出文档中所用的专业术语的定义和缩写词的原意。

1.4 参考资料

列出有关资料的作者、标题、编号、发表日期、出版单位或资料来源。可包括：项目计划任务书、合同或批文、项目开发计划、需求规格说明书、总体设计说明书、测试计划、用户操作手册、文档中所引用的其他资料、软件开发标准或规范。

2 总体设计

2.1 需求概述

2.2 软件结构

给出软件系统的结构图。用一系列图表列出本程序系统内的每个程序（包括每个模块和子程序）的名称、标识符和它们之间的层次结构关系。

3 序描述

对每个模块给出以下说明。

3.1 功能

说明该程序应具有的功能，可采用 IPO 图（即输入—处理—输出图）的形式。

3.2 性能

说明对该程序的全部性能要求，包括对精度、灵活性和时间特性的要求。

3.3 输入项目

给出对每一个输入项的特性，包括名称、标识、数据的类型和格式、数据值的有效范围、输入的方式。数量和频度、输入媒体、输入数据的来源和安全保密条件等。

3.4 输出项目

给出对每一个输出项的特性，包括名称、标识、数据的类型和格式，数据值的有效范围，输出的形式、数量和频度，输出媒体、对输出图形及符号的说明、安全保密条件等。

3.5 算法

详细说明程序所选用的算法，具体的计算公式和计算步骤。

3.6　程序逻辑

用图表（例如流程图、判定表等）辅以必要的说明来表示本程序的逻辑流程。

3.7　接口

用图的形式说明本程序所隶属的上一层模块及隶属于本程序的下一层模块、子程序，说明参数赋值和调用方式，说明与本程序相直接关联的数据结构（数据库、数据文卷）。

3.8　存储分配

根据需要，说明程序的存储分配。

3.9　注释设计

说明准备在本程序中安排的注释，如：加在模块首部的注释；加在各分枝点处的注释；对各变量的功能、范围、缺省条件等所加的注释；对使用的逻辑所加的注释等。

3.10　限制条件

3.11　测试计划

说明对本程序进行单体测试的计划，包括对测试的技术要求、输入数据、预期结果、进度安排、人员职责、设备条件驱动程序及桩模块等的规定。

附录五 软件测试的需求规格说明书

1 引言

引言提出软件需求规格说明的纵览，有助于读者理解文档如何编写及如何阅读和解释。

1.1 目的

对产品进行定义，在该文档中详尽说明了这个产品的软件需求，包括修正或发行版本号。如果这个软件需求规格说明只与整个系统的一部分有关系，那么就只定义文档中说明的部分或子系统。

1.2 文档约定

描述编写文档时所采用的标准或排版约定，包括正文风格、提示区或重要符号。

1.3 预期的读者和阅读建议

列举了软件需求规格说明所针对的不同读者，例如开发人员、项目经理、营销人员、用户、测试人员或文档的编写人员，描述了文档中剩余部分的内容及其组织结构，提出了最适合于每一类型读者阅读文档的建议。

1.4 产品的范围

提供了对指定的软件及其目的的简短描述，包括利益和目标，把软件与企业目标或业务策略相联系。可以参考项目视图和范围文档，而不是将其内容复制到这里。

1.5 参考文献

列举了编写软件需求规格说明时所参考的资料或其他资源。这可能包括用户界面风格指导、合同、标准、系统需求规格说明、使用实例文档，或相关产品的软件需求规格说明。

2 综合描述

这一部分概述了正在定义的产品以及它所运行的环境、使用产品的用户和已知的限制、假设和依赖。

2.1 产品的前景

描述了软件需求规格说明中所定义的产品的背景和起源。说明了该产品是否是产品系列中的下一成员，是否是成熟产品所改进的下一代产品、是否是现有应用程序的替代品，或者是否是一个新型的、自含型产品。

2.2 产品的功能

概述了产品所具有的主要功能。很好地组织产品的功能，使每个读者都易于理解。

2.3 用户类和特征

确定可能使用该产品的不同用户类并描述它们相关的特征。有一些需求可能只与特定的用户类相关。

2.4 运行环境

描述了软件的运行环境，包括硬件平台、操作系统和版本，还有其他的软件组件或与其共存的应用程序。

2.5 设计和实现上的限制

确定影响开发人员自由选择的问题，并说明这些问题为什么成为一种限制。

2.6 假设和依赖

列举出在对软件需求规格说明中影响需求陈述的假设因素（与已知因素相对立）。这可能包括要用的商业组件或有关开发或运行环境的问题。可能一个读者认为产品将符合一个特殊的用户界面设计约定，但是另一个读者却可能不这样认为。如果这些假设不正确、不一致或被更改，就会使项目受到影响。此外，确定项目对外部因素存在的依赖。例如，如果打算把其他项目开发的组件集成到系统中，那么就要依赖那个项目按时提供正确的操作组件。如果这些依赖已经记录到其它文档（例如项目计划）中了，那么在此就可以参考其他文档。

3 外部接口需求

确定可以保证新产品与外部组件正确连接的需求。关联图表示了高层抽象的外部接口，需要把接口数据和控制组件的详细描述写入数据字典中。如果产品的不同部分有不同的外部接口，那么应把这些外部接口的详细需求并入到这一部分的实例中。

3.1 用户界面

陈述所需用户界面的软件组件。描述每个用户界面的逻辑特征，对用户界面细节，如特定对话框的布局，应写入一个独立的用户界面规格说明中，而不能写入软件需求规格说明中。

3.2 硬件接口

描述系统中软件和硬件每一接口的特征。这种描述可能包括支持的硬件类型、软硬件之间交流的数据和控制信息的性质以及所使用的通信协议。

3.3 软件接口

描述该产品与其他外部组件（由名字和版本识别）的连接，包括数据库、操作系统、工具库和集成的商业组件。明确并描述在软件组件之间交换数据或消息的目的，描述所需要的服务以及内部组件通信的性质，确定将在组件之间共享的数据。

3.4 通信接口

描述与产品所使用的通信功能相关的需求，包括电子邮件、Web 浏览器、网络通信标准或协议及电子表格等。定义了相关的消息格式，规定通信安全或加密问题、数据传输速率和同步通信机制。

4 系统特性

4.1 说明和优先级

提出了对该系统特性的简短说明并指出该特性的优先级是高、中、还是低。或者还可以包括对特定优先级部分的评价，例如利益、损失、费用和风险，其相对优先等级可以从 1（低）到 9（高）。

4.2 激励/响应序列

列出输入激励（用户动作、来自外部设备的信号或其他触发器）和定义这一特性行为的系统响应序列。这些序列将与使用实例相关的对话元素相对应。

4.3 功能需求

详细列出与该特性相关的详细功能需求。这些是必须提交给用户的软件功能，使用户可以使用所提供的特性执行服务或者使用所指定的使用实例执行任务。描述产品如何响应可预知的出错条件或者非法输入或动作。必须唯一地标识每个需求。

5　其他非功能需求

详细列举出所有非功能需求，如产品的易用程度如何，执行速度如何，可靠性如何，当发生异常情况时，系统如何处理，而不是外部接口需求和限制。

5.1　性能需求

阐述了不同的应用领域对产品性能的需求，并解释它们的原理以帮助开发人员做出合理的设计选择。确定相互合作的用户数或者所支持的操作、响应时间以及与实时系统的时间关系，还可以在这里定义容量需求，例如存储器和磁盘空间的需求或者存储在数据库中表的最大行数。尽可能详细地确定性能需求，可能需要针对每个功能需求或特性分别陈述其性能需求，而不是把它们都集中在一起陈述。

5.2　安全设施需求

详尽陈述与产品使用过程中可能发生的损失、破坏或危害相关的需求。定义必须采取的安全保护或动作，详尽陈述与产品使用过程中可能发生的损失、破坏或危害相关的需求。定义必须采取的安全保护或动作，还有那些预防的潜在的危险动作，明确产品必须遵从的安全标准、策略或规则。

5.3　安全性需求

详尽陈述与系统安全性、完整性或与私人问题相关的需求，这些问题将会影响到产品的使用和产品所创建或使用的数据的保护。定义用户身份确认或授权需求，明确产品必须满足的安全性或保密性策略。

5.4　软件质量属性

详尽陈述与客户或开发人员至关重要的其他产品质量特性。这些特性必须是确定、定量的并在可能时是可验证的，至少应指明不同属性的相对侧重点，例如易用程度优于易学程度，或者可移植性优于有效性。

5.5　业务规则

列举出有关产品的所有操作规则，例如什么人在特定环境下可以进行何种操作。这些本身不是功能需求，但它们可以暗示某些功能需求执行这些规则。

5.6　用户文档

列举出将与软件一同发行的用户文档部分，如：用户手册、在线帮助和教程。明确所有已知的用户文档的交付格式或标准。

6　其他需求

定义在软件需求规格说明的其他部分未出现的需求，例如国际化需求或法律上的需求。还可以增加有关操作、管理和维护部分来完善产品安装、配置、启动和关闭、修复和容错，以及登录和监控操作等方面的需求。

编辑一张在软件需求规格说明中待确定问题的列表，其中每一表项都是编上号的，以便于跟踪调查。

附录六 软件维护手册

1 引言

1.1 编写目的：阐明编写手册的目的并指明读者对象。

1.2 项目背景：说明项目的提出者、开发者、用户和使用场所。

1.3 定义：列出报告中所用到的专门术语的定义和缩写词的原意。

1.4 参考资料：列出有关资料的作者、标题、编号、发表日期、出版单位或资料来源，及保密级别，可包括：用户操作手册；与本项目有关的其他文档。

2 系统说明

2.1 系统用途：说明系统具备的功能，输入和输出。

2.2 安全保密：说明系统安全保密方面的考虑。

2.3 总体说明：说明系统的总体功能，对系统、子系统和作业做出综合性的介绍，并用图表的方式给出系统主要部分的内部关系。

2.4 程序说明：说明系统中每一程序、分程序的细节和特性。

2.4.1 程序 1 的说明

功能：说明程序的功能。

方法：说明实现方法。

输入：说明程序的输入、媒体、运行数据记录、运行开始时使用的输入数据的类型和存放单元、与程序初始化有关的入口要求。

处理：处理特点和目的，如：用图表说明程序运行的逻辑流程；程序主要转移条件；对程序的约束条件；程序结束时的出口要求；与下一个程序的通信与联接（运行、控制）；由该程序产生并供处理程序段使用的输出数据类型和存放单元；程序运行存储量、类型及存储位置等。

输出：程序的输出。

接口：本程序与本系统其他部分的接口。

表格：说明程序内部的各种表、项的细节和特性。对每张表的说明至少包括：表的标识符；使用目的；使用此表的其他程序；逻辑划分，如块或部，不包括表项；表的基本结构；设计安排，包括表的控制信息、表目的结构细节、使用中的特有性质及各表项的标识、位置、用途、类型、编码表示。

特有的运行性质：说明在用户操作手册中没有提到的运行性质。

2.4.2 程序 2 的说明

与程序 1 的说明相同。以后的其他各程序的说明相同。

3 操作环境

3.1 设备：逐项说明系统的设备配置及其特性。

3.2　支持软件：列出系统使用的支持软件，包括它们的名称和版本号。

3.3　数据库：说明每个数据库的性质和内容，包括安全考虑。

3.3.1　总体特征：如标识符、使用这些数据库的程序、静态数据、动态数据；数据库的存储媒体；程序使用数据库的限制。

3.3.2　结构及详细说明

说明该数据库的结构，包括其中的记录和项。

说明记录的组成，包括首部或控制段、记录体。

说明每个记录结构的字段，包括：标记或标号、字段的字符长度和位数、该字段的允许值范围。

扩充：说明为记录追加字段的规定。

4　维护过程

4.1　约定：列出该软件系统设计中所使用的全部规则和约定，包括：程序、分程序、记录、字段和存储区的标识或标号助记符的使用规则；图表的处理标准、卡片的连接顺序、语句和记号中使用的缩写、出现在图表中的符号名；使用的软件技术标准；标准化的数据元素及其特征。

4.2　验证过程：说明一个程序段修改后，对其进行验证的要求和过程（包括测试程序和数据）及程序周期性验证的过程。

4.3　出错及纠正方法：列出出错状态及其纠正方法。

4.4　专门维护过程：说明文档其他地方没有提到的专门维护过程。如：维护该软件系统的输入输出部分（如数据库）的要求、过程和验证方法；运行程序库维护系统所必需的要求、过程和验证方法；对闰年、世纪变更的所需要的临时性修改等。

4.5　专用维护程序：列出维护软件系统使用的后备技术和专用程序（如文件恢复程序、淘汰过时文件的程序等）的目录，并加以说明，内容包括：维护作业的输入/输出要求；输入的详细过程及在硬设备上建立、运行并完成维护作业的操作步骤。

4.6　程序清单和流程图：引用或提供附录给出程序清单和流程图。

附录七 UML 的模型及图示表示

统一建模语言（Unified Modeling Language，UML）是用一组专用符号描述软件模型，这些符号统一、直观、规范，可以用于任何软件开发过程。

UML 语言共由 5 大类模型、9 种图表示。

（1）用例模型：用例图（Use Case Diagram）。

（2）静态模型：类图（Class Diagram）、包图（Package）。

（3）行为模型：状态图（Statechart Diagram）、活动图（Activity Diagram）。

（4）交互模型：时序图（Sequence Diagram）、协作图（Collaboration Diagram）。

（5）实现模型：组件图（Component Diagram）、部署图（Deployment Diagram）。

1　用例图

用例图向外部用户展示了软件系统的行为。用例定义了系统的所有行为和活动者之间的交互，也定义了系统与外部世界的信息交流。

用例模型由 3 个主要元素组成：参与者（Actor）、用例（Use Case）、关系。

具体内容在正文第 7 章 7.6 节中已介绍。

1.1　参与者

它是指与本系统实现交互的外部用户、进程或其他系统。它以某种方式参与用例的执行过程，每个参与者可以参与一个或多个用例，它通过交换信息与用例发生交互。在 UML 中，参与者用如图 1 所示，名称写在图形下方。

1.2　用例

它是指系统的参与者和系统交互所执行的动作序列，即参与者想要系统做的事情。在 UML 语言中，用例用一个椭圆来表示，如图 2 所示，并且在椭圆内或椭圆下方标明用例名称。

图 1　参与者　　图 2　用例

在绘制用例图之前，首先要确定系统的参与者。注意，参与者表示人和事物同系统发生交互时所扮演的角色，而不是特定的人和特定的事物。而确定用例最好的方法是从参与者开始，具体分析每个参与者是如何使用系统的，也就是参与者需要系统完成哪些功能，这些功能都可以称为用例。用例建模的过程，是一个迭代并逐步细化的过程，在分析过程中，会发现新的参与者，这对完善整个系统的建模有很大帮助。

1.3　关系

关系分为 3 种：用例与参与者之间的关系，参与者与参与者之间的关系，用例与用例之间的关系。

（1）用例与参与者之间的关系，用实线表示。它实际上是 UML 关联记号，表明参与者和用例以某种方式通信。

（2）参与者与参与者之间的关系。由于参与者不是具体的人或物，而是类，所以参与者之间的关系就是类与类之间的关系，主要为一般参与者（超类）与特殊参与者（子类）之间的泛化关系。用三角箭头表示，箭头从子类指向超类。

（3）用例与用例之间的关系。如表 1 所示。

表 1　用例与用例之间的关系符号

关　系	功　能	符号
扩　展	在基础用例上插入新的附加的行为，即扩展用例	《extend》 - - - - - - - - ->
包　含	一个用例可以包含其他用例的行为，并把它所包含的行为作为自身的一部分	《include》 - - - - - - - - ->
泛　化	一般用例和特殊用例之间的关系，其中特殊用例继承了一般用例的特征并增加了新的特征	———▷

① 扩展关系是指一个用例被定义为基础用例的增量扩展，这样通过扩展关系，就可以把新的行为插入到已有用例中。在 UML 语言中，扩展关系用虚箭头加<<extend>>来表示，注意，箭头指向基础用例。

② 包含关系是指当存在若干用例共有的步骤序列，则可以将该序列抽取出来，形成一个子用例，以被基础用例调用。在 UML 语言中，包含关系用虚线箭头加<<include>>表示，箭头所指向的是被包含的用例。

③ 泛化关系是指一个用例也可以被特别细化为一个或多个子用例。任何子用例都可以用于其父用例能够应用的场合。在 UML 语言中，泛化关系用实线三角箭头表示，箭头从子用例指向父用例。

2　类图

类图是有着相同结构、行为和关系的一组对象的描述符号。类图属于静态视图，是面向对象系统组织结构的核心。

具体内容在正文第 7 章 7.4 节中已介绍。

（1）各类之间的连线称为关联。关联可以有以下 5 种形式。

① “0..1”表示 0 或者 1 个。

② “0..n”表示 0 或者多个。

③ “1..n”表示 1 或者多个。

④ “3..5”表示 3 或者 5 个。

⑤ “1，3，5”表示 1 或 3 或 5 个。

（2）聚合关联（has a）用空心菱形表示，处于空心菱形一端的那个类是聚合类，它包含或拥有关联另一端的类的实例。

（3）组装关联是一种特殊类型的聚合，其中复合类的实例是物理上由成分类的实例组成的，组装关联用带有实心菱形的聚合表示。

（4）泛化关联（is a）用空心三角形，其中处于三角形端的是父类，另一端的为子类。一个子类可以继承其父类的所有属性、操作和关联。

（5）关联可以生成关联类，用虚线从关联线中引出的类。关联类用于收集不能只归于一个类或另一个类的信息，它将属性和操作联系到关联上。

3　包图

包在大型软件系统开发总是一个重要的机制，用包图可以为系统结构建模。包中的元素不仅限于类，可以是任何 UML 建模元素。包像一个“容器”，可以把模型中的相关元素组织起来，使得分析与设计人员更容易理解。包中可以包含类、接口、组件、节点、用例、包等建模元素。包可以把这些建模元素按照逻辑功能分组，以便理解、反映它们之间的组成关系。这时的包称为子系统。

包与包之间存在着信赖关系。包与包之间也可以有泛化关系，子包继承了父包中可见性为 public 和 protected 的元素。如图 3 所示，系统包图中用户接口包依赖于信息管理包，信息管理包的实现要依赖于通信包和数据库包，程序包是用户接口包、通信包和数据库包的基础。

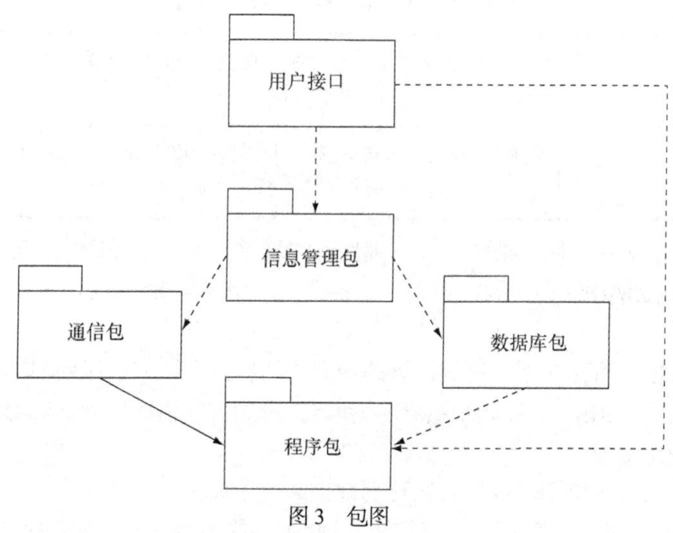

图 3　包图

4　时序图

时序图用于显示按照时间顺序排列的对象进行的交互作用，特别是用于显示参与交互的对象，以及对象之间消息交互的顺序。如图 4 所示。

时序图是一个二维图形。在时序图中水平方向为对象维，沿水平方向排列的是参与交互的对象。时序图中的垂直方向为时间维，沿垂直向下方向按时间递增顺序列出各对象所发出和接收的消息。

在时序图中，对象间的排列顺序并不重要。一般把表示人的参与者放在最左边，表示系统的参与者放在最右边。

时序图的建模元素有对象（参与者的实例也是对象）、生命线、控制焦点、消息等。

4.1　对象

时序图中对象的命名方式有 3 种，第一种命名方式包括对象名和类名。第二种命名方式只包括类名，即表示这是一个匿名对象。第三种命名方式只包括对象名，不显示类名，即不关心这个对象属于什么类。

4.2　生命线

生命线在时序图中表示为从对象图标向下延伸的一条虚线，表示对象存在的时间，

4.3　控制焦点

控制焦点是时序图中表示时间段的符号，在这个时间段内，对象将执行相应的操作。控制焦点表示为在生命线上的小矩形。

4.4　消息

对象间的通信用对象生命线之间的水平消息线表示，消息线的箭头说明消息的类型（调用、异步、返回消息）。

（1）调用消息。调用消息指的是发送者把控制传递给消息的接受者，然后停止活动，等待消息的接收者放弃或返回控制。

（2）异步消息。异步消息指的是发送者通过消息把信号传递给消息的接收者，然后继续自己的活动，不必等待接收者返回消息或控制。异步消息用一个虚线条的箭头表示。

（3）返回消息。返回消息表示从过程调用返回。返回消息用一个虚线箭头表示。

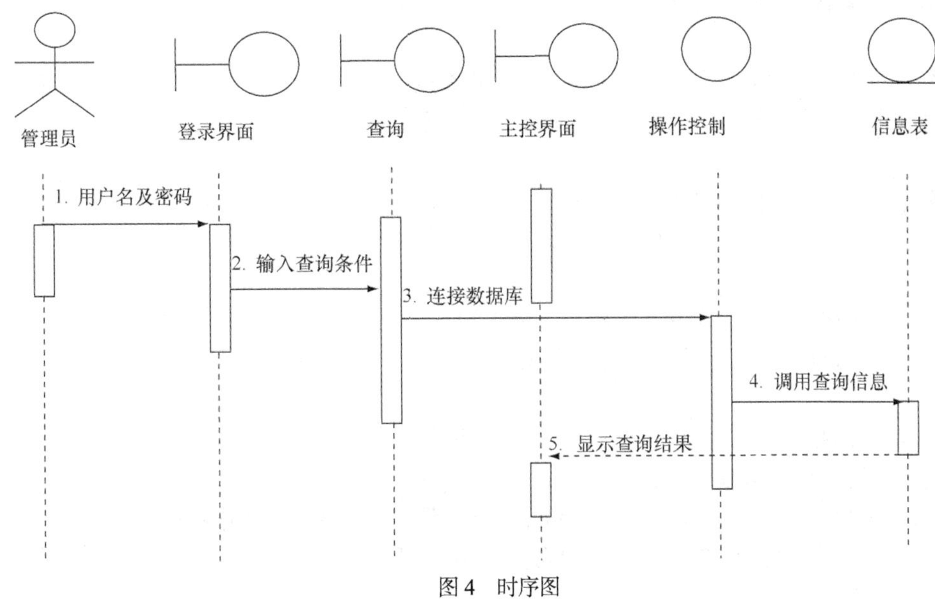

图 4　时序图

5　协作图

协作图可看作类图和时序图的交集。

协作图就是用于描述系统的行为是如何由系统的成分相互协作实现的 UML 图。协作图中包括的建模元素有对象（参与者实例、多对象、主动对象等）、消息、链接（Link）等 UML 建模元素。

5.1　对象

协作图主要强调的是多对象和主动对象的概念。

在协作图中，多对象用多个方框的重叠表示。主动对象是一组属性和一组方法的封装体，其中至少有一个方法不需要接收消息就能主动执行（称作主动方法）。

5.2　链接（Link）

在协作图中，用链接来连接对象，消息显示在链接的旁边，一个链接上有多个消息。链接是关联的实例。

6　状态图

状态图描述一个对象在其生存周期内的动态行为，表现一个对象所经历的状态变化，引起状态转移的事件（Event），以及因为状态的转移而产生的动作（Action）。

状态图主要用于检查、调试和描述类的动态行为。状态图中有 3 个独立的状态符号：开始状态、结束状态、状态。

（1）开始状态——用一个实心圆表示，表示一个状态机或子状态的开始位置。

（2）结束状态——用一个内部含有一个实心圆的圆圈表示，表示一个状态机或外围状态的执行已经完成。

（3）状态——所有的对象都具有状态名，状态是对象执行了一系列活动的结果，当某个事件发生后，对象的状态将发生变化。

一个状态由状态（Name）、进入/退出动作（Entry/Exit Action）、内部转移（Internal Transition）、子状态（Substate）、延迟事件（Deferred Event）等几个部分构成。

6.1 动作

动作说明了当事件发生时发生了什么行为。动作可以直接作用于拥有状态机的对象，并间接作用于对该对象来说是可见的其他对象。

6.2 转移

一个转移是两个状态之间的一种关系，表示对象将在第一个状态中的执行一定的动作，并在某个事件发生而且满足某个警戒条件时进入第二个状态。

6.3 事件

一个事件是对一个在时间和空间上占有一定位置，并且有意义的事情的规格说明。事件通常在从一个状态到另一个状态的路径上直接指定。

6.4 决策点

决策点通过在中心位置分组转移到各自方向的状态，提高了状态图的可视性，为状态图建模提供了便利。决策点的标记符是一个空心的菱形，带有一个或者多个输入路径。

7 活动图

UML 活动图和程序流程图类似，显示出一个问题的活动（工作步骤）、判断点和分支，用于简化描述一个过程或操作的工作步骤。

活动图是由状态图变化而来，它们各自用于不同的目的。活动图依据对象状态的变化捕获动作与动作的结果，一个活动结束以后将立即进入下一个活动。

7.1 活动

活动是活动图中指示要完成某项工作的批示符。活动可以表示某流程中任务的执行，或者表示某算法过程中语句的执行。

7.2 分支

分支实质上就是用来显示从一种状态到另一种状态的控制流。

7.3 分叉和汇合

（1）分叉表示的是一个控制流被两个或多个控制流代替，经过分叉后，这些控制流是并发执行的。

（2）汇合正好与分叉相反，表示两个或多个控制流被一个控制流代替。

7.4 泳道

泳道用矩形框表示，泳道是根据每个活动的职责对所有活动进行划分，每个泳道代表一个责任区。

8 组件图

组件图也称构件图，是用来显示一组组件以及它们之间的相互关系（编译、链接、执行时组件之间的依赖关系）。组件可以是程序文件、库文件、可执行文件、文档文件。组件的图形表示方法为带有两个标签的矩形。组件是定义了良好接口的物理实现单元，是系统中可替换的部分。

每个组件体现了系统设计中的特定类的实现。如图 5 所示，图像文件依赖于组件文件。

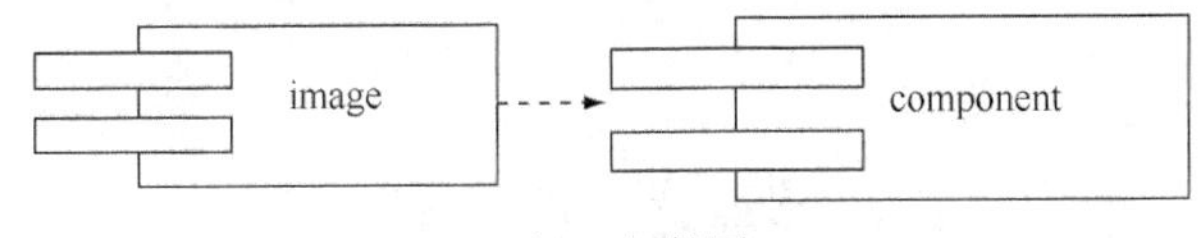

图 5　组件图

9　部署图

部署图也称配置图、实施图，可以用来显示系统中计算结点的拓扑结构和通信线路上运行的软件组件。

一个系统模型只有一个部署图，部署图通常用于帮助理解分布式系统。部署图由软件系统的体系结构设计师、网络工程师、系统工程师等描述。

9.1　结点

结点是表示计算资源在运行时的物理元素，结点一般都具有内存和处理能力。结点可以代表一个物理设备以及运行在该设备上的软件系统。结点也可以包含对象和组件实例。结点之间的连线表示系统之间进行交互的通信路径，这个通信路径称为连接（Connection）。

9.2　连接

连接表示两个硬件之间的关联关系。

参考文献

1. 沃林，鲁内松，霍斯特，等. 经验软件工程：软件工程中的实验研究方法. 张莉，王青彭，蓉宣琦，译. 北京：机械工业出版社，2015.

2. 周元哲. 软件工程实用教程. 北京：机械工业出版社，2015.

3. PFLEEGER S L，ATLEE J M. 软件工程：第4版. 杨卫东，译. 修订版. 北京：人民邮电出版社，2014.

4. 李爱萍，崔冬华，李东生. 软件工程. 北京：人民邮电出版社，2014.

5. 钱乐秋，赵文耘，牛军钰. 软件工程. 2版. 北京：清华大学出版社，2013.

6. 张海藩，吕云翔. 软件工程. 4版. 北京：人民邮电出版社，2013.

7. 郑逢斌，闫朝坤，房彩丽，罗慧敏，辛明. 软件工程. 北京：科学出版社，2012.

8. 钟珞，袁景凌. 软件工程. 北京：科学出版社，2012.

9. 田淑梅. 软件工程——理论与实践. 北京：清华大学出版社，2011.

10. BJORNER D. 软件工程 卷1：抽象与建模. 刘伯超，向剑文，等译. 北京：清华大学出版社，2010.

11. BJORNER D. 软件工程 卷2：系统与语言规约. 刘伯超，向剑文，等译. 北京：清华大学出版社，2010.

12. BJORNER D. 软件工程 卷3：领域、需求与软件设计. 刘伯超，向剑文，等译. 北京：清华大学出版社，2010.

13. SOMMERVILLE I. 软件工程：第9版. 程诚，译. 北京：机械工业出版社，2011.

14. SCHACH S R. 面向对象软件工程. 黄林鹏，徐小辉，伍建焜，译. 北京：机械工业出版社，2009.

15. 刘新航. 软件工程与项目管理案例教程. 北京：北京大学出版社，2009.

16. 瞿中，吴渝，常庆丽，王永昆. 软件工程. 2版. 北京：机械工业出版社，2011.

17. CHRISTENSEN M J，THAYER R H. 软件工程最佳实践项目经理指南. 王立福，赵文，胡文惠，译. 北京：电子工业出版社，2004.

18. HUMPHREY W S. 软件工程规范. 傅为，苏俊，许青松，译. 北京：清华大学出版社，2004.

19. SOMMERVILLE I，PAUL M. Software Engineering. 6th ed. 北京：机械工业出版社，2003.

20. 中国标准出版社. 计算机软件工程规范国家标准汇编 2003. 北京：中国标准出版社，2003.